Deutsches Dachdeckerhandwerk

AF821904

Regeln für Metallarbeiten im Dachdeckerhandwerk

Deutsches Dachdeckerhandwerk
Regeln für Metallarbeiten im Dachdeckerhandwerk

Stand April 2024

mit zahlreichen Abbildungen und Tabellen

herausgegeben vom

Zentralverband des Deutschen Dachdeckerhandwerks
– Fachverband Dach-, Wand- und Abdichtungstechnik – e.V.

RM Rudolf Müller

Bibliografische Information der Deutschen Bibliothek
Die Deutsche Bibliothek verzeichnet diese Publikation in der Deutschen Nationalbibliografie; detaillierte bibliografische Daten sind im Internet über https://portal.dnb.de abrufbar.

9., aktualisierte Auflage 2024

© RM Rudolf Müller Medien GmbH & Co. KG, Köln 2024
Alle Rechte vorbehalten.

Das Werk einschließlich seiner Bestandteile ist urheberrechtlich geschützt. Jede Verwendung der hier veröffentlichen Inhalte ist außerhalb der Grenzen des UrhG ohne Zustimmung des im Impressum genannten Rechteinhabers unzulässig und strafbar. Die Inhalte dürfen nicht zur Entwicklung, zum Training, zur Anreicherung und/oder Anwendung von – insbesondere generativen – KI-Systemen, verwendet werden. Die Nutzung der Inhalte für Text und Data-Mining ist ausdrücklich vorbehalten und daher untersagt.

Maßgebend für das Anwenden der Fachregeln, Merkblätter, Hinweise und Produktdatenblätter ist deren Fassung mit dem neuesten Ausgabedatum. Maßgebend für das Anwenden erwähnter DIN-Normen sowie weiterer Richtlinien und Verordnungen ist ebenfalls deren Fassung mit neuestem Ausgabedatum, die bei der jeweiligen herausgebenden Institution erhältlich ist.

Das vorliegende Werk wurde mit größter Sorgfalt erstellt. Verlag und Herausgeber können dennoch für die inhaltliche und technische Fehlerfreiheit, Aktualität und Vollständigkeit des Werkes keine Haftung übernehmen.

Wir freuen uns, Ihre Meinung über dieses Fachbuch zu erfahren. Bitte teilen Sie uns Ihre Anregungen, Hinweise oder Fragen per E-Mail mit: fachmedien.dach@rudolf-mueller.de

Umschlag: Satz+Layout Werkstatt Kluth GmbH, Erftstadt
Satz: Satz+Layout Werkstatt Kluth GmbH, Erftstadt
Druck: SDK Systemdruck GmbH, Köln
Printed in Germany

ISBN: 978-3-481-04850-1

Vorwort

Die vorliegende Broschüre enthält die Grundregel, die Fachregel sowie Hinweise und Merkblätter, die für die Ausführung von **Metallarbeiten** relevant sind.

Der Inhalt der vorliegenden Broschüre entspricht dem Stand des Regelwerkes **April 2024**. Alle Neuerungen und Veränderungen, die sich in den Teilen des Regelwerkes weiterhin ergeben, werden in nachfolgenden Broschüren Berücksichtigung finden und können hier nicht enthalten sein.

Über den aktuellen Stand etwaiger Bearbeitung gibt Ihnen der Zentralverband des Deutschen Dachdeckerhandwerks gerne weitere Informationen.

Auf der Rückseite dieses Buches finden Sie einen Überblick über die Gesamtstruktur des Regelwerkes.

Die Themenbereiche Dachdeckungen und Dachabdichtungen liegen ebenfalls als Taschenbuch-Ausgaben vor.

Das komplette Regelwerk ist als Loseblattwerk in 2 Ordnern, als Komplettpaket-Abo zzgl. Apps und Online-Anwendung sowie als reines Digital-Abo verfügbar.

Köln, im April 2024

ZENTRALVERBAND DES DEUTSCHEN DACHDECKERHANDWERKS
– Fachverband Dach-, Wand- und Abdichtungstechnik – e.V.

Deutsches Dachdeckerhandwerk Regelwerk

Vorwort

Das Regelwerk des Deutschen Dachdeckerhandwerks besteht aus den Grundregeln, Fachregeln, Hinweisen, Merkblättern und Produktdatenblättern. Sie alle bilden zusammen ein geschlossenes Ganzes. Jede einzelne Schrift ist durch Bezüge mit anderen Schriften verknüpft. Dies ist notwendig, um einerseits Mehrfachregelungen, Wiederholungen oder sogar Widersprüche zu vermeiden, andererseits sind so Anpassungen einzelner Schriften möglich, ohne damit Änderungen vieler Regelwerksteile vornehmen zu müssen. Die Gliederung des Regelwerks bedeutet jedoch auch, daß nun mehrere Schriften gleichzeitig beachtet werden müssen und nicht eine Schrift, alleine und losgelöst für sich, umfassende Regelungen für eine bestimmte Ausführungsweise beinhaltet.

Das Regelwerk des Deutschen Dachdeckerhandwerks ist als Loseblattsammlung, CD-ROM oder in gebundener Fassung erhältlich, wobei die gebundenen Fassungen die Schriften zusammenfassen, die zu einem wesentlichen Tätigkeitsgebiet zusammengehören und dementsprechend gemeinsam beachtet werden müssen.

Das Regelwerk des Deutschen Dachdeckerhandwerks ist insbesondere auf der Grundlage baupraktischer Erfahrungen und unter Berücksichtigung der Gewährleistungsverpflichtung des Auftragnehmers ein Maßstab für fachgerechtes technisches Verhalten. Die im Regelwerk enthaltenen Anforderungen und technischen Hinweise sichern ein ausreichendes Qualitätsniveau und dienen damit dem Verbraucherschutz. Der Inhalt des Regelwerkes ist eine wichtige Erkenntnisquelle für sachgemäße Planung und Anwendungstechnik im Normalfall. Es können jedoch nicht alle denkbar möglichen Sonderfälle erfaßt werden, in denen dann sowohl weitergehende als auch einschränkende Maßnahmen erforderlich werden könnten.

Verbandsseitig stellt das Regelwerk eine Zusammenfassung von Erkenntnissen ohne zwingende Bindung der Verbandsmitglieder dar. Die Anwendung des Regelwerkes befreit also nicht von der Verantwortung für eigenes Handeln, dessen Einhaltung sichert jedoch nach aller bisherigen Erkenntnis eine einwandfreie technische Leistung. Dabei wird die Eignung der vom Auftragnehmer vorgeschriebenen bzw. vorgeschlagenen Werkstoffe für den vorgesehenen Zweck und die Brauchbarkeit der Vorleistung anderer am Bau Beteiligter vorausgesetzt.

Das Regelwerk des Deutschen Dachdeckerhandwerks ist unter Berücksichtigung des gegenwärtigen Standes der Bautechnik und gesicherter Entwicklungstendenzen eine Richtschnur sowohl für die Ausführungstechnik des bauausführenden Unternehmers als auch für den Planer.

Dieser hat dabei die Auswirkung der Baukonstruktion des jeweiligen Bauwerkes, den vorgesehenen Nutzungszweck sowie die örtlichen und klimatischen Verhältnisse und somit die bauphysikalischen Beanspruchungen zu beachten. Das Regelwerk beinhaltet keine Leistungsbeschreibungen und entbindet nicht von einer Ausschreibung nach der Verdingungsordnung für Bauleistungen (VOB).

Die üblicherweise beigegebenen Zeichnungen sind Beispiele für die Arbeitsausführung. Sie dienen lediglich der Veranschaulichung und sind damit eine unverbindliche Erläuterung der textlichen Ausführungen. Regional und insbesondere klimatisch bedingte andere Lösungen sind denkbar und zulässig.

Der Herausgeber dankt allen Mitgliedern der Fachausschüsse des Zentralverbandes des Deutschen Dachdeckerhandwerks und den in vielen Ausschüssen als Gast mitwirkenden repräsentativ berufenen Vertretern der Industrie für die geleistete Arbeit.

Der Umfang des Regelwerkes weist auf die geleistete intensive Arbeit hin. In den Dank beziehen wir aber auch gerne all diejenigen ein, die mit Rat und Tat bei der Erstellung der Grundregel, der einzelnen Fachregeln sowie der Hinweise und Merkblätter, aber auch Produktdatenblätter geholfen haben.

Der Zentralverband des Deutschen Dachdeckerhandwerks würde es begrüßen, wenn ihm auch weiterhin Anregungen, insbesondere Ergänzungsmöglichkeiten und Klarstellungen oder Verbesserungsvorschläge zugingen, damit das Regelwerk weiterhin seinen hohen Stellenwert behält.

Köln, September 1997

ZENTRALVERBAND

DES DEUTSCHEN DACHDECKERHANDWERKS

– Fachverband

Dach-, Wand- und Abdichtungstechnik – e.V.

Inhaltsübersicht

Deutsches Dachdeckerhandwerk
– Regelwerk –

Grundregel für Dachdeckungen, Abdichtungen und Außenwand-bekleidungen

Aufgestellt und herausgegeben vom

Zentralverband des Deutschen Dachdeckerhandwerks – Fachverband Dach-, Wand- und Abdichtungstechnik – e.V.

Ausgabe September 1997

Rudolf Müller

Vorgänger:

Grundregeln des Dachdeckerhandwerks		1926
Grundregeln des Dachdeckerhandwerks	Mai	1964
Grundregeln des Dachdeckerhandwerks	März	1975
Grundregeln des Dachdeckerhandwerks	August	1985

© Alle Rechte bei der D + W-Service GmbH für Management, PR und Messewesen, Köln 1997
Nachdruck und Vervielfältigung, auch auszugsweise, nur mit Genehmigung der D + W-Service GmbH und des Verlages gestattet.

Inhaltsverzeichnis

1 Allgemeines

(1) Das Regelwerk besteht aus der Grundregel und weiteren Regelwerkteilen für die Planung und Ausführung im Bereich der Dach-, Wand- und Abdichtungstechnik.

(2) Die Dach-, Wand- und Abdichtungstechnik befaßt sich überwiegend mit der Aufgabe, das Gebäude gegen Witterungseinflüsse und einzelne Bauteile vor Feuchtigkeit zu schützen. Neben dem reinen Feuchteschutz müssen aber noch weitere Funktionen beachtet werden, wie z. B. Wärmeschutz, Schallschutz, Brandschutz und Standsicherheit. Diese sehr unterschiedlichen Anforderungen sowie das Zusammenwirken aller Funktionsschichten einschließlich der Unterkonstruktion, müssen bei der Planung berücksichtigt werden. Erfolgt keine gesonderte Planung, sind die Anforderungen alleine von dem für die Ausführung Verantwortlichen (Planungshaftung) zu beachten.

(3) Das Regelwerk sichert bei Einhaltung nach bisherigen Erkenntnissen im Normalfall eine einwandfreie technische Leistung. Bei besonderen Beanspruchungen können weitergehende oder einschränkende Maßnahmen erforderlich sein. Auch die Brauchbarkeit der Vorleistungen anderer am Bau Beteiligter, die Eignung der Werkstoffe und ergänzende Herstellervorschriften sind von besonderer Bedeutung.

(4) Das Regelwerk des Dachdeckerhandwerks und die darin enthaltenen Fachregeln erlangen üblicherweise den Status allgemein anerkannter Regeln der Technik. Wenn keine anderslautende Einzelvereinbarung getroffen wird, werden sie Grundlage für die Ausführung. Angaben in Prospekten haben üblicherweise nicht den Status, allgemein anerkannt zu sein, weil sie oft werblichen Charakter besitzen. Herstellervorschriften (Verlegeanleitungen, Planungs- und Verarbeitungshinweise o. ä.) stellen werkstoffspezifische Regelungen dar. Sie können ebenso, wie z. B. Normen, Regelwerke und fortdauernde praktische Erfahrung, den Status der allgemein anerkannten Regeln der Technik erlangen. Alle am Bau beteiligten Fachleute haben die Pflicht, sich ständig über die fortlaufenden Entwicklungen zum allgemein anerkannten Stand der Technik zu informieren.

(5) Den am Bau Beteiligten muß in diesem Zusammenhang bewußt sein, daß insbesondere eine Abweichung von den Anforderungen gemäß den Fachregeln eine erhöhte Sorgfaltspflicht bei Beratung und Ausführung bis hin zur Bedenkenanmeldung verlangt. Der Grund dafür ist, daß selbst für den Fall, in dem es dadurch nicht zum Schaden kommt, nun der Ausführende beweisen muß, daß er eine der Regelausführung gleichwertige Leistung erbracht hat.

(6) Das Regelwerk erfaßt keine Sonderfälle und befreit nicht von der Verantwortung für eigenes Handeln. Insbesondere müssen evtl. vorhandene Normen und Zulassungsbescheide, die einschlägigen Unfallverhütungsvorschriften sowie die örtlichen Verhältnisse und deren Auswirkungen auf die Baukonstruktion berücksichtigt werden.

(7) Im Regelwerk enthaltene Zeichnungen oder Details sind Darstellungen, die die textliche Beschreibungen ergänzen. Als Beispiel einer möglichen Ausführungsart eines bestimmten Teilbereiches stellen sie keine Lösung einer Gesamtsituation dar. Sie sind nicht maßstabsgerecht.

2 Regelwerkteile

2.1 Grundregel

Die Grundregel ist die Basis für das gesamte Regelwerk des Dachdeckerhandwerks und damit für alle Planungs- und Ausführungsgrundsätze der nachgeordneten Regelwerkteile.

2.2 Fachregeln

Fachregeln enthalten Vorgehensweisen für die Planung und Ausführung, die sich in ihren jeweiligen Fachbereichen als theoretisch richtig und handwerklich machbar herausgestellt haben. Sie sichern ein ausreichendes Qualitätsniveau und dienen damit den Interessen der Verbraucher.

2.3 Hinweise

Hinweise beinhalten auf der Basis von bauaufsichtlich eingeführten Normen, bauaufsichtlichen Zulassungen und anderen Regelwerken oder Normen eine praxisorientierte Zusammenfassung von anerkannten Verhaltens- und Vorgehensweisen als Hilfe für die Planung und Ausführung. Hinweise haben baurechtliche Bedeutung und müssen dementsprechend beachtet werden.

2.4 Merkblätter

Merkblätter enthalten bereichs- und/oder themenbezogene Ergänzungen zu Fachregeln sowie Hinweise. Sie verfügen gleichermaßen über deren Bedeutung und tragen dem Stand der Technik, Normen und anderen Regelwerken Rechnung. Sie werden aufgestellt, wenn bestimmte technische Konsequenzen als notwendig erkannt worden sind.

2.5 Produktdatenblätter

Produktdatenblätter enthalten Informationen und Anforderungen an Werkstoffe und Produkte, wie sie in der Dach-, Wand- und Abdichtungstechnik üblich sind. Bei den Anforderungen können gegenüber Normen ggf. auch zusätzliche Festlegungen enthalten sein.

2.6 Übersichten

Übersichten enthalten Auflistungen von Informationen, die für die Anwendung des Regelwerkes von Bedeutung sind, wie z. B. als Zusammenstellung aller Regelwerkteile oder zur Information über Normen oder Vorschriften.

3 Begriffe

3.1 Allgemeine Hinweise

Begriffsbestimmungen wurden ohne Wertung nach fachlichen Oberbegriffen für eine bestimmte Thematik aufgelistet und diesen dann weitere im Zusammenhang stehende Begriffe zugeordnet. Dabei wurden Begriffe aufgenommen, die für ein allgemeines Verständnis, insbesondere der Grundregel, erforderlich sind. Weitere Begriffsbestimmungen, insbesondere wenn sie spezielle Themenbereiche, Werkstoffe o. ä. betreffen, sind in den jeweiligen Regelwerkteilen aufgeführt.

3.2 Modale Hilfsverben

Modale Hilfsverben und deren Aussagefähigkeit sind für ein eindeutiges Verständnis des Regelwerkes von besonderer Bedeutung. Die Auflistung in Tabelle 1 erfolgt in gewichteter Reihenfolge.

Tabelle 1: Modale Hilfsverben

<table>
<tr><th>Modale Hilfsverben</th><th colspan="2">Bedeutung</th><th>Gründe, die zur Wahl des Hilfsverbums führen (Beispiele)</th></tr>
<tr><td>muß, müssen</td><td>Gebot</td><td rowspan="2">unbedingt, fordernd</td><td rowspan="2">Äußerer Zwang, wie durch Rechtsvorschrift, sicherheitstechnische Forderung, Vertrag oder innerer Zwang, wie Forderung der Einheitlichkeit oder der Folgerichtigkeit</td></tr>
<tr><td>darf nicht, dürfen nicht</td><td>Verbot</td></tr>
<tr><td>soll, sollen</td><td rowspan="2">Regel</td><td rowspan="2">bedingt, fordernd</td><td rowspan="2">Durch Verabredung oder Vereinbarung freiwillig übernommene Verpflichtung, von der nur in begründeten Fällen abgewichen werden darf.</td></tr>
<tr><td>soll nicht, sollen nicht</td></tr>
<tr><td>darf, dürfen</td><td rowspan="2">Erlaubnis</td><td rowspan="2">freistellend</td><td rowspan="2">In bestimmten Fällen darf von dem durch Gebot, Verbot oder Regel Gegebenen abgewichen, z.B. eine gleichwertige Lösung gewählt werden.</td></tr>
<tr><td>muß nicht, müssen nicht</td></tr>
<tr><td>sollte, sollten</td><td rowspan="2">Empfehlung, Richtlinie</td><td rowspan="2">auswählend, anratend, empfehlend</td><td rowspan="2">Von mehreren Möglichkeiten wird eine als zweckmäßig empfohlen, ohne andere zu erwähnen oder auszuschließen. Eine bestimmte Angabe ist erwünscht, aber nicht als Forderung anzusehen. Eine bestimmte Lösung wird abgewehrt, ohne sie zu verbieten.</td></tr>
<tr><td>sollte nicht, sollten nicht</td></tr>
<tr><td>kann, können</td><td colspan="2" rowspan="2">unverbindlich</td><td rowspan="2">Vorliegen einer physischen Fähigkeit (die Hand kann eine bestimmte Kraft ausüben), einer physikalischen Möglichkeit (ein Balken kann eine Belastung tragen) einer ideellen Möglichkeit (eine Voraussetzung kann bestimmte Folgen haben, eine Feststellung kann schon überholt sein, wenn ...)</td></tr>
<tr><td>kann nicht, können nicht</td></tr>
</table>

3.3 Begriffsbestimmungen

3.3.1 Abdichtungen

(1) Abdichtungen von Dächern oder Bauteilen werden aus zusammenfügbaren bahnen- oder planenförmigen Produkten hergestellt oder als ganzflächige Beschichtungen ausgeführt. Aufgrund unterschiedlicher Anforderungen sind Dachabdichtungen und Bauwerksabdichtungen zu unterscheiden.

(2) Dachabdichtungen sind der obere Abschluß von Gebäuden auf flachen oder geneigten Dachkonstruktionen. Dachabdichtungen können mit Schutz- und Nutzschichten versehen sein.

(3) Bauwerksabdichtungen sind Abschlüsse von Gebäudeteilen zum Schutz des Bauwerkes gegen Feuchtigkeit oder Wasser. Es wird unterschieden nach Maßnahmen gegen

- Bodenfeuchtigkeit,
- nicht drückendes Wasser,
- von außen drückendes Wasser und
- von innen drückendes Wasser.

3.3.2 An- und Abschlüsse

(1) Anschlüsse sind besondere Ausbildungen von Dachdeckungen, Abdichtungen oder Außenwandbekleidungen an angrenzende oder durchdringende Bauteile oder Bauelemente.

Insbesondere bei Dachdeckungen unterscheidet man zwischen seitlichen, firstseitigen und traufseitigen Anschlüssen (siehe Abb. 1).

(2) Abschlüsse sind besondere Ausbildungen von Dachdeckungen, Abdichtungen oder Außenwandbekleidungen an den Rändern der Dachflächen. Übliche Begriffe für Randabschlüsse sind z. B. First, Ortgang, Traufe, o. ä. (siehe Abb. 2).

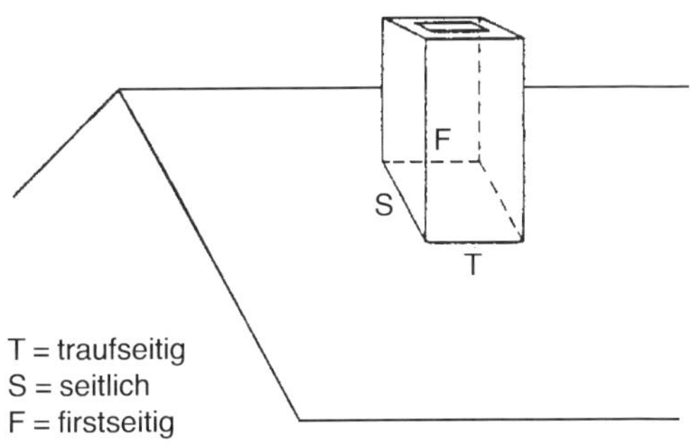

Abb. 1: Anschlüsse

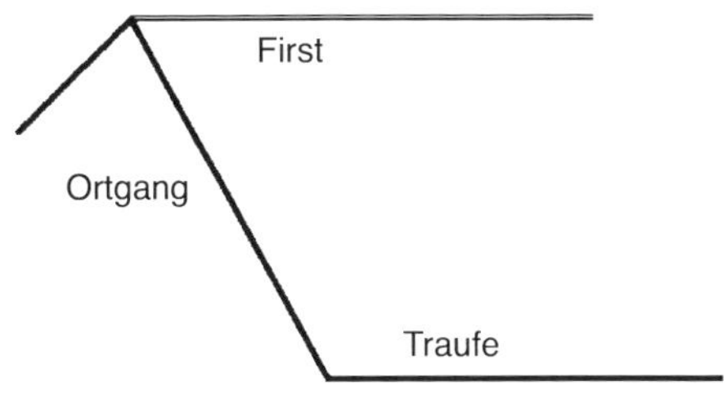

Abb. 2: Abschlüsse

3.3.3 Außenwandbekleidungen

Außenwandbekleidungen werden an tragenden Wandkonstruktionen aus schuppen- oder tafelförmig angebrachten ebenen oder profilierten klein- oder großformatigen Elementen hergestellt.

3.3.4 Behelfsdeckung oder Behelfsabdichtung

Unter Behelfsdeckung oder Behelfsabdichtung versteht man den vorübergehenden Schutz einer Konstruktion oder Bauteilfläche, um das Gebäude vor Feuchtigkeit zu schützen und beispielsweise eine Weiterarbeit im Gebäudeinneren zu ermöglichen. Behelfsdeckungen oder Behelfsabdichtungen sind zumindest für einige Zeit der Witterung ausgesetzt. Die verwendeten Werkstoffe und die Art der Ausführung müssen hierfür geeignet sein. Je nach verwendetem Material und ggf. mit zusätzlicher Wind-Sog-Sicherung kann beispielsweise eine Vordeckung als Behelfsdeckung dienen. Je nach Art und Ausführung können auch Dampfsperren oder erste Lagen von mehrlagigen Dachabdichtungen als Behelfsabdichtung verwendet werden.

3.3.5 Dach- und Wandkonstruktionen

Dach- und Wandkonstruktionen bestehen aus mehreren Einzelschichten, die in ihrer Funktion zusammenwirken. Je nach Anordnung der Schichten unterscheidet man

- einschalige, nicht durchlüftete Konstruktionen, oder
- mehrschalige, durchlüftete Konstruktionen.

3.3.6 Dachdeckungen

Dachdeckungen sind der obere Abschluß von Gebäuden auf geneigten Dachkonstruktionen aus in der Regel schuppenförmig überdeckten ebenen oder profilierten platten- oder tafelförmigen Deckwerkstoffen.

3.3.7 Dachneigung

(1) Dachneigung ist die Neigung der Dachkonstruktion (Unterkonstruktion) gegen die Waagerechte. Das Maß der Dachneigung wird ausgedrückt als Winkel zwischen der Waagerechten und der Dachfläche in Grad (°) oder als Steigung der Dachfläche über der Waagerechten in Prozent (%).

(2) Regeldachneigung ist die unterste Dachneigungsgrenze, bei der sich in der Praxis eine Dachdeckung als regensicher erwiesen hat.

(3) Mindestdachneigung ist die unterste Dachneigungsgrenze, die nicht unterschritten werden darf.

(4) Bei Dachdeckungen ist die Neigung des Deckwerkstoffes aufgrund der Verlegetechnik immer geringer als die Dachneigung.

3.3.8 Deckunterlage

Die Deckunterlage dient zur Aufnahme der Deckung oder Abdichtung und muß auf den zur Anwendung kommenden Werkstoff abgestimmt sein, z. B. Lattung, Schalung, Trapezblech u. ä.

3.3.9 Durchdringungen

Durchdringungen sind Bauteile oder Elemente in runder oder eckiger Form, die bei einer Aussparung in der Bauteilfläche erforderlich werden, z. B. Dachausstiege, Dachgully, Antennendurchgänge u. ä.

3.3.10 Einbauteile

Einbauteile sind Bauteile oder Elemente, die in Dachdeckungen, Abdichtungen oder Außenwandbekleidungen eingebaut werden, z. B. Dachflächenfenster, Lichtkuppeln, Sicherheitsdachhaken, Schneefanggitter, Wandhalterungen, Lüfter u. ä.

3.3.11 Einfassungen

Einfassungen sind Bauteile oder Elemente, die einen regensicheren bzw. wasserdichten Anschluß von Dachdeckungen bzw. Abdichtungen an Durchdringungen gewährleisten. Sie sind in Form und Ausführung auf den jeweiligen Werkstoff abzustimmen.

3.3.12 Gefälle

Gefälle ist die Neigung einer Oberfläche gegen die Waagerechte, z. B. bei Rinnen, Abdichtungen, Abdeckungen.

3.3.13 Grate

Grate sind die außenliegenden Verschneidungslinien von zwei Dachflächen.

3.3.14 Kehlen

Kehlen sind die innenliegenden Verschneidungslinien von zwei Dachflächen.

3.3.15 Lüftung

Lüftung ergibt sich aus dem Anschluß eines Zwischenraumes an Innen- oder Außenluft. Äußere Luftschichten können sich direkt über der Wärmedämmung (siehe „Merkblatt Wärmeschutz bei Dächern" und „Hinweise für hinterlüftete Außenwandbekleidungen") oder direkt unter den Deck- bzw. Abdichtungsschichten (siehe jeweilige Fachregel) befinden.

3.3.16 Notdeckung oder Notabdichtung

Unter Notdeckung oder Notabdichtung versteht man eine befristete Abdeckung oder Abdichtung als vorübergehender Schutz im Schadensfall. Notdeckungen oder Notabdichtungen sind keine dauerhafte Lösung. Von ihr können nicht die Kriterien einer Deckung oder Abdichtung erwartet werden. Sie ersetzen keine Dachdeckung oder Abdichtung.

3.3.17 Nutzung

(1) Gebäudenutzung ergibt sich durch die vorhandene oder geplante Nutzung, z. B. durch Wohnen, Arbeiten oder Lagern.

(2) Genutzte Flächen sind Bauteilflächen, die für den Aufenthalt von Personen oder für die Nutzung durch Verkehr vorgesehen sind.

(3) Nicht genutzte Flächen sind Bauteilflächen, die nur gelegentlich betreten werden sollen, z. B. zum Zwecke der Wartung und Instandhaltung.

3.3.18 Systemteile

Systemteile sind Bauteile oder Elemente, die in ihrer Formgebung, Farbe und ihren Eigenschaften auf die jeweiligen Hauptmerkmale eines Werkstoffes abgestimmt sind. Systemteile gelten als ein übergeordnetes Ganzes, deren Veränderungen an den Einzelbauteilen einen Eingriff in die Haftungsverhältnisse bewirkt.

3.3.19 Trennschicht

Eine Trennschicht ist eine flächige Trennung von Werkstoffen, um Wechselwirkungen zwischen Schichten zu vermeiden.

3.3.20 Unterdächer, Unterdeckungen und Unterspannungen

Unterdächer, Unterdeckungen und Unterspannungen werden als zusätzliche Maßnahmen unterhalb von Dachdeckungen angeordnet, um vor eindringender Feuchtigkeit, Flugschnee und Staub zu schützen.

3.3.21 Unterkonstruktion

Die Unterkonstruktion besteht aus dem Tragwerk mit oder ohne Deckunterlage.

3.3.22 Vordeckung

Unter Vordeckung versteht man die Abdeckung, z. B. von Holzschalung vor der Weiterarbeit, also vor dem Ausführen der eigentlichen Dachdeckung, Abdichtung oder Außenwandbekleidung. Je nach Art und Ausführung der Vordeckung kann sie auch als Behelfsdeckung dienen oder zu einem Unterdach oder einer Unterdeckung beitragen.

4 Einwirkungen und Beanspruchungen

4.1 Allgemeines

Von den Umfassungsflächen baulicher Anlagen werden Schutzfunktionen erwartet, die durch Dachdeckungen, Abdichtungen, Außenwandbekleidungen oder andere Maßnahmen erreicht werden sollen. Grundlage aller Maßnahmen ist eine auf das jeweilige Objekt bezogene sach- und fachgerechte Planung mit eindeutigen Vorgaben bzw. Abklärungen zur Ausführungsart und Auswahl der Werkstoffe. Abhängig von den zu erwartenden Einwirkungen ergeben sich unterschiedliche Beanspruchungen.

4.2 Beanspruchungen durch Feuchtigkeit

(1) Feuchtigkeit wirkt sich auf die Eigenschaften und die Funktion von Bauteilen, Baustoffen und Schichten, die konstruktiven Verhältnisse, die Nutzung des Gebäudes, die Hygiene und die Gesundheit der Bewohner und Nutzer aus. Einwirkungen von Feuchtigkeit entstehen durch Niederschlag, Baufeuchte und Nutzungsfeuchte.

(2) Niederschlag tritt als Regen, Schnee, Hagel oder Eis auf. Bei extremen Standorten oder besonderen Witterungsverhältnissen können sich diese Niederschläge in Treibregen, Flugschnee, Schnee- oder Eisschanzenbildung auswirken.

(3) Baufeuchte ist als Eigen- und/oder Einbaufeuchtigkeit von Baustoffen vorhanden.

(4) Nutzungsfeuchte ist die in der Raumluft enthaltene Luftfeuchte. Die Größenordnung ist abhängig vom Luftaustausch und von dem Lüftungsverhalten der Benutzer.

4.3 Beanspruchungen durch Umwelteinflüsse

(1) Die Alterung der Werkstoffe und Bauteilschichten führt zu Verfärbungen und zur Änderung von physikalisch-chemischen bzw. mechanischen Eigenschaften.

(2) Bewitterung, Immissionen, Feuchtigkeit, Ablagerungen von Schmutz und Staub, atmosphärische Niederschläge und wechselnde Temperaturen können Verfärbungen und beschleunigte Alterung bewirken.

(3) Veränderungen der Werkstoffe entstehen durch UV-Strahlung, Sauerstoff und Ozon sowie fotochemische Vorgänge.

(4) Aggressive Niederschläge entwickeln sich durch in der Atmosphäre auftretende Lösungen von Stoffen und Gasen, z. B. zu „saurem Regen".

(5) Ablagerungen von Staub und Schmutz sind ein guter Nährboden für Pflanzen, Flechten, Moose, Algen, Bakterien und mikrobiologisches Wachstum.

(6) Die Beanspruchungen durch Umwelteinflüsse können unterschieden werden in mäßige oder hohe Beanspruchungen.

(7) Mäßige Beanspruchungen durch Umwelteinflüsse liegen vor, wenn Bauteilschichten oder Werkstoffe durch andere Bauteile oder Schichten vor einer unmittelbaren Einwirkung von Niederschlagsfeuchtigkeit und/oder Sonneneinstrahlung sowie Ablagerungen dauerhaft geschützt werden.

(8) Hohe Beanspruchungen durch Umwelteinflüsse liegen vor, wenn Bauteilschichten oder Werkstoffe den Einwirkungen durch die Umwelt auf Dauer ungeschützt ausgesetzt sind.

4.4 Thermische Beanspruchungen

(1) Thermische Beanspruchungen ergeben sich durch Temperaturunterschiede und Temperaturwechsel.

(2) Oberflächen- bzw. Lufttemperaturen verändern sich infolge Sonneneinstrahlung, durch Aufheizung oder Abstrahlung, Wärmeleitung, Luftströmung oder Verdunstungskälte.

(3) Temperaturunterschiede bestehen zwischen Höchst- und Niedrigsttemperaturen, Werkstoffober- und -unterseiten, Innen- und Außenbereichen oder bei mehrschaligen Konstruktionen zwischen den Schichten.

(4) Temperaturwechsel betreffen z. B. einen Jahreszeitraum (Sommer-Winter), Tageszeitraum (Tag-Nacht) bzw. Stundenzeitraum (Witterungssturz/sommerlicher Hagelschlag) oder auch Flächenbereiche, z. B. bei Übergängen von Sonnen- zu Schattenbereichen, oder von trockenen zu feuchten oder vereisten Bereichen.

(5) Die thermische Beanspruchung von Bauteilflächen kann unterteilt werden in mäßige oder hohe thermische Beanspruchung.

(6) Mäßige thermische Beanspruchung liegt vor, wenn keine hohen Aufheizungen und keine schnellen Temperaturveränderungen zu erwarten sind, z. B. aufgrund eines Oberflächenschutzes.

(7) Hohe thermische Beanspruchung liegt vor, wenn Bauteilflächen ungeschützt Kälte und Hitze ausgesetzt sind.

4.5 Mechanische Beanspruchungen

(1) Mechanische Beanspruchungen entstehen aus der Baukonstruktion, durch Bewegungen von Bauteilschichten, durch Wind, Einwirkungen während der Bauzeit sowie Nutzung.

(2) Beanspruchungen aus der Baukonstruktion treten infolge Setzungen und/oder Erschütterungen, Spannungen in der Tragkonstruktion sowie durch Abbinde- oder Trocknungsvorgänge auf.

(3) Beanspruchungen durch Bewegungen einzelner Bauteilschichten entstehen durch z. B. Vibrationen, Schubkräfte und werkstoffbedingte oder thermische Formänderungen.

(4) Beanspruchungen durch Wind erfolgen als Winddruck oder Windsog.

(5) Beanspruchungen durch Einwirkungen während der Bauzeit ergeben sich z. B. durch Baustellenbetrieb oder Arbeiten von anderen Gewerken.

(6) Beanspruchungen durch Nutzung von Bauteilflächen erfolgt z. B. durch Begehen oder Befahren von Terrassen, Grünanlagen, Parkdecks o. ä.

(7) Nach baupraktischen Gesichtspunkten kann unterteilt werden in mäßige und hohe mechanische Beanspruchungen.

(8) Mäßige mechanische Beanspruchung liegt vor, wenn Bauteilschichten oder Werkstoffe auf einer festen Unterlage aufliegen und keinen außergewöhnlichen Bewegungen, Belastungen, Kräften oder Spannungen ausgesetzt sind.

(9) Hohe mechanische Beanspruchung liegt vor, wenn Bauteilschichten und Werkstoffe auf schwingungsanfälligen und/oder weichen Unterlagen aufliegen oder Windlasten, flächigen Spannungen, Schwingungen, Bewegungen, Schub bzw. Scherkräften, hohen Punktlasten oder Nutzungsanforderungen ausgesetzt sind.

4.6 Konstruktiv bedingte Beanspruchungen

Besondere Beanspruchungen können sich durch die Konstruktion ergeben, z. B. durch

- geschwungene, gedrehte oder gewölbte Flächen,
- stark gegliederte Flächen, Vor- oder Rücksprünge,
- wechselndes Gefälle oder unterschiedliche Neigungen,
- überdurchschnittliche Abmessungen von Bauteilen, und bei
- Übergangsbereichen von unterschiedlichen Bauteilen.

5 Anforderungen

5.1 Allgemeines

(1) Bei Bauleistungen müssen die bauaufsichtlichen Regelungen beachtet werden sowie zusätzliche Auflagen, die sich aus Anforderungen des Umweltschutzes, des Arbeits- und Gesundheitsschutzes sowie der Unfallverhütung ergeben. Die Klärung der Randbedingungen muß im Rahmen der Planung vor der Ausführung erfolgen. Insbesondere sind z. B. zu berücksichtigen:

- Landesbauordnungen,
- Städte-, Kreis- oder Gemeindeverordnungen oder -satzungen,
- bauaufsichtliche Vorschriften,
- Belange des Denkmalschutzes,
- Unfallverhütungsvorschriften (UVV).

(2) Bauleistungen werden üblicherweise von mehreren Gewerken erbracht. Als vertragliche Anforderung ergibt sich die Pflicht, Vorleistungen anderer Gewerke oder die örtlichen Gegebenheiten per Augenschein zu prüfen. Die Weiterarbeit kommt im übertragenen Sinn einer technischen Abnahme der Vorleistung gleich.

5.2 Wärmeschutz

(1) Wärmeschutz-Anforderungen müssen dem baulich, technisch notwendigen Wärmeschutz (siehe DIN 4108 „Wärmeschutz im Hochbau“) und dem Wärmeschutz zur Energieeinsparung sowie zur Minderung der Umweltbelastung (siehe „Wärmeschutzverordnung“) entsprechen. Erreicht werden sollen z. B.

- ein ganzjährig möglichst gleichbleibendes angenehmes Innenraumklima für die Bewohner bzw. Benutzer von Gebäuden,
- die Reduzierung von Heizenergie,
- die Reduzierung von umweltschädigenden Abgasen,
- die Reduzierung von Bauteil-Bewegungen,
- die Reduzierung von Wärmeverlusten in der kalten Jahreszeit und
- die Vermeidung hoher Bauteilfeuchte, die z. B. zu Schimmelpilzbildung führen kann.

(2) Raumabschließende Schichten, Konstruktionen oder Bauteile müssen luftdicht ausgebildet werden, um Luftströmungen zu unterbinden. Luftströmungen von der warmen zur kalten Bauteilseite können zu Wärmeverlusten und schädlicher Tauwasserbildung führen.

5.3 Brandschutz

(1) Brandschutz-Anforderungen dienen dem Personen- und Sachschutz und haben das Ziel, das Entstehen von Bränden einzuschränken bzw. die Brandwei-

terleitung zu erschweren oder zu verzögern. Der vorbeugende Brandschutz für Baumaßnahmen betrifft das Brandverhalten von Baustoffen, wobei eine Unterteilung in nichtbrennbare und brennbare Baustoffe erfolgt, und das Brandverhalten von Bauteilen.

(2) Baustoffe werden entsprechend ihrem Brandverhalten nach Tabelle 2 (zukünftig wohl nach Tabelle 3) eingestuft:

Tabelle 2: Gültige deutsche Klassifizierung

Baustoffklasse	Bauaufsichtliche Benennung
A	nicht brennbare Baustoffe
A1	Baustoffe ohne brennbare Bestandteile und ohne besonderen Nachweis
A2	Baustoffe mit brennbaren Bestandteilen (benötigen ein Prüfzeichen)
B	brennbare Baustoffe
B1	schwer entflammbare Baustoffe
B2	normal entflammbare Baustoffe
B3	leicht entflammbare Baustoffe

Tabelle 3: Zukünftige europäische Klassifizierung: Klassen von Brandverhalten für Bauprodukte mit Ausnahme von Fußbodenbelägen

Brandsituation	Europäische Klassen	Produktklassen	
Vollbrand in einem Raum	A	Kein Beitrag zum Brand	– Sehr begrenzter Heizwert und sehr begrenzte Wärmeabgabe – Keine Verbrennung mit Flammen – Begrenzter Masseverlust
	B	Sehr begrenzter Beitrag zum Brand	– Sehr begrenzter Heizwert und/ oder sehr begrenzte Wärmeabgabe – Begrenzter Masseverlust – Fast keine Flammenausbreitung – Sehr begrenzte Rauchentwicklung – Kein brennendes Abtropfen/Abfallen und/oder eine Kombination davon
Brennender Gegenstand	C	Begrenzter Beitrag zum Brand	– Sehr begrenzte Flammenausbreitung – Begrenzte Wärmeabgabe – Begrenzte Rauchentwicklung – Begrenzte Entzündbarkeit – Sehr begrenztes brennendes Abtropfen/Abfallen und/oder eine Kombination davon
	D	Hinnehmbarer Beitrag zum Brand	– Begrenzte Flammenausbreitung – Hinnehmbare Wärmeabgabe – Begrenzte Rauchentwicklung – Hinnehmbare Entzündbarkeit – Begrenztes brennendes Abtropfen/Abfallen und/oder eine Kombination davon
Kleiner Flammenangriff auf begrenzte Fläche eines Produkts	E	Hinnehmbares Brandverhalten	– Hinnehmbare Entzündbarkeit
	F	Keine Leistung festgestellt	

(3) Grundsätzlich dürfen nur Baustoffe eingesetzt werden, die als mindestens „normal entflammbar" eingestuft wurden. Der Einsatz „leicht entflammbarer" Baustoffe ist nur unter bestimmten Randbedingungen zulässig.

(4) An Bauteile können Anforderungen in Bezug auf den Feuerwiderstand (Brandbeanspruchung von innen) und/oder an den Feuerschutz (Brandbeanspruchung von außen) gestellt werden.

(5) Die Feuerwiderstandsklassen (z. B. F30, F60) sind insbesondere von der Art der Wärmedämmung und der inneren Bekleidung abhängig. Der Nachweis muß nach einem Regelaufbau oder mit einem Prüfzeugnis erfolgen (siehe DIN 4102 „Brandverhalten von Baustoffen und Bauteilen").

(6) Beim Feuerschutz von Dächern wird zwischen

- widerstandsfähig gegen Flugfeuer und strahlende Wärme (harte Bedachung) und
- Dächer ohne Nachweis (weiche Bedachung) unterschieden.

Der notwendige Nachweis ergibt sich für einzelne Deckungen oder Abdichtungen aus DIN 4102-4 „Brandverhalten von Baustoffen und Bauteilen; Zusammenstellung und Anwendung klassifizierter Baustoffe, Bauteile und Sonderbauteile" oder es ist eine Prüfung gemäß DIN 4102-7 „Brandverhalten von Baustoffen und Bauteilen; Bedachungen" erforderlich.

5.4 Schallschutz

(1) Schallschutz-Maßnahmen haben die Aufgabe zu verhindern, daß Geräusche von gesundheitsschädigendem Ausmaß in bewohnte oder genutzte Gebäude eindringen oder aus Gebäuden auf das Umfeld einwirken können. Auch innerhalb eines Gebäudes muß die Schallübertragung unterbunden oder abgemindert werden.

Zu unterscheiden sind:

- Körper- oder Trittschall, der über Bauteile oder Werkstoffe weitergeleitet, und
- Luftschall, der durch schwingende Luftschichten übertragen wird.

(2) Anforderungen an den Schallschutz müssen durch bauliche oder konstruktive Maßnahmen sichergestellt werden. In der Regel haben Dachdeckungen, Abdichtungen und Außenwandbekleidungen einen geringen Einfluß auf den Schalldämmwert einer Konstruktion. Wesentlich größerer Einfluß wird durch darunterliegende Bauteilschichten, wie Stahlbeton oder eingebaute Dämmschichten erbracht. Das geforderte Schalldämmaß ist daher bereits in der Planung festzulegen und dafür erforderliche Schichten in der Ausschreibung anzugeben.

5.5 Standsicherheit

(1) Bauliche Anlagen müssen im ganzen und in den einzelnen Teilen für sich allein standsicher sein. Dazu sind Standsicherheitsnachweise erforderlich, die im Rahmen der Gebäudeplanung von Sonderfachleuten, wie z. B. Tragwerksplanern, Statikern, erstellt werden und die Bemessung der konstruktiven Tragglieder festlegen. Die Festlegungen berücksichtigen als Lastannahmen u. a. auch die Eigengewichte der Baustoffe, Windlasten, Verkehrslasten, Schneelasten und Eislasten. Für die auf dem konstruktiven Tragwerk auszuführenden Arbeiten ist vorauszusetzen, daß die Unterkonstruktionen ausreichend bemessen und den statischen Festlegungen entsprechend ausgeführt wurden.

(2) Anforderungen an die Standsicherheit betreffen auch Teile von baulichen Anlagen und Bauteilflächen mit Dachdeckungen, Abdichtungen oder Außenwandbekleidungen. Es ist eine Ausführung erforderlich, die den allgemein anerkannten Regeln der Technik entspricht, oder es sind Standsicherheitsnachweise erforderlich. Die jeweiligen Landesbauordnungen regeln, wann ein Nachweis der Standsicherheit gegenüber Baubehörden erbracht werden muß.

(3) Die Übertragung von Windlasten von Dachdeckungen, Dachabdichtungen und Außenwandbekleidungen auf die Tragglieder wird bei den statischen Festlegungen der Unterkonstruktionen nicht erfaßt. Aus diesem Grunde sind die dabei zu berücksichtigenden Windlasten ebenfalls nach den für Standsicherheitsnachweise vorgeschriebenen Lastannahmen für Windlasten zu ermitteln und mit den bauteilspezifischen Sicherheitszuschlägen zu versehen. Diese Windlasten sind dann über Befestigungen oder von Schicht zu Schicht bis in die Unterkonstruktion abzuleiten.

(4) Die Berücksichtigung von Schnee- und Eislasten betrifft insbesondere die Unterkonstruktion, die vom Statiker berechnet werden muß. Bei Übersparren-Dämmsystemen müssen die Schnee- und Eislasten, unter Berücksichtigung der neigungsabhängigen Schubkräfte, sicher in die Unterkonstruktion abgeleitet werden.

Die Notwendigkeit von Schneerutschsicherungen und/oder Schneefangvorrichtungen kann in regionalen Bauvorschriften gefordert werden und ist zu berücksichtigen.

5.6 Blitzschutz

(1) Blitzschutz-Systeme dienen dem Personen- und Sachschutz vor den Folgen von Blitzeinschlag in Gebäude und beinhalten inneren und äußeren Blitzschutz. Die Notwendigkeit, welche Gebäude mit Blitzschutzanlagen zu versehen sind, wird in der Regel in örtlichen Baubestimmungen festgelegt. Darüber hin-

aus werden von den Schadenversicherern objektbezogene Auflagen zur Errichtung von Blitzschutzmaßnahmen, als Grundlage für Prämienvereinbarungen, gemacht.

(2) Der innere Blitzschutz beinhaltet den Potentialausgleich, den Überspannungsschutz und die Beseitigung von Näherungen. Diese Maßnahmen stehen teilweise in engem Zusammenhang mit der elektrischen Anlage.

(3) Der äußere Blitzschutz steht in engem Zusammenhang mit dem Aufbau des Daches. Durch die Anlagenteile der Blitzschutz-Systeme darf die Dichtigkeit bzw. Regensicherheit eines Daches nicht beeinträchtigt werden.

(4) Um eine gewerkübergreifende einwandfreie und sichere Ausführung aller Details zu gewährleisten, sollten Blitzschutz-Systemen in enger Zusammenarbeit zwischen dem Planer und den unterschiedlichen Handwerkern (speziell Firmen, die sich auf den Blitzschutzbau spezialisiert haben) erstellt werden.

(5) Blitzschutz-Systeme sind nach den anerkannten Regeln der Blitzschutztechnik zu bauen und zu warten. Zur Sicherstellung der Funktionstauglichkeit unterliegen sie einer regelmäßigen Überprüfung.

5.7 Anforderungen an Werkstoffe

Werkstoffe für Dachdeckungen, Abdichtungen und Außenwandbekleidungen einschließlich aller zugehörigen Schichten müssen für den jeweiligen Anwendungsfall geeignet und aufeinander abgestimmt sein. Sie müssen frostbeständig sein und dürfen sich über die übliche Alterung hinaus nicht ungewöhnlich schnell verändern. Sie müssen sich unter bauüblichen Bedingungen ohne ungewöhnliches Risiko oder Erschwernisse sicher verarbeiten lassen.

5.8 Anforderungen an Dachdeckungen

(1) Dachdeckungen müssen regensicher sein. Das wird im Normalfall erreicht, wenn die in den Fachregeln angegebenen werkstoffabhängigen Regeldachneigungen und Werkstoffüberdeckungen eingehalten werden. Bei Unterschreitung der Regeldachneigung müssen zusätzliche Maßnahmen, z. B. Unterdächer, Unterdeckungen, Unterspannungen, geplant und ausgeführt werden.

(2) Durch extreme Witterungseinwirkungen, wie z. B. Treibregen, Flugschnee, Vereisungen und Schneeablagerungen, örtliche Gegebenheiten, klimatische Verhältnisse, steile oder flache Dächer, lange Sparren, Dachverschneidungen etc. kann kurzfristig bzw. vorübergehend Niederschlagsfeuchte unter die Dachdeckung gelangen und zu Durchfeuchtungen der darunterliegenden Räume führen. Derartige Einwirkungen können nur ausgeschlossen werden, wenn zusätzliche Maßnahmen, wie z. B. Unterdächer, Unterdeckungen, Unterspannungen, geplant und ausgeführt werden.

5.9 Anforderungen an Abdichtungen

(1) Abdichtungen müssen wasserdicht sein. Aufgrund unterschiedlicher Anforderungen sind Dachabdichtungen und Bauwerksabdichtungen zu unterscheiden.

(2) Dachabdichtungen müssen bis zur Oberkante der An- und Abschlüsse wasserdicht sein. Dies erfordert auch wasserdichte Anschlüsse an Dachdurchdringungen sowie die Einhaltung bestimmter Anschlußhöhen.

(3) Bauwerksabdichtungen werden in der Regel als abdichtende Maßnahme zwischen zwei starren Schichten ausgeführt und sind deshalb später nicht mehr frei zugänglich. Im Normalfall sind die thermischen Beanspruchungen nur gering, mechanische Beanspruchungen werden durch Schutzmaßnahmen gemindert. Diese Vorgaben gelten auch für die wasserdichte Ausführung der An- und Abschlüsse sowie Durchdringungen.

5.10 Anforderungen an Außenwandbekleidungen

Außenwandbekleidungen müssen das Außenbauteil Wand vor Witterungseinwirkungen schützen und Durchfeuchtungen innerer Schichten vermindern oder vermeiden.

5.11 Anforderungen an ausgebaute Dachgeschosse

(1) Durch den Dachausbau werden die unterhalb des Daches befindlichen Räume einer Gebäudenutzung zugeführt, die der Nutzung von Räumen in Normalgeschossen gleichzusetzen ist und deshalb den gleichen Anforderungen unterliegen. Insbesondere müssen in gleicher Weise die bauaufsichtlichen Anforderungen, wie z. B. des Wärme-, Brand-, Schall- und Blitzschutzes sowie der Standsicherheit, beachtet werden.

(2) Den höheren Nutzungsanforderungen entsprechend soll keine Feuchtigkeit infolge Treibregen, Flugschnee, Vereisungen oder Schneeablagerungen eindringen, so daß Unterdächer, Unterdeckungen, Unterspannungen als zusätzliche Maßnahme geplant und ausgeführt werden müssen. Wasserdichtigkeit kann nur durch Abdichtungen oder durch Unterdächer mit eingebundener Konterlattung erreicht werden.

6 Pflege und Wartung

(1) Dachdeckungen, Abdichtungen und Außenwandbekleidungen müssen in gewissen Zeitabständen überprüft werden. Hierfür wird der Abschluß eines Inspektions- und Wartungsvertrages empfohlen, um die regelmäßige Überprüfung und Wartung der Bauteile sicherzustellen. Rechtzeitige Pflege kann die Lebensdauer verlängern und vor größeren Schäden bewahren.

(2) Pflege- und Wartungsmaßnahmen sind zur regelmäßigen Überprüfung der Bauteilflächen erforderlich, um evtl. Veränderungen, Beschädigungen oder Folgeschäden rechtzeitig festzustellen. Je früher Veränderungen oder Beschädigungen erkannt werden, um so geringer ist der erforderliche Aufwand für die Beseitigung von Folgeschäden und die Kosten für Reparaturen oder andere bestandserhaltende Maßnahmen.

(3) Die Aufgabe der Inspektion besteht in einer sach- und fachgerechten Überprüfung der vertraglich festgelegten Bauteilflächen, mit der Feststellung des Istzustandes insbesondere auf die Funktionstauglichkeit. Die Inspektion bezieht sich auf die Beschaffenheit der freiliegenden Werkstoffe und auf die sichtbaren Veränderungen durch äußere Einwirkungen.

(4) Eine Wartung beinhaltet die Aufrechterhaltung der Funktionsfähigkeit von Systemteilen, Einbauteilen und bauteilüblicher Elemente, wie z. B. Entwässerungseinrichtungen, Lüftungen, Abdeckungen, Einfassungen u. ä. Die Wartung schließt das Entfernen von funktionsbeeinträchtigenden Schmutzablagerungen ein.

(5) Zusätzliche Funktionsprüfungen haben zur Aufgabe, bestimmte Anlagenteile auf ihre bestimmungsgemäße Funktionstauglichkeit zu überprüfen.

Deutsches Dachdeckerhandwerk
– Regelwerk –

Fachregel für Metallarbeiten

im Dachdeckerhandwerk

Aufgestellt und herausgegeben vom

Zentralverband
des Deutschen Dachdeckerhandwerks
– Fachverband Dach-, Wand- und Abdichtungstechnik – e.V.

Ausgabe Juni 2017 mit Änderungen März 2020

RM Rudolf Müller

Vorgänger

Fachregel für Metallarbeiten im Dachdeckerhandwerk	Februar 1999 mit Änderungen März 2003
Fachregel für Metallarbeiten im Dachdeckerhandwerk	März 2006
Fachregel für Metallarbeiten im Dachdeckerhandwerk	März 2011
Fachregel für Metallarbeiten im Dachdeckerhandwerk	Juni 2017

© Alle Rechte bei der D + W-Service GmbH für Management, PR und Messewesen, Köln 2020.
Nachdruck und Vervielfältigung, auch auszugsweise, nur mit Genehmigung der D + W-Service GmbH und des Verlages gestattet.

Inhaltsverzeichnis

1 Allgemeines

1.1 Geltungsbereich

(1) Diese Fachregel gilt für das Herstellen und Anbringen von

- Metalldeckungen von Dach- und Wandflächen aus Bändern, Tafeln und Deckenelementen,
- Vorrichtungen zum Ableiten von Oberflächenwasser, z.B. Traufen, Rinnen, Rohre, Kehlen,
- Dachanschlüssen an z.B. aufgehenden Wänden, Schornsteinen, Fenstern, Einfassungen von z.B. Dachdurchdringungen, Einbauteilen,
- Abdeckungen, z.B. Mauer-, Gesims-, Fensterabdeckungen.

(2) Diese Fachregel gilt auch für die Dachentwässerung mit Dachrinnen, Regenfallrohren, Traufwinkeln und Zubehörteilen aus Kunststoff.

(3) Eventuell abweichende Angaben in werkstoffspezifischen Fachregeln des Dachdeckerhandwerks in Bezug auf Anschlusshöhen, Überdeckungen o.Ä. sind einzuhalten.

1.2 Begriffe

1.2.1 Anstrich

Anstriche werden zum Schutz der Metalle gegen Korrosionseinflüsse oder aus farbgestalterischen/ästhetischen Gründen nach Vorbehandlung des Metalls meist handwerklich aufgetragen. Sie müssen in regelmäßigen Abständen erneuert werden. Die Materialverträglichkeit ist zu beachten.

1.2.2 Bauteil

Ein Bauteil beschreibt einen Teil eines Gebäudes oder einer Fläche.

1.2.3 Beschichtung

Beschichtungen haben die gleiche Aufgabe wie Anstriche. Sie werden meist bei größeren Flächenteilen industriell bei besonderer Untergrundvorbehandlung hergestellt.

1.2.4 Bewegungsausgleich

Bewegungsausgleicher müssen im Temperaturbereich von ca. –20 °C bis +80 °C ein schadloses Ausdehnen, Zusammenziehen und Verschieben der betreffenden Einzellängen ermöglichen (Zwängungsfreiheit).

1.2.5 Blende

Mit Blende bezeichnet man senkrechte Abdeckungen aus Metall, z.B. unterhalb des Metall-Dachabschlussprofils, unter vorgehängten Dachrinnen oder als Bekleidung innen liegender Dachrinnen.

1.2.6 Dachgraben

Mit Dachgraben bezeichnet man die Verschneidungslinie zweier giebelständiger Gebäude oder Gebäudeteile sowie die Kehle bei Sheddächern.

1.2.7 Deckunterlage

Mit Deckunterlage bezeichnet man konstruktive Bauteile, auf oder an denen die Metalldeckungen mit ihren Details befestigt werden.

1.2.8 Einzellänge

Eine Einzellänge beschreibt die Länge eines Bleches, das an Bauteilen angebracht wird.

1.2.9 Falz

Der Falz ist die Verbindung zweier aneinanderliegender Kantungen. Man unterscheidet einfache und doppelte, liegende und stehende Falze.
Der Wasserfalz ist die Rückkantung an Dachrinnen-Rückseiten, Kehlseiten u.a.

1.2.10 Flussmittel

Flussmittel werden beim Löten verwendet. Sie sorgen für eine gute Reinigung und Benetzung der Bleche im Nahtbereich, um die Haftfähigkeit des Lotes zu gewährleisten oder zu erhöhen, sowie für eine wirkungsvolle Abdeckung gegen Sauerstoffzutritt.

1.2.11 Gefällestufe

Die Gefällestufe ist ein horizontaler Höhenversatz zur Aufnahme von Längenänderungen.

1.2.12 Gliederbogen

Der Gliederbogen ist Teil der Regenfallleitung zur Überbrückung von Traufenüberständen. Er besteht aus zusammengelöteten, gefalzten oder tiefgezogenen, einwärts oder auswärts geschwungenen Rohrteilstücken.

1.2.13 Haft

Hafte oder Haftstreifen dienen der indirekten Befestigung von Metalldeckungen sowie Abdeckungen, Kehlen und An-/Abschlüssen aus Metall. Man unterscheidet Fest- und Schiebehafte. Es wird unterteilt in Zahnhaft, Plattenhaft, Federhaft u.a.

1.2.14 Hauptwetterrichtung

Hauptwetterrichtung ist die Richtung, aus der ein Gebäude durch Witterungseinflüsse am meisten beansprucht wird.

1.2.15 Korrosionsbeständig

Korrosionsbeständige Werkstoffe sind solche, die unter normalen atmosphärischen Bedingungen gegen Korrosion resistent sind.

1.2.16 Korrosionsgeschützt

Korrosionsgeschützte Werkstoffe sind solche, die mit einer Schutzschicht oder einem Überzug aus korrosionsbeständigem Material versehen sind.

1.2.17 Lot

Beim Löten werden die zu verbindenden Bleche durch ein Zusatzmetall (das Lot) verbunden. Das Lot hat eine niedrigere Schmelztemperatur als die zu verbindenden Bleche. Beim Weichlot beträgt die Arbeitstemperatur bis 450 °C je nach Zusammensetzung des Lotes, beim Hartlot liegt die Arbeitstemperatur über 450 °C.

1.2.18 Niederschlagsfeuchtigkeit, aufsteigend

Niederschlagsfeuchtigkeit, die bei flacher Dachneigung in der Wasserebene durch Winddruck und Wirbelbildung und im Überdeckungsbereich durch Kapillarwirkung entgegen der Gefällerichtung aufsteigt.

1.2.19 Notentwässerung

Notentwässerungen sollen im Versagensfall der Hauptabläufe die Entwässerung sicherstellen. Sie müssen Regenspenden, die größer sind als der Berechnungsregen, bis zur Größe des Jahrhundertregens schadlos abführen können.

1.2.20 Patina

Unter einer Patina versteht man die Schutzschicht, mit der sich Kupfer und andere Nichteisenmetalle unter atmosphärischen Einflüssen überziehen. Die Patina kann je nach atmosphärischen Bedingungen unterschiedlich ausgebildet sein.

1.2.21 Rinneneinlaufblech

Ein Rinneneinlaufblech leitet das anfallende Niederschlagswasser an der Dachtraufe in die Dachrinne.

1.2.22 Rinnenheizung

Rinnen- oder Dachflächenheizungen sind selbstregelnde, elektrische, über Temperatur- und/oder Feuchtefühler gesteuerte Heizanlagen, die eingesetzt werden, um Vereisungen zu verhindern.

1.2.23 Schar

Mit Schar bezeichnet man die sichtbare Deckbreite und die Decklänge von Bändern oder Tafeln, die für die Deckung von Dachflächen, Außenwandbekleidungen oder Blenden Verwendung finden.

1.2.24 Schichtstück

Ein Schichtstück (Nocke) ist ein gekantetes Anschluss-Blechstück, dessen Länge von der Überdeckung der Nocken untereinander abhängt und mindestens der Länge des jeweiligen Deckwerkstoffes entsprechen muss.

1.2.25 Schwanenhals

Der Schwanenhals besteht aus 2 oder mehreren gefertigten Rohrbögen.

1.2.26 Sicherheitsrinne

Sicherheitsrinnen sind eigenständige Entwässerungsvorrichtungen, z.B. unter innen liegenden Dachrinnen oder Dachgräben.

1.2.27 Sockelknie (Mauerversprung)

An Gesimsen, Wand- oder Gebäudeversprüngen werden industriell oder manuell hergestellte Sockelkniestücke eingesetzt.

1.2.28 Traufblech

Das Traufblech ist das Anschlussblech an der Traufe. Es kann die Aufgabe des Rinneneinlaufbleches, Vorstoßbleches oder des Tropfbleches erfüllen.

1.2.29 Trennschicht

Eine Trennschicht ist vorzusehen, wenn schädigende Einflüsse aus der Unterkonstruktion nicht auszuschließen sind.

1.2.30 Tropfblech

Ein Tropfblech ist ein Traufblech, das an der Dachtraufe das anfallende Niederschlagswasser oder Schmelzwasser von Zusatzmaßnahmen ableitet.

1.2.31 Umschlag

Beim Umschlag wird eine Kantung von 180° ausgeführt.

1.2.32 Unterkonstruktion

Mit Unterkonstruktion bezeichnet man alle konstruktiven Schichten des Dach- bzw. Wandaufbaus einschließlich der bauphysikalisch erforderlichen Schichten und der Deckunterlage.

1.2.33 Vorbewitterung

Die Vorbewitterung bei Zink und die Vorpatinierung bei Kupfer und Aluminium sind industrielle Verfahren zur Oberflächengestaltung.

1.2.34 Vorstellblech (Rinnenblende)

Ein Vorstellblech ist die äußere Bekleidung einer Gesimsrinne.

1.2.35 Vorstoßblech

Ein Vorstoßblech ist ein durchgehender Haftstreifen bzw. Haftwinkel und dient zur indirekten Befestigung bzw. zum Einhang des Traufblechs bei der Metalldeckung.

1.2.36 Wasserdicht

Wasserdichte Verbindungen werden – bei fachgerechter Verarbeitung – durch Löten, Schweißen und Kleben erreicht.

1.2.37 Wasserfalz

Beim Wasserfalz erfolgt eine Kantung über einer runden oder kantigen Schiene nicht aufliegend.

1.2.38 Wasserkasten

Der Wasserkasten dient als Sammler und Ableiter von Oberflächenwasser oder auch als Bewegungsausgleich.

1.2.39 Wulst

Der Wulst dient zur Aussteifung von Blechrändern an Dachrinnenvorderkanten u.a. Er kann rund sein oder aus mehreren Kantungen bestehen.

1.2.40 Untergeordnete Gebäude

Untergeordnete Gebäude haben einen geringeren Schutzbedarf bezogen auf die Regensicherheit. Zu untergeordneten Gebäuden gehören z.B. Carport, Scheunen, Lagerschuppen u.a.

1.3 Gestaltungshinweise

(1) Bei der Planung und Ausführung von Dachdeckungen, Dachabdichtungen und Außenwandbekleidungen in Verbindung mit Bändern, Tafeln und Bauteilen aus Metall ist auf werkstoffgerechte Anwendung zu achten. Temperaturbedingte Längenänderungen der Metall- bzw. Kunststoffteile sind zu berücksichtigen.

(2) Metalle sind diffusionsdicht. Die daraus resultierenden bauphysikalischen Gegebenheiten sind durch geeignete Maßnahmen zu berücksichtigen. Dies gilt z.B. für den konstruktiven Aufbau, die Führung von Lüftungsebenen (siehe „Merkblatt Wärmeschutz bei Dach und Wand") oder die Wahl von Unterlagen.

(3) Unbelüftete Dächer in Holzbauweise mit Vollsparrendämmung ohne Hinterlüftung der Deckunterlage bzw. der Metalldeckung haben sich in der Praxis als sehr schadensträchtig gezeigt. Solche Bauteile sind als Sonderkonstruktion zu betrachten.

(4) Bei allen mit Metall gedeckten Flächen können Knackgeräusche durch Temperaturunterschiede entstehen. In Abhängigkeit von dem verwendeten Metall und der Materialstärke treten diese Geräusche in unterschiedlicher Intensität auf. Um Trommel-, Wind- und Knackgeräusche zu mindern, sind bereits bei der Planung geeignete Sondermaßnahmen vorzusehen.

(5) Bei innen liegenden Rinnen sollte bei einer besonderen Schutzwürdigkeit des Gebäudes eine Sicherheitsrinne mit eigener Entwässerung, die im Einzelfall für sich alleine die gesamte anfallende Niederschlagsmenge ableiten kann, geplant werden.

2 Werkstoffe und Anforderungen

2.1 Metalle

(1) Bei der Verwendung von Metallen untereinander ist wegen Kontaktkorrosion und Korrosion in Fließrichtung des Wassers ihre Verträglichkeit zu beachten. Die möglichen Kombinationen sind in Tabelle I.1 aufgeführt.

(2) Metalle und andere Werkstoffe müssen in Bezug auf evtl. korrosionsfördernde Einflüsse der Werkstoffe auf das Metall aufeinander abgestimmt sein. Gegebenenfalls sind Trennungen, Schutzschichten oder Schutz-/Korrosionsschutzanstriche nötig.

(3) In Abhängigkeit von der Art des Metalls und dessen Verwendung sind die Mindestdicken der Tabelle I.2 zu beachten. Für die Anwendung von Edelstahl gilt Tabelle I.3.

(4) Ausdehnungsverhalten und Mindestverarbeitungstemperaturen sind zu beachten.

(5) Um Rissbildungen zu vermeiden, sollten Kantungen nicht scharfkantig hergestellt werden.

(6) Die Hersteller von verzinntem nichtrostendem Stahl fordern neigungsunabhängig, zusätzliche dichtende Maßnahmen.

(7) Es ist zu beachten, dass herstellerabhängig zusätzlich für alle Edelstahlmaterialien neigungsunabhängige Dichtmaßnahmen gefordert werden.

2.2 Werkstoffe für Verbindungen

(1) Für das Weichlöten von Metallen sind geeignete Flussmittel und Lote zu verwenden (siehe Tabelle I.4).

(2) Für das Hartlöten von Metallen sind geeignete Flussmittel und Lote zu verwenden (siehe Tabelle I.5).

(3) Für das Schweißen von Metallen wird ein Schweißzusatz aus dem gleichen oder einem ähnlichen Werkstoff benötigt.

(4) Für das Nieten von Metallen werden entweder Vollniete oder Zugniete aus Kupfer, Aluminium oder Edelstahl mit einem der Werkstoffdicke angepassten Nietdurchmesser verwendet (siehe Abb. III.1). Zugniete mit Stahlstiften sind unzulässig.

(5) Werden zwängungsfrei Bleche mit Schrauben verbunden, so sind diese in Werkstoff, Durchmesser, Schraubenlänge und Schraubengeometrie auf die zu verbindenden Bleche abzustimmen.

(6) Kleber für Verbindungen müssen auf die zu verbindenden Werkstoffe abgestimmt sein.

2.3 Werkstoffe für Befestigungen

(1) Die Befestigungselemente müssen mindestens korrosionsgeschützt und mit dem Werkstoff, der Imprägnierung, einem vorbeugenden chemischen Holzschutz und der Deckunterlage des Tragewerks dauerhaft verträglich sein (siehe Tabelle I.6).

(2) Direkt der Witterung und in Bereichen mit ständig hoher Luftfeuchtigkeit ausgesetzte Befestigungselemente müssen korrosionsbeständig sein.

(3) Bei Verwendung von Klebern für die Befestigung von Metallbauteilen sind die Herstellerangaben zu beachten.

2.4 Werkstoffe für Deckunterlagen

2.4.1 Holz

(1) Für die Verwendung von Holz sind die „Hinweise Holz und Holzwerkstoffe“ zu beachten.

Für die Ausführung von belüfteten und unbelüfteten Konstruktionen ist das „Merkblatt Wärmeschutz bei Dach und Wand“ zu beachten.

(2) Holzschutzmittel und Verleimungen von Holz dürfen nicht schädigend auf die verwendeten Metalle einwirken. Gegebenenfalls sind geeignete Trennlagen anzuordnen.

Holz muss bei der Ausführung mindestens eine Nenndicke von 24 mm aufweisen. Schalungen aus Brettern müssen mindestens der Sortierklasse S 10 nach der DIN 4074-1[1] entsprechen. Ein Durchstoßen der Nagelspitzen durch die Schalung ist nicht immer zu verhindern.

(3) Die Breite der Bretter oder Bohlen soll zwischen 100 und 160 mm betragen. Bei gekrümmten Dachflächen können schmalere Bretter oder Bohlen erforderlich werden.

(4) Die Schalung ist rechtwinklig oder diagonal zum Scharenverlauf anzubringen, um die Befestigung von Haften an verschiedenen Brettern zu ermöglichen. Ausnahmen sind z.B. Mauerabdeckungen oder Schornsteinbekleidungen.

2.4.2 Holzwerkstoffe

(1) Für die Verwendung von Holzwerkstoffen sind die „Hinweise Holz und Holzwerkstoffe" zu beachten.

Für die Ausführung von belüfteten und unbelüfteten Konstruktionen ist das „Merkblatt Wärmeschutz bei Dach und Wand" zu beachten.

(2) Holzschutzmittel und Verleimungen von Holzwerkstoffen dürfen nicht schädigend auf die verwendeten Metalle einwirken. Gegebenenfalls sind geeignete Trennlagen anzuordnen.

(3) Schalungen aus Holzwerkstoffen, auf denen eine Dachdeckung direkt befestigt wird, müssen mindestens 22 mm dick sein. Ein Durchstoßen der Nagelspitzen durch die Schalung ist nicht immer zu verhindern.

Tabelle 1: Mindestdicken von Holzwerkstoffplatten

Nenndicke von Holzwerkstoffschalungen in mm	Achsabstand der Unterkonstruktion in m
≥ 22	$\leq 0{,}80$
≥ 25	$\leq 1{,}0$

(4) Die maximale Kantenlänge von 2,50 m darf nicht überschritten werden. Die DIN 68800-1[2] ist einzuhalten. Nach DIN EN 1995-1-1[3] sind Fugen zwischen den einzelnen Platten anzuordnen, da es sonst durch feuchte- und temperaturbedingte Längenänderungen der Platten zu Verwerfungen in der Metalldeckung kommen kann. Die Platten müssen im Verband verlegt werden.

(5) Holzwerkstoffe müssen für die Verwendung als Deckunterlage von Metalldeckungen für eine Verwendung in NKL 2 nach DIN EN 1995 bzw. „Hinweise Holz und Holzwerkstoffe" und für den Einsatz im Feuchtbereich nach DIN EN 13986[4] geeignet sein. Folgende Produkte dürfen danach verwendet werden:

- Massivholzplatten nach DIN EN 13353[5] (z. B.: SWP 2 tragend),
- Sperrholz und Furniersperrholz nach DIN EN 636[6] (z.B. Feucht (EN 636-2)),
- OSB nach DIN EN 300[7] (z.B. OSB/3, OSB/4),
- Spanplatten nach DIN EN 312[8] (z.B. P5, P7),
- zementgebundene Spanplatten nach DIN EN 634-2 (z.B. Klasse 1,2).

Faserplatten nach DIN EN 622-2[9] (z.B. HB (harte Faserplatten)) und DIN EN 622-3[10] (z.B. MBL, MBH) sind als tragende Unterkonstruktion nicht geeignet.

Der Einsatz von Holzwerkstoffen auch im überdeckten Bereich ist auf mögliche Schimmelpilzbildung und damit Nichteignung zu prüfen.

(6) OSB/3- und OSB/4-Platten nach DIN EN 300 und kunstharzgebundene Holzspanplatten nach DIN EN 312 der Technischen Klassen P5 und P7 dürfen nur bei vollständiger PMDI-Verleimung verwendet werden.

(7) Die Angaben der Metallhersteller bezüglich der Verwendung einer Trennlage mit einer Feuchteausgleichsschicht zwischen der Metalldeckung und der Holzwerkstoffplatte sind zu beachten (z.B. Systemaufbau).

(8) Es sind Trennlagen nach Abschnitt 2.5 zu verwenden.

(9) Beim Verkleben mit bitumenhaltigen Klebemassen, z.B. bei Mauerabdeckungen, Fensterblechen oder ähnlichen Bauteilen, ist keine weitere Trennlage erforderlich.

(10) Konstruktionen mit Metalleindeckungen sind so zu planen und auszuführen, dass eine unzuträgliche Feuchtezunahme vermieden wird (z.B. Systemaufbau).

2.4.3 Werkstoffe für nicht brennbare Deckunterlagen

(1) Bei Brandschutzanforderungen können nicht brennbare Deckunterlagen erforderlich werden (DIN 4102-4[11]). Dies sind z.B.:
- Beton, Estrich und Mauerwerk,
- mineralisch gebundene, nicht brennbare Spanplatten,
- druckfeste, nicht brennbare Wärmedämmung,
- Stahltrapezprofile, verzinkt und mit zusätzlich aufgebrachtem Korrosionsschutz.

(2) Bei Oberflächen von Beton, Estrich und Mauerwerk dürfen sich alkalische Einflüsse durch Restfeuchte nicht schädigend auf die Metalle auswirken. Gegebenenfalls sind Trennschichten zu verwenden.

2.5 Werkstoffe für Trennschichten

(1) Als Trennschichten können verwendet werden:
- Bitumenbahnen, fein besandet, auch in Kombination mit einer strukturierten Trennlage,
- Kunststoffbahnen, mit und ohne Struktur,
- geeignete Unterdeckbahnen,
- vollflächige Verklebungen.

(2) Nicht geeignet sind Bahnen, die zu einer unbeabsichtigten Verklebung mit dem Metall führen können.

(3) Grundsätzlich sollten für Trennschichten keine Feuchtigkeit aufsaugenden und/oder speichernden Materialien verwendet werden.

(4) Bei Verwendung von strukturierten Trennlagen muss die Hafthöhe an die Dicke der Strukturmatte angepasst werden. Die Schiebehafte dürfen sich im Gleitbereich nicht verformen. Strukturierte Trennlagen verbessern die Schalldämmung gegenüber Prall- und Trommelgeräuschen.

(5) Strukturierte Trennlagen müssen formbeständig sein.

(6) Wenn Trennlagen brandschutztechnische Anforderungen erfüllen müssen, ist deren Eignung nachzuweisen.

2.6 Werkstoffe für Durchdringungen und Einbauteile

Werkstoffe für Durchdringungen, Einfassungen und Einbauteile müssen mindestens korrosionsgeschützt und mit dem Deckwerkstoff, der Imprägnierung und der Unterkonstruktion dauerhaft verträglich sein.

2.7 Werkstoffe für Anstriche/Beschichtungen

Anstriche auf Metallen sind möglich. Zur Verwendung kommen geeignete Anstriche und Beschichtungsmittel in Abstimmung mit den Herstellern der zu schützenden Metalle.

2.8 Einflüsse aus der Umgebung

Die nachstehenden Ausführungen sollen eine erste allgemeine Beurteilung von korrosiven Einflüssen aus der Umgebung auf die verwendeten Werkstoffe ermöglichen. Die sich daraus ergebenden Konsequenzen für die Verwendungsmöglichkeit der verschiedenen Baumetalle sollten mit den Metallherstellern abgestimmt werden.

---

[11] DIN 4102-4 Brandverhalten von Baustoffen und Bauteilen – Teil 4: Zusammenstellung und Anwendung klassifizierter Baustoffe, Bauteile und Sonderbauteile

Tabelle 2: Einwirkungen auf die Korrosion

Kalk- und Zementmörtel, Beton[1] (frisch ausgeführt oder mit häufiger Feuchtigkeitseinwirkung), Abschwemmungen von Faserzement	alkalisch
Gipshaltige Mörtel und Baustoffe salzhaltige Holzschutzmittel, Druckimprägnierung	sauer alkalisch bis sauer
Humus (z.B. Dachbegrünungen)[1]	alkalisch bis sauer[2]
Kiesschüttungen, Sand und Ausgleichsschichtungen bei Belägen[1]	alkalisch bis sauer[2]
Stehendes Wasser (Niederschläge)[1]	schwach sauer (pH = 4,5–5,5)[1]
Einflussgrößen bei Dächern, Fassaden und Bauklempnerarbeiten	chemische Reaktion mit Feuchtigkeit
Rückstände von Alterungsvorgängen bei ungeschützten Bitumen-Dachbahnen, -Schindeln, -Anstrichen sowie Kunststoff-Bitumen-Bahnen (z.B. ECB)	stark sauer (pH = 1,8–2,5)[2]
Sekundär-Schwitzwasser und Tauwasser unter dem Blech[1]	schwach sauer[1]
Emissionen und Kondensat von Ölfeuerungen	stark sauer[2]
Emissionen und Kondensat von Gasfeuerungen	sauer[2]
Emissionen und Kondensat von Kohlefeuerungen	sauer[2]
Faulgase aus Kläranlagen bei Fallrohren	bis stark sauer
Bestimmte exotische Hölzer bzw. Holzschindeln (z.B. Red Cedar)	bis stark sauer
Bestandteile von Flachpressplatten (Spanplatten)	sauer bis stark alkalisch
Organische Ablagerungen auf flach geneigten Dächern (Laub usw.)	schwach alkalisch bis sauer[2]
Ablagerungen durch Industrie-Emissionen[1] mit Anreicherungen	alkalisch bis sauer[3]

1) Zusätzlich den verhinderten oder fehlenden Luftzutritt zur Werkstoffoberfläche bei Zink, Blei und Aluminium beachten
2) Zusätzlich Anreicherungsvorgänge je nach Umwelt- und Umgebungsbedingungen möglich
3) Abhängig von der Art der Emission und möglichen Anreicherungsvorgängen

3 Verbindungs- und Befestigungstechniken

3.1 Allgemeines

(1) Die Verbindung von Metallen untereinander muss werkstoffgerecht mit geeigneten Löt-, Schweiß-, Niet-, Schraub-, Klebe- oder Falzverbindungen erfolgen.

(2) Bei Verbindungen unterschiedlicher Metalle muss die Werkstoffverträglichkeit (Kontaktkorrosion) beachtet werden.

(3) Bei Lötverbindungen spielt die Legierung des Lotes und die Eignung der Flussmittel eine entscheidende Rolle, Herstellerangaben müssen beachtet werden.

(4) Je nach Anforderung an die Einzellänge erfolgt die Befestigung direkt oder indirekt (siehe Abschnitt 3.4).

3.2 Verbindungsarten

3.2.1 Weichlöten

(1) Weichlöten ist eine stoffschlüssige, wasserdichte Verbindung, die unter Einsetzung von Wärme (Arbeitstemperatur bis 450 °C), Flussmittel und Lot erstellt wird. Der Grundwerkstoff bleibt in festem Zustand, wobei das Lot in flüssigem Zustand den Lötspalt füllt. In der Naht kommt es in den Berührungsflächen zur Legierungsbildung, die die Festigkeit der Nahtstelle wesentlich mitbestimmt. Geeignete Weichlote und Flussmittel sind in Tabelle I.4 angegeben.

(2) Beim Weichlöten darf der Lötspalt nicht größer als 0,5 mm sein. Die gebundene Lötnaht darf im waagerechten Bereich 10 mm und im senkrechten Bereich 5 mm nicht unterschreiten. Ist eine zusätzliche Nietung erforderlich, beträgt die Überdeckung 30 mm (siehe Abschnitt 3.2.4).

(3) Beim Weichlöten von Kupfer mit einem Blei-Zinn-Weichlot ist eine zusätzliche Nietung erforderlich. Nur beim Weichlöten mit Zinn-Kupfer-Weichlot oder antimonfreiem Blei-Zinn-Weichlot kann auf eine zusätzliche Nietung verzichtet werden.

(4) Beim Weichlöten von Blei ist auf den Einsatz von entsprechenden Flussmitteln und Loten zu achten. Die Verbindung von Blei mit anderen Metallen kann, mit Ausnahme von Aluminium, durch den Einsatz von entsprechenden Flussmitteln und Loten erfolgen.

(5) Beim Weichlöten von Titanzink erfolgt die Wärmeübertragung mittels Lötkolben.

(6) Beim Weichlöten von nicht rostendem Stahl erfolgt die Wärmeübertragung mittels Lötkolben. Im Normalfall ist eine zusätzliche Nietung erforderlich. Auf eine zusätzliche Nietung kann verzichtet werden

- bei Verwendung von geeigneten Loten,
- bei nicht rostendem Stahl mit Zinnüberzug.

(7) Beim Weichlöten von verzinktem Stahl ist im Normalfall eine zusätzliche Nietung erforderlich. Bei Verwendung von geeigneten Loten und geeigneten Verzinkungsverfahren kann auf eine zusätzliche Nietung verzichtet werden.

(8) Beim Weichlöten von unterschiedlichen Metallen miteinander ist wegen des Korrosionsverhaltens die Tabelle I.1 zu beachten. Für die Verbindung sind Lote und Flussmittel nach Tabelle I.4 zu verwenden. Die Lötnaht sollte nur in Bereichen hergestellt werden, wo geringe Zugbelastungen auftreten.

3.2.2 Hartlöten

(1) Hartlöten ist eine stoffschlüssige, wasserdichte Verbindung, die unter Einsetzung von Wärme (Arbeitstemperatur über 450 °C), Flussmittel und Lot erstellt wird. Der Grundwerkstoff bleibt in festem Zustand, wobei das Lot in flüssigem Zustand den Lötspalt füllt. In der Naht kommt es in den Berührungsflächen zur Legierungsbildung, die die Festigkeit der Nahtstelle wesentlich mitbestimmt. Die Wärmeübertragung erfolgt unter Anwendung von Gas-Sauerstoff-Gemischen (offene Flamme). Verfärbungen im Nahtbereich sind unvermeidbar.

(2) Hartlöten erfordert bestimmte werkstoffspezifische Maßnahmen, die in den Verarbeitungsvorschriften der Hersteller festgelegt sind. Hartlöten lassen sich folgende Werkstoffe (siehe Tabelle I.5):

- Kupfer,
- Aluminium,
- nicht rostender Stahl,
- verzinkter Stahl.

3.2.3 Schweißen

(1) Schweißen ist das Vereinigen gleicher Werkstoffe in der Schweißzone unter Anwendung von Wärme und/oder Kraft ohne oder mit Schweißzusatz in Form von Schweißdrähten gleichen Werkstoffs.

Man unterscheidet folgende Arten:

- Autogenschweißung (Gas-Sauerstoff-Gemische),
- Lichtbogenschweißung (Elektrodenschweißen),
- Schutzgasschweißung (Lichtbogen plus Schutzgas).

Bei Anwendungen von Schweißtechniken sind die zurzeit gültigen Normen und Verarbeitungsrichtlinien zu beachten.

(2) Das Schweißen von Kupfer, vorzugsweise unter Schutzgas, wird vor allem bei Vorrichtarbeiten in der Werkstatt angewendet.

(3) Beim Schweißen von Blei wird i.d.R. das autogene Schweißverfahren angewandt. Je nach Einbausituation kommen Überdeckungs- und Stoßnähte zur Anwendung, die in verschiedenen Arbeitstechniken ausgeführt werden können.

(4) Zum Schweißen von Aluminium wird üblicherweise das Schutzgasschweißen durchgeführt. Autogenschweißen ist möglich.

(5) Schweißen von nicht rostendem Stahl wird unter Verwendung von Schutzgas und durch Lichtbogen ausgeführt. Eine weitere Verbindungstechnik ist das Rollnahtschweißen (Widerstandsschweißen).

3.2.4 Nieten

(1) Das Nieten ist eine kraftschlüssige Verbindung von gleichen oder unterschiedlichen Metallen (siehe Tabelle I.1). Der Nietabstand soll maximal 30 mm betragen. Der Nietabstand vom Blechrand darf 10 mm nicht unterschreiten (siehe Abb. III.2).

(2) Man unterscheidet folgende Verbindungen mit Voll- und Bechernieten:
- einreihige Nietung mit zusätzlicher Lötung,
- doppelreihige, versetzte Nietung mit Dichteinlage.

3.2.5 Falzen

(1) Falzverbindungen sind formschlüssige Verbindungen. Sie stellen eine regensichere, aber keine wasserdichte Verbindung dar. Je nach Ausführung ermöglichen sie die Aufnahme temperaturbedingter Längenänderungen.

(2) Zum Verbinden von Blechen können verschiedene Falztechniken zur Anwendung kommen. Man unterscheidet:
- einfacher Liegefalz,
- einfacher Liegefalz mit durchgehendem Haftstreifen,
- doppelter Liegefalz,
- einfacher Stehfalz,
- Winkelstehfalz,
- Doppelstehfalz

(siehe Abb. III.3 und Abb. III.4).

3.2.6 Verbinden mit Leisten

Die Verbindung mit Leistenfalzen ist durch die Verwendung einer Holzleiste und einer Leistenabdeckung gekennzeichnet (Abb. III.8).

3.2.7 Klebeverbindungen

Die Verbindung durch Kleben kann nur mit werkstoff- und systemgerechten Klebern erfolgen. Dichtmassen (Acryle, Silikone) sind dafür nicht geeignet.

3.3 Ausführungen von Bewegungsausgleichern

(1) Bewegungsausgleicher ermöglichen die Aufnahme temperaturbedingter Längenänderungen. Die Bewegungsausgleicher können als handwerkliche und/oder durch industriell hergestellte Ausführungen gestaltet werden (Abb. III.9 bis III.11).

(2) Voraussetzung für die Funktion der Bewegungsausgleicher ist die indirekte Befestigung der Blechbauteile.

(3) In Abhängigkeit von Metall, Bauteil und Einbausituation müssen Bewegungsausgleicher in festgelegten Abständen eingebaut werden. Handwerkliche Erfahrungswerte sind in Tabelle I.7 genannt.

3.4 Ausführungen der Befestigung

3.4.1 Direkte Befestigungen

(1) Bei der direkten Befestigung wird das Metall unmittelbar mit der Unterlage verbunden. Sie ist bei Einzellängen mit einer Länge ≤ 3,00 m im geneigten Bereich möglich (für Bauteile aus Blei gilt Tabelle I.8). Dabei sind die Befestigungsmittel, die der direkten Witterung ausgesetzt sind, mit Hauerbuckeln abzudichten. Bohrlöcher sind mit Übermaß auszuführen.

(2) Schrauben mit Dichtscheiben und andere Befestigungselemente, die der Witterung ausgesetzt sind, müssen korrosionsbeständig sein und dürfen nur bei wandseitigen Anschlüssen zum Einsatz kommen.

(3) Für großformatige Bauelemente gelten die bauaufsichtlichen und systembedingten Zulassungen.

3.4.2 Indirekte Befestigungen

(1) Bei indirekter Befestigung werden temperaturbedingte Längenänderungen aufgenommen und ein sicherer Verbund mit der Unterlage hergestellt.

Zur indirekten Befestigung dienen Halter, Hafte, Haftstreifen, Vorstoßbleche u.Ä. (Abb. III.6, Abb. III.7 und Tabelle I.6), die auf der Unterlage befestigt werden. Die Befestigungselemente müssen mindestens korrosionsgeschützt sein.

(2) Haftunterteile aus Werkstoffen mit höherer Festigkeit als das Deckmaterial müssen gerundete Ecken aufweisen.

(3) Bei strukturierten Trennlagen ist die Hafthöhe dem Wirrgelege anzupassen. Die Längenänderung der Scharen, bedingt durch thermische Einflüsse, darf nicht behindert werden. Die Schiebehafte dürfen sich im Gleitbereich nicht verformen.

Der Abstand der Hafte sowie Anzahl und Art der Befestigung richten sich nach dem Bauteil, der Gebäudehöhe und den Windsoglasten (Anhang II Abschnitt 5).

Die Befestigung mit plastischem bzw. elastischem Kleber erfolgt nach Herstellerangaben.

4 Metalldeckungsarten

4.1 Allgemeines

(1) Die verschiedenen Baumetalle finden in Form von Bändern und Tafeln sowie industriell vorgefertigten profilierten Scharen in allen Bereichen des Bauens Anwendung. Art der Unterkonstruktion, Be- und Entlüftung, behördliche Anforderungen und Auflagen (z.B. die EnEV[12]) sowie sonstige Vorschriften bzw. denkmalpflegerische Belange sind zu beachten.

(2) Deckungsarten unterscheidet man in

- selbsttragende Metalldeckungen,
- nicht selbsttragende Metalldeckungen,
- Sonderausführungen.

(3) Kuppeln und Paraboloide werden als unterschiedlich geneigte belüftete und nicht belüftete Konstruktionen ausgeführt. Für die Bemessung der Luftschichthöhe sind folgende Faustregeln zu beachten:

- 1 m Sparrenlänge = 1 cm durchströmte Luftraumhöhe.
- Der durchströmte Luftraum, senkrecht zur Dachneigung gemessen, sollte mindestens 6 cm betragen.

4.2 Selbsttragende Metalldeckungen

4.2.1 Anforderungen an selbsttragende Metalldeckungen

(1) Selbsttragende Metalldeckungen bestehen aus maschinell vorgeformten Blechbahnen unterschiedlicher Länge und Breite, die aufgrund ihrer Profilierung oder Verfalzung in der Lage sind, auftretende Beanspruchungen in Form von Wind-, Schnee-, Verkehrslasten aufzunehmen und zu übertragen. Sie erfordern daher keine vollflächigen Deckunterlagen. Der Abstand der Auflager muss entsprechend den Werkstoffdicken, der Biegefestigkeit des verwendeten Metalls und der Form und Höhe des Profils oder der Verfalzung ausgeführt werden. Zur Aufnahme von Punktbelastungen sind ggf. geeignete Maßnahmen vorzusehen.

(2) Bestehende Verarbeitungsrichtlinien der Systemhersteller sind zu beachten. Die Tragsicherheit und Gebrauchstauglichkeit ist vom Hersteller nachzuweisen.

(3) Unterschieden wird zwischen groß- und kleinformatigen Elementen. Zu den kleinformatigen Elementen zählen:

- Elemente $\leq$ 0,4 m^2 und
- Masse $\leq$ 5,0 kg.

(4) Die Verwendung von großformatigen Deckelementen ist abhängig von der Dachneigung. Für die Überdeckung ist Tabelle 3 zu berücksichtigen.

[12] EnEV Verordnung über energiesparenden Wärmeschutz und energiesparende Anlagentechnik bei Gebäuden (Energieeinsparverordnung)

(5) Bei selbsttragenden großformatigen Metalldeckungen über ausgebauten Dächern sind als zusätzliche regensichernde Maßnahme zum Schutz der Wärmedämmung gegen abtropfendes Wasser sowie gegen Flugschnee und Treibregen mindestens Unterspannungen (siehe „Merkblatt für Unterdächer, Unterdeckungen, Unterspannungen") einzubauen.

Tabelle 3: Zuordnung von Überdeckungen (Querstoß) bei Deckungen mit selbsttragenden, großformatigen Elementen[1)]

Profiltafeln als Dachdeckung	
Dachneigung in Grad	Überdeckungslänge in mm
3 (Mindestdachneigung) bis 5	ohne Querstoß und ohne Durchdringungen
5 bis 7	200 mit zusätzlichen Maßnahmen
7 (Regeldachneigung)	200
≥ 7	200
≥ 12	150
≥ 20	100
Bei Dachneigungen ≤ 15° sind geeignete Dichtbänder vorzusehen (IFBS-Fachregeln des Metallleichtbaus 1.02, 1.03 und 4.02).	
1) Bei wasserführendenden Dach-Trapezprofilen mit Dachneigungen ≤ 7° ist eine durchlaufende geeignete Dichtung im Längsstoß vorzusehen.	

(6) Bei belüfteten Dachkonstruktionen kann es auf der Unterseite von selbsttragenden Metalldeckungen zur Kondensatbildung kommen. Wenn sich das Abtropfen dieses Wassers negativ auf die darunterliegenden Bauteilschichten oder den Innenraum auswirken kann, sind Maßnahmen zur Ableitung dieses Wassers zu planen und auszuführen.

(7) Die Regeldachneigung von Metalldeckungen mit selbsttragenden, kleinformatigen Elementen beträgt 22°. Herstellerseitige Einschränkungen der Regeldachneigung sind zu berücksichtigen. In Abhängigkeit von den Anforderungen an die Deckungen sind zusätzliche regensichernde Maßnahmen nach Tabelle 4 und Tabelle 5 erforderlich.

Tabelle 4: Zuordnung von zusätzlichen regensichernden Maßnahmen bei Deckungen mit selbsttragenden, kleinformatigen Elementen auf Schalung, außer bei untergeordneten Gebäuden

Dachneigung	Anforderung	Zusatzmaßnahme[1)]
≥ 22°, ≥ RDN	keine erhöhten Anforderungen	Klasse 4 Vordeckung
	1 erhöhte Anforderung	
	2 erhöhte Anforderungen	
	3 erhöhte Anforderungen	
1) entsprechend „Merkblatt für Unterdächer, Unterdeckungen, Unterspannungen"		

Tabelle 5: Zuordnung von zusätzlichen regensichernden Maßnahmen bei Deckungen mit selbsttragenden, kleinformatigen Elementen auf Lattung oder offener Brettschalung, außer bei untergeordneten Gebäuden

Dachneigung	Anforderung	Zusatzmaßnahme[2]
≥ 22°, ≥ RDN	keine erhöhten Anforderungen	Klasse 6
	1 erhöhte Anforderung	
	2 erhöhte Anforderungen	Klasse 5
	3 erhöhte Anforderungen	Klasse 4
≥ 18° < 22° ≥ (RDN-4°)	keine weitere erhöhte Anforderung	
	1 weitere erhöhte Anforderung	
	2 weitere erhöhte Anforderungen	Klasse 3
	3 weitere erhöhte Anforderungen	
≥ 14° < 18° ≥ (RDN-8°)	keine weitere erhöhte Anforderung	
	1 weitere erhöhte Anforderung	
	2 weitere erhöhte Anforderungen	
	3 weitere erhöhte Anforderungen	Klasse 3[1]
≥ 12° < 14° ≥ (RDN-10°)	keine weitere erhöhte Anforderung	Klasse 2
	1 weitere erhöhte Anforderung	
	2 und mehr weitere erhöhte Anforderungen	Klasse 1
≥ 10° < 12° ≥ (RDN-12°)		Klasse 1

[1] Nur zulässig, wenn ein Nachweis hinsichtlich der Funktionssicherheit der verwendeten Produkte einschließlich des Zubehörs (Dichtbänder, Klebebänder, Dichtungsmassen, vorkonfektionierte Nahtsicherung u.a.) im Rahmen einer Schlagregenprüfung herstellerseitig erfolgt ist. Andernfalls ist die nächsthöhere Klasse zu wählen.

[2] entsprechend „Merkblatt für Unterdächer, Unterdeckungen, Unterspannungen"

Klasse 1: wasserdichtes Unterdach (Tabelle 1 Zeile 1.1 des Merkblattes)
Klasse 2: regensicheres Unterdach (Tabelle 1 Zeile 1.2 des Merkblattes)
Klasse 3: naht- und perforationsgesicherte Unterdeckung (Tabelle 1 Zeile 2.1 des Merkblattes) oder naht- und perforationsgesicherte Unterspannung (Tabelle 1 Zeile 3.1 des Merkblattes)
Klasse 4: verschweißte oder verklebte Unterdeckung (Tabelle 1 Zeile 2.2 des Merkblattes) oder überdeckte Unterdeckung mit Bitumenbahnen (Tabelle 1 Zeile 2.3 des Merkblattes) oder nahtgesicherte Unterspannung (Tabelle 1 Zeile 3.2 des Merkblattes)
Klasse 5: überlappte/verfalzte Unterdeckung (Tabelle 1 Zeile 2.4 des Merkblattes) oder nahtgesicherte Unterspannung (Tabelle 1 Zeile 3.2 des Merkblattes)
Klasse 6: Unterspannung (Tabelle 1 Zeile 3.3 des Merkblattes)

Mindestdachneigung: 10°

Ergeben sich gemäß Tabelle 5 mehr als 3 weitere erhöhte Anforderungen, so empfiehlt es sich, höherwertige Zusatzmaßnahmen zu wählen.

Erhöhte Anforderungen ergeben sich aus:

- konstruktiven Besonderheiten,
- Nutzung des Dachgeschosses, insbesondere zu Wohnzwecken,
- klimatischen Verhältnissen,
- örtlichen Bestimmungen

(siehe auch „Grundregel für Dachdeckungen, Abdichtungen und Außenwandbekleidungen", Kapitel 4 „Einwirkungen und Beanspruchungen").

4.2.2 *Trapezprofile*

(1) Trapezprofile bestehen im Querschnitt aus einer Reihe von trapezförmigen geometrischen Figuren mit 2 parallelen Seiten. Die parallelen Seiten bilden Ober- und Untergurt und die angewinkelten Seiten bilden die dazwischenliegenden Stege. Gurte und Stege können durch längs verlaufende Sicken ausgesteift sein. Es gibt Profile in verschiedenen Abmessungen, mit breiten oder schmalen Gurten und mehr oder weniger stark geneigten Stegen.

(2) Das Trapezprofil wird als Deckung mit dem breiten Gurt als Untergurt verlegt, um einen ungehinderten Abfluss des Regenwassers zu gewährleisten. Die Überdeckung des Längsstoßes liegt oben.

(3) Die Profilform mit evtl. vorhandenen Sicken muss Quer- und Längsstöße ermöglichen.

(4) Auf der Unterkonstruktion werden die Trapezprofile vorzugsweise in den Obergurten befestigt. Hier werden meist Kalotten und Dichtscheiben oder Schrauben mit Dichtscheiben und Stützgewinde verwendet. Bei der Befestigung in den Untergurten mit Schrauben und Dichtscheiben sind die jeweiligen Herstellerrichtlinien zu beachten und eine regelmäßige Wartung ist erforderlich.

4.2.3 *Industriell hergestellte Stehfalzprofile*

Industriell hergestellte Stehfalzprofile sind Systeme, die ohne vollflächig wirksame Unterkonstruktionen, z.B. auf Auflager, verlegt werden können. Die Abstände der Auflager sind gemäß der Herstellerrichtlinie bzw. der statischen Berechnung festzulegen. Die Verbindung der Profiltafeln mit der Unterkonstruktion erfolgt über Haltekonstruktionen (Halter, Clips usw.), in die die Profiltafeln eingehängt, geklemmt, gedreht, gekippt usw. werden. Für industriell vorgefertigte Stehfalzsysteme sind bauaufsichtliche Zulassungen erforderlich.

4.2.4 *Sandwich-Elemente*

Sandwich-Elemente bestehen aus 2 metallischen Deckschichten und einem Kern aus Wärmedämmstoff (Mineralfasern, Hartschaum o.a.). Ihre Tragfähigkeit beruht auf dem kraftschlüssigen Zusammenwirken von Deckschichten und Kern. Profiltafeln mit wärmedämmender Schicht, auf deren Unterseite die zweite Deckschicht fehlt oder nur aus einer Folie, Papier o.Ä. besteht, sind nicht in diese Kategorie einzuordnen. Sandwich-Elemente für Dachdeckungen haben zumeist als obere Deckschicht ein Trapezprofil, deshalb gelten die Aussagen wie in Abschnitt 4.2.2 beschrieben. Die bauaufsichtlichen Anforderungen sind zu beachten.

4.2.5 *Wellprofile*

Profiltafeln aus Wellprofilen bestehen aus einer Reihe von bogenförmigen Wellenbergen und Wellentälern, die mit tangential angeordneten Stegen miteinander verbunden sind. Die Profilform muss Quer- und Längsstöße ermöglichen. Im Wesentlichen gelten die gleichen Aussagen wie für Trapezprofile (siehe Abschnitt 4.2.2).

4.2.6 *Sonderprofile*

Sonderprofile sind Profile, die nicht nach den oben genannten Kriterien eingeordnet werden können. Sie bedürfen auf alle Fälle einer Beurteilung ihrer Brauchbarkeit durch die einschlägigen amtlichen Institutionen (z.B. bauaufsichtliche Zulassung).

4.2.7 *Statische Anforderungen an selbsttragende Metalldeckungen*

(1) Alle vorgenannten selbsttragenden Metalldeckungen müssen die äußeren Einwirkungen (z.B. Schnee, Windsog) an die tragende Konstruktion weiterleiten.

Der Nachweis der Standsicherheit (Auflagerabstand, Befestigung usw.) und die Ausführung der Metalldeckung müssen entsprechend den Technischen Baubestimmungen erfolgen.

(2) Bestehende Verarbeitungsrichtlinien der Systemhersteller sind unter Beachtung der anerkannten Regeln der Technik anzuwenden. Die Tragsicherheit und Gebrauchstauglichkeit der Metalldeckung ist vom Hersteller nachzuweisen.

(3) Für selbsttragende großformatige Bauelemente mit einem Auflageabstand von > 1,00 m erfolgt der Verwendbarkeitsnachweis durch Übereinstimmung mit Normen, die in der Bauregelliste des Deutschen Institutes für Bautechnik aufgeführt sind, oder durch Übereinstimmung mit einer allgemeinen bauaufsichtlichen Zulassung bzw. einem allgemeinen bauaufsichtlichen Prüfzeugnis. Die Bauprodukte müssen dann CE-gekennzeichnet sein, wenn sie harmonisierten europäischen Spezifikationen (z.B. EN-Normen) entsprechen.

(4) Da die Profilsysteme meistens aus dünnen Blechen bestehen, dürfen sie ausschließlich zu Wartungs- und Reinigungszwecken begangen werden, ansonsten sind Laufstege anzuordnen. Die Begehbarkeit ist vom Profilsystem, dem Querschnitt, der Blechdicke und der Stützweite abhängig und muss in jedem Einzelfall überprüft werden.

4.2.8 Verbindung der Profiltafeln untereinander

Die Längsstöße der Dachdeckung sind mit zugelassenen Verbindungselementen zu verbinden. Der Abstand der Verbindungselemente darf 500 mm nicht überschreiten. Freiliegende Ränder (längs und quer) sind auszusteifen.

4.2.9 Durchdringungen und Einbauteile

Es ist darauf zu achten, dass die Tragfähigkeit der Dachdeckung nicht beeinträchtigt wird. Es sind ggf. Auswechslungen anzuordnen und nachzuweisen.

4.3 Nicht selbsttragende Metalldeckungen

4.3.1 Allgemeines

(1) Nicht selbsttragende Metalldeckungen können ausgeführt werden als
- Doppelstehfalzdeckung,
- Winkelstehfalzdeckung,
- Leistenfalzdeckung,
- rollnahtgeschweißte Edelstahldeckung,
- Bleideckung mit Hohlwulst oder Holzwulst.

(2) Die Regeldachneigungen werden entsprechend Tabelle 6 ausgeführt.

(3) Bei Unterschreitung der Regeldachneigung sind Zusatzmaßnahmen oder konstruktive Maßnahmen wie
- Dichtband oder
- Falzerhöhung oder
- Unterdach oder
- wasserdichte Durchdringungen oder
- wasserdichte Einbauteile

erforderlich.

(4) Nicht selbsttragende Metalldeckungen bedürfen einer tragfähigen, flächigen Deckunterlage (siehe Abschnitt 2.4 und Tabelle I.8 und Tabelle II.19).

(5) Bei nicht selbsttragenden Metalldeckungen müssen die Bleche in Längs- und Querrichtung miteinander verbunden werden. Dieselben Längs- und Querverbindungen können auch bei Traufblechen, Abdeckungen usw. angewendet werden.

(6) Längsverbindungen dienen zum Verbinden von nebeneinanderliegenden Scharen. Der Mindestabstand (ca. 3 bis 5 mm) dient zum Ausgleich temperaturbedingter Querdehnungen. Es gibt folgende Ausführungen (siehe Abb. III.4 und Abb. III.8):
- einfacher Falz,
- Winkelstehfalz,
- Doppelstehfalz,
- Leistenfalz,
- Hohlwulst bei Blei,
- Holzwulst bei Blei.

Bei Edelstahl sind zur Vermeidung von Aufwölbungen der Scharenfläche die Aufkantungen des Doppelstehfalzes mit einem Winkel von 90° am Unterdecker und 88° am Überdecker aufzukanten.

(7) Querverbindungen (siehe Abb. III.3) dienen zur Verbindung einzelner Scharen, zum Ausgleich temperaturbedingter Längenänderungen, aus gestalterischen Gründen und bei Dachdurchdringungen.

Es gibt folgende Ausführungen:

- einfacher Querfalz,
- Querfalz mit durchlaufendem Zusatzhaft,
- doppelter Querfalz,
- wasserdichte Ausführung.

Tabelle 7 gibt in Abhängigkeit von der Dachneigung die auszuführende Querverbindung an.

(8) Der Nachweis der Windsogsicherung für nicht selbsttragende Dachdeckungen und Außenwandbekleidungen aus Metall ist im Anhang II Abschnitt 5 beschrieben.

Tabelle 6: Regeldachneigungen bei nicht selbsttragenden Metalldeckungen

Ausführungsart	Regeldachneigung
Doppelstehfalzdeckung	7°[1),4)]
Winkelstehfalzdeckung	25°[2)]
Leistenfalzdeckung Deutsche Art	7°[1), 4)]
Rollnahtgeschweißte Edelstahldeckung	gefällelos
Bleideckung mit Hohl-, Holzwulst oder Leisten	10°[3)]

1) Die Mindestdachneigung bei nicht selbsttragenden Metalldeckungen beträgt 3°, bei Unterschreitung der Regeldachneigung sind Zusatzmaßnahmen erforderlich. (Ausnahme: Bei Sparrenlänge bis zur halben maximalen Scharenlänge nach Tabelle I.8 können Zusatzmaßnahmen erforderlich werden.)
2) 35° bei erhöhten Anforderungen. Erhöhte Anforderungen können sich ergeben aus klimatischen Verhältnissen oder exponierten Lagen, z.B. starkem Wind, schneereichen Gebieten.
3) Holzwulst mit sichtbaren Haften zulässig bis 30°
4) Bis 15° sind bei Titanzink zusätzliche Maßnahmen, z.B. Trennlage mit Drainagefunktion, erforderlich.

Tabelle 7: Zuordnung von Querverbindungen zu Dachneigungen

Dachneigung	Art der Quernähte
$\geq 25°$	einfacher Querfalz
$\geq 10°$	Querfalz mit durchgehendem Haftstreifen
$\geq 7°$	doppelter Querfalz
$< 7°$	wasserdichte Ausführung

4.3.2 Längsverbindungen

4.3.2.1 Doppelstehfalz

(1) Ein Doppelstehfalz erfolgt durch doppeltes Umlegen verschieden hoher Aufkantungen (35/45 mm) der nebeneinanderliegenden Scharen mit einer Mindesthöhe im fertigen Zustand von 23 mm (Abb. III.4).

(2) Die Scharen werden mit Fest- und/oder Schiebehaften nicht sichtbar befestigt (siehe Abb. III.7). Haftanzahl, Bandbreiten und Metalldicken siehe Tabellen II.12 bis II.18 im Anhang II Abschnitt 5.

(3) Als zusätzliche regensichernde Maßnahme kann, bei Graten muss eine Erhöhung der Doppelstehfalze erfolgen, siehe auch Abschnitt 4.3.1 (3).

4.3.2.2 Winkelstehfalz

(1) Ein Winkelstehfalz ist ein nicht geschlossener Doppelstehfalz (siehe Abb. III.4 und Abschnitt 4.3.2.1). Er kommt überwiegend bei Außenwandbekleidungen sowie senkrechten und geneigten Attikaflächen zur Anwendung.

(2) Die Regeldachneigungen gemäß Tabelle 6 sind zu beachten.

4.3.2.3 Leistenfalz

(1) Beim Leistenfalz wird eine Holzleiste mit einer Mindestabmessung von 40/40 mm verwendet, um die seitlichen Aufkantungen der Scharen anzuschließen. Der Leistendeckel überdeckt die seitlichen Aufkantungen der Scharen (Abb. III.8). Man unterscheidet:
- Leistenfalz in deutscher Ausführungsart,
- Leistenfalz in Sonderausführung (Holzkern oder Halter).

(2) Bei dem Leistenfalz in deutscher Ausführungsart werden die seitlichen Scharaufkantungen am oberen Ende in Höhe der Holzleiste um ca. 90° nach außen gekantet. Die Kantung sollte 15 mm breit sein. Darin werden Streifenhafte eingehängt und auf der Leiste befestigt. Der aufzusetzende Leistendeckel wird mit Abkantungen durch einfachen Falz verbunden.

(3) Bei Leistenfalz in Sonderausführung sind die seitlichen Aufkantungen mit einem Wasserfalz zu versehen.

4.3.2.4 Einfacher Steh-/Liegefalz

(1) Der einfache Liegefalz als Längsverbindung findet bei lotrechten Wandbekleidungen Anwendung. Ausführung siehe Abschnitt 4.3.3.1.

(2) Der einfache Stehfalz kann als einfachste Falzverbindung bei Dachneigungen > 45°, bei Abdeckungen, Einfassungen und Leibungen verwendet werden und sollte zur Wetter abgewandten Seite geschlossen werden (siehe Abb. III.4).

4.3.3 Querverbindungen

4.3.3.1 Einfacher Liegefalz

Beim einfachen Liegefalz (Abb. III.3) erfolgt die Verbindung durch Ineinanderhängen von entgegengesetzten Umkantungen. Die Breite des Falzes soll ≥ 40 mm betragen. Bei Dachneigungen zwischen 25° bis 40° wird ein rückstauhemmender Liegefalz empfohlen. Der Umschlag der überdeckenden Schar ist ca. 5 mm schmaler auszuführen, um Kapillarwirkung zu vermeiden. Die Befestigung erfolgt durch Normalhafte oder bei Scharbreiten > 420 mm durch Haftleiste (Abb. III.6).

4.3.3.2 Liegefalz mit durchgehendem Haftstreifen

Der Liegefalz ist durch einen durchlaufenden, verdeckt liegenden Haftstreifen zu ergänzen, der aufzulöten oder aufzunieten ist. Die Überdeckung beträgt 100 bis 120 mm (siehe Abb. III.3).

4.3.3.3 Doppelter Liegefalz

Der doppelte Liegefalz findet bei optischen Anforderungen und Durchdringungen Anwendung (siehe Abb. III.3).

Querverbindungen unter 7° sollen vermieden werden.

4.3.3.4 Wasserdichte Ausführung

Die wasserdichte Verbindung der Quernähte erfolgt je nach verwendetem Werkstoff entsprechend den Abschnitten 3.2.1 bis 3.2.4 und Abschnitt 3.2.7.

4.3.4 Befestigung bei Falzen und Wulsten

4.3.4.1 Stehfalz

(1) Beim Doppelstehfalz erfolgt die Befestigung so, dass die zu erwartenden temperaturbedingten Längenänderungen ohne Zwänge aufgenommen werden können. Unter Berücksichtigung der Dachneigung und der Scharenlänge sind Festhafte (Festhaftbereich 1 bis 3 m) und Schiebehafte anzuordnen (siehe Abb. III.5).

(2) Beim Winkelstehfalz erfolgt die Befestigung wie beim Doppelstehfalz.

4.3.4.2 Leistenfalz

(1) Die Befestigung beim Leistenfalz in deutscher Ausführung und in Sonderausführung (Abb. III.8) erfolgt auf der Oberseite der Holzleiste mit einem mindestens 100 mm breiten Streifenhaft.

(2) Die Scharen sind gegen Abrutschen zu sichern.

4.3.5 Längenänderungen bei Scharen

Zur Aufnahme der Längenänderung der Schare können folgende Bewegungsausgleicher zur Anwendung kommen:

- Schiebenaht mit einfachem Falz (≥ 25°),
- Schiebenaht mit Zusatzfalz (≥ 10°),
- Aufschiebling (≥ 7°),
- Gefällestufe (≥ 3°) (siehe Abb. III.40),
  - Höhe der Gefällestufe: ≥ 60 mm,
  - bei Dachneigungen zwischen 3° und 7°: Überstand der Gefällestufe ≥ 100 mm.

Die Scharenlängen sind entsprechend Tabelle I.8 zu begrenzen.

4.3.6 Doppelstehfalz-T-Punkt

Die Verbindung von sich kreuzenden Längs- und Querfalzen im Dachbereich kann z.B. bei Durchdringungen, Gauben usw. erforderlich sein. Die Kreuzpunkte von Längs- und Querfalzen des Doppelstehfalzsystems müssen entsprechend vorbereitet und ausgeführt werden, weil die wesentlichen Eigenschaften des stehenden bzw. umgelegten Doppelstehfalzes erhalten bleiben müssen (Abb. III.4).

Hinweis:

Das Umlegen der Stehfalze ist von der Fließrichtung des darüber abfließenden Wassers abhängig, welches möglichst über die glatte Längsfalzseite abfließen sollte.

Der Längsfalz sollte so ausgeführt und umgelegt werden, dass das darüber abfließende Wasser nicht in den Falz eindringen kann.

4.3.7 Lüftungsgauben

Wenn durchlaufende Be- und Entlüftungskonstruktionen nicht möglich sind, können Lüftungsgauben eingesetzt werden. Diese sind entsprechend zu berechnen.

Die Be- und Entlüftung der Unterkonstruktionen (im Bereich der einzelnen Sparrenfelder von Dächern bzw. der Fassaden-Schalungen) erfordert als gezielte Maßnahme u.a. das Einsetzen von Lüftungsgauben in die Scharen. Diese mit Lochblenden ausgeführten Aufsätze erhalten Aufkantungen bzw. -bördelungen, um das Eindringen von Regenwasser bzw. Flugschnee weitgehend zu vermeiden.

Die Ausführung und Anordnung der Lüftungsgauben ist an die Dachneigung und den erforderlichen Lüftungsquerschnitt anzupassen (Abb. III.42).

5 Anschlüsse

5.1 Allgemeines

(1) Anschlüsse mit Metall bestehen aus einem dachseitigen Schenkel und einem am aufgehenden Bauteil hochgeführten Schenkel.

(2) Anschlüsse dürfen durch Bauteilbewegungen (Setzungen, Durchbiegungen) in ihrer Funktion nicht beeinträchtigt werden. Die maximalen Längen der Anschlussbleche sind Tabelle I.8 zu entnehmen.

(3) Man unterscheidet:
- traufseitige Anschlüsse,
- seitliche Anschlüsse,
- firstseitige Anschlüsse an Dachdeckungen (siehe Tabelle I.9) und
- Anschlüsse an Abdichtungen.

(4) Bei Anschlüssen, die sich nicht direkt einem traufseitigen, seitlichen oder firstseitigen Anschluss zuordnen lassen, weil sie schräg verlaufen, muss örtlich entschieden werden, welche Art Anschluss in Abhängigkeit vom schrägen Verlauf der Dachdeckung ausgebildet wird oder ob evtl. eine andere Ausführung, z.B. als Kehle o.a., ausgeführt werden soll.

(5) Anschlüsse an aufgehende Bauteile werden meist zweiteilig ausgeführt und müssen entweder selbsttragend sein oder unterlegt werden.

(6) Die zweiteilige Ausführung besteht aus einem Anschlusswinkel und einem oberhalb angebrachten Überhangstreifen. Dieser muss gegen hinterlaufendes Wasser gesichert werden (Abb. III.21).

(7) Die Anschlusshöhe am aufgehenden Bauteil richtet sich nach der Einbausituation (siehe Abschnitt 5.6 und Tabelle I.9). In schneereichen Gebieten ist ggf. ein höherer Anschluss erforderlich. Aufliegende Anschlüsse können in Ausnahmefällen einteilig mit Einzellängen bis 3,00 m ausgeführt werden.

(8) Entlüftungen können als wandseitige Entlüftungsöffnungen in Form von durchgehenden Öffnungen hinter dem wandseitigen Schenkel hergestellt werden.

5.2 Traufseitige Anschlüsse

5.2.1 Traufseitige Anschlüsse bei Deckungen

(1) Traufseitige Anschlüsse (siehe Abb. III.18) überdecken den Deckwerkstoff und werden am aufgehenden Bauteil hochgeführt (siehe Tabelle I.9).

(2) Die aufliegenden Bleche sollten der Profilierung der Deckung entsprechend angeformt (z.B. Blei), durch Ausschnitte (Zahnung) an die Deckung angepasst oder mit einem Umschlag versehen werden.

(3) Die Bleche sind gegen Abrutschen und Windsog zu sichern und am aufgehenden Bauteil zu befestigen.

(4) Die Verbindungen der Bleche werden entsprechend Abschnitt 3.2 ausgeführt oder die Bleche werden untereinander mindestens 100 mm einfach überdeckt.

(5) Die Anschlussbleche sollen die Deckwerkstoffe bei Dachneigungen

- $\geq 22°$ mindestens 100 mm,
- $< 22°$ mindestens 150 mm,
- $< 15°$ mindestens 200 mm

überdecken.

Regelungen in den einzelnen Fachregeln sind zu berücksichtigen.

5.2.2 Traufseitige Anschlüsse bei selbsttragenden Metalldeckungen

(1) Detaillösungen bei traufseitigen Anschlüssen werden nach Abschnitt 5.2.1 ausgeführt.

(2) Bei selbsttragenden Metalldeckungen werden die Anschlussbleche je nach System der Deckungsart dem Verwendungszweck entsprechend als aufliegende Anschlussbleche ausgeführt.

(3) Die Bleche können industriell oder handwerklich hergestellt werden.

(4) Zur Befestigung dürfen nur genormte oder zugelassene systemgerechte Schrauben oder Nieten verwendet werden. Die Art der Befestigung hängt von der Art der Unterkonstruktion ab.

(5) Dachseitig können die Bleche eine Abkantung mit Aussparungen entsprechend der Profilierung erhalten.

5.2.3 Traufseitige Anschlüsse bei Stehfalzen

(1) Der traufseitige Anschluss bei Stehfalzen wird in Form von Aufkantungen der Deckscharen als Wandanschluss oder als Pultabschluss hergestellt (siehe Abb. III.35).

(2) Die Ausbildung des traufseitigen Anschlusses bei Stehfalzen erfolgt mit einer dachneigungsgerechten Aufkantung des oberen Scharendes durch:

- gerundeten Falz,
- eingeschnittenen Falz,
- aufgekanteten umgelegten Doppelfalz.

(3) Bei einer Wandbekleidung gleicher Ausführungsart erfolgt die Verbindung mittels eines quer verlaufenden, liegenden einfachen Falzes.

(4) Für die Höhe des aufgehenden Schenkels ist Tabelle I.9 zu beachten.

5.2.4 Traufseitige Anschlüsse bei Leistenfalzen

(1) Der traufseitige Anschluss bei Leistenfalzen wird in Form von Aufkantungen der Deckscharen als Wandanschluss oder als Pultabschluss hergestellt.

(2) Die Ausbildung des traufseitigen Anschlusses bei Leistenfalzen erfolgt mit einer dachneigungsgerechten Aufkantung des oberen Scharendes. Die Kantung der anlaufenden Schare wird durch Faltung der Leistenfalze im Aufkantungsbereich hergestellt.

(3) Die Holzleiste endet stumpf vor der Wand. Die Leistenabdeckung wird mit einer Aufkantung von ca. 5 cm versehen (siehe Abb. III.36).

(4) Für die Höhe des aufgehenden Schenkels ist Tabelle I.9 zu beachten.

5.3 Seitliche Anschlüsse

5.3.1 Seitliche Anschlüsse bei Deckungen

5.3.1.1 Unterliegende Metallanschlüsse

(1) Bei dem unterliegenden Anschluss erfolgt die Deckung auf dem Metall.

(2) Die Anbringung der unterliegenden Metallanschlüsse erfolgt auf vollflächiger Deckunterlage oder auf Lattung mit einem Traglattenabstand < 170 mm.

(3) Anschlüsse aus Blei erfordern immer eine vollflächige Unterlage.

(4) Unterliegende Metallanschlüsse können mit Schichtstücken (Nocken) oder als durchgehende unterliegende Metallbleche ausgeführt werden (siehe Abb. III.17).

(5) Anschlüsse mit durchgehend unterliegenden Blechen können ausgeführt werden als:

- einfache Anschlüsse mit Wasserfalz (nur bei geringer Wasserbelastung anzuwenden),
- vertiefte Anschlüsse,
- Sonderkonstruktionen (z.B. mit Steg), (Abb. III.17).

Die untergelegten Bleche werden im oberen Bereich der Höhenüberdeckung genagelt und an der Längsseite mit Haften befestigt. Die dachseitige Längsseite ist mit einem mindestens 15 mm breiten Wasserfalz zu versehen.

Der freie Wasserlauf zwischen wandseitiger Aufkantung und Deckwerkstoff oder Steg soll mindestens 40 mm betragen. Bei geringer Niederschlagsbelastung kann bis an das aufgehende Blech gedeckt werden. Bei Ausführungen der Anschlüsse mit Steg kann die Deckung bis zum Steg herangeführt werden. Beim unterliegend vertieften Anschluss soll die Vertiefung eine Mindesttiefe von 20 mm und eine Mindestbreite von 40 mm aufweisen.

(6) Die Verbindung durchgehender unterliegender Bleche untereinander erfolgt bei Dachneigungen

- $> 22°$ mindestens 100 mm und
- $\geq 15°$ bis $\leq 22°$ mindestens 150 mm als einfache Überdeckung oder Falzverbindung,
- $< 15°$ als wasserdichte Verbindung (Löten o.a.).

Tabelle I.7 ist zu beachten.

(7) Die Überdeckung der Deckwerkstoffe über unterliegende Metallanschlüsse soll bei profilierten und ebenen Deckwerkstoffen $\geq$ 100 mm betragen.

5.3.1.2 Aufliegende und überdeckende Metallanschlüsse

(1) Bei dem aufliegenden und überdeckenden Anschluss liegt das Metall auf der Deckung.

(2) Aufliegende Anschlüsse werden entweder mit Schichtstücken oder durchgehend aufliegend ausgeführt.

(3) Die aufliegenden Anschlüsse liegen direkt auf dem Deckwerkstoff auf, die Bleche sind teilweise oder überwiegend sichtbar.

(4) Bei Deckungen mit kleinformatigen Deckwerkstoffen kommen auch aufliegende Anschlüsse mit Schichtstücken (Nockenanschlüsse) zur Anwendung. Auf jede einzelne am Anschluss anlaufende Deckreihe wird ein Schichtstück gedeckt, das gegen Abrutschen zu sichern ist. Die Zuschnittslänge und -breite richtet sich nach der Form des Deckwerkstoffes. Die Überdeckung der Schichtstücke untereinander in Richtung der Dachneigung entspricht bei Deckwerkstoffen ohne Kopfverfalzung mindestens der Höhenüberdeckung der Deckwerkstoffe. Bei Deckwerkstoffen mit Kopfverfalzung ist die Höhenüberdeckung in Abhängigkeit von der Dachneigung nach Abschnitt 5.3.1.1(6) bzw. Abschnitt 5.3.1.2(9) zu wählen.

(5) Durchgehende aufliegende Anschlüsse aus Blei (siehe Tabelle I.8) sollen nur bei profilierten Deckwerkstoffen angewandt werden.

(6) Bei überdeckenden Anschlüssen werden geeignete Bleche selbsttragend und durchgehend über dem Deckwerkstoff angeordnet. Die überdeckenden Bleche enden dachseitig entweder mit einem Umschlag oder mit der Deckung angepassten Ausschnitten (Zahnung).

(7) Überdeckende und durchgehende aufliegende Metallanschlüsse müssen ebene Deckwerkstoffe mindestens 120 mm seitlich überdecken. Bei aufliegenden und überdeckenden Metallanschlüssen aus Schichtstücken beträgt diese Überdeckung mindestens 80 mm. Bei profilierten Deckwerkstoffen muss das Blech den nächsten Hochpunkt ausreichend überdecken, um zu gewährleisten, dass das Wasser vom Anschluss weggeleitet wird.

(8) Verbindungen durchgehender aufliegender Bleche erfolgen nach Abschnitt 5.3.1.1.

(9) Bei Dachneigung < 15° erfolgt die Verbindung von Blei durch eine Überdeckung von mindestens 250 mm (mit Umschlag).

5.3.2 Seitliche Anschlüsse bei selbsttragenden Metalldeckungen

(1) Bei selbsttragenden Metalldeckungen werden die Anschlüsse je nach Dachsystem und Deckungsart als eigenständiges Bauteil mit aufliegenden Anschlussblechen hergestellt.

(2) Bei manuell gefertigten, nicht systemgebundenen Ausführungen vom Anschlussblech muss der letzte volle Obergurt der anlaufenden Schar des Dachsystems überdeckt werden. Dabei erhalten die Bleche eine Abkantung von mindestens 25 mm, die den Obergurt überdecken.

(3) Die Verarbeitung und Befestigung der Anschlussbleche erfolgt nach den Montagerichtlinien der Hersteller.

(4) Die maximale Länge der Anschlussbleche ergibt sich aus Tabelle I.7. Die Bleche dürfen jedoch die Länge der zugehörigen Schar nicht überschreiten.

(5) Die Verbindung der Anschlussbleche untereinander erfolgt bei Dachneigungen

- > 22° mindestens 100 mm und
- ≥ 15° bis ≤ 22° mindestens 150 mm als einfache Überdeckung,
- < 15° als wasserdichte Verbindung.

Tabelle I.7 ist zu beachten.

5.3.3 Seitliche Anschlüsse bei Stehfalzen

(1) Die Ausführung des seitlichen Anschlusses bei Stehfalzen erfolgt als Wandanschluss oder als Übergang zu einem Ortgangabschluss.

(2) Seitliche Anschlüsse bei Stehfalzen werden dachseitig in Form einer Aufkantung der letzten Schar ausgeführt. Je nach Ausführung des Anschlussbereiches erfolgt die detailgerechte Lösung zwei- oder mehrteilig.

(3) Bei aufgehenden Wandbekleidungen gleicher Deckwerkstoffe und gleicher Ausführungsart erfolgt der Anschluss zweiteilig.

5.3.4 Seitliche Anschlüsse bei Leistenfalzen

Die Ausführung der seitlichen Anschlüsse bei Leistenfalzen erfolgt wie bei Stehfalzen.

5.4 Firstseitige Anschlüsse

5.4.1 Firstseitige Anschlüsse bei Deckungen

(1) Firstseitige Anschlüsse (siehe Abb. III.19) sind als unterliegende Anschlüsse auszuführen.

(2) Firstseitige Anschlüsse erfolgen immer auf einer flächigen Unterlage. Die Anschlussbleche erhalten im firstseitigen Überdeckungsbereich einen Wasserfalz (> 15 mm) und werden mit Haften befestigt.

(3) Die Ausführung kann je nach Dachneigung und Dachdeckungsart flächig oder vertieft erfolgen.

(4) Die Überdeckung der Deckwerkstoffe über die untergelegten Bleche beträgt bei Dachneigungen

- ≥ 22° mindestens 100 mm,
- < 22° mindestens 150 mm,
- < 15° mindestens 200 mm.

Regelungen in den einzelnen Fachregeln sind zu berücksichtigen.

(5) Zur Ableitung des Niederschlagswassers sollte zwischen Unterkante Deckwerkstoff und Anschlussaufkantung ein Abstand von mindestens 100 mm (waagerecht gemessen) eingehalten werden. Bei Längen ab etwa 1,00 m sollte die Ausführung mit Gefälle bzw. Sattel oder Keil erfolgen. Die Anschlusshöhe erfolgt gemäß Tabelle I.9 (vom Tiefpunkt der Kehle gemessen).

5.4.2 Firstseitige Anschlüsse bei selbsttragenden Metalldeckungen

(1) Detaillösungen bei firstseitigen Anschlüssen werden nach Abschnitt 5.4.1 ausgeführt.

(2) Bei selbsttragenden Metalldeckungen werden die firstseitigen Anschlussbleche als untergelegte Bleche in Form von Kehlen oder aufgehenden Anschlüssen an Wänden oder Dachdurchdringungen hergestellt.

(3) Je nach anfallender Wassermenge werden die Bleche als gekantete untergelegte oder vertiefte Kehlbleche hergestellt.

(4) Der untergelegte Schenkel ist mit einem Wasserfalz zu versehen. Je nach dem System der Deckungsart kann auch eine Aufkantung erfolgen, die entsprechend der Profilform ausgeschnitten wird.

(5) Bei Dachdurchdringungen muss der seitliche Auslauf des Anschlussbleches so breit gewählt werden, dass ein gefahrloser Wasserabfluss gewährleistet wird.

5.4.3 Firstseitige Anschlüsse bei Stehfalzen

(1) Die firstseitigen Anschlüsse werden in der Verbindung und in den Anschlussdetails dachneigungsabhängig ausgeführt.

(2) Die Anschlusshöhe am Bauteil richtet sich nach Tabelle I.9. Die Einbindung in die Deckung erfolgt gemäß Abb. III.23.1 bis AIII.23.4 bzw. Abb. III.41.

5.4.4 Firstseitige Anschlüsse bei Leistenfalzen

(1) Die firstseitigen Anschlüsse werden nach Abschnitt 5.4.3 ausgebildet.

(2) Die anlaufenden Deckscharen werden mittels eines Einhangfalzes in den Falz oder Zusatzfalz des Anschlussbleches eingehängt. Die Leisten enden bündig mit dem Einhangfalz und werden mit einem Abschlussblech als Kopfstück in die Leistenfalze eingefasst.

5.5 Anschlüsse an Abdichtungen

(1) Dachseitige Anschlussbleche an Abdichtungen und deren Verbindungen untereinander müssen wasserdicht hergestellt werden.

(2) Bei Abdichtungen aus Bitumenbahnen beträgt die Zuschnittsbreite des dachseitigen Blechschenkels mindestens 190 mm. Für die Ausführung gilt die „Fachregel für Abdichtungen".

(3) Bei nicht nagelbarem Untergrund sind Nagelleisten (Randbohlen) oder andere geeignete Lösungen zur Befestigung erforderlich. Klebeflansche dürfen nicht über Randbohlen überstehen.

(4) Damit thermisch bedingte Längenänderungen ohne Zwänge aufgenommen werden können, sind Bewegungsausgleicher einzubauen (siehe Abb. III.11). Der maximale Abstand ist Tabelle I.7 zu entnehmen.

(5) Um die unterschiedlichen Bewegungen zwischen den Metallteilen und der Abdichtung spannungsfrei auszugleichen, ist der Übergang vom Metall zur unteren Lage der Abdichtung mit einem mindestens 100 mm breiten, lose verlegten Schleppstreifen herzustellen.

(6) Bei Anschlüssen an Abdichtungen aus bitumenhaltigen Stoffen ist – und bei Kunststoffen sollte – im frei bewitterten Übergangsbereich zum Metall ein Korrosionsschutzanstrich anzubringen.

(7) Bei Blechlängen über 3,00 m erfolgt eine indirekte (gleitende) Befestigung (siehe Abb. III.6). Bei Blechen ≤ 3,00 m kann die Befestigung direkt erfolgen. Zulässige Einzellängen von Blei sind Tabelle I.8 zu entnehmen.

(8) Traufbleche können auch als Stützkonstruktion für aufzuklebende Abdichtungsschichten verwendet werden.

5.6 Aufgehende Teile der Anschlüsse

(1) Aufgehende Teile der Anschlüsse werden zweiteilig ausgeführt. Bei Einzellängen bis 3,00 m sind auch einteilige Anschlüsse möglich. Für Blei gilt Tabelle I.8.

(2) Die Anschlusshöhe (siehe Abb. III.20) ist Tabelle I.9 zu entnehmen. Bei steilen Dachneigungen, großen Sparrenlängen oder erhöhten Anforderungen (siehe Grundregel) können größere Anschlusshöhen erforderlich werden.

(3) Beim firstseitigen Anschluss und bei sonstigen Anschlüssen mit hohem Wasseranfall ist ein Wasserfalz ≥ 15 mm vorzusehen.

(4) Bei Vorsatzmauerwerk muss der Anschluss hinter dem Mauerwerk an der tragenden Wand hochgeführt und die Horizontalsperre über dem Anschluss angeordnet werden. Bei nachträglicher Ausführung und Sanierung können Sonderlösungen erforderlich werden.

(5) Überhangstreifen (siehe Abb. III.21) überdecken den Anschluss um mindestens 40 mm und werden
- in vorher geschlitzten Fugen eingelassen und abgedichtet,
- in Einhangschienen eingehängt, die ins Mauerwerk oder im Beton eingelassen sind,
- am Mauerwerk/Beton befestigt und an der Oberkante zusätzlich abgedichtet,
- mit eingelegten Dichtungsstreifen angebracht und an der Oberkante zusätzlich abgedichtet oder
- mit zusätzlichen Flachprofilen befestigt und an der oberen Kante abgedichtet.

(6) Eingehängte und eingelassene Überhangstreifen sollen eine Einlasstiefe von mindestens 20 mm und eine Rückkantung aufweisen.

(7) Die Dichtung der Überhangstreifen an aufgehenden Bauteilen erfolgt z.B. mit Mörtel, Bleiwolle, Bleiverguss, Dichtungsstoffen.

(8) Die Befestigung von Überhangstreifen erfolgt im Abstand von maximal 250 mm. Die Befestigung der Kappleisten und Überhangbleche hat so zu erfolgen, dass die temperaturbedingte Längenänderung der Anschlussbleche nicht behindert wird.

(9) Profilschienen kommen zur Fixierung im oberen Bereich des Anschlusses zur Anwendung.

Man unterscheidet
- vorgefertigte Metallprofile (Pressschienen) und
- Flachprofile, Mindestquerschnitt 30 mm x 4 mm.

Vorgefertigte Metallprofile mit Dichtungsstreifen können gleichzeitig die Funktion der Regensicherheit übernehmen.

Flachprofile müssen mit einem zusätzlichen Überhangstreifen abgedeckt werden. Die Befestigung der Schienen erfolgt im Abstand von maximal 200 mm.

(10) Bei genutzten Dachflächen können Schutz- und Abdeckbleche erforderlich werden (siehe Abb. III.25). Sie können gleichzeitig die Funktion eines Überhangstreifens übernehmen.

(11) Der obere Abschluss der wandseitigen Anschlussteile kann auch durch eine Außenwandbekleidung oder eine Abdeckung erfolgen.

6 Abschlüsse

6.1 Allgemeines

(1) Metallische Abschlüsse an Dachkanten können hergestellt werden als eigenständige Detaillösungen (siehe Abschnitte 6.2 bis 6.6) oder als Kombination eines Anschlusses (siehe Abschnitt 5) mit einer Abdeckung (siehe Abschnitt 8).

(2) Die maximalen Längen der Abschlussbleche sind Tabelle I.7 zu entnehmen.

6.2 Traufen

6.2.1 Traufausbildungen bei Deckungen

6.2.1.1 Anforderungen an Traufausbildungen bei Deckungen

(1) Die Dachdeckung kann mit oder ohne Traufblech beginnen. Für die Traufausbildung bei Abdichtungen siehe Abschnitt 5.5.

(2) Das Traufblech hat die Funktion als Rinneneinlauf- oder Tropfblech (siehe Abb. III.12 bis III.15).

(3) Bei der Traufausbildung mit Dachrinne, aber ohne Rinneneinlaufblech soll der Überstand der Deckung (Abtropfpunkt), von der hinteren Aufkantung der Rinne waagerecht gemessen, 1/3 der oberen Öffnungsbreite der Dachrinne betragen. Ist dieser Überstand < 50 mm, so ist ein Rinneneinlaufblech anzuordnen.

(4) Traufbleche sollten an der Vorderkante zusätzlich befestigt werden. Dies kann z.B. erfolgen durch ein zusätzliches Vorstoßblech oder durch Einhängen in die Feder des Rinnenhalters. Traufbleche können mit und ohne Wasserfalz unter Berücksichtigung des Wasserlaufes ausgebildet werden. Lüftungselemente können auf Traufbleche aufgeklebt, geklemmt oder mechanisch befestigt werden. Perforationen können entsprechend dem Anforderungsniveau abgedichtet werden.

(5) Bei Dachdeckungen > 22° Dachneigung werden die Traufbleche in Abhängigkeit von der Einbausituation und den klimatischen Verhältnissen mindestens wie folgt untereinander verbunden:

- Dachdeckungen bis Vorderkante Traufblech: mindestens einfache Überdeckung > 50 mm,
- Dachdeckungen bis 50 mm zurückspringend: mindestens einfache Überdeckung > 100 mm,
- Dachdeckungen bis 400 mm zurückspringend: mindestens einfacher Liegefalz,
- Dachdeckungen über 400 mm zurückspringend: mit Stehfalz (siehe Abb. III.4.1 bis III.4.3 und Abb. III.33).

Bei Dachneigungen ≤ 22° können zusätzliche Maßnahmen erforderlich werden. Das „Merkblatt für Unterdächer, Unterdeckungen, Unterspannungen" ist zu beachten.

(6) Zur Berücksichtigung der Windsogkräfte im Traufbereich sind die Abstände der Falze und Hafte nach Anhang II, Abschnitt 5, Tabelle II.12 bis Tabelle II.18 einzuhalten.

(7) Die Überdeckungen der Deckwerkstoffe auf das Traufblech betragen in Abhängigkeit von der Dachneigung:

Bei Traufblechen unmittelbar unter der Dachdeckung und bei Unterdeckungen und Unterspannungen

- > 22° mindestens 100 mm,
- ≥ 15° bis ≤ 22° mindestens 150 mm,
- < 15° mindestens 200 mm.

Der Überstand der Deckung kann bei der Überdeckung angerechnet werden.

Bei Traufblechen an Unterdächern und bei verklebten oder verschweißten Unterdeckungen müssen Nähte entsprechend Abschnitt 5.5 oder systemgerecht wasserdicht hergestellt werden.

(8) Wasserfalze sind nicht bei allen Dachdeckungen, Zusatzmaßnahmen und Abdichtungen geeignet.

6.2.1.2 Rinneneinlaufblech und Tropfblech

(1) Das Rinneneinlaufblech dient zum Ableiten des Regenwassers in die Dachrinne (siehe Abb. III.12).

(2) Das Tropfblech dient zum Ableiten des Regenwassers über die Traufe ohne Dachrinne zum Schutz der Holzkonstruktion (siehe Abb. III.12) oder zum Ableiten des Schmelzwassers an der Traufe bei Zusatzmaßnahmen (Abb. III.14, Abb. III.15).

(3) Die Zuschnittsbreite richtet sich nach:

- Dachneigung,
- Art der Dachdeckung,
- Überdeckung,
- Lage der Dachrinne,
- Einbausituation.

Beträgt die Länge des unteren Schenkels mehr als 120 mm, kann eine Sonderausführung erforderlich werden (siehe Abb. III.13).

6.2.2 Traufausbildungen bei selbsttragenden Metalldeckungen

(1) Detaillösungen für Traufausbildungen werden nach Abschnitt 6.2.1 ausgeführt.

(2) Die Abschlusskante der selbsttragenden Bleche kann mit einem Wasserleitblech versehen werden.

(3) Die Anschlussbleche werden i.d.R. als Zubehörteile zum zugelassenen Dachdeckungssystem geliefert, können aber auch handwerklich hergestellt werden.

6.2.3 *Traufausbildungen bei Stehfalzen*

(1) Detaillösungen für Traufausbildungen werden nach Abschnitt 6.2.1 ausgeführt.

(2) Die Traufbleche besitzen eine zusätzliche Vorkantung zum Einhängen der Scharen. Zur Verstärkung der Traufbleche kann ein Vorstoßblech in die Vorkantung eingebaut werden. Das Trauf- bzw. Vorstoßblech soll mindestens 100 mm auf der Traufbohle/Schalung aufliegen und mittels versetzter Nagelung befestigt werden.

(3) Die Ausbildung des Stehfalzes an der Traufkante kann als Stehfalz in gerader, schräger oder runder Ausführung, als „schwäbische Traufe“ oder als umgelegter Doppelstehfalz erfolgen (siehe Abb. III.33).

(4) Bei der Ausbildung der Traufabschlüsse als umgelegter Doppelstehfalz sind die Querdehnung der Schare und die Auswirkungen der Kapillarität zu beachten.

6.2.4 *Traufausbildungen bei Leistenfalzen*

(1) Detaillösungen für Traufausbildungen werden nach Abschnitt 6.2.1 ausgeführt.

(2) Die Leisten werden an der Traufe abgeschrägt, die seitlichen Aufkantungen an die Schrägung angepasst und die Leistenabdeckungen um die Vorkantung des Traufbleches herumgeführt (siehe Abb. III.34).

6.3 Ortgang

6.3.1 *Ortgangausbildungen bei Deckungen und Abdichtungen*

(1) Detaillösungen am Ortgang aus Metall bestehen dachseitig aus einem seitlichen Metallanschluss (siehe Abschnitt 5.3.1). Die Ortgangausbildung kann mehrteilig, mit Abkantung oder mit Auf- und Abkantung ausgeführt werden (siehe Abb. III.16 bis III.16.3):

- bei Metalldachdeckung: $h_1 \geq 25$ mm über Oberkante wasserführende Ebene,
- bei Abdichtungen: h_1: bei DN > 5° mindestens 50 mm, bei DN ≤ 5° mindestens 100 mm

über Oberkante Belag oder Kiesschüttung.

Die Größe h_2 bezieht sich auf die unterste durch auftreibende Niederschläge gefährdete Fuge in der Fassade, senkrecht zur Fuge gemessen.

(2) Die Metalldicke der handwerklich gekanteten Ausführung ist der Tabelle I.2 zu entnehmen. Die Befestigung erfolgt nach Abschnitt 3.4. Werden selbsttragende industriell vorgefertigte Strangprofile verwendet, soll die Mindestdicke 1,5 mm betragen.

6.3.2 *Ortgangausbildungen bei selbsttragenden Metalldeckungen*

Detaillösungen am Ortgang werden nach Abschnitt 6.3.1 ausgeführt.

6.3.3 *Ortgangausbildungen bei Stehfalzen*

(1) Detaillösungen am Ortgang werden nach Abschnitt 6.3.1 ausgeführt.

(2) Die Ortgangausbildung kann mit oder ohne zusätzliche Holzleiste erfolgen.

(3) Bei symmetrischen Flächen sind die Scharen so zu verlegen, dass etwa gleich breite Ortgangabdeckungen und Abschlussscharen zur Anwendung kommen.

6.3.4 *Ortgangausbildungen bei Leistenfalzen*

Die Ortgangausbildung bei Leistenfalzen wird wie bei Stehfalzen (siehe Abschnitt 6.3.3) ausgeführt.

6.4 First

6.4.1 *Firstausbildungen bei Deckungen*

(1) Die Bleche überdecken den Deckwerkstoff gemäß Abschnitt 5.2.1.

(2) Je nach Werkstoff erfolgt die Ausführung indirekt selbsttragend mit Haltebügeln oder auf einer Deckunterlage mit Einhanghaften.

(3) Die Metalldicke der handwerklich gekanteten Ausführung ist der Tabelle I.2 zu entnehmen. Die Befestigung erfolgt nach Abschnitt 3.4. Werden selbsttragende vorgefertigte Strangprofile verwendet, soll die Mindestdicke 1,5 mm betragen.

(4) Der Einbau von Profilfüllern, Aufkantungen, zusätzlichen Wind- oder Wasserleitblechen o.a. soll den Eintrieb von Flugschnee, Regenwasser usw. in die Konstruktion mindern. Dies gilt insbesondere beim Einbau von Lüfterfirst-Konstruktionen.

6.4.2 Firstausbildungen bei selbsttragenden Metalldeckungen

Detaillösungen am First werden nach Abschnitt 6.4.1 ausgeführt.

6.4.3 Firstausbildungen bei Stehfalzen

(1) Bei der Firstausbildung werden die Scharen im Firstbereich aufgestellt. Folgende Ausführungsarten sind möglich:
- durchgehender Stehfalz mit Quetschfalte im Aufkantungsbereich (siehe Abb. III.38),
- umgelegter Stehfalz (siehe Abb. III.38).

(2) Die aufgekanteten Scharenden können auf unterschiedliche Art miteinander verbunden werden (siehe Abb. III.37 bis III.39):
- als Doppelstehfalz,
- unter Verwendung einer Firstkappe,
- mit einer Firstabdeckung, z.B. Lüfterfirst.

6.4.4 Firstausbildungen bei Leistenfalzen

(1) Bei der Firstausbildung erhalten die Aufkantungen der Scharenden Quetschfalten, wobei auch die Leistenabdeckungen der Längsverbindungen mit einer entsprechenden Aufkantung auszuführen sind.

(2) Die Verbindung der aufgekanteten Scharenden erfolgt wie bei der Firstausbildung bei Stehfalzen mit Firstkappe oder -abdeckung.

6.5 Grat

6.5.1 Gratausbildungen bei Deckungen

Die Gratausbildungen erfolgen wie in Abschnitt 6.4.1 beschrieben.

6.5.2 Gratausbildungen bei selbsttragenden Metalldeckungen

Die Detaillösungen am Grat werden nach Abschnitt 6.4.2 entsprechend ausgeführt.

6.5.3 Gratausbildungen bei Stehfalzen

Die Gratausbildungen bei Stehfalzen können genau wie unter Abschnitt 6.4.3 beschrieben mit entsprechenden Gratkappen bzw. Gratabdeckungen erfolgen.

6.5.4 Gratausbildungen bei Leistenfalzen

Die Gratausbildungen bei Leistenfalzen können genau wie unter Abschnitt 6.4.4 beschrieben mit entsprechenden Gratkappen bzw. Gratabdeckungen erfolgen.

6.6 Abschlüsse bei Abdichtungen

(1) Für Abschlüsse bei Abdichtungen werden Dachrandabschlussprofile oder Dachrandabdeckungen verwendet.

(2) Dachseitig werden Abschlüsse wie Anschlüsse bei Abdichtungen ausgeführt (siehe Abschnitt 5) oder die Abdichtung selbst wird bei Dachneigungen
- $> 5°$ mindestens 50 mm,

- ≤ 5° mindestens 100 mm

über Oberkante Belag oder Kiesschüttung hochgeführt (siehe Abschnitt 5.6).

(3) Abschlüsse bei Abdichtungen erfordern einen Überstand (Tropfkante) über die darunterliegenden zu schützenden Bauteile nach Abschnitt 6.3.1.

Die Ausführung des äußeren senkrechten Schenkels erfolgt nach Abschnitt 6.3.1.

Bei Verwendung von Dachrandabdeckungen siehe Abschnitt 8.1.

7 Kehlen

7.1 Allgemeines

(1) Kehlen aus Metall richten sich nach dem Deckwerkstoff, der Deckungsart, der Kehlneigung und der Größe der Dachfläche.

(2) Man unterscheidet (Abb. III.22):

- durchgehende Kehlen mit seitlichem Wasserfalz,
- Kehlen in vertiefter Ausführung,
- Kehlen mit Steg im Wasserlauf,
- Kehlen mit Schichtstücken (Nocken),
- Dachgräben mit oder ohne Gefällestufen.

(3) Der Querschnitt der Kehle kann sowohl konstant sein als auch traufseitig zunehmen.

7.2 Kehlneigungen

(1) Ab Kehlneigung > 15° können einfache Überdeckungen mit angereiften Kanten im Überdeckungsbereich erstellt werden (siehe Abb. III.22).

Die Überdeckungen der Kehlbleche untereinander betragen:

- bei Kehlneigung > 22° mindestens 100 mm,
- bei Kehlneigung ≥ 15° bis ≤ 22° mindestens 150 mm,
- bei Kehlneigung < 15° wasserdichte Verbindung.

Tabelle I.6 und Tabelle I.7 sind zu beachten.

(2) Kehlen mit ebenem Wasserlauf kommen bei Kehlneigungen > 15° zur Anwendung.

7.3 Kehlausbildungen bei Deckungen

(1) Durchgehende Kehlen erhalten seitliche Wasserfalze ≥ 15 mm. Sie können ausgeführt werden mit

- ebenem Wasserlauf,
- vertieftem Wasserlauf,
- Wasserlauf mit Steg.

(2) Die maximalen Längen der Kehlbleche sind Tabelle I.7 zu entnehmen.

(3) Die Anbringung der Kehlen erfolgt auf vollflächiger Deckunterlage oder auf eine Lattung mit einem lichten Abstand der Traglatten < 130 mm. Kehlen mit Bleiblechen erfordern immer eine vollflächige Deckunterlage.

(4) Die Zuschnittsbreite der Kehle richtet sich nach der zu entwässernden Dachfläche und der Dachneigung. Sie sollte jedoch eine Zuschnittsbreite von 400 mm nicht unterschreiten. Bei kleineren Kehllängen und einer geringeren Wasserbelastung kann eine geringere Zuschnittsbreite gewählt werden.

(5) Ist mit einseitig erhöhtem Wasseranfall, z.B. bei zusammengesetzten Flächen unterschiedlicher Neigung, zu rechnen, sollte die Kehle mit Steg oder vertieft ausgeführt werden (siehe Abb. III.22). Bei der vertieften Kehle soll die Vertiefung mindestens 20 mm und die Breite etwa 80 mm aufweisen.

(6) Überdeckungen von Deckwerkstoffen über die untergelegten Bleche werden in den jeweiligen zutreffenden Fachregeln geregelt. Finden dort keine spezifischen Regelungen statt, gilt nachstehende Regelung:

Die Überdeckung der Deckwerkstoffe über die untergelegten Bleche beträgt rechtwinklig zum Kehlverlauf gemessen bei Dachneigungen

- > 22° mindestens 100 mm,
- ≥ 15° bis ≤ 22° mindestens 150 mm,
- < 15° mindestens 200 mm.

Bei profilierten Deckwerkstoffen ist die Überdeckung im Bereich des Wasserlaufs vom Deckwerkstoff ausschlaggebend.

(7) Kehlen mit Schichtstücken (Nocken) können ab 25° Kehlneigung zur Anwendung kommen. Die Länge und Breite der Schichtstücke ergibt sich aus den Deckungsvorgaben der Deckwerkstoffe. Die Überdeckung der Schichtstücke (Nocken) untereinander beträgt bei Dachneigungen

- > 45° mindestens 140 mm,
- < 45° mindestens 160 mm.

Die seitliche Überdeckung der Deckwerkstoffe auf die Schichtstücke (Nocken) beträgt mindestens 150 mm.

(8) Der Dachgraben ist in Abhängigkeit von der Länge und des verwendeten Metalls mit oder ohne Gefällestufen auszuführen.

7.4 Kehlausbildungen bei selbsttragenden Metalldeckungen

(1) Detaillösungen von Kehlausbildungen werden nach Abschnitt 7.3 ausgeführt.

(2) Kehlbleche werden als Zubehörteile zum zugelassenen Dachdeckungssystem geliefert, können aber auch handwerklich hergestellt werden.

7.5 Kehlausbildungen bei Stehfalzen

(1) Detaillösungen von Kehlausbildungen werden nach Abschnitt 7.3 ausgeführt.

(2) Die Kehlausbildung bei Stehfalzen erfolgt durch Verbinden der einzelnen Schar mit der Kehlschar durch

- einfachen Liegefalz (Abb. III.23.4),
- einfachen Falz mit Zusatzfalz (zusätzlicher durchgehender Haftstreifen), (Abb. III.23.3),
- doppelt eingefalzt (Abb. III.23.2),
- vertieft angeordnete Kehle (Abb. III.23.1).

Tabelle 8: Anschlussart der Metalldeckung an Kehlen

Art der Ausbildung	Kehlneigung
einfacher Liegefalz	≥ 25°
einfacher Falz mit Zusatzfalz (zusätzlicher durchgehender Haftstreifen)	≥ 10°
doppelt eingefalzter Kehlfalz (maximal 6 m)	≥ 7°
vertieft angeordnete Kehle	≥ 3°

7.6 Kehlausbildungen bei Leistenfalzen

(1) Detaillösungen von Kehlausbildungen werden nach Abschnitt 7.3 ausgeführt.

(2) Die Kehlausbildung bei Leistenfalzen erfolgt durch Verbinden der einzelnen Schar mit der Kehlschar durch

- einfachen Liegefalz (Abb. III.23.4),
- einfachen Falz mit Haftstreifen (Abb. III.23.3).

(3) Der Anschluss der Scharaufkantungen und Leistendeckel an die Kehlschar erfolgt nach Abschnitt 5.4, wobei die Leiste entsprechend der Schräge des Kehlverlaufs angepasst werden muss.

8 Abdeckungen

8.1 Allgemeines

(1) Abdeckungen nach Abschnitt 8 sind nicht als Dachdeckungen zu betrachten.

Abdeckungen werden angewendet als

- Mauerabdeckungen,
- Attikaabdeckungen,
- Dachrandabdeckungen,
- Gesimsabdeckungen,
- Schornsteinkopfabdeckung,
- Fensterbankabdeckungen u.a.

(2) Zur Anwendung kommen vorgefertigte oder handwerklich hergestellte Profile. Abdeckungen sollten ein ausreichendes Gefälle zur Dachseite aufweisen. Es wird empfohlen, die dachabgewandte Seite mit einer Aufkantung zu versehen. Die Überstände ergeben sich aus Abschnitt 6.3.1. Die Abdeckungen erhalten an den Enden Kopfstücke oder Maueranschlussstücke. Verunreinigungen durch abtropfendes Wasser sind nicht gänzlich zu vermeiden.

(3) Selbsttragende und nicht selbsttragende Abdeckungen können indirekt und in Ausnahmefällen direkt befestigt werden.

Beispiele für Ausnahmefälle sind:

- zusätzlich bei höheren Lasteinwirkungen
- Forderungen der Denkmalpflege

Die direkte Befestigung erfolgt nach Abschnitt 3.4.1 bei Einzellängen $\leq$ 3,0m

- Bohrloch mit Übermaß und
- Abdeckung mit Hauerbuckeln, geklebt oder gelötet.

Hinweis: Anhang II.5 (2) ist auch anwendbar auf nicht selbsttragende Abdeckungen.

8.2 Abdeckungsarten

(1) Selbsttragende und nicht selbsttragende Profile müssen standsicher sein. Die Befestigung hat mit korrosionsbeständigen Befestigungsmitteln zu erfolgen und kann direkt oder indirekt ausgeführt werden. Zwängungen durch thermisch bedingte Längenänderungen sind zu vermeiden. Der erforderliche Abstand für den Bewegungsausgleich ist Tabelle I.7 zu entnehmen. Geeignet sind Bewegungsausgleicher mit oder ohne Abdeckstreifen, z.B. Abb. III.9 und Abb. III.11.

(2) Nicht selbsttragende Abdeckungen werden auf flächiger Unterkonstruktion verlegt. Auf Mauerwerk oder Beton wird die Verwendung einer Trennschicht (siehe Abschnitt 2.5) empfohlen. Die Metalldicke ist der Tabelle I.2 zu entnehmen. Die Befestigung erfolgt indirekt durch mindestens korrosionsgeschützte Hafte, Vorstoßbleche, Haftstreifen u.a. mit geeigneten Schrauben/Nägeln/Stiften auf der Unterkonstruktion. In Ausnahmefällen kann bei Kleinflächen eine direkte Befestigung (siehe Abschnitt 3.4.1) erfolgen. Der Abstand der Hafte, Anzahl und Art der Befestigung richtet sich nach dem Bauteil, der Gebäudehöhe und den Windlastannahmen. Auf geeignetem Untergrund sind auch Klebebefestigungen möglich. Die Nahtverbindungen erfolgen werkstoffgerecht nach Abschnitt 3.2. Geeignet sind z.B. (Abb. III.3, Abb. III.4, Abb. III.9, Abb. III.10 und Abb. III.11):

- einfacher Liegefalz,
- einfacher Liegefalz mit durchgehenden Haftstreifen,
- Aufkantung mit Abdeckleiste,
- Steh- und Doppelstehfalz.

Der erforderliche Abstand der Dehnungsausgleicher ist Tabelle I.7 zu entnehmen.

9 Durchdringungen, Einbauteile

9.1 Allgemeines

(1) Die Bauteile müssen für die vorgesehene Deckung oder Abdichtung geeignet sein und müssen regensicher bzw. wasserdicht eingebaut werden.

(2) Für Durchdringungen, z.B. Dachausstiege, Dachfenster, können industriell vorgefertigte Bauteile verwendet werden.

(3) Einbauteile, Formteile und Einfassungen können industriell oder handwerklich hergestellt sein.

(4) Sicherheitsdachhaken, Stützen für Schneefangvorrichtungen, Solaranlagen, Laufstege usw. sollen unter Verwendung von genügend breiten Blechen eingebaut und eingedeckt werden. Sie müssen für den Verwendungszweck geeignet und zugelassen sein. Die Einbauteile und Einfassungen müssen mit der Deckunterlage und der Deckung abgestimmt werden. Hierzu können lastverteilende Unterlagen erforderlich sein.

(5) Für den Einbau von Blitzableiterstützen gelten die Abschnitte (3) und (4) sinngemäß.

(6) Stehfalze bei Metalldeckungen sind formschlüssige Verbindungen. Sollen von diesen zusätzliche Lasten aufgenommen werden, muss für die Verwendung der zusätzlich einzubringenden Last der statische und sicherheitstechnische Nachweis erbracht werden.

9.2 Einfassung von Durchdringungen

(1) Bereits bei der Planung sollte darauf geachtet werden, dass der Mindestabstand der Dachdurchbrüche von den Längs- und Querverbindungen der Scharen ca. 200 mm beträgt.

Erforderliche Einbindungen in den Scharen sind Durchführungen von Schornsteinen, Dachfenstern, Entlüftungsrohren, Ausstiegen usw. Sie sind je nach Dachneigung und verwendetem Werkstoff regensicher auszuführen.

Bei Stehfalzdächern werden im Normalfall bei der Einbindung von größeren Durchdringungen so weit wie möglich doppelte Falze verwendet.

Diese Durchdringungen sind bei Kehllängen > 1 m auf der Firstseite möglichst mit einem Sattel auszuführen. Dazu ist die Dachschalung bauseits in Anlehnung an Abb. III.41.2 entsprechend auszubilden.

Durch die Schrägstellung der Querfalze lässt sich insbesondere bei flach geneigten Dächern eine bessere Wasserabführung erreichen. Bei Umlegen der Längsfalze, z.B. im Bereich der T-Punkte, ist der Abschnitt 4.3.6 zu beachten.

Zylindrische und konische Rohrdurchführungen sind entsprechend Abb. III.41.1 herzustellen und mindestens 150 mm über die Oberkante des Dachbelages hochzuführen und regensicher zu verwahren.

Hinweis:

Beim Kreuzungs- bzw. T-Punktbereich ist die thermisch bedingte Längenänderung behindert. Die materialspezifischen Besonderheiten und baulichen Gegebenheiten sind zu beachten.

(2) Zu beachten sind:

- „Merkblatt Einbauteile bei Dachdeckungen“
- BGR 203 Dacharbeiten
- DIN 4426
- DIN 18160-5[13]

10 Dachentwässerung

10.1 Dachrinnen

10.1.1 Allgemeines

(1) Für die Bemessung der Entwässerung gilt das „Merkblatt zur Bemessung von Entwässerungen“.

(2) Die „Technischen Hinweise Dachrinnen und Regenfallrohre aus Metall“ sind dem Anhang II zu entnehmen. Insbesondere werden dort behandelt:

- Werkstoffe für Dachrinnen und Rinnenhalter,

[13] DIN 18160-5 Abgasanlagen – Teil 5: Einrichtungen für Schornsteinfegerarbeiten; Anforderungen, Planung und Ausführung

- Rinnennenngrößen,
- Bemessung der Rinnenhalter,
- Rinnenhalterabstände.

(3) Tabelle II.7 ordnet Prüflasten und Rinnenhalterabständen Beanspruchungsreihen zu. Mit diesen Beanspruchungsreihen können die Rinnenhalter nach Tabelle II.8 und Tabelle II.9 ausgewählt werden. Bei anderen Rinnenhaltern, als die in Tabelle II.8 und II.9 aufgeführten, ist die Tragfähigkeit nachzuweisen.

(4) Man unterscheidet zwischen außen liegenden und innen liegenden Dachrinnen. Bei außen liegenden Dachrinnen kann Wasser infolge von erhöhtem Niederschlag, verstopften Abläufen, Undichtigkeit o.a. sicher nach außen abgeleitet werden. Bei innen liegenden Dachrinnen kann diese Feuchtigkeit in die Konstruktion bzw. in das Bauwerk gelangen. Durch geeignete Maßnahmen, Notüberläufe, Notabläufe, Sicherheitsrinnen o.a., muss dies vermieden werden.

(5) Dachrinnen können ausgeführt werden:

- selbsttragend, in Rinnenhaltern verlegt,
- nicht selbsttragend, auf flächigen durchgehenden Unterlagen,
- Sonderformen.

(6) Rinnen und Rinnenhalter müssen so aufeinander abgestimmt sein, dass eine ausreichende Befestigung gewährleistet wird.

(7) Nicht selbsttragende Dachrinnen werden auf mit und ohne Gefälle hergestellten, flächigen Unterlagen verlegt und mit Haften befestigt.

(8) Zur Aufnahme der temperaturbedingten Längenänderungen sind Bewegungsausgleicher einzubauen (siehe Abb. III.26, Abb. III.27 und Tabelle I.7).

Als Bewegungsausgleichsmöglichkeiten können bei Dachrinnen verwendet werden:

- Schiebenähte an den höchsten Stellen (Hochpunktschiebenaht), (Abb. III.26),
- Synthesekautschukelemente an jeder Stelle (Abb. III.26),
- Rinnenkessel (Abb. III.27),
- Einhangstutzen an der tiefsten Stelle (Abb. III.27).

(9) Die Rinnen erhalten an den Enden Rinnenendstücke (Kopfstücke, Rinnenausläufe o.Ä.).

10.1.2 Außen liegende Dachrinnen

10.1.2.1 Vorgehängte Dachrinnen

(1) Bei den vorgehängten Dachrinnen (siehe Abb. III.28) gibt es die

- halbrunde Dachrinne,
- kastenförmige Dachrinne,
- Gesimsrinne,
- Dachrinne mit Sonderform aus Metall und aus Kunststoff.

Die Vorderkante der Dachrinnen weist einen runden Wulst oder einen aus mehreren Kantungen bestehenden Wulst auf. Die hintere Kante ist mit einem Wasserfalz ausgebildet (siehe Abb. III.28).

(2) Gesimsrinnen werden entweder unter Verwendung halbrunder oder kastenförmiger Dachrinnen oder aus handwerklich gefertigten Dachrinnen hergestellt. Sonderformen müssen der DIN EN 612[14] entsprechen.

(3) Die vorgehängten Dachrinnen können mit oder ohne Gefälle zu den Abläufen verlegt werden. Wasserrückstände sind bei waagerecht verlegten Rinnen nach einem Regenereignis unvermeidbar und stellen keinen Mangel dar.

(4) Durch nicht zu verhindernde Veränderungen in der Unterkonstruktion und auch durch den Einbau von Bewegungsausgleichern ist ein behinderter Wasserablauf und stehendes Wasser möglich.

(5) Die Vorderkante der Dachrinne muss tiefer als ihre Hinterkante liegen (siehe Anhang II).

(6) Die Rinnenhalter werden mit mindestens 2 geeigneten korrosionsgeschützten Nägeln/Schrauben in den Dachsparren/Traufbohlen befestigt. Andere Rinnenhalterbefestigungen, z.B. Schienenhalter, Stirnbretthalter, sind ebenfalls möglich.

(7) Die Bemessung und der Abstand der Rinnenhalter sind Anhang II zu entnehmen.

[14] DIN EN 612 Hängedachrinnen mit Aussteifung der Rinnenvorderseite und Regenrohre aus Metallblech mit Nahtverbindungen

(8) Rinnenhalter sind im Deckbereich bündig einzulassen und versenkt zu befestigen. Wenn aufgrund der Deckungsart das Einlassen der Rinnenhalter nicht erforderlich ist, kann hierauf verzichtet werden.

(9) Unter den außen liegend als vorgehängte Gesimsrinne angebrachten Dachrinnen (siehe Abb. III.28) ist zum Schutz des Gesimses eine Abdeckung erforderlich (siehe Abschnitt 5.6).

(10) Als vordere Blende kann die vorgehängte Gesimsrinne eine Bekleidung erhalten oder in den Rinnenwulst wird ein Vorstellblech eingehängt, das am unteren Ende auf der Gesimsabdeckung mit Haften befestigt wird.

10.1.2.2 Aufliegende Dachrinnen

(1) Aufliegende Dachrinnen (Liegerinnen/Aufdachrinnen) sind Sonderformen und werden mit und ohne Gefälle zu den Abläufen verlegt (Abb. III.28).

(2) Der auf der Dachfläche liegende Schenkel besitzt einen Wasserfalz, der lotgerecht gemessen oberhalb der Wulsthöhe liegt.

(3) Befestigung und Abstand der Rinnenhalter erfolgen wie in den Abschnitten 10.1.2.1 (6), (7) und (8) angegeben.

(4) Unterhalb der Aufdachrinne bis zur Traufkante wird die Deckung mit Metall oder dem Deckwerkstoff der Fläche weitergeführt. Unter der Aufdachrinne ist ein Unterdeckblech anzuordnen, das den Deckwerkstoff mindestens gemäß dessen Höhenüberdeckung überdeckt.

10.1.3 Innen liegende Dachrinnen

(1) Innen liegende Dachrinnen (Abb. III.29 und Abb. III.30) werden in Haltekonstruktionen oder auf durchgehenden Unterlagen verlegt. Damit bei erhöhten Niederschlagsmengen oder verstopften Abläufen kein Wasser in das Gebäudeinnere dringen kann, müssen unabhängige Abläufe und ausreichende Notabläufe/-überläufe vorgesehen werden. Innen liegende Rinnenkonstruktionen bedürfen einer erhöhten Sorgfalt der Planung und Verarbeitung. Im Einzelfall sind besondere Anforderungen zu prüfen und ggf. zu berücksichtigen. Bei einer besonderen Schutzwürdigkeit des Gebäudes soll eine Sicherheitsrinne mit eigener Entwässerung, die im Einzelfall für sich alleine die gesamte anfallende Niederschlagsmenge ableiten kann, zusätzlich berücksichtigt werden.

(2) Innen liegende Dachrinnen können mit oder ohne Gefälle zu den Abläufen verlegt werden. Wasserrückstände sind bei waagerecht verlegten Rinnen, insbesondere bei Dehnungsausgleichern, nach einem Regenereignis unvermeidbar und stellen keinen Mangel dar.

(3) Dem Auftraggeber sollte der Einbau einer thermostatgesteuerten Rinnenheizung empfohlen werden.

(4) Unabhängig von der berechneten Rinnengröße ist die Abmessung so zu planen, dass eine einwandfreie handwerkliche Ausführung möglich ist.

10.1.4 Verbindungen von Dachrinnen

10.1.4.1 Anforderungen an Verbindungen von Dachrinnen

Die wasserdichte Verbindung der Dachrinnen und -rinnenteile erfolgt nach Abschnitt 3.2.

10.1.4.2 Verbindungsarten von Dachrinnen

(1) Verbindungsarten von Dachrinnen sind der Tabelle 9 zu entnehmen.

(2) Dachrinnen aus Metall, aus beschichteten oder mit metallischen Überzügen versehenen Blechen und aus Kunststoffen werden systemgerecht, z.B. durch Nieten, Kleben, miteinander verbunden.

Tabelle 9: Verbindungsarten von Dachrinnen

Werkstoff	Weichlöten	Weichlöten mit einreihiger Nietung	Doppelreihige Nietung mit Dichteinlage	Hartlöten	Schweißen	Kleben
Kupfer	x	x	x	x	x	x
Titanzink	x	-	-	-	-	x
Aluminium	-	-	x		x	x
Nicht rostender Stahl	x	x	x	-	x	x
Verzinktes Stahlblech	x	x	x	-	-	x
Blei	x				x	x

Lote und Flussmittel siehe Tabelle I.4 und Tabelle I.5.

10.2 Regenfallleitungen

10.2.1 Allgemeines

(1) Regenfallleitungen, die außerhalb des Gebäudes liegen, bestehen aus industriell oder handwerklich hergestellten Regenfallrohren und Zubehör (Abb. III.27, Abb. III.31, Abb. III.32).

(2) Entwässerungssysteme, die innerhalb des Gebäudes verlegt werden, müssen zugelassen sein.

10.2.2 Regenfallrohre

(1) Für Regenfallleitungen sind folgende Angaben den „Technischen Hinweisen Dachrinnen und Regenfallrohre aus Metall“ im Anhang II zu entnehmen:
- Werkstoffe für Regenfallrohre und Rohrschellen,
- Nenngrößen der Regenfallrohre und Rohrschellen,
- Ausführung der Längsnaht,
- Werkstoffe für Zubehörteile, u.a.

(2) Für die Bemessung der Regenfallleitungen gilt das „Merkblatt zur Bemessung von Entwässerungen“.

(3) Die Einzellängen der Regenfallrohre müssen mindestens 50 mm steckbar sein. Bei einer Verlegung unter 10° erfolgt die Verbindung nach Abschnitt 3.2. Die Einstecktiefe von Zubehörteilen ist systembezogen auszuführen.

(4) Die Rohrschellen (Abb. III.32) sind so anzubringen, dass der Abstand der Regenfallleitungen von den Bauwerksteilen mindestens 20 mm beträgt. Der Abstand der Rohrschellen untereinander darf bei Fallrohren aus Metall mit einem Innendurchmesser bis 100 mm höchstens 3 m und bei größerem Durchmesser höchstens 2 m betragen. Bei Kunststoffrohren darf der Abstand höchstens 2 m betragen. Einzellängen sind gegen Abrutschen durch Wulste, Nasen, Muffen o.a. zu sichern.

Bei Gebäuden bis 22 m kann die Befestigung konstruktiv ausgeführt werden. Dabei sollten Dübel-Schrauben-Kombinationen genutzt werden.

Bei Höhen der Rinnen über 22 m über Geländeoberfläche muss die Befestigung der Regenfallrohre nachweisbar sein. Die Vorgaben zur Befestigung sind bauseitig vorzugegeben.

Rohrschellen mit Schlagstift sind nicht geeignet.

(5) Bei Wärmedämmverbundsystemen (WDVS) sollten Wärmebrücken weitestgehend vermieden werden. Das Material der Rohrschellen und die Befestigungsart sind auf das WDVS abzustimmen.

(6) Der Korrosionsschutz der Rohrschellen soll mindestens dem der Rinnenhalter entsprechen. Die Werkstoffzuordnung von Regenfallrohr und Rohrschelle erfolgt nach Tabelle II.6. Schließschrauben sollen aus kor-

rosionsbeständigem Material bestehen und müssen für eine ausreichende Befestigung in mindestens 4 tragende Gewindegänge eingeschraubt werden können.

(7) Die Fallrohrbefestigung darf die Regensicherheit der Fassade nicht negativ beeinflussen.

10.2.3 Standrohre

(1) Standrohre bestehen aus schlagfesteren und materialverträglichen Werkstoffen, z.B.
- Kupfer,
- verzinktem Stahl,
- nicht rostendem Stahl,
- Stahlguss (SML und GA),
- Kunststoffen.

(2) Der Anschluss des Regenfallrohres an das Standrohr erfolgt mit Standrohrkappen/Übergangsstücken.

(3) Standrohre sollten aus optischen Gründen bis auf Sockelhöhe hochgeführt werden, in besonderen Fällen (z.B. Einfahrten, Schulen u.a.) werden längere Standrohre verwendet.

(4) Zu Reinigungszwecken ist der Übergang mit Schiebestück und daran angelöteter Standrohrkappe auszubilden oder ein Standrohr mit Reinigungsöffnung zu verwenden.

10.3 Flächen mit innen liegender Entwässerung

Die Bemessung erfolgt nach „Merkblatt zur Bemessung von Entwässerungen".

Die Ausführung erfolgt nach Abschnitt 10.1.3.

11 Schnee- und Eisschutz

11.1 Allgemeines

Gemäß den Festlegungen in den Landesbauordnungen können für Dächer an allgemein zugänglichen Wegen und über Eingängen Vorrichtungen zum Schutz gegen das Abrutschen von Schnee und Eis gefordert werden.

11.2 Ausführung von Schneerückhaltesystemen

(1) Wirksame Systeme sind im Traufbereich anzuordnen, die durch Systeme in der Fläche unterstützt werden können (z.B. Schneestopper). Ausschließlich im Traufbereich wirksame Schneefangsysteme sind bei hohen Schneelasten nicht für jeden Anwendungsfall geeignet. Bei großen, steilen oder glatten Dachflächen und bei hohem Schneeaufkommen sollten Systeme verwendet werden, die über die ganze Dachfläche wirksam sind.

(2) Schneefangsysteme bestehen aus:
- Schneefanggittern mit dazugehörigen Stützen,
- Schneefangprofilen mit Haltern,
- Rundhölzern mit Haltern,
- Rohrschneefang-Systemen mit Klemmlaschen,
- Schneestoppern, flächendeckend.
- Stützen und Halter sollten auf jedem Sparren, Laschen auf jedem Falz befestigt werden.

(3) Traufseitig angeordnete Schneefangsysteme sind anhand der nach DIN EN 1991-1-3[15] zu ermittelnden Lasten i.d.R. in tragende Bauteile zu befestigen.

(4) Die im Anhang II Abschnitt 5 berechnete Anzahl Hafte pro m^2 berücksichtigt die bei Metalldeckungen auftretenden Lasten und die ohne Anwendung von Schneerückhaltesystemen auftretenden Schneelasten.

Sind weitere einwirkende Kräfte zu berücksichtigen, z.B. Schneelasten durch Schneerückhaltesysteme, ist ein Nachweis zu führen (siehe auch Abschnitt 9.1. (6)).

(5) Das „Merkblatt Einbauteile bei Dachdeckungen" ist zu beachten.

[15] DIN EN 1991-1-3 Eurocode 1: Einwirkungen auf Tragwerke – Teil 1-3: Allgemeine Einwirkungen, Schneelasten

11.3 Dachflächen- und Rinnenheizungen

Um Vereisungen an Dachtraufen, Dachrinnen, Kehlen, Regenfallrohren usw. zu vermeiden und einen sicheren Schmelzwasserabfluss zu gewährleisten, können elektrische Heizsysteme mit Heizleitungen zur Anwendung kommen.

12 Brandschutz

12.1 Allgemeines

Die Landesbauordnungen fordern, dass Bedachungen gegen Flugfeuer und strahlende Wärme widerstandsfähig sein müssen (harte Bedachungen).

Andernfalls handelt es sich um eine „weiche Bedachung“, die gestattet werden kann, wenn bestimmte Abstände zur Grundstücksgrenze bzw. zu anderen Gebäuden eingehalten werden (siehe Landesbauordnung).

Metalldeckungen, die nach DIN 4102-4/A1:2004-11, Abschnitt 8.7 ausgeführt werden, erfüllen diese Forderung.

Die Forderung der „harten Bedachung“ ist ebenfalls erfüllt, wenn ein allgemeines bauaufsichtliches Prüfzeugnis nach DIN 4102-7[16] vorliegt oder die Zustimmung der Obersten Baubehörde erbracht wird.

12.2 Brandverhalten von Baustoffen und Bauteilen

Tabelle 10: Klassifizierung des Brandverhaltens von Baustoffen (ohne Bodenbeläge) nach DIN EN 13501-1[17] im Vergleich zur DIN 4102-1[18]

Bauaufsichtliche Benennung	Zusatzanforderungen		Europäische Klasse nach DIN EN 13501-1	Klasse nach DIN 4102-1
	kein Rauch	kein brennendes Abfallen/Abtropfen		
Nicht brennbar	x	x	A1	A1
	x	x	A2 - s1 d0	A2
Schwer entflammbar	x	x	B C - s1 d0	B1[1)]
		x	B C - s3 d0	
	x		B C - s1 d0	
			B	
Normal entflammbar		x	D - s3 d0 E	B2[1)]
			D - s3 d2	
			E - d2	
Leicht entflammbar			F	B3

1) Angaben über hohe Rauchentwicklung und brennendes Abtropfen/Abfallen im Verwendbarkeitsnachweis und in der Kennzeichnung

Hinweis: Das europäische Klassifizierungssystem regelt zusätzlich zum Brandverhalten auch die Brandnebenerscheinungen Rauchentwicklung und brennendes Abtropfen/Abfallen eines Baustoffs. Rauchklassenbezeichnung s1, s2, s3; Kennzeichnung Abtropfen/Abfallen d0, d1, d2

16 DIN 4102-7 Brandverhalten von Baustoffen und Bauteilen – Teil 7: Bedachungen – Anforderungen und Prüfungen

17 DIN EN 13501-1 Klassifizierung von Bauprodukten und Bauarten zu ihrem Brandverhalten; Klassifizierung mit den Ergebnissen aus den Prüfungen zum Brandverhalten von Bauprodukten

18 DIN 4102-1 Brandverhalten von Baustoffen und Bauteilen – Teil 1: Baustoffe; Begriffe, Anforderungen und Prüfungen

12.3 Widerstandsfähige Bedachungen gegen Flugfeuer und strahlende Wärme

Die Beständigkeit von Metalldeckungen gegen Flugfeuer und strahlende Wärme ist gemäß folgenden Normen zu erfüllen oder durch die Ausstellung eines „Allgemeinen bauaufsichtlichen Prüfzeugnisses" nachzuweisen:

- DIN 4102-2,
- DIN 4102-4/A1,
- DIN 4102-7,
- DIN EN 13501-2,
- DIN EN 13501-5,
- DIN V EN V 1187.

Metalldeckungen gelten gemäß DIN 4102-4/A1 als widerstandsfähige Bedachungen gegen Flugfeuer und strahlende Wärme.

Die im Folgenden aufgeführten Bauprodukte müssen mindestens der Baustoffklasse B2 nach DIN 4102-1 oder Klasse E gemäß DIN EN 13501-1 entsprechen.

Für alle Metalldeckungen nach Abschnitt 12.3.1 bis 12.3.4 gilt:

- Sichtseitige Beschichtungen müssen anorganisch sein oder
- müssen bei Metalldeckungen aus Aluminium, Aluminiumlegierungen, verzinktem Stahl, Kupfer, Kupferlegierungen, Zink, Zinklegierungen und nicht rostendem Stahl einen Brennwert PCS ≤ 4,0 MJ/m² oder eine Masse ≤ 200 g/m² haben oder bei großformatigen, profilierten, selbsttragenden Metalldeckungen aus verzinktem Stahl einen Brennwert PCS ≤ 6,0 MJ/m² oder eine Masse von ≤ 250 g/m² haben.

12.3.1 Großformatige selbsttragende und nicht selbsttragende Metalldeckungen aus Al, St, Cu, SS

Großformatige selbsttragende und nicht selbsttragende Metalldeckungen aus Aluminium, Aluminiumlegierungen, verzinktem Stahl, Kupfer, Kupferlegierungen mit einer Dicke ≥ 0,5 mm, nicht rostendem Stahl ≥ 0,4 mm bei Verwendung auf:

- Unterkonstruktionen aus nicht brennbaren Baustoffen oder
- Schalung aus Holz und Holzwerkstoffen mit oder ohne beliebige Trennlage oder
- Holzlattung mindestens 40/60 mm oder
- Wärmedämmstoffen aus Mineralwolle der Baustoffklasse A oder Schaumglas der Baustoffklasse A, PUR- oder PIR-Hartschaum mit oder ohne beliebige Trennlage.

12.3.2 Großformatige profilierte und nicht selbsttragende Metalldeckungen in handwerklicher Falztechnik aus Zn

Großformatige profilierte und nicht selbsttragende Metalldeckungen in handwerklicher Falztechnik aus Zink, Zinklegierungen mit einer Dicke ≥ 0,7 mm bei Verwendung auf:

- geschlossener Unterkonstruktion aus nicht brennbaren Baustoffen oder
- nicht hinterlüfteter Schalung aus Holz und Holzwerkstoffen ohne Trennlage oder
- Schalung aus Holz und Holzwerkstoffen mit Trennlage aus Bitumenbahn mit Glasvlies- oder Glasgewebeeinlage nach DIN 52143[19], DIN 52130[20] oder DIN 52131[21] auch in Kombination mit einer strukturierten Trennlage mit Dicke ≤ 8 mm oder
- Wärmedämmung aus Mineralwolle der Baustoffklasse A ohne Trennlage oder
- Wärmedämmung aus Schaumglas oder Baustoffklasse A, PUR- oder PIR-Hartschaum mit oder ohne Trennlage.

12.3.3 Metalldeckungen mit kleinformatigen Metalldeckungen

Kleinformatige Metalldeckungen aus Pfannenblechen, Metallschindeln oder Paneelblechen aus Aluminium, Aluminiumlegierungen, verzinktem Stahl, Kupfer, Kupferlegierungen mit einer Dicke ≥ 0,5 mm, nicht rostendem Stahl mit einer Dicke ≥ 0,4 mm bei der Verwendung auf:

---

[19] DIN 52143 Glasvlies-Bitumendachbahnen; Begriffe, Bezeichnung, Anforderungen
[20] DIN 52130 Bitumen-Dachdichtungsbahnen – Begriffe, Bezeichnungen, Anforderungen
[21] DIN 52131 Bitumen-Schweißbahnen – Begriffe, Bezeichnungen, Anforderungen

- nicht brennbaren Halteprofilen oder
- Schalung aus Holz und Holzwerkstoffen mit oder ohne beliebige Trennlage oder
- Holzlattung mindestens 40/60 mm und Schalung aus Holz oder Holzwerkstoffen oder
- Holzlattung mindestens 40/60 mm und Wärmedämmstoffen aus Mineralwolle oder
- Schaumglas, Baustoffklasse A, PUR- oder PIR-Hartschaum, jeweils mit oder ohne Trennlage.

12.3.4 Kernverbundelemente/Sandwich-Elemente mit beidseitiger Deckschicht aus Blech

Kernverbundelemente/Sandwich-Elemente mit beidseitiger Deckschicht aus Blech, wobei das obere Blech und der Wärmedämmstoff nach Abschnitt 12.3.1 auszuführen sind.

13 Pflege und Wartung

(1) Der Abschluss eines Wartungs- und Inspektionsvertrags wird empfohlen.

(2) Zur Pflege und Wartung einer Deckung gehört auch die Sichtprüfung aller Dachdetails aus Metall, insbesondere Dachentwässerungseinrichtungen, Abdeckungen, Einfassungen, An- und Abschlüsse u.a.

(3) Rechtzeitige Pflege und evtl. Erneuerungen der Korrosionsschutzanstriche können die Lebensdauer der Metalle verlängern und vor größeren Schäden bewahren.

Anhang I Tabellen

Tabelle I.1: Möglicher Zusammenbau von Metallen

	Aluminium (Al)	Blei (Pb)	Kupfer (Cu)	Titanzink (Zn)	Stahl (S.S)	Verzinkter Stahl (VSt)
Aluminium (Al)	+	+	–	+	+	+
Blei (Pb)	+	+	+	+	+	+
Kupfer (Cu)	–	+	+	–	+	– [1], [2]
Titanzink (Zn)	+	+	-	+	+	+
nicht rostender Stahl (S.S)	+	+	+	+	+	+
verzinkter Stahl (VSt)	+	+	– [2]	+	+	+

+: zulässig, –: nicht zulässig
[1] Stahlstifte von Hohlnieten sind im Außenbereich unzulässig.
[2] Galvanische Verkupferungen verzinkter Bauteile können Korrosionsvorgänge verstärken; sie stellen keinen Korrosionsschutz dar.

Wasserfließrichtung, Zusammenbau mit Kupfer

In abfließendem Wasser enthaltene Kupferionen können die Flächenkorrosion von Aluminium, Zink und verzinktem Stahl fördern, insbesondere wenn es sich um größere Kupferflächen handelt. Deshalb sollten diese Metalle in Fließrichtung nicht unterhalb von Kupfer-Werkstoffen verwendet werden.

Abkürzungen für Werkstoffe:

- Ag: Silber
- Al: Aluminium
- Cd: Cadmium
- Cu: Kupfer
- P: Phosphor
- Pb: Blei
- Si: Silicium
- Sn: Zinn
- S.S: nicht rostender Stahl
- VSt: verzinkter Stahl
- Zn: Zink/Titanzink
- Ms: Messing
- L: Leichtmetall
- S: Solder (engl.) = Lötzinn
- F: Flussmittel
- SH: Schwermetall, Hartlöten

Tabelle I.2: Mindestdicke von Metallen

Metallbauteil Nenngröße in mm		Metalle (Dicke in mm)					
		Cu	Zn	Al	S.S	VSt	Pb
halbrunde Rinnen	200	0,60	0,65	0,70	0,40	0,60	*
	250	0,60	0,65	0,70	0,40	0,60	
	280	0,60	0,70	0,70	0,40	0,60	
	333	0,60	0,70	0,70	0,40	0,60	
	400	0,70	0,80	0,80	0,50[3]	0,70	
	500	0,70	0,80	0,80	0,50	0,70	
kastenförmige Rinnen	200	0,60	0,65	0,70	0,40	0,60	*
	250	0,60	0,65	0,70	0,40	0,60	
	333	0,60	0,70	0,70	0,40	0,60	
	400	0,70	0,80	0,80	0,50[3]	0,70	
	500	0,70	0,80	0,80	0,50	0,70	
kreisförmige Rohre	60	0,60	0,65	0,70	0,40	0,60	*
	80 (76, 87)	0,60	0,65	0,70	0,40	0,60	
	100	0,60	0,65	0,70	0,40	0,60	
	120	0,70	0,70	0,70	0,50	0,70	
	150	0,70	0,70	0,70	0,50	0,70	
quadratische Rohre	60	0,60	0,65	0,70	0,40	0,60	*
	80	0,60	0,65	0,70	0,40	0,60	
	100	0,70	0,70	0,70	0,40	0,70	
	120	0,70	0,80	0,70	0,50	0,70	
Kehlen		0,70	0,70	0,70	0,40	0,60/0,70[1]	2,50
Dachrandabschlüsse nicht selbsttragend auf Unterkonstruktion		0,60	0,70	0,70	0,40	0,60	2,00
Dachrandabschlüsse selbsttragend auf Haltebügel		1,00	1,00	1,00[2]	0,80	0,80	
Dachanschlüsse		0,60	0,70	0,70	0,40	0,60	1,25
Einfassungen		0,60	0,70	0,70	0,40	0,60	1,50
Abdeckungen selbsttragend		1,00	1,00	1,00[2]	0,80	0,80	
Abdeckungen nicht selbsttragend		0,60	0,70	0,70	0,40	0,60	2,50

* Rinnen und Rohre aus Blei sind Sonderkonstruktionen.

[1] nicht selbsttragend 0,60 mm; teilweise selbsttragend 0,70 mm

[2] Bei vorgefertigten Aluminium-Strangpressprofilen soll die Mindestdicke 1,5 mm betragen (siehe Abschnitt 6.3.1(2)).

[3] Regional sind abweichende Materialdicken üblich.

Tabelle I.3: Übliche Edelstahlsorten

Korrosionswiderstandsklasse		Werkstoffe Nr.:
I	gering	1.4003, 1.4016, 1.4512
II	mäßig	1.4301, 1.4306, 1.4307, 1.4567, 1.4541, 1.4318, 1.4311, 14482
III	mittel	1.4401, 1.4404, 1.4578, 1.4571, 1.4406, 1.4429, 1.4432,
		1.4435, 1.4362, 1.4062, 1.4162, 1.4662
IV	stark	1.4439, 1.4462, 1.4539
V	sehr stark	1.4565, 1.4529, 1.4547, 1.4410, 1.4501, 1.4507

Tabelle I.4: Weichlote und Flussmittel

Werkstoff	Weichlot nach DIN EN ISO 9453[22] (Beispiele)	Flussmittel nach DIN EN 29454-1[23] mit der Bezeichnung (Beispiele)
Kupfer	S – Pb 60 Sn 40	3.1.1
	S – Sn 97 Cu 3	3.1.1
Titanzink	S – Pb 60 Sn 40	3.2.2
nicht rostender Stahl	S – Sn 96 Ag 4	3.1.1
verzinkter Stahl	S – Pb 60 Sn 40	3.1.1
	S – Sn 96 Ag 4	3.1.1
Blei	S – Pb 60 Sn 40	2.1.3

Tabelle I.5: Hartlote und Flussmittel

Werkstoff	Hartlot nach DIN EN ISO 17672[24] (Beispiele)	Flussmittel nach DIN EN 1045[25] (Beispiele)
Kupfer	L – Cu P 6 (phosphorhaltig)	im Lot enthalten
verzinkter Stahl	L – Cu Zn 39 Sn	F – SH 2

[22] DIN EN ISO 9453 Weichlote – Chemische Zusammensetzung und Lieferformen (ISO 9453:2014);

[23] DIN EN 29454-1 Flußmittel zum Weichlöten; Einteilung und Anforderungen; Teil 1: Einteilung, Kennzeichnung und Verpackung (ISO 9454-1:1990);

[24] DIN EN ISO 17672 Hartlöten – Lote

[25] DIN EN 1045 Hartlöten – Flußmittel zum Hartlöten – Einteilung und technische Lieferbedingungen

Tabelle I.6: Befestigungsmittel

<table>
<tr><th rowspan="2">Werkstoff der zu befestigen-den Teile</th><th>Hafte</th><th colspan="2">geraute Nägel</th><th colspan="2">Senkkopf-Schrauben</th></tr>
<tr><th>Werkstoff und Mindestdicke in mm</th><th>Werkstoff</th><th>Mindestmaße[1]</th><th>Werkstoff</th><th>Mindestmaße[1]</th></tr>
<tr><td rowspan="3">Cu</td><td>Cu 0,6</td><td>Cu</td><td rowspan="19">2,8 * 25</td><td>Cu</td><td rowspan="19">4 * 25</td></tr>
<tr><td rowspan="2">S.S 0,4</td><td rowspan="2">S.S</td><td>Ms</td></tr>
<tr><td>S.S</td></tr>
<tr><td rowspan="4">Zn</td><td>Zn 0,7</td><td rowspan="2">VSt</td><td rowspan="2">VSt</td></tr>
<tr><td>S.S 0,4</td></tr>
<tr><td>VSt 0,6</td><td>VSt</td><td rowspan="2">S.S</td></tr>
<tr><td>Al 0,8</td><td>S.S</td></tr>
<tr><td rowspan="2">Al</td><td rowspan="2">S.S 0,4</td><td>VSt</td><td>VSt</td></tr>
<tr><td>S.S</td><td>S.S</td></tr>
<tr><td rowspan="3">S.S</td><td>S.S 0,4</td><td>S.S</td><td>S.S</td></tr>
<tr><td rowspan="2">Cu 0,6</td><td rowspan="2">Cu</td><td>Ms</td></tr>
<tr><td>Cu</td></tr>
<tr><td rowspan="3">VSt</td><td>VSt 0,6</td><td>VSt</td><td>VSt</td></tr>
<tr><td>S.S 0,4</td><td rowspan="2">S.S</td><td rowspan="2">S.S</td></tr>
<tr><td>Al 0,8</td></tr>
<tr><td rowspan="4">Pb</td><td>Cu 0,6</td><td>Cu</td><td>Cu</td></tr>
<tr><td rowspan="3">S.S 0,4</td><td>S.S</td><td>S.S</td></tr>
<tr><td rowspan="2">VSt</td><td>Ms</td></tr>
<tr><td>VSt</td></tr>
</table>

[1] Maße in mm; andere Maße können verwendet werden, wenn die Eignung nachgewiesen ist.

Hafte aus Edelstahl sind bei allen Deckmaterialien einsetzbar (Haftunterteile mit gerundeten Ecken).
Je Haft mindestens 2 Stück Befestigungsmittel mit einer Einbindetiefe von mindestens 20 mm.
Zulässig sind auch gerillte Nägel aus Edelstahl und feuerverzinktem Stahl 2,5 x 25 mm nach DIN EN 1995, Tragfähigkeitsklasse 3/C.
Hinweis: Mit 2 Nägeln befestigte Hafte müssen unter dynamischer Belastung eine zulässige Haftbelastung von 400 N nachweisen. Die Werte gelten für industriell hergestellte Hafte. Die Verwendung von Haften aus anderen Materialien ist bei einer nachgewiesenen Tragfähigkeit des Haftes von mindestens 400 N/Haft unter Anwendung der oben genannten Tabellen zulässig.
Erforderliche Nenndicke der Schalung:
- aus Vollholz: mindestens 30 mm – Blei als Deckwerkstoff mindestens 24 mm – Cu, Zn, Al, S.S, VSt als Deckwerkstoff,
- aus Holzwerkstoffplatten: mindestens 24 mm – Blei als Deckwerkstoff mindestens 22 mm – Cu, Zn, Al, S.S, VSt als Deckwerkstoff.

Tabelle I.7: Richtwerte für die maximalen Abstände von Dehnungsausgleichern. Für Bleche, Bänder und Metallprofile aus Cu, Zn, S.S und VSt, für Blei siehe Tabelle I.8.

Metall	**Cu**	**Zn**	**Al**	**S.S**	**VSt**	**Pb**
Ausdehnungs-koeffizient in mm/m • K	0,017	0,022	0,024	0,016	0,012	0,029

Formteil		maximaler Abstand
eingeklebte Einfassungen; Winkelanschlüsse; Traufbleche; Dachrandeinfassungen und eingeklebte Shedrinnen in der Wasserebene		6 m
Mauerabdeckungen; Dachrandabschlüsse außerhalb der Wasserebene; innen liegende, nicht eingeklebte Dachrinnen mit Zuschnitt > 500 mm bei verzinktem Stahl und nicht rostendem Stahl		8 m 14 m
bei Scharen für Dachdeckungen und Außenwandbekleidungen – aus Cu, Al und Zn – aus S.S und VSt		10 m 14 m
innen liegende, nicht eingeklebte Rinnen vorgehängte Dachrinnen	≤ 500 mm Zuschnitt > 500 mm Zuschnitt	10 m
vorgehängte Dachrinnen	≤ 500 mm Zuschnitt	15 m
Diese Richtwerte gelten für die gestreckte Länge von Bauteilen. Für die Abstände von Ecken oder Festpunkten gelten jeweils die halben Längen. Die vorgegebenen Richtwerte können geringfügig überschritten werden. Abkürzungen für Werkstoffe siehe Tabelle I.1.		
Für eine ungehinderte Längenänderung durch Temperaturwechsel ist mit einer Temperaturdifferenz von 100 K zu rechnen. Dabei geht man davon aus, dass im Winter –20 °C und im Sommer +80 °C erreicht werden. Für die Berechnung der Längenänderung im Sommer bzw. Winter ist die Einbautemperatur des Werkstoffes zu berücksichtigen.		

Die Änderung der Länge errechnet man nach der Formel:

$\Delta L = L \bullet \alpha \bullet (\Delta t)$

Hierin ist:

- ΔL: Längenänderung in mm
- L: Bauteillänge
- α: Ausdehnungskoeffizient in mm/mK
- Δt: Temperaturdifferenz in K (Kelvin) 100 K bzw. Temperaturdifferenz der Einbautemperatur t_{Sommer} und t_{Winter}

Berechnungsbeispiel:

- Länge: 6,00 m
- angenommene Einbautemperatur: 15 °C
- Werkstoff: Titanzink (α = 0,022 mm/mK)
- Längenänderung (maximal)
  $\Delta L = L \bullet \alpha \bullet \Delta t = 6{,}0 \bullet 0{,}022 \bullet 100 = 13{,}2$ mm
- Längenänderung im Sommer bzgl. Einbautemperatur
  $\Delta L = L \bullet \alpha \bullet \Delta t = 6{,}0 \bullet 0{,}022 \bullet (80 - 15) = 8{,}58$ mm
- Längenänderung im Winter bzgl. Einbautemperatur
  $\Delta L = L \bullet \alpha \bullet \Delta t = 6{,}0 \bullet 0{,}022 \bullet (15 - (-20)) = 4{,}62$ mm

Tabelle I.8: Richtwerte für die maximal zulässigen Abmessungen von Bleiblechen. Für Bleche, Bänder und Metallprofile aus Cu, Zn, Al, S.S und VSt siehe Tabelle I.7.

An- und Abschlüsse (bis 20 m Gebäudehöhe)

Dicke in mm	maximale Fläche in m²	maximale Länge A in mm	maximale Breite B in mm	maximale Länge C in mm
1,25	0,333	1000	333	1000
1,50	0,370	1000	370	1100
		1125	333	
		1250	300	
2,00	0,500	1000	500	1250
		1250	400	
		1500	333	

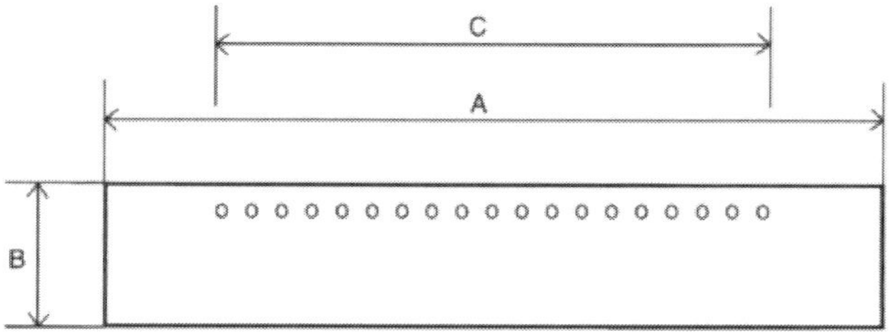

Längsformate für Dächer und Fassaden

Dicke in mm	Dächer					Fassaden über 85°	
	≤ 10°	über 10° bis 60°		über 60° bis 85°			
		Dmax	Emax	Dmax	Emax	Dmax	Emax
2,25	Gefällestufe	550	1800	550	1750	550	1600
2,50		590	2000	580	1900	580	1800
3,00		620	2200	610	2100	600	1800
3,50		650	2400	-	-	-	-

Dmax = maximaler Achsabstand der Längsverbindung
Emax = maximaler Abstand der Querverbindung
Die Maximalabmessungen D und E sind je nach Einfluss von Windsoglasten zu reduzieren.

Mindestanzahl bzw. Mindestabstand der Hafte in Abhängigkeit von der Gebäudehöhe bei der Verwendung von Blei:
Für Blei sind hierzu die Angaben aus „Blei im Bauwesen – Handbuch für Verarbeitung von Blei; Teil 1,Technische Regeln'" der Gütegemeinschaft Bleiberatung e.V. anzuwenden, siehe unter Fachregel Metallarbeiten, Richtlinie Blei im Bauwesen (01.2003) im Regelwerk des Deutschen Dachdeckerhandwerks.

Tabelle I.9: Anschlusshöhen

Dachneigung	Anschluss		
	S	T	F[1]
	in mm		
< 5	150	150[3]	150
< 22	100	100	150
≥ 22	80[2]	80	150

[1] vgl. Abschnitt 5.6 (2)

[2] Bei abgetreppten Anschlüssen und konturierten Deckwerkstoffen beträgt S über Oberkante Deckwerkstoff mindestens 65 mm.

[3] Bei Terrassen mit Abdichtungen und Metallanschlüssen im Türbereich ist in Ausnahmefällen eine Verringerung der Anschlusshöhe möglich, wenn bedingt durch die örtlichen Verhältnisse zu jeder Zeit ein einwandfreier Wasserablauf im Türbereich sichergestellt ist. Dies ist dann der Fall, wenn sich im unmittelbaren Türbereich Terrassenabläufe oder andere Entwässerungsmöglichkeiten befinden. In solchen Fällen sollte die Anschlusshöhe jedoch mindestens 50 mm (oberes Ende des Anschlussbleches unter der Hebeschiene) über Oberfläche Belag betragen.

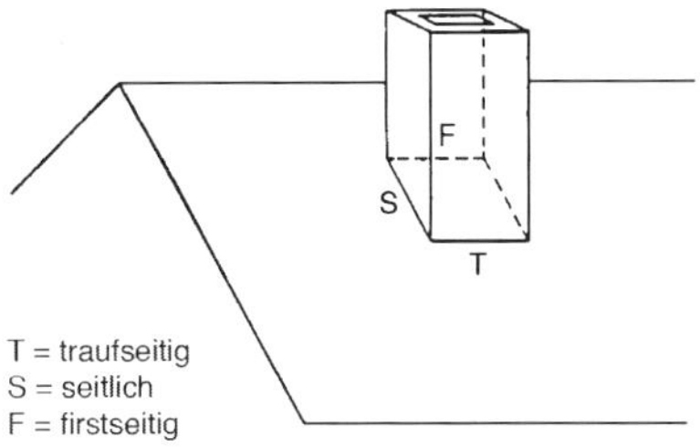

Anschlüsse

Anhang II Technische Hinweise

II.1 Dachrinnen und Regenfallrohre aus Metall

(1) Für Dachrinnen und Regenfallrohre gilt die DIN EN 612. Die DIN EN 612 sieht

- für Wulstdurchmesser bei Dachrinnen,
- Nahtüberlappungen bei Regenfallrohren und
- für Nenndicken von nicht rostendem Stahlblech

unterschiedliche Klassen vor. Für die Anwendung in Deutschland gelten folgende Mindestanforderungen:

- für Wulstdurchmesser bei Dachrinnen und
- für Nahtüberlappungen bei Regenfallrohren die Klasse X und
- für nicht rostendes Stahlblech die Klasse B.

(2) Nach der Europäischen Norm sind Dachrinnen, Regenfallrohre wie folgt zu bezeichnen und zu kennzeichnen:

Bezeichnungen:

Dachrinnen und Regenfallrohre aus Metallblech sind mit folgenden Angaben zu bezeichnen:

- Querschnittsform und Beschreibung des Erzeugnisses,
- Nummer dieser Norm (EN 612),
- Identifizierungsblock, bestehend aus
- der Zuschnittbreite der Dachrinne bzw. dem Durchmesser oder dem Querschnitt des Fallrohres in mm,
- der Art des Materials durch Angabe des Kurzzeichens nach den Tabellen und dem Buchstaben der Klasse im Fall des Werkstoffes S.S.

Beispiele:

- Bezeichnung einer rechteckigen Dachrinne mit einer Zuschnittbreite von 333 mm aus Kupfer (Cu) mit einem Wulst der Klasse X:
  - Rechteckige Dachrinne EN 612 - 333 - Cu -X.
- Bezeichnung eines Regenfallrohres mit kreisförmigem Querschnitt von 100 mm Durchmesser aus nicht rostendem Stahl (S.S) mit einer Dicke der Klasse B und mit einer Nahtüberlappung der Klasse X:
  - Rundes Regenfallrohr EN 612 - 100 - S.SB - X.

(3) Für halbrunde Dachrinnen gelten die Maße von Abb. II.1 und der Tabelle II.1.

Abb. II.1: Halbrunde Dachrinne

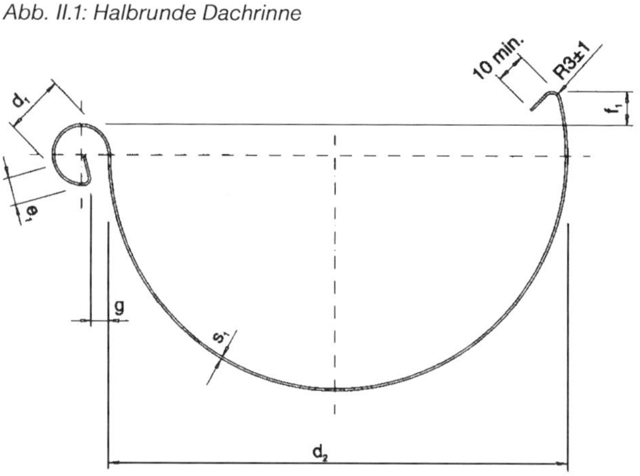

Tabelle II.1: Halbrunde Dachrinne, Maße in mm

Nenn-größe	*Zuschnitt-breite*	d_1	d_2	e_1	f_1	g	Werkstoffdicke nach DIN EN 612 s_1				
	+1 -2	±1	+20	±1	min.	+1	Al	Cu	VSt	Zn	S.S [1]
200	200	16	80	5	8	5	0,70	0,60	0,60	0,65	0,40
250	250	18	105	7	10	5	0,70	0,60	0,60	0,65	0,40
280	280	18	127	7	11	6	0,70	0,60	0,60	0,70	0,40
333	333	20	153	9	11	6	0,70	0,60	0,60	0,70	0,40
400	400	22	192	9	11	6	0,80	0,70	0,70	0,80	0,50
500	500	22	250	9	21	6	0,80	0,70	0,70	0,80	0,50

[1] mindestens Klasse B

(4) Für kastenförmige Dachrinnen gelten die Maße von Abb. II.2 und der Tabelle II.2.

Abb. II.2: Kastenförmige Dachrinne

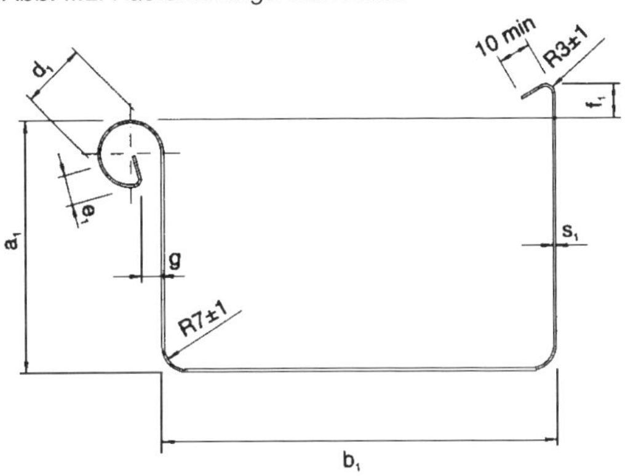

Tabelle II.2: Kastenförmige Dachrinne, Maße in mm

Nenn-größe	*Zuschnitt-breite*	a_1	b_1	d_1	e_1	f_1	g	Werkstoffdicke nach DIN EN 612 s_1				
	+1 -2	±1	0-1	±1	±1	min	±1	Al	Cu	VSt	Zn	S.S [1]
200	200	42	70	16	5	8	5	0,70	0,60	0,60	0,65	0,40
250	250	55	85	18	7	10	5	0,70	0,60	0,60	0,65	0,40
333	333	75	120	20	9	11	6	0,70	0,60	0,60	0,70	0,40
400	400	90	150	22	9	11	6	0,80	0,70	0,70	0,80	0,50
500	500	110	200	22	9	21	6	0,80	0,70	0,70	0,80	0,50

[1] mindestens Klasse B

(5) Für kreisförmige Regenfallrohre gelten die Maße der Tabelle II.3.

Tabelle II.3: Regenfallrohre, Maße in mm

Nenngröße[1]	d[2]	Werkstoffdicke nach DIN EN 612				
	+1	Al	Cu	VSt	Zn	S.S[3]
60	60	0,70	0,60	0,60	0,65	0,40
80	80	0,70	0,60	0,60	0,65	0,40
100	100	0,70	0,60	0,60	0,65	0,40
120	120	0,70	0,70	0,70	0,70	0,50
150	150	0,70	0,70	0,70	0,70	0,50

[1] Regional sind auch Regenfallrohre mit den Nenngrößen 76 und 87 noch üblich.
[2] Innendurchmesser am oberen Ende
[3] mindestens Klasse B

(6) Für die Ausführung der Längsnaht gilt die Tabelle II.4.

Tabelle II.4: Regenfallrohre, Nähte

Ausführung nach DIN EN 612	Al	Cu	VSt	Zn	S.S	Nahtüberdeckung nach DIN EN 612[1] in mm
weichgelötet		x		x		5
hartgelötet		x				3
gefalzt	x	x	x	x	x	6
geschweißt	x	x	x	x	x	[2]

[1] in Klasse X
[2] in Abhängigkeit vom Schweißverfahren

(7) Für quadratische Regenfallrohre gelten die Maße der Tabelle II.5.

Tabelle II.5: Regenfallrohre, Maße in mm

Nenngröße[1]	b[1]	Werkstoffdicke nach DIN EN 612				
	±1	Al	Cu	VSt	Zn	S.S[2]
60	60	0,70	0,60	0,60	0,65	0,40
80	80	0,70	0,60	0,60	0,65	0,40
100	100	0,70	0,60	0,60	0,65	0,40
120	120	0,70	0,70	0,70	0,70	0,50
150	150	0,70	0,70	0,70	0,80	0,50

[1] Innenmaße am oberen Ende
[2] mindestens Klasse B

(8) Für die Ausführung der Längsnaht gilt die Tabelle II.4.

II.2 Dachrinnen und Regenfallrohre aus PVC-U

(1) Für Dachrinnen gilt die DIN EN 607[26], für Regenfallrohre gelten die dort aufgeführten normativen Verweisungen und für die Dachrinnenhalter gilt die DIN EN 1462[27].

(2) Nach der Europäischen Norm sind Dachrinnen und Regenfallrohre wie folgt zu bezeichnen und zu kennzeichnen:

Bezeichnung:

– Dachrinnen und ihre Zubehörteile sind mit der Benennung des Produktes:

[26] DIN EN 607 Hängedachrinnen und Zubehörteile aus PVC-U – Begriffe, Anforderungen und Prüfung
[27] DIN EN 1462 Rinnenhalter für Hängedachrinnen – Anforderungen und Prüfung

- Dachrinne, Endstück, Ablauf,
- der Nummer dieser Norm (DIN EN 607),
- dem Identifizierungsblock, bestehend aus
  - der Rinnengröße bzw. im Fall eines Zubehörteiles der zugehörigen Rinnengröße in mm

  und
  - dem Symbol für den Werkstoff (PVC-U),

zu bezeichnen.

Beispiel:

Bezeichnung einer Dachrinne mit einer Größe von 150 mm aus PVC-U:

Dachrinne EN 607 - 150 - PVC-U.

II.3 Rinnenhalter für Dachrinnen

(1) Rinnenhalter müssen der DIN EN 1462 entsprechen.

Die DIN EN 1462 sieht in Bezug auf die Tragfähigkeit die folgenden Klassen vor:

- H für hohe Belastung (Prüflast 750 N, maximal bleibende Verformung ≤ 5 mm),
- L für leichte Belastung (Prüflast 500 N, maximal bleibende Verformung ≤ 5 mm),
- O für Dachrinnen mit oberer Öffnungsweite unter 80 mm.

Für den Korrosionsschutz sieht die Norm die Klassen A (durch Industrie verschmutzte Umgebung oder Küstennähe) oder B (mildere Bedingungen als bei Klasse A) vor.

Für Deutschland werden für Rinnenhalter die Klassen der Tragfähigkeit H und L und im Korrosionsschutz die Klasse A gefordert.

(2) Die Werkstoffzuordnung bei Dachrinnen, Rinnenhaltern und Befestigungsmitteln erfolgt nach Tabelle II.6.

Tabelle II.6: Werkstoffzuordnung

Dachrinne/Regenfallrohr	Rinnenhalter/Rohrschelle	Befestigungsmittel
verzinkter Stahl	feuerverzinkter Stahl	St/S.S
Aluminium	feuerverzinkter Stahl Aluminium	St/S.S
Titanzink	feuerverzinkter Stahl feuerverzinkter Stahl mit Zink ummantelt	St/S.S
Kupfer	Kupfer verzinkter Stahl mit Kupfer ummantelt	Cu/St[1)]/S.S
Edelstahl	Edelstahl feuerverzinkter Stahl mit Edelstahl ummantelt feuerverzinkter Stahl	Cu/St[1)]/S.S
Kunststoff	feuerverzinkter Stahl feuerverzinkter Stahl mit Kunststoffbeschichtung	St/S.S

1) verzinkter Stahl – VSt – bei ummantelten Rinnenhaltern (Halter aus St)

(3) Rinnenhalter von halbrunden Rinnen, siehe Abb. II.3, sollen einen lochfreien Bereich „X“ von ca. 125 mm zwischen Hinterkante der eingelegten Rinne und erstem Befestigungsloch haben.

(4) Rinnenhalter von kastenförmigen Rinnen, siehe Abb. II.6, sollen einen lochfreien Bereich „X“ von ca. 125 mm zwischen Hinterkante der eingelegten Rinne und erstem Befestigungsloch haben.

(5) Andere lochfreie Bereiche sind regional- und anwendungsbedingt möglich. Im Lochbereich sollte keine Biegung der Rinnenhalter erfolgen.

(6) Oberhalb des Randes des obersten Befestigungsloches soll mindestens Rinnenhaltermaterial vom Maß „Y“ zur Verfügung stehen.

(7) $Y \geq S_2$ (Materialdicke), $Y \geq 5$ mm (siehe Abb. II.3, Abb. II.6).

(8) Die Tabelle II.7 ordnet Prüflasten und Rinnenhalterabstände Beanspruchungsreihen zu. Mit diesen Beanspruchungsreihen können die Rinnenhalter nach Tabelle II.8 und Tabelle II.9 ausgewählt werden. Bei anderen Rinnenhaltern, als die in Tabelle II.8 und II.9 aufgeführt sind, ist die Tragfähigkeit nachzuweisen.

Tabelle II.7: Zuordnung von Prüflasten und Rinnenhalterabständen zu den Beanspruchungsreihen

Rinnenhalterabstand (Achsmaß)	Leichte Belastung Klasse L (Prüflast 500 N)	Hohe Belastung Klasse H (Prüflast 750 N)
in mm	Reihe	
≤ 740	1	3
≤ 840	2	4

Tabelle II.8: Rinnenhalter für halbrunde Rinnen

1	2	3				4	5	6	7	8
Für Nenngröße nach Tabelle II.1	**C_1**[3]	**Nennmaße für steigende Belastung $b_3 \cdot s_2$ Reihe**[1]				**d_3**	**d_4**	**a_3**	**a_4**	**n**
		1	2	3	4	±1	+2	±1	±1	±1
200	230	25 · 4	25 · 4	25 · 4	–	[2]	80	37	40	12
	270									
250	280	25 · 4	30 · 4	25 · 6	–		105	50	53	14
	330									
	410	25 · 4	–	–	–					
	500									
280	290	30 · 4	30 · 5	25 · 6	25 · 8		127	61	64	14
	350									
	390	30 · 4	–	–	–					
	480									
333	300	30 · 5	25 · 6	40 · 5	30 · 8		153	74	77	14
	370									
	450	30 · 5	–	–	–					
400	340	30 · 5	40 · 5	25 · 8	30 · 8		192	93	96	14
	410									
	410	30 · 5	–	–	–					
500	375	40 · 5	40 · 5	30 · 8	30 · 8		250	122	125	14
	515									

[1] siehe Tabelle II.7
[2] d_3 = 6 mm bei $s_2 \leq 5$ mm; d_3 = 7 mm bei $s_2 > 5$ mm
[3] Mindermaße von 3 mm sind zulässig; größere Abmessungen, bedingt durch die Lochung, sind zulässig.

Die Spalte 3 beinhaltet Teile der Artikelbezeichnung, die üblicherweise Nennmaße sind.

Abb. II.3: Rinnenhalter mit 2 Federn

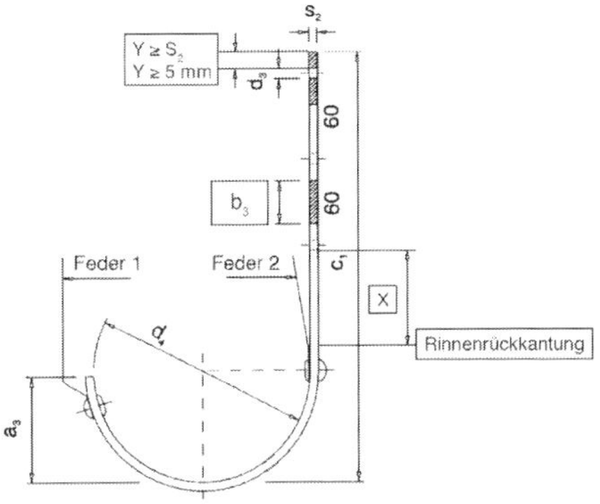

Abb. II.4: Rinnenhalter mit Nase und Feder

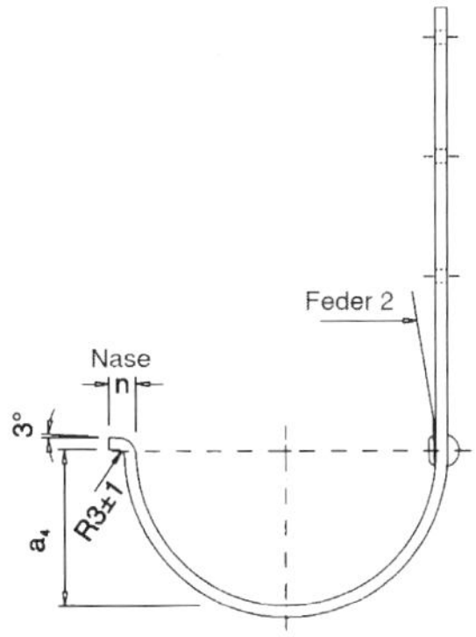

Tabelle II.9: Rinnenhalter für kastenförmige Rinne

1	2	3				4	5	6	7	8	9	10
Für Nenn-größe nach Tabelle II.2	**C_3 3)**	**Nennmaße für steigende Belastung $b_3 \cdot s_2$ Reihe 1)**				**d_2**	**b_2**	**a_2**	**a_5**	**a_6**	**c_2**	**n**
		1	2	3	4	±1	+2	±1	±1	±1	±1	±1
200	230	25 · 4	25 · 4	25 · 4	--	2)	70	18	31	34	34	12
	270											
250	280	25 · 4	30 · 4	25 · 6	--		85	20	44	47	46	14
	330											
333	300	30 · 5	25 · 6	40 · 5	30 · 8		120	20	62	65	65	14
	370											
400	330	30 · 5	40 · 5	25 · 8	30 · 8		150	20	77	80	79	14
	420											
500	350	40 · 5	40 · 5	30 · 8	30 · 8		200	20	97	100	99	14
	490											

1) siehe Tabelle II.7
2) d_2 = 6 mm bei $s_2 \leq 5$ mm; d_2 = 7 mm bei $s_2 > 5$ mm
3) Mindermaße von 3 mm sind zulässig; größere Abmessungen, bedingt durch die Lochung, sind zulässig.

Die Spalte 3 beinhaltet Teile der Artikelbezeichnung, die üblicherweise Nennmaße sind.

Abb. II.5: Rinnenhalter mit Nase und Feder

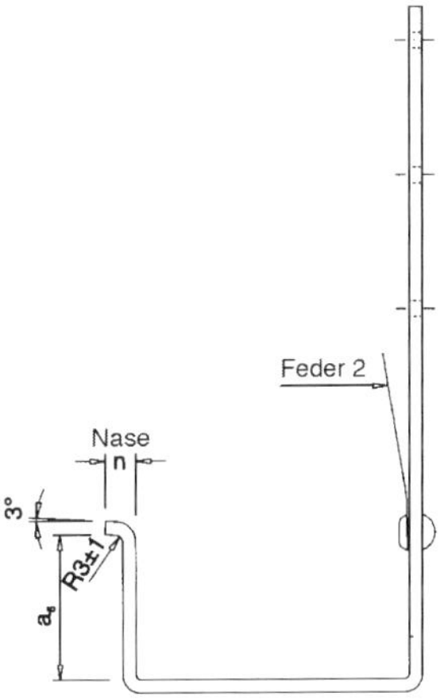

Abb. II.6: Rinnenhalter mit 2 Federn

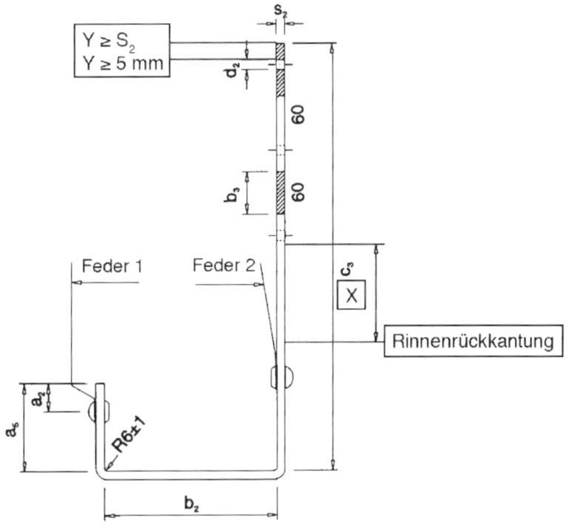

(9) Für die Befestigung in Holzunterkonstruktion ist die DIN EN 1995 zu beachten. Der lochfreie Bereich des Rinnenhalters dient der Einhaltung erforderlicher Randabstände der Befestigungsmittel. Bei der Befestigung der Rinnenhalter müssen die Mindestholzdicken

- bei Holz: 24 mm,
- bei Holzwerkstoffen: 22 mm,
- bei Schalungsbrettern: 7 x d (d: Durchmesser des Verbindungsmittels)

sowie die Mindesteindringtiefen

- bei glattschaftigen Nägeln und Klammern: 12 x d,
- bei profilierte Nägeln (Rillennägel): 8 x d,
- bei Schrauben: 6 x d

berücksichtigt werden.

Tabelle II.10: Abstände von Verbindungsmitteln zum Rand und untereinander nach DIN EN 1995-1-1 (vereinfacht)

	d < 5 mm (nicht vorgebohrt)	**d ≥ 5 mm (nicht vorgebohrt)**
in Faserrichtung	10 x d	12 x d
rechtwinklig zur Faser	5 x d	5 x d
beanspruchtes Hirnholzende	15 x d	15 x d
unbeanspruchtes Hirnholzende	10 x d	10 x d
beanspruchter Rand	7 x d	10 x d
unbeanspruchter Rand	5 x d	5 x d
d: Durchmesser des Verbindungsmittels		

II.4 Rohrschellen

(1) Für kreisförmige Rohre gelten die Maße nach Tabelle II.3.

Abb. II.7: Rohrschelle für kreisförmige Rohre

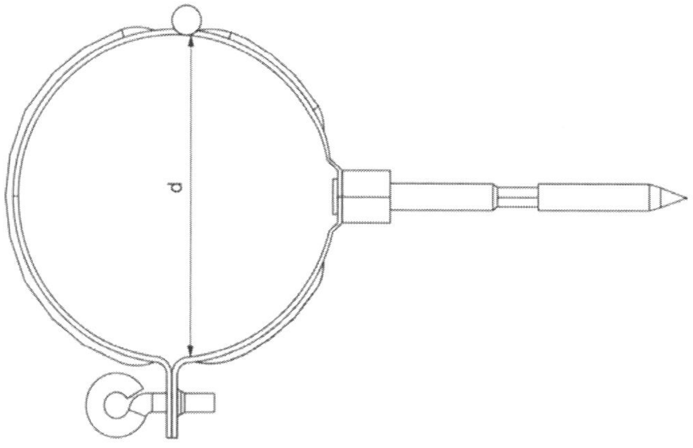

mindestens vier tragende Gewindegänge

(2) Für quadratische Rohre gelten die Maße nach Tabelle II.5.

Abb. II.8: Rohrschelle für quadratische Rohre

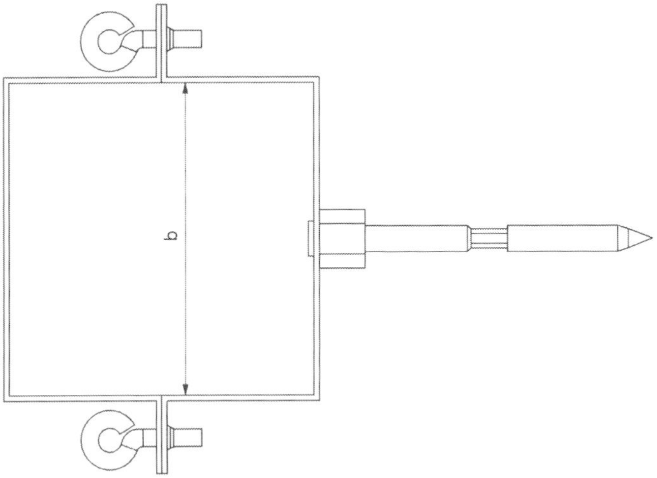

II.5 Berücksichtigung von Windlasten bei Dächern und Fassaden mit Metalldeckungen

(1) Die Sicherung von Deckungen und Bekleidungen gegen Abheben durch Windlasten erfolgt durch:

- mechanische Befestigungen,
- Auflast,
- Verkleben

auf der Unterkonstruktion. Die Unterkonstruktion muss für die Aufnahme der Windlasten geeignet sein. Die verwendeten Haften und Befestigungsmittel (siehe Tabelle I.5) sind auf die vorhandene Unterkonstruktion und den gewählten Scharenwerkstoff abzustimmen (siehe Tabelle II.19).

(2) Der Nachweis der Windsogsicherung nach dieser Regel gilt für nicht selbsttragende Dachdeckungen und Außenwandbekleidungen aus Metall und stellt eine Vereinfachung der Technischen Baubestimmungen, hier insbesondere die DIN EN 1991-1-4[28], dar.

(3) Einzelnachweise können nach DIN EN 1991-1-4 oder den „Hinweise zur Lastenermittlung" geführt werden. Einzelnachweise sind vorrangig vor den Nachweisen dieser Regel zu sehen.

(4) Windlasten auf Dachdeckungen und Außenwandbekleidungen aus Metall sind von den folgenden Parametern abhängig:

- Gebäudestandort,
  - geographische Lage des Gebäudes,
  - Geländerauigkeit (Bewuchs und Bebauung der Umgebung des zu betrachtenden Gebäudes),
  - topographische Einflüsse (z.B. Höhe des Gebäudestandortes über NN, Hügel-, Kamm- und Gipfellagen),
- Gebäudehöhe über Oberkante des Geländes,
- Gebäudeform (z.B. Neigung der Flächen, Vorsprünge und Einbauteile).
- Steifigkeit der Dachdeckung oder Außenwandbekleidung (maßgebend für großformatige Bauteile, welche einer allgemeinen bauaufsichtlichen Zulassung bedürfen).

Die Lasten wirken senkrecht zu den jeweiligen Bezugsflächen. Einflüsse aus Reibung werden nicht berücksichtigt.

[28] DIN EN 1991-1-4 Eurocode 1: Einwirkungen auf Tragwerke – Teil 1-4: Einwirkungen auf Tragwerke, Allgemeine Einwirkungen, Windlasten

(5) Der Gebäudestandort wird u.a. mit der Windzone berücksichtigt. Abb. II.9 zeigt die Windzonenkarte nach DIN EN 1991-1-4. Zur genaueren Zuordnung des jeweiligen Gebäudestandortes zu einer Windzone veröffentlicht das Deutsche Institut für Bautechnik unter www.dibt.de (Aktuelles/Technische Baubestimmungen) eine Zuordnung der Landkreise und kreisfreien Städte zu den jeweiligen Windzonen.

(6) Der Gebäudestandort wird hinsichtlich des Bewuchses und der Bebauung im Umfeld des Gebäudes durch ein entsprechendes Mischprofil berücksichtigt. Für küstennahe Gebiete in einem Streifen von 5 km landeinwärts entlang der Küsten sowie auf den Inseln der Ostsee wird das Mischprofil Küste verwendet. Das Mischprofil Binnenland wird mit Ausnahme der Inseln der Nordsee, exponierten Lagen sowie Kamm- und Gipfellagen für die übrigen Gebiete verwendet.

(7) Mit steigender Gebäudehöhe nimmt die Windgeschwindigkeit und somit die Beanspruchung der Dachdeckung bzw. Außenwandbekleidung zu. Maßgebend für die Ermittlung der erforderlichen Sicherungsmaßnahmen ist die maximale Gebäudehöhe über Grund des Gebäudestandortes (siehe Abb. II.10).

(8) Die unterschiedlichen Bereiche der Windlasten auf Dach- und Außenwandflächen werden mit Bruchteilen der Hilfsgröße „e" eingeteilt, welche sich aus dem kleineren Wert entweder der zweifachen Gebäudehöhe h oder der größten Gebäudelänge b ergibt. Die Abmessungen der Bereiche beziehen sich bei Dachflächen auf den Grundriss und müssen entsprechend der Dachneigung in die Ebene der Dachfläche umgerechnet werden. Tabelle II.11 zeigt hierfür entsprechende Umrechnungsfaktoren. Als Außenwände werden Flächen betrachtet, die eine Neigung von ≥ 75° gegenüber der Horizontalen aufweisen.

(9) Dachflächen werden in folgende Bereiche eingeteilt:

Sattel-, Trog- und Flachdächer (siehe Abb. II.11):

- An den Ecken der Dachflächen werden die Bereiche F, bei Trogdächern mit Dachneigungen ≤ –5° F_{hoch}, und die Bereiche G an den verbleibenden Dachrändern berücksichtigt.
- Die verbleibenden Bereiche der Dachflächen sind bei Dachneigungen < –15° und zwischen 13° und 19° Dachneigung als Bereiche J und bei allen anderen Dachneigungen als Bereiche H zu berücksichtigen.

Pultdächer (siehe Abb. II.12):

- An den traufseitigen Ecken der Dachflächen werden die Bereiche F, an den Ecken des Pultabschlusses die Bereiche F_{hoch} berücksichtigt.
- An den verbleibenden Dachrändern der Traufe und des Pultabschlusses werden bei Dachneigungen ≤ 30° die Bereiche G, bei Dachneigungen > 30° die Bereiche F angeordnet.
- An den verbleibenden Dachrändern der Ortgänge werden bei Dachneigungen > 30° die Bereiche G angeordnet, bei Dachneigungen ≤ 30° die Bereiche F. Der verbleibende Bereich der Dachfläche wird bis einschließlich 15° Dachneigung als Bereich H und darüber als Bereich J angesetzt.

Walmdächer (siehe Abb. II.13):

- An den Traufen der Haupt- und Walmdachflächen werden an den Graten die Bereiche F angeordnet.
- Die verbleibenden Bereiche auf den Walmdachflächen werden als Bereiche G berücksichtigt.
- Auf den Hauptdachflächen werden entlang der Grate und des Firsts sowie entlang der Traufe die Bereiche G angeordnet.
- Die verbleibenden Bereiche auf den Hauptdachflächen werden als Bereiche H betrachtet.

(10) Außenwandflächen werden in die Bereiche A an den Gebäudeecken und die Bereiche B als verbleibende Wandfläche eingeteilt (siehe Abb. II.14). Die Beanspruchung in den Bereichen A ist abhängig vom Verhältnis der Gebäudehöhe h zur Gebäudelänge b oder d in Anströmrichtung des Windes.

(11) Der Einzelnachweis nach DIN EN 1991-1-4 oder „Hinweise zur Lastenermittlung" ist in folgenden Fällen erforderlich:

- Gebäudehöhe > 50 m,
- Gebäude auf den Inseln der Nordsee,
- Kamm- oder Gipfellage oder exponierte Lage (z.B. Flughafennähe) des Gebäudes,
- Gebäude und Baukörper
  - ohne geschlossene Deckunterlagen und/oder ohne durchströmungshemmende Schichten oder
  - die an einer oder mehrere(n) Seite(n) ganz offen sind oder geöffnet werden können ohne geschlossene Deckunterlagen und/oder ohne durchströmungshemmende Schicht oder
  - die an einer oder mehrere(n) Seite(n) durch eine oder mehrere Öffnung(en) offen sind oder geöffnet werden können ohne geschlossene Deckunterlagen und/oder ohne durchströmungshemmende Schicht.

(12) Geschlossene Deckunterlagen im Sinne dieser Regel sind z.B.:
- Ortbetondecken,
- Fertigteildecken mit Fugenverspachtelung oder vollflächigem Betonaufguss,
- Holzschalungen mit Unterdeckungen und Unterdächern,
- Schalungen aus Holzwerkstoffen,
- verfalzte Unterdeckplatten,
- Stahltrapezbleche mit dichtenden Maßnahmen im Stoß- und Überdeckungsbereich.

Als durchströmungshemmende Schichten wird in diesem Sinne die konstruktive Ausbildung der Gebäudehülle nach DIN 4108-7[29] (z.B. verputzte Flächen auf der Bauteilinnenseite) verstanden.

Unterspannungen in Verbindung mit zwischen oder unterhalb der Sparren angeordneten Sichtschalungen sind im Bereich von Dachüberständen wie geschlossene Deckunterlagen zu betrachten.

(13) Die Tabellen II.12 bis II.18 geben die mindestens erforderliche Anzahl an Edelstahlhaften pro m² bzw. den maximal zulässigen Abstand der Edelstahlhaften untereinander bei einer Tragfähigkeit von 400 N pro Haft zur Aufnahme der Windsoglasten an. Die Verwendung von Haften aus anderen Materialien ist bei einer nachgewiesenen Tragfähigkeit des Haftens von mindestens 400 N pro Haft unter Anwendung der oben genannten Tabellen zulässig. In den Tabellen werden unterschieden:
- 3 Gruppen der Gebäudehöhe
  - $h \leq 10$ m,
  - $10 \text{ m} < h \leq 20$ m,
  - $20 \text{ m} < h \leq 50$ m,
- 4 Breiten der Scharen
  - 520 mm,
  - 590 mm,
  - 620 mm,
  - 720 mm,
- bei den Wänden die Bereiche A und B mit dem Verhältnis der Gebäudehöhe h zur Gebäudelänge b oder d in Anströmrichtung des Windes von
  - ≥ 5,
  - ≤ 1,

  wobei Verhältnisse von $h/b \geq 5$ bzw. $h/d \geq 5$ auf der sicheren Seite liegend für alle Baukörperabmessungen verwendet werden können.
- bei den Dächern die Dachneigungen
  - $\leq 30°$,
  - $> 30°$,
- bei den Dächern die Bereiche
  - F_{hoch},
  - F,
  - G,
  - H,
  - J.

Als Ergebnisse enthalten die Tabellen grau hinterlegt die mindestens erforderliche Anzahl an Haften pro m² und weiß hinterlegt den maximalen Abstand der Hafte untereinander.

(14) Erforderliche Maßnahmen zur Sicherung von Dachdeckungen und Außenwandbekleidungen gegen Windsoglasten sind in der Leistungsbeschreibung anzugeben.

[29] DIN 4108-7 Wärmeschutz und Energie-Einsparung in Gebäuden – Teil 7: Luftdichtheit von Gebäuden – Anforderungen, Planungs- und Ausführungsempfehlungen sowie -beispiele

Abb. II.9: Zuordnung der Windzonen nach DIN EN 1991-1-4

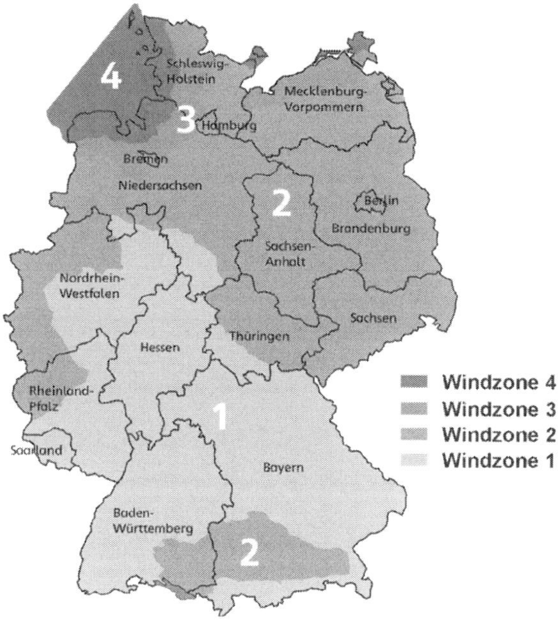

Abb. II.10: Gebäudehöhe h (Bezugshöhe ze) für die Windlastermittlung

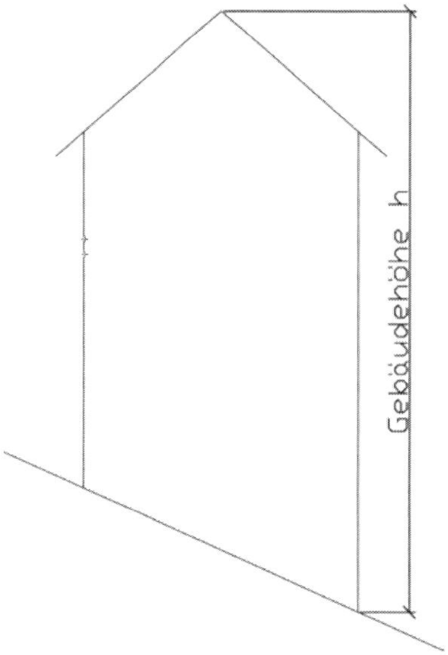

Abb. II.11: Einteilung der Dachflächen bei Sattel-, Trog- und Flachdächern

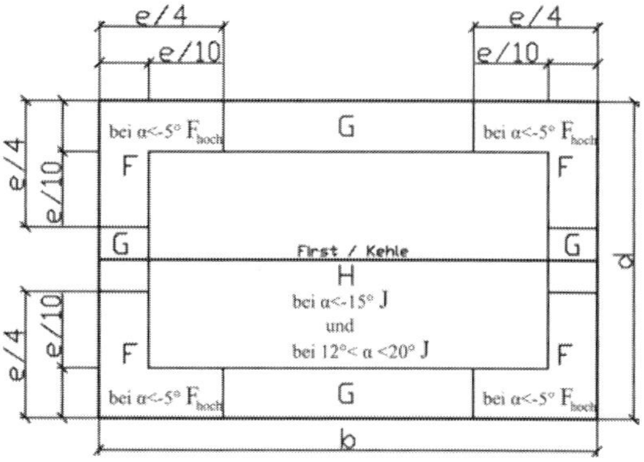

e = b oder 2 h (der kleinere Wert ist maßgebend)

b = größte Gebäudelänge

Abb. II.12: Einteilung der Dachflächen bei Pultdächern

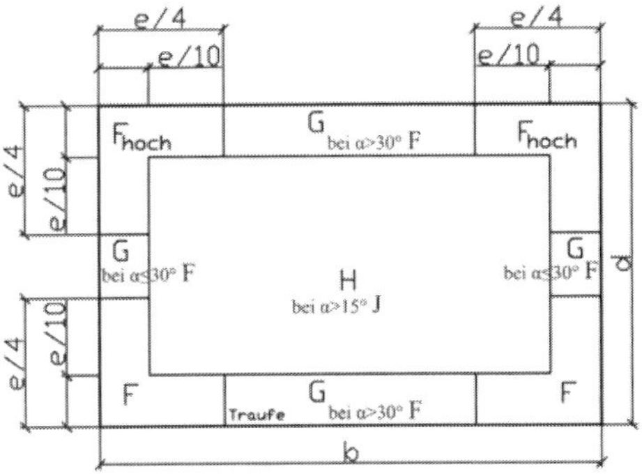

e = b oder 2 h (der kleinere Wert ist maßgebend)

b = größte Gebäudelänge

Abb. II.13: Einteilung der Dachflächen bei Walmdächern

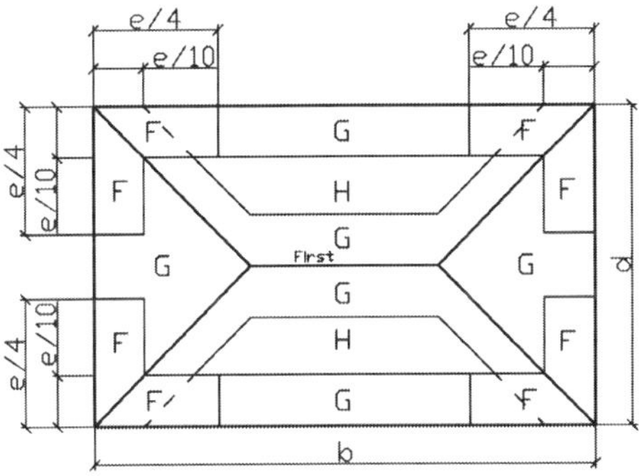

e = b oder 2 h (der kleinere Wert ist maßgebend)

b = größte Gebäudelänge

Abb. II.14: Einteilung von Außenwandflächen

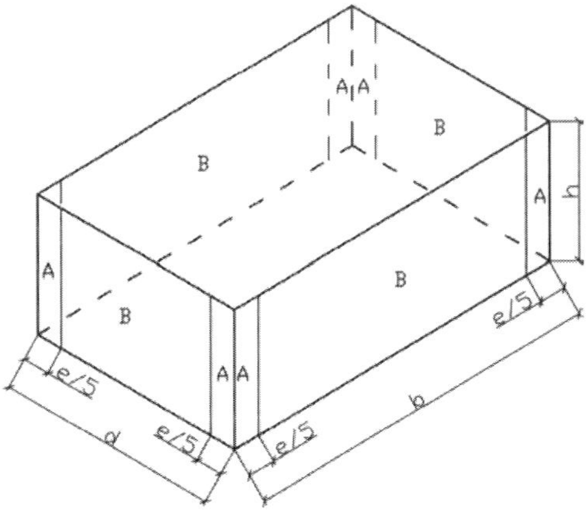

e = b oder 2 h (der kleinere Wert ist maßgebend)

b = größte Gebäudelänge

Tabelle II.11: Faktor zur Umrechnung der Grundfläche in die Dachfläche

Dachneigung α	Umrechnungsfaktor
70°	2,92
65°	2,37
60°	2,00
55°	1,74
50°	1,56
45°	1,41
40°	1,31
35°	1,22
30°	1,15
25°	1,10
20°	1,06
15°	1,04
10°	1,02
Zwischenwerte dürfen interpoliert werden oder der größere Wert ist zu wählen.	

Tabelle II.12: Abstand (in mm) und Anzahl der Hafte pro m² in Abhängigkeit von der Scharenbreite und Gebäudehöhe in Windzone 1

maximaler Abstand (in mm) und Mindestanzahl pro m² in WZ 1 für Edelstahlhafte mit einer Tragfähigkeit von mindestens 400 N/Haft													
Gebäudehöhe h		$h \leq 10$ m				10 m $< h \leq 20$ m				20 m $< h \leq 50$ m			
Scharenbreite [mm]		520	590	620	720	520	590	620	720	520	590	620	720
Wand A	$h/d \geq 5$; $h/b \geq 5$	500	480	460	400	430	380	360	310	310	270	260	220
		3,8	3,5	3,5	3,5	4,5	4,5	4,5	4,5	6,3	6,3	6,3	6,3
Wand A	$h/d \leq 1$; $h/b \leq 1$	500	500	500	500	500	460	440	380	370	330	310	270
		3,8	3,4	3,2	2,8	3,8	3,7	3,7	3,7	5,2	5,2	5,2	5,2
Wand B		500	500	500	500	500	500	500	480	470	410	390	340
		3,8	3,4	3,2	2,8	3,8	3,4	3,2	2,9	4,1	4,1	4,1	4,1
Dach $\alpha \leq 30°$	F_{hoch}	330	290	270	240	250	220	210	180	180	160	150	130
		5,9	5,9	5,9	5,9	7,6	7,6	7,6	7,6	10,7	10,7	10,7	10,7
	F	380	330	320	270	290	260	240	210	210	180	180	150
		5,1	5,1	5,1	5,1	6,6	6,6	6,6	6,6	9,2	9,2	9,2	9,2
	G	470	410	390	340	360	320	300	260	260	230	220	190
		4,1	4,1	4,1	4,1	5,3	5,3	5,3	5,3	7,4	7,4	7,4	7,4
	H	500	500	500	500	500	500	500	430	440	390	370	320
		3,8	3,4	3,2	2,8	3,8	3,4	3,2	3,2	4,4	4,4	4,4	4,4
	J	500	500	500	450	480	420	400	350	350	310	290	250
		3,8	3,4	3,2	3,1	4,0	4,0	4,0	4,0	5,5	5,5	5,5	5,5
Dach $\alpha > 30°$	F_{hoch}	390	350	330	280	310	270	260	220	220	190	180	160
		4,9	4,9	4,9	4,9	6,3	6,3	6,3	6,3	8,8	8,8	8,8	8,8
	F	500	500	500	450	480	420	400	350	350	310	290	250
		3,8	3,4	3,2	3,1	4,0	4,0	4,0	4,0	5,5	5,5	5,5	5,5
	G	470	410	390	340	360	320	300	260	260	230	220	190
		4,1	4,1	4,1	4,1	5,3	5,3	5,3	5,3	7,4	7,4	7,4	7,4
	H	500	500	500	500	500	500	500	430	440	390	370	320
		3,8	3,4	3,2	2,8	3,8	3,4	3,2	3,2	4,4	4,4	4,4	4,4
	J	500	500	500	500	500	500	470	410	400	350	340	290
		3,8	3,4	3,2	2,8	3,8	3,4	3,4	3,4	4,8	4,8	4,8	4,8
Der angegebene Haftabstand in mm ist als Mittelwert über einen Bereich von 3 m einzuhalten. Zwischenwerte dürfen interpoliert werden oder der größere Wert ist zu wählen.													

Tabelle II.13: Abstand (in mm) und Anzahl der Hafte pro m² in Abhängigkeit von der Scharenbreite und der Gebäudehöhe in Windzone 2 Binnenland

maximaler Abstand (in mm) und Mindestanzahl pro m² in WZ 2 Binnenland für Edelstahlhafte mit einer Tragfähigkeit von mindestens 400 N/Haft													
Gebäudehöhe h		$h \leq 10$ m				$10 \text{ m} < h \leq 20$ m				$20 \text{ m} < h \leq 50$ m			
Scharenbreite [mm]		520	590	620	720	520	590	620	720	520	590	620	720
Wand A	$h/d \geq 5$; $h/b \geq 5$	460	400	380	330	350	310	290	250	250	220	210	180
		4,2	4,2	4,2	4,2	5,5	5,5	5,5	5,5	7,7	7,7	7,7	7,7
Wand A	$h/d \leq 1$; $h/b \leq 1$	500	480	460	400	430	380	360	310	310	270	260	220
		3,8	3,5	3,5	3,5	4,5	4,5	4,5	4,5	6,3	6,3	6,3	6,3
Wand B		500	500	500	500	500	470	450	390	380	340	320	280
		3,8	3,4	3,2	2,8	3,8	3,6	3,6	3,6	5,0	5,0	5,0	5,0
Dach $\alpha \leq 30°$	F_{hoch}	270	240	220	190	200	180	170	150	150	130	120	110
		7,2	7,2	7,2	7,2	9,4	9,4	9,4	9,4	13,1	13,1	13,1	13,1
	F	310	270	260	220	240	210	200	170	170	150	140	120
		6,2	6,2	6,2	6,2	8,1	8,1	8,1	8,1	11,3	11,3	11,3	11,3
	G	380	340	320	280	300	260	250	210	210	190	180	150
		5,0	5,0	5,0	5,0	6,5	6,5	6,5	6,5	9,0	9,0	9,0	9,0
	H	500	500	500	460	490	430	410	360	360	310	300	260
		3,8	3,4	3,2	3,0	3,9	3,9	3,9	3,9	5,4	5,4	5,4	5,4
	J	500	460	440	380	390	350	330	280	280	250	240	200
		3,8	3,7	3,7	3,7	4,9	4,9	4,9	4,9	6,8	6,8	6,8	6,8
Dach $\alpha > 30°$	F_{hoch}	320	280	270	230	250	220	210	180	180	160	150	130
		6,0	6,0	6,0	6,0	7,8	7,8	7,8	7,8	10,8	10,8	10,8	10,8
	F	500	460	440	380	390	350	330	280	280	250	240	200
		3,8	3,7	3,7	3,7	4,9	4,9	4,9	4,9	6,8	6,8	6,8	6,8
	G	380	340	320	280	300	260	250	210	210	190	180	150
		5,0	5,0	5,0	5,0	6,5	6,5	6,5	6,5	9,0	9,0	9,0	9,0
	H	500	500	500	460	490	430	410	360	360	310	300	260
		3,8	3,4	3,2	3,0	3,9	3,9	3,9	3,9	5,4	5,4	5,4	5,4
	J	500	500	500	430	460	400	380	330	330	290	270	240
		3,8	3,4	3,2	3,2	4,2	4,2	4,2	4,2	5,9	5,9	5,9	5,9
Der angegebene Haftabstand in mm ist als Mittelwert über einen Bereich von 3 m einzuhalten. Zwischenwerte dürfen interpoliert werden oder der größere Wert ist zu wählen.													

Tabelle II.14: Abstand (in mm) und Anzahl der Hafte pro m² in Abhängigkeit von der Scharenbreite und der Gebäudehöhe in Windzone 2 Küste

maximaler Abstand (in mm) und Mindestanzahl pro m² in WZ 2 Küste für Edelstahlhafte mit einer Tragfähigkeit von mindestens 400 N/Haft													
Gebäudehöhe h		$h \leq 10$ m				$10 \text{ m} < h \leq 20$ m				$20 \text{ m} < h \leq 50$ m			
Scharenbreite [mm]		520	590	620	720	520	590	620	720	520	590	620	720
Wand A	$h/d \geq 5$; $h/b \geq 5$	330	290	280	240	280	250	230	200	220	190	180	160
		5,8	5,8	5,8	5,8	6,9	6,9	6,9	6,9	8,9	8,9	8,9	8,9
Wand A	$h/d \leq 1$; $h/b \leq 1$	410	360	340	300	340	300	280	240	260	230	220	190
		4,7	4,7	4,7	4,7	5,7	5,7	5,7	5,7	7,3	7,3	7,3	7,3
Wand B		500	460	440	380	430	380	360	310	340	300	280	240
		3,8	3,7	3,7	3,7	4,5	4,5	4,5	4,5	5,7	5,7	5,7	5,7
Dach $\alpha \leq 30°$	F_{hoch}	200	170	160	140	160	140	140	120	130	110	110	90
		9,8	9,8	9,8	9,8	11,8	11,8	11,8	11,8	15,1	15,1	15,1	15,1
	F	230	200	190	160	190	170	160	140	150	130	120	110
		8,5	8,5	8,5	8,5	10,1	10,1	10,1	10,1	13,0	13,0	13,0	13,0
	G	280	250	240	200	240	210	200	170	180	160	160	130
		6,8	6,8	6,8	6,8	8,1	8,1	8,1	8,1	10,4	10,4	10,4	10,4
	H	470	410	390	340	390	350	330	280	310	270	260	220
		4,1	4,1	4,1	4,1	4,9	4,9	4,9	4,9	6,3	6,3	6,3	6,3
	J	380	330	320	270	320	280	260	230	250	220	210	180
		5,1	5,1	5,1	5,1	6,1	6,1	6,1	6,1	7,8	7,8	7,8	7,8
Dach $\alpha > 30°$	F_{hoch}	240	210	200	170	200	170	170	140	150	140	130	110
		8,1	8,1	8,1	8,1	9,7	9,7	9,7	9,7	12,5	12,5	12,5	12,5
	F	380	330	320	270	320	280	260	230	250	220	210	180
		5,1	5,1	5,1	5,1	6,1	6,1	6,1	6,1	7,8	7,8	7,8	7,8
	G	280	250	240	200	240	210	200	170	180	160	160	130
		6,8	6,8	6,8	6,8	8,1	8,1	8,1	8,1	10,4	10,4	10,4	10,4
	H	470	410	390	340	390	350	330	280	310	270	260	220
		4,1	4,1	4,1	4,1	4,9	4,9	4,9	4,9	6,3	6,3	6,3	6,3
	J	440	390	370	320	360	320	300	260	280	250	240	200
		4,4	4,4	4,4	4,4	5,3	5,3	5,3	5,3	6,8	6,8	6,8	6,8
Der angegebene Haftabstand in mm ist als Mittelwert über einen Bereich von 3 m einzuhalten. Zwischenwerte dürfen interpoliert werden oder der größere Wert ist zu wählen.													

Tabelle II.15: Abstand (in mm) und Anzahl der Hafte pro m² in Abhängigkeit von der Scharenbreite und der Gebäudehöhe in Windzone 3 Binnenland

maximaler Abstand (in mm) und Mindestanzahl pro m² in WZ 3 Binnenland für Edelstahlhafte mit einer Tragfähigkeit von mindestens 400 N/Haft													
Gebäudehöhe h		$h \leq 10$ m				$10 \text{ m} < h \leq 20$ m				$20 \text{ m} < h \leq 50$ m			
Scharenbreite [mm]		520	590	620	720	520	590	620	720	520	590	620	720
Wand A	$h/d \geq 5$; $h/b \geq 5$	380	330	320	270	290	260	240	210	210	180	170	150
		5,1	5,1	5,1	5,1	6,6	6,6	6,6	6,6	9,3	9,3	9,3	9,3
Wand A	$h/d \leq 1$; $h/b \leq 1$	460	400	380	330	360	310	300	260	250	220	210	180
		4,2	4,2	4,2	4,2	5,4	5,4	5,4	5,4	7,6	7,6	7,6	7,6
Wand B		500	500	490	420	450	390	380	320	320	280	270	230
		3,8	3,4	3,3	3,3	4,3	4,3	4,3	4,3	6,0	6,0	6,0	6,0
Dach $\alpha \leq 30°$	F_{hoch}	220	190	190	160	170	150	140	120	120	110	100	90
		8,7	8,7	8,7	8,7	11,3	11,3	11,3	11,3	15,8	15,8	15,8	15,8
	F	260	230	220	190	200	170	170	140	140	120	120	100
		7,5	7,5	7,5	7,5	9,7	9,7	9,7	9,7	13,6	13,6	13,6	13,6
	G	320	280	270	230	250	220	210	180	180	160	150	130
		6,0	6,0	6,0	6,0	7,8	7,8	7,8	7,8	10,9	10,9	10,9	10,9
	H	500	470	450	390	410	360	340	300	290	260	240	210
		3,8	3,6	3,6	3,6	4,7	4,7	4,7	4,7	6,6	6,6	6,6	6,6
	J	430	380	360	310	330	290	280	240	230	210	200	170
		4,5	4,5	4,5	4,5	5,8	5,8	5,8	5,8	8,2	8,2	8,2	8,2
Dach $\alpha > 30°$	F_{hoch}	270	240	220	190	210	180	170	150	150	130	120	110
		7,2	7,2	7,2	7,2	9,3	9,3	9,3	9,3	13,1	13,1	13,1	13,1
	F	430	380	360	310	330	290	280	240	230	210	200	170
		4,5	4,5	4,5	4,5	5,8	5,8	5,8	5,8	8,2	8,2	8,2	8,2
	G	320	280	270	230	250	220	210	180	180	160	150	130
		6,0	6,0	6,0	6,0	7,8	7,8	7,8	7,8	10,9	10,9	10,9	10,9
	H	500	470	450	390	410	360	340	300	290	260	240	210
		3,8	3,6	3,6	3,6	4,7	4,7	4,7	4,7	6,6	6,6	6,6	6,6
	J	490	430	410	360	380	330	320	270	270	240	230	200
		3,9	3,9	3,9	3,9	5,1	5,1	5,1	5,1	7,1	7,1	7,1	7,1
Der angegebene Haftabstand in mm ist als Mittelwert über einen Bereich von 3 m einzuhalten. Zwischenwerte dürfen interpoliert werden oder der größere Wert ist zu wählen.													

Tabelle II.16: Abstand (in mm) und Anzahl der Hafte pro m² in Abhängigkeit von der Scharenbreite und der Gebäudehöhe in Windzone 3 Küste

maximaler Abstand (in mm) und Mindestanzahl pro m² in WZ 3 Küste für Edelstahlhafte mit einer Tragfähigkeit von mindestens 400 N/Haft													
Gebäudehöhe h		h ≤ 10 m				10 m < h ≤ 20 m				20 m < h ≤ 50 m			
Scharenbreite [mm]		520	590	620	720	520	590	620	720	520	590	620	720
Wand A	h/d ≥ 5; h/b ≥ 5	280	250	230	200	230	200	190	170	180	160	150	130
		6,9	6,9	6,9	6,9	8,3	8,3	8,3	8,3	10,6	10,6	10,6	10,6
Wand A	h/d ≤ 1; h/b ≤ 1	340	300	280	240	280	250	230	200	220	190	180	160
		5,7	5,7	5,7	5,7	6,9	6,9	6,9	6,9	8,8	8,8	8,8	8,8
Wand B		430	380	360	310	360	310	300	260	280	250	230	200
		4,5	4,5	4,5	4,5	5,4	5,4	5,4	5,4	6,9	6,9	6,9	6,9
Dach $\alpha \leq 30°$	F_{hoch}	160	140	140	120	140	120	110	100	110	90	90	80
		11,8	11,8	11,8	11,8	14,2	14,2	14,2	14,2	18,1	18,1	18,1	18,1
	F	190	170	160	140	160	140	130	110	120	110	100	90
		10,1	10,1	10,1	10,1	12,3	12,3	12,3	12,3	15,6	15,6	15,6	15,6
	G	240	210	200	170	200	170	160	140	150	140	130	110
		8,1	8,1	8,1	8,1	9,8	9,8	9,8	9,8	12,5	12,5	12,5	12,5
	H	390	350	330	280	330	290	270	240	260	230	220	190
		4,9	4,9	4,9	4,9	5,9	5,9	5,9	5,9	7,5	7,5	7,5	7,5
	J	320	280	260	230	260	230	220	190	200	180	170	150
		6,1	6,1	6,1	6,1	7,4	7,4	7,4	7,4	9,4	9,4	9,4	9,4
Dach $\alpha > 30°$	F_{hoch}	200	170	170	140	160	140	140	120	130	110	110	90
		9,7	9,7	9,7	9,7	11,8	11,8	11,8	11,8	15,0	15,0	15,0	15,0
	F	320	280	260	230	260	230	220	190	200	180	170	150
		6,1	6,1	6,1	6,1	7,4	7,4	7,4	7,4	9,4	9,4	9,4	9,4
	G	240	210	200	170	200	170	160	140	150	140	130	110
		8,1	8,1	8,1	8,1	9,8	9,8	9,8	9,8	12,5	12,5	12,5	12,5
	H	390	350	330	280	330	290	270	240	260	230	220	190
		4,9	4,9	4,9	4,9	5,9	5,9	5,9	5,9	7,5	7,5	7,5	7,5
	J	360	320	300	260	300	260	250	220	240	210	200	170
		5,3	5,3	5,3	5,3	6,4	6,4	6,4	6,4	8,1	8,1	8,1	8,1
Der angegebene Haftabstand in mm ist als Mittelwert über einen Bereich von 3 m einzuhalten. Zwischenwerte dürfen interpoliert werden oder der größere Wert ist zu wählen.													

Tabelle II.17: Abstand (in mm) und Anzahl der Hafte pro m² in Abhängigkeit von der Scharenbreite und der Gebäudehöhe in Windzone 4 Binnenland

maximaler Abstand (in mm) und Mindestanzahl pro m² in WZ 4 Binnenland für Edelstahlhafte mit einer Tragfähigkeit von mindestens 400 N/Haft													
Gebäudehöhe h		h ≤ 10 m				10 m < h ≤ 20 m				20 m < h ≤ 50 m			
Scharenbreite [mm]		520	590	620	720	520	590	620	720	520	590	620	720
Wand A	h/d ≥ 5; h/b ≥ 5	320	280	260	230	240	210	200	180	170	150	150	130
		6,1	6,1	6,1	6,1	7,9	7,9	7,9	7,9	11,0	11,0	11,0	11,0
Wand A	h/d ≤ 1; h/b ≤ 1	380	340	320	280	300	260	250	210	210	190	180	150
		5,0	5,0	5,0	5,0	6,5	6,5	6,5	6,5	9,1	9,1	9,1	9,1
Wand B		490	430	410	360	380	330	320	270	270	240	230	200
		3,9	3,9	3,9	3,9	5,1	5,1	5,1	5,1	7,1	7,1	7,1	7,1
Dach α ≤ 30°	F_{hoch}	180	160	160	130	140	130	120	100	100	90	90	70
		10,4	10,4	10,4	10,4	13,4	13,4	13,4	13,4	18,8	18,8	18,8	18,8
	F	210	190	180	150	170	150	140	120	120	100	100	90
		9,0	9,0	9,0	9,0	11,6	11,6	11,6	11,6	16,2	16,2	16,2	16,2
	G	270	240	220	190	210	180	170	150	150	130	120	110
		7,2	7,2	7,2	7,2	9,3	9,3	9,3	9,3	13,0	13,0	13,0	13,0
	H	450	390	380	320	340	300	290	250	250	220	210	180
		4,3	4,3	4,3	4,3	5,6	5,6	5,6	5,6	7,8	7,8	7,8	7,8
	J	360	310	300	260	270	240	230	200	200	170	170	140
		5,4	5,4	5,4	5,4	7,0	7,0	7,0	7,0	9,7	9,7	9,7	9,7
Dach α > 30°	F_{hoch}	220	200	190	160	170	150	150	130	120	110	100	90
		8,6	8,6	8,6	8,6	11,1	11,1	11,1	11,1	15,6	15,6	15,6	15,6
	F	360	310	300	260	270	240	230	200	200	170	170	140
		5,4	5,4	5,4	5,4	7,0	7,0	7,0	7,0	9,7	9,7	9,7	9,7
	G	270	240	220	190	210	180	170	150	150	130	120	110
		7,2	7,2	7,2	7,2	9,3	9,3	9,3	9,3	13,0	13,0	13,0	13,0
	H	450	390	380	320	340	300	290	250	250	220	210	180
		4,3	4,3	4,3	4,3	5,6	5,6	5,6	5,6	7,8	7,8	7,8	7,8
	J	410	360	340	300	320	280	270	230	230	200	190	170
		4,7	4,7	4,7	4,7	6,0	6,0	6,0	6,0	8,4	8,4	8,4	8,4
Der angegebene Haftabstand in mm ist als Mittelwert über einen Bereich von 3 m einzuhalten. Zwischenwerte dürfen interpoliert werden oder der größere Wert ist zu wählen.													

Tabelle II.18: Abstand (in mm) und Anzahl der Hafte pro m² in Abhängigkeit von der Scharenbreite und der Gebäudehöhe in Windzone 4 Küste

maximaler Abstand (in mm) und Mindestanzahl pro m² in WZ 4 Küste für Edelstahlhafte mit einer Tragfähigkeit von mindestens 400 N/Haft													
Gebäudehöhe h		$h \leq 10$ m				$10\ m < h \leq 20$ m				$20\ m < h \leq 50$ m			
Scharenbreite [mm]		520	590	620	720	520	590	620	720	520	590	620	720
Wand A	$h/d \geq 5$; $h/b \geq 5$	230	210	200	170	190	170	160	140	150	130	130	110
		8,2	8,2	8,2	8,2	9,9	9,9	9,9	9,9	12,7	12,7	12,7	12,7
Wand A	$h/d \leq 1$; $h/b \leq 1$	280	250	240	200	230	210	200	170	180	160	160	130
		6,8	6,8	6,8	6,8	8,2	8,2	8,2	8,2	10,4	10,4	10,4	10,4
Wand B		360	320	300	260	300	260	250	220	230	210	200	170
		5,3	5,3	5,3	5,3	6,4	6,4	6,4	6,4	8,2	8,2	8,2	8,2
Dach $\alpha \leq 30°$	F_{hoch}	140	120	120	100	110	100	100	80	90	80	70	60
		14,0	14,0	14,0	14,0	16,9	16,9	16,9	16,9	21,6	21,6	21,6	21,6
	F	160	140	130	110	130	120	110	100	100	90	90	70
		12,1	12,1	12,1	12,1	14,6	14,6	14,6	14,6	18,6	18,6	18,6	18,6
	G	200	170	170	140	160	140	140	120	130	110	110	90
		9,7	9,7	9,7	9,7	11,7	11,7	11,7	11,7	14,9	14,9	14,9	14,9
	H	330	290	280	240	270	240	230	200	210	190	180	150
		5,8	5,8	5,8	5,8	7,0	7,0	7,0	7,0	9,0	9,0	9,0	9,0
	J	260	230	220	190	220	190	180	160	170	150	140	120
		7,3	7,3	7,3	7,3	8,8	8,8	8,8	8,8	11,2	11,2	11,2	11,2
Dach $\alpha > 30°$	F_{hoch}	170	150	140	120	140	120	120	100	110	90	90	80
		11,6	11,6	11,6	11,6	14,0	14,0	14,0	14,0	17,9	17,9	17,9	17,9
	F	260	230	220	190	220	190	180	160	170	150	140	120
		7,3	7,3	7,3	7,3	8,8	8,8	8,8	8,8	11,2	11,2	11,2	11,2
	G	200	170	170	140	160	140	140	120	130	110	110	90
		9,7	9,7	9,7	9,7	11,7	11,7	11,7	11,7	14,9	14,9	14,9	14,9
	H	330	290	280	240	270	240	230	200	210	190	180	150
		5,8	5,8	5,8	5,8	7,0	7,0	7,0	7,0	9,0	9,0	9,0	9,0
	J	310	270	260	220	250	220	210	180	200	170	170	140
		6,3	6,3	6,3	6,3	7,6	7,6	7,6	7,6	9,7	9,7	9,7	9,7
Der angegebene Haftabstand in mm ist als Mittelwert über einen Bereich von 3 m einzuhalten. Zwischenwerte dürfen interpoliert werden oder der größere Wert ist zu wählen.													

Tabelle II.19: Werkstoffdicke und Breite der Scharen in Abhängigkeit von der Gebäudehöhe

		Werkstoffdicke und maximale Breite der Scharen											
Gebäudehöhe h		bis 10 m				10–20 m				20–50 m			
Scharenbreite in mm[1]		520	590	620	720	520	590	620	720	520	590	620	720
Werkstoff	Scharenlänge	Mindestwerkstoffdicke in mm											
Aluminium	≤ 10	0,7	0,7	0,8	- [2]	0,7	0,7	0,8	- [2]	0,7	0,7	- [2]	- [2]
Kupfer	≤ 10	0,6	0,6	0,6	- [2]	0,6	0,6	0,6	- [2]	0,6	0,6	- [2]	- [2]
Titanzink	≤ 10	0,7	0,7	0,7	- [2]	0,7	0,7	0,7	- [2]	0,7	0,7	- [2]	- [2]
Feuerverzinkter Stahl	≤ 14	0,6	0,6	0,6	0,6	0,6	0,6	0,6	0,6	0,6	0,6	0,6	0,6
Edelstahl	≤ 14	0,4	0,5	0,5	- [2]	0,4	0,5	0,5	- [2]	0,4	0,5	- [2]	- [2]

[1] Die Scharenbreiten errechnen sich aus den Band- bzw. Blechbreiten von 600, 670, 700 und 800 mm abzgl. ≈ 80 mm bei Falzdächern. Bei Einsatz einer Profiliermaschine ergeben sich ≈ 10 mm breitere Scharen. Für Leistendächer ergibt sich eine geringere Scharenbreite in Abhängigkeit vom Leistenquerschnitt.

[2] unzulässig

Anhang III Abbildungen

Detailskizzen

Die folgenden Skizzen von Details sind Beispiele für die Arbeitsausführung.

Sie sind keine maßstabsgetreuen bildlichen Darstellungen der einzelnen Techniken, sondern dienen der Veranschaulichung der textlichen Beschreibung.

Copyright bezüglich der Abbildungen: © = Copyright beim Verfasser und ZVSHK

Verzeichnis der Abbildungen

Abb. III.1: Nietverbindungen

Vollniet (Halbrundniet)

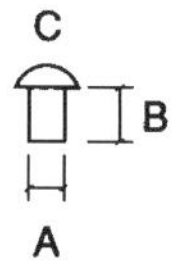

A = Nietdurchmesser
B = Schaftlänge
C = Nietkopf

Die Nietlänge beträgt

– Gesamtdicke der aufeinanderliegenden Bleche plus 1 bis 1,5facher Nietdurchmessers des Durchmessers

z.B. Werkstoffdicke (t) = 0,7 mm
2 Dicken aufeinander
Nietdurchmesser = 3 mm

Berechnung

Länge = 2 · t + 1,0 · 3
= 1,4 + 3.0
= 4,4 mm

Abb. III.2: *Nietabstände*

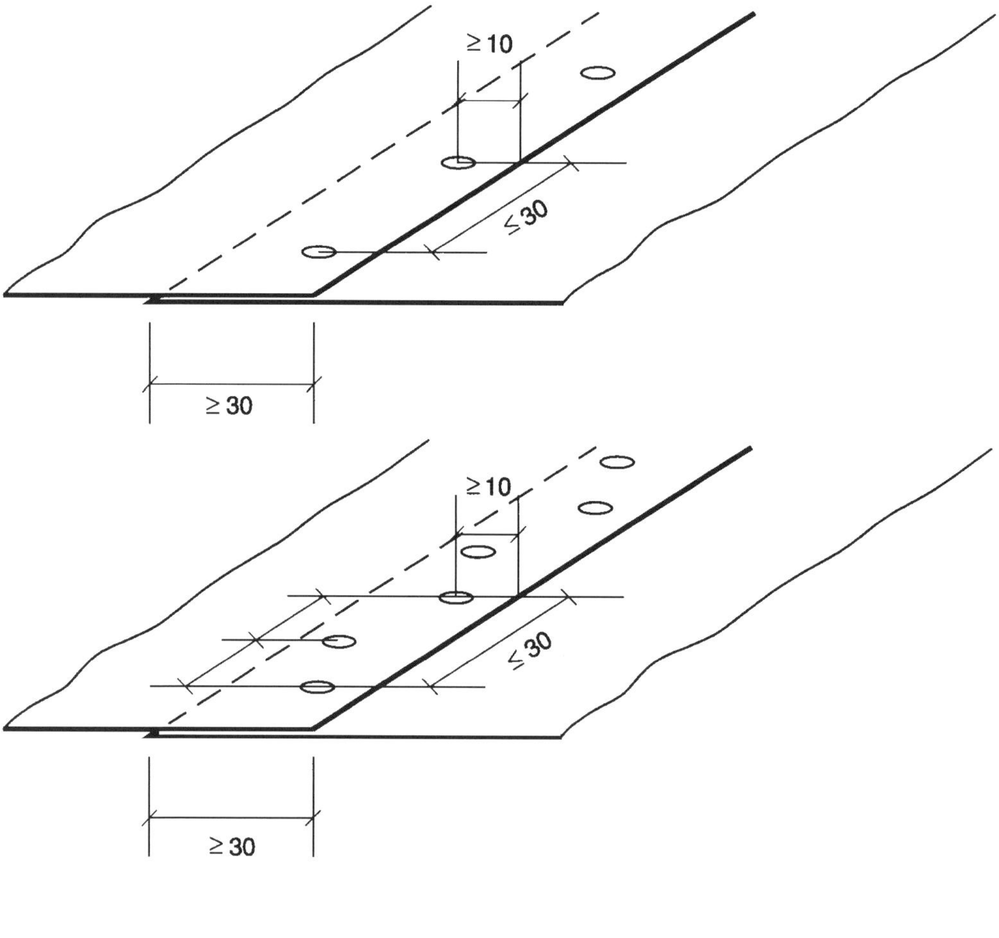

Abb. III.3: Falzverbindungen I

Einfacher Liegefalz

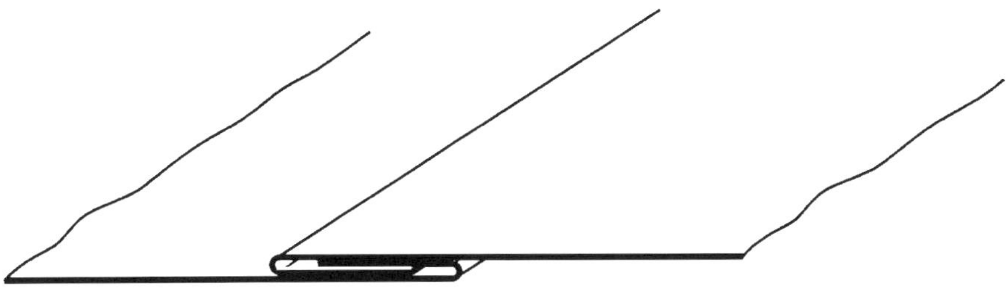

Einfacher Liegefalz mit Zusatzfalz

Doppelter Liegefalz

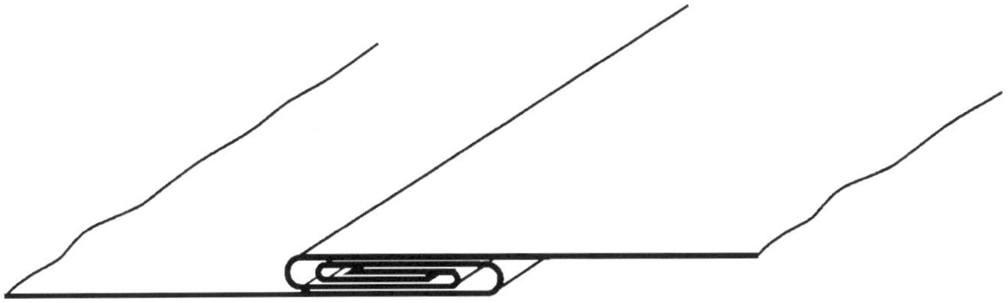

Abb. III.4: Falzverbindungen II

Einfacher Stehfalz

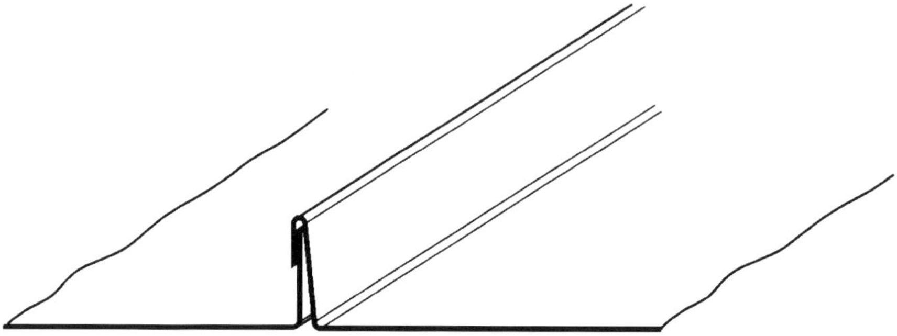

Winkelfalz

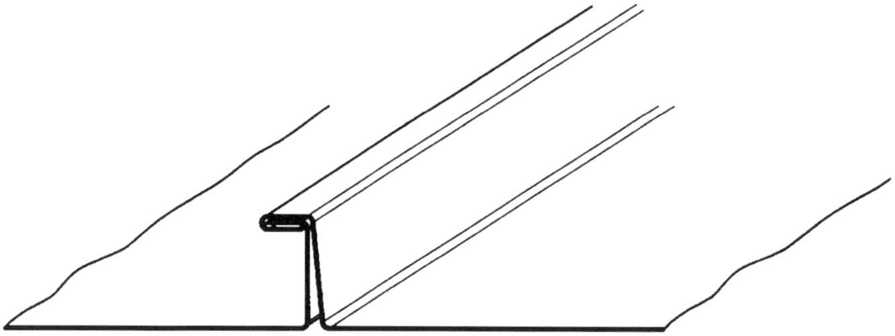

Doppelter Stehfalz

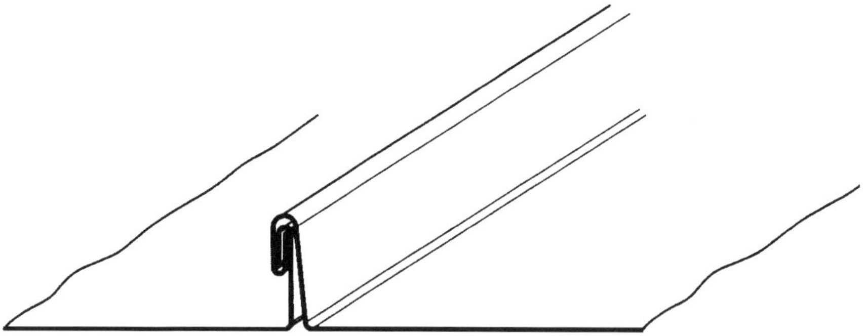

Abb. III.4.1: Abstand der Scharen zur Aufnahme der Querdehnung

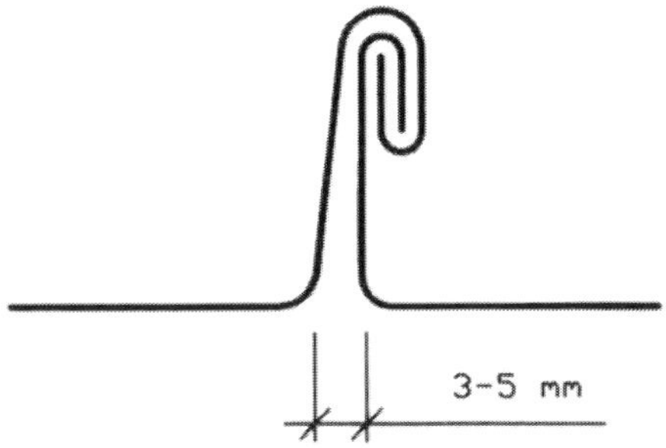

Abb. III.4.2: T-Punkt, liegender Falz mit stehendem Falz firstseitig

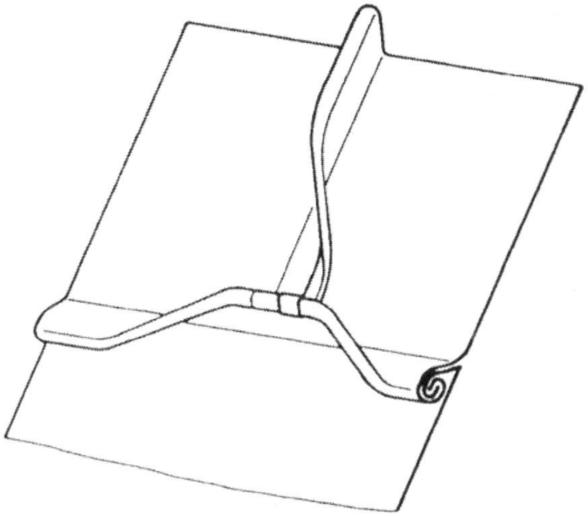

Abb. III.4.3: T-Punkt, liegender Falz mit stehendem Falz traufseitig

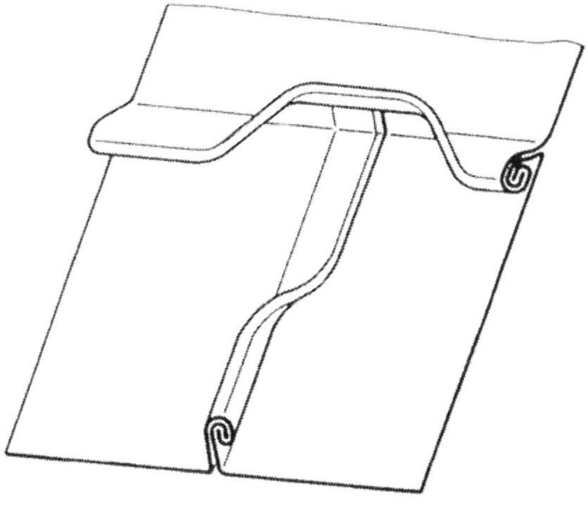

Abb. III.5: *Festhaftbereich*

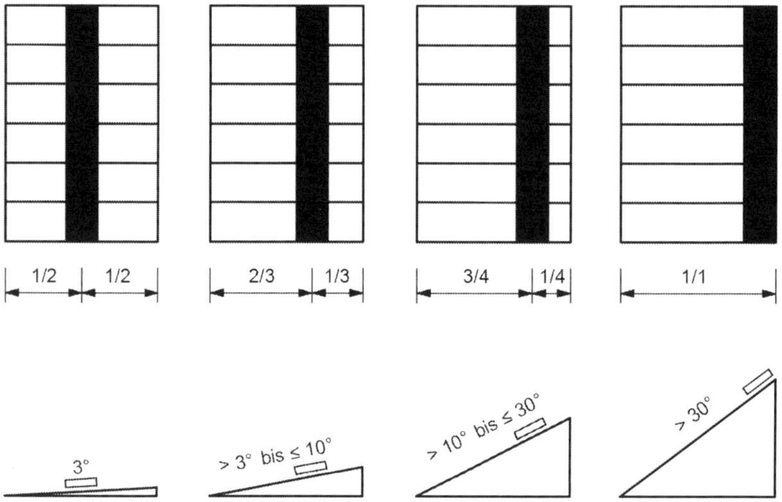

Abb. III.6: Haftausbildungen I

Normalhaft

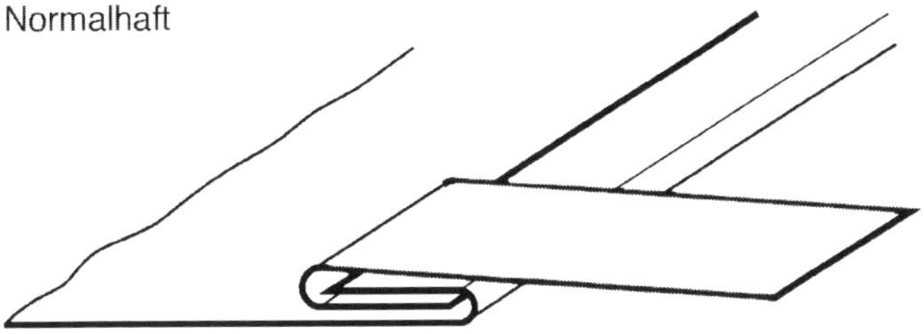

Haftleiste

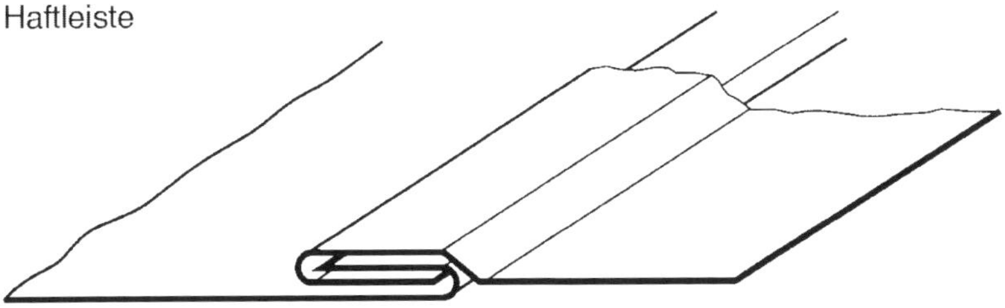

Zahnleiste

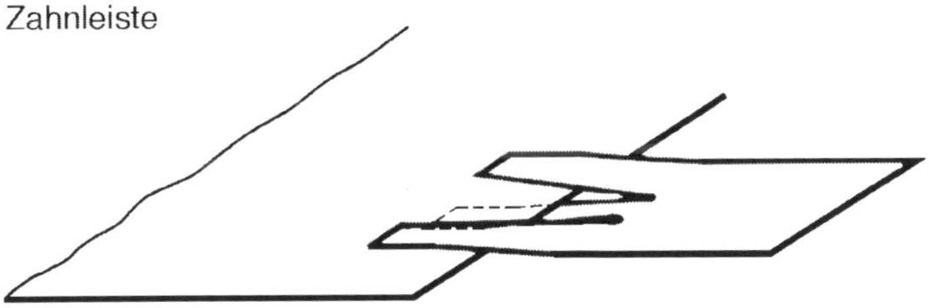

Plattenhaft

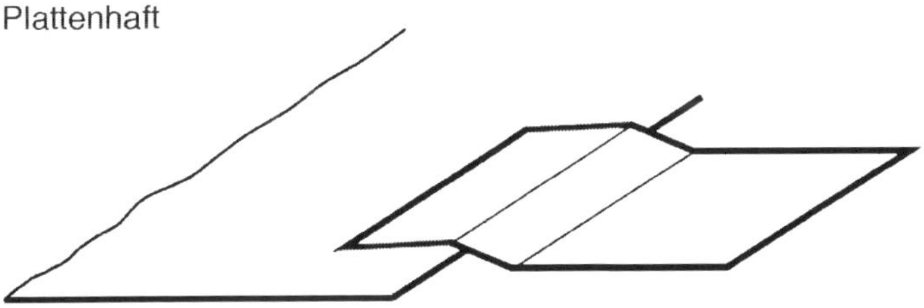

Federhaft

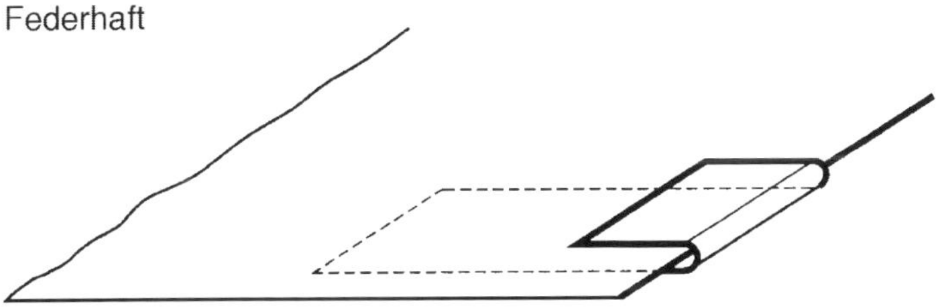

Abb. III.7:Haftausbildungen II

Schiebehaft

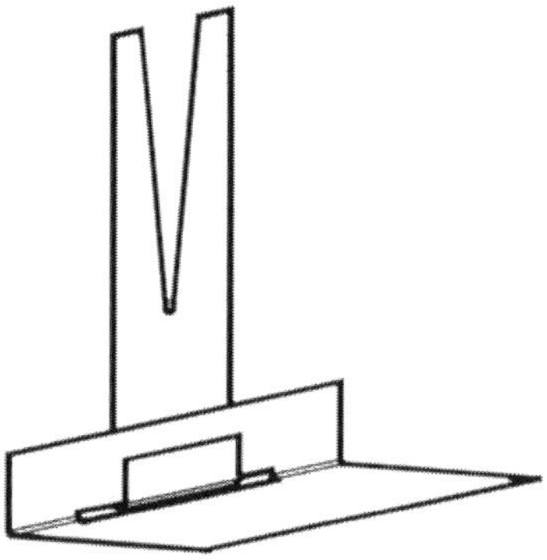

Festhaft (Hosenhaft)

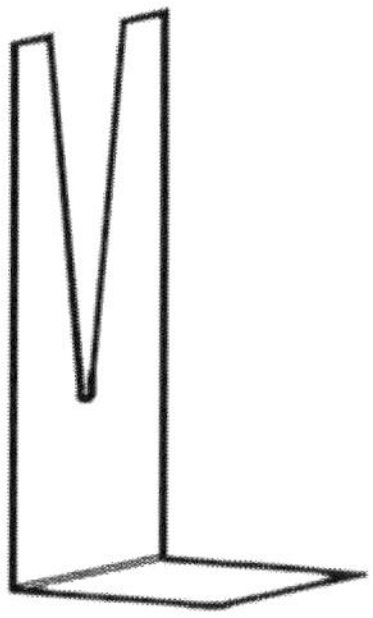

Abb. III.7.1: Festhaft (Maschinenhaft)

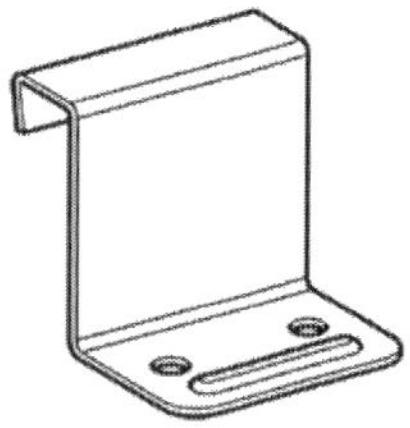

Abb. III.7.2: Schiebehaft

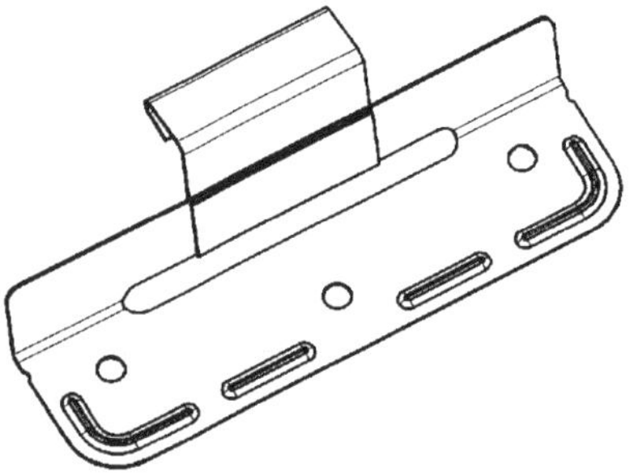

Abb. III.7.3: Wirrgelegehaft (strukturierte Trennlage)

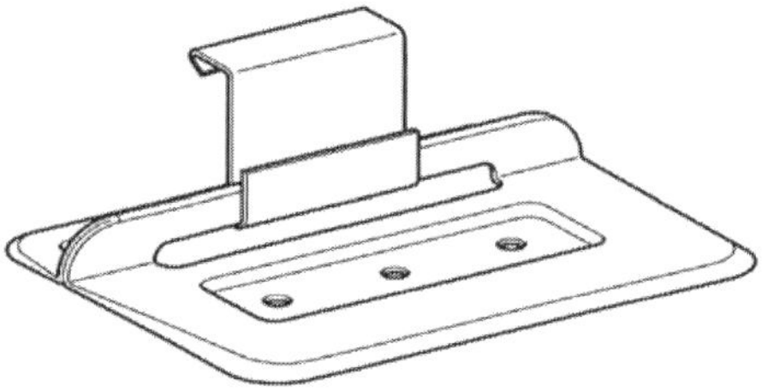

Abb. III.8: *Leistenfalzverbindungen*

Deutsche Ausführung

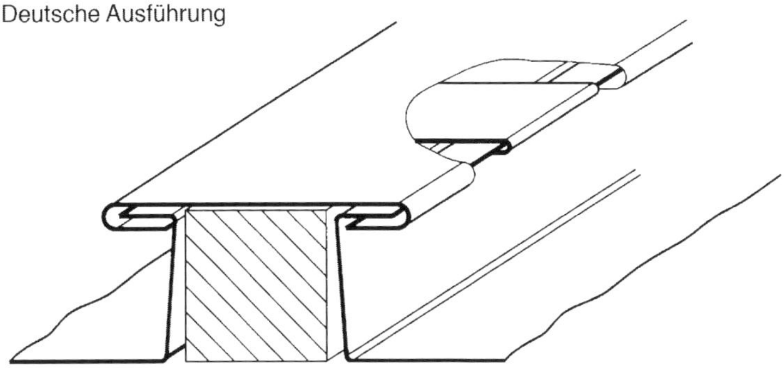

Sonderausführung

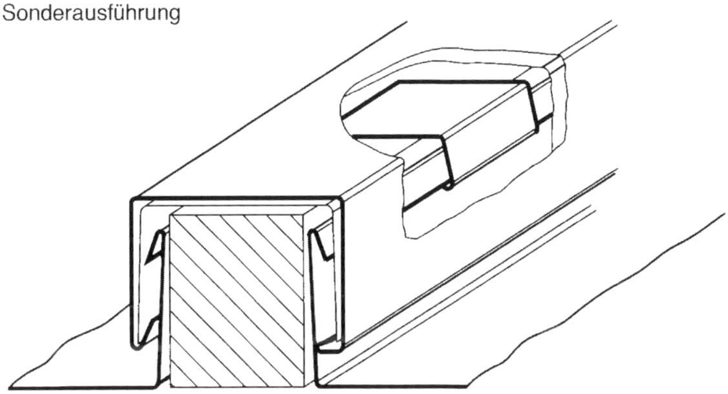

Abb. III.9: Bewegungsausgleich I

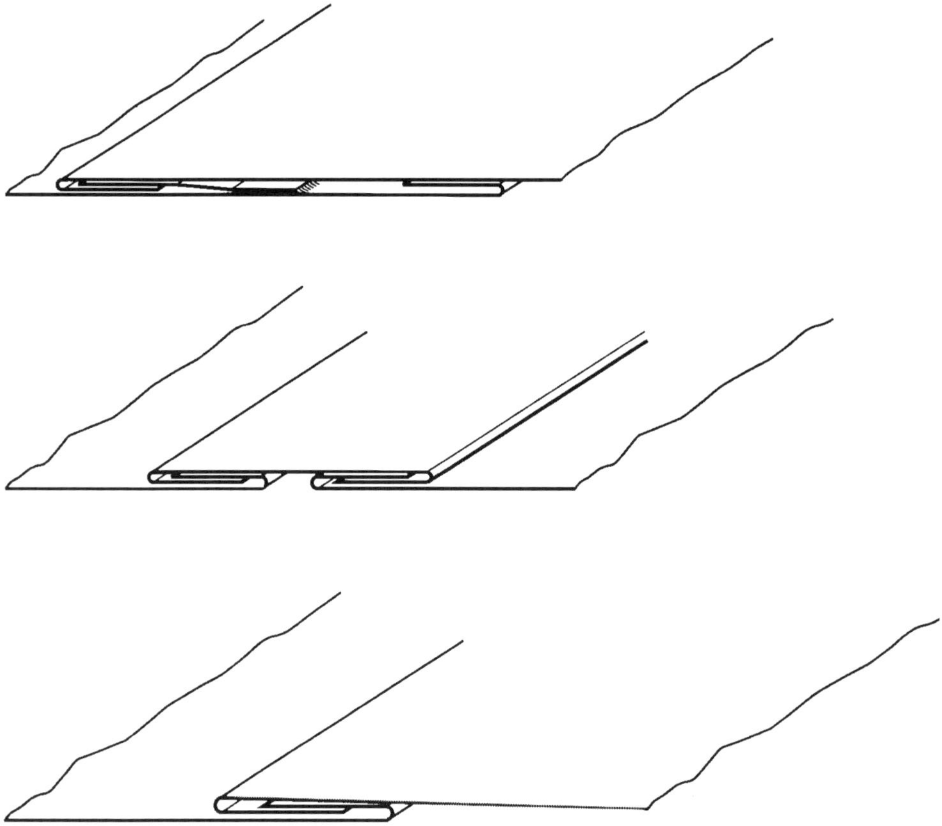

Abb. III.9.1: Geschlossene Stoßverbindung mit Umkantung

geschlossene Stoßverbindung mit
Umkantung

Abb. III.9.2: Offene Stoßverbindung mit unterlegtem Blech

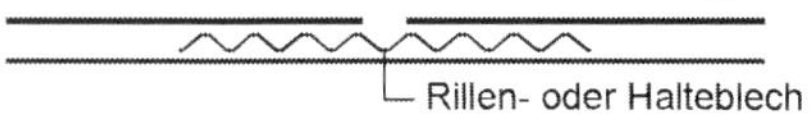

offene Stoßverbindung mit untergelegtem Blech

Abb. III.9.3: Offene Stoßverbindung mit Umkantung und unterlegtem Blech

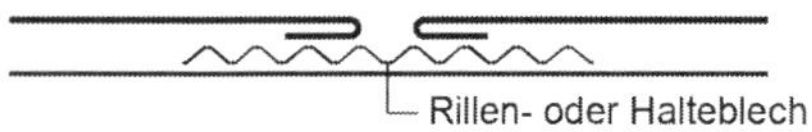

offene Stoßverbindung mit Umkantung und untergelegtem Blech

Abb. III.9.4: Offene Stoßverbindung mit umgekantetem Unterlagsblech

offene Stoßverbindung mit umgekantetem Unterlagsblech

Abb. III.9.5: Offene Stoßverbindung, überlappend, konisch

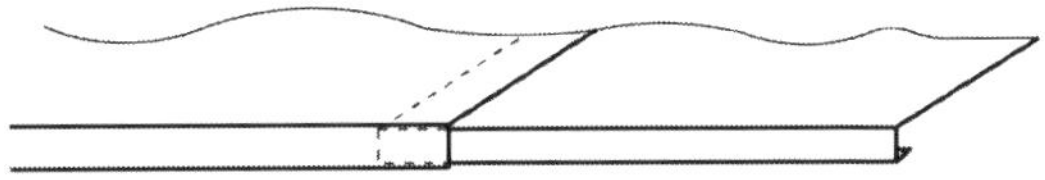

offene Stoßverbindung, überlappend, konisch

Abb. III.9.6: Stehfalze

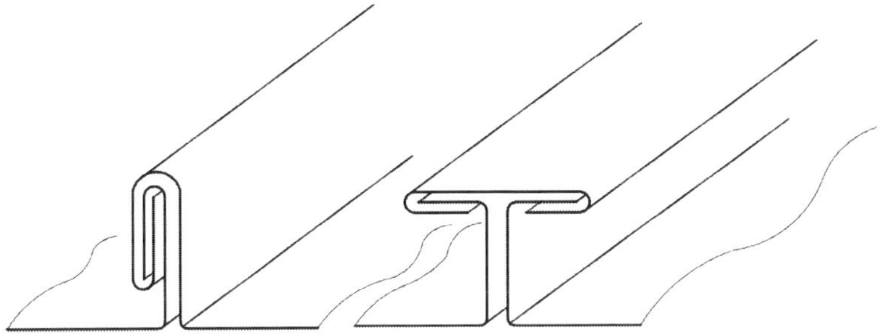

Abb. III.10: Bewegungsausgleich II

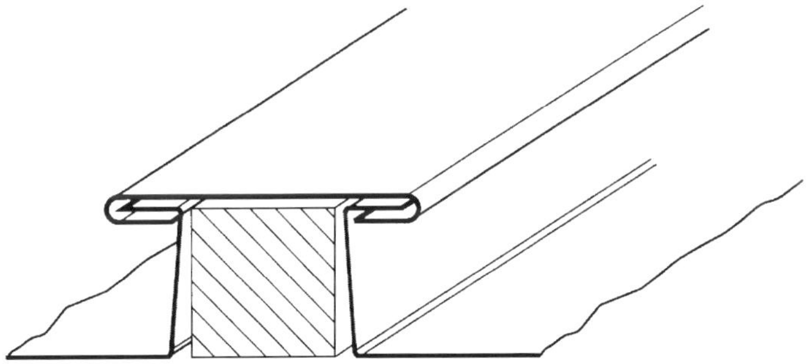

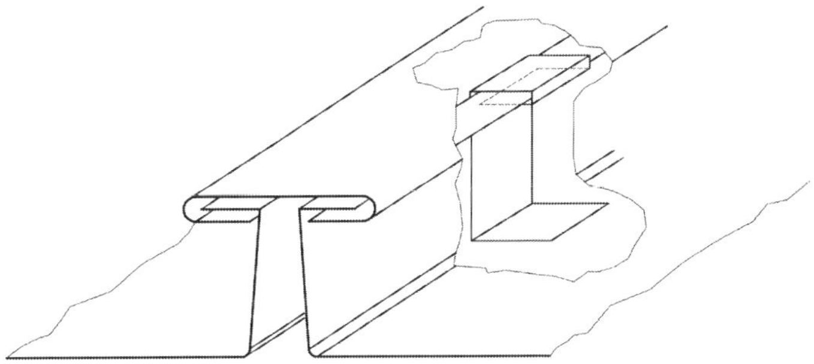

Abb. III.11: *Bewegungsausgleich III*

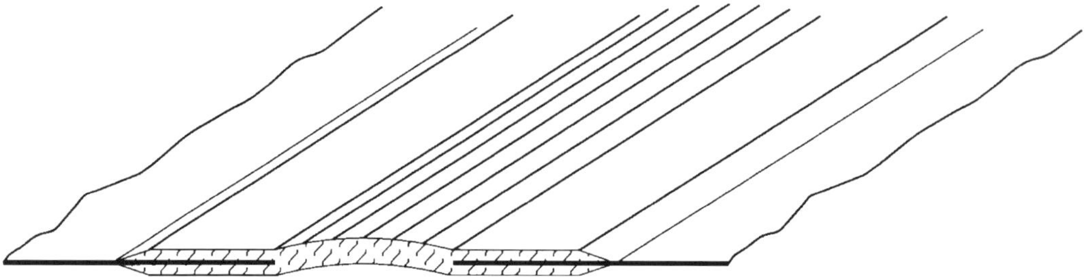

Abb. III.12: *Traufbleche I*

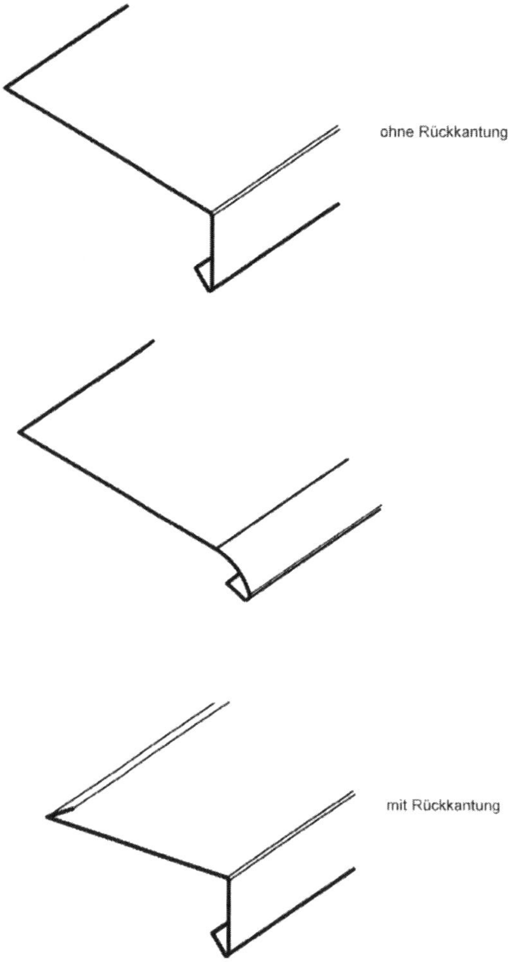

Abb. III.13: Traufbleche II

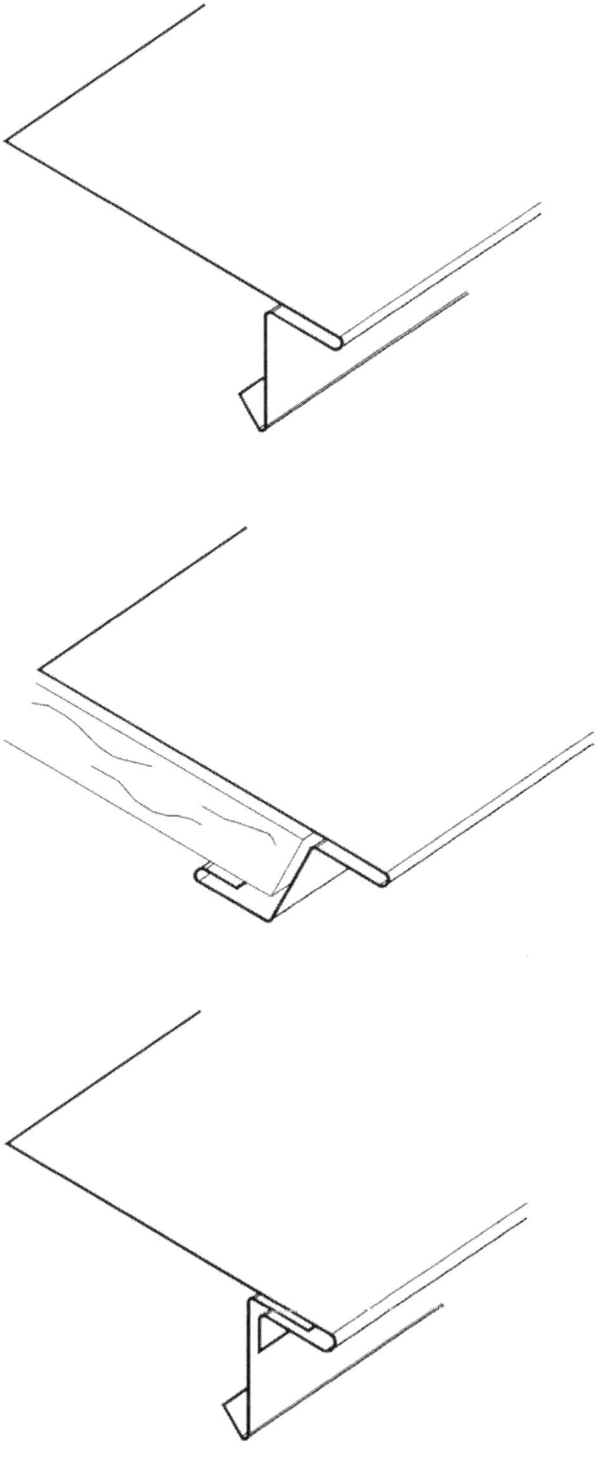

Abb. III.14: *Traufbleche III*

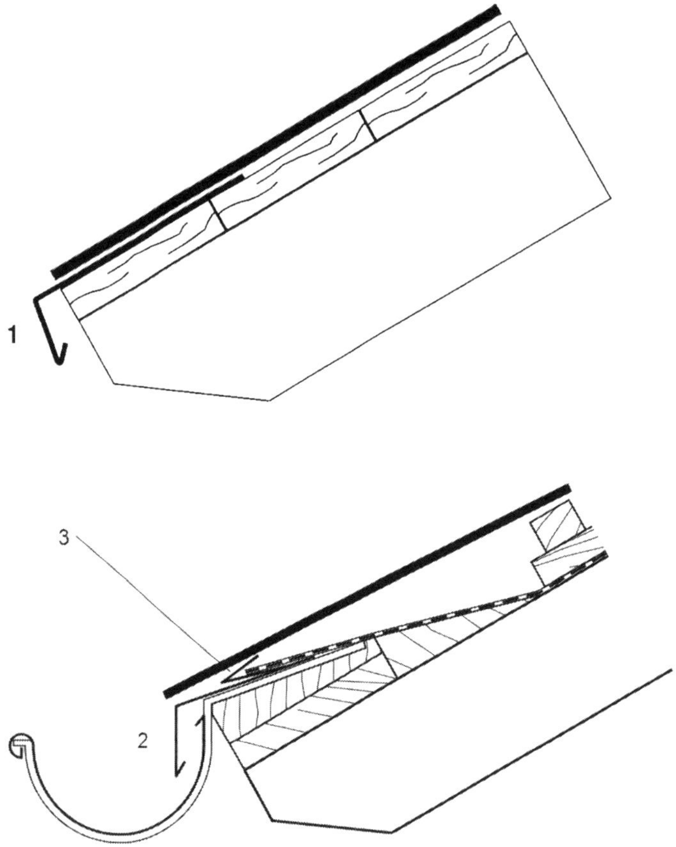

1 Tropfblech
2 Rinneneinlaufblech
3 Traufenlüftungselement

Abb. III.15: *Traufbleche IV*

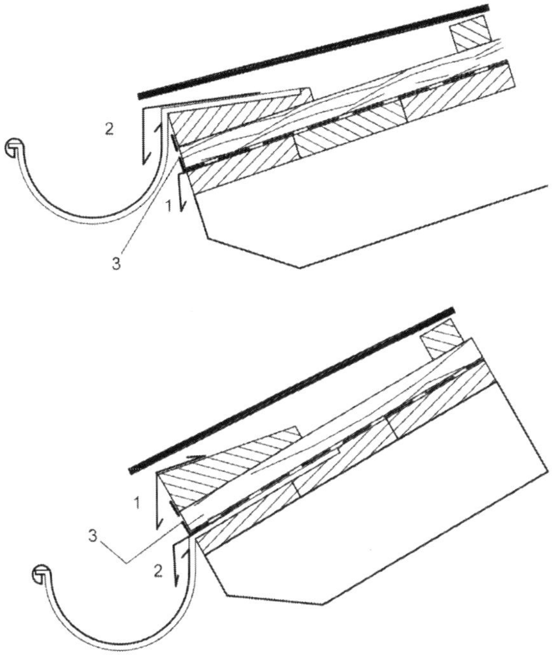

1 Tropfblech
2 Rinneneinlaufblech
3 Lochblech

Abb. III.16: *Dachrandabschlüsse*

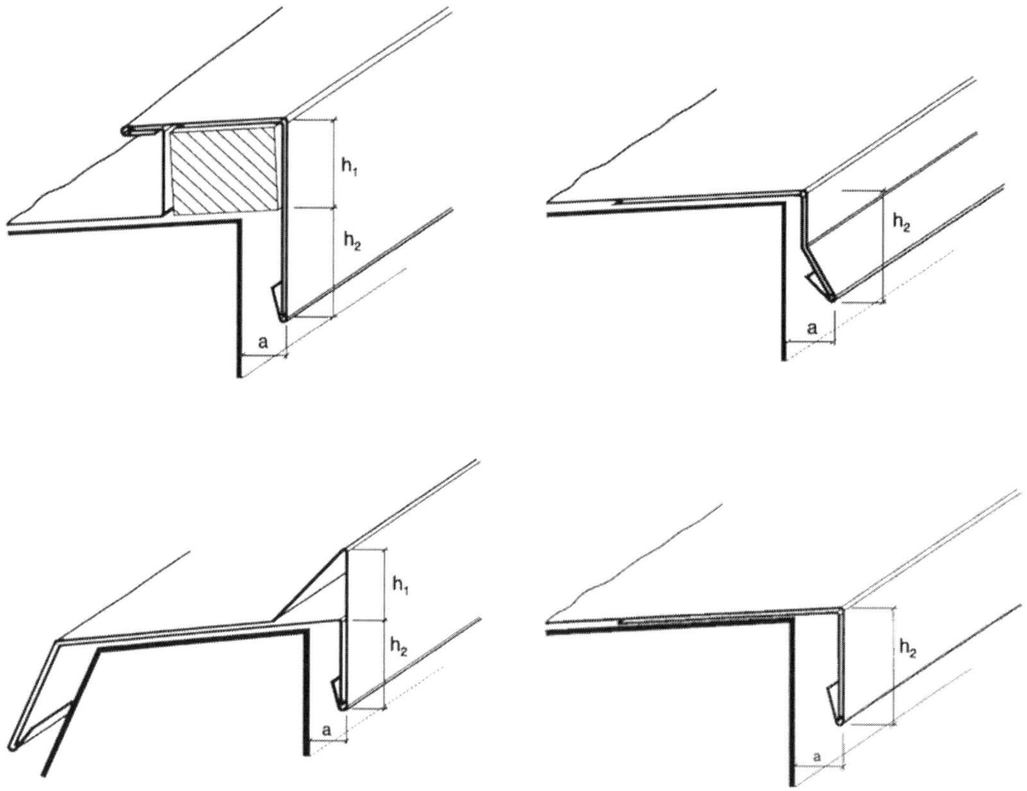

h_1 = Aufkantung
h_2 = Abkantung
a = Tropfabstand

Mindest-Auf-/Abkanthöhen, Mindest-Tropfkantenabstand

Gebäudehöhe m	a */ **/ *** mm	h_2 mm	h_1 mm
< 8	20	50	mind. 25
8 – 20		80	
> 20		100	

* Bei Verwendung von Kupfer wird empfohlen, einen größeren Tropfkantenabstand auszuführen. Verunreinigungen durch abtropfendes Wasser sind nicht gänzlich zu vermeiden.

** Bei Putzfassaden / Wärmedämmverbundsystemen wird empfohlen, den Überstand der Tropfkante zum fertigen Oberputz nach DIN EN 13914-1 mit mindestens 40mm, unter Berücksichtigung zulässiger Toleranzen (nach DIN 18202), auszuführen.

*** siehe 6.3.1 (1)

Bei Metalldeckung: $h_1 \geq 25$ mm über Oberkante wasserführende Ebene

Abb. III.16.1: Ortgang Metalldach Blende winkelrecht eingefalzt

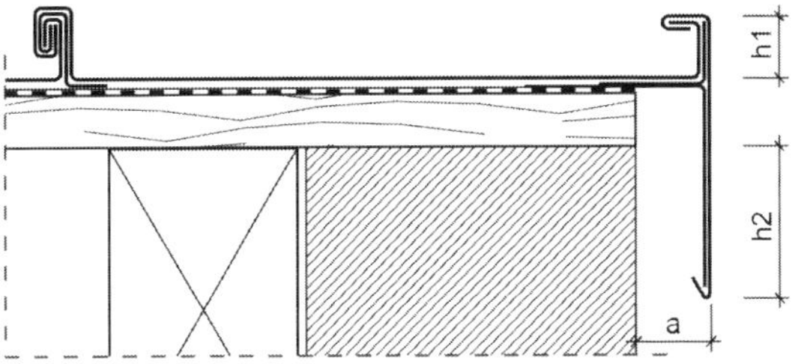

Abb. III.16.2: Ortgang Metalldach waagerecht mit Einhängeblech

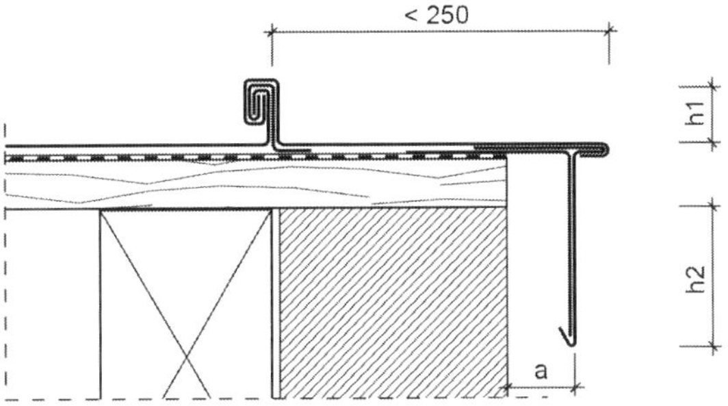

Abb. III.16.3: Ortgang Flachdach mit hochgeführter Dachabdichtung und Metallabdeckung

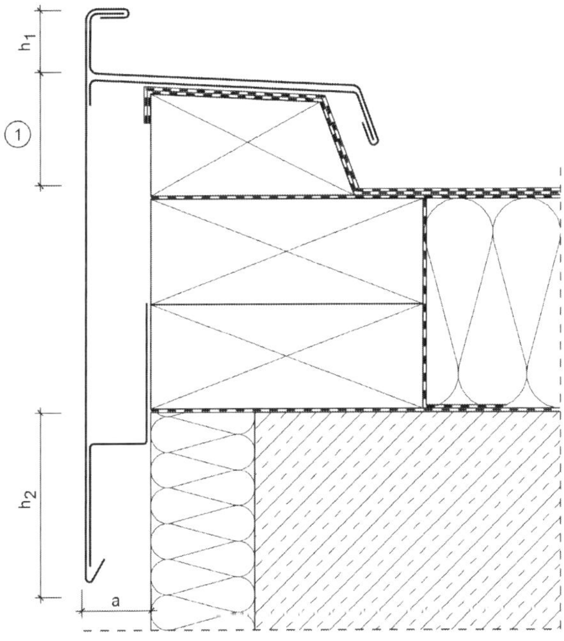

(1)
Bei Abdichtungen: Die Höhe der Abdichtung an Dachrandabschlüssen soll
- bei Dachneigungen bis 5° mindestens 0,10 m,
- bei Dachneigungen über 5° mindestens 0,05 m

über Oberfläche Belag betragen

Abb. III.17: Unterliegende seitliche Anschlüsse

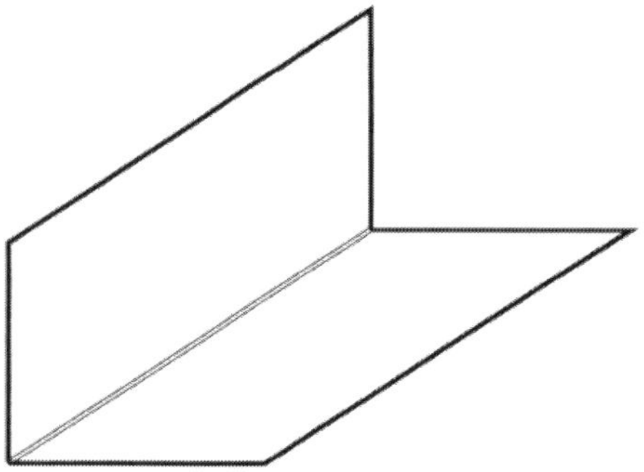

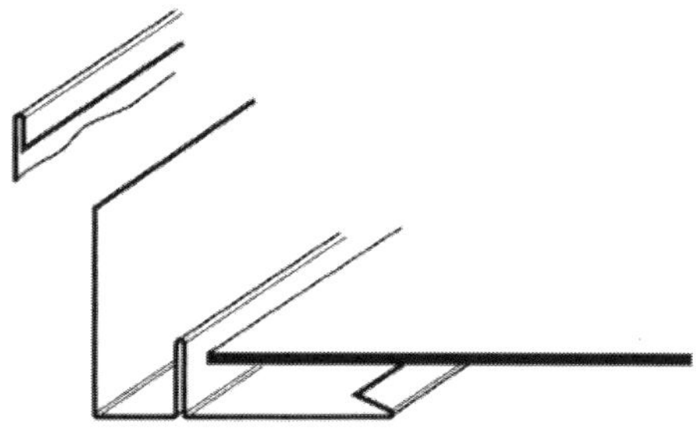

freier Wasserlauf zwischen Aufkantung und Steg ≥ 40mm
Deckwerkstoff kann bis zum Steg herangeführt werden.

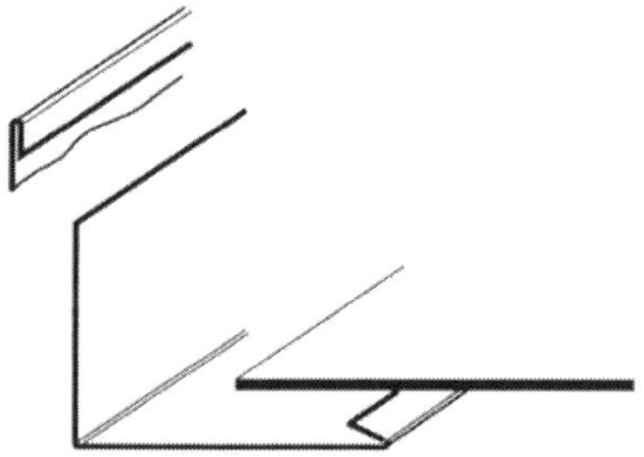

Überdeckung des Deckwerkstoffes über unterliegendem Metallanschluss ≥ 100mm
freier Wasserlauf ≥ 40mm.
Bei geringer Niederschlagsbelastung kann bis an das aufgehende Blech gedeckt werden.

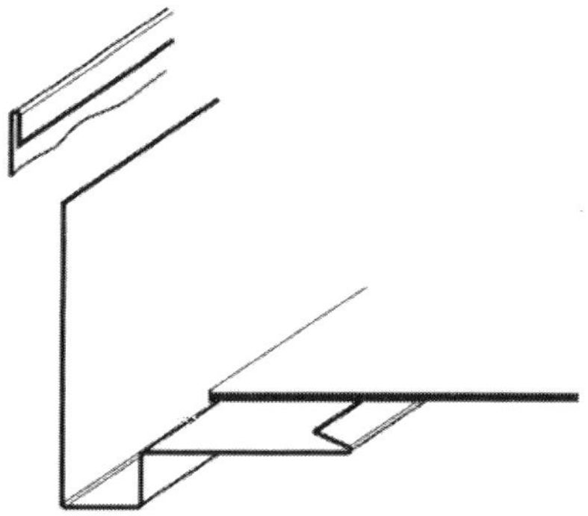

Mindesttiefe der Vertiefung ≥ 20mm
Mindestbreite der Vertiefung ≥ 40mm

Verbindung durchgehender unterliegender Bleche untereinander erfolgt bei Dachneigungen

- $> 22°$ mindestens 100 mm und
- $\geq 15°$ bis $\leq 22°$ mindestens 150 mm als einfache Überdeckung oder Falzverbindung,
- $< 15°$ als wasserdichte Verbindung (Löten o.a.).

Abb. III.17.1: Seitlicher Wandanschluss im Steildach bei Putz/WDVS

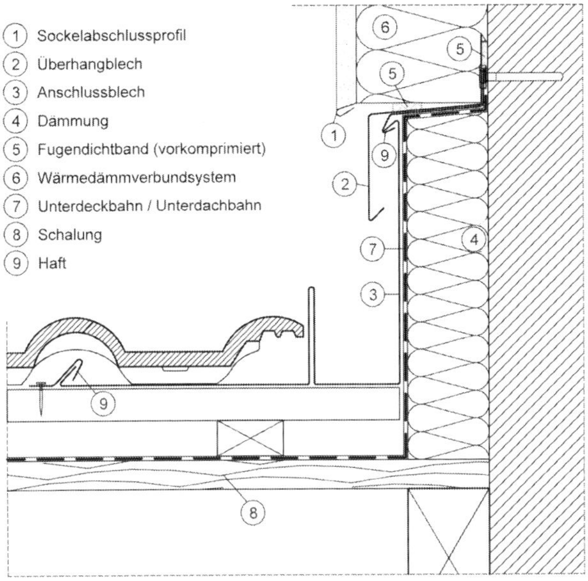

Abb. III.17.2: Wandanschlussmöglichkeit an Dämmputzfassade mit industriell hergestellter Anschlussschiene

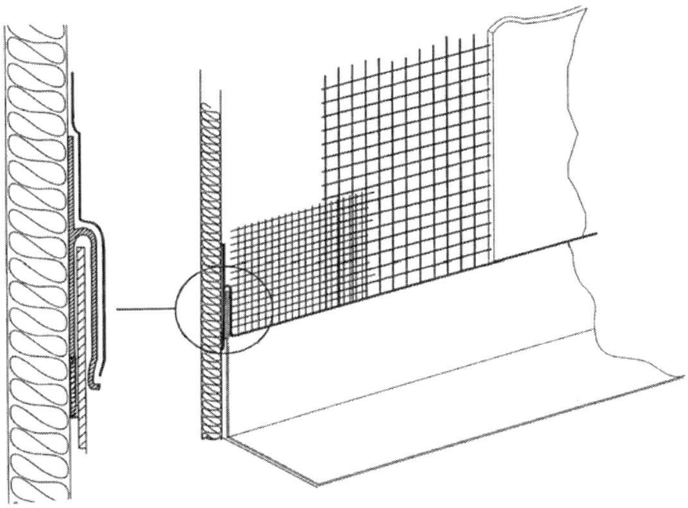

Abb. III.18: Traufseitige Anschlüsse

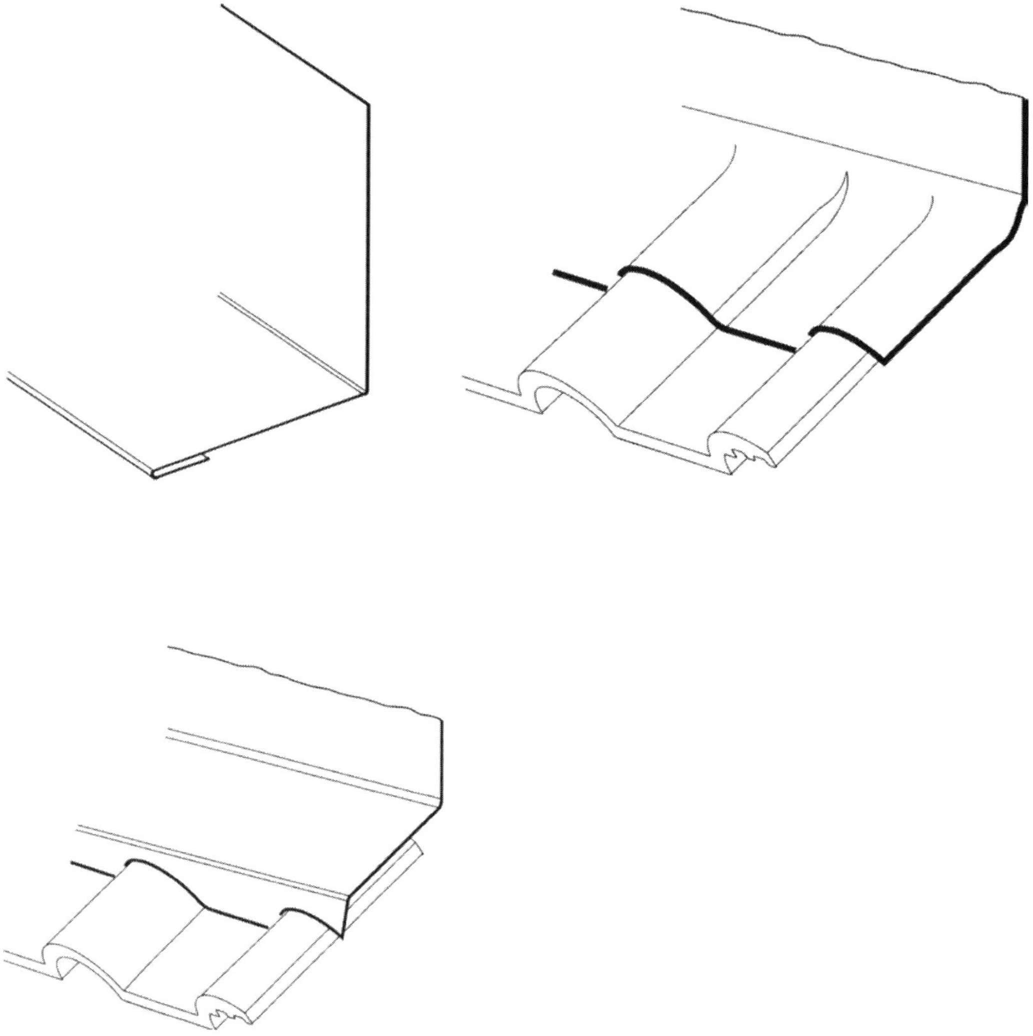

Abb. III.18.1: Traufseitiger Wandanschluss im Steildach bei Putz/WDVS

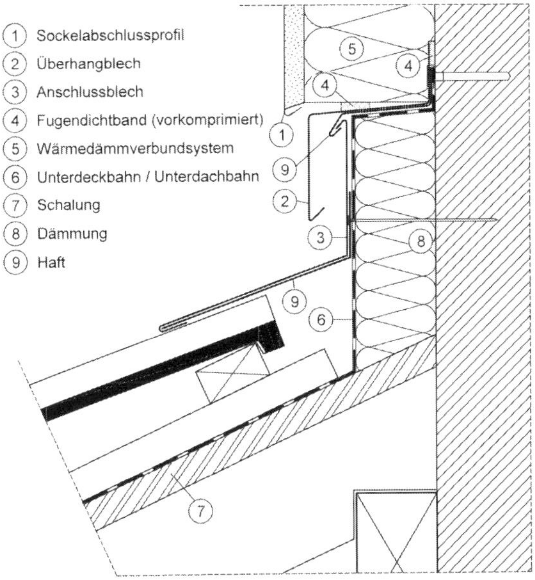

Abb. III.18.2: Wandanschlussmöglichkeit an Dämmputzfassade mit industriell hergestellter Anschlussschiene

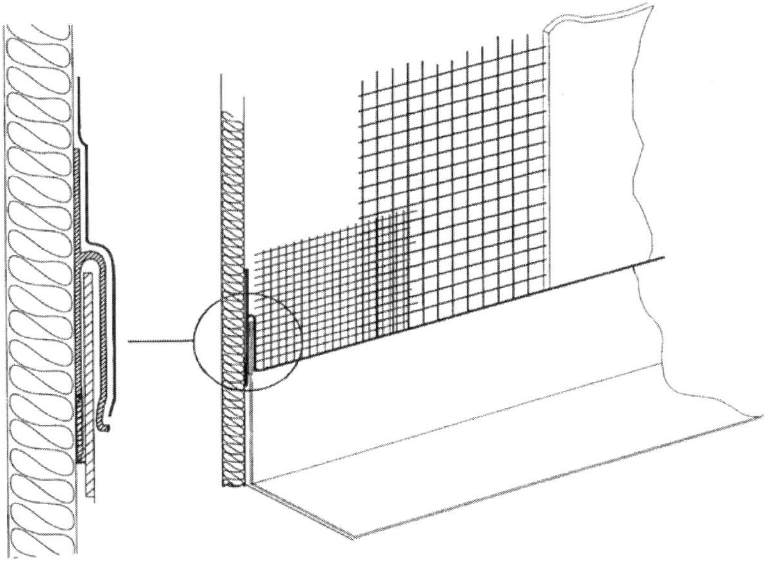

Abb. III.19: Firstseitige Anschlüsse

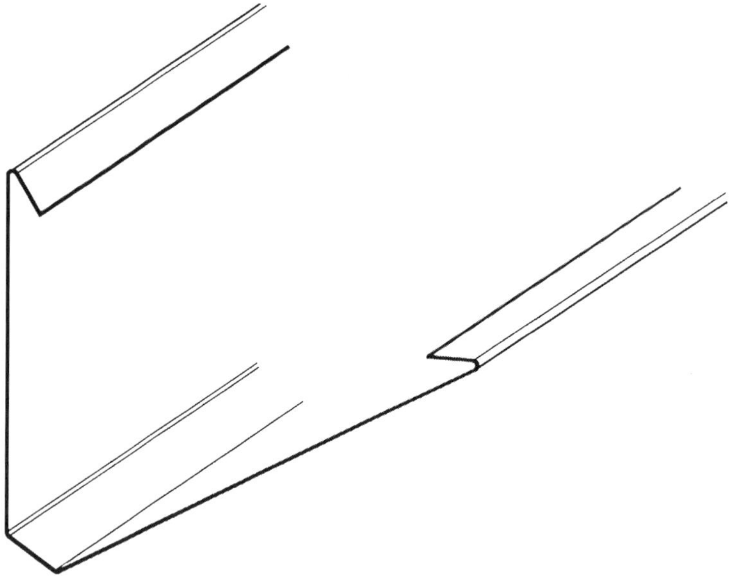

Abb. III.20: Anschlusshöhe

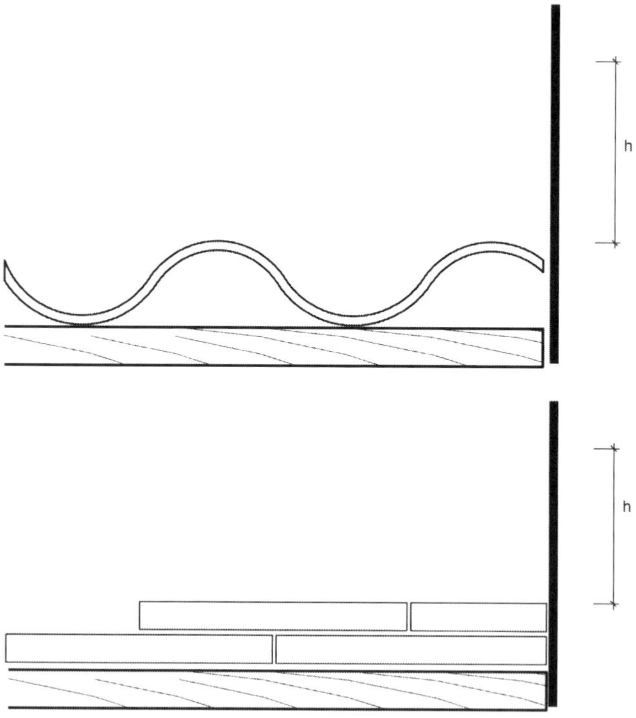

h = Anschlusshöhe bei konturierten und ebenen Deckwerkstoffen

Abb. III.21: Überhangstreifen

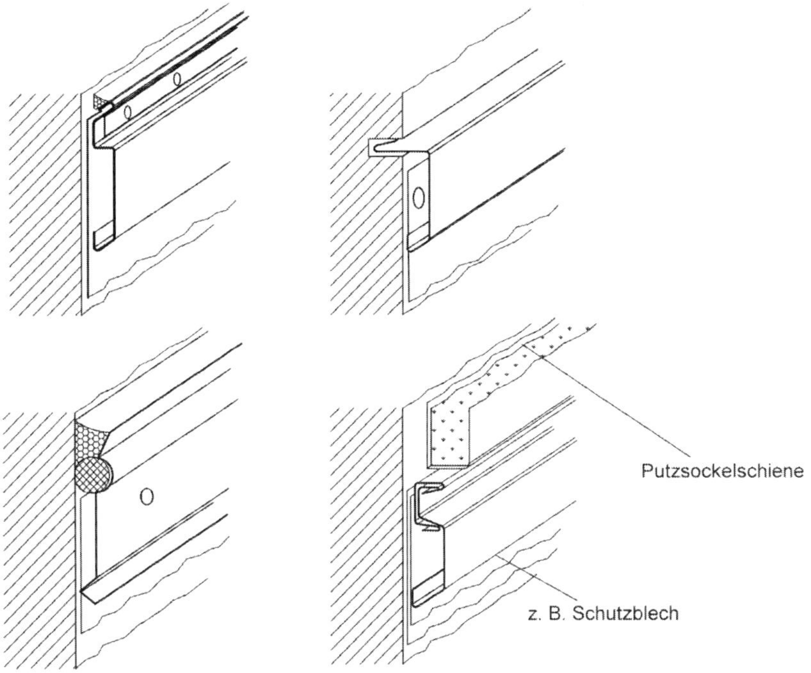

Abb. III.22: Kehlen I

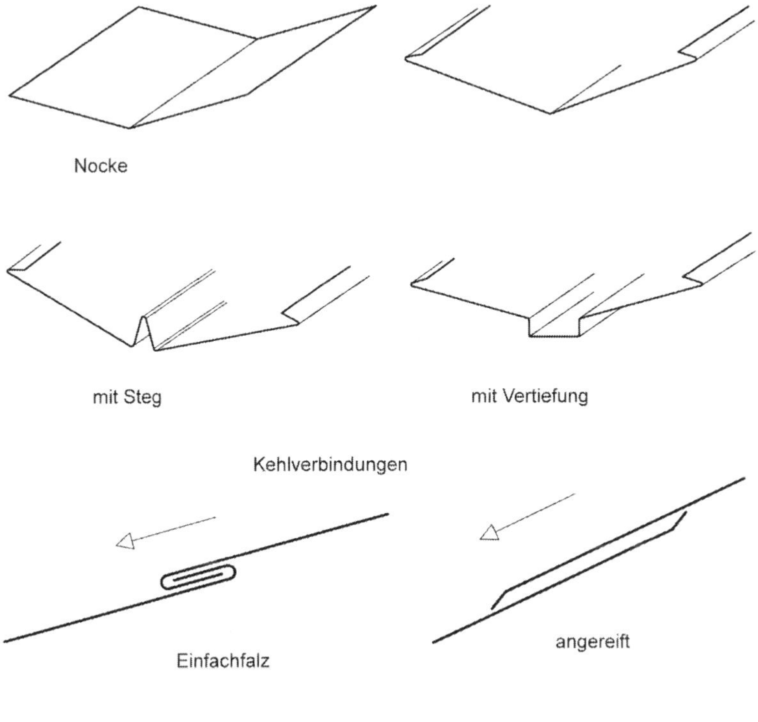

Abb. III.23: Kehlen II

Abb. III.23.1: Vertieft angeordnete Kehle mit Einhangblech

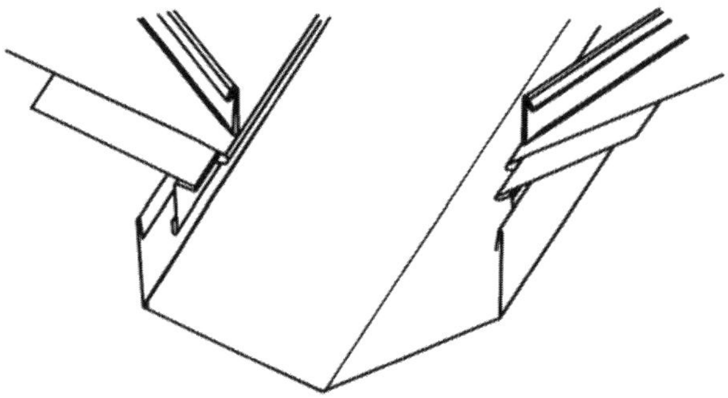

Kehlneigung ≥ 3°

Abb. III.23.2: Beidseitig, mit doppeltem Kehlfalz eingefalzt in Dachscharen

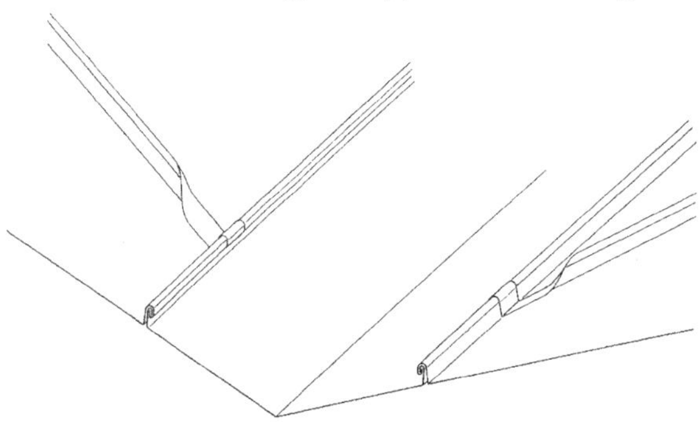

Kehlneigung ≥ 7°

Abb. III.23.3: Kehle mit einfachem Falz und Zusatzfalz

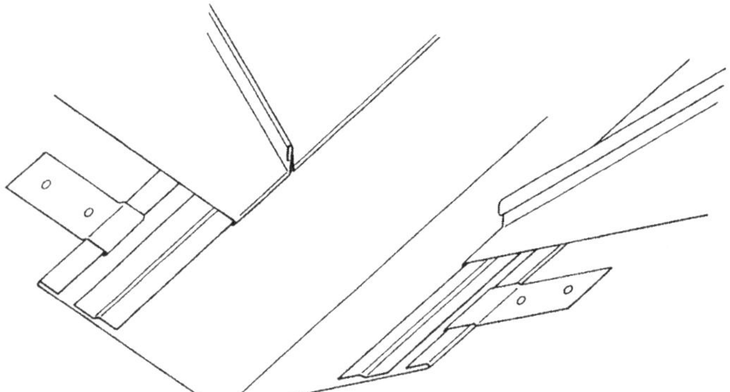

Kehlneigung ≥ 10°

Abb. III.23.4: Kehle mit einfachem Falz

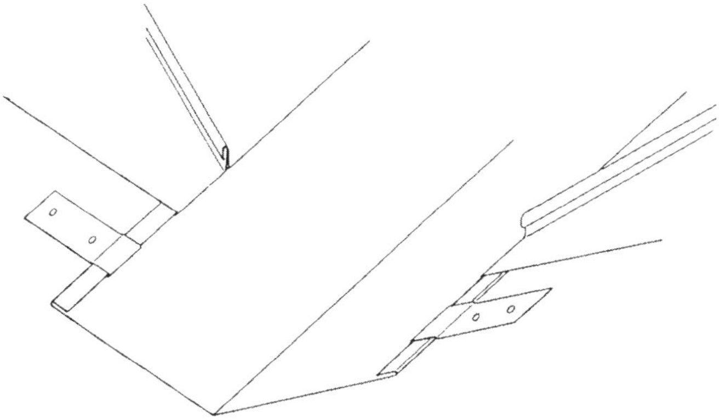

Kehlneigung ≥ 25°

Abb. III.24: Abdeckungen

Abb. III.24.1: Mauerabdeckung, nicht selbsttragend verklebt mit Haftstreifen

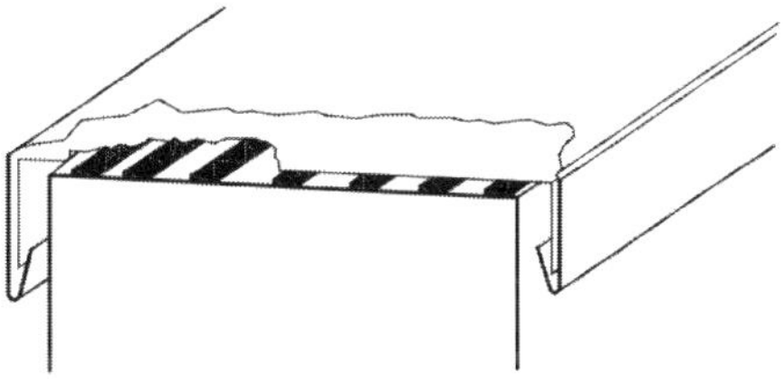

Abb. III.24.2: Dachrandabschluss, industriell selbsttragend auf Haltebügel

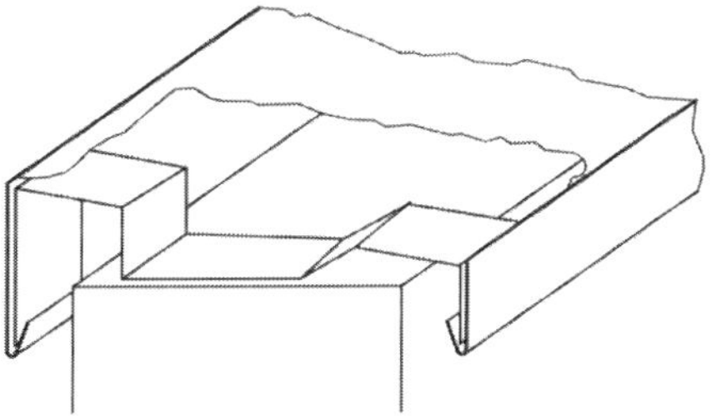

Abb. III.24.3: Gesimsabdeckung, z. B. bei einer Kastenrinne

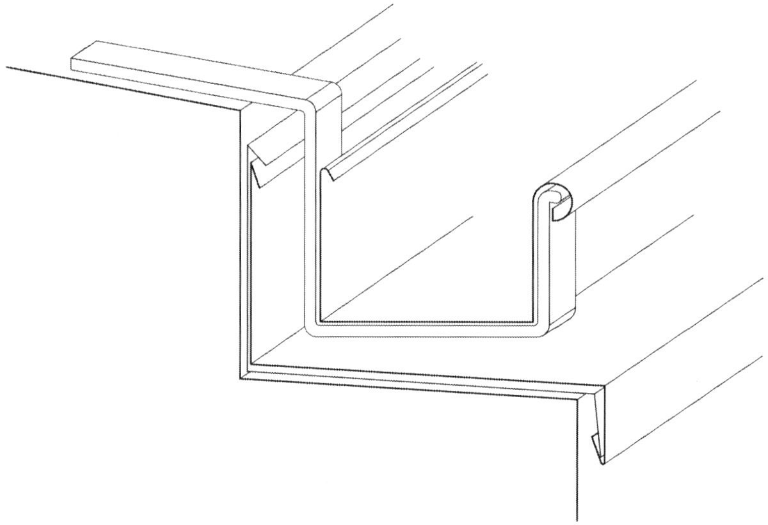

Abb. III.24.4: Fensterbank

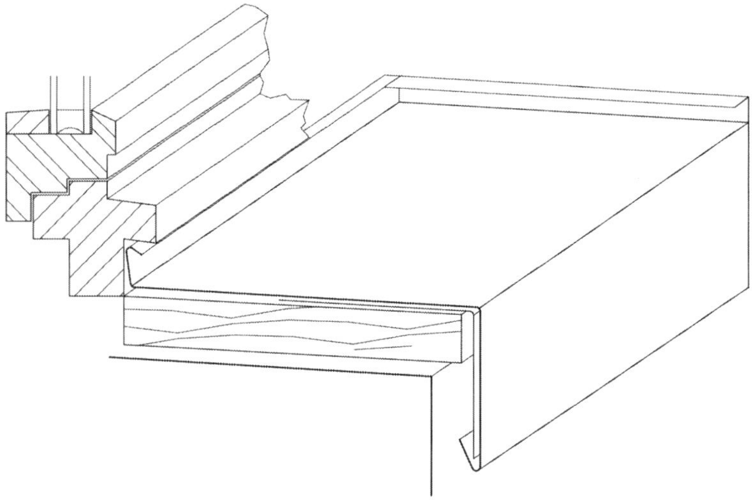

Abb. III.25: Abdeck- und Schutzbleche

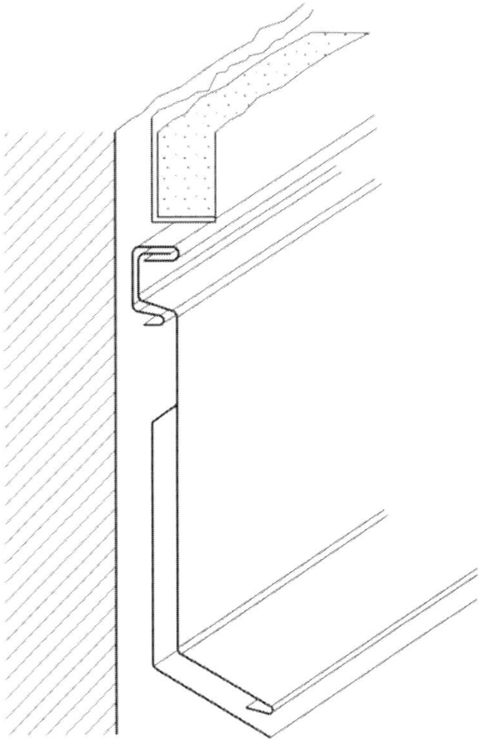

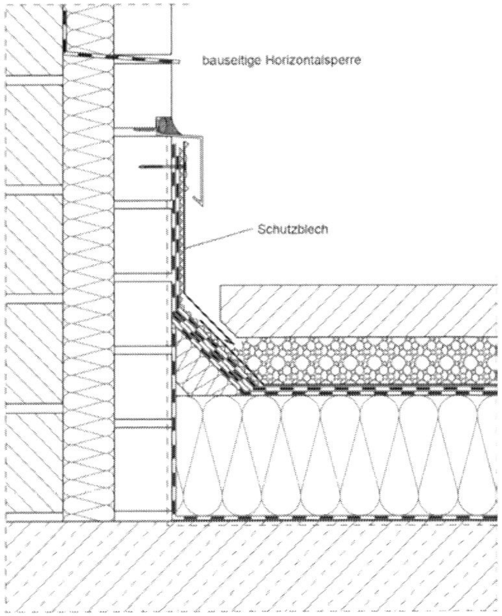

Abb. III.26: Rinnenbewegungsausgleicher I (Hochpunktschiebenaht)

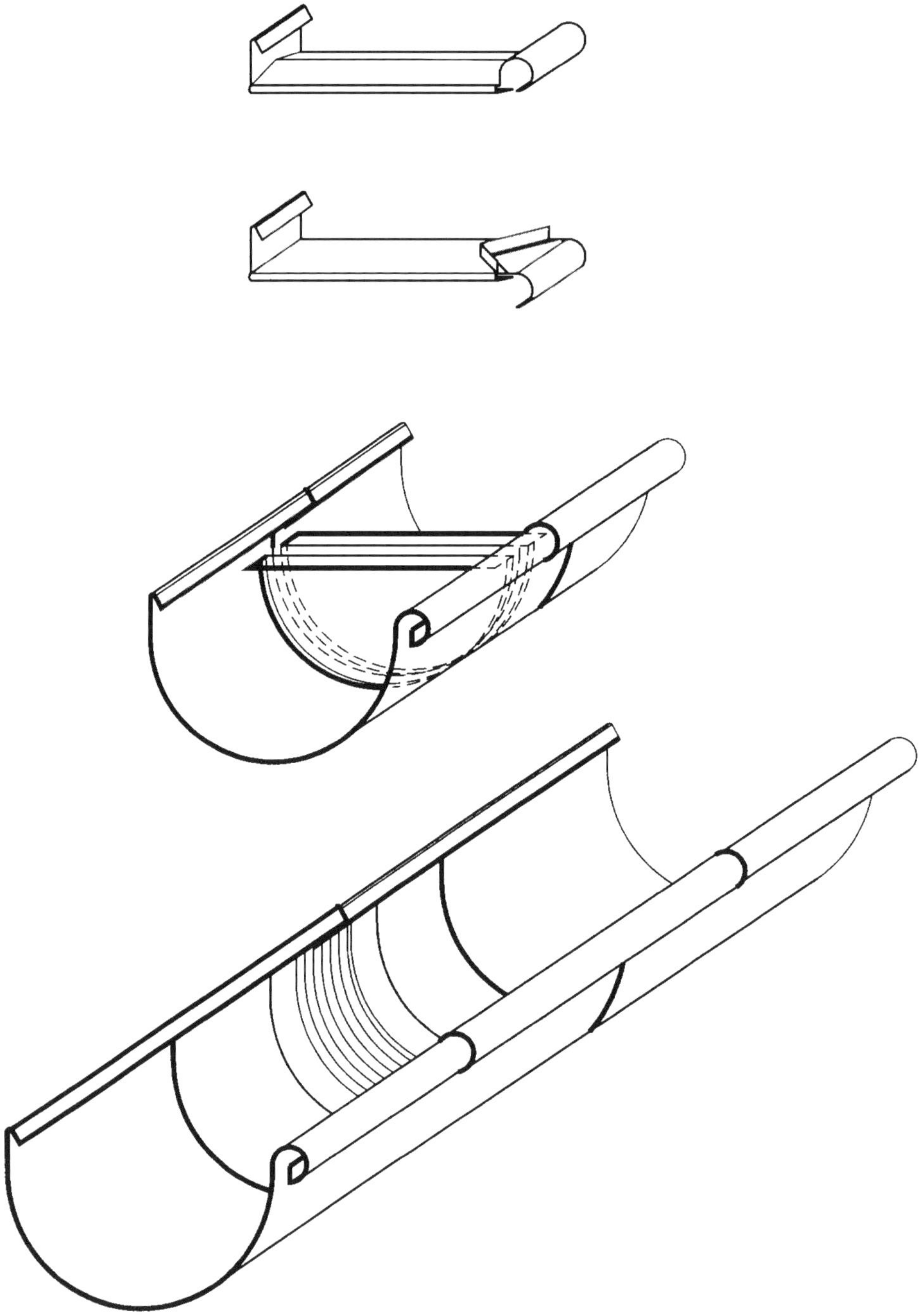

Abb. III.27: Rinnenbewegungsausgleicher II (Tiefpunktschiebenaht)

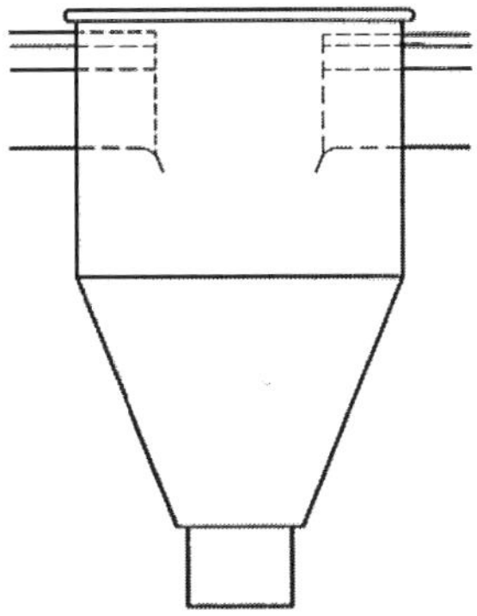

Rinnenkessel

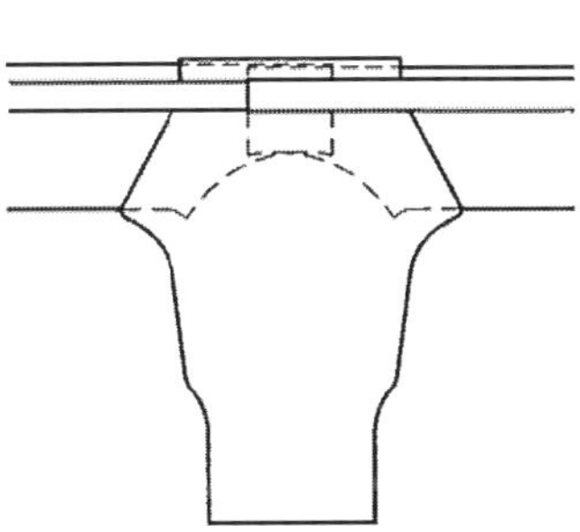

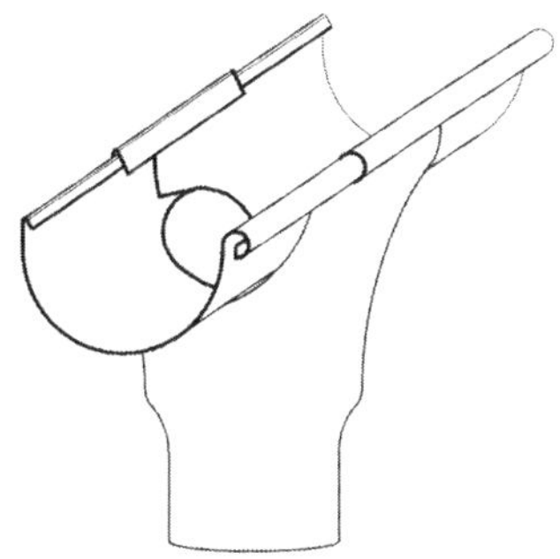

Rinneneinhangstutzen

Bei Verwendung eines Rinneneinhangstutzens als Bewegungsausgleicher kann es zu einer Reduzierung der Ablaufleistung kommen.

Abb. III.28: Rinnenformen

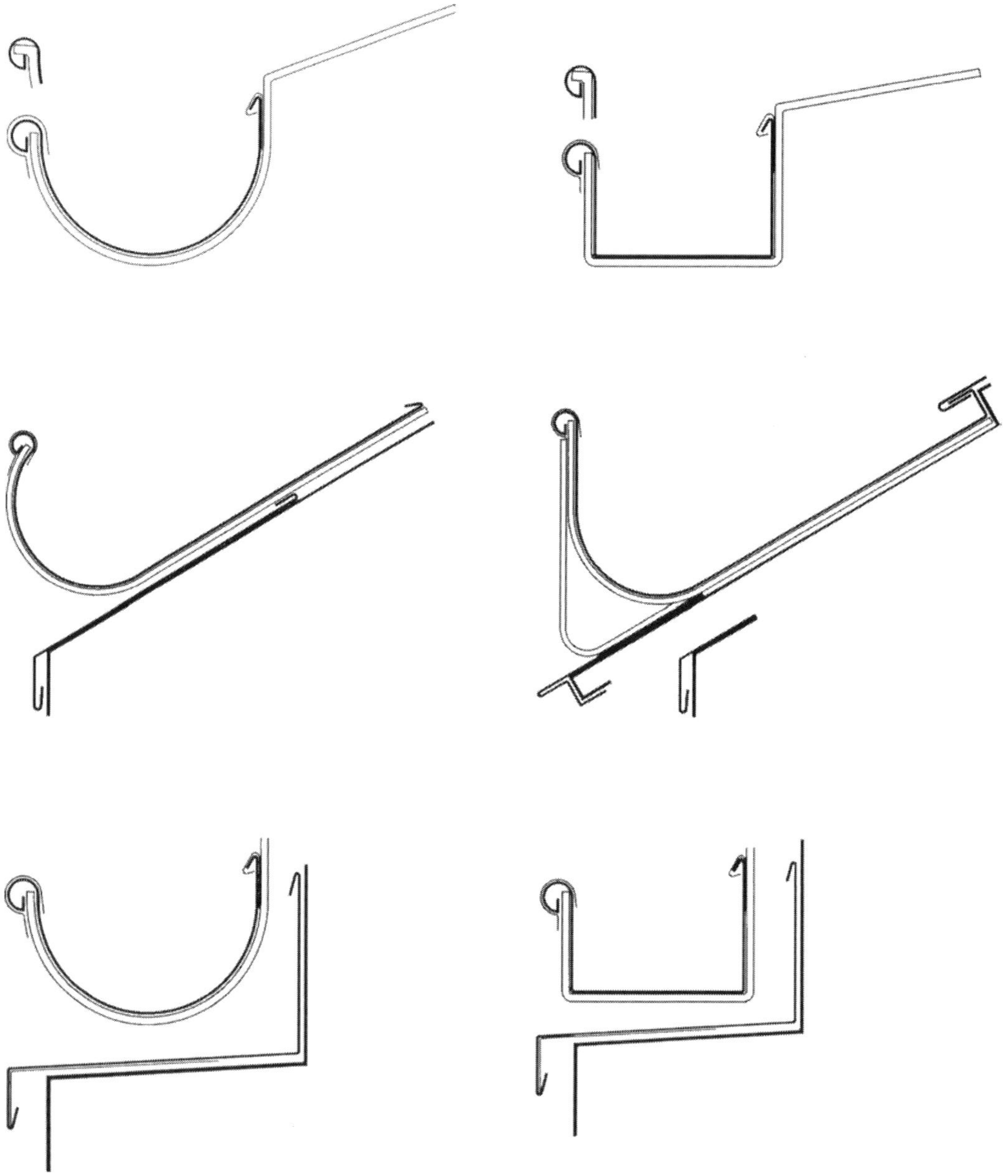

Abb. III.29: Innen liegende Rinne in Haltekonstruktion

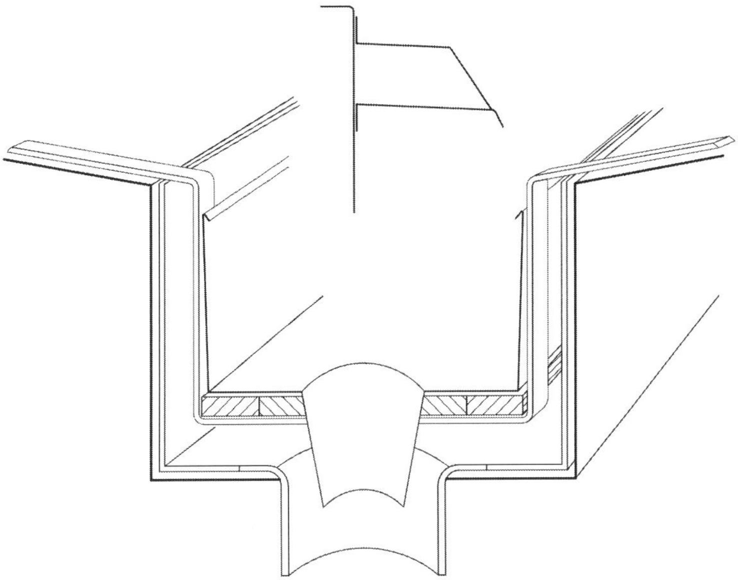

Abb. III.30: Innen liegende Rinne auf durchgehender Unterlage

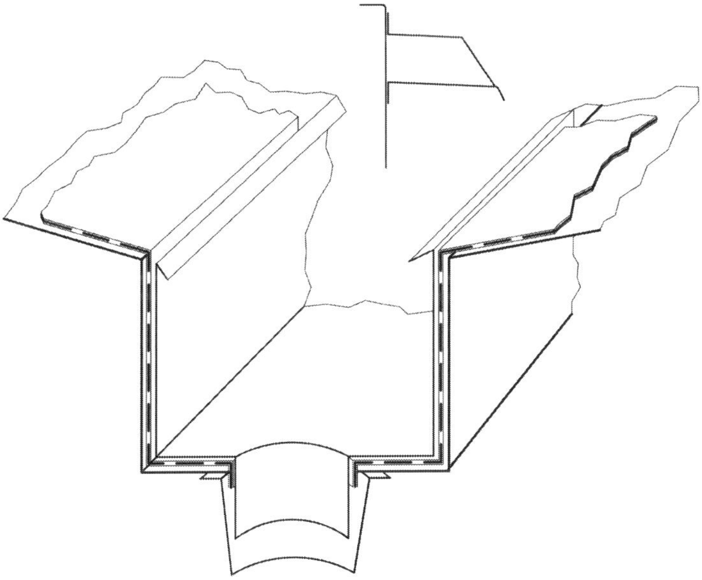

Abb. III.31: Rohrformen

Gliederbogen, einwärts

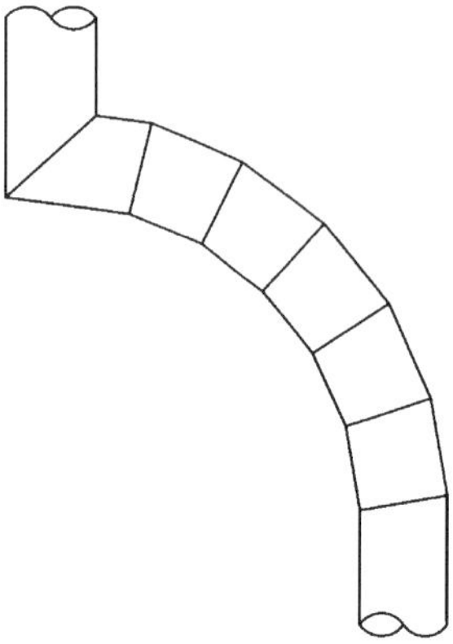

Gliederbogen, auswärts

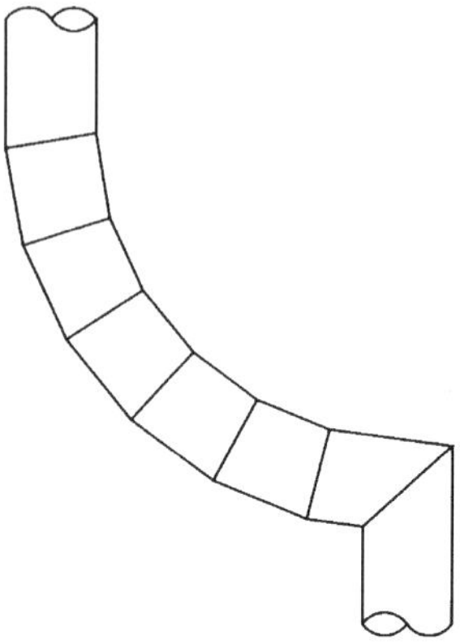

Schwanenhals, aus Fertigbögen

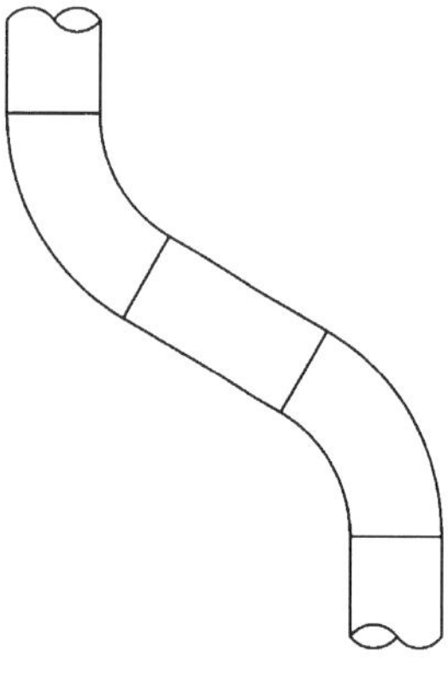

Schwanenhals,
aus Gliederstücken

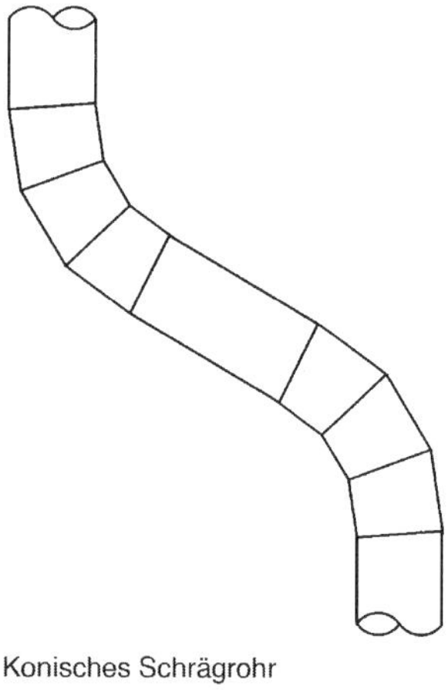

Rohrgehrung

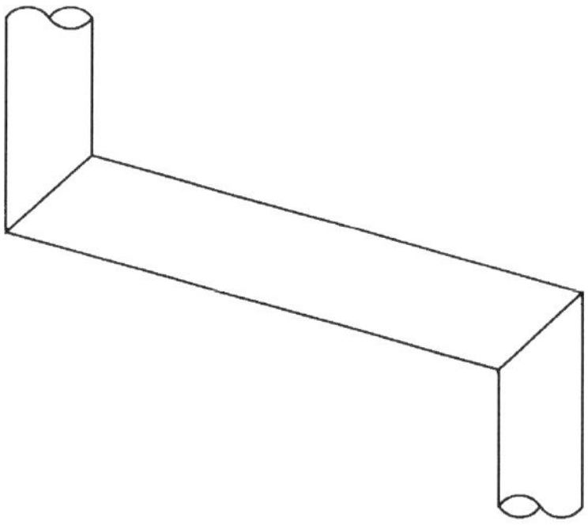

Konisches Schrägrohr

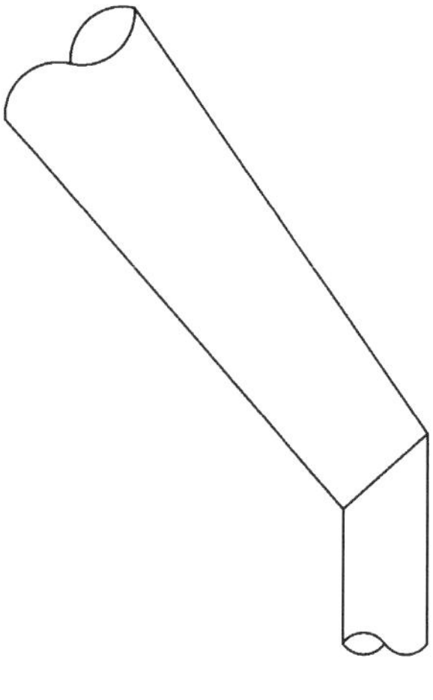

Abb. III.32: Rohrschellen

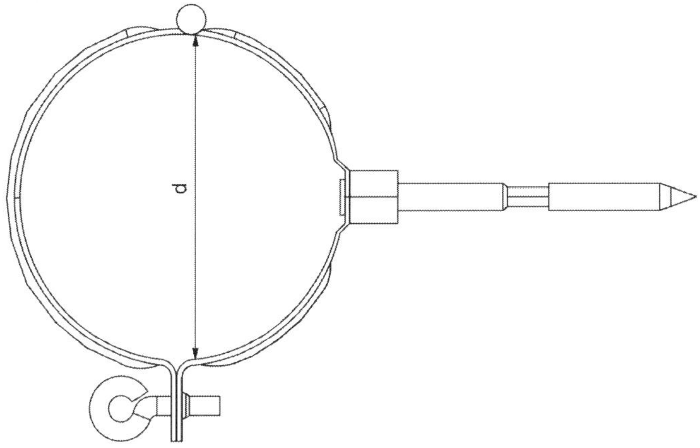

mindestens vier tragende Gewindegänge

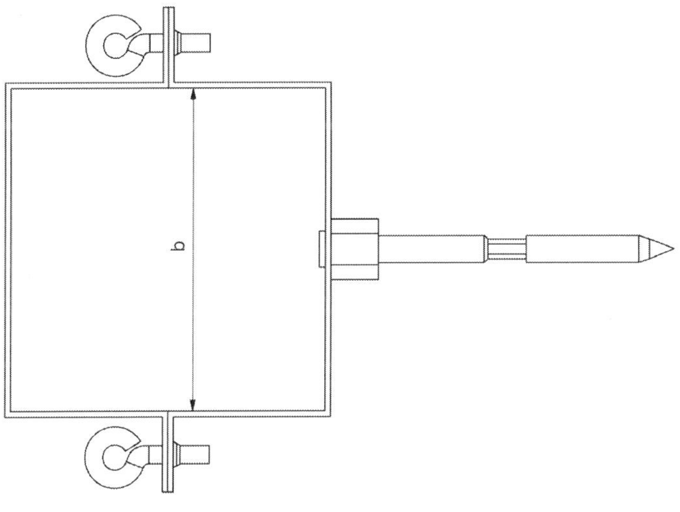

mindestens vier tragende Gewindegänge

Abb. III.33: Traufausbildung bei Stehfalzen

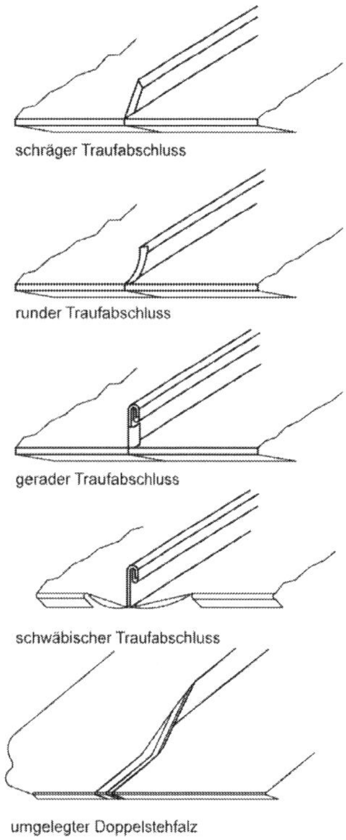

Abb. III.34: Traufausbildung bei Leistenfalzen

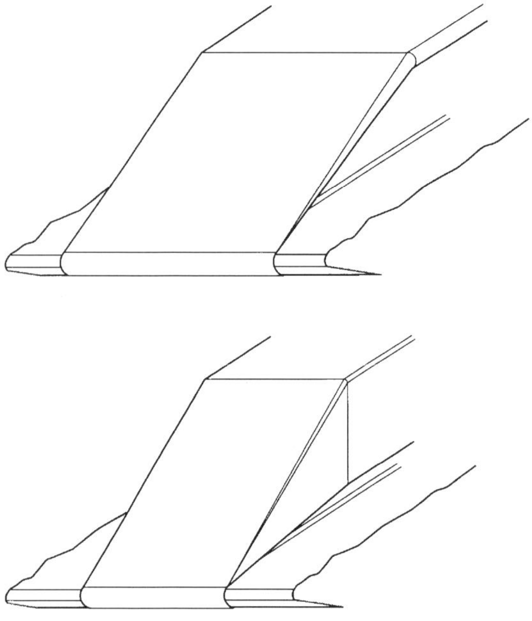

Abb. III.35: Traufseitige Anschlüsse bei Stehfalzen an Dachdurchdringungen

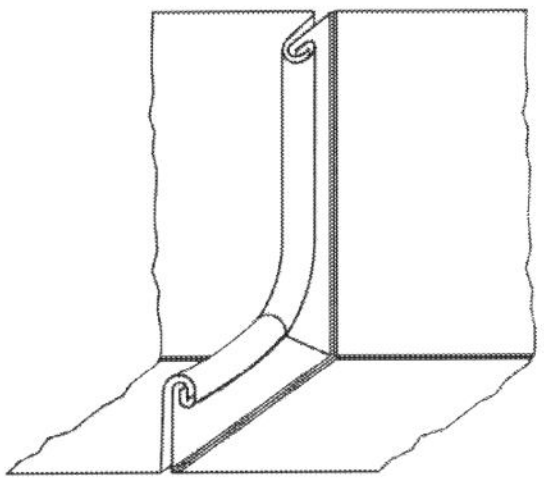

Runde Quetschfalte

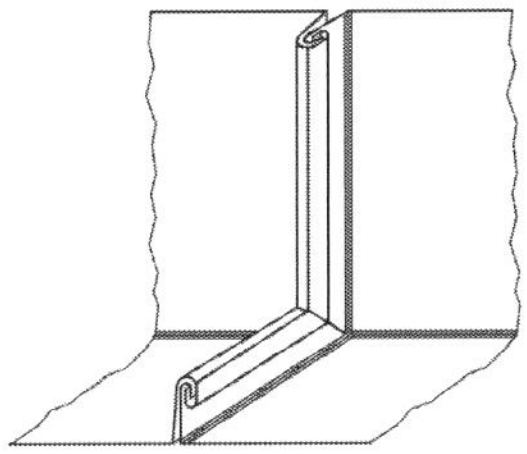

Eingeschnittene Quetschfalte

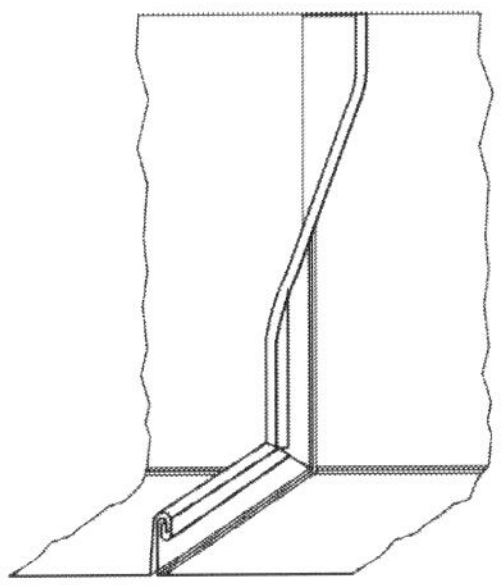

Eingeschnittene Quetschfalte,
Falz am aufgehenden Schenkel umgelegt

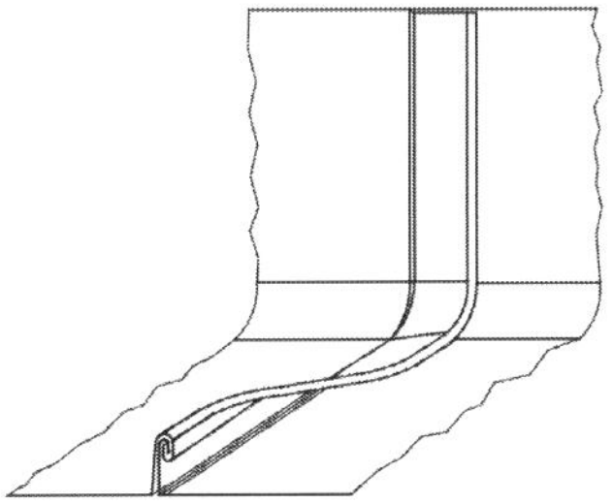

Anschluss mit umgelegtem Falz

Abb. III.36: Traufseitige Anschlüsse bei Leistenfalzen

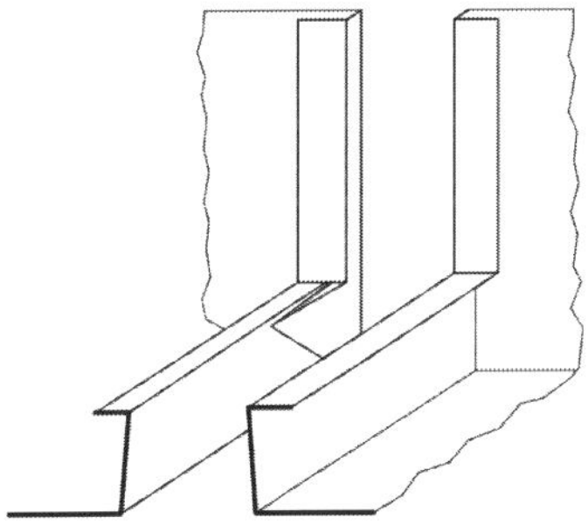

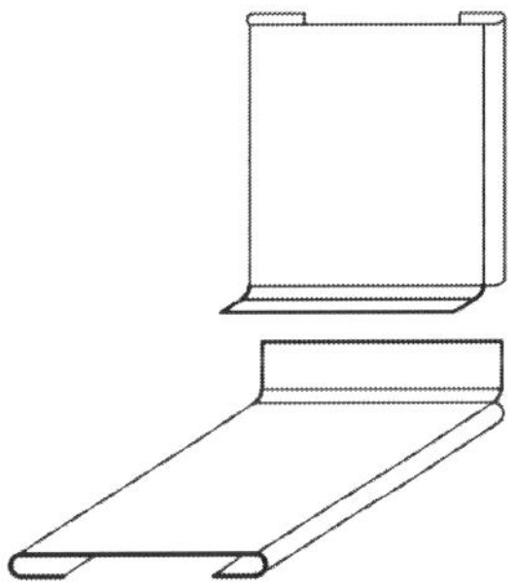

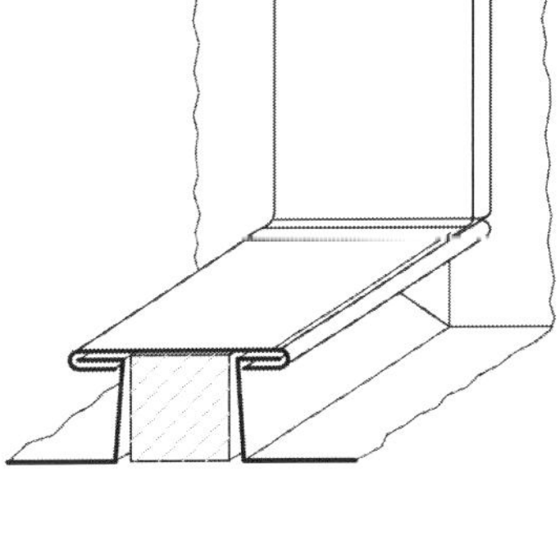

Abb. III.37: First- und Gratausbildungen I

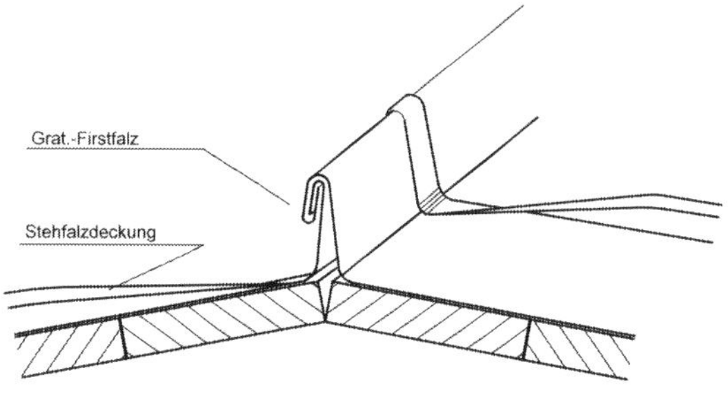

umgelegter Längsfalz

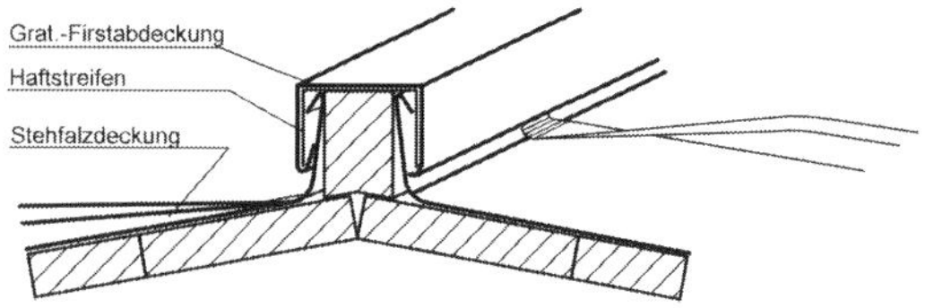

Abb. III.37.1: Gefalzter First

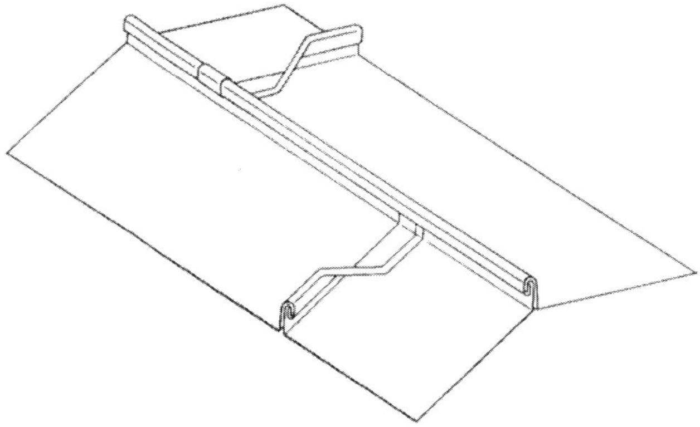

Abb. III.37.2: Gefalzter First/Grat mit Abdeckkappe

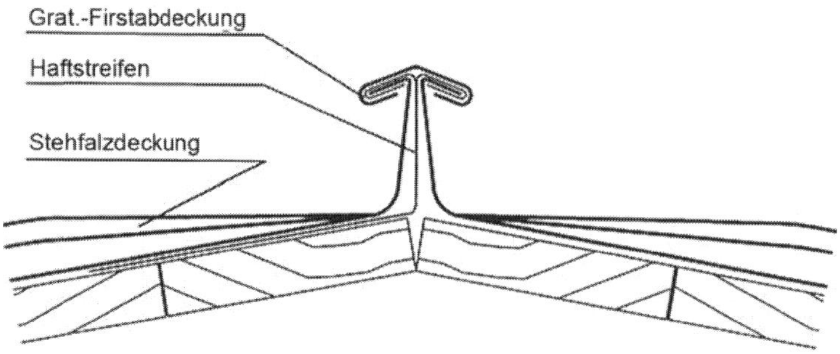

Abb. III.38: First- und Gratausbildungen II

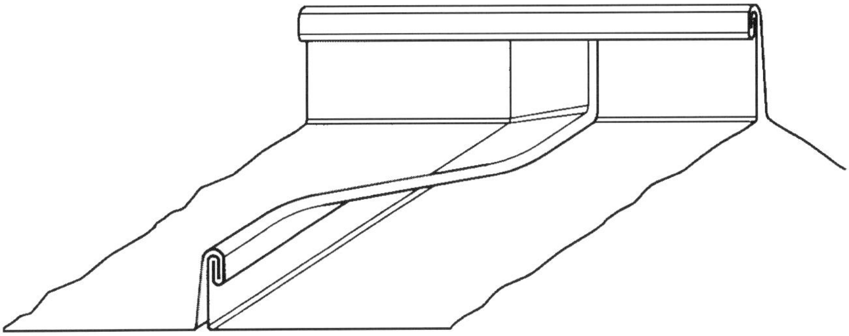

umgelegter Längsfalz in gefalzten Firstfalz

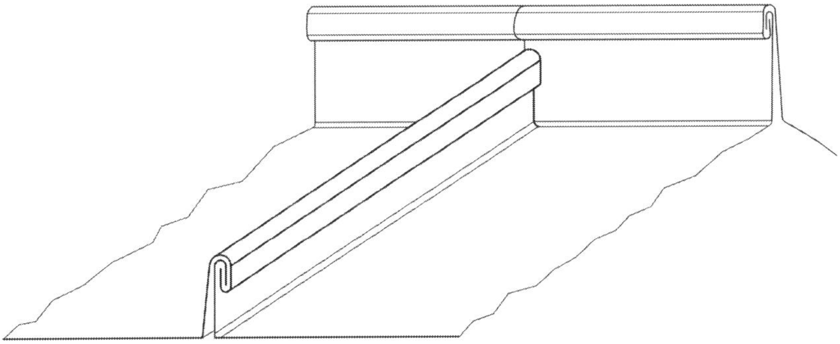

Längsfalz stehend in gefalzten Firstfalz

Abb. III.39: *Lüftungsfirst*

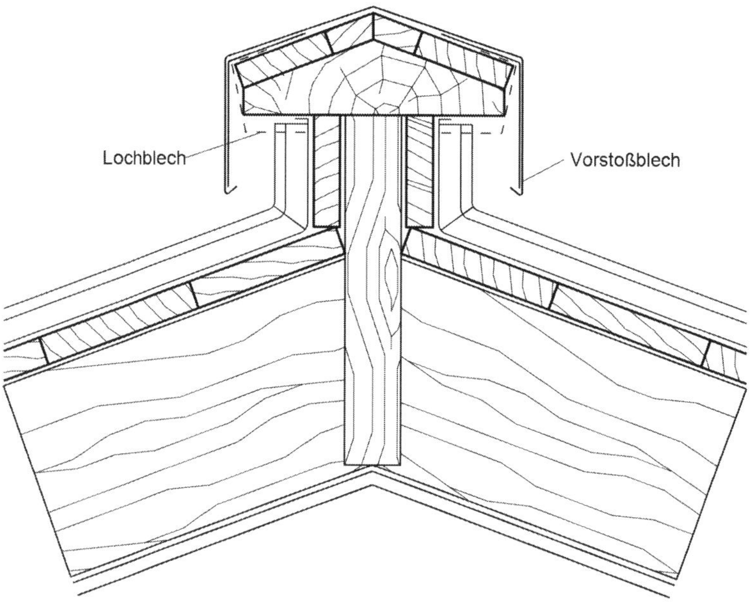

Hohe Ausführung

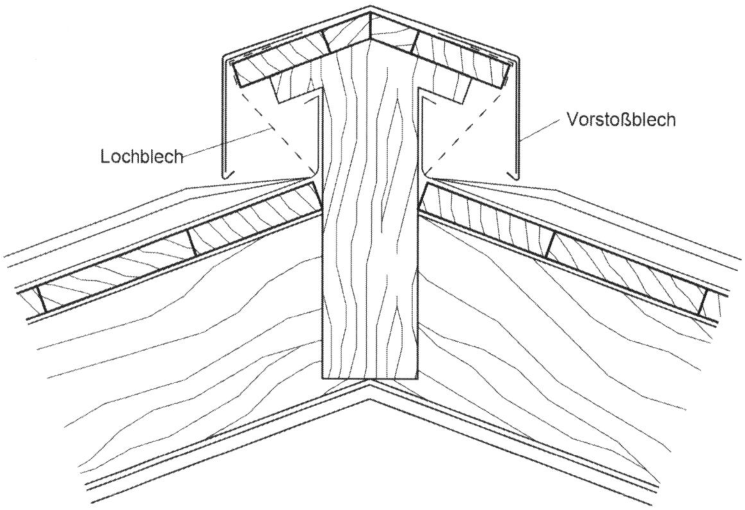

Flache Ausführung

Abb. III.40: Gefällestufe

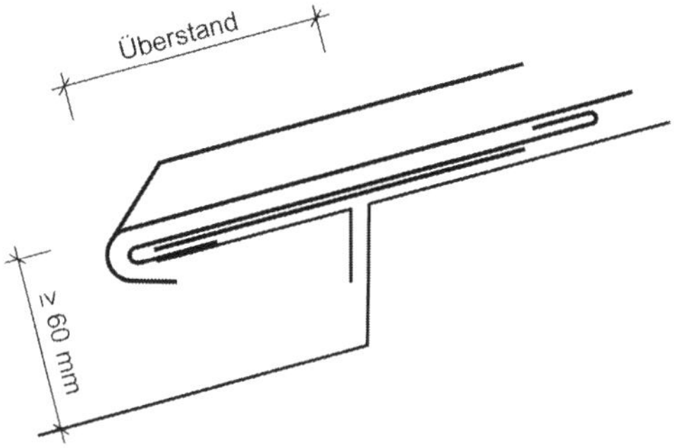

Dachneigung ≥ 3°
bei DN zwischen 3° und 7°: Überstand ≥ 100 mm

Abb. III.41: Durchdringungen

Abb. III.41.1: Rohrdurchführung

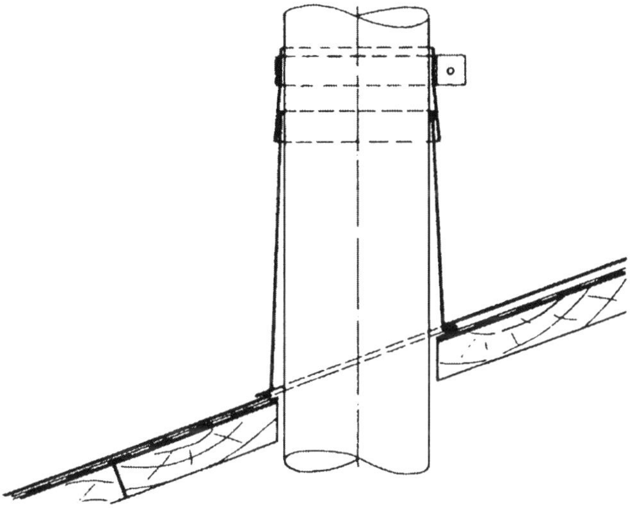

Abb. III.41.2: Ausführungsarten der Einfassung von größeren Durchdringungen

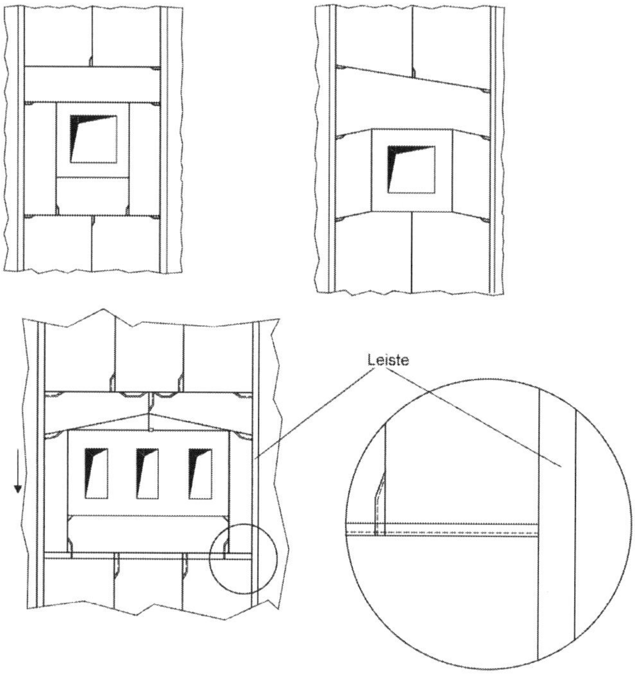

Abb. III.42: Lüftungsgauben

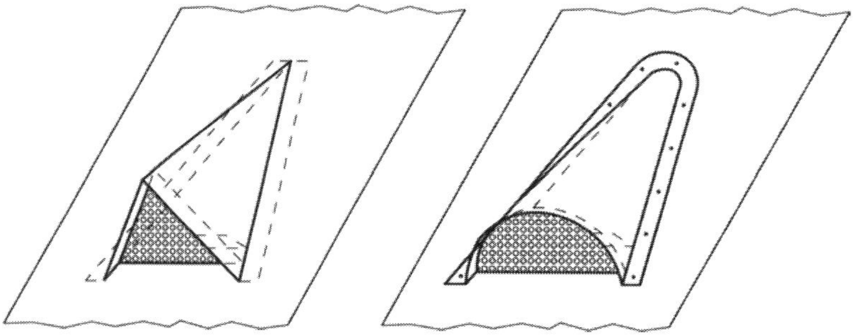

Abb. III.43: *Fassaden*

Abb. III.43.1: *Unterer Fassadenabschluss*

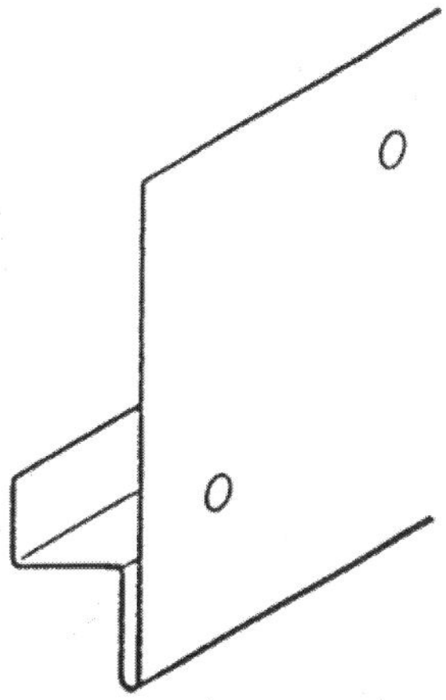

Unteres Anschlussblech
unterer Fassadenabschluss

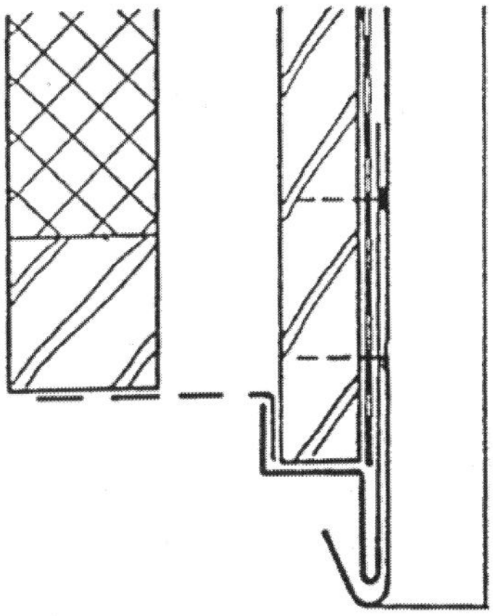

Ausführung

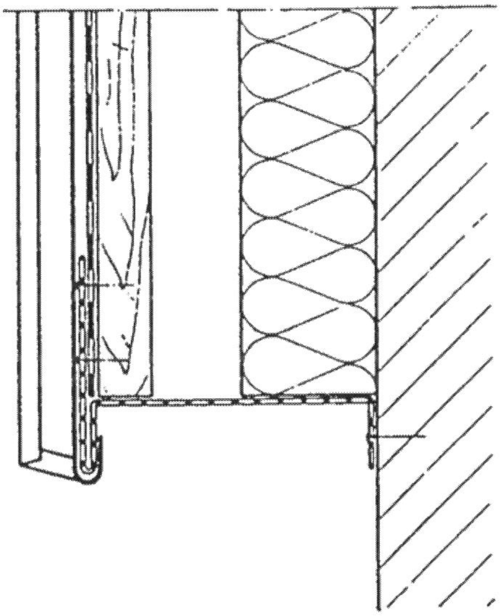

Unterer Fassadenabschluss mit Belüftung

Ausführungsbeispiele von Details bei vorgehängten hinterlüfteten Fassaden mit nicht selbsttragenden Bekleidungselementen

Abb. III.43.2: Wandanschlüsse Fassade

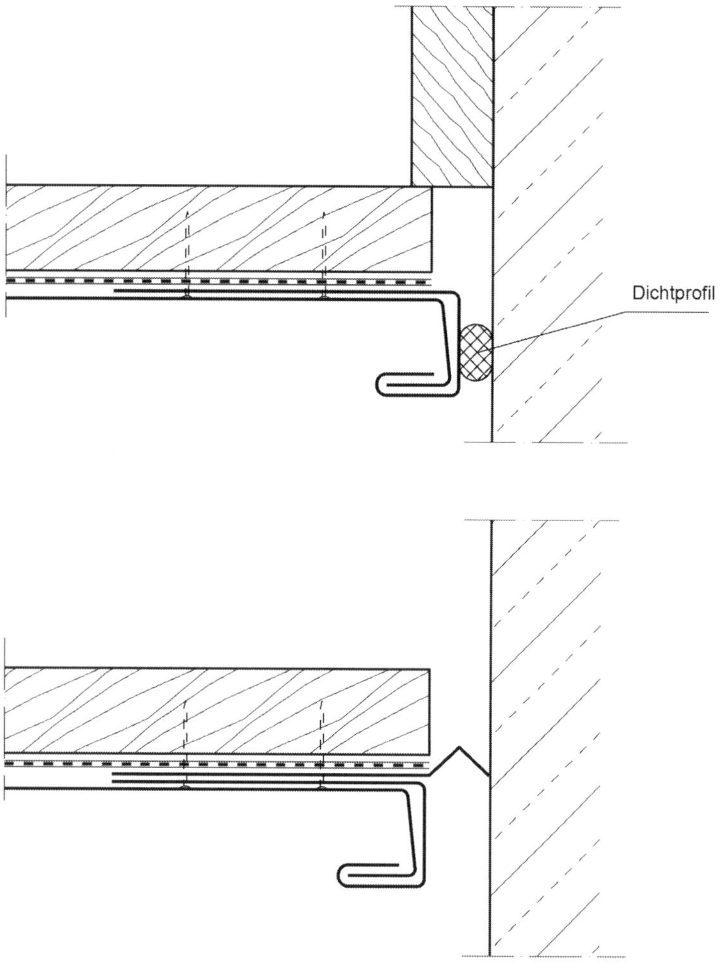

Abb. III.43.3: Doppelwinkelfalze im Bereich von Leibungen und Anschlüssen

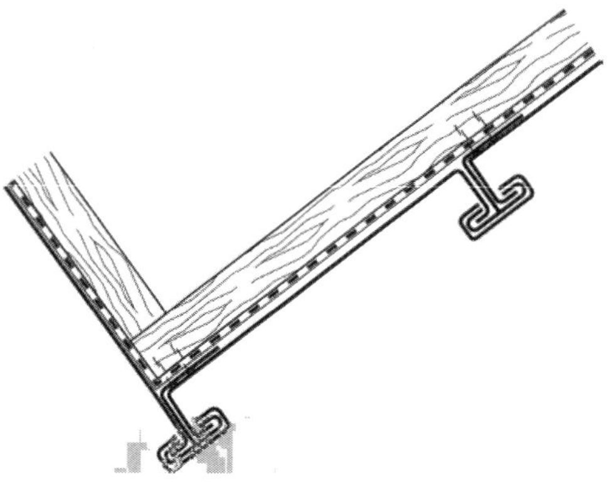

Abb. III.43.4: Winkelfalz-Eckleiste an Fassadenkante

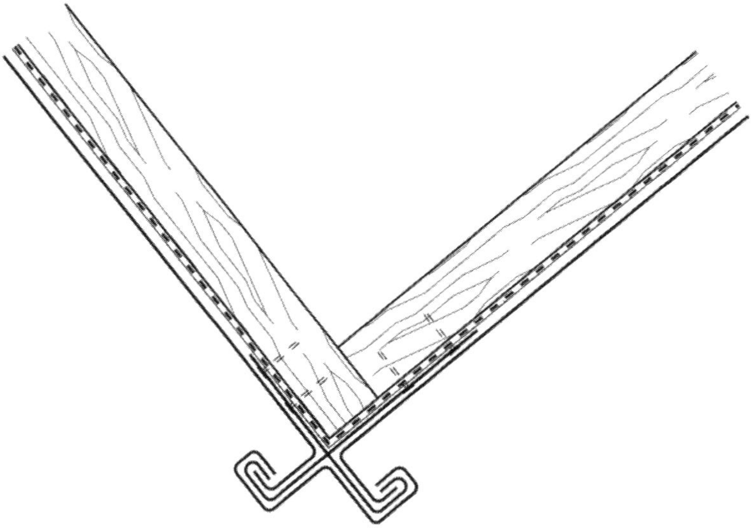

Abb. III.43.5: Oberer Fassadenabschluss mit Entlüftung

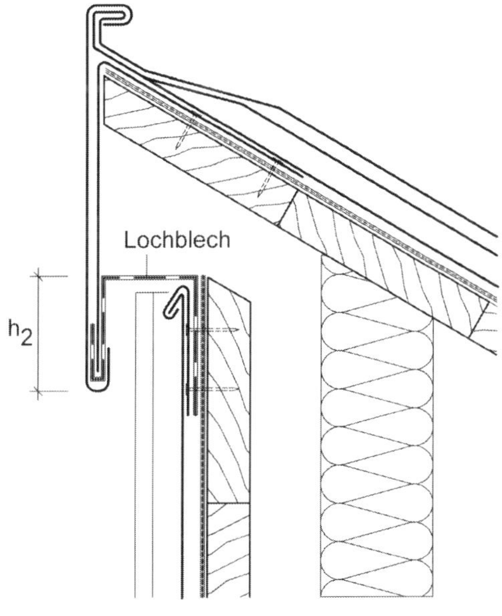

Deutsches Dachdeckerhandwerk
– Regelwerk –

Blei im Bauwesen

Teil 1
Technische Regeln

Aufgestellt und herausgegeben von der

Gütegemeinschaft Bleihalbzeug e.V.

GÜTESCHUTZ
SATURNBLEI
BLEIHALBZEUG RAL

Ausgabe Januar 2003

Rudolf Müller

© Alle Rechte bei der Gütegemeinschaft Bleihalbzeug e.V., Postfach 9007, 47747 Krefeld, Bruchfeld 52, D-47809 Krefeld,
Telefon (02151) 589295, Telefax (02151) 589296, E-Mail: info@saturnblei.de, Internet: www.saturnblei.de

Einleitung

Die jetzt vorliegenden überarbeiteten Technischen Regeln bilden den ersten Teil des Handbuches. Im zweiten Teil des Handbuches werden Details und die handwerkliche Ausführung von Verwahrungen beschrieben. Im dritten Teil werden Abdeckungen ausführlich erläutert. Der vierte Teil behandelt Dächer und Fassaden.

Die Technischen Regeln sind in Abstimmung mit dem ZVSHK und dem ZVDH erarbeitet worden. Das Regelwerk wurde in Anlehnung an die Fachregeln in Großbritannien und den Niederlanden erstellt.

Mit Herausgabe der Technischen Regeln treten die bisherigen Technischen Regeln unseres Handbuches „Blei im Bauwesen – Handbuch für die Verarbeitung von Blei, Teil 1“ von März 1992 außer Kraft.

In Teil 2, Verwahrungen, Stand 10/95, Abschnitt „Verwahrungen von Brandmauern“, Seiten 36 bis 39, ist eine Korrektur erforderlich. Die in den Abbildungen 65 bis 68 dargestellten Verwahrungen sind nur für Wohngebäude mit geringer Höhe und nicht mehr als zwei Wohnungen zulässig. Die Musterbauordnung (6. Auflage 1999) sieht in § 28 (1) 3 diese Möglichkeit vor.

Sonst müssen Brandwände entweder 30 cm über Dach geführt werden oder in Höhe der Dachhaut mit einer beiderseits 50 cm auskragenden feuerbeständigen Platte abschließen.

Die Bauordnungen der einzelnen Bundesländer haben zum Teil abweichende Forderungen. Für das jeweilige Bauobjekt ist immer die entsprechende Landesbauordnung zu beachten.

Dank gilt allen an der Entstehung des Regelwerkes Beteiligten, insbesondere den Mitgliedern der Arbeitsgruppe „Technische Regeln“.

Krefeld, im Januar 2003

Redaktion: Johannes Ernst

Inhaltsverzeichnis

Geltungsbereich

Die in diesen Technischen Regeln zusammengestellten Daten, Richtwerte und Empfehlungen basieren auf Praxiserfahrungen, handwerklichen Richtlinien, Normen, Herstellerangaben und eigenen Untersuchungen.

Die Technischen Regeln sind Empfehlungen für den Planer und den Ausführenden. Das Regelwerk umfasst keine Sonderfälle und befreit nicht von der Verantwortung für eigenes Handeln. Die angeführten Zeichnungen sind Beispiele für Arbeitsausführungen. Sie dienen als Veranschaulichung und sind eine unverbindliche Erläuterung der textlichen Ausführungen. Als Beispiel einer möglichen Ausführungsart eines bestimmten Teilbereichs stellen sie keine Lösung einer Gesamtsituation dar. Sie sind nicht maßstabsgerecht. Regional und klimatisch bedingte andere Lösungen sind denkbar und zulässig.

I Gütesicherung

Blei ist eines der ältesten und haltbarsten Baumaterialien. Es wurde im Laufe der Zeit für die verschiedensten Zwecke immer wieder neu legiert und verändert. Mit modernster Technik ist schließlich ein Metall entstanden, das durch seinen Reinheitsgrad und durch bestimmte Zulegierungen eine hohe Qualität erreicht hat. Um diese Qualität auch für den Endverbraucher deutlich zu machen, hat die Gütegemeinschaft Bleihalbzeug e.V., Krefeld, dieses Blei mit einem Gütezeichen versehen. Dieses Gütezeichen ist beim RAL – Deutsches Institut für Gütesicherung und Kennzeichnung, Bonn, unter der Gütesicherung RAL-GZ-651 registriert. Das Gütezeichen ist ferner in die Zeichenrolle des Deutschen Patentamtes, München, unter der Nummer 1102961 eingetragen und dadurch national und international geschützt. Es ist die Aufgabe der Gütegemeinschaft Bleihalbzeug e.V., die Einhaltung der satzungsgemäßen Pflichten der Mitgliedswerke zu kontrollieren. Dazu gehören insbesondere die Kontrolle der kontinuierlichen Eigenprüfungen sowie die Veranlassung und Auswertung der Fremdprüfung durch unabhängige Dritte. Mit dieser Gütesicherung ist dem Endverbraucher ein Qualitätsprodukt an die Hand gegeben, mit dem er sichere und dauerhafte Baukonstruktionen herstellen kann.

II Kennzeichnung

(Auszug aus den Güte- und Prüfbestimmungen der Gütegemeinschaft Bleihalbzeug e.V., Krefeld)

Bleihalbzeuge, die diesen Güte- und Prüfbestimmungen entsprechen, werden mit dem nachfolgend abgebildeten Gütezeichen gekennzeichnet:

GÜTESCHUTZ
SATURNBLEI
BLEIHALBZEUG RAL

Die Kennzeichnung der gütegesicherten Produkte mit dem Gütezeichen erfolgt durch selbstklebende Symbol-Banderolen.

Zur Benutzung des Gütezeichens gelten ausschließlich die Durchführungsbestimmungen für die Verleihung und Führung des Gütezeichens SATURNBLEI der Gütegemeinschaft Bleihalbzeug e.V.

Die zusätzliche Kennzeichnung erfolgt durch:

1. selbstklebende Banderolen in verschiedenen Farben mit folgenden Hinweisen:
   a) namentliches Herstellungskennzeichen
   b) Gütezeichen
   c) DIN-Bezeichnung: DIN EN 12588, Juli 1999
2. Aufkleber mit:
   a) Gewichtsangabe in kg
   b) Nennmaße der Dicke des Bleiblechs in mm
   c) Abmessungen: bei Rollen die Breite und bei ungerollten Blechen die Länge und Breite

Bei Lieferung in Rollen ist die Banderole um die Rolle zu kleben. Das Etikett befindet sich außen auf der Rolle.

Bei Lieferung von ungerollten Blechen, Platten und Zuschnitten sind die Banderole und der Aufkleber gut sichtbar auf der Transportunterlage bzw. seitlich an der Verpackung anzubringen.

Die Farbe der Banderole dient als Grobraster für die Dickenbereiche (in mm):

hellgrün	≥ 1,0 – 1,25
dunkelgrün	> 1,25 – 1,5
gelb	> 1,5 – 1,75
blau	> 1,75 – 2,0
rot	> 2,0 – 2,5
schwarz	> 2,5 – 3,0
weiß	> 3,0 – 3,5
orange	> 3,5 – 6,0

III Werkstoffdatenblatt für Saturnblei

Herstellung

SATURNBLEI wird durch Bandwalzung im Gieß-Walzverfahren mit besonders geringen Dickentoleranzen und anerkannter Oberflächengüte hergestellt.

Technisch-physikalische Angaben

- Chemisches Zeichen : Pb
- Ausdehnungskoeffizient : 0–100 °C: 0,03 mm/m × °C
- Relative Atommasse : 207,21
- Ordnungszahl : 82
- Kristallstruktur : Kubisch flächenzentriert
- Kantenlänge der Elementarzelle : 0,49389 mm
- Schmelzpunkt : 326 °C – 327 °C
- Siedepunkt : 1725 °C
- Dichte bei 20 °C : 11,34 kg/dm³
- Elastizitätsmodul : 1700 kg/mm² (1700 N/mm²)
- Wärmeleitfähigkeit bei 0 °C : 34,67 W/mk
- Wärmeleitfähigkeit bei 100 °C : 33,83 W/mk
- Spezifischer elektrischer Widerstand bei 20 °C : 20,65 $\mu\Omega$ cm
- Brinellhärte HBS 1/1/30 : 3,3 – 4,7
- Vickershärte HV 1/30 : 3,2 – 4,7

Metallurgische Angaben

- Bezeichnung : Kupferhüttenblei
- Werkstoffkurzzeichen : Pb 99,94 Cu
- Werkstoff-Nummer : 2.3035

Brandverhalten

Nicht brennbar, Baustoffklasse A

Beständigkeit

SATURNBLEI hat eine gute Korrosionsbeständigkeit gegen viele in der heutigen Atmosphäre vorkommenden Medien durch eine sich natürlich bildende Schutzschicht aus fast unlösbarem Bleikarbonat oder -sulfat (Patina), z.B. gegen schweflige Säuren aus den Rauchgasen im Kaminbereich. Es ist UV-beständig, verrottungsfest, bruchsicher und wiederverwendbar (Recycling).

Farbgebung

SATURNBLEI passt sich durch die neutralgraue Patina harmonisch anderen Werkstoffen an. Die Färbung der Patina ist von Dachneigungen und Umwelteinflüssen abhängig und kann unterschiedlich ausfallen.

1 BEGRIFFE

1.1 An- und Abschlüsse

Hierunter werden im Allgemeinen kleinformatige Bleiarbeiten verstanden.

1.2 Dächer und Fassaden

Hierunter werden großformatige, flächendeckende Bleiarbeiten verstanden. Die Mindestdicke der Bleibleche beträgt 2,25 mm.

Geneigte Dächer: > 10° Dachneigung

Durchlüftete Dächer ohne Wärmedämmung (Bild 1)

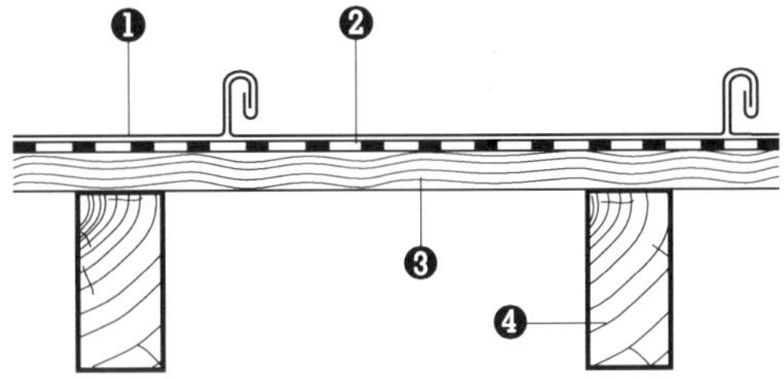

Bild 1:
Aufbau eines durchlüfteten Daches ohne Wärmedämmung
1 = Blei
2 = Trennschicht
3 = Deckunterlage
4 = Tragkonstruktion

Durchlüftete Dächer mit Wärmedämmung (Bild 2) (zweischalige hinterlüftete Konstruktionen)

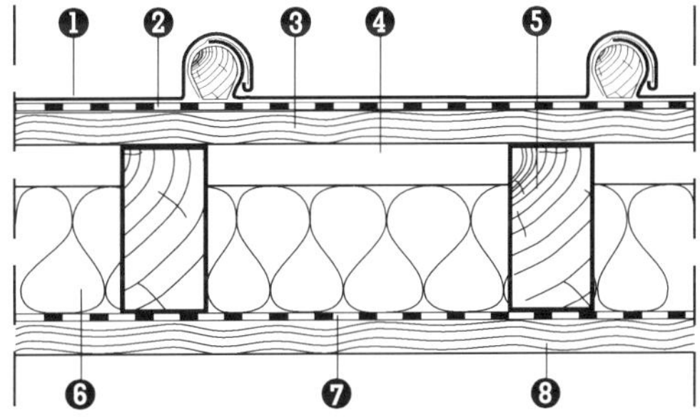

Bild 2:
Aufbau eines durchlüfteten Daches mit Wärmedämmung
1 = Blei
2 = Trennschicht
3 = Deckunterlage
4 = Hinterlüftungsraum
5 = Tragkonstruktion
6 = Wärmedämmung
7 = Dampfbremse
8 = Innenbekleidung

Fassaden: Außenwandbekleidungen bereits geschlossener Wände, in der Regel mit Wärmedämmung (Bild 3)

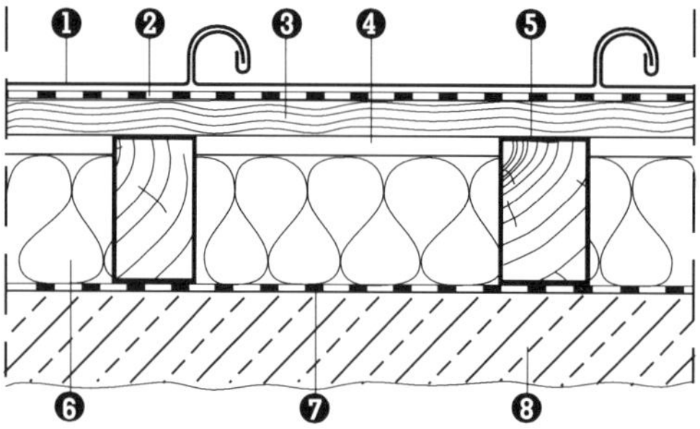

Bild 3:
Aufbau einer Fassadenbekleidung
1 = Blei
2 = Trennschicht
3 = Deckunterlage
4 = Hinterlüftungsraum
5 = Tragkonstruktion
6 = Wärmedämmung
7 = Dampfbremse
8 = Tragende Außenwand oder raumabschließende Decke

Aufbau eines nicht durchlüfteten Daches mit Wärmedämmung (Bild 4)

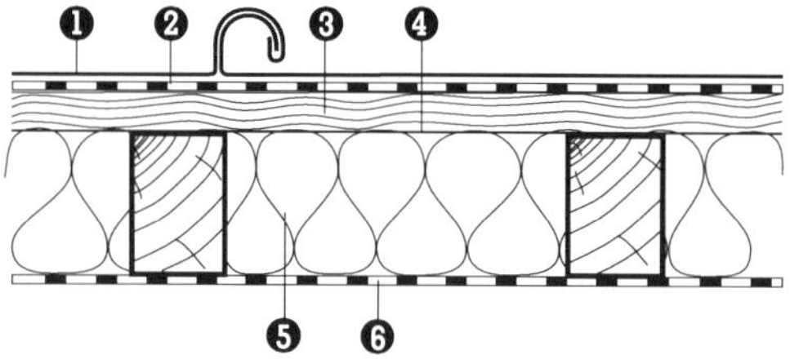

Bild 4:
Aufbau eines nicht durchlüfteten Daches mit Wärmedämmung
1 = Blei
2 = Trennschicht
3 = Deckunterlage
4 = Tragkonstruktion
5 = Wärmedämmung
6 = Dampfsperre

Hinweis:

Die Dampfsperre muss fugendicht, dampfdiffusionsdicht ausgeführt sein.

Stufendächer: flach geneigte Dächer von 3 – 10° Neigung (Bild 5 a – 5 e). Stufendächer sind bei einer Stufenneigung zwischen 3° und 10° vorzusehen. Dies gilt nicht bei Dächern, die mit einer Scharlänge ausgeführt werden können, wie z. B. Vordächer. Stufenneigungen < 3° sind Sonderkonstruktionen.

Außenwände als raumabschließende Teile in Verbindung mit einer nicht geschlossenen Skelettkonstruktion (Stahl, Beton, Holz), in der Regel ohne Wärmedämmung (Bild 1).

Aufbau eines Stufendaches

Legende zu den Bildern 5 b–e :
1 = Stifte, alle 50 mm

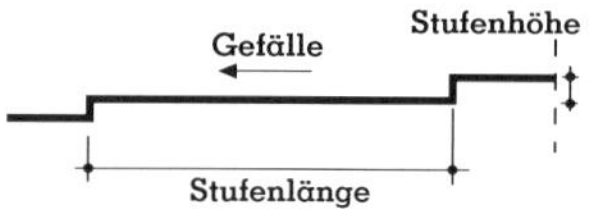

Bild 5 a

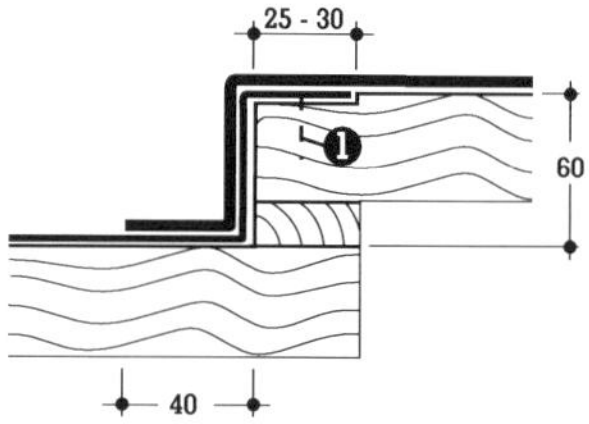

Bild 5 b: Stufenhöhe 60 mm

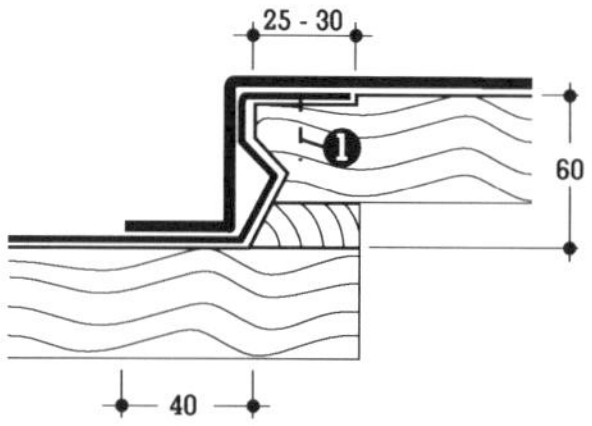

Bild 5 c: Stufenhöhe 60 mm

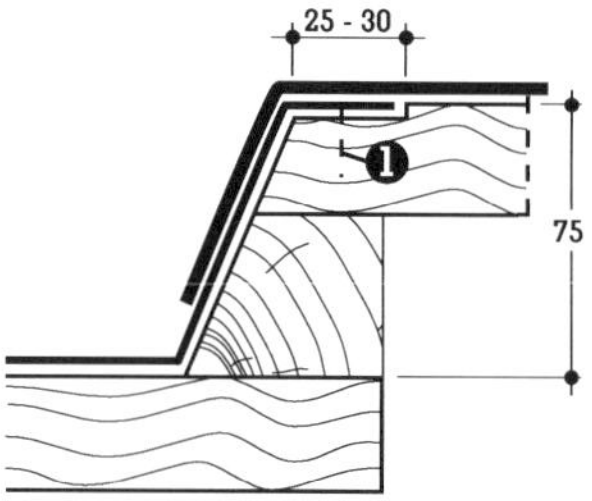

Bild 5 d: Stufenhöhe 75 mm

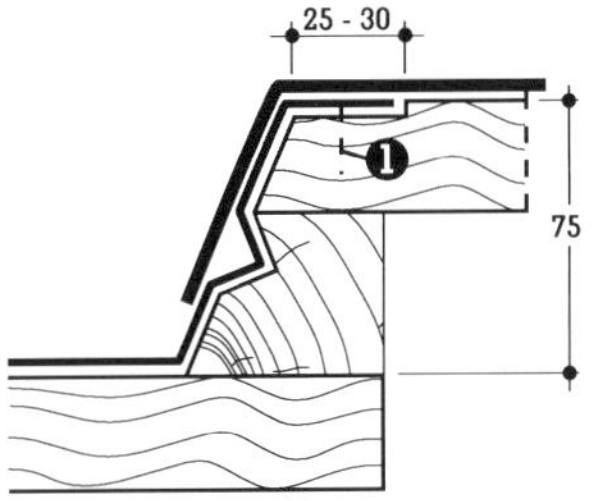

Bild 5 e: Stufenhöhe 75 mm

1.3 Türme

Türme sind Bauten, die einer erhöhten Windsog- und Staudruckbelastung ausgesetzt sind. Turmhelme sind in der Regel durchlüftete Konstruktionen.

1.4 Unterkonstruktion

Die Unterkonstruktion besteht aus der Tragkonstruktion und der Deckunterlage.

1.5 Deckunterlage

Blei braucht eine flächige Deckunterlage. Die Deckunterlage besteht in der Regel aus Holz oder Holzwerkstoff, die vollflächig zu verlegen ist.

1.6 Trennlage

Man unterscheidet Trennlagen für flächige Trennung von Werkstoffen, um Wechselwirkungen zwischen Schichten zu vermeiden und strukturierte Trennlagen mit Drainagefunktion zur Abführung von Feuchtigkeit.

1.7 Schar

Mit Schar bezeichnet man die sichtbare Deckbreite und Decklänge von Bleiblechen. Der Zuschnitt des Bleibleches ergibt sich aus der Scharlänge und -breite zzgl. der Falzzugaben und Überdeckungen.

2 Deckunterlage/Trennlage

2.1 Holzschalung

Als Deckunterlage für Metall-Dächer und -Wandbekleidungen werden in der Regel Holzschalungen verwendet, die eine problemlose Befestigung der Bleischaren ermöglichen und gleichzeitig den bauphysikalischen Gegebenheiten weitgehend Rechnung tragen. Bei der Planung hat die Bemessung, Ausführung und Befestigung von Holzschalungen nach DIN 1052 Teil 1 „Holzbauwerke; Berechnung und Ausführung" zu erfolgen. Für Falz- und Leistendächer gilt DIN 18334 „Zimmerer und Holzarbeiten":

a) Schalungen aus Vollholz

Schalungen aus Vollholz müssen bei der Eindeckung in trockenem Zustand (≤ 30%) eine Nenndicke von 30 mm besitzen und werden ausgeführt als:

- ungehobelte, besäumte Nadelholzbretter nach DIN 4071 in der Sortenklasse S10, nach DIN 4074 Teil 1 mit Breiten (sonst Regelbreiten) zwischen 120–160 mm.

Gehobelte/gespundete Schalungen (Nut- und Federbretter) entsprechend DIN 4072 aus Nadelholz in den Breiten 95 bis 155 mm.

b) Schalungen mit zugelassenen Holzwerkstoffplatten

Schalungen aus Holzwerkstoffen mit einer Nenndicke von mindestens 24 mm besitzen

- DIN 68705 Teil 3 „Sperrholz; Bau-Furnierholz", Plattentyp BFU 106

oder

- DIN 68705 Teil 5 „Sperrholz; Bau-Furnierholz aus Buche", Plattentyp BFU-BU 100G (siehe DIN 68800) Teil 2 und DIN 1052 Teil 1.

Die Platten können wie eine Vollholzschalung eingesetzt werden und gleichzeitig Stabilisierungskräfte übernehmen. Die Platten sind als Deckunterlage bei der Abdeckung von Mauerkronen oder von äußeren Fensterbänken aus Naturstein, Ziegel oder Beton gut geeignet, wenn die vorhandene Oberfläche uneben ist oder wenn Vorstoßbleche nicht an den Kanten befestigt werden können. Das Eindringen von Feuchte in die Schalung aus den angrenzenden Bauteilen oder Baustoffen ist durch die Anordnung einer Trennschicht oder einer Luftschicht zu verhindern. Die Längenänderung der Platten kann bis zu 1 mm pro Meter betragen. Zwischen den Platten sind entsprechende Fugen anzuordnen. An freien, nicht unterstützten Plattenrändern müssen diese Fugen zur Kraftübertragung mit Nut und Feder versehen sein (Plattenränder quer zur Sparrenrichtung). Die Platten müssen im Verbund verlegt sein. So genannte Kreuzstöße sind nicht zugelassen. Die Plattengröße soll eine maximale Kantenlänge von 2,5 m nicht überschreiten. Spanplatten sind unzulässig. Der Einsatz anderer wetterfest verleimter Holzwerkstoffplatten ist nur dann zulässig, wenn diese eine Zulassung des Instituts für Bautechnik Berlin (DIBt) haben.

2.2 Nichtbrennbare Deckunterlage

Als nichtbrennbare Deckunterlage können alle schraub- oder nagelbaren Baustoffe (Bauplatten) verwendet werden, die der Baustoffklasse nichtbrennbar A 1 oder A 2 nach DIN 4102 „Brandverhalten von Baustoffen und Bauteilen" angehören.

Nach der Prüfzeichenverordnung sind solche Baustoffe im Hochbau prüfzeichenpflichtig.

Das zuständige Institut für Bautechnik (DIBt), Berlin, und Bauwirtschaftsverbände veröffentlichen regelmäßig Listen über alle nach DIN 4102 zugelassenen Baustoffe.

2.3 Trennlage

Zur Trennung sollte eine bitumenfreie, gleitfähige Trennlage eingebaut werden.

Dächer mit einer Dachneigung < 15° bedürfen besonderer Maßnahmen, wie z. B. Einbau einer zweiten wasserführenden Ebene unter Verzicht einer Trennlage.

3 Hinterlüftung und Tauwasserschutz

3.1 Belüftungsraumhöhe für Bleibedachungen

Wie in „Belüftete Dächer mit Metalldeckungen – Feuchteschutz" von Herrn Universitätsprofessor Dipl.-Ing. Architekt W.-H. Pohl vorgestellt, gibt es Verfahren zur Berechnung von Belüftungsraumhöhen. Diese setzen die Kenntnis unterschiedlicher Parameter voraus. Darüber hinaus jedoch hat sich die Anwendung untenstehend aufgeführter Regelwerte in der Vergangenheit bewährt:

Tabelle 1a: Belüftungsraumhöhen in Abhängigkeit von der Dachneigung (Regelwerte)

Dachneigung	Freie Höhe Belüftungsraum mind.
≥ 3° – ≤ 15° (5 % – 27 %)	8 cm
> 15° (> 27 %)	4 cm
≥ 3° – ≤ 10° * (5 % – ≤ 18 %)	10 cm
Fassade (90°)	2 cm

* Querlüftung Traufe – Traufe ohne Firstlüftung, Belüftung kritischer Bereiche

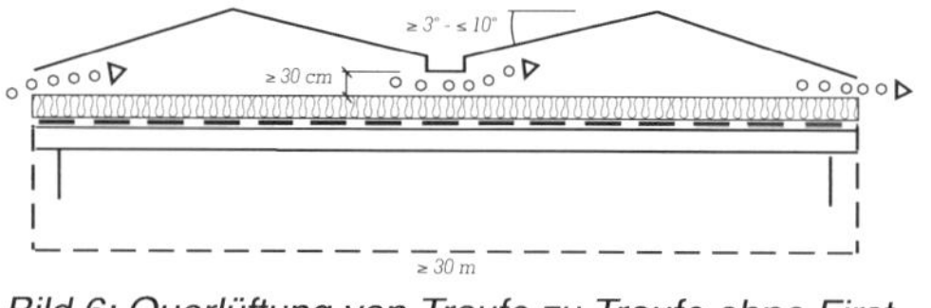

Bild 6: Querlüftung von Traufe zu Traufe ohne Firstentlüftung

Einzelnachweise

Entlüftungsquerschnitte und Belüftungsraumhöhen sind Regelwerte, Abweichungen sind unter bauphysikalischen Gesichtspunkten nach Einzelnachweisen möglich.

Die vorgenannten Werte beziehen sich auf den Regelfall (DIN 4108), das heißt Dachflächen mit durchschnittlicher Wärmedämmung, einem normalen Raumklima von + 20° C, einer relativen Luftfeuchtigkeit von max. 60 % sowie einer Dachlänge ≤ 15 m. Für die unterhalb des belüfteten Raumes angeordneten Bauteile sollten folgende Diffusionswiderstände in Abhängigkeit von der Sparrenlänge als Mindestwerte ausgeführt werden.

Sparrenlänge	≤ 10 m	≤ 15 m	> 15 m
S_d-Wert ($\mu \cdot s$)	≥ 2 m	≥ 5 m	≥ 10 m

Bei den im Dachbereich häufig verwendeten Faserdämmstoffen ist darauf zu achten, dass deren nachträgliches Aufquellen und die damit verbundene Verminderung der tatsächlichen Höhe des Belüftungsraumes bereits bei der Planung berücksichtigt wird.

Liegen erhöhte Beanspruchungen vor, so ist eine Erhöhung der Belüftungsraumhöhe über 10 cm in der Regel nicht angebracht. Dies könnte je nach Randbedingungen eine Veränderung der Strömungscharakteristik von laminar nach turbulent bewirken und damit die Effektivität der Belüftung insgesamt verschlechtern. Aus diesem Grunde empfiehlt sich in solchen Fällen eher eine Überprüfung der Ausbildung der raumumschließenden Flächen. Dies trifft nicht zu, wenn in Sonderfällen eine Trauf-/Firstentlüftung möglich ist (siehe Bild 6). In diesen Fällen (siehe 3.3) erfolgt die Belüftung ausschließlich durch Windeinfluss. Bei Belüftungslängen über 15 m ist daher gegen eine Erhöhung der Belüftungsschicht nichts einzuwenden. Bei aneinandergesetzten Dächern (siehe Bild 6) beträgt der Abstand zwischen Wärmedämmebene und der innenliegenden Dachrinne mindestens 30 cm.

3.2 Be- und Entlüftungsöffnungen für Bleibedachungen

Belüftete Dächer müssen ausreichend dimensionierte Be- und Entlüftungsöffnungen an Traufe und First haben. Ausnahme: Bei Dächern < 10° Neigung kann auf eine Firstentlüftung verzichtet werden.

Für die linienförmigen Be- und Entlüftungsöffnungen werden im Regelfall folgende Breiten empfohlen:

Tabelle 1 b: Belüftungsraumbreite in Abhängigkeit von der Dachneigung (Regelwerte)

Dachneigung (Breite)	Freie Lüftungsöffnungen
≥ 3° – ≤ 15° (5 % – 27 %)	≥ 4 cm
> 15° (> 27 %)	≥ 3 cm
≥ 3° – ≤ 10° * (5 % – ≤ 18 %)	≥ 6 cm
Fassade (90°)	≥ 2 cm

* Querlüftung Traufe – Traufe ohne Firstlüftung, Belüftung kritischer Bereiche

Bei in Sonderfällen größtenteils durch Wind (siehe 3.3) belüfteten Konstruktionen wird ein Netto-Mindestquerschnitt von 6 cm Öffnungsbreite empfohlen.

Be- und Entlüftungsöffnungen sollen unter strömungsmechanischen Gesichtspunkten möglichst wenig Umlenkungen des Belüftungsstromes aufweisen.

Strömungsmechanisch ungünstig wirken Abdeckungen, die häufig als so genannte Flugschneebremse oder Vogel- und Kleintierschutz eingesetzt werden. Sie sollten nur verwendet werden, wenn sie einen freien Belüftungsanteil von ≥ 45% sowie einen Lochdurchmesser von ≥ 5 mm aufweisen und strömungsmechanisch bereits ungünstige Situationen nicht noch mehr belasten.

Eine geplante Belüftung der Dachfläche kann durch

- Aufbauten
- stark strukturierte Dachflächen
- häufig unterbrochene Belüftungsebenen
- ungünstige Dachformen etc.

zum Erliegen kommen bzw. deren Funktion wesentlich einschränken. In solchen Fällen sind unbelüftete Dächer vorzusehen, wenn die bauphysikalischen Voraussetzungen gegeben sind.

3.3 Schutzmaßnahmen gegen Tauwasser bei An- und Abschlüssen

Eine erhöhte Tauwasserbildung kann insbesondere in der kalten Jahreszeit auftreten, wenn der Dachraum beheizt ist und/oder die innere Wandkonstruktion im An- und Abschlussbereich keine Dampfsperre aufweist. Dieses gilt insbesondere für Wintergärten, Schwimmbäder oder Glasfassadenkonstruktionen.

Wenn davon auszugehen ist, dass bei An- und Abschlussblechen verstärkte Tauwasserbildung auftritt, müssen vorbeugende Schutzmaßnahmen getroffen werden, die einen Angriff durch das Tauwasser auf das An- und Abschlussblech verhindern.

Tritt Tauwasser auf, müssen vorbeugende Schutzmaßnahmen getroffen werden, die eine Schädigung der An- und Abschlussbleche verhindern.

Schutzmaßnahmen können sein:

- beschichtete An- und Abschlussbleche,
- Trennschicht zwischen Bleiblech und Dachhaut oder
- unterseitiger Anstrich.

4 Abmessungen

4.1 Allgemeines

Blei ist das schwerste und weichste aller Baumetalle. Die Schare werden an der oberen Scharkante auf der Unterkonstruktion befestigt. Die dabei übertragene Kraft über die Befestigung auf die Unterkonstruktion ist abhängig vom Gewicht des Formats und der Dachneigung. In Tabelle 1c sind die entsprechenden Gewichte zur Materialdicke beschrieben, die maximal zulässigen Längsformate sind in Tabelle 2 aufgeführt.

Tabelle 1c:

Dicke mm	Gewicht kg/m^2
1,00	11,34
1,25	14,18
1,50	17,01
2,00	22,68
2,25	25,52
2,50	28,35
3,00	34,02
3,50	39,69
4,00	45,36

Art und Anzahl der Befestigung ist in Ziffer 4.3 „Windsoglasten“ und in Ziffer 5 „Befestigung“ beschrieben.

Dächer zwischen 3° und 10° werden als Stufendächer ausgeführt. Die Formatgrößen für Stufendächer sowie für Stufenrinnen sind in Tabelle 3 aufgeführt.

Ein weiterer Einflussfaktor, der eine Begrenzung der Schargrößen mitbestimmt, ist die temperaturbedingte Längenänderung.

Bei einer Temperaturdifferenz von 100 °C beträgt die Längenänderung ca. 3 mm je m.

4.2 Schargrößen für Längs- und Querformate

4.2.1 Schargrößen (Längsformate)

Tabelle 2: Geneigte Dächer und Fassaden

1	2	3	4	5	6	7
Dicke	Dächer über 10° bis 60°		Dächer über 60° bis 85°		Fassaden über 85° bis 90°	
mm mm	A_{max} mm	B_{max} mm	A_{max} mm	B_{max} mm	A_{max} mm	B_{max} mm
2,25	550	1800	550	1750	550	1600
2,50	590	2000	580	1900	580	1800
3,00	620	2200	610	2100	600	1800
3,50	650	2400	–	–	–	–

Die Bezeichnungen bedeuten:

A_{max} = maximaler Abstand der Längsverbindungen (= Scharbreite)

B_{max} = maximaler Abstand der Querverbindungen (= Scharlänge)

Bei Scharen (Längsformaten) ist das Maß B größer als das Maß A.

Tabelle 2 a: Überdeckungslängen in mm für geneigte Dächer und Fassaden

Dachneigung	Überdeckungslängen
> 10°	290
≥ 20°	220
≥ 30°	150
≥ 40°	115
≥ 50°–90°	100

Die Maximalabmessungen A und B sind je nach Einfluss von Windsoglasten zu reduzieren (siehe Ziffer 4.3).

Die Abmessungen der Schare sowie Überdeckungslängen für geneigte Dächer gelten auch für Kehlen.

Tabelle 3: Stufendächer, Stufenrinnen

Dicke mm	Stufendächer von 3° bis 10° Neigung A_{max} mm	 B_{max} mm	Stufenrinnen A_{max} mm	 B_{max} mm
2,25	550	1850	–	–
2,50	590	2050	–	–
3,00	620	2350	850	2350
3,50	650	2600	950	2600

Bei Stufenrinnen und Mauerabdeckungen ist das Maß A_{max} die maximal zulässige Abwicklung in der Breite gemessen. Das Maß B_{max} bezeichnet den maximalen Stufenabstand.

4.2.2 Zuschnittsgrößen für An- und Abschlüsse

Tabelle 4: An- und Abschlüsse

	glattes Blech maximale Längen und Breiten			plissiertes Blech maximale Längen und Breiten	
Dicke (mm)	Max. Fläche B = F/A (m^2)	Max. Länge A (mm)	Max. Breite B (mm)	Länge A (mm)	Breite B (mm)
0,8	–	–	–	1000	333
1*	–	500*	350*	1250	350
1,25	0,333	1000	333	1500	370
1,5	0,370	1000 1125 1250	370 333 300	–	–
2	0,500	1000 1250 1500	500 400 333	–	–

* nur für kleinformatige An- und Abschlüsse zulässig

4.2.3 Befestigung von Bleiblechen am aufgehenden Bauteil

Es muss gewährleistet sein, dass die Bleibleche nicht durchgehend direkt befestigt werden. Kappleisten müssen über den Bleiblechen befestigt werden. Das Blech darf nicht fest zwischen zwei Bauteilen eingespannt werden. Die direkte Befestigung von kleinformatigen An- und Abschlüssen erfolgt mit geeigneten Befestigungsmitteln (Nägel oder Schrauben), die in einem Abstand von ca. 10 cm angebracht werden. Der Abstand zwischen den Befestigungen sollte 15 cm nicht überschreiten.

4.2.4 Schargrößen bei direkter, einseitiger Befestigung

Tabelle 5: Schargrößen bei direkter, einseitiger Befestigung

Dicke mm	F_{max} m^2	A_{max} mm
2,25	0,56	1100
2,50	0,61	1250
3,00	0,71	1500
3,50	0,80	1500
4,00	0,88	1500

A_{max} ist die Länge der direkten Befestigung.

4.2.5 Quer- und Quadratschare für Dächer, Fassaden und Türme

Bei Querscharen steht eine wesentlich größere Breite für die direkte Befestigung zur Verfügung. Eine Abhängigkeit von Dachneigung und Formatgröße besteht für Querschare nicht.

Tabelle 6: Quer- und Quadratschare

Dicke mm	F_{max} m^2	Quadrat A = B mm	Querformat A_{max} mm
2,25	0,56	748	1500
2,50	0,61	781	1600
3,00	0,71	843	1750
3,50	0,80	894	2000
4,00	0,88	938	2200

Der Breitenzuschnitt ergibt sich aus der Formel: $B_{max} = F_{max}/A_{max}$.

4.2.6 Überdeckungslängen (Bild 7)

Die Überdeckung beträgt in der Senkrechten gemessen ca. 75 mm, mindestens jedoch 100 mm in der Abwicklung bzw. der Schrägen gemessen (vgl. Tab. 2 a). Das gilt auch für First- und Gratabdeckungen, für Kehlen und Übergänge. Bei Dächern von über 10° bis 15° Neigung beträgt die Überdeckung konstant 290 mm in der Schrägen gemessen. Die Querverbindung ist hierbei mit durchgehendem Haft nach Ziffer 6.3.4 auszuführen. Dadurch wird verhindert, dass Regenwasser von starkem Wind durch den Überlappungsbereich gedrückt wird.

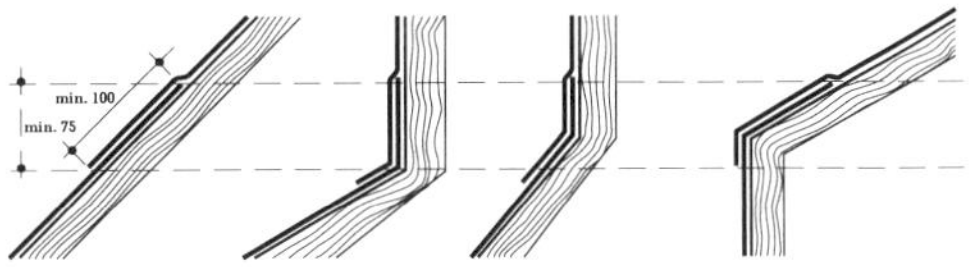

Bild 7

4.2.7 Fischgrätenmuster

Neben der herkömmlichen Einteilung der Deckschare bietet sich für steile Flächen an Türmen und Fassaden alternativ die Ausführung als Fischgrätendeckung an, die neben der besonderen architektonischen Wirkung den Vorteil hat, dass durch die schräg verlaufenden Falze eine bessere Dehnungsaufnahme der Schare stattfindet. Diese Deckung kann mit Hohlwulst oder liegenden Falzen ausgeführt werden.

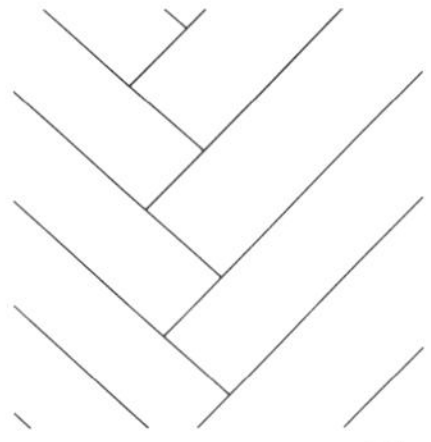

Bild 8

4.3 Windsoglasten

4.3.1 Allgemeines

Die Sicherung von Deckungen und Bekleidungen gegen Abheben durch Windlasten erfolgt durch mechanische Befestigungen auf der Unterkonstruktion. Die Unterkonstruktion muss für die Aufnahme der Windlasten geeignet sein. Die auftretenden Windlasten sind bei der Planung entsprechend dem Gebäudestandort, der Gebäudehöhe und evtl. der Dachform zu berücksichtigen.

Für die Befestigung der Bleichschare gilt die folgende Tabelle:

Tabelle 7: Erforderliche Blechdicke d und maximaler Haftabstand s in Abhängigkeit von der Scharbreite für flache und geneigte Dachflächen

Gebäudehöhe	Dachbereich	Scharbreite	350	400	450	500	550	600	650
0–8 m	Mitte	d [mm]	2,25	2,25	2,25	2,25	2,25	2,25	2,25
		N [m^{-2}]	4,50	4,50	4,50	4,50	4,50	4,50	4,50
		s [mm]	400	400	400	400	400	400	400
	Rand	d [mm]	2,25	2,25	2,50	2,50	2,50	2,50	2,50
		N [m^{-2}]	4,50	4,50	4,50	4,50	4,50	4,50	4,50
		s [mm]	400	400	400	400	400	400	400
	Eck	d [mm]	2,25	2,50	3,00	3,00	3,00	3,00	3,00
		N [m^{-2}]	4,50	4,50	4,50	4,50	4,50	4,50	4,50
		s [mm]	400	400	400	400	400	400	400
8–20 m	Mitte	d [mm]	2,25	2,25	2,25	2,25	2,25	2,25	2,25
		N [m^{-2}]	4,50	4,50	4,50	4,50	4,50	4,50	4,50
		s [mm]	400	400	400	400	400	400	400
	Rand	d [mm]	2,25	2,50	3,00	3,00	3,00	3,00	3,00
		N [m^{-2}]	4,50	4,50	4,50	4,50	4,50	4,50	4,50
		s [mm]	400	400	400	400	400	400	400
	Eck	d [mm]	2,25	3,00	3,25	3,50	3,50	3,50	3,75
		N [m^{-2}]	7,20	7,20	7,20	7,20	7,20	7,20	7,20
		s [mm]	400	350	350	350	350	350	350
20–100 m	Mitte	d [mm]	2,50	2,50	2,50	2,50	2,50	2,50	2,50
		N [m^{-2}]	4,50	4,50	4,50	4,50	4,50	4,50	4,50
		s [mm]	400	400	400	400	400	400	400
	Rand	d [mm]	2,50	2,50	3,00	3,00	3,00	3,00	3,50
		N [m^{-2}]	5,60	5,60	5,60	5,60	5,60	5,60	5,60
		s [mm]	400	400	350	350	350	350	350
	Eck	d [mm]	2,50	3,00	3,50	3,50	3,50	3,50	3,50
		N [m^{-2}]	9,90	9,90	9,90	9,90	9,90	9,90	9,90
		s [mm]	350	350	350	350	350	350	350

d [mm]= Mindestblechdicke in mm
N [m^{-2}] = Mindestanzahl von Haften pro m^2
s [mm] = Maximaler Haftabstand in mm

Die Werte in Tabelle 7 sind unter Berücksichtigung der DIN 1055 Teil 4 „Lastannahmen für Bauten, Verkehrslasten, Windlasten bei nicht schwingungsanfälligen Bauwerken“ ermittelt. Die ermittelten Lasten sind bei der Planung für die Festlegung der Ausführung der Unterkonstruktion, der Verankerungen und Befestigungen zu verwenden. Die erforderlichen Maßnahmen sind bei der Planung festzulegen und in der Leistungsbeschreibung anzugeben.

Die Abstände der Hafte (von Mitte zu Mitte der Hafte) in den Längsverbindungen dürfen 400 mm nicht überschreiten. Hierbei ist die Anordnung der Querverbindungen zu berücksichtigen. Im Überlappungsbereich dürfen keine Hafte in den Längsverbindungen angeordnet werden. Bei Anwendung eines eingehängten Querstoßes ist dieser einem Haft als indirektem Befestigungspunkt für die Längsverbindung gleichzusetzen. Ist der Abstand der Mittelachse der Nagelreihen 2 (Bild 18) zweier benachbarter Schare 400 mm und kleiner, ist ein Haft nicht erforderlich. Ist er jedoch größer, ist in der Mitte 3 (Bild 18) ein Haft in der Längsverbindung vorzusehen. Die Bilder 9 a – 9 d veranschaulichen Haftabstände und Haftpositionen beispielhaft für die Querstoßabstände 800 mm, 1000 mm, 1200 mm und 1500 mm sowie für mittig und um ein Drittel versetzte Querstöße. In einem Fall (Bild 9 c) ist kein Haft erforderlich, da der Abstand der indirekten Befestigungspunkte 400 mm nicht überschreitet. Dies gilt nur bei Anwendung des eingehängten Querstoßes (nach Ziffer 6.3.4).

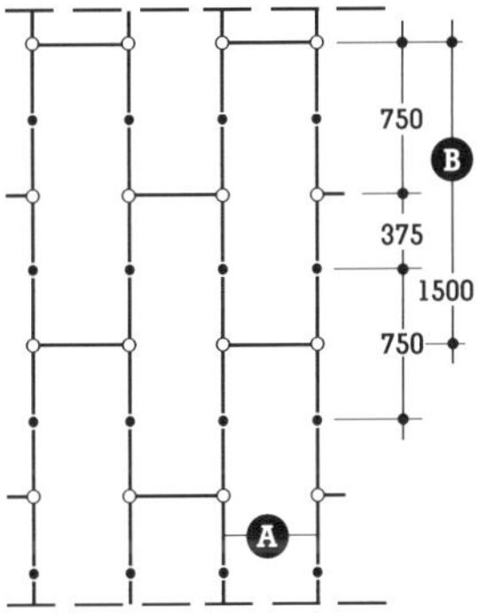

Bild 9 a:
Haftabstand: 750 mm
Abstand der ind. Befestigung: 375 mm

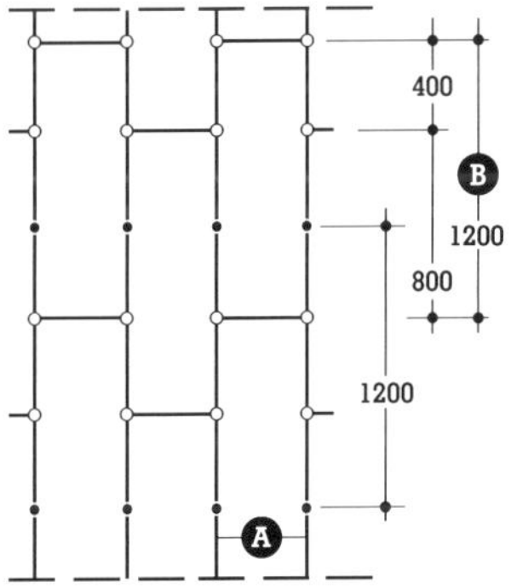

Bild 9 b:
Haftabstand: 1500 mm
Abstand der ind. Befestigung: 400 mm

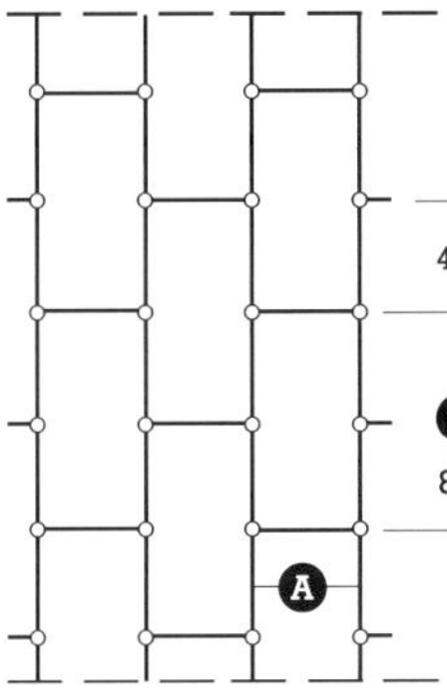

Bild 9 c:
Hafte nicht erforderlich
Abstand der ind. Befestigung: 400 mm

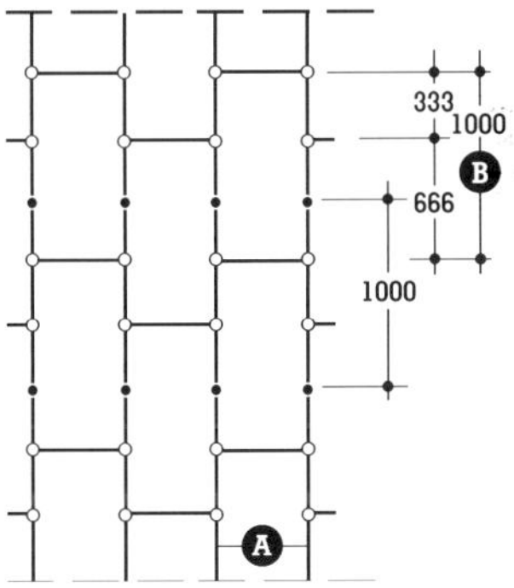

Bild 9 d:
Haftabstand: 1000 mm
Abstand der ind. Befestigung: 333 mm

indirekte Befestigungspunkte:

A Haftposition

B Indirekte Befestigung durch eingehängten Querstoß

A = Abstand der Längsverbindung (Scharbreite)
B = Abstand der Querverbindung (Scharlänge)

5 Befestigung

5.1 Allgemeines

Die Befestigung des Bleiblechs auf der Unterkonstruktion muss das Eigengewicht und die Windlasten sicher aufnehmen können. Die Befestigung darf die thermisch bedingten Bewegungen des Metalls nicht beeinträchtigen.

5.2 Befestigungsmittel

Empfohlen werden korrosionsbeständige Befestigungsmittel, vorzugsweise aus Kupfer, Messing oder nichtrostendem Stahl gemäß Tabelle 8. Bleiwolle, Bleikeile, Mauerhaken zur Befestigung von Bleiblechanschlüssen in Mauerwerksfugen sind zulässig.

Tabelle 8: Befestigungsmittel

Werkstoff der zu befestigenden Teile	Hafte (1)	geraute Nägel			Senkkopf-Schrauben		
	Werkstoff Mindestdicke	Werkstoff	Mindestmaße (2) Durchm. in mm	Länge in mm	Werkstoff	Mindestmaße (2) Durchm. in mm	Länge in mm
Blei	Kupfer 0,6 mm	Kupfer			Kupfer	4	25
	nichtrost. Stahl 0,4 mm	nichtrost. Stahl	2,8	25	nichtrost. Stahl	4	25
					Messing	4	25

(1) Mindestbreite der Hafte beträgt 50 mm.
(2) Andere Maße können verwendet werden, wenn die Eignung nachgewiesen ist.

5.3 Befestigung auf Holz mit Nägeln

Wird ein Bleiblech an der oberen Kante direkt auf Holz befestigt, so sind je nach aufzunehmendem Gewicht ein, zwei oder drei Nagelreihen erforderlich.

Die Nagelreihen haben einen Abstand von ca. 25 mm. Die einzelnen Stifte haben einen Abstand von ca. 75 mm. Der Abstand zur oberen Kante beträgt mindestens 25 mm (Bild 9 e).

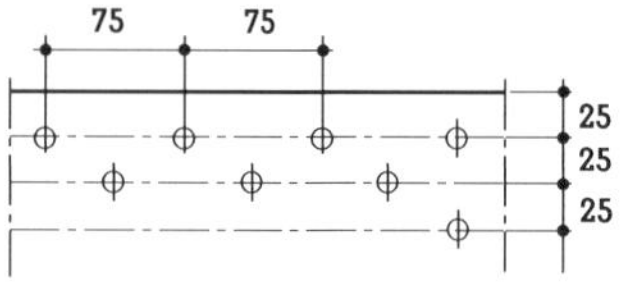

Bild 9 e

- Eine Nagelreihe ist ausreichend bei querformatigen An- und Abschlüssen bei einer Dicke des Bleiblechs bis einschließlich 2,0 mm (Bild 9 f).

... direkte Befestigung
\> indirekte Befestigung

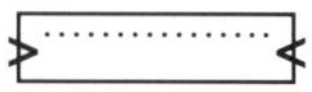

Bild 9 f

- Zwei Nagelreihen sind erforderlich bei Längsformaten bis 1,80 m Scharlänge sowie bei querformatigen Eindeckungen bei Dächern, Fassaden und Türmen mit Bleiblechen von mehr als 2,25 mm Dicke (Bild 9 g).

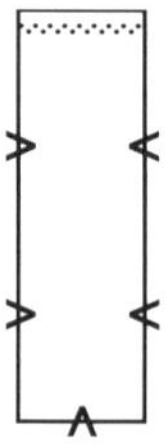

Bild 9 g

- Drei Nagelreihen sind erforderlich bei Längsformaten mit Scharlängen von über 1,80 m und einem Dachneigungswinkel von mehr als 40° (Bild 9 h).

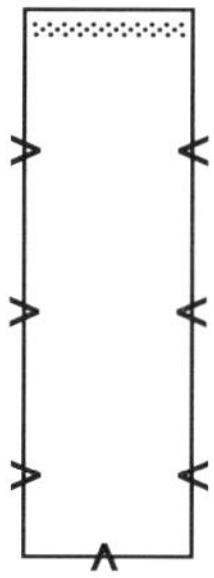

Bild 9 h

Bei Trapezformaten werden drei Nagelreihen empfohlen.

Hinweis:

Die Stifte, Nägel oder Schrauben sollen die Innenseite der Schalung nicht durchdringen.

5.4 Bleikeile oder Bleiwolle in Mauerwerksfugen

Bleikeile sind aufgerollte Bleistreifen von ca. 25 mm Breite. Bleiwolle besteht aus dünnen Bleifäden. Das Verstemmen von Bleikeilen oder Bleiwolle in Mauerwerksfugen setzt stabile Fugenkanten voraus. Mauerwerksfugen, in denen Bleiblech (z.B. Überhangstreifen) befestigt wird, müssen doppelt so tief wie breit sein, mindestens jedoch 25 mm tief.

Bleikeile werden in den Fugen im Abstand von ca. 250 mm verstemmt.

Bleiwolle wird durchlaufend verstemmt.

5.5 Indirekte Befestigung

Die indirekte Befestigung ist eine Verbindung des Bleiblechs mit der Deckunterlage, die thermisch bedingte Bewegungen des Bleiblechs zulässt:

- Hafte oder Haftstreifen
- Vorstoßbleche oder Winkel bei Abschlüssen und Abtropfkanten
- Längs- und Querverbindungen mit oder ohne Hafte (siehe Ziffer 6).

Die Mindestbreite der Hafte beträgt 50 mm.

6 Verbindungen

6.1 Allgemeines

Die einzelnen Bleibleche werden untereinander so verbunden und indirekt befestigt, dass sie thermische Längenänderungen aufnehmen können.

Längsverbindungen verlaufen in der Regel senkrecht bzw. in der Falllinie einer geneigten Dachfläche. Querverbindungen verlaufen in der Regel waagerecht.

Beide Verbindungstypen können auch schräg verlaufen, z. B. bei einem Fischgrätenmuster oder bei Turmhelmen parallel bzw. rechtwinklig zu einer Gratseite.

6.2 Längsverbindungen

6.2.1 Einfacher liegender Falz (Bild 10)

Er bietet ein flächiges, wenig profiliertes Aussehen. Er ist geeignet für Fassaden und steile Dächer. Bei kleineren Bauteilen und geneigten Dächern ≥ 60° kann er angewendet werden, wenn die Gefahr eines Regenwasserrückstaus ausgeschlossen ist, z. B. bei Rundgauben.

Höhe der Aufkantungen: ca. 25/50 mm

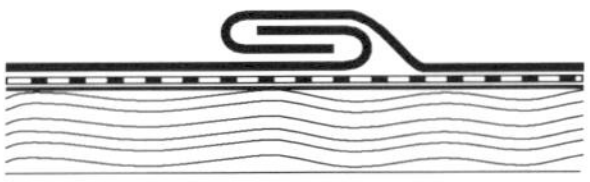

Bild 10: Einfach liegender Falz

6.2.2 Kleiner Hohlwulst (Bild 11)
(früher: doppelt stehender Falz)

Es ist darauf zu achten, dass die erforderliche thermische Dehnung nicht beeinträchtigt wird. Der zweite Umschlag des stehenden Falzes darf nicht fest anliegend ausgeführt sein. Die Breite des Falzes muss deshalb mindestens das Zehnfache der Materialdicke betragen.

Höhe der Aufkantungen: ca. 75/100 mm

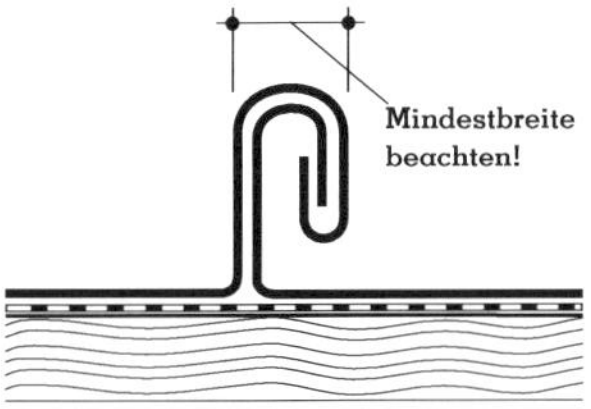

Bild 11: Kleiner Hohlwulst

6.2.3 Hohlwulst (Bild 12)

Er ist die traditionelle Längsverbindung von Steildächern im Sakralbau. Form und Größe sind variabel, je nach gewünschter Profilierung der Fläche.

Höhe der Aufkantungen: ca. 100/125 mm

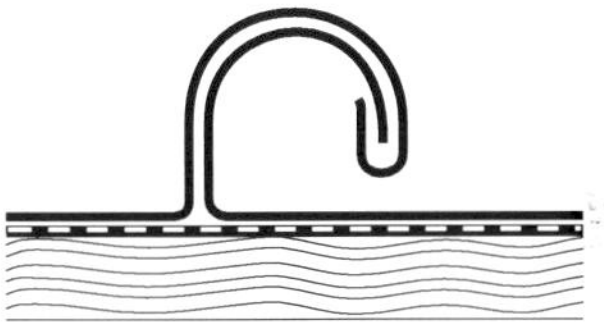

Bild 12: Hohlwulst

6.2.4 Holzwulst mit verdeckten Haften (Bild 13)

Er ist in Form und Größe dem Hohlwulst vergleichbar. Der Holzkern hat die äußeren Abmessungen von 40 × 40 mm. Er ist in der oberen Hälfte halbrund geformt und verjüngt sich in der unteren Hälfte zur Aufnahme der thermischen Längenänderung. Die Hafte werden auf dem Wulstholz befestigt. Dabei dürfen die Aufkantungen nicht direkt befestigt werden.

Höhe der Aufkantungen: ca. 55/125 mm

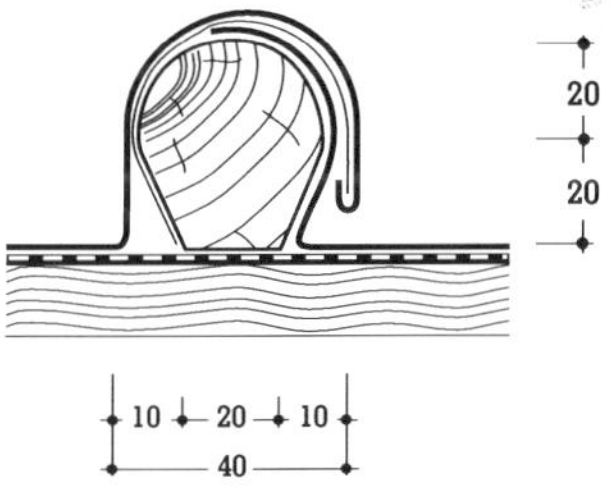

Bild 13: Holzwulst (Maße in mm)

6.2.5 Holzwulst, englische Deckung (Bild 14)

Er hat einen Holzkern von mindestens 45 mm Höhe und mindestens 40 mm Breite. Der obere Teil von ca. 20 mm Höhe ist ebenfalls halbrund geformt. Die Verjüngung an jeder Seite beträgt ca. 10 mm und beginnt ca. 25 mm von unten.

Die Aufkantungen werden dem Profil im Verjüngungsbereich angepasst und dadurch gegen abhebende Windlasten gesichert. Die Hafte (aufgelötete oder aufgeschweißte Kupfer- bzw. Bleihafte) werden unmittelbar unterhalb der jeweiligen Überlappungen angeordnet. Diese Längsverbindungen sind geeignet für Stufendächer und geneigte Dächer bis 30° Neigung.

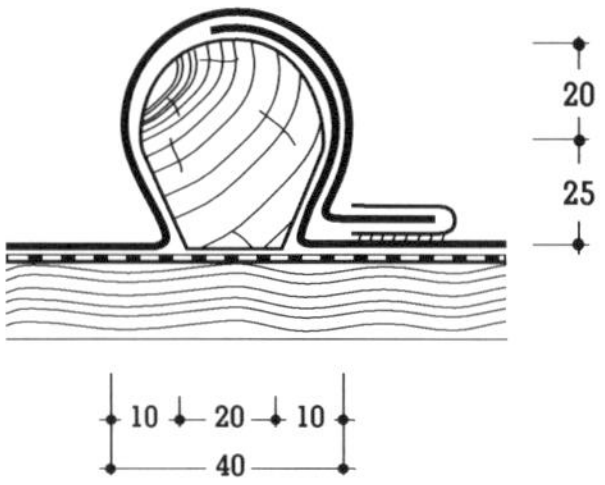

Bild 14: Holzwulst, englische Deckung (Maße in mm)

6.2.6 Leistendeckung (Bild 15)

Bei der Leistendeckung werden die einzelnen Bleischare durch ein zusätzliches Abdeckblech miteinander verbunden. Die Mindestmaße der Leiste betragen 40 x 40 mm. Die Hafte werden an der Leiste befestigt. Diese Deckung ist gut geeignet bei durchlaufenden Querstößen.

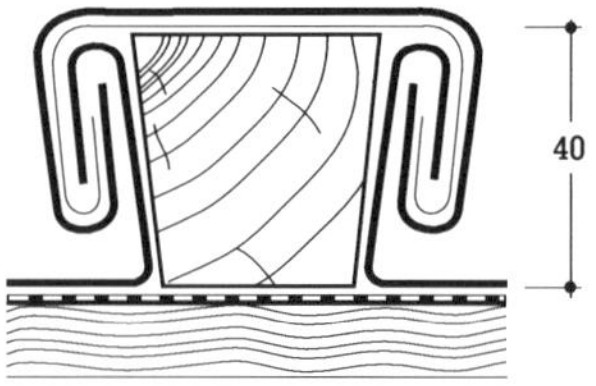

Bild 15: Leistendeckung (Maße in mm)

6.2.7 Ausschnitt der Aufkantungen (Bilder 16 und 18)

Bei allen Längsverbindungen für Dächer, Fassaden und Türme werden von jeder Schar die oberen Aufkantungen im Überlappungsbereich diagonal ausgeschnitten. Damit wird das Verfalzen erleichtert. Bei den jeweils obersten Scharen, z. B. am First, entfällt diese Maßnahme.

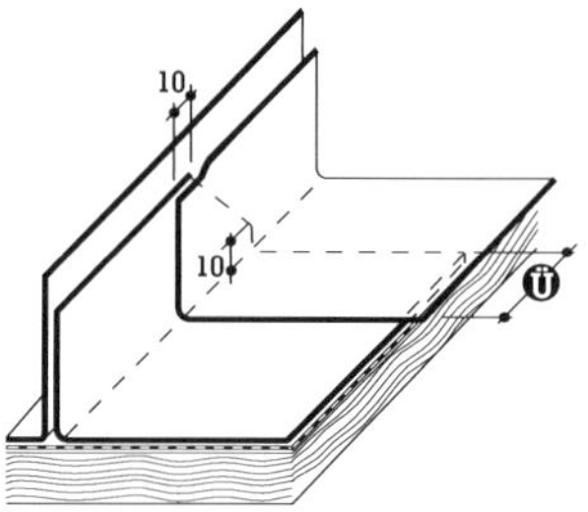

Bild 16: Ü = Überlappung (Maße in mm)

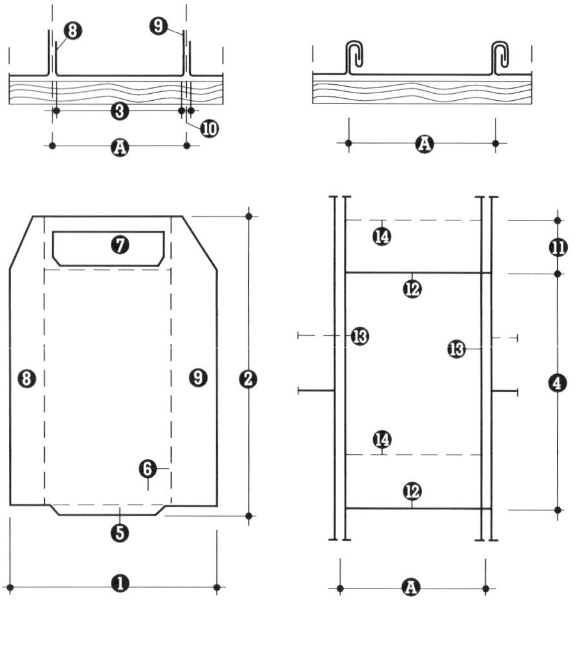

Bild 17:
A = Achsabstand der Längsverbindungen
1 = Zuschnittbreite
2 = Zuschnittlänge
3 = Scharbreite
4 = Scharlänge/Querstoßabstand
5 = Umschlag
6 = Kantlinien
7 = Querstoßhaft
8 = Kleine Aufkantung
9 = Große Aufkantung
10 = Abstand = doppelte Materialdicke
11 = Überlappung
12 = Querverbindung (Querstoß)
13 = Längsverbindung
14 = Oberkante der unterdeckenden Schar

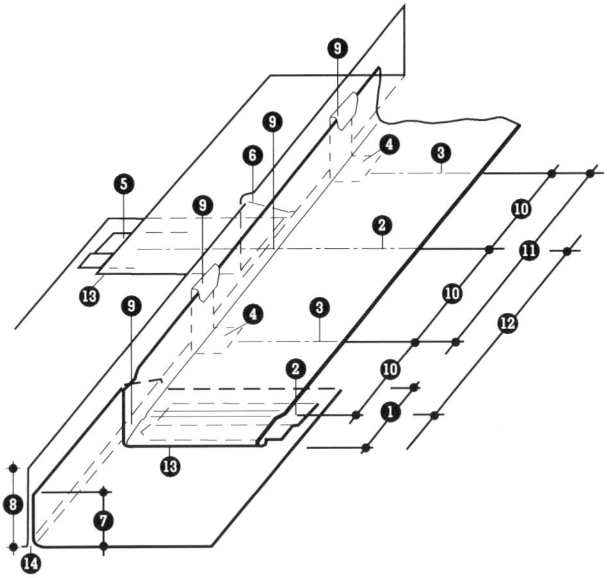

Bild 18: Ideale Haftposition in den Lösungsverbindungen
1 = Überlappung
2 = Mittelachse der Nagelreihen
3 = Halbierungslinie
4 = Ideale Haftposition
5 = Haft in der Querverbindung
6 = Diagonalschnitt
7 = Kleine Aufkantung
8 = Große Aufkantung
9 = Punkte indirekter Befestigung
10 = Abstand der Punkte indirekter Befestigung
11 = Haftabstand
12 = Abstand der Querverbindung
13 = Querverbindung
14 = Längsverbindung

6.2.8 Hafte

Bei Haften in den Längsverbindungen ohne Holzkern ist der Haft ca. 20 mm höher als die kleine Aufkantung. Der direkt auf der Deckunterlage befestigte abgewinkelte Schenkel ist ca. 40 – 50 mm lang und wird mit Schrauben gemäß Tabelle 8 befestigt (Bilder 19 und 20).

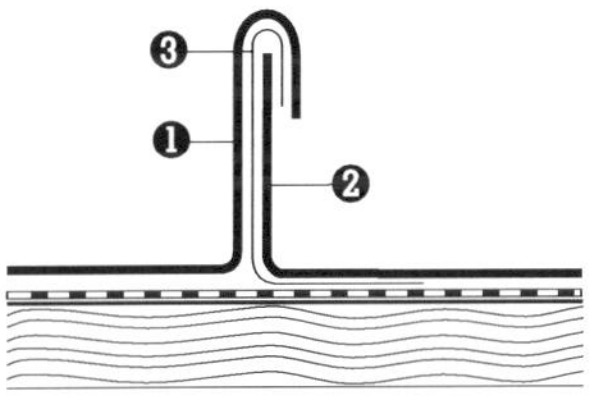

Bild 19:
1 = Größere Aufkantung
2 = Kleinere Aufkantung
3 = Haft

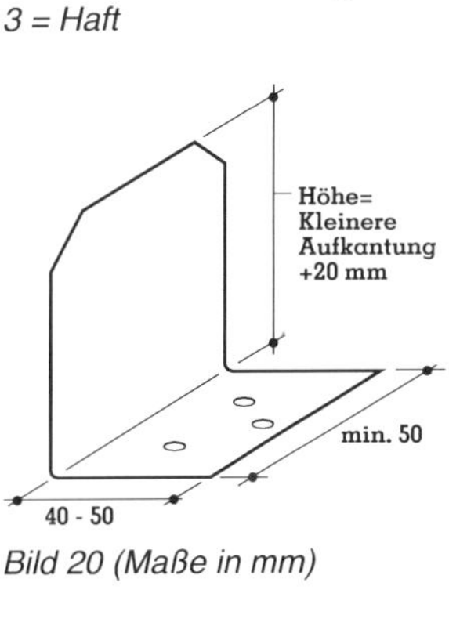

Bild 20 (Maße in mm)

Verdeckte Hafte bei Längsverbindungen mit Holzkern werden der Größe des Holzkerns angepasst. Die Breite der Hafte beträgt mindestens 50 mm. Im Überlappungsbereich dürfen keine Hafte angeordnet sein.

6.2.9 Haftabstände (Bild 18)

Die Abstände der Hafte (von Mitte zu Mitte der Hafte) in den Längsverbindungen dürfen 400 mm nicht überschreiten. Hierbei ist die Anordnung der Querverbindungen gemäß Tabellen 2 a und 7 zu berücksichtigen.

6.3 Querverbindungen für Dächer, Fassaden und Türme

6.3.1 Einfache Überdeckung

Die einfache Überdeckung ist nur bei einer Materialdicke von ≥ 2,5 mm zulässig.

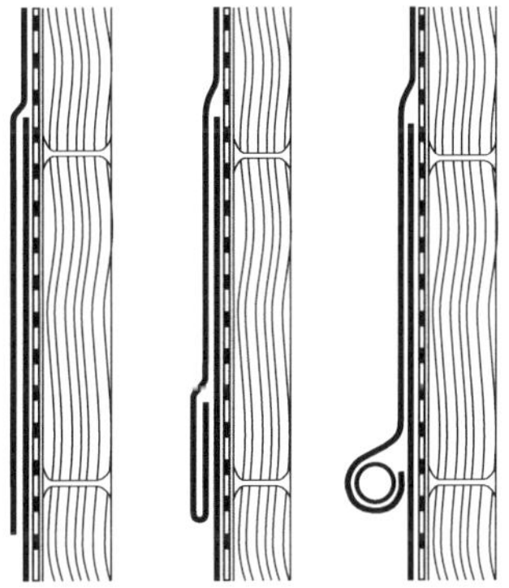

Bild 21a *Bild 21b* *Bild 21c*

Die einfache Überdeckung mit oder ohne Umschlag ist als Querverbindung für Dächer mit geringer Windbelastung ausreichend (Bilder 21 a und 21 b).

6.3.2 Querverbindung mit Rohr

Die Querverbindung mit eingerolltem Rohr aus Kupfer oder Aluminium (ca. 8 mm) betont den Querstoß und stabilisiert ihn zugleich (Bild 21 c).

6.3.3 Querverbindung mit mittigem Haft

Die Querverbindung mit mittigem Haft ist nur bei einer Materialdicke von ≥ 2,5 mm zulässig.

Die Querverbindung mit einem in der Mitte angeordneten sichtbaren Haft sichert die untere Kante. Die direkte Befestigung an der Deckunterlage soll 50 mm oberhalb der Unterkante der überdeckenden Schar erfolgen. Zwischen der Innenkante des gebogenen Teils des Haftes und der Unterkante der Schar muss entsprechend der Scharlänge der Bewegungsspielraum für thermische Dehnungen berücksichtigt werden (siehe Ziffer 4.2).

Zur farblichen Anpassung kann der sichtbare Teil eines Kupferhaftes verbleit werden.

Bei dieser Anwendung muss sichergestellt sein, dass der Haft nicht durch Schneelast oder andere Einflüsse aufgebogen werden kann.

6.3.4 Querverbindung mit durchgehendem Haftstreifen

Diese Querverbindung, auch eingehängter Querstoß genannt (Bild 22), ist die stabilste Querverbindung. Sie ist gut geeignet für Dächer und Türme, die starken Windlasten ausgesetzt sind. Die Befestigung des Haftstreifens auf der Unterkonstruktion kann gleichzeitig als Befestigung der Bleischar ausgeführt werden. Die erste Reihe der Befestigungspunkte liegt ca. 50 mm oberhalb der Haftunterkante. Der Nagelreihenabstand kann auf 15 mm reduziert werden. Die unteren Ecken des Haftstreifens sind schräg abzuschneiden. Der Umschlag der Unterkante der überdeckenden Schar beträgt ca. 20 bis 30 mm.

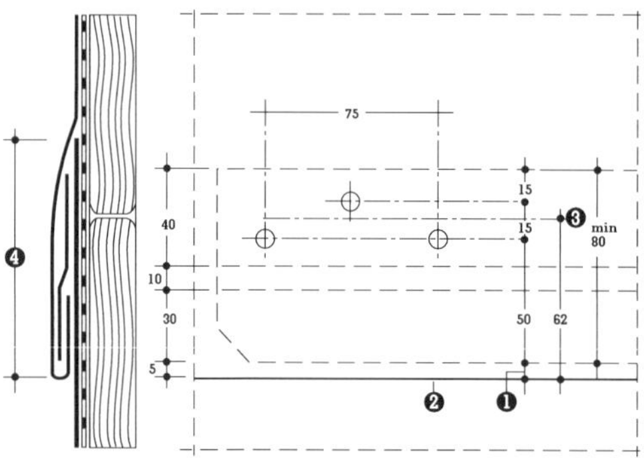

Bild 22: Querstoß mit verdecktem durchlaufenden Haft (eingehängter Querstoß)
Maße in mm
1 = Dehnungsspielraum
2 = Unterkante der überdeckenden Schar
3 = Mittelachse der Nagelreihen
4 = Überlappungen

6.3.5 Einfacher liegender Falz

Der einfache liegende Falz als Querverbindung ist gut geeignet für Quadrat- und Querformate für Bekleidungen bzw. Eindeckungen, wenn die Längsverbindungen ebenfalls als einfache liegende Falze ausgeführt werden.

Aus Gründen der Regensicherheit muss der liegende Falz in die Längsverbindungen eingearbeitet werden. Dadurch entstehen jedoch wenig bewegliche Knotenpunkte, die nur ein geringes Maß an thermisch bedingter Dehnung zulassen. Deshalb dürfen je nach Bleidicke folgende Abstände der Querverbindungen nicht überschritten werden (siehe Tabelle 9).

Tabelle 9:

D = Dicke des Bleibleches
B = max. Abstand der Querverbindung

Dicke	Breite
2,25 mm	550 mm
2,50 mm	590 mm
3,00 mm	620 mm

6.4 Verbindungen bei An- und Abschlüssen sowie bei Abdeckungen

Die einzelnen Bleibleche werden je nach örtlichen Verhältnissen und Windlasten unterschiedlich miteinander verbunden (Bilder 23–27).

- Seitliche Überdeckung (Bild 23)

  Sie ist geeignet bei schrägverlaufenden An- und Abschlüssen, z. B. seitliche Anschlüsse von Gauben.

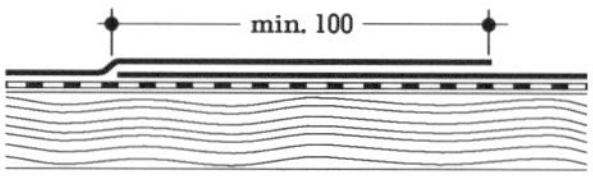

Bild 23

- Einfacher liegender Falz (Bild 24)

  Er ist geeignet für Kappstreifen und für die Verbindung waagerecht verlaufender An- und Abschlüsse, z. B. das Brustblech von Gauben oder Kaminen.

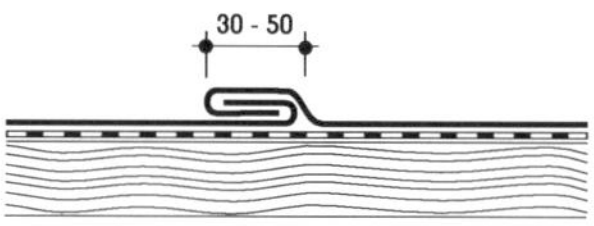

Bild 24

- Stoß mit eingefalztem Abdeckstreifen (Bild 25).

  Er ist geeignet als Dehnungsstoß für waagerecht verlaufende Mauerabdeckungen und für die Verbindung waagerecht verlaufender An- und Abschlüsse.

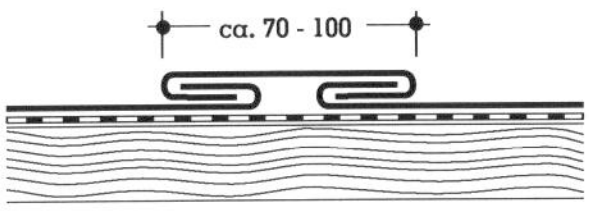

Bild 25

- Stoß mit eingelegtem Rohr (ca. 8–10 mm) aus Aluminium oder Kupfer (Bild 26).

  Er ist geeignet als Verbindung bei Gesimsabdeckungen.

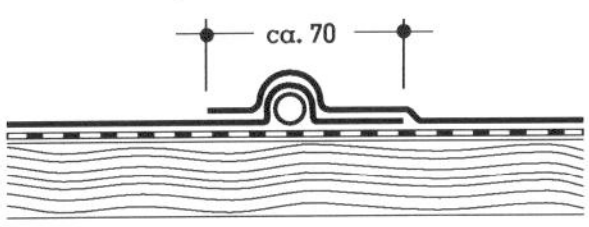

Bild 26

- Klebebefestigungen

  Stöße von Klebebefestigungen (Bild 27)

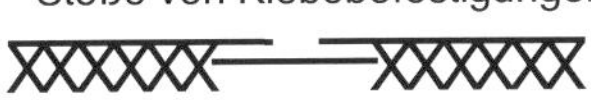

Bild 27

7 Dachneigung und konstruktive Merkmale

Dächer mit einer Neigung von 10° und weniger sind als Stufendächer (Bilder 5 a – e) auszuführen. Das Gleiche gilt für Rinnen bzw. für begehbare Rinnen (Stufenrinnen). Die letzte Stufe darf 3° nicht unterschreiten. Die Einzelstufen sollten eine Mindestneigung von 7° haben.

Neigungsbereich	Konstruktive Merkmale
≤ 10°	Stufenkonstruktion erforderlich – Stufendach – Stufenrinne
> 10° bis 15°	Querverbindung mit durchgehendem Haftstreifen erforderlich (Ziffer 6.3.4)
Bis 30°	Holzwulst, englische Deckung möglich
15° bis 45°	in schneereichen Gebieten Ausführung der Querverbindungen beachten (Ziffer 6.3)
über 60° sowie 90°	zulässige Abmessungen nach Ziffer 4.2 beachten

7.1 Position der Querverbindungen bei runden Dächern

Bei kreisförmig gerundeten Dachformen wie Rundgauben oder Tonnendächern müssen die Querverbindungen im Dachneigungsbereich von mehr als 10° liegen, wenn man eine Stufenkonstruktion vermeiden will.

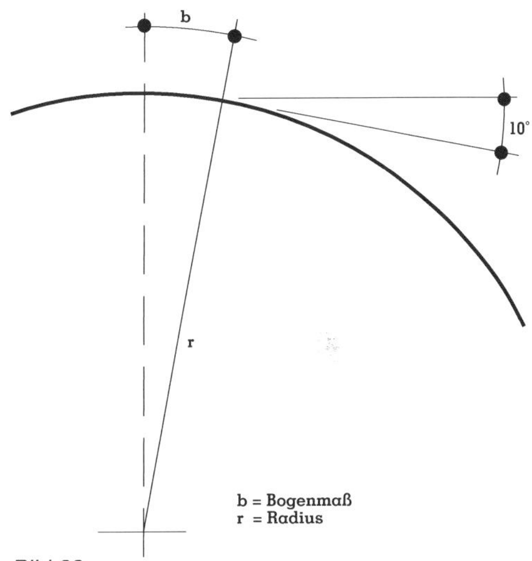

Bild 28
b = Bogenmaß
r = Radius

Die Tabelle gibt das Maß „b" an, bei dem vom Zenit der Rundung gemessen 10° Neigung überschritten sind (b ≥ r · 0,175).

r [m]	b [m]	Dicke [mm]
1,0	0,18	2,25
1,2	0,21	2,25
1,4	0,24	2,25
1,6	0,28	2,25
2,0	0,35	2,25
2,5	0,44	2,25
3,0	0,52	2,25
3,5	0,61	2,25
4,0	0,70	2,25
5,0	0,87	2,25
6,0	1,05	2,25
7,0	1,22	2,25
8,0	1,40	2,25
9,0	1,57	2,25
10,0	1,75	2,50
11,0	1,92	2,50

8 Zusammenbau mit anderen Werkstoffen

8.1 Möglicher Zusammenbau von Metallen

Tabelle 10: Möglicher Zusammenbau von Metallen

	Aluminium Al	Blei Pb	Kupfer Cu	Titanzink zink Zn	nicht-rostender Stahl S.S.	verzinkter Stahl VSt
Aluminium (Al)	+	+[3]	–	+	+	+
Blei (Pb)	+	+	+	+	+	+
Kupfer (Cu)	–	+	+	–	+	–[1 2]
Titanzink (Zn)	+	+	–	+	+	+
nichtrostender Stahl (S.S)	+	+	+	+	+	+
verzinkter Stahl (VSt)	+	+	–[2]	+	+	+

+ : zulässig

– : nicht zulässig

1 : Stahlstifte von Hohlnieten sind im Außenbereich unzulässig.

2 : Galvanische Verkupferungen verzinkter Bauteile können Korrosionsvorgänge verstärken; sie stellen keinen Korrosionsschutz dar.

3 : Beim Zusammenbau von Bleiflächen mit darunter liegenden Aluminiumanschlüssen in Meeresatmosphäre kann es zu Korrosionserscheinungen kommen.

8.2 Kalk, Zement

Eine direkte Berührung von Bleiblech mit kalk- oder zementhaltigen Baustoffen wie Mörtel oder Beton kann beim Blei in Verbindung mit Wasser zu Korrosionserscheinungen führen, wenn das Wasser aus dem Mörtel oder Beton Alkalien herauslöst. Die Korrosionsprodukte sind von gelblicher bis rötlicher Färbung. Bleiblech ist im Zusammenbau mit kalk- oder zementhaltigen Baustoffen (z.B. als Balkonisolierung) beidseitig durch Anstriche zu schützen.

Ein Bleiblech, das in einer vermörtelten Mauerwerksfuge befestigt wird, braucht diesen Schutz nicht.

8.3 Gips

Der Zusammenbau mit Gips (Calciumsulfat) ist problemlos. Blei ist gegenüber Calciumsulfatlösungen und feuchtem Gips beständig.

8.4 Dichtstoffe

Werden Fugen, in denen ein Bleiblech eingefügt ist, mit elastischen Dichtstoffen ausgespritzt, dürfen nur neutrale Dichtstoffe, aber keinesfalls solche auf Essigsäurebasis verwendet werden. Dichtstoffe auf Essigsäurebasis führen am Blei zu Korrosionserscheinungen mit weißlicher Färbung.

8.5 Korrosion durch aggressive Abbauprodukte des Bitumens

Die Bitumenkorrosion wird durch in Wasser gelöste Abbauprodukte des Bitumens verursacht, die durch die UV-Strahlung des Sonnenlichts entstehen. Die stark sauren Abbauprodukte bilden insbesondere bei geringem Wasserzufluss (Nieselregen) eine hohe Säurekonzentration, die Metalle angreift. Die Korrosionsprodukte auf dem Blei sind von gelblicher Färbung. Um Korrosionsangriffe auf Bleiblech zu vermeiden, ist das Metall porenfrei durch geeignete Anstriche zu schützen. Eine andere Möglichkeit, um zu verhindern, dass UV-Strahlen auf das Bitumen gelangen, besteht z. B. durch eine Kiesschüttung von mindestens 5 cm Dicke auf der Bitumendeckung des Daches.

9 Oberfläche

9.1 Transport und Lagerung

Bleibleche für Dach- und Turmeindeckungen sowie Fassadenbekleidungen werden in der Regel als Zuschnitte mit den für das jeweilige Objekt geforderten Abmessungen flachliegend auf ausreichend dimensionierten Paletten hergestellt.

Wird eine gleichmäßige Färbung der Oberfläche des Bleiblechs gewünscht, gelten folgende Empfehlungen:

- die Paletten mit Bleiblech werden trocken transportiert und gelagert;
- die Transportverpackung wird entfernt, nachdem die Paletten auf der Baustelle trocken gelagert sind;
- die Schare werden nach dem Einbau mit Patinieröl behandelt.

9.2 Patinieröl

Patinieröl ist ein auf pflanzlicher Basis hergestelltes Öl mit verschiedenen Zusätzen. Es wird mit einem Baumwolllappen gleichmäßig und sparsam auf die saubere und trockene Bleioberfläche aufgetragen. Es trocknet, je nach Witterung, in etwa einer Stunde. Es ist zu verwenden bei An- und Abschlüssen aus neuem Bleiblech, das noch keine Schutzschicht gebildet hat. Dadurch wird bei Regen eine Bleiweißbildung verhindert.

Je nach Bewitterungseinflüssen ist das Patinieröl nach 6 –12 Monaten abgetragen. Während dieser Zeit hat sich auf der Bleioberfläche eine Schutzschicht gebildet, die fest anhaftet und nahezu unlöslich ist (Patina).

Ist bei Dächern oder Fassaden ein von Anfang an gleichmäßiges Aussehen gefordert, ist ebenfalls Patinieröl zu verwenden. Hierbei muss auch in den Überdeckungsbereichen patiniert werden.

Die Verarbeitungshinweise der Hersteller sind zu beachten.

10 Anhang

10.1 Normenverzeichnis (Auswahl)

- Bleispezifische Normen

DIN EN 12588 Blei und Bleilegierungen für Bleche aus Blei für das Bauwesen, Juli 1999

- Übrige Normen

DIN 1052 Holzbauwerke, Berechnung und Ausführung

DIN 1055-3 Lastannahme für Bauten; Verkehrslasten

DIN 1055-4 Lastannahmen für Bauten; Verkehrslasten, Windlasten bei nicht schwingungsanfälligen Bauwerken

DIN 1055-5 Lastannahmen für Bauten; Verkehrslasten, Schneelast und Eislast

DIN 18202 Toleranzen im Hochbau; Bauwerke

DIN 18334 Zimmer-und Holzbauarbeiten

DIN 4071 Ungehobelte Bretter u. Bohlen aus Nadelholz

DIN 4072 Gespundete Bretter aus Nadelholz

DIN 4074 Gütebedingungen für Bauschnittholz

DIN 4102-1 Brandverhalten von Baustoffen und Bauteilen; Baustoffe; Begriffe, Anforderungen und Prüfungen

DIN 4102-2 Brandverhalten von Baustoffen und Bauteilen; Bauteile; Begriffe, Anforderungen und Prüfungen

DIN 4102-7 Brandverhalten von Baustoffen und Bauteilen; Bedachungen; Begriffe, Anforderungen und Prüfungen

DIN 4108-1 Wärmeschutz im Hochbau; Größen und Einheiten

DIN 4108-2 Wärmeschutz im Hochbau; Wärmedämmung und Wärmespeicherung; Anforderungen und Hinweise für Planung und Ausführung

DN 4108-3 Wärmeschutz im Hochbau; Klimabedingter Feuchteschutz; Anforderungen und Hinweise für Planung und Ausführung

DIN 4108-4 Wärmeschutz im Hochbau; Wärme- und feuchteschutztechnische Kennwerte

DIN 4108-5 Wärmeschutz im Hochbau; Berechnungsverfahren

DIN 68705 Teile 3 + 5, Baufurniersperrholz

DIN 68800 Holzschutz im Hochbau

Einige Normen werden im Zuge der europäischen Harmonisierung durch CEN-Normen ersetzt werden.

Deutsches Dachdeckerhandwerk
– Regelwerk –

Hinweise Holz und Holzwerkstoffe

Aufgestellt und herausgegeben vom

**Zentralverband
des Deutschen Dachdeckerhandwerks
– Fachverband Dach-, Wand- und Abdichtungstechnik – e.V.**

Ausgabe November 2017

Rudolf Müller

Vorgänger

Hinweise Holz und Holzwerkstoffe	September 1997
Hinweise Holz und Holzwerkstoffe	September 2005
Hinweise Holz und Holzwerkstoffe	Januar 2015 mit Änderungen Januar 2016

© Alle Rechte bei der D + W-Service GmbH für Management, PR und Messewesen, Köln 2017
Nachdruck und Vervielfältigung, auch auszugsweise, nur mit Genehmigung der D + W-Service GmbH und des Verlages gestattet.

Inhaltsverzeichnis

1 Allgemeines

1.1 Geltungsbereich

(1) Die Hinweise gelten für Unterlagen und Unterkonstruktionen aus Nadelholz und Holzwerkstoffen von Dachdeckungen, Dachabdichtungen und Außenwandbekleidungen. Wesentliche Grundlage hierfür sind bauaufsichtliche Anforderungen. Für Dachlatten und deren Verbindungen gelten praxisorientierte Regeln.

(2) Höherwertige Anforderungen in Fachregeln haben Vorrang.

(3) Anforderungen an den Brandschutz sind der jeweiligen Landesbauordnung zu entnehmen und werden in diesen Hinweisen nicht behandelt.

1.2 Begriffe

(1) Latten sind Holzbauteile mit einer Dicke von maximal 40 mm und einer Breite von kleiner 80 mm.

(2) Bretter sind Holzbauteile mit einer Dicke von maximal 40 mm und einer Breite von mindestens 80 mm.

(3) Bohlen sind Holzbauteile mit einer Dicke größer 40 mm und einer Breite von mehr als der dreifachen Dicke.

(4) Kanthölzer sind Holzbauteile mit einer Breite größer 40 mm und einer Höhe von mindestens der Breite und maximal der dreifachen Breite.

(5) Traglatten sind linienförmige Unterlagen für Dachdeckungen und Außenwandbekleidungen.

(6) Konterlatten/Grundhölzer sind Teile der Unterkonstruktion von Dachdeckungen, Dachabdichtungen sowie Außenwandbekleidungen und verbinden die Unterlage der Deckungen und Bekleidungen mit der tragenden Konstruktion des Gebäudes/Bauwerks.

(7) Dachlatten sind Trag- und Konterlatten von Dachdeckungen.

(8) Schalungen sind flächige Unterlagen für Dachdeckungen, Außenwandbekleidungen, Abdichtungen, Unterdeckungen und Unterdächer.

(9) Unterkonstruktionen im Sinne dieser Hinweise beschränken sich auf Bauschnitthölzer zur Aufnahme der Dachdeckung, Abdichtung und Außenwandbekleidung.

(10) Unterkonstruktionen werden im Sinne von Standsicherheitsnachweisen unterschieden in:

- tragende Bauteile,
- tragende Bauteile ohne rechnerischen Nachweis,
- nichttragende Bauteile.

Im Folgenden wird zwischen tragenden Bauteilen und tragenden Bauteilen ohne rechnerischen Nachweis unterschieden.

(11) Tragende Bauteile sind Bauteile, die nach DIN EN 1995-1-1[1)] und DIN EN 1995-1-1/NA[2)] bemessen werden müssen.

Beispiel:

- Konterlatten bei Aufsparren-Dämmsystemen,
- Grundhölzer bei Außenwandbekleidungen,
- Dachlatten, Pfetten und Schalungen bei Sparrenabständen > 1,0 m,
- Sparrenauswechslungen,
- Bauholz (z. B. Latten, Bretter) zur Aussteifung von Balken oder Bindern.

(12) Tragende Bauteile ohne rechnerischen Nachweis sind Bauteile, die statisch nicht bemessen werden müssen und nach handwerklichen Erfahrungen ausgeführt werden.

Beispiel:

- Konterlatten außer der in Abschnitt (11) genannten Fälle,
- Traglatten und Schalungen von Dachdeckungen oder Dachabdichtungen bei Achsabständen der Unterkonstruktion $\leq$ 1,0 m.

(13) Nichtragende Bauteile sind Bauteile, die außer ihrer Eigengewichtslast keine weiteren Lasten abtragen.

Beispiel:

- Schalungen für Unterdächer oder Unterdeckungen.

(14) Nennmaße sind Größenangaben von Holz und Holzwerkstoffen bei einer Messbezugsfeuchte von 20 %.

(15) Istmaße sind durch Messung festgestellte Maße.

(16) Maßtoleranzen sind Differenzen zwischen Istmaßen und Nennmaßen.

(17) Befestigungsmittel sind Teile, die Deckung, Abdichtung und Bekleidung an der Unterkonstruktion mechanisch befestigen.

(18) Verbindungsmittel im Sinne der „Hinweise Holz und Holzwerkstoffe“ sind metallische Bauteile zum Verbinden einzelner Hölzer untereinander. Im Bereich der Außenwandbekleidung wird in diesem Zusammenhang auch der Begriff Verbindungselemente verwendet.

(19) Verankerungsmittel bzw. Verankerungselemente sind Teile, die bei Außenwandbekleidungen das

1) DIN EN 1995-1-1 Eurocode 5: Bemessung und Konstruktion von Holzbauten – Teil 1.1: Allgemeines – Allgemeine Regeln und Regeln für den Hochbau

2) DIN EN 1995-1-1/NA Nationaler Anhang – National festgelegte Parameter - Eurocode 5: Bemessung und Konstruktion von Holzbauten – Teil 1-1: Allgemeines – Allgememeine Regeln und Regeln für den Hochbau

Grundholz in der zu bekleidenden Schicht (z. B. Außenwände) mechanisch verankern.

(20) Rillennägel sind Nägel, die über einen Teil der Länge ihres Schafts ein Profil oder eine Verformung aufweisen.

(21) Technisch getrocknetes Holz ist Holz, das in einer dafür geeigneten Anlage prozessgesteuert bei einer Temperatur von mindestens 55°C mindestens 48 Stunden auf eine Holzfeuchte von maximal 20 % getrocknet wurde.

(22) Trocken sortiertes Holz (TS bzw. TROCKEN SORTIERT) ist Schnittholz, das bei einer mittleren Holzfeuchte von höchstens 20 % sortiert wurde.

2 Bauprodukte

2.1 Nutzungsklassen und Holzfeuchte

(1) Nach DIN EN 1995-1-1 und DIN EN 1995-1-1/NA werden 3 Nutzungsklassen (NKL) unterschieden. Das System der Nutzungsklassen dient im Wesentlichen der Zuordnung von Festigkeitswerten und zur Berechnung von Verformungen von Holz- und Holzwerkstoffbauteilen sowie der Verbindungen unter festgelegten Umweltbedingungen.

– Nutzungsklasse 1
  Sie ist gekennzeichnet durch einen Feuchtegehalt in den Holzbaustoffen, der einer Temperatur von 20° C und einer relativen Luftfeuchte der umgebenden Luft entspricht, die nur für einige Wochen pro Jahr einen Wert von 65 % übersteigt (Holz im Innenbereich).
– Nutzungsklasse 2
  Sie ist gekennzeichnet durch einen Feuchtegehalt in den Holzbaustoffen, der einer Temperatur von 20° C und einer relativen Luftfeuchte der umgebenden Luft entspricht, die nur für einige Wochen pro Jahr einen Wert von 85 % übersteigt (Holz im überdachten Außenbereich).
– Nutzungsklasse 3
  Sie erfasst Klimabedingungen, die zu einem höheren Feuchtegehalt führen als in Nutzungsklasse 2 angegeben. In Ausnahmefällen können auch überdachte Tragwerke in die Nutzungsklasse 3 einzustufen sein (Holz in Schwimmbädern).

(2) Die Einbaufeuchte von Hölzern darf nicht höher als 20 % sein. Die mittlere Holzfeuchte wird nach DIN EN 13183-2[3)] ermittelt.

(3) Als Gleichgewichtsfeuchte im Gebrauchszustand gilt die im Mittel sich einstellende Feuchte im Bauteil. Tabelle 1 zeigt die Bereiche der zu erwartenden Gleichgewichtsfeuchten nach DIN EN 1995-1-1.

[3)] DIN EN 13183-2 Feuchtegehalt eines Stückes Schnittholz – Teil 2: Schätzung durch elektrisches Widerstands-Messverfahren

Tabelle 1: Bereiche der zu erwartenden Gleichgewichtsfeuchten nach DIN EN 1995-1-1

Nutzungsklasse	1	2	3
Holzfeuchte	5 - 15 %[1)]	10 - 20 %[2)]	12 - 24 %[3)]

1) In den meisten Nadelhölzern wird in der Nutzungsklasse 1 eine mittlere Gleichgewichtsfeuchte von 12 % nicht überschritten.
2) In den meisten Nadelhölzern wird in der Nutzungsklasse 2 eine mittlere Gleichgewichtsfeuchte von 20 % nicht überschritten.
3) Die Nutzungsklasse 3 schließt Bauwerke ein, in denen sich höhere Gleichgewichtsfeuchten einstellen können.

2.2 Bauholz

(1) Tragende Bauteile aus Bauholz müssen eine Nenndicke von mindestens 24 mm und eine Nennbreite von mindestens 48 mm aufweisen.

(2) Bauholz für tragende Bauteile muss DIN EN 14081-1[4)] entsprechen und mit einer CE-Kennzeichnung gekennzeichnet sein (siehe Abb. 2.1 und 2.2). Die Kennzeichnung kann auf dem einzelnen Stück Holz oder einer Verpackungseinheit erfolgen.

Bei der Sortierung von Bauholz nach DIN EN 14081-1 wird zwischen visueller und maschineller Sortierung unterschieden. In der CE-Kennzeichnung ist die maschinelle Sortierung an dem Buchstaben „M" zu erkennen, bei der visuellen Sortierung sind die Sortiernorm und Sortierklasse angegeben.

Nach DIN 20000-5[5)] darf nur trocken sortiertes Holz verwendet werden, bei Lattem mit einem Querschnitt bis 40/60 mm darf die Trocknung auf eine Holzfeuchte von maximal 20 % auch nach der Sortierung erfolgen. In der CE-Kennzeichnung wird die Sortierung von trockenem Holz mit „TROCKEN SORTIERT" angegeben.

In der CE-Kennzeichnung nach DIN EN 14081-1 wird ebenfalls die Festigkeitsklasse nach DIN EN 338[6)] angegeben. Auf Grundlage der DIN EN 1912[7)] zeigt Tabelle 2 die Zuordnung von Sortierklassen zu Festigkeitsklassen für Nadelholz. Tabelle 2 gilt nicht für Latten.

[4)] DIN EN 14081-1 Holzbauwerke – Nach Festigkeit sortiertes Bauholz für tragende Zwecke mit rechteckigem Querschnitt – Teil 1: Allgemeine Anforderungen

[5)] DIN 20000-5 Anwendung von Bauprodukten in Bauwerken – Teil 5: Nach Festigkeit sortiertes Bauholz für tragende Zwecke mit recheckigem Querschnitt.

[6)] DIN EN 338 Bauholz für tragende Zwecke – Festigkeitsklassen

[7)] DIN EN 1912 Bauholz für tragende Zwecke – Festigkeitsklassen – Zuordnung von visuellen Sortierklassen und Holzarten

Abb. 2.1: Beispiel für eine CE-Kennzeichnung für maschinell, trocken sortiertes Holz nach DIN EN 14081-1

(3) Trag- und Konterlatten sowie Brettschalungen als Unterlagen von Dachdeckungen und Dachabdichtungen ohne rechnerischen Nachweis müssen den Anforderungen nach Abschnitt 3.2 entsprechen.

Die Latten können durch den Hersteller zum vereinfachten Nachweis der Übereinstimmung mit

- der Sortierklasse S10 bei visueller Sortierung nach DIN 4047-1,
- der Festigkeitsklasse C24 M oder C27 M nach DIN EN 336 bei maschineller Sortierung

zusätzlich an den Stirnseiten vollflächig mit roter Farbe gekennzeichnet sein. Die Abbildungen 2.3 und 2.4 zeigen Beispiele für CE-Kennzeichnungen von Dachlatten.

(4) Bei der Verwendung von Vollholz mit Keilzinkenstoß, Balkenschichtholz und Brettschichtholz sind die Anforderungen an die Eigenschaften, Kennzeichnung und Verwendung nach den Landesbauordnungen (Bauregellisten und Technische Baubestimmungen) zu beachten.

(5) Erforderliche Festigkeitsklassen und ggf. Sortierklassen für Bauhölzer, welche auf Grundlage eines rechnerischen Nachweises verwendet werden, sind entsprechend der Nachweise einzuhalten.

Abb. 2.2: Beispiel für eine CE-Kennzeichnung für visuell, trocken sortiertes Holz nach DIN EN 14081-1

(6) Für nicht tragende Bauteile sollte Bauholz nach DIN EN 14081-1 verwendet werden.

(7) Die Nennmaße von Bauhölzern sind auf eine Messbezugsfeuchte von 20 % bezogen. Die Abweichungen der Querschnittsmaße von den Nennma-

Tabelle 2: Zuordnung der Sortierklassen nach DIN 4074-1[8] zu Festigkeitsklassen nach DIN EN 338

Sortierklasse nach DIN 4074-1	Festigkeitsklasse nach DIN EN 338
S10	C24
S13	C30

[8] DIN 4074-1 Sortierung von Holz nach der Tragfähigkeit – Teil 1: Nadelschnittholz

CE

012345

(Kennnummer der notifizierten Zertifizierungsstelle)

Musterholzwerk

(Name oder Kennzeichnung des Herstellers)

13

(Letzten beiden Ziffern des Jahres in dem die CE-Kennzeichnung angebracht wurde)

Dachlatte 30 / 50 mm

DIN 4074-1 - S10

TROCKEN SORTIERT

Musterholzwerk Nr. 1111

(Identifizierungscodenummer)

EN 14081-1

Abb. 2.3: Beispiel für eine CE-Kennzeichnung für visuell, trocken sortierte Dachlatten nach DIN EN 14081-1

ßen müssen innerhalb der Toleranzen der DIN EN 336[9] liegen. Die zulässigen Toleranzen betragen in:

Maßtoleranzklasse 1:

- für Dicken und Breiten ≤ 100 mm: + 3 mm / -1 mm
- für Dicken und Breiten > 100 mm und ≤ 300 mm: + 4 mm / -2 mm
- für Dicken und Breiten > 300 mm: + 5 mm / -3 mm

Maßtoleranzklasse 2:

- für Dicken und Breiten ≤ 100 mm: ± 1 mm
- für Dicken und Breiten > 100 mm und ≤ 300 mm: ± 1,5 mm
- für Dicken und Breiten > 300 mm: ± 2,0 mm

Grundsätzlich gilt die Maßtoleranzklasse 1. Höherwertigere Anforderungen an die Maßhaltigkeit sind im Einzelfall zu vereinbaren.

(8) Weitere Abweichungen der Istmaße zu den Nennmaßen ergeben sich aus dem Schwinden und Quellen des Holzes. Die Berechnung erfolgt mit den

9) DIN EN 336 Bauholz für tragende Zwecke – Maße, zulässige Abweichungen

CE

012345

(Kennnummer der notifizierten Zertifizierungsstelle)

Musterholzwerk

(Name oder Kennzeichnung des Herstellers)

13

(Letzten beiden Ziffern des Jahres in dem die CE-Kennzeichnung angebracht wurde)

Dachlatte 30 / 50 mm

C27 M

TROCKEN SORTIERT

Musterholzwerk Nr. 1111

(Identifizierungscodenummer)

EN 14081-1

Abb. 2.4: Beispiel für eine CE-Kennzeichnung für maschinell sortierte Dachlatten nach DIN EN 14081-1

Werten der Tabelle 3 nach DIN EN 1995-1-1/NA und DIN EN 336.

2.3 Holzwerkstoffe

(1) Holzwerkstoffe bestehen aus zersägtem, zerspantem oder zerfasertem Holz, das mit Klebstoffen oder mineralischen Bindemitteln zu platten- oder stabförmigen Querschnitten verpresst wird.

(2) Tragende oder aussteifende Holzwerkstoffe müssen der jeweiligen Produktnorm bzw. einer allgemeinen bauaufsichtlichen Zulassung und den Normen DIN EN 13986[10] und DIN 20000-1[11] entsprechen und mit dem CE-Kennzeichen bzw. Ü-Zeichen gekennzeichnet sein.

(3) Nicht tragende Holzwerkstoffe sollten ebenfalls diesen Anforderungen entsprechen.

10) DIN EN 13986 Holzwerkstoffe zur Verwendung im Bauwesen – Eigenschaften, Bewertung der Konformität und Kennzeichnung

11) DIN 20000-1 Anwendung von Bauprodukten in Bauwerken – Teil 1: Holzwerkstoffe

(4) CE-gekennzeichnete Holzwerkstoffe nach der Norm DIN EN 13986 dürfen in Deutschland nur verwendet werden, wenn

- sie der Formaldehydklasse E1 ($\leq$ 0,1 ppm) entsprechen und gekennzeichnet sind,
- der PCP-Gehalt von 5 ppm nicht überschritten wird und die Platte dementsprechend gekennzeichnet ist.

Holzwerkstoffe, denen bei der Herstellung chemische Substanzen zur Verbesserung des Brandverhaltens (Feuerschutzmittel) oder zur Verbesserung der Widerstandsfähigkeit gegen biologischen Befall, z. B. durch Pilze und Insekten (Holzschutzmittel) zugesetzt werden, bedürfen zur Verwendung einer allgemeinen bauaufsichtlichen Zulassung.

(5) Holzwerkstoffplatten dürfen nur in den Nutzungsklassen verwendet werden, für die sie nach der technischen Klasse nach DIN EN 13986 geeignet sind.

(6) Holzwerkstoffe, die als Unterlage für Dachdeckungen oder Dachabdichtungen verwendet werden, müssen eine Mindestdicke von 22 mm aufweisen und für die Nutzungsklasse 2 geeignet sein. Nach DIN EN 1995-1-1/NA und DIN EN 13986 sind hierfür

- OSB-Platten nach DIN EN 300[12)]
  - technische Klassen: OSB/3 und OSB/4
- Sperrholz nach DIN EN 636[13)]
  - technische Klassen: Feucht und Außen
- Harte Holzfaserplatten nach DIN EN 622-2[14)]
  - technische Klasse: HB.HLA2
- Kunstharzgebundene Holzspanplatten nach DIN EN 312[15)]
  - technische Klassen: P 5 und P 7
- Zementgebundene Holzspanplatten nach DIN EN 634-1[16)]
- Massivholzplatten nach DIN EN 13353[17)]
  - technische Klasse: SWP/2

geeignet.

12) DIN EN 300 Platten aus langen, flachen, ausgerichteten Spänen (OSB) – Definition, Klassifizierung und Anforderungen

13) DIN EN 636 Sperrholz – Anforderungen

14) DIN EN 622-2 Faserplatten – Anforderungen – Teil 2: Anforderungen an harte Platten

15) DIN EN 312 Spanplatten – Anforderungen

16) DIN EN 634-1 Zementgebundene Spanplatten – Anforderungen – Teil 1: Allgemeine Anforderungen

17) DIN EN 13353 Massivholzplatten (SWP) – Anforderungen

Tabelle 3: Rechenwerte der Quell- und Schwindmaße von Holz

Mittleres Schwind- und Quellmaß in % für Änderungen der Holzfeuchte um 1 % unterhalb des Fasersättigungsbereichs der Dicke und Breite von Holzbauteilen	
Holzarten: Fichte, Lärche, Tanne, Kiefer	0,25
Beispiel: Nennquerschnitt bei 20 % Messbezugsfeuchte: 30/50 mm Holzfeuchte im Gebrauchszustand: 15 % Differenz der Holzfeuchten: 20 % - 15 % = 5 %; Änderung der Abmessungen in Prozent: $5 \cdot 0{,}25 = 1{,}25$ % Mittlere Abweichung: Dicke = $0{,}0125 \cdot 30$ mm $\approx$ 0,4 mm Breite = $0{,}0125 \cdot 50$ mm $\approx$ 0,6 mm	

(7) Schalungen aus Holzwerkstoffen, die zur Aufnahme eines Unterdachs oder einer Unterdeckung dienen, müssen bei Holzspan- und OSB-Platten mindestens 15 mm, bei Sperrholzplatten mindestens 10 mm dick und für die Nutzungsklasse 2 geeignet sein. Ergänzend zu (6) sind hierfür auch

- Harte Holzfaserplatten nach DIN EN 622-2
  - technische Klassen: HB.H, HB-HLA1 und HB.E
- Mittelharte Holzfaserplatten nach DIN EN 622-3[18)]
  - technische Klassen: MBL.H, MBH.H, MBH.HLS1, MBH.HLS2, MBL.E und MBH.E
- Poröse Holzfaserplatten nach DIN EN 622-4[19)]
  - technische Klassen: SB.H, SB.HLS und SB.E

geeignet.

(8) Die Schwind- und Quellmaße für Holzwerkstoffe nach DIN EN 1995-1-1/NA sind in Tabelle 4 aufgeführt.

18) DIN EN 622-3 Faserplatten – Anforderungen – Teil 3: Anforderungen an mittelharte Platten

19) DIN EN 622-4 Faserplatten – Anforderungen – Teil 4: Anforderungen an poröse Platten

Tabelle 4: Schwind- und Quellmaße für Holzwerkstoffe nach DIN EN 1995-1-1/NA

Holzwerkstoff	Schwind- und Quellmaß in % für Änderung der Holzfeuchte um 1 % unterhalb des Fasersättigungsbereiches
Sperrholz	0,02
Furnierschichtholz ohne Querfurniere	
– In Faserrichtung der Deckfurniere	0,01
– Rechtwinklig zur Faserrichtung der Deckfurniere	0,32
Furnierschichtholz mit Querfurnieren	
– In Faserrichtung der Deckfurniere	0,01
– Rechtwinklig zur Faserrichtung der Deckfurniere	0,03
Kunstharzgebundene Spanplatten, Faserplatten	0,035
Zementgebundene Spanplatten	0,03
OSB-Platten, Typen OSB/2 und OSB/3	0,03
OSB-Platten, Typ OSB/4	0,015

Tabelle 5: Beispielhafte Umgebungsbedingungen für Korrosionsbelastungen von Stahlbauteilen

Korrosionsbelastung	Beispiele für typische Umgebungsbedingungen	
	außen	innen
unbedeutend C1 [a]		Geheizte Gebäude mit neutralen Atmosphären, z. B. Büros, Läden, Schulen, Hotels.
gering C2 [a]	Atmosphären mit geringer Verunreinigung. Meistens ländliche Gebiete. Verbindungsmittel für die Befestigung von Dachlatten und Schalungsbrettern als Unterlage von Dachdeckungen und Abdichtungen, deren Kopf oder Rücken vollständig abgedeckt ist.	Ungeheizte Gebäude, wo Kondensation auftreten kann, z. B. Lager, Sporthallen.
mäßig C3 [a]	Stadt- und Industrieatmosphäre, mäßige Verunreinigung durch Schwefeldioxid. Küstenbereiche mit geringer Salzbelastung.	Produktionsräume mit hoher Feuchte und etwas Luftverunreinigung, z. B. Anlagen zur Lebensmittelherstellung, Wäschereien, Brauereien, Molkereien.
stark C4 [a]	Industrielle Belastung und Küstenbereiche mit mäßiger Salzbelastung.	Chemieanlagen, Schwimmbäder, Bootsschuppen über Meerwasser.
sehr stark (Industrie) C5-I [a]	Industrielle Bereiche mit hoher Feuchte und agressiver Atmosphäre.	Gebäude oder Bereiche mit nahezu ständiger Kondensation und mit starker Verunreinigung.
sehr stark (Meer) C5-M [a]	Küsten- und Offshorebereiche mit hoher Salzbelastung.	Gebäude oder Bereiche mit nahezu ständiger Kondensation und mit starker Verunreinigung.

[a] Korrosivitätskategorie nach DIN EN ISO 12944-2

2.4 Metallische Verbindungs- und Verankerungsmittel

(1) Metallische Verbindungsmittel in Form von Nägeln, Schrauben und Klammern müssen der DIN EN 14592[20] entsprechen oder über eine allgemeine bauaufsichtliche Zulassung (abZ) bzw. Europäisch Technische Bewertung (ETB) verfügen. Verankerungs-mittel wie Schrauben-Dübel-Kombinationen bedürfen einer allgemeinen bauaufsichtlichen Zulassung bzw. Europäisch Technischen Bewertung.

(2) Für die Bemessung von Holzverbindungen mit Nägeln, Schrauben und Klammern sind neben DIN EN 1995-1-1, DIN EN 1995-1-1/NA, DIN 1052-10[21] auch die bauaufsichtlichen Zulassungen bzw. Europäisch Technischen Bewertungen sowie die nationale Anwendungsnorm DIN 20000-6[22] zu DIN EN 14592 zu berücksichtigen.

(3) Nägel und Schrauben, jeweils mit einem Durchmesser $d \leq$ 4mm, für die Befestigung von Trag- und Konterlatten, Bohlen, Kanthölzern sowie Schalungen als Unterlage für Dachdeckungen und Dachabdichtungen müssen mindestens einen Korrosionsschutz von 12µm (Fe/Zn-Verzinkung) besitzen. Nägel und Schrauben, jeweils mit einem Durchmesser $d >$ 4 mm, sollten einen Korrosionsschutz von mindestens 5 µm (Fe/Zn-Verzinkung) besitzen.

(4) Klammern für die Befestigung von Holz- oder Holzwerkstoffbauteilen sollen aus nichtrostendem Stahl (z. B. nach allgemeiner bauaufsichtlicher Zulassung Z-30.3-6) bestehen. Für die Befestigung von Schalungsbrettern als Unterlage von Dachdeckungen, Abdichtungen, Unterdächern und Unterdeckungen können Klammern mit einem Korrosionsschutz von mindestens 12µm (Fe/Zn-Verzinkung) verwendet werden.

(5) Verbindungsmittel für die Befestigung von Schalungen für Unterdeckungen und Unterdächer sowie Sichtschalungen sollten mindestens einen Korrosionsschutz von 12µm (Fe/Zn-Verzinkung) besitzen.

(6) Sichtbar bleibende und nicht direkt bewitterte Verbindungsmittel sollten aus nichtrostendem Stahl bestehen.

(7) Frei der Bewitterung ausgesetzte Verbindungsmittel müssen aus nichtrostendem Stahl bestehen.

(8) Für Verbindungsmittel von Außenwandbekleidungen und deren Unterkonstruktion sind die „Hinweise für hinterlüftete Außenwandbekleidungen" zu berücksichtigen.

[20] DIN EN 14592 Holzbauwerke – Stiftförmige Verbindungsmittel – Anforderungen

[21] DIN 1052-10 Herstellung und Ausführung von Holzbauwerken – Teil 10: Ergänzende Bestimmungen

[22] DIN 20000-6 Anwendung von Baurodukten in Bauwerken – Teil 6: Verbindungsmittel nach EN 14592 und EN

(9) Korrosion von Verbindungsmitteln kann bei chemisch geschütztem Holz, gerbstoffreichen Hölzern (z. B. Bongossi, Eiche) oder Holzwerkstoffen auftreten. Bei chemisch geschützten Hölzern oder gerbstoffreichen Hölzern sollen Verbindungsmittel aus nichtrostendem Stahl verwendet werden. Bei Holzwerkstoffen sind die Hinweise der Holzwerkstoffhersteller zu berücksichtigen.

(10) In Bereichen mit starker und sehr starker Korrosionsbelastung (Korrosivitätskategorien C4 und C5 nach DIN EN ISO 12944-2[23]), z. B. Chemieanlagen und Schwimmbäder, ist der Korrosionsschutz im Einzelfall nach den Technischen Baubestimmungen zu planen und auszuführen. Vereinfacht können in diesen Fällen, mit Ausnahmen von stark chlorhaltigen Umgebungsbedingungen (z. B. Schwimmbäder), Verbindungsmittel aus nichtrostendem Stahl verwendet werden.

3 Ausführung

3.1 Verbindungsmittel und Verbindungen

3.1.1 Allgemeines

In den folgenden Abschnitten werden Verbindungen mit glattschaftigen und profilierten Nägeln (Rillennägel) mit einem Durchmesser kleiner 5 mm, beharzten Klammern und Schrauben behandelt. Anderweitige Verbindungen sind nach den Technischen Baubestimmungen auszuführen.

3.1.2 Mindestholzdicken und Mindesteindringtiefen von Verbindungsmitteln

(1) Tragende Bauteile aus Holz müssen mindestens eine Nenndicke von 24 mm und Holzwerkstoffe mindestens eine Nenndicke von 22 mm haben. Darüber hinaus müssen

- Trag- und Konterlatten
- Schalungsbretter

nach DIN EN 1995-1-1 eine Mindestdicke von dem 7-fachen des Verbindungsmitteldurchmessers haben. Für andere Bauteile ist die Mindestholzdicke nach DIN EN 1995-1-1 und DIN EN 1995-1-1/NA zu bestimmen.

(2) Die Mindesteindringtiefen von stabförmigen Verbindungsmitteln in Holz sind in Abhängigkeit von ihrem Durchmesser (bei Nägeln und Klammern der Durchmesser des Schafts, bei Schrauben der Außendurchmesser des Gewindes) definiert und betragen nach DIN EN 1995-1-1 vereinfacht für

[23] DIN EN ISO 12944-2 Korrossionsschutz von Stahlbauteilen durch Beschichtungssysteme – Teil 2: Einteilung der Umgebungsbedingungen

- glattschaftige Nägel und Klammern 12 × d,
- profilierte Nägel (Rillennägel) 8 × d,
- Schrauben 6 × d.

Für die Mindesteindringtiefen können Bauteile aus Holz und Holzwerkstoffen angerechnet werden, wenn diese

- eine Rohdichte ≥ 350 kg/m³,
  und
- Holzbauteile eine Dicke ≥ 24 mm haben,
  oder
- Holzwerkstoffe eine Dicke ≥ 22 mm haben,
  und
- die Bauteile einzeln ausreichend befestigt sind (siehe Abb. 3.1).

Andernfalls ist die Verbindungsmittellänge um die Dicke dieses Bauteils zu erhöhen (siehe Abb. 3.1).

3.1.3 Abstände von Verbindungsmitteln zum Rand und untereinander

(1) Bei nicht vorgebohrten Nagelverbindungen von Nadelholz der Sortierklassen S10 und S13 bzw. der Festigkeitsklassen C24 und C30 betragen die Mindestrandabstände nach DIN EN 1995-1-1 zum

- unbeanspruchten Rand 5 × d
- beanspruchten Rand vereinfacht 7 × d
- vom beanspruchten Hirnholzende vereinfacht 15 × d
- vom unbeanspruchten Hirnholzende 10 × d

sowie die Mindestabstände untereinander

- in Faserrichtung vereinfacht 10 × d
- rechtwinklig zur Faserrichtung 5 × d.

Von den Randabständen kann bei Dachlatten als Unterlage von Dachdeckungen und Schalungen als Unterlage von Dachdeckungen und Dachabdichtungen abgewichen werden, wenn das Holz nicht spaltet und eine dauerhafte Verbindung gewährleistet ist. Die Abbildungen 3.2 bis 3.5 zeigen die Abstände für übliche Anwendungsfälle. Lattenstöße können direkt auf dem Sparren, einem breiten Konterbrett bzw. -bohle, 2 parallel angeordneten Konterlatten oder mit Stoßverbindern ausgeführt werden. Die Eignung und der Anwendungsbereich von Stoßverbindern ist vom Hersteller nachzuweisen und anzugeben.

(2) Die Mindestrandabstände von Nägeln und Schrauben in Sperrholz, OSB-Platten, kunstharzgebundenen Holzspanplatten und Faserplatten der technischen Klasse HB.HLA2 sollten vom unbeanspruchten Rand 3 x d betragen, soweit nicht die Nagelabstände im Holz maßgebend werden. Vom beanspruchten Plattenrand sollten die Abstände der Nägel oder Schrauben 4 x d bei Sperrholz sowie 7 x d bei OSB-Platten, kunstharzgebundenen Holzspanplatten und

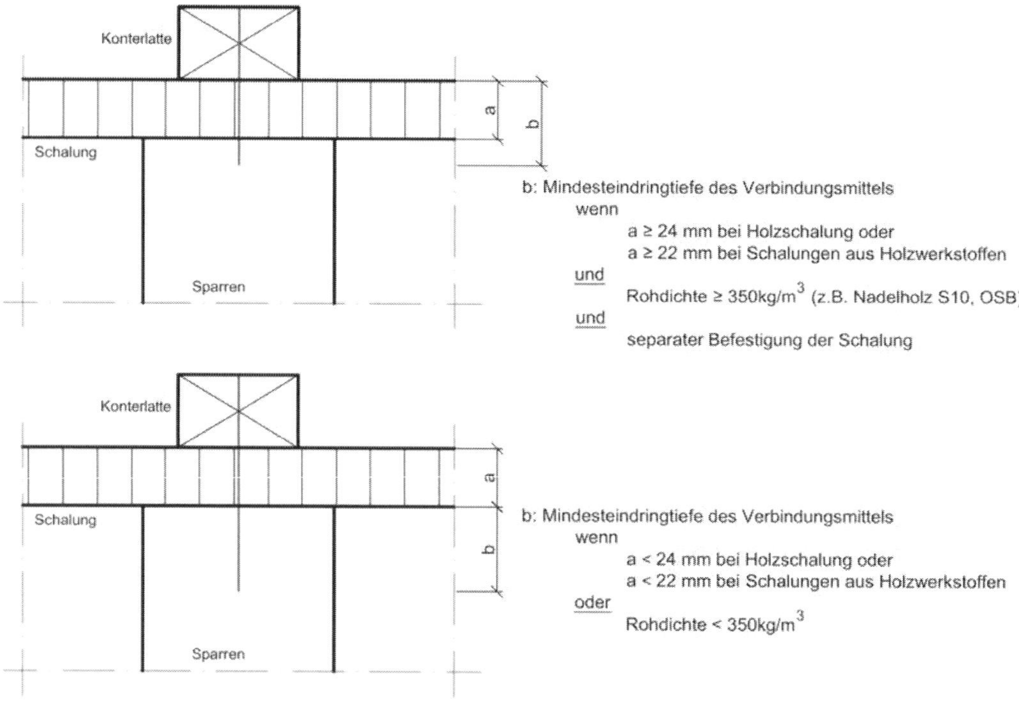

Abb. 3.1: Mindesteindringtiefe von Verbindungsmitteln

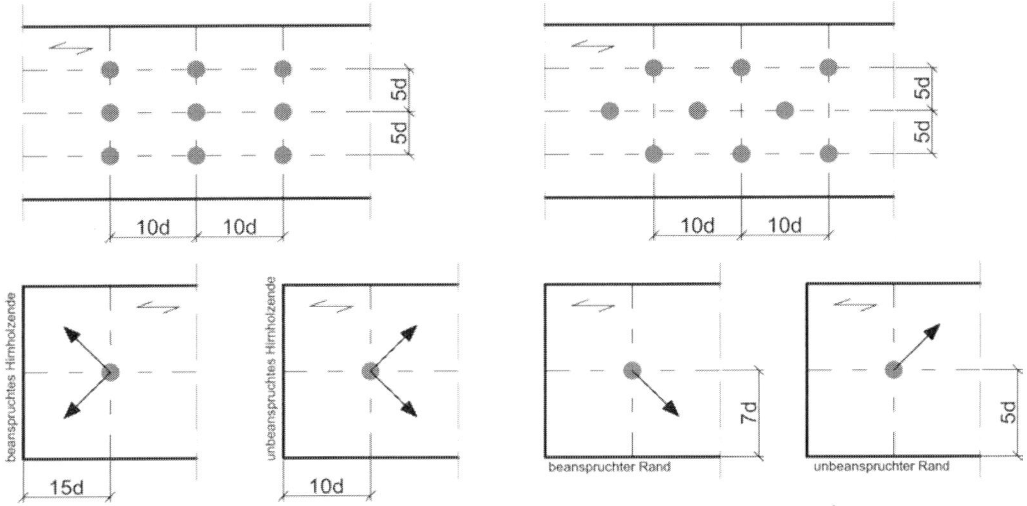

Abb. 3.2: Mindestabstände von Nägeln nach DIN EN 1995-1-1

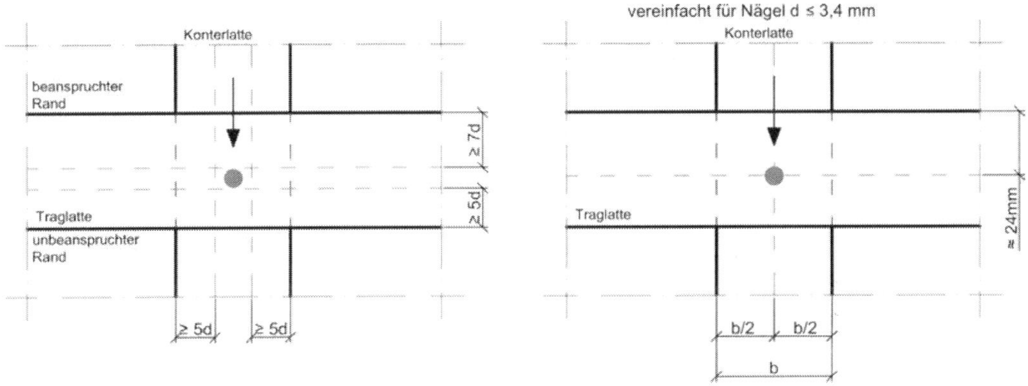

Abb.3.3: Randabstände von Nägeln zur Befestigung von Traglatten mit 1 Nagel

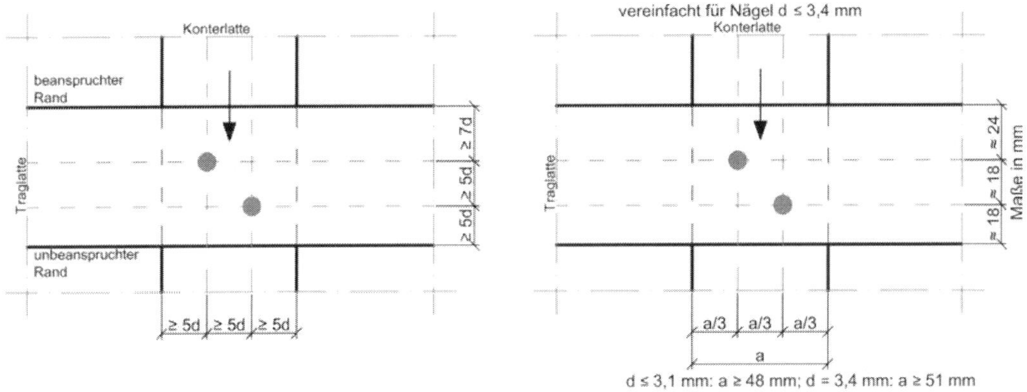

Abb. 3.4: Randabstände von Nägeln zur Befestigung von Traglatten mit 2 Nägeln

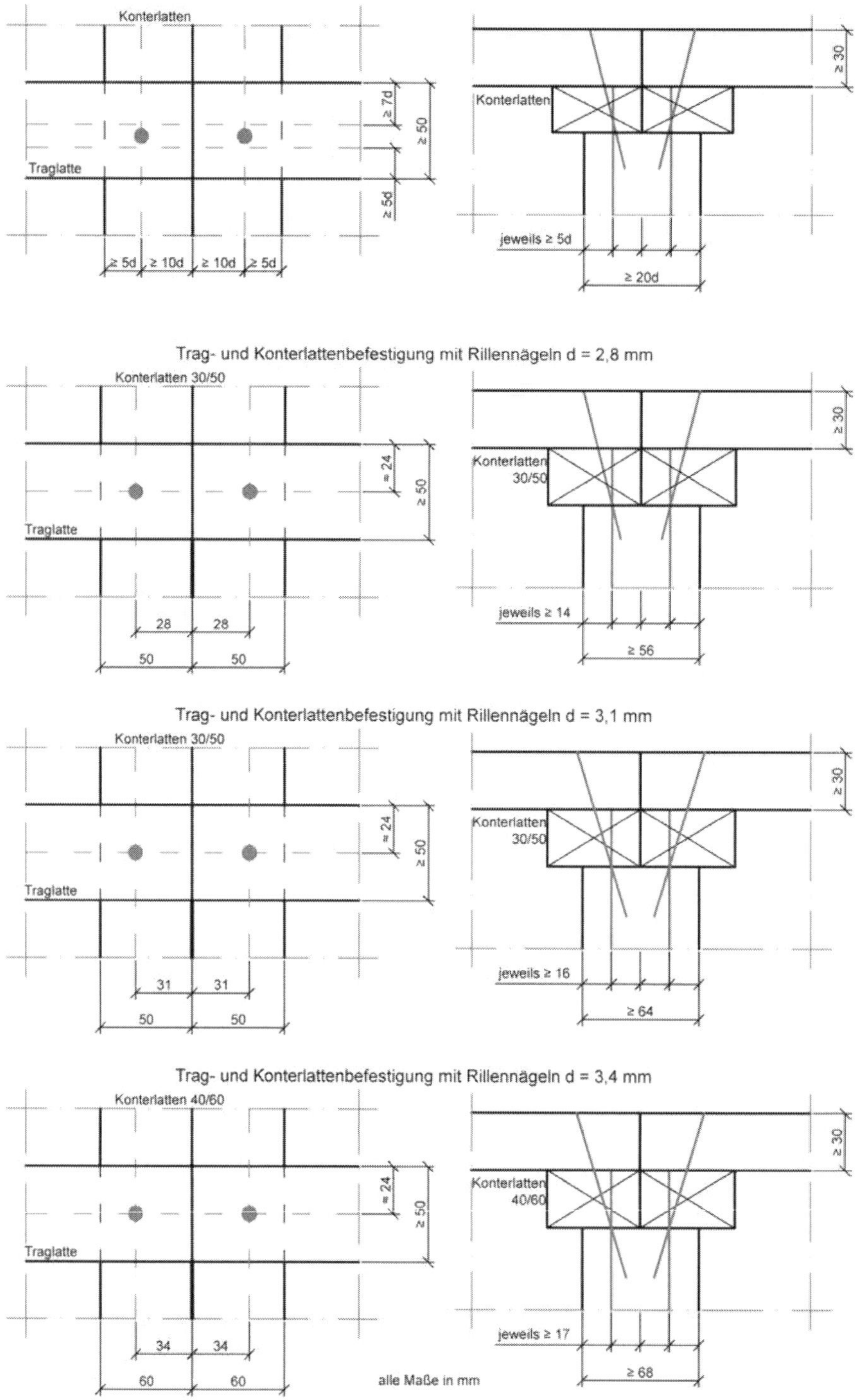

Abb. 3.5: Randabstände von Nägeln an Traglattenstößen

Faserplatten nicht unterschreiten. Der Abstand der Befestigungsmittel untereinander sollte in keiner Richtung 40 x d überschreiten. Wird von den empfohlenen Abständen abgewichen, ist darauf zu achten, dass eine dauerhafte Verbindung gewährleistet ist.

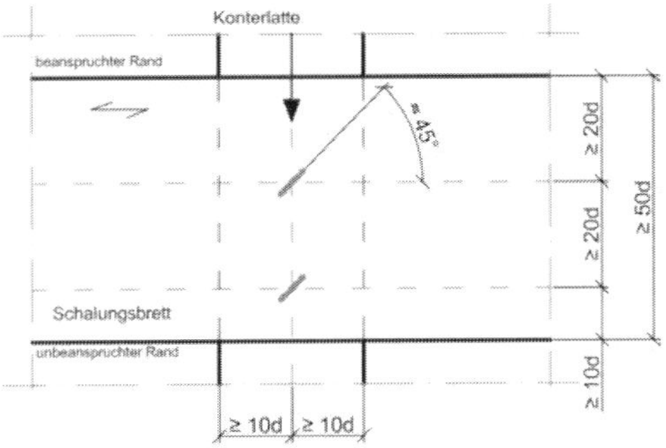

Abb. 3.6: Randabstände von Klammern nach DIN EN 1995 bei der Befestigung von Schalungsbrettern

(3) Bei Klammerverbindungen betragen die Mindestrandabstände nach DIN EN 1995-1-1

- zum unbeanspruchten Rand 10 × d
- zum beanspruchten Rand vereinfacht 20 × d
- vom beanspruchten Hirnholzende vereinfacht 20 × d
- vom unbeanspruchten Hirnholzende 15 × d

sowie die Mindestabstände untereinander

- in Faserrichtung vereinfacht 20 × d
- rechtwinklig zur Faserrichtung 15 × d.

Von diesen Randabständen kann bei

- Dachlatten als Unterlage von Dachdeckungen und
- Schalungen als Unterlage von Dachdeckungen und Dachabdichtungen

abgewichen werden, wenn das Holz nicht spaltet und eine dauerhafte Verbindung gewährleistet ist. Der Winkel zwischen Klammerrücken und Holzfaser sollte ca. 45° betragen.

(4) Die Mindestrandabstände von Schrauben in Nadelholz der Sortierklassen S10 und S13 bzw. der Festigkeitsklassen C24 und C30 können vereinfacht nach Abschnitt (1) angenommen werden oder sind DIN EN 1995-1-1 bzw. den bauaufsichtlichen Verwendbarkeitsnachweisen (abZ, ETB) zu entnehmen.

(5) Schrauben-Dübel-Kombinationen zur Befestigung von Latten, Bohlen und Brettern werden i.d.R. hinsichtlich der Randabstände und Abstände untereinander wie Bolzen betrachtet. Für Bolzenverbindungen betragen die Mindestrandabstände nach DIN EN 1995-1-1 zum

- unbeanspruchten Rand 3 × d
- beanspruchten Rand vereinfacht 4 × d
- vom beanspruchten Hirnholzende 7 × d (jedoch mindestens 80 mm)
- vom unbeanspruchten Hirnholzende 4 × d

sowie die Mindestabstände untereinander

- in Faserrichtung vereinfacht 5 × d
- rechtwinklig zur Faserrichtung 4 × d.

3.2 Holz und Holzwerkstoffe als Unterlage bzw. Unterkonstruktion von Dachdeckungen und Dachabdichtungen

3.2.1 Allgemeines

(1) Die Angaben zu erforderlichen Abmessungen von Bauteilen und deren Befestigung der Abschnitte 3.2.2 bis 3.2.4 gelten für Gebäudehöhen bis 25 m. Bei Gebäudehöhen von mehr als 25 m ist die Befestigung nach den Technischen Baubestimmungen nachzuweisen.

(2) Werden Bauteile nach den Abschnitten 3.2.2 bis 3.2.4 für die Aussteifung des Daches und/oder des Gebäudes herangezogen, sind sie nach den Technischen Baubestimmungen nachzuweisen und dementsprechend auszuführen.

(3) Die Befestigung von Einbauteilen wie z. B. Schneefangstützen ist gesondert nachzuweisen bzw. nach Herstellervorgaben auszuführen.

(4) Werden technische Anlagen, sicherheitstechnische Vorrichtungen oder ähnliches auf

- Konterlatten
- Traglatten
- Schalungen
- Dachdeckungen
- Dachabdichtungen

befestigt, sind die daraus resultierenden Lasten im rechnerischen Nachweis für diese Befestigung sowie der lastweiterleitenden Bauteile zu berücksichtigen (siehe u. a. „Merkblatt Einbauteile bei Dachdeckungen“).

3.2.2 Konterlatten

(1) Konterlatten müssen bei visueller Sortierung mindestens der Sortierklasse S 10 nach DIN 4047-1 entsprechen und über eine Mindestnenndicke von 24 mm verfügen. Maschinell sortierte Konterlatten müssen bei

- Nennquerschnitten 30/50 mm der Festigkeitsklasse C27 M
- Nennquerschnitten 40/60 mm der Festigkeitsklasse C24 M

nach DIN EN 338 entsprechen. Für Latten mit Nennquerschnitten kleiner 30/50 mm liegen keine Festigkeitswerte vor, weshalb eine Zuordnung zu einer Festigkeitsklasse nicht erfolgen kann und diese somit nicht verwendet werden können.

(2) Ohne rechnerischen Nachweis sind Konterlatten direkt auf Holz oder Holzwerkstoffen mit einer Rohdichte ≥ 350 kg/m³ nach Tabelle 6 bzw. 7 zu befestigen. Bei geringeren Nagelabmessungen ist ein Nachweis nach den Technischen Baubestimmungen erforderlich. Nägel oder Schrauben mit höherer Tragfähigkeit sind unter Einhaltung der Mindestrandabstände nach Abschnitt 3.1.3 zulässig.

Tabelle 6: Befestigung von Konterlatten unter Traglatten

Gebäudehöhe h		Befestigung von Konterlatten unter Traglatten pro m bei einem Achsabstand der Unterkonstruktion von maximal 1,0 m: Sattel- und Walmdächer	Pultdächer
≤ 10 m	Wz 1	4 x Na 3,1 x 80 [a]	5 x Na 3,1 x 80 [a]
	Wz 2 B		6 x Na 3,1 x 80 [a]
	Wz 2 K	6 x Na 3,1 x 80 [a]	8 x Na 3,1 x 80 [b]
	Wz 3 B		
	Wz 3 K	7 x Na 3,1 x 80 [a]	9 x Na 3,1 x 80 [c]
	Wz 4 B		
	Wz 4 K	8 x Na 3,1 x 80 [b]	4 x RiNa 3,1 x 80
≤ 18 m	Wz 1	5 x Na 3,1 x 80 [a]	6 x Na 3,1 x 80 [a]
	Wz 2 B		7 x Na 3,1 x 80 [a]
	Wz 2 K	7 x Na 3,1 x 80 [a]	9 x Na 3,1 x 80 [b]
	Wz 3 B		
	Wz 3 K	8 x Na 3,1 x 80 [b]	4 x RiNa 3,1 x 80
	Wz 4 B		
	Wz 4 K	9 x Na 3,1 x 80 [b]	5 x RiNa 3,1 x 80
≤ 25 m	Wz 1	5 x Na 3,1 x 80 [a]	7 x Na 3,1 x 80 [a]
	Wz 2 B	6 x Na 3,1 x 80 [a]	8 x Na 3,1 x 80 [b]
	Wz 2 K	7 x Na 3,1 x 80 [a]	10 x Na 3,1 x 80 [c]
	Wz 3 B		
	Wz 3 K	8 x Na 3,1 x 80 [b]	4 x RiNa 3,1 x 80
	Wz 4 B		
	Wz 4 K	10 x Na 3,1 x 80 [c]	5 x RiNa 3,1 x 80

Wz: Windzone
B: Binnenland
K: Küste und Inseln der Ostsee
Na: Nagel
RiNa: Rillennagel

[a] alternativ: 3 x RiNa 2,8 x 75
[b] alternativ: 4 x RiNa 2,8 x 75 oder 3 x RiNa 3,1 x 80
[c] alternativ: 4 x RiNa 3,1 x 80

Eindringtiefe:
Na 3,1 x 80: 40 mm
RiNa 2,8 x 75: 35 mm
RiNa 3,1 x 80: 40 mm

Bemessungswerte der Tragfähigkeit in Stabachse:
Na 3,1 x 80: 230 N
RiNa 2,8 x 75: 520 N
RiNa 3,1 x 80: 670 N

Tabelle 7: Befestigung von Konterlatten unter Schalungen

			Befestigung von Konterlatten unter Schalungen pro m bei einem Achsabstand der Unterkonstruktion von maximal 1,0 m	
			Sattel- und Walmdächer	**Pult- und Flachdächer**
Gebäudehöhe h	≤ 10 m	Wz 1	4 x RiNa 2,8 x 75 [a]	4 x RiNa 3,1 x 80 [c]
		Wz 2 B	4 x RiNa 2,8 x 75 [b]	5 x RiNa 3,1 x 80
		Wz 2 K	4 x RiNa 3,1 x 80	6 x RiNa 3,1 x 80
		Wz 3 B		
		Wz 3 K	5 x RiNa 3,1 x 80	7 x RiNa 3,1 x 80
		Wz 4 B		
		Wz 4 K	6 x RiNa 3,1 x 80	9 x RiNa 3,1 x 80
	≤ 18 m	Wz 1	4 x RiNa 2,8 x 75 [b]	5 x RiNa 3,1 x 80
		Wz 2 B	4 x RiNa 3,1 x 80	6 x RiNa 3,1 x 80
		Wz 2 K	5 x RiNa 3,1 x 80	7 x RiNa 3,1 x 80
		Wz 3 B		
		Wz 3 K	6 x RiNa 3,1 x 80	8 x RiNa 3,1 x 80
		Wz 4 B		
		Wz 4 K	7 x RiNa 3,1 x 80	10 x RiNa 3,1 x 80
	≤ 25 m	Wz 1	4 x RiNa 3,1 x 80	5 x RiNa 3,1 x 80
		Wz 2 B	5 x RiNa 3,1 x 80	6 x RiNa 3,1 x 80
		Wz 2 K	6 x RiNa 3,1 x 80	8 x RiNa 3,1 x 80
		Wz 3 B		
		Wz 3 K	7 x RiNa 3,1 x 80	9 x RiNa 3,1 x 80
		Wz 4 B		
		Wz 4 K	8 x RiNa 3,1 x 80	11 x RiNa 3,1 x 80
		Wz: Windzone B: Binnenland K: Küste und Inseln der Ostsee Na: Nagel RiNa: Rillennagel	[a] alternativ: 7 x Na 3,1 x 80 [b] alternativ: 9 x Na 3,1 x 80 [b] alternativ: 10 x Na 3,1 x 80	
		Eindringtiefe: Na 3,1 x 80: 40 mm RiNa 2,8 x 75: 35 mm RiNa 3,1 x 80: 40 mm	Bemessungswerte der Tragfähigkeit in Stabachse: Na 3,1 x 80: 230 N RiNa 2,8 x 75: 520 N RiNa 3,1 x 80: 670 N	

(3) Konterlatten können mit Unterbrechungen verlegt werden. Je Konterlatte sind unabhängig von Tabelle 6 bzw. 7 mindestens 2 Befestigungsmittel erforderlich.

(4) Die Befestigung von Konterlatten über Aufsparrendämmsystemen oder Holzwerkstoffplatten mit einer Rohdichte < 350 kg/m³ erfordert einen rechnerischen Nachweis oder kann nach Herstellerangaben erfolgen.

3.2.3 Traglatten

(1) Für Traglatten mit lichten Abständen ≤ 0,40 m und Achsabständen der Unterkonstruktion von maximal 1,0 m gelten hinsichtlich der Querschnitte und Sortierklassen die Tabelle 8. Die Befestigung erfolgt nach den Tabellen 9 bis 11.

(2) Für Traglatten, die nicht den Anforderungen nach Abschnitt (1) entsprechen, ist ein rechnerischer Nachweis nach den Technischen Baubestimmungen erforderlich.

(3) Traglatten sind so anzubringen, dass 2 volle Kanten auf dem Auflager aufliegen. Bei eingehängtem Deckmaterial dürfen Traglatten nur an der nach der Traufe zeigenden oberen Lattenkante teilweise baumkantige Ausbildungen aufweisen.

Tabelle 8: Traglatten ohne rechnerischen Nachweis aus Nadelholz

Nennquerschnitte in mm	Achsabstand der Unterkonstruktion in m	Sortierklasse nach DIN 4074-1 für visuell sortierte Latten	Sortierklasse nach DIN EN 338 für maschinell sortierte Latten
30/50	bis 0,80	S 10 TS oder S10[a]	C 27 M TS oder C 27 M[a]
40/60	bis 1,00	S 10 TS oder S10[a]	C 24 M TS oder C 24 M[a]
[a] maximale Holzfeuchte 20%			

Tabelle 9: Befestigung von Traglatten je Auflager für Gebäudehöhen h ≤ 10 m

<table>
<tr><td colspan="3" rowspan="2"></td><td colspan="2">Befestigung von Traglatten unter Dachziegel- und Dachsteindeckungen (Gebäudehöhe h ≤ 10m)</td></tr>
<tr><td>Sattel- und Walmdächer</td><td>Pultdächer</td></tr>
<tr><td rowspan="14">Achsabstand der Unterkonstruktion</td><td rowspan="7">≤ 0,8 m</td><td>Wz 1</td><td rowspan="2">RiNa 2,8 x 75</td><td rowspan="2">RiNa 3,1 x 80</td></tr>
<tr><td>Wz 2 B</td></tr>
<tr><td>Wz 2 K</td><td rowspan="4">RiNa 3,1 x 80</td><td>RiNa 3,4 x 90</td></tr>
<tr><td>Wz 3 B</td><td>RiNa 3,1 x 80</td></tr>
<tr><td>Wz 3 K</td><td>2 x RiNa 3,1 x 80 [a]</td></tr>
<tr><td>Wz 4 B</td><td>RiNa 3,4 x 90</td></tr>
<tr><td>Wz 4 K</td><td>RiNa 3,4 x 90</td><td>2 x RiNa 3,1 x 80 [a]</td></tr>
<tr><td rowspan="7">≤ 1,0 m</td><td>Wz 1</td><td>RiNa 2,8 x 75</td><td rowspan="2">RiNa 3,1 x 80</td></tr>
<tr><td>Wz 2 B</td><td rowspan="3">RiNa 3,1 x 80</td></tr>
<tr><td>Wz 2 K</td><td>2 x RiNa 3,1 x 80 [a]</td></tr>
<tr><td>Wz 3 B</td><td>RiNa 3,4 x 90</td></tr>
<tr><td>Wz 3 K</td><td rowspan="2">RiNa 3,4 x 90</td><td rowspan="3">2 x RiNa 3,1 x 80 [a]</td></tr>
<tr><td>Wz 4 B</td></tr>
<tr><td>Wz 4 K</td><td>2 x RiNa 3,1 x 80 [a]</td></tr>
<tr><td colspan="3">Wz: Windzone
B: Binnenland</td><td colspan="2">K: Küste und Inseln der Ostsee
RiNa: Rillennagel</td></tr>
<tr><td colspan="3">Eindringtiefe:
RiNa 2,8 x 75: 24 mm
RiNa 3,1 x 80: 30 mm
RiNa 3,4 x 90: 40 mm</td><td colspan="2">Bemessungswerte der Tragfähigkeit in Richtung der Stabachse:
RiNa 2,8 x 75: 340 N
RiNa 3,1 x 80: 600 N
RiNa 3,4 x 90: 730 N</td></tr>
<tr><td colspan="5">An Traglattenstößen ist nur 1 Rillennagel je Traglatte erforderlich.</td></tr>
<tr><td colspan="5">[a] Breite der Traglatte mindestens 53 mm</td></tr>
</table>

Tabelle 10: Befestigung von Traglatten je Auflager für Gebäudehöhen 10 m < h ≤ 18 m

Achsabstand der Unterkonstruktion			Befestigung von Traglatten unter Dachziegel- und Dachsteindeckungen (Gebäudehöhe 10 < h ≤ 18m): Sattel- und Walmdächer	Befestigung von Traglatten unter Dachziegel- und Dachsteindeckungen (Gebäudehöhe 10 < h ≤ 18m): Pultdächer
	≤ 0,8 m	Wz 1	RiNa 2,8 x 75	RiNa 3,1 x 80
	≤ 0,8 m	Wz 2 B	RiNa 3,1 x 80	RiNa 3,1 x 80
	≤ 0,8 m	Wz 2 K	RiNa 3,1 x 80	RiNa 3,4 x 90
	≤ 0,8 m	Wz 3 B	RiNa 3,1 x 80	RiNa 3,4 x 90
	≤ 0,8 m	Wz 3 K	RiNa 3,4 x 90	2 x RiNa 3,1 x 80 [a]
	≤ 0,8 m	Wz 4 B	RiNa 3,1 x 80	2 x RiNa 3,1 x 80 [a]
	≤ 0,8 m	Wz 4 K	2 x RiNa 3,1 x 80 [a]	2 x RiNa 3,1 x 80 [a]
	≤ 1,0 m	Wz 1	RiNa 3,1 x 80	RiNa 3,1 x 80
	≤ 1,0 m	Wz 2 B	RiNa 3,1 x 80	RiNa 3,4 x 90
	≤ 1,0 m	Wz 2 K	RiNa 3,4 x 90	2 x RiNa 3,1 x 80 [a]
	≤ 1,0 m	Wz 3 B	RiNa 3,4 x 90	2 x RiNa 3,1 x 80 [a]
	≤ 1,0 m	Wz 3 K	2 x RiNa 3,1 x 80 [a]	2 x RiNa 3,1 x 80 [a]
	≤ 1,0 m	Wz 4 B	RiNa 3,4 x 90	2 x RiNa 3,1 x 80 [a]
	≤ 1,0 m	Wz 4 K	2 x RiNa 3,1 x 80 [a]	2 x RiNa 3,4 x 90 [b]

Wz: Windzone — K: Küste und Inseln der Ostsee

B: Binnenland — RiNa: Rillennagel

Eindringtiefe:	Bemessungswerte der Tragfähigkeit in Richtung der Stabachse:
RiNa 2,8 x 75: 24 mm	RiNa 2,8 x 75: 340 N
RiNa 3,1 x 80: 30 mm	RiNa 3,1 x 80: 600 N
RiNa 3,4 x 90: 40 mm	RiNa 3,4 x 90: 730 N

An Traglattenstößen ist nur 1 Rillennagel je Traglatte erforderlich.

[a] Breite der Traglatte mindestens 53 mm

[b] Breite der Traglatte mindestens 58 mm / Breite der Konterlatte mindestens 51 mm

Tabelle 11: Befestigung von Traglatten je Auflager für Gebäudehöhen 18 m < h ≤ 25 m

<table>
<tr><th colspan="3"></th><th colspan="2">Befestigung von Traglatten unter Dachziegel- und Dachsteindeckungen
(Gebäudehöhe 18 < h ≤ 25m)</th></tr>
<tr><th colspan="3"></th><th>Sattel- und Walmdächer</th><th>Pultdächer</th></tr>
<tr><td rowspan="14">Achsabstand der Unterkonstruktion</td><td rowspan="7">≤ 0,8 m</td><td>Wz 1</td><td rowspan="4">RiNa 3,1 x 80</td><td>RiNa 3,1 x 80</td></tr>
<tr><td>Wz 2 B</td><td>RiNa 3,4 x 90</td></tr>
<tr><td>Wz 2 K</td><td rowspan="5">2 x RiNa 3,1 x 80 [a]</td></tr>
<tr><td>Wz 3 B</td></tr>
<tr><td>Wz 3 K</td><td rowspan="2">RiNa 3,4 x 90</td></tr>
<tr><td>Wz 4 B</td></tr>
<tr><td>Wz 4 K</td><td>2 x RiNa 3,1 x 80 [a]</td></tr>
<tr><td rowspan="7">≤ 1,0 m</td><td>Wz 1</td><td rowspan="2">RiNa 3,1 x 80</td><td>RiNa 3,4 x 90</td></tr>
<tr><td>Wz 2 B</td><td rowspan="5">2 x RiNa 3,1 x 80 [a]</td></tr>
<tr><td>Wz 2 K</td><td rowspan="2">RiNa 3,4 x 90</td></tr>
<tr><td>Wz 3 B</td></tr>
<tr><td>Wz 3 K</td><td rowspan="3">2 x RiNa 3,1 x 80 [a]</td></tr>
<tr><td>Wz 4 B</td></tr>
<tr><td>Wz 4 K</td><td>2 x RiNa 3,4 x 90 [b]</td></tr>
<tr><td colspan="3">Wz: Windzone
B: Binnenland</td><td colspan="2">K: Küste und Inseln der Ostsee
RiNa: Rillennagel</td></tr>
<tr><td colspan="3">Eindringtiefe:
RiNa 2,8 x 75: 24 mm
RiNa 3,1 x 80: 30 mm
RiNa 3,4 x 90: 40 mm</td><td colspan="2">Bemessungswerte der Tragfähigkeit in Richtung der Stabachse:
RiNa 2,8 x 75: 340 N
RiNa 3,1 x 80: 600 N
RiNa 3,4 x 90: 730 N</td></tr>
<tr><td colspan="5">An Traglattenstößen ist nur 1 Rillennagel je Traglatte erforderlich.</td></tr>
<tr><td colspan="5">[a] Breite der Traglatte mindestens 53 mm
[b] Breite der Traglatte mindestens 58 mm / Breite der Konterlatte mindestens 51 mm</td></tr>
</table>

3.2.4 Schalungen als Unterlage von Dachdeckungen und Dachabdichtungen

(1) Für Schalungen aus Brettern und Platten mit Auflagerabständen bis zu 1,0 m und ohne weitere statische Funktion (z. B. Aussteifung von Nagelplattenbindern) gelten hinsichtlich der Sortierklasse bzw. technischen Klasse und Nenndicken der Abschnitt 2.3 (6) sowie die Tabellen 12 und 13.

Bei Achsabständen der Unterkonstruktion von mehr als 1,0 m ist ein rechnerischer Nachweis der Schalung sowie der Befestigung nach den Technischen Baubestimmungen erforderlich.

Tabelle 12: Nenndicke, zulässige Achsabstände der Unterkonstruktionen und

Nenndicke von Holzschalungen in mm	Achsabstand der Unterkonstruktion in m	Sortierklasse DIN 4074-1
≥ 24	≤ 0,80	S 10
≥ 28	≤ 0,90	
≥ 30	≤ 1,0	

Tabelle 13: Nenndicke und zulässige Achsabstände der Unterkonstruktion von Holzwerkstoffen

Nenndicke von Holzwerkstoffschalungen in mm	Achsabstand der Unterkonstruktion in m
≥ 22	≤ 0,80
≥ 25	≤ 1,0

(2) Die erforderliche Schalungsdicke kann durch einen Einzelnachweis nach den Technischen Baubestimmungen, insbesondere unter Berücksichtigung der Lasten aus dem Arbeitsbetrieb (siehe „Hinweise zur Lastenermittlung"), ermittelt werden. Schalungen mit zusätzlicher statischer Funktion für das Tragwerk (z. B. Aussteifung von Nagelplattenbindern) und deren Befestigung müssen unabhängig vom Auflagerabstand nach den Technischen Baubestimmungen berechnet werden.

(3) Schalungen mit Brettbreiten von maximal 0,16 m sind nach Tabelle 14 je Auflager zu befestigen. Bei Brettbreiten über 0,16 m ist die Verbindungsmittelanzahl nach Tabelle 14 linear um ganze Verbindungsmittel zu erhöhen. Bei größeren Achsabständen der Unterkonstruktion und/oder größeren Gebäudehöhen ist ein Nachweis nach den Technischen Baubestimmungen erforderlich.

(4) Schalungen aus Holzwerkstoffen sind nach Tabelle 7 oder auf Grundlage eines Nachweises nach den Technischen Baubestimmungen zu befestigen. Anstelle von Nägeln 3,1 x 80 können auch Klammern 1,8 x 65 verwendet werden. Anstelle von Rillennägeln 2,8 x 75 oder 3,1 x 80 können auch Klammern 1,8 x 65 verwendet werden, wenn die Anzahl verdoppelt wird.

(5) Die feuchtebedingten Längenänderungen von Holzwerkstoffplatten können bis zu 2 mm pro Meter betragen. Dies ist bei der Verlegung entsprechend zu berücksichtigen.

(6) Querstöße von Holzschalungen dürfen nur auf den unterstützenden Bauteilen (z. B. Sparren oder Pfetten) angeordnet werden. Die Auflagertiefe ergibt sich nach Abschnitt 3.1.3.

3.3 Holz und Holzwerkstoffe als Unterlage bzw. Unterkonstruktion von Außenwandbekleidungen

3.3.1 Allgemeines

Glattschaftige Nägel sind für die Befestigung von Unterkonstruktionen von Außenwandbekleidungen nicht zugelassen.

Tabelle 14: Befestigung von Schalungsbrettern

			Befestigung von Schalungsbrettern mit einer Breite ≤ 0,16 m je Auflager (Gebäudehöhe h ≤ 25 m)	
Achsabstand der Unterkonstruktion	Nenndicke der Schalung		Sattel- und Walmdächer	Pult- und Flachdächer
≤ 0,80 m	≤ 26 mm	Wz 1	2 × Nagel 2,8 x 65 [a]	2 × Nagel 3,1 x 80 [a]
		Wz 2		
		Wz 3		3 × Nagel 3,1 x 80 [a]
		Wz 4		
≤ 1,0 m	≤ 32 mm	Wz 1	2 × Nagel 3,1 x 80 [a]	3 × Nagel 3,1 x 80 [a]
		Wz 2		
		Wz 3	3 × Nagel 3,1 x 80 [a]	4 × Nagel 3,1 x 80 [a]
		Wz 4		

Wz: Windzone

[a] alternativ: 2 x Klammern 1,8 x 65 oder 2 x Rillennagel 2,8 x 75

Bei Aufsparrendämmungen und Unterdeckplatten muss die Dicke der Konterlatten mindestens 34 mm für Nägel 2,8 x 65 und 38 mm für Nägel 3,1 x 80 betragen. Bei Verwendung von Rillennägeln 2,8 x 75 beträgt die Dicke der Konterlatten mindestens 24 mm.

3.3.2 Grundhölzer

(1) Grundhölzer aus Nadelholz für Außenwandbekleidungen mit kleinformatigen Platten müssen mindestens der Sortierklasse S 10 nach DIN 4074-1 entsprechen und über einen Nennquerschnitt von 30/50 mm verfügen.

(2) Ist ein statischer Nachweis der Grundhölzer erforderlich, so ist dieser nach den Technischen Baubestimmungen zu führen. Festlegungen über das Erfordernis eines statischen Nachweises sind der jeweiligen Landesbauordnung zu entnehmen.

(3) Verankerungsmittel (Verankerungselemente) für die Befestigung der Grundhölzer müssen eine ständige Zugkraft aufnehmen können. Die Art und Anzahl der erforderlichen Verankerungsmittel ergibt sich aus einem statischen Nachweis nach den Technischen Baubestimmungen. Geeignete Produkte je nach Verankerungsgrund sind hierfür z. B.

- Schrauben-Dübel-Kombinationen mit allgemeiner bauaufsichtlicher Zulassung,
- Rillennägel nach DIN EN 14592,
- Holzschrauben mit allgemeiner bauaufsichtlicher Zulassung.

Bei der Verwendung von Schrauben-Dübel-Kombinationen ist der Zulassung zu entnehmen, ob die Anwendung nur im Druckbereich (z. B. Nylon-Dübel in Mauerwerk) oder Druck- und Zugbereich (z. B. Sonderformen für Stahlbeton-Skelett-Stützen) zulässig ist.

3.3.3 Traglatten

(1) Traglatten für Außenwandbekleidungen mit kleinformatigen Platten müssen mindestens der Sortierklasse S 10 nach DIN 4074-1 entsprechen und über einen Nennquerschnitt von mindestens 30/50 mm verfügen.

(2) Die Art und Anzahl der Verbindungsmittel pro Kreuzungspunkt ergibt sich aus dem statischen Nachweis nach den Technischen Baubestimmungen.

(3) Geeignete Verbindungsmittel sind z. B.:

- Profilierte Nägel (Rillennägel) nach DIN EN 14592,
- Holzschrauben mit allgemeiner bauaufsichtlicher Zulassung.

3.3.4 Schalungen

(1) Schalungen aus Nadelholz für Außenwandbekleidungen mit kleinformatigen Platten sollen mindestens der Sortierklasse S 10 nach DIN 4074-1 entsprechen und über eine Nenndicke von 24 mm verfügen. Hinsichtlich der erforderlichen Schalungsdicke sind die "Fachregeln für Außenwandbekleidungen" zu beachten.

(2) Die Art und Anzahl der Verbindungsmittel pro Kreuzungspunkt ergibt sich aus dem statischen Nachweis nach den Technischen Baubestimmungen. Bei Schalungen aus Brettern sind bis Brettbreiten von 0,16 m mindestens 2, bei Brettbreiten über 0,16 m mindestens 3 Verbindungsmittel pro Kreuzungspunkt zu verwenden.

(3) Geeignete Verbindungsmittel sind z. B.

- Profilierte Nägel (Rillennägel) nach DIN EN 14592,
- Holzschrauben mit allgemeiner bauaufsichtlicher Zulassung.

3.4 Sonstige Holzbauteile

3.4.1 Schalungen für Unterdächer und Sichtschalungen

(1) Nicht sichtbar bleibende Schalungen für Unterdächer und Unterdeckungen sind aus besäumten, ungehobelten, mindestens 18 mm dicken Brettern nach DIN 68365[24)], Güteklasse 3, herzustellen.

(2) Für Schalungen von Unterdächern oder Unterdeckungen wird die Befestigung nach Abschnitt 3.2.4 empfohlen.

(3) Sichtbar bleibende Schalungen (z. B. Vordach-, Ort-, Traufschalung) sind an der Sichtfläche aus gespundeten und gehobelten Brettern nach DIN 68365, Güteklasse 2, oder gespundeten Bohlen nach DIN 4072[25)] herzustellen. Die Dicke der Bretter sollte mindestens 16 mm betragen.

(4) Sichtbar bleibende Schalungen (z. B. Vordach-, Ort-, Traufschalung) aus Holzwerkstoffen, die der Bewitterung ausgesetzt sind, sollen für die Nutzungsklasse 3 (siehe Abschnitt 2.1) geeignet sein.

(5) Schalung aus Holzwerkstoffen für nichttragende Zwecke müssen den Abschnitten 2.3 (6) bzw. 2.3 (7) entsprechen.

3.4.2 Bohlen und Kanthölzer

(1) Die Befestigung von Bohlen und Kanthölzern hat sich an dem jeweiligen Verwendungszweck zu orientieren. Es wird für die Befestigung von Bohlen und Kanthölzern gemäß den unterschiedlichen Beanspruchungen unterschieden. Die "Hinweise zur Lastenermittlung" sind zu beachten.

(2) Bei Dachdeckungen werden die Befestigungsmittel der Bohlen überwiegend einfach (Abscheren), bei Abdichtungen mehrfach (Abscheren und Herausziehen) beansprucht. Die verwendeten Befestigungsmittel müssen für diese Lastfälle geeignet sein. Die

24) DIN 68365 Schnittholz für Zimmererarbeiten – Sortierung nach dem Aussehen – Nadelholz

25) DIN 4072 Gespundete Bretter aus Nadelholz

Tabelle 15: Zuordnung von Holz und Holzwerkstoffen zu Gebrauchsklassen in Abhängigkeit von der Gefährdung

GK (Gebrauchsklasse)		Holzfeuchte [a]	Gefährdung durch				**Auswaschbeanspruchung**
			Insekten	holzzerstörende Pilze	Moderfäule	Holzschädlinge im Meerwasser	
0		trocken (ständig ≤ 20%)	Nein	Nein	Nein	Nein	Nein
1		trocken (ständig ≤ 20%)	Ja	Nein	Nein	Nein	Nein
2		gelegentlich feucht (> 20%)	Ja	Ja	Nein	Nein	Nein
3	3.1	gelegentlich feucht (> 20%)	Ja	Ja	Nein	Nein	Ja
	3.2[b]	gelegentlich feucht (> 20%)	Ja	Ja	Nein	Nein	Ja
4		vorwiegend bis ständig feucht (> 20%)	Ja	Ja	Ja	Nein	Ja
5		ständig feucht (> 20%)	Ja	Ja	Ja	Ja	Ja

[a] Die Begriffe „gelegentlich“, „vorwiegend“ und „ständig“ zeigen eine zunehmende Beanspruchung an, ohne dass hierfür wegen der sehr unterschiedlichen Einflussgrößen genaue Zahlenangaben möglich sind.

[b] Im Gegensatz zur GK 3.1 ist eine Anreicherung von Feuchtigkeit in GK 3.2 möglich (z. B. stehendes Wasser auf einem horizontalen Balkonbalken).

Herstellerangaben zu den Befestigungsmitteln bzw. Abschnitt 3.1 sind zu beachten.

(3) Bei einfacher Beanspruchung auf Abscheren ist die Befestigung der Bohle oder des Kantholzes mit Drahtstiften in jedem Kreuzungspunkt ausreichend. Die erforderliche Einschlagtiefe ist zu berücksichtigen.

(4) Bohlen und Kanthölzer können einfach auf verschiedenen Untergründen oder mehrfach aufeinander verwendet werden. Bei der Verwendung von mehreren Bohlen oder Kanthölzern übereinander ist jede Bohle oder jedes Kantholz einzeln zu befestigen.

(5) Werden Bohlen oder Kanthölzer durch die Dämmstoffe hindurch an der tragenden Unterkonstruktion befestigt, erfolgt eine zusätzliche Beanspruchung der Befestigungen auf Biegung.

(6) Bohlen oder Kanthölzer sind bei Aufsparrendämmungen nach der Typenstatik des Herstellers zu befestigen.

(7) Werden Kanthölzer in die tragende Dachkonstruktion eingebunden, sind für die Verbindungen untereinander bauaufsichtlich zugelassene Verbindungsmittel wie Balkenschuhe, Sparrenpfettenanker, Winkel o. ä. zu verwenden.

4 Holzschutz

4.1 Allgemeines

(1) Für tragende Bauteile aus Holz und Holzwerkstoffen sind in Abhängigkeit von der Gefährdung des Holzes bzw. Holzwerkstoffes Maßnahmen zu dessen Schutz nach DIN 68800-1[26] erforderlich. Für nicht tragende Bauteile sind diese Maßnahmen zum Holzschutz empfehlenswert.

(2) Die erforderlichen Maßnahmen ergeben sich aus den bestehenden Gefährdungen und der daraus resultierenden Gebrauchsklasse (GK). Tabelle 15 zeigt vereinfacht die Zuordnung zu den Gebrauchsklassen nach DIN 68800-1.

Beispiel für GK 0:

- Sparren beim vollgedämmten Steildach mit
  - belüfteter Dachdeckung
  - Unterdeckbahn mit $s_d \leq 0{,}3$ m (als insektenundurchlässige Abdeckung des Holzsparrens)
  - Zwischensparrendämmung
  - Dampfsperre mit $s_d \geq 2{,}0$ m (als insektenundurchlässige Abdeckung des Holzsparrens)
  - Raumseitige Bekleidung.

[26] DIN 68800-1 Holzschutz – Teil 1: Allgemeines

(3) Holzbauteile, bei denen eine Gefährdung durch holzzerstörende Insekten besteht, werden der Gebrauchsklasse (GK) 0 zugeordnet, wenn das Holz

- in Aufenthaltsräumen (z. B. sichtbarer Dachstuhl) oder vergleichbar verbaut ist

oder

- mit einer allseitig insektenundurchlässigen Abdeckung versehen ist

oder

- ohne bauliche Veränderung auf das Vorkommen von holzzerstörenden Insekten überprüft werden kann (z. B. sichtbare Hölzer in begehbaren, unbeheizten Dachräumen; sichtbare Sparren im Bereich des Dachüberstands) und ein sichtbar bleibender Hinweis auf die Notwendigkeit der regelmäßigen Kontrolle vorhanden ist.

(4) Als Maßnahmen zum Schutz des Holzes vor Organismen stehen z. B.

- Bauliche Maßnahmen (grundsätzliche und besondere bauliche Maßnahmen),
- Verwendung von Holzarten mit einer höheren Dauerhaftigkeitsklasse,
- Anwendung von Holzschutzmitteln

zur Verfügung.

(5) Schutzmaßnahmen sind nur dann erforderlich, wenn entsprechend der Gebrauchsklasse eine Gefährdung des Holzes bzw. Holzwerkstoffes besteht. Bei der Auswahl der Schutzmaßnahmen sind grundsätzliche bauliche Maßnahmen immer zu berücksichtigen. Besondere bauliche Maßnahmen sollten der Anwendung von Holzschutzmitteln vorgezogen werden.

(6) Bei Einhaltung der grundsätzlichen und besonderen baulichen Maßnahmen werden Holzbauteile der Gebrauchsklasse 0 zugeordnet und benötigen keine weitere Schutzmaßnahme. Werden die besonderen baulichen Maßnahmen nicht eingehalten, ist der Holzschutz nach DIN 68800 zu planen und auszuführen.

4.2 Grundsätzliche bauliche Maßnahmen

(1) Grundsätzliche bauliche Maßnahmen beziehen sich auf die Holzfeuchte

- während des Transports, der Lagerung und des Einbaus,
- im Gebrauchszustand.

(2) Während des Transports und der Lagerung sind Holz und Holzwerkstoffe durch Abdecken vor Niederschlägen zu schützen, ein vollständiges Verpacken mit diffusionshemmenden Folien sollte vermieden werden. Bei der Lagerung sollte Bodenkontakt vermieden werden.

(3) Beim Einbau von Holz als

- Dachlatten,
- Schalungen als Unterlage von Dachdeckungen, Dachabdichtungen, Unterdächern, Unterdeckungen und Außenwandbekleidungen,
- Bohlen und Kanthölzern,
- Sparren und Pfetten,
- Wechsel für Dachfenster

darf deren Holzfeuchte maximal 20 % betragen.

(4) Wird Holz während der Bauphase auf mehr als 20 % aufgefeuchtet (z. B. infolge von Niederschlägen), so muss sichergestellt sein, dass innerhalb von maximal 3 Monaten nach Abschluss der Arbeiten eine Holzfeuchte von maximal 20 % vorliegt. Bauteile nach Abschnitt (3), die direkt an eine belüftete Luftschicht grenzen, trocknen innerhalb dieses Zeitraums auf eine Holzfeuchte ≤ 20 % ab. Dies gilt auch für Schalungen, die oberseitig diffusionsoffen abgedeckt sind und unterseitig an eine belüftete Luftschicht grenzen.

(5) Während der Bauphase sind Holzwerkstoffe, mit Ausnahme von Unterdeckplatten (gemäß „Produktdatenblatt für Unterdeckplatten aus Holzfasern") vor Niederschlägen zu schützen.

(6) Andere Bau- und Dämmstoffe innerhalb eines Bauteilquerschnittes sind so einzubauen, dass die in ihnen enthaltene Feuchte nicht

- zu einem Quellen und Schwinden der angrenzenden Hölzer und Holzwerkstoffe führen, welches deren Brauchbarkeit beeinträchtigt, oder
- zu den Voraussetzungen für den Befall der angrenzenden Hölzer und Holzwerkstoffe durch holzzerstörende Pilze führen kann.

(7) Hohe Baufeuchte (z. B. resultierend aus hohen Luftfeuchten infolge von Putz- oder Estricharbeiten im Gebäudeinneren) darf nicht

- zu einem Quellen und Schwinden von Holz und Holzwerkstoffen führen, welches deren Brauchbarkeit beeinträchtig, oder
- zu den Voraussetzungen für den Befall von Holz und Holzwerkstoffen durch holzzerstörende Pilze führen.

Aus diesem Grund sind Räume mit hoher Baufeuchte und daraus resultierender hoher Raumluftfeuchte solange intensiv zu lüften und ggf. zu beheizen oder technisch zu trocknen, bis die hohe Baufeuchte abgeklungen ist.

(8) Im Gebrauchszustand müssen Holz und Holzwerkstoffe vor

- Niederschlägen (Ausnahme: Holzwerkstoffe mit allgemeiner bauaufsichtlicher Zulassung als Außenwandbekleidung, Dachdeckungen mit Holzschindeln),

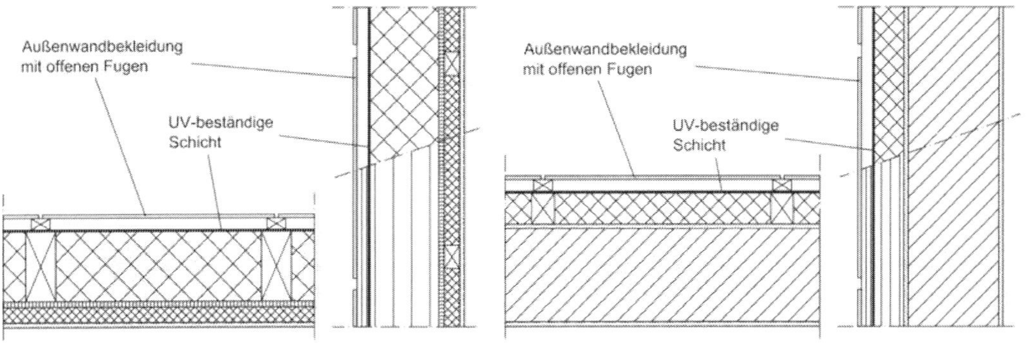

Abb. 4.1: Beispiele für Außenwandkonstruktionen mit Außenwandbekleidungen mit offenen Fugen und dahinterliegender UV-beständiger Schicht

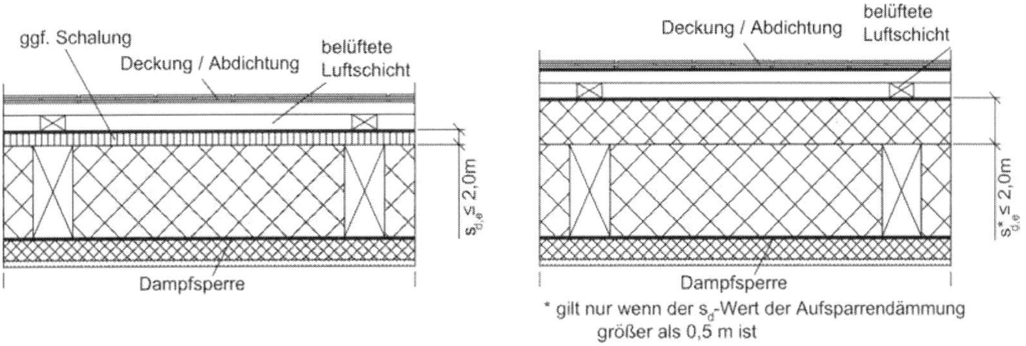

Abb. 4.2: Beispiele für Dachkonstruktionen aus Holz mit Zwischensparrendämmung oder Zwischen- und Aufsparrendämmung

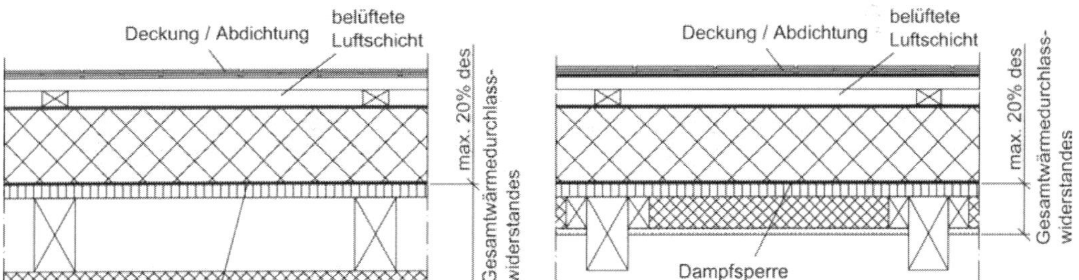

Abb. 4.3: Beispiele für Dachkonstruktionen aus Holz mit Aufsparrendämmung

- Feuchte aus angrenzenden Stoffen und Bauteilen,
- Tauwasserausfall, der zu einer Holzfeuchte > 20 % führt,

geschützt werden.

(9) Dachdeckungen, Dachabdichtungen und Außenwandbekleidungen nach dem Regelwerk des Dachdeckerhandwerks stellen einen ausreichenden Niederschlagsschutz zur Sicherstellung der Dauerhaftigkeit von Holz und Holzwerkstoffen dar. Einschränkungen hinsichtlich der Verwendbarkeit von Holz oder Holzwerkstoffen anderer Regelwerksteile sind zu berücksichtigen (z. B. übermäßige Niederschlagseinträge durch große Unterschreitung der Regeldachneigung). Bei Außenwandbekleidungen mit offenen Fugen und tragenden Holzbauteilen raumseitig der Belüftungsschicht ist eine dauerhaft wirksame wasserableitende und UV-beständige

Schicht nach Abbildung 4.1 anzuordnen. Die ausreichende UV-Beständigkeit von Folien oder ähnlichen Baustoffen ist durch einen bauaufsichtlichen Verwendbarkeitsnachweis nachzuweisen.

(10) Zur Vermeidung von Tauwasserausfall, der zu einer Holzfeuchte > 20 % führt, sind Bauteile nachweisfrei nach dem „Merkblatt Wärmeschutz bei Dach und Wand“ oder mit rechnerischem Nachweis nach DIN 4108-3 auszuführen.

(11) Bei nachweisfreien Bauteilen nach dem „Merkblatt Wärmeschutz bei Dach und Wand“ darf der s_d-Wert nach Abbildung 4.2 außenseitig der Holzbauteile bzw. zwischen den Holzbauteilen und einer belüfteten Luftschicht maximal 2,0 m betragen. Dies gilt nicht für Bauteile nach Abbildung 4.3.

(12) Dachkonstruktionen, deren Tauwasserschutz durch einen rechnerischen Nachweis nach DIN 4108-3 nachgewiesen wird, müssen eine rechnerische Trocknungsreserve von 250 g/(m² · a) nach DIN 68800-2[27] aufweisen. Außenwandkonstruktionen, deren Tauwasserschutz durch einen rechnerischen Nachweis nach DIN 4108-3 nachgewiesen wird, müssen eine rechnerische Trocknungsreserve von 100 g/(m² · a) nach DIN 68800-2 aufweisen.

4.3 Besondere bauliche Maßnahmen

(1) Besondere bauliche Maßnahmen beziehen sich auf die Vermeidung von Bauschäden durch holzzerstörende Pilze und Insekten. Sie sind anzuwenden, wenn die Gebrauchsklasse GK 0 (d. h. die Anwendung von Holzschutzmitteln ist nicht erforderlich) erreicht werden soll und die grundsätzlichen baulichen Maßnahmen alleine eine Zuordnung zu GK 0 nicht erlauben.

(2) Die besonderen baulichen Maßnahmen der DIN 68800-2 ordnen Latten als Unterkonstruktionen von Außenwandbekleidungen, Dachlatten, Traufbohlen und Dachschalungen der GK 0 zu. Diese Bauteile benötigen keine weiteren Holzschutzmaßnahmen (insbesondere keinen Schutz durch Holzschutzmittel).

Im Anhang A der DIN 68800-2 sind Bauteile enthalten, die die Anforderungen der Gebrauchsklasse 0 einhalten. Für einige Dachkonstruktionen werden in diesem Anhang Höhen für belüftete Luftschichten gefordert, die größer als die Anforderungen des „Merkblatt Wärmeschutz bei Dach und Wand“ sind.

(3) Holzbauteile unter Dach sind durch entsprechende Überstände anderer Bauteile (z. B. Bekleidungen) vor Niederschlägen zu schützen. Dies ist der Fall, wenn zwischen Vorderkante des schützenden Bauteils und Unterkante des zu schützenden Holzbauteils ein Winkel von höchstens 60°, bezogen auf die Horizontale, nach Abbildung 4.4 vorhanden ist.

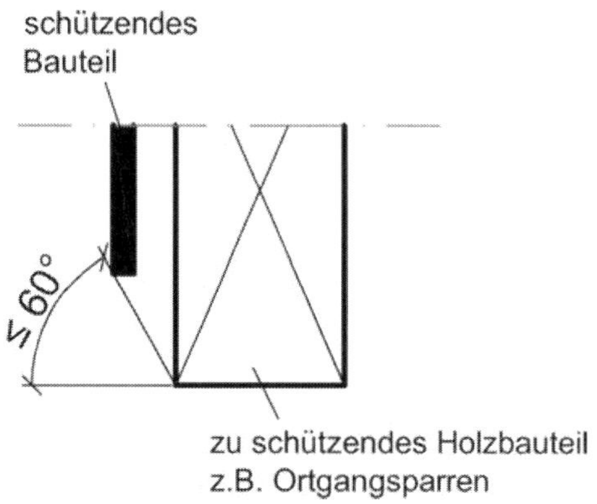

Abb. 4.4: Schutz von Holzbauteilen gegen Niederschläge durch andere Bauteile

Dies ist insbesondere am Pultabschluss, Ortgang und Pfettenkopf zu berücksichtigen.

(4) Durch

- den Einsatz von Holz in Aufenthaltsräumen (z. B. sichtbarer Dachstuhl) oder vergleichbar,

oder

- den Einsatz von technisch getrocknetem Holz oder Holzwerkstoffen mit einer Holzfeuchte von ≤ 20 % im Gebrauchszustand,

oder

- eine allseitige insektenundurchlässige Abdeckung des Holzes,

oder

- offene Anordnung des Holzes, so dass es ohne bauliche Veränderung kontrolliert werden kann und ein sichtbar bleibender Hinweis auf die Notwendigkeit der regelmäßigenv Kontrolle vorhanden ist,

oder

- Verwendung von Farbkernhölzern mit einem Splintholzanteil von ≤ 10 %

kann ein Bauschaden durch holzzerstörende Insekten vermieden werden.

(5) Als insektenunzugänglich sind Bauteile zu betrachten, die innen- und außenseitig z. B.

- Holzwerkstoffplatten mit Nut-Feder-Verbindung,
- Profilbrettschalung,
- Rauspund,
- Gipsbauplatten mit Fugenverspachtelung,
- Folien mit luftdicht geschlossenen Überlappungen,
- Unterdeckungen aus Bahnen, die an Nähten und Stößen verklebt sind und Schnittkanten an Grat und First abdecken,
- Unterdeckungen aus Platten

aufweisen.

[27] DIN 68800-2 Holzschutz – Teil 2: Vorbeugende bauliche Maßnahmen im Hochbau

Deutsches Dachdeckerhandwerk
– Regelwerk –

Merkblatt Wärmeschutz bei Dach und Wand

Aufgestellt und herausgegeben vom

**Zentralverband
des Deutschen Dachdeckerhandwerks
– Fachverband Dach-, Wand- und Abdichtungstechnik – e.V.**

Ausgabe April 2024

RM Rudolf Müller

Vorgänger

Merkblatt Wärmeschutz bei Dächern	September 1997
Merkblatt Wärmeschutz bei Dach und Wand	September 2004
Merkblatt Wärmeschutz bei Dach und Wand	April 2015
Merkblatt Wärmeschutz bei Dach und Wand	Mai 2018

© Alle Rechte bei der D + W-Service GmbH für Management, PR und Messewesen, Köln 2024.
Nachdruck und Vervielfältigung, auch auszugsweise, nur mit Genehmigung der D + W-Service GmbH und des Verlages gestattet.

Inhaltsverzeichnis

1 Allgemeine Hinweise

1.1 Geltungsbereich

(1) Dieses Merkblatt gilt für die Planung und Ausführung des Wärmeschutzes von Dächern, obersten Geschossdecken und Außenwänden, die Wohn- oder wohnähnlich genutzte Räume mit Temperaturen ≥ 12 °C gegenüber der Außenumgebung oder Räumen mit abweichenden Temperaturen (Klimabedingungen) abgrenzen.

(2) Dieses Merkblatt gilt für die Planung und Ausführung des klimabedingten Feuchteschutzes von Dächern, obersten Geschossdecken und Außenwänden, die nicht klimatisierte Wohn- oder wohnähnlich genutzte Räume gegenüber der Außenumgebung oder Räumen mit abweichenden Temperaturen (Klimabedingungen) abgrenzen. Gebäude bzw. Räume mit mechanischer Lüftung und ohne anlagentechnische Regelung der Luftfeuchtigkeit gelten als nicht klimatisiert.

(3) Hierbei werden auch die Anforderungen an den konstruktiven Holzschutz zur Begrenzung der Holzfeuchte berücksichtigt.

(4) Dieses Merkblatt gibt Hinweise zum sommerlichen Wärmeschutz von Wohnräumen oder wohnähnlich genutzten Räumen.

1.2 Begriffe

(1) Der Wärmedurchlasswiderstand R [m²K/W] beschreibt den Widerstand, den eine oder mehrere Schichten dem Wärmestrom entgegenstellt. Er wird berechnet, indem die Dicke der jeweiligen Schicht d [m] durch den Bemessungswert der Wärmeleitfähigkeit der jeweiligen Schicht λ in [W/mK] dividiert wird. Bei Bauteilen mit einzelnen Schichten werden die jeweiligen Wärmedurchlasswiderstände addiert.

$$R = \frac{d}{\lambda}\left[\frac{m^2K}{W}\right] \quad [1]$$

$$R = \frac{d_1}{\lambda_1} + \frac{d_2}{\lambda_2} + \frac{d_3}{\lambda_3} \ldots \left[\frac{m^2K}{W}\right] \quad [2]$$

Bei Bauteilen mit Abdichtungen werden mit Ausnahme von Umkehrdächern und Bauteilen mit Perimeterdämmung nur die raumseitig der Abdichtung angeordneten Schichten berücksichtigt.

Abb. 1: Maßgebende Dicken zur Ermittlung des Wärmedurchlasswiderstandes eines Bauteils mit homogenen Schichten

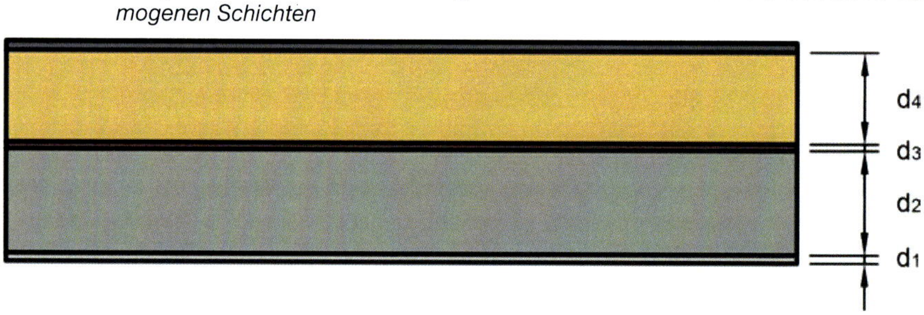

(2) Die Wärmeübergangswiderstände $R_{si/se}$ [m²K/W] beschreiben den Widerstand, der beim Übergang der Wärme vom Rauminneren auf das abgrenzende Bauteil bzw. vom abgrenzenden Bauteil auf die Außenumgebung auftritt. Der Wärmeübergangswiderstand für die Bauteilinnenseite wird mit R_{si} und für die Bauteilaußenseite mit R_{se} abgekürzt.

(3) Der Wärmedurchgangswiderstand R_T [m²K/W] ist der Wärmedurchlasswiderstand eines Bauteils (vgl. Gleichung 3) einschließlich der Wärmeübergangswiderstände auf der Bauteilinnen- (R_{si}) und -außenseite (R_{se}).

$$R_T = R_{si} + \frac{d_1}{\lambda_1} + \frac{d_2}{\lambda_2} + \frac{d_3}{\lambda_3} \ldots + R_{se} \left[\frac{m^2K}{W}\right] \quad [3]$$

(4) Der Wärmedurchgangskoeffizient U [W/m²K] beschreibt die Wärmemenge, die in einer Sekunde durch 1 m² eines Bauteils bei einem Temperaturunterschied zwischen den beiden Oberflächen von 1 K durch Wärmeleitung transportiert wird. Er ist der Kehrwert des Wärmedurchgangswiderstandes.

$$U = \frac{1}{R_T} \left[\frac{W}{m^2K}\right]$$ [4]

(5) Bauteile mit inhomogenen Schichten besitzen in mindestens einer Schicht mehr als einen Baustoff bzw. Material, z. B. Sparren mit Zwischensparrendämmung (siehe Abb. 2).

Abb. 2: Bauteil mit einer inhomogenen Schicht

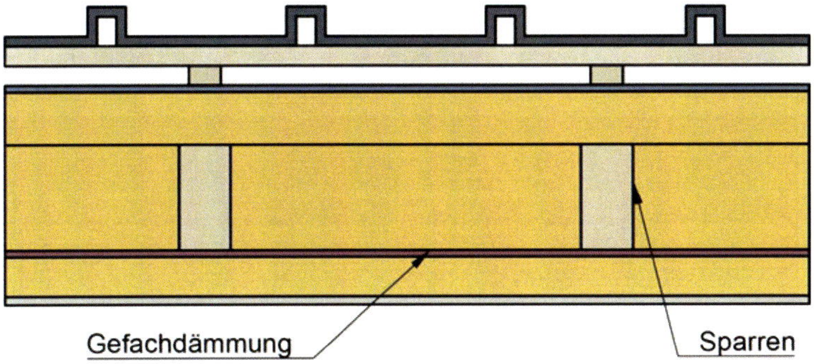

(6) Konvektion ist das Mitführen von Wärme und Feuchte durch eine Luftströmung.

(7) Die Wasserdampfdiffusion ist die Bewegung von Wasserdampfmolekülen durch einen Baustoff und entsteht durch unterschiedliche Wasserdampfkonzentrationen.

(8) Die wärmeübertragende Umfassungsfläche besteht aus sämtlichen Bauteilen, die den Innenraum gegenüber der Außenumgebung oder gegenüber Räumen mit niedrigeren Temperaturen abgrenzen.

(9) Belüftete Dächer weisen direkt oberhalb der Wärmedämmung eine Luftschicht auf, die mit der Außenluft in Verbindung steht.

(10) Bei nicht belüfteten Dächern ist direkt über der äußersten Wärmedämmung keine Luftschicht angeordnet. Zu nicht belüfteten Dächern gehören auch solche, die außenseitig im weiteren Dachaufbau zusätzliche belüftete Luftschichten haben.

(11) Nicht belüftete Dachdeckungen sind Dachdeckungen auf flächiger Unterlage, z. B. Schalung.

(12) Belüftete Dachdeckungen sind Dachdeckungen auf linienförmiger Unterlage, z. B. Lattung und Konterlattung.

(13) Hinterlüftete Außenwandbekleidungen weisen raumseitig der Bekleidung und ihrer Unterlage eine belüftete Luftschicht auf, die am oberen und unteren Abschluss über Öffnungen mit der Außenluft in Verbindung steht.

(14) Belüftete Außenwandbekleidungen weisen raumseitig der Bekleidung und ihrer Unterlage eine belüftete Luftschicht auf, die am unteren Abschluss über Öffnungen mit der Außenluft in Verbindung steht.

(15) Luftdurchlässige Außenwandbekleidungen sind klein- oder brettformatige Bekleidungselemente (z. B. Schiefer), die überlappend auf linienförmiger Unterlage (z. B. Latten oder Metallprofile) gedeckt werden.

(16) Der s_d-Wert (wasserdampfdiffusionsäquivalente Luftschichtdicke) [m] beschreibt die Dicke einer ruhenden Luftschicht, die den gleichen Widerstand gegenüber der Wasserdampfdiffusion hat wie die betrachtete Bauteilschicht. Er ergibt sich aus der Multiplikation von Schichtdicke und Wasserdampfdiffusionswiderstandszahl μ.

$s_d = d \cdot \mu$ [m] [5]

(17) Dampfsperren und Dampfbremsen sind umgangssprachliche Beschreibungen für Bauteilschichten, die den Wasserdampfdiffusionsstrom begrenzen bzw. verhindern. Diese Begriffe dienen in der Praxis der allgemeinen Beschreibung dieser Funktion.

(18) Diffusionsoffene Schichten sind Bauteilschichten mit $s_d \leq 0{,}5$ m.

(19) Diffusionsbremsende Schichten sind Bauteilschichten mit $0{,}5 \text{ m} < s_d \leq 10$ m.

(20) Diffusionshemmende Schichten sind Bauteilschichten mit $10 \text{ m} < s_d \leq 100$ m.

(21) Diffusionssperrende Schichten sind Bauteilschichten mit $100 \text{ m} < s_d < 1.500$ m.

(22) Diffusionsdichte Schichten sind Bauteilschichten mit $s_d \geq 1.500$.

(23) Feuchtevariable Schichten sind Schichten, deren s_d-Wert sich in Abhängigkeit von der Umgebungsluftfeuchtigkeit ändert.

(24) Die Luftdichtheit ist die Eigenschaft eines Baustoffs, eines Bauteils oder der Hülle des Gebäudes, nicht oder nur in geringem Maße von Luft durchströmt zu werden. Die Luftdichtheit wird in der Regel mit einer definierten Schicht, der Luftdichtheitsschicht, geplant und ausgeführt.

(25) Die Winddichtheit ist die Eigenschaft einer Dach- und Wandkonstruktion, nicht oder nur in geringerem Maße mit Außenluft durchströmt zu werden. Anforderungen an die Winddichtheit werden seitens dieses Merkblatts und normativ nicht gestellt.

(26) Wärmebrücken sind Bereiche der Außenbauteile, in denen gegenüber der sonstigen Fläche ein erhöhter Wärmestrom stattfindet. Infolge der daraus resultierenden niedrigeren Temperaturen der Bauteilinnenoberflächen und der ansteigenden relativen Luftfeuchtigkeit kann die Gefahr von Schimmelpilzbildung und Feuchteschäden gegeben sein.

(27) Tauwasser tritt auf/aus, wenn die vorhandene Wasserdampfkonzentration höher als die maximal von der Luft aufnehmbare Wasserdampfmenge ist.

(28) Sekundärtauwasser ist Tauwasser, das sich durch einströmende oder vorhandene Luft unter der äußersten Bauteilschicht in Verbindung mit deren Abkühlung ergeben kann.

1.3 Planungshinweise

(1) Der Wärme- und Feuchteschutz sowie die Luftdichtheit müssen einschließlich aller Bauteilschichten, Details, Anschlüsse und Werkstoffe bei der Planung festgelegt werden. Dies beinhaltet auch die Koordinierung der Ausführung der einzelnen Bauteilschichten.

Bei Bauteilen, deren tragende Teile aus Holz oder Holzwerkstoffen bestehen, muss mit dem Feuchteschutz nach DIN 4108-3[1] auch der Holzschutz nach DIN 68800-1[2] und DIN 68800-2[3] berücksichtigt werden. Der Abschnitt 6 dieses Merkblatts berücksichtigt diese Anforderungen. Für davon abweichende Bauteile müssen Berechnungen nach DIN 4108-3 und DIN 68800 geführt werden.

(2) Die Klimarandbedingungen für Berechnungen des Wärme- und Feuchteschutzes von Bauteilen sind den Technischen Baubestimmungen zu entnehmen. Die in den Technischen Baubestimmungen festgeschriebenen Klimarandbedingungen gelten für die Wohnnutzung bzw. wohnähnliche Nutzung. Davon abweichende Nutzungen, z. B. Schwimmbadbetrieb, sind zu berücksichtigen.

(3) Öffentlich-rechtliche Anforderungen, z. B. Technische Baubestimmungen und GEG, sind stets zu beachten.

(4) Nachträglich aufgebrachte Beschichtungen, Farbänderungen und Verschattungen können das bauphysikalische Verhalten eines Bauteils beeinflussen.

(5) Bei Verbesserung des Wärmeschutzes können sich aufgrund der bereits vorhandenen Schichten Einschränkungen oder Sonderlösungen ergeben.

(6) Bei ausgebauten Dachräumen mit Abseitenwänden sollte die Wärmedämmung in der Dachschräge zum Dachfußpunkt hinabgeführt werden.

(7) Spitzböden, die außerhalb der thermischen Hüllfläche/wärmeübertragenden Umfassungsfläche liegen, sind zu belüften. Regelungen zu den Lüftungsöffnungen sind in Abschnitt 6 enthalten.

(8) Die thermische Hüllfläche/wärmeübertragende Umfassungsfläche ist nach allgemein anerkannten Regeln der Technik luftdicht auszubilden. Eine dauerhafte Ausbildung der Luftdichtheit erfolgt nach DIN 4108-7[4]. In der Planungsphase sind Bauwerksfugen zu berücksichtigen; die Anzahl der Durchdringungen sollte auf das notwendige Maß reduziert werden, z. B. durch Installationsebenen.

(9) Ein ausreichender Luftwechsel ist aus Gründen der Hygiene, der Begrenzung der Raumluftfeuchte sowie ggf. der Zuführung von Verbrennungsluft nach bauaufsichtlichen Vorschriften (z. B. Feueranlagenverordnungen der Bundesländer) zu beachten. Bei der Veränderung von bestehenden Gebäuden, insbesondere

[1] DIN 4108-3 Wärmeschutz und Energie-Einsparung in Gebäuden; Klimabedingter Feuchteschutz; Anforderungen, Berechnungsverfahren und Hinweise für Planung und Ausführung

[2] DIN 68800-1 Holzschutz – Teil 1: Allgemeines

[3] DIN 68800-2 Holzschutz Teil 2: Vorbeugende bauliche Maßnahmen im Hochbau

[4] DIN 4108-7 Wärmeschutz und Energie-Einsparung in Gebäuden; Teil 4: Luftdichtheit von Gebäuden – Anforderungen, Planungs- und Ausführungsempfehlungen sowie -beispiele

beim Einbau von luftdichten Schichten und Fenstern, sollte ein Hinweis auf die Überprüfung des Lüftungskonzepts erfolgen. Hinweise zur Planung von Lüftungsmaßnahmen gibt DIN 1946-6[5].

(10) Die Klassen der Fugendurchlässigkeit zwischen Flügelrahmen und Blendrahmen bei Fenstern und Fenstertüren werden nach DIN EN 1026[6] bestimmt und nach DIN EN 12207[7] klassifiziert.

(11) Der sommerliche Wärmeschutz ist u. a. abhängig vom Gesamtenergiedurchlassgrad der Fenster, ihrem Anteil an der Fläche des Außenbauteils, ihrer Neigung und der Orientierung nach der Himmelsrichtung. Bei Fassaden und Dachflächenfenstern ist bei Ost-, Süd- und Westorientierung ein wirksamer Sonnenschutz wichtig. Ein wirksamer Sonnenschutz kann besonders mit außenliegenden Maßnahmen wie z. B. Rollläden etc., in geringerem Umfang auch mit innenliegenden Maßnahmen wie z. B. Jalousien etc. erreicht werden.

(12) Das sommerliche Raumklima wird durch eine intensive Lüftung der Räume insbesondere während der Nacht- oder frühen Morgenstunden verbessert. Entsprechende Voraussetzungen (z. B. zu öffnende Fenster) sind daher vorteilhafter als nicht zu öffnende Belichtungsflächen.

(13) Während der Rohbauphase bzw. der Bauphase können insbesondere bei Putz- und Estricharbeiten erhöhte Luftfeuchten im Gebäudeinneren auftreten. Diese können sich negativ auf die Bauteilinnenoberfläche und den Bauteilquerschnitt auswirken.

(14) Bei feuchtevariablen Bahnen sind insbesondere Feuchteeinträge in die Bauteile infolge hoher relativer Luftfeuchten im Gebäudeinneren, z. B. durch Putz- und Estricharbeiten, zu berücksichtigen. Herstellerhinweise sind zu berücksichtigen.

(15) Die Planung und Ausführung von Bauteilen mit Schichtenfolgen, deren s_d-Werte der einzelnen Schichten von der Bauteilinnenseite zur Bauteilaußenseite abnehmen, sind empfehlenswert.

(16) Bei belüfteten Dächern sind tragende Holzbauteile vor einem Befall durch Holz zerstörende Insekten nach DIN 68800-1 zu schützen (siehe „Hinweise Holz und Holzwerkstoffe“).

2 Werkstoffe

2.1 Luftdichtheitsschichten und Dampfsperren/-bremsen

(1) Für die Herstellung von luftdichten Schichten und/oder Dampfsperren/-bremsen sind u. a.

- Trockenbauplatten,
- Holzwerkstoffplatten,
- Kunststoffbahnen,
- Bitumenbahnen,
- Spezialpapiere,
- massive Betonbauteile,
- Putzschichten

geeignet.

(2) Für Durchdringungen, Anschlüsse, Überlappungen, Bauteilfugen und Stöße sind unter Berücksichtigung der materialspezifischen Eigenschaften geeignete Produkte wie z. B.

- Klebebänder,
- Klebe-Dichtmassen,
- Dichtschnüre/-streifen/-bänder,
- vorkomprimierte Dichtbänder mit Anpressleisten,
- Fugendichtstoffe,
- Flüssigdichtstoffe,
- Dichtmanschetten

zu verwenden.

---

[5] DIN 1946-6 Raumlufttechnik – Teil 6: Lüftung von Wohnungen; Allgemeine Anforderungen, Anforderungen an die Auslegung, Ausführung, Inbetriebnahme und Übergabe sowie Instandhaltung

[6] DIN EN 1026 Fenster und Türen – Luftdurchlässigkeit – Prüfverfahren

[7] DIN EN 12207 Fenster und Türen – Luftdurchlässigkeit – Klassifizierung

(3) Die Wasserdampfdiffusionswiderstandszahlen μ bzw. s_d-Werte sind den CE-Kennzeichnungen/Leistungserklärungen, allgemeinen bauaufsichtlichen Prüfzeugnissen, bauaufsichtlichen Verwendungsnachweisen, Produktinformationen des Herstellers oder DIN 4108-4[8] zu entnehmen.

(4) Insbesondere bei Bahnen werden Produkte mit nahezu konstantem s_d-Wert (z. B. Polyethylen/PE) und solche mit feuchtevariablem s_d-Wert (z. B. Polyamid/PA) unterschieden. Feuchtevariable s_d-Werte ergeben sich bei Materialien, die durch einen entsprechenden Molekularaufbau in Abhängigkeit von der umgebenden Feuchtigkeit ihre Wasserdampfdiffusionswiderstandszahl μ verändern und daraus resultierend diffusionshemmend bis diffusionsoffen sein können.

(5) Trapezprofile als Tragschale für Dachdeckungen, Dachabdichtungen und Außenwandbekleidungen ohne dichtende Maßnahmen im Überdeckungsbereich der Bleche stellen keine Luftdichtheitsschicht dar.

2.2 Wärmedämmstoffe

(1) Wärmedämmstoffe müssen den öffentlich-rechtlichen Anforderungen sowie werkseitig hergestellte Wärmedämmstoffe dem „Produktdatenblatt für Wärmedämmstoffe" entsprechen.

(2) Wärmedämmungen können auch als Verbundwerkstoff eingebaut werden. In wärmetechnische Berechnungen fließen alle Schichten des Verbundwerkstoffs mit den jeweiligen Bemessungswerten der Wärmeleitfähigkeit ein.

(3) Wärmedämmungen in Dach- und Wandkonstruktionen müssen dauerhaft sein.

Maßabweichungen auf der Grundlage bauaufsichtlicher Regelungen oder temperaturbedingte Längenänderungen sind nicht auszuschließen. Kreuzstöße sind zu vermeiden.

(4) Die Nenndicke von Wärmedämmstoffen darf bei Gefachdämmungen höchstens der Nennhöhe der Sparren bzw. der tragenden Elemente entsprechen. Ein Bombieren von Unterdeckbahnen durch Zwischensparrendämmungen ist bei Mineralwolledämmungen nicht auszuschließen.

Mögliche Maßnahmen, um die

- Verringerung der erforderlichen Lüftungsquerschnitte und/oder
- übermäßige Erhöhung der Holzfeuchte der Konterlatte

infolge der Bombierung von Unterdeckbahnen durch Mineralwolledämmungen zu vermeiden bzw. zu begrenzen, sind z. B.

- Strecklatten,
- Erhöhung der Konterlattendicke,
- Unterdeckungen mit Unterdeckplatten,
- Schalungen als Unterlage für Unterdeckungen.

(5) Sind die Bemessungswerte der Wärmeleitfähigkeit bei vorhandenen Wärmedämmungen und Bauteilschichten im Gebäudebestand nicht bekannt und sollen diese für bauphysikalische Berechnungen verwendet werden, sind sie durch eine anerkannte Materialprüfstelle ermitteln zu lassen.

(6) Für Berechnungen des Wärmeschutzes können, auf der sicheren Seite liegend, bei der Ermittlung des Wärmedurchgangskoeffizienten (U-Wert) vorhandene Schichten vernachlässigt und ausschließlich die neuen Schichten in der Berechnung angesetzt werden.

3 Luftdichtheit

(1) Die wärmeübertragende Umfassungsfläche muss zur Vermeidung von Konvektion durchgehend nach DIN 4108-2[9] luftdicht ausgebildet werden. Beispiele hierfür können DIN 4108-7 entnommen werden.

(2) Die Luftdichtheitsschicht sollte auf der Raumseite der Wärmedämmung angeordnet sein. Außenliegende Luftdichtheitsschichten sollten überdämmt werden. Für die Herstellung dieser luftdichten Schichten sind ihren Eigenschaften entsprechend Werkstoffe nach Abschnitt 2.1 geeignet.

(3) Ein Wechsel der Lage der Luftdichtheitsebene (z. B. Dach mit gedämmter Sparrenlage und gedämmter Kehlbalkenlage) ist problematisch und sollte vermieden werden.

---

[8] DIN 4108-4 Wärmeschutz und Energie-Einsparung in Gebäuden – Teil 4: Wärme- und feuchteschutztechnische Bemessungswerte

[9] DIN 4108-2 Wärmeschutz und Energie-Einsparung in Gebäuden; Mindestanforderungen an den Wärmeschutz

(4) Bei von außen schlaufenförmig verlegten Dampfsperrbahnen kann infolge von Wasserdampfkonvektion ein Tauwasserausfall auf der kalten Seite des Sparrens auftreten, der einen Befall durch holzzerstörende Pilze nach sich ziehen kann. Dies kann durch eine durchgehende linienförmige Anpressung an den Sparren der Bahnen im unteren Bereich des Sparrens verhindert werden. Unabhängig von der Luftdichtheit ist der Feuchteschutz nach Abschnitt 6 zu berücksichtigen. Im Gefachbereich können Nagelspitzen durch eine Dämmschicht ausgeglichen und darauf die Bahnen verlegt werden.

Abb. 3: Erforderliche Anpressung von schlaufenförmig verlegten Luftdichtheitsschichten im unteren Bereich des Sparrens

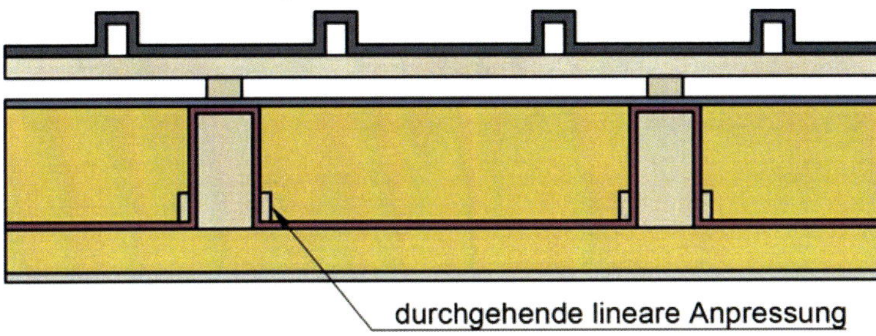

(5) Bekleidungen aus kleinformatigen Platten, Schalungen, Paneelen oder Profilblechen sind ohne zusätzliche Maßnahmen als luftdichte Schicht nicht geeignet.

(6) Bei der luftdichten Ausbildung von Bauwerksfugen sind die Herstellervorschriften für die jeweiligen Fugendichtstoffe zu beachten. Für Bauwerksfugen in massiven Bauteilen gelten DIN 18540[10] und DIN 18542[11].

(7) Luftdichte Schichten müssen an allen Durchdringungen, Anschlüssen, Überlappungen und Stößen luftdicht und werkstoffgerecht angeschlossen werden. Selbst bei insgesamt ausreichender Luftdichtheit des Gebäudes bzw. der Gebäudeteile können einzelne Fehlstellen zu Feuchteschäden führen.

(8) Befestigungen für die Montage der Bahnen oder Platten selbst sind unvermeidbar und müssen nicht zusätzlich abgedichtet werden. Fehlstellen der Luftdichtheitsebene durch ausgerissene Befestigungsmittel sind durch Überkleben, Abdecken oder Verspachteln abzudichten. Zum Beispiel gelten Latten mit mindestens drei Befestigungen je Meter als Abdeckungen.

(9) Dauernde Zugkräfte auf Klebeverbindungen und Luftdichtheitsbahnen sind zu verhindern. Dazu sind an Anschlüssen Schlaufenbildungen und im Gefachbereich mechanische Sicherungen (z. B. Latten, Schalungen oder andere Maßnahmen) einzubauen.

(10) Um Durchdringungen zu reduzieren, können Installationsebenen für die Aufnahme von Installationen aller Art raumseitig der Luftdichtheitsschicht vorgesehen werden.

(11) Die Luftdichtheitsschicht kann gleichzeitig als Dampfsperre/-bremse verwendet werden.

4 Wärmeschutz

4.1 Allgemeines

(1) Die Anforderungen an den energieeinsparenden und hygienischen Wärmeschutz sind in dem GEG und der DIN 4108-2 enthalten.

(2) Für den Wärmeschutz sind erforderliche Berechnungen von Wärmedurchlasswiderständen (R), Wärmedurchgangswiderständen (R_T) und Wärmedurchgangskoeffizienten (U) nach DIN EN ISO 6946[12] durchzuführen (z. B. Gleichungen 1 bis 4 in Abschnitt 1.2).

Bemessungswerte der Wärmeleitfähigkeit sind DIN 4108-4 bzw. DIN EN ISO 10456[13] oder den Produktinformationen der Hersteller (z. B. CE-Kennzeichnungen) zu entnehmen. Für werkmäßig hergestellte Wärmedämmstoffe nach europäisch harmonisierten Normen enthält das „Produktdatenblatt für Wärme-

---

[10] DIN 18540 Abdichten von Außenwandfugen im Hochbau mit Fugendichtstoffen

[11] DIN 18542 Imprägnierte Fugendichtungsbänder aus Schaumkunststoff zur Abdichtung von Außenwandfugen – Anforderungen und Prüfung

[12] DIN EN ISO 6946 Bauteile-Wärmedurchlasswiderstand und Wärmedurchgangskoeffizient – Berechnungsverfahren

[13] DIN EN ISO 10456 Baustoffe und -produkte – Wärme- und feuchtetechnische Eigenschaften; Tabellierte Bemessungswerte und Verfahren zur Bestimmung der wärmeschutztechnischen Nenn- und Bemessungswerte

dämmstoffe“ die entsprechenden Vorgaben der DIN 4108-4 zur Ermittlung des Bemessungswerts der Wärmeleitfähigkeit. Bei außenseitig angeordneten belüfteten Luftschichten werden die Luftschicht und außenseitig befindliche Schichten vernachlässigt.

Bei Bauteilen mit inhomogenen Schichten ist der Wärmedurchgangswiderstand als Mittelwert der oberen und unteren Grenzwerte des Wärmedurchgangswiderstandes nach DIN EN ISO 6946 zu ermitteln. Hierbei werden die Wärmedurchlasswiderstände hinsichtlich ihres prozentualen Flächenanteils sowie der Wärmeströme senkrecht und parallel zur Schicht berücksichtigt.

Bei Bauteilen mit Abdichtungen werden nur Schichten raumseitig der Abdichtung berücksichtigt (Ausnahme: Umkehrdächer und Wände mit Perimeterdämmungen).

Abb. 4: Unterschiedliche Bereiche der Schichtenfolge bei Bauteilen mit inhomogenen Schichten

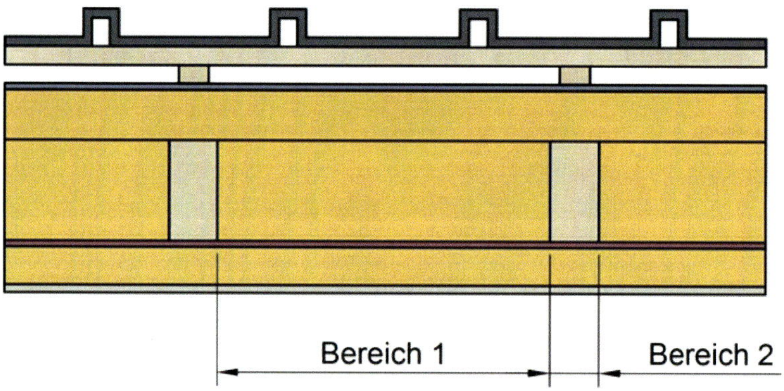

(3) Wärmeübergangswiderstände nach DIN EN ISO 6946 zeigt Tabelle 1.

Tabelle 1: Wärmeübergangswiderstände nach DIN EN ISO 6946

Wärmeübergangswiderstand [m²K/W]	Richtung des Wärmestroms		
	aufwärts[a]	horizontal[b]	abwärts
R_{si}	0,10	0,13	0,17
R_{se}	0,04		

[a] anzuwenden bei Dachneigungen zwischen 0 und < 60°
[b] anzuwenden bei Dachneigungen ab 60° und bei Außenwänden

(4) Wärmedämmungen müssen dicht gestoßen und lagesicher ausgeführt werden. Bei Aufsparrendämmungen von geneigten Dächern ist insbesondere die Befestigung nachzuweisen, z. B. durch Typenstatik des Herstellers.

(5) Bei Umkehrdachkonstruktionen sind die Wärmedämmungen einlagig mit Stufenfalz oder nach bauaufsichtlichem Verwendbarkeitsnachweis (allgemeine bauaufsichtliche Zulassung, Europäische Technische Bewertung oder Bauartgenehmigung) auszuführen.

Oberseitig der Wärmedämmung sollen nur diffusionsoffene Schichten angeordnet werden. Filtervliese oberhalb der Wärmedämmung sind empfehlenswert.

4.2 Wärmedurchgangskoeffizient von Bauteilen mit keilförmigen Schichten

(1) Der Wärmedurchgangskoeffizient eines Bauteils mit keilförmigen Schichten ist nach DIN EN ISO 6946 zu ermitteln. Danach wird das jeweilige Bauteil in rechteckige und dreieckige Keile unterteilt, für die jeweils ein spezifischer Wärmedurchgangskoeffizient ermittelt wird. Anschließend wird die flächengewichtete Summe der einzelnen Wärmedurchgangskoeffizienten über das Bauteil gebildet.

(2) Der Wärmedurchgangskoeffizient eines Bauteils mit keilförmigen Schichten kann nicht über die mittlere Dämmschichtdicke ermittelt werden.

4.3 Korrekturwerte des Wärmedurchgangskoeffizienten

(1) Nach DIN 4108-2 und DIN EN ISO 6946 sind bei der Ermittlung des Wärmedurchgangskoeffizienten (U-Wert) infolge von mechanischen Befestigungsmitteln in Wärmedämmungen, Luftspalten in Wärmedämmungen und Umkehrdächern Korrekturwerte zu berücksichtigen.

(2) Bei mechanischen Befestigungsmitteln und Luftspalten in Wärmedämmungen werden die einzelnen Korrekturwerte nach Gleichung 6 auf den Wärmedurchgangskoeffizienten aufgeschlagen, wenn die Summe der Korrekturwerte ≥ 3% des Wärmedurchgangskoeffizienten beträgt.

$$U_c = U + \Delta U_f + \Delta U_g \qquad [6]$$

- U_c: korrigierter Wärmedurchgangskoeffizient
- U: Wärmedurchgangskoeffizient der Konstruktion
- ΔU_f: Korrekturwert für mechanische Befestigungsmittel in Wärmedämmungen nach Abschnitt 4.3.1
- ΔU_g: Korrekturwert für Luftspalten in Wärmedämmungen nach Abschnitt 4.3.2

Der korrigierte Wärmedurchgangskoeffizient für Umkehrdächer ist nach Gleichung 7 zu ermitteln.

$$U_c = U + \Delta U \qquad [7]$$

- U_c: korrigierter Wärmedurchgangskoeffizient
- U: Wärmedurchgangskoeffizient der Konstruktion
- ΔU: Zuschlagswert nach Tabelle 3

(3) Bei Metallunterkonstruktionen ist der U-Wert durch einen vom Systemhersteller anzugebenden Korrekturwert zu erhöhen.

4.3.1 Korrekturwerte für mechanische Befestigungsmittel

(1) Bei Befestigungsmitteln in Wärmedämmungen, die an beiden Enden mit Metallplatten verbunden sind, z. B. einer mechanisch befestigten Dachabdichtung mit Teller- oder Schienenbefestigung in einer Tragschale aus Trapezblech, ist eine Berechnung nach DIN EN ISO 10211[14] erforderlich. In diesen Fällen sind die punktbezogenen Wärmebrückenzuschläge vom Hersteller anzugeben.

(2) Der Korrekturwert ΔU_f wird nach Gleichung 8 ermittelt. Der Korrekturwert braucht nicht berücksichtigt zu werden, wenn die Wärmeleitfähigkeit (λ_f) des Befestigungsmittels oder ein Teil davon geringer als 1 W/(mK) ist. Stahl verfügt allgemein über ein λ_f = 50 W/(mK), legierter Stahl allgemein über ein λ_f = 15 W/(mK).

$$\Delta U_f = \alpha \cdot \frac{\lambda_f \cdot A_f \cdot n_f}{d_0} \cdot \left(\frac{R_1}{R_{T,h}}\right)^2 \qquad [8]$$

- α = 0,8: wenn das Befestigungsmittel die Dämmschicht vollständig durchdringt.
- $\alpha = 0{,}8 \cdot d_1/d_0$: bei einem in eine Aussparung eingebauten Befestigungsmittel
- d_0 [m]: Dicke der Schicht, die das Befestigungsmittel enthält
- d_1 [m] als Länge des Befestigungsmittels in der Wärmedämmung
- λ_f [W/(mK)]: Bemessungswert der Wärmeleitfähigkeit des Befestigungsmittels
- n_f [1/m²]: Anzahl der Befestigungsmittel je m²
- A_f [m²]: Querschnittsfläche des Befestigungsmittels
- R_1 [m²K/W]: Wärmedurchlasswiderstand der Schicht, die von dem Befestigungsmittel durchdrungen wird
- $R_{T,h}$ [m²K/W]: Wärmedurchlasswiderstand des gesamten Bauteils ohne Berücksichtigung von Wärmebrücken

(3) Vereinfachend, auf der sicheren Seite liegend, darf in Gleichung 8

- der Quotient $\frac{R_1}{R_{T,h}} = 1$ angenommen werden;
- d_0 mit der Dicke der Dämmschicht angenommen werden, in der sich das Befestigungsmittel befindet.

[14] DIN EN ISO 10211 Wärmebrücken im Hochbau – Wärmeströme und Oberflächentemperaturen – Detaillierte Berechnungen

Daraus resultierend ergibt sich der Korrekturwert für mechanische Befestigungsmittel in Wärmedämmungen nach Gleichung 9.

$$U_f = 0{,}8 \cdot \frac{\lambda_f \cdot A_f \cdot n_f}{d_0} \qquad [9]$$

(4) Bei Flächen mit einer unterschiedlichen Anzahl der Befestigungsmittel pro m² ist ein Mittelwert $\Delta U_{f,m}$ anhand der einzelnen Teilflächen im Verhältnis zur Gesamtfläche zu ermitteln.

4.3.2 Korrekturwerte für Luftspalten in Wärmedämmungen

(1) Der Korrekturwert für Luftspalten in Wärmedämmungen muss berücksichtigt werden, wenn

- die Wärmedämmung einlagig ausgeführt und durch andere Materialien unterbrochen wird (z. B. Steildach, ausschließlich mit Zwischensparrendämmung) oder
- die einlagige Wärmedämmschicht aus stumpf gestoßenen Materialien mit Fugen von mehr als 5 mm ausgeführt wird oder
- bei Konstruktionen die Möglichkeit einer Luftzirkulation von der warmen zur kalten Seite der Dämmung infolge unzureichender Befestigung oder Abdichtung oben oder unten besteht (z. B. nicht ausreichende Befestigung der Wärmedämmung bei Außenwandbekleidungen).

(2) Der Korrekturwert für Luftspalten ergibt sich nach Gleichung 10.

$$\Delta U_g = \Delta U'' \cdot \left(\frac{R_1}{R_{T,h}}\right)^2 \qquad [10]$$

- $\Delta U''$: Korrekturfaktor nach Tabelle 2
- R_1: Wärmedurchlasswiderstand der Schicht, die Luftspalten und Hohlräume enthält
- $R_{T,h}$: Wärmedurchlasswiderstand des gesamten Bauteils ohne Berücksichtigung von Wärmebrücken

(3) Vereinfachend, auf der sicheren Seite liegend, darf in Gleichung 10 der Quotient $\frac{R_1}{R_{T,h}} = 1$ angenommen werden.

Tabelle 2: Korrekturfaktor $\Delta U''$ nach DIN EN ISO 6946

$\Delta U''$ [W/m²K]	Beschreibung der Luftspalte
0,01	Wärmedämmung einlagig ausgeführt und durch andere Materialien unterbrochen (z. B. Steildach, ausschließlich mit Zwischensparrendämmung) einlagige Wärmedämmschicht aus stumpf gestoßenen Materialien mit Fugen von mehr als 5 mm
0,04	Konstruktionen mit der Möglichkeit einer Luftzirkulation von der warmen zur kalten Seite der Dämmung infolge unzureichender Befestigung oder Abdichtung oben oder unten (z. B. nicht ausreichende Befestigung der Wärmedämmung bei Außenwandbekleidungen)

4.3.3 Wärmedämmung über der Abdichtung (Umkehrdach)

(1) Bei leichten Unterkonstruktionen mit einer flächenbezogenen Masse < 250 kg/m² muss der Wärmedurchlasswiderstand unterhalb der Abdichtung $\geq 0{,}15$ m²K/W betragen.

(2) Der Zuschlagswert für Umkehrdächer bestimmt sich nach DIN 4108-2 in Abhängigkeit vom Anteil des Wärmedurchlasswiderstandes raumseitig der Abdichtung am Gesamtwärmedurchlasswiderstand (siehe Tabelle 3). Bei Wärmedämmstoffen mit einem bauaufsichtlichen Verwendbarkeitsnachweis (allgemeine bauaufsichtliche Zulassung, Europäische Technische Bewertung oder Bauartgenehmigung) für die Verwendung als Umkehrdachdämmung wird der Bemessungswert der Wärmleitfähigkeit durch den bauaufsichtlichen Verwendbarkeitsnachweis festgelegt.

Tabelle 3: Zuschlagswert ΔU nach DIN 4108-2

Anteil des Wärmedurchlasswiderstandes raumseitig der Abdichtung am Gesamtwärmedurchlasswiderstand [%]	Zuschlagswert, ΔU [W/(m^2K)]
unter 10	0,05
von 10 bis 50	0,03
über 50	0

(3) Die Dachentwässerung ist so zu planen und auszuführen, dass ein langfristiges Überstauen der Wärmedämmplatten ausgeschlossen ist. Ein kurzfristiges Überstauen (z. B. während intensiver Niederschläge) kann als unbedenklich angesehen werden.

4.4 Mindestwärmeschutz

(1) Die Anforderungen an den Mindestwärmeschutz sind in DIN 4108-2 enthalten. Sie sind unabhängig von weitergehenden Forderungen etwa des GEG einzuhalten. Der Mindestwärmeschutz hat die Aufgabe, dass sich an den Innenoberflächen der wärmeübertragenden Umfassungsfläche ausreichend hohe Temperaturen einstellen, sodass eine Schimmelpilzbildung verhindert wird. Voraussetzung dafür sind eine übliche Nutzung sowie eine ausreichende Beheizung und Belüftung.

(2) Tabelle 4 zeigt die mindestens erforderlichen Wärmedurchlasswiderstände (ohne Übergangswiderstände) für Bauteile mit einer flächenbezogenen Gesamtmasse $\geq$ 100 kg/m^2, die Räume mit einer Innentemperatur $\geq$ 19 °C gegenüber Räumen mit einer niedrigeren Innentemperatur oder der Außenumgebung abgrenzen. Bei Bauteilen mit Schichten nicht konstanter Dicke (z. B. Bauteile mit Gefälledämmungen) sind die Anforderungen nach Tabelle 4 an der Stelle mit dem niedrigsten Wärmedurchlasswiderstand einzuhalten.

(3) Für Außenwände, Decken unter nicht ausgebauten Dachräumen und Dächer mit einer flächenbezogenen Gesamtmasse < 100 kg/m^2 gelten erhöhte Anforderungen mit einem Mindestwert des Wärmedurchlasswiderstandes $R \geq 1{,}75$ m^2K/W (ohne Übergangswiderstände). Bei Rahmen- und Skelettbauarten gelten sie nur für den Gefachbereich. In diesen Fällen ist für das gesamte Bauteil im Mittel $R = 1{,}0$ m^2K/W einzuhalten.

Tabelle 4: Mindestwerte für Wärmedurchlasswiderstände R von Bauteilen nach DIN 4108-2

Zeile	Bauteile	R[b] [m^2K/W]
1	Wände beheizter Räume gegen Außenluft, Erdreich, Tiefgaragen, nicht beheizte Räume (auch nicht beheizte Dachräume oder Kellerräume außerhalb der wärmeübertragenden Umfassungsfläche)	1,2[c]
2	Dachschrägen beheizter Räume gegen Außenluft	1,2
3	Decken beheizter Räume nach oben und Flachdächer	
3.1	gegen Außenluft	1,2
3.2	zu belüfteten Räumen zwischen Dachschrägen und Abseitenwänden bei ausgebauten Dachräumen	0,90
3.3	zu nicht beheizten Räumen, zu bekriechbaren oder niedrigen Räumen	0,90
3.4	zu Räumen zwischen gedämmten Dachschrägen und Abseitenwänden bei ausgebauten Dachräumen	0,35
4	Decken beheizter Räume nach unten[a]	
4.1	gegen Außenluft, gegen Tiefgarage, gegen Garagen (auch beheizte), Durchfahrten (auch verschließbare) und belüftete Kriechkeller	1,75
4.2	gegen nicht beheizten Kellerraum	0,90
4.3	Sohlplatten, unmittelbar an das Erdreich grenzend bis zu einer Raumtiefe von 5 m	
4.4	über einen nicht belüfteten Hohlraum, z. B. Kriechkeller, an das Erdreich grenzend	
5	Bauteile an Treppenräumen	

Zeile	Bauteile	R^b [m²K/W]
5.1	Wände zwischen beheiztem Raum und direkt beheiztem Treppenraum. Wände zwischen beheiztem Raum und indirekt beheiztem Treppenraum, sofern die anderen Bauteile des Treppenraums die Anforderungen der Tabelle 4 erfüllen	0,07
5.2	Wände zwischen beheiztem Raum und indirekt beheiztem Treppenraum, wenn nicht alle anderen Bauteile des Treppenraums die Anforderungen dieser Tabelle erfüllen	0,25
5.3	Oberer und unterer Abschluss eines beheizten oder indirekt beheizten Treppenraums	wie Bauteile nach Zeilen 2 bis 4
6	Bauteile zwischen beheizten Räumen	
6.1	Wohnungs- und Gebäudetrennwände zwischen beheizten Räumen	0,07
6.2	Wohnungstrenndecken, Decken zwischen Räumen unterschiedlicher Nutzung	0,35

[a] Vermeidung von Fußkälte
[b] Bei erdberührten Bauteilen: konstruktiver Wärmedurchlasswiderstand durch Berechnung nach DIN EN ISO 6946
[c] Bei niedrig beheizten Räumen 0,55 m²K/W

4.5 Wärmebrücken

(1) Wärmebrücken ergeben sich durch die geometrische Ausbildung von Bauteilen (z. B. Gebäudeecken) oder konstruktive Maßnahmen (z. B. Verankerungen, Durchdringungen). Wärmebrücken weisen im Vergleich zum angrenzenden Bauteilbereich einen erhöhten Wärmestrom auf und können zu niedrigen Oberflächentemperaturen, erhöhten Luftfeuchten und Abzeichnungen (z. B. Schimmelpilzbildung, Algenbildung) an den Oberflächen führen. Wärmebrücken sind nicht immer vermeidbar, ihre Auswirkungen können gemindert werden. Eine schädliche Tauwasserbildung an der Bauteilinnenoberfläche muss jedoch verhindert werden.

(2) Der Mindestwärmeschutz nach DIN 4108-2 ist im Bereich von Wärmebrücken einzuhalten.

Diese Anforderungen gelten als eingehalten, wenn die jeweiligen Bauteile den Mindestwärmeschutz nach Abschnitt 4.4 einhalten und

- die Dämmschicht durchgängig oder
- das Detail nach DIN 4108, Beiblatt 2[15]

ausgeführt wird. Bei Abweichungen von den Regeldetails nach DIN 4108, Beiblatt 2 soll eine Wärmebrückenberechnung erfolgen.

(3) Vereinfachend können durch den Einsatz von mindestens 60 mm Wärmedämmung, im Anschlussbereich von Dachflächenfenstern mindestens 25 mm Wärmedämmung, mit $\lambda \leq 0{,}040$ W/(mK) die negativen Auswirkungen von Wärmebrücken reduziert werden. Die Dämmstoffdicke kann reduziert werden, wenn ein Wärmedämmstoff mit einem geringeren Bemessungswert der Wärmeleitfähigkeit verwendet wird. Die benötigte Dämmstoffdicke kann über das Verhältnis der Wärmeleitfähigkeiten bestimmt werden.

(4) Bei Einbauteilen, die in Dämmschichten eingelassen werden, gilt dies entsprechend. Bei Abläufen/Gullys und in den Innenraum führenden Entwässerungselementen sollten umfassende oder unterhalb angeordnete Wärmedämmelemente verwendet werden.

(5) Bei auskragenden, nicht thermisch getrennten Bauteilen, z. B. Balkonplatten, können diese vereinfachend ober-, unter- und stirnseitig mit einer mindestens 60 mm dicken Wärmedämmung mit einer Wärmeleitfähigkeit von 0,040 W/(mK) gedämmt werden. Die Dämmstoffdicke kann entsprechend reduziert werden, wenn ein Wärmedämmstoff mit einem geringeren Bemessungswert der Wärmeleitfähigkeit verwendet wird.

(6) Abbildung 5 zeigt schematisch die Ausbildung von Wärmebrücken.

(7) Für übliche Verbindungsmittel, z. B. Nägel, Schrauben, Drahtanker, sowie bei Anschluss von Fenstern an angrenzende Bauteile und für Mörtelfugen in Mauerwerk nach DIN 1053-1[16] braucht für den Mindestwärmeschutz keine Berechnung der Wärmebrückenwirkung durchgeführt zu werden (vgl. DIN 4108 Beiblatt 2).

[15] DIN 4108, Beiblatt 2 Wärmeschutz und Energie-Einsparung in Gebäuden; Beiblatt 2: Wärmebrücken – Planungs- und Ausführungsbeispiele, mit CD-ROM
[16] DIN 1053-1 Mauerwerk – Teil 1: Berechnung und Ausführung

Abb. 5: Schematische Darstellung der Wärmedämmung im Bereich von Wärmebrücken

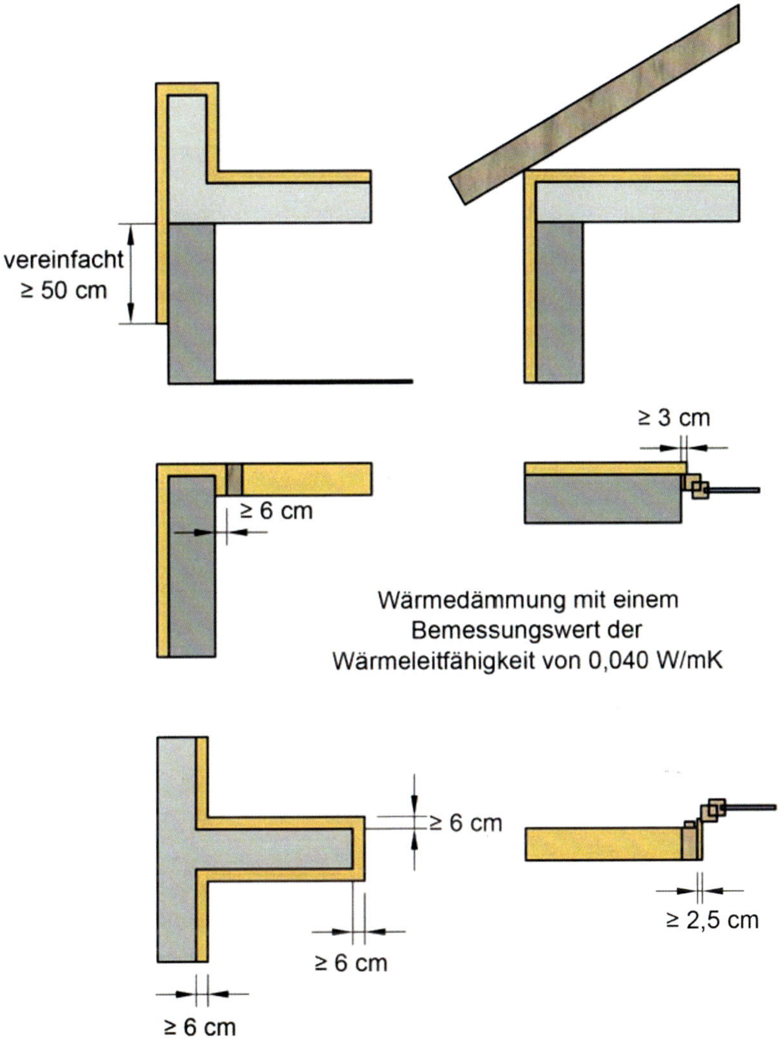

4.6 Sommerlicher Wärmeschutz

(1) Der sommerliche Wärmeschutz dient der Vermeidung von zu hohen Innenraumtemperaturen im Sommer und wird in DIN 4108-2 geregelt. Nach den Landesbauordnungen gelten für den sommerlichen Wärmeschutz die Anforderungen des GEG.

(2) Der sommerliche Wärmeschutz ist u. a. abhängig von

- dem Sommerklima des Gebäudestandorts,
- der Orientierung, der Neigung, dem Sonnenschutz und dem Energiedurchlassgrad der Fensterflächen,
- dem Fensterflächenanteil bezogen auf die Grundfläche des betrachteten Raums,
- der Nutzung des betrachteten Raums,
- der Bauart des Gebäudes,
- der Nachtlüftung.

(3) Bei der Berechnung des Fensterflächenanteils ist die Summe aller Fensterflächen (Rohbaumaß bzw. Blendrahmenaußenmaß bei Dachflächenfenstern A_W nach Abb. 6) durch die Nettogrundrissfläche des jeweiligen zu betrachteten Aufenthaltsraums zu dividieren.

Abb. 6: Ermittlung der Fensterfläche A_W

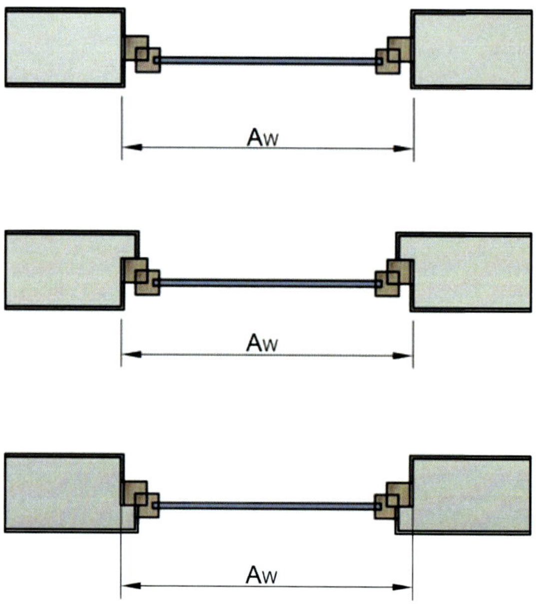

(4) Bei Wohngebäuden sowie bei Gebäudeteilen zur Wohnnutzung, bei denen der grundflächenbezogene Fensterflächenanteil der betrachteten Räume 35 % nicht überschreitet, kann auf eine Berechnung des sommerlichen Wärmeschutzes verzichtet werden, wenn die Fenster mit außenliegenden Rollläden ausgestattet sind. In abweichenden Fällen (z. B. innenliegender Sonnenschutz oder Markisen) ist eine Berechnung nach DIN 4108-2 erforderlich.

5 Feuchteschutz – Vermeidung von kritischen Luftfeuchten und Schimmelpilzbildung an Bauteilinnenoberflächen

(1) Niedrige Temperaturen an Bauteilinnenoberflächen führen zu erhöhten relativen Luftfeuchten. Treten diese über einen längeren Zeitraum auf, können sich auch ohne Tauwasserausfall Schimmelpilze an der Oberfläche bilden oder metallische Werkstoffe korrodieren. Anforderungen an den Wärmeschutz und Planungs- und Nutzungshinweise zur Vermeidung von Schimmelpilzbildung an Bauteilinnenoberflächen sind in DIN 4108-2, DIN 4108-3 und DIN Fachbericht 4108-8 enthalten.

(2) Im Bereich der Bauteilfläche kann eine Schimmelpilzbildung an der Bauteilinnenoberfläche bei gleichmäßiger Beheizung und ausreichender Belüftung der Räume sowie einer weitgehend ungehinderten Luftzirkulation an den Innenoberflächen verhindert werden, wenn der Mindestwärmeschutz nach Abschnitt 4.5 eingehalten wird.

(3) Durch erhöhte Wärmeströme an Kanten und Ecken sinkt die Temperatur in diesen Bereichen im Vergleich zu den Bauteilflächen stark ab. Ursache für den erhöhten Wärmestrom in diesen Bereichen ist das Verhältnis der Innenoberfläche zur Außenoberfläche. Im Normalfall kann eine Schimmelpilzbildung an der Bauteilinnenoberfläche vermieden werden, wenn

- Bauteile, die Kanten und Ecken bilden, den Mindestwärmeschutz nach Abschnitt 4.4 erfüllen und die Dämmebene durchgängig geführt wird oder
- Kanten und Ecken nach Abschnitt 4.5 bzw. DIN 4108, Beiblatt 2 ausgeführt werden.

Alternativ ist eine Berechnung nach DIN 4108-2 möglich.

6 Feuchteschutz – allgemeine Regeln zur Vermeidung schädlicher Tauwasserbildung im Inneren von Bauteilen

(1) Die Beurteilung, dass infolge von Wasserdampfdiffusion kein schädliches Tauwasser im Inneren von Bauteilen auftritt, erfolgt nach DIN 4108-3. Voraussetzung dafür ist die Planung und Ausführung einer luftdichten Ebene nach Kapitel 3. Wenn keine luftdichte Schicht vorhanden ist, tritt zusätzlich zur Wasserdampfdiffusion eine nicht berechenbare Tauwassermenge infolge von Wasserdampfkonvektion auf.

(2) Tauwasserbildung im Inneren von Bauteilen darf zu keiner Erhöhung der Stofffeuchten von Bau- und Wärmedämmstoffen führen, in deren Folge Materialschädigungen (z. B. durch Pilzbefall) auftreten oder die Funktionen bzw. Eigenschaften des Bauteils (z. B. Standsicherheit, Wärmeschutz) beeinträchtigt werden.

(3) Der Tauwasserschutz kann nach DIN 4108-3 durch

- nachweisfreie Bauteile (siehe Kapitel 7 bis 9) oder
- Berechnung der Tauwasser- und Verdunstungsmassen mit dem Perioden-Bilanzverfahren (Glaser-Verfahren) oder
- hygrothermische Simulation

sichergestellt werden.

Für Bauteile von

- klimatisierten (ausgenommen sind Bauteile von Wohn- oder wohnähnlich genutzten Gebäuden, die weder befeuchtet noch unter 20 °C gekühlt werden) oder
- unbeheizten oder
- gekühlten oder
- mit hoher Feuchtelast (z. B. Schwimmbäder) beaufschlagten

Räumen ist immer eine hygrothermische Simulation erforderlich.

Das Perioden-Bilanzverfahren (Glaser-Verfahren) ist nach DIN 4108-3 für folgende Konstruktionen nicht anwendbar:

- bei Gebäuden, die in einer Höhe von über 700 m NN liegen
- erdberührte Bauteile
- Bauteile zu unbeheizten Nebenräumen sowie Kellern
- begrünten und bekiesten Dachkonstruktionen sowie solchen mit Plattenbelägen und Holzrosten
- Innendämmung mit R > 1,0 m^2K/W auf einschaligen Außenwänden mit ausgeprägten sorptiven und kapillaren Eigenschaften
- zur Berechnung des natürlichen Austrocknungsverhaltens, z. B. im Fall der Abgabe von Rohbaufeuchte oder der Aufnahme von Niederschlagswasser,
- gedämmte, nicht belüftete Holzdachkonstruktionen mit Metalldachdeckung oder mit Abdichtung auf Schalung oder Beplankung ohne Hinterlüftung der Abdichtungs-/Deckunterlage,
- nachweisfreie Bauteile nach Kapitel 7 bis 9.

(4) Bei Bauteilen, die im Bereich der Bauteilaußenseite Schichten mit einem sd-Wert > 2,0 m aufweisen, ist die Austrocknung von Tauwasser, Baufeuchte und ggf. später eingedrungener Feuchte stark begrenzt (siehe Abb. 7 und Abb. 8).

Abb. 7: Nicht belüftetes Dach mit regensichernder Zusatzmaßnahme auf Holzwerkstoffplatte und Dachdeckung oder Abdichtung

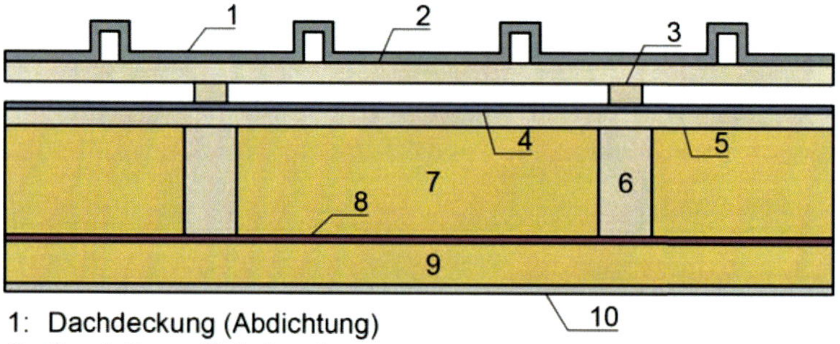

1: Dachdeckung (Abdichtung)
2: Traglattung (Schalung)
3: Konterlattenebene als belüftete Luftschicht
4: Unterdeckbahn
5: Holzwerkstoffplatte mit **s_d ≥ 2,0 m**
6: Sparren
7: Gefachdämmung
8: Luftdichtheitsschicht
9: Installationsebene
10: innenseitige Bekleidung

Abb. 8: Flachdach in Holzbauweise ohne Hinterlüftung der Abdichtungsunterlage

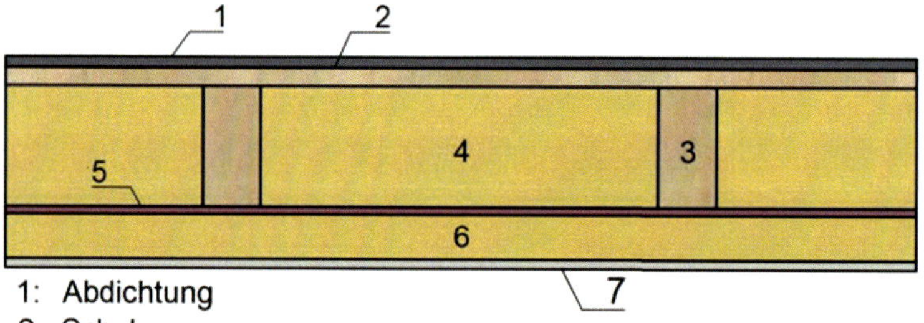

1: Abdichtung
2: Schalung
3: Sparren
4: Gefachdämmung
5: Luftdichtheitsschicht
6: Installationsebene
7: innenseitige Bekleidung

Daher ist es empfehlenswert, Bau- und Wärmedämmstoffe, die nicht dauerhaft gegenüber langfristiger Feuchteeinwirkung sind (z. B. Holz, OSB, Spanplatten, organische Dämmungen), innen- und außenseitig nicht mit Schichten mit einem sd-Wert > 2,0 m abzudecken. Alternativ können die Materialfeuchten mittels hygrothermischer Simulation nach DIN 4108-3 berechnet und beurteilt werden.

Als besonders schadensträchtig haben sich

- Flachdächer in Holzbauweise mit Wärmedämmung zwischen den Sparren/Balken und ohne Hinterlüftung der Abdichtungsunterlage oder ohne Aufsparrendämmung,

- Dächer mit Metalldeckungen mit Wärmedämmungen zwischen den Sparren/Balken und ohne Hinterlüftung der Deckunterlagen oder ohne Aufsparrendämmung

erwiesen.

(5) Dampfsperren/-bremsen, die gleichzeitig die Funktion einer Luftdichtheitsschicht übernehmen, sind wie Luftdichtheitsschichten nach Kapitel 3 zu planen und auszuführen. Werden Dampfsperren/-bremsen als Luftdichtheitsschichten verwendet, müssen diese an Nähten, Stößen, Durchdringungen und Anschlüssen verklebt bzw. luftdicht angeschlossen werden. Nähte und Stöße bleiben bei korrekter werkstoffabhängiger Nahtfügetechnik bei der Bewertung des s_d-Werts unberücksichtigt.

(6) Als Dampfsperre/-bremsen können sowohl Bahnen als auch andere Bau- und Dämmstoffe mit entsprechendem Diffusionswiderstand (z. B. Schaumglas, OSB-Platten) verwendet werden. Dabei ist die dauerhafte Verbindung dieser Bau- und Dämmstoffe untereinander sowie an Anschlüssen und Durchdringungen sicherzustellen (z. B. Einschwemmen und Vergießen der Fugen und Hohlräume von Schaumglasplatten auf einer Stahlbetondecke mit Heißbitumen in der Fläche sowie mit Bahnen an Anschlüssen und Durchdringungen).

(7) Bei Luftschichten auf der kalten Seite ohne Verbindung zur Außenumgebung oder Luftschichten mit Öffnungen, die nicht die Anforderungen nach (9) und (10) einhalten, kann ein zusätzlicher Tauwasserausfall auftreten. Infolgedessen kann es zur Überschreitung der zulässigen Feuchtigkeitsmengen kommen. Wärmedämmungen zwischen den Sparren sollen zusammen mit den Sparren, den darunter- und den darüberliegenden Schichten, mit Ausnahme eventuell geplanter Luftschichten, auf der kalten Seite hohlraumfrei sein.

(8) Bauteile, die in die Dämmebene der Dachkonstruktion einbinden, können durch Baufeuchte zu einer Feuchteerhöhung der Dachkonstruktion führen, z. B. Wände im Dachgeschoss. Dies kann durch den Einbau von Dampfsperren/-bremsen im Bereich dieser Bauteile verhindert werden, die den Kapillarstrom unterbrechen.

(9) Belüftete Luftschichten von Dächern und belüftete Dachdeckungen müssen bei Dachneigungen ≥ 5° (ca. 9 %) mindestens folgende Eigenschaften aufweisen:

- Die Höhe des freien Lüftungsquerschnitts innerhalb des Dachbereichs muss mindestens 2 cm betragen und muss sich über die ganze Fläche erstrecken (siehe Abb. 9). Eine punktuelle Unterschreitung ist möglich, der Lüftungsquerschnitt darf jedoch an keiner Stelle weniger als 5 mm betragen.
- Der freie Lüftungsquerschnitt an den Traufen bzw. an Traufe und Pultdachabschluss muss mindestens 2 ‰ der zugehörigen geneigten Dachfläche (siehe Abb. 10), mindestens jedoch 200 cm²/m betragen.
- An First und Grat sind Mindestlüftungsquerschnitte von 0,5 ‰ der zugehörigen geneigten Dachflächen (siehe Abb. 10) erforderlich, mindestens jedoch 50 cm²/m.

Der Einbau von zusätzlichen Lüftern kann erforderlich sein.

Tabelle 5 zeigt die Anforderungen und Empfehlungen an die Lüftungsquerschnitte zusammengefasst für die praktische Anwendung.

Abb. 9: Höhe des freien Lüftungsquerschnitts von belüfteten Dachdeckungen und belüfteten Luftschichten bei Dachneigungen ≥ 5° (ca. 9 %)

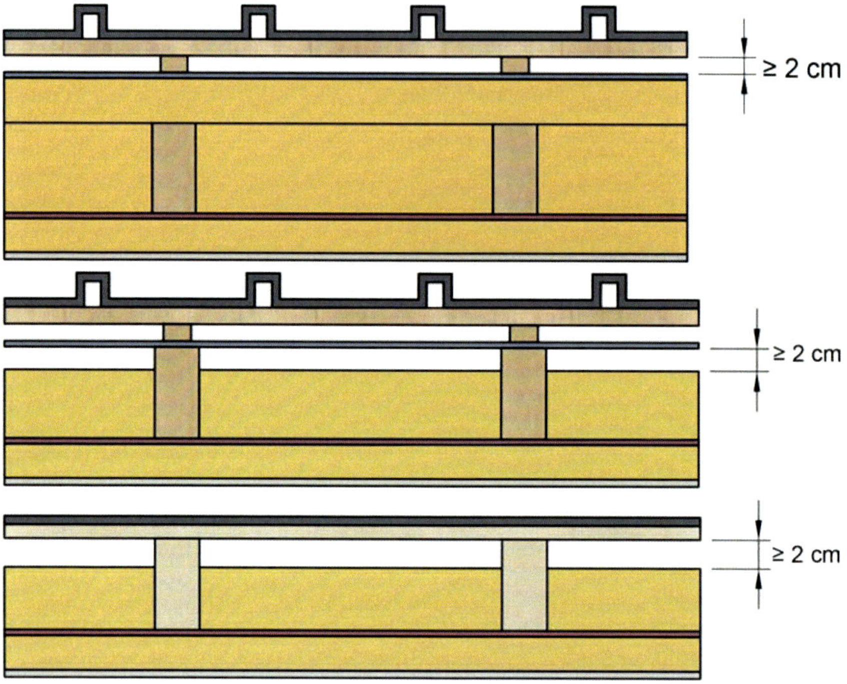

Abb. 10: Zugehörige Dachfläche je Meter Grat, Traufe und First

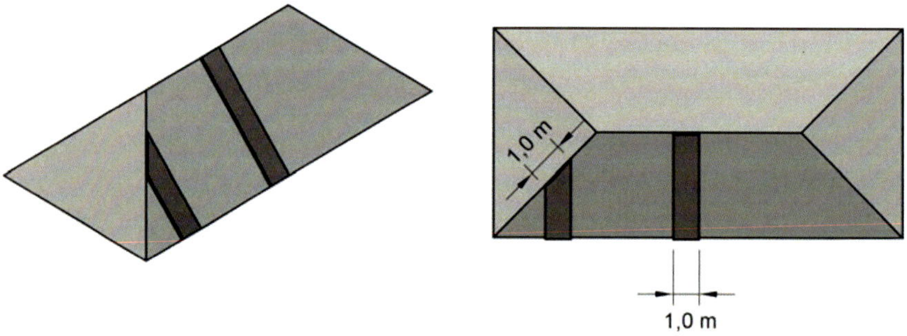

Tabelle 5: Anforderungen an und Empfehlungen für belüftete Dächer und belüftete Luftschichten bei Dachneigungen ≥ 5° (ca. 9 %)

Sparren-/Luftraumlänge in m	Mindestlüftungsquerschnitte			
	Traufe und Pultabschluss: ≥ 2 ‰ bzw. mindestens 200 cm²/m		First und Grat: ≥ 0,5 ‰ bzw. mindestens 50 cm²/m	Dachfläche [cm²/m]: ≥ 2 cm freie Höhe[c]
	Mindestfläche [cm²/m]	empfohlene Spalthöhe [cm][a]	Mindestfläche [cm²/m][b]	
≤ 5	200	3	50	200
≤ 6			60	
≤ 7,5			70	
≤ 8		4	80	
≤ 9			90	
≤ 10			100	
≤ 11	220	6	110	
≤ 12	240		120	
≤ 13	260		130	
≤ 14	280		140	
≤ 15	300		150	
usw.				

[a] An Traufen sollten Lüftungsgitter angeordnet werden.
[b] Angabe bezieht sich auf die Gesamtfläche bei symmetrischen Dächern. Bei unsymmetrischen Dächern kann der Mindestlüftungsquerschnitt aus 0,5 ‰ der vorhandenen Dachfläche ermittelt werden.
[c] Eine punktuelle Unterschreitung ist möglich, der Lüftungsquerschnitt darf jedoch an keiner Stelle weniger als 5 mm betragen.

(10) Belüftete Luftschichten von Dächern müssen bei Dachneigungen < 5° (ca. 9 %) und Sparren-/Luftraumlängen (Entfernung von Zu- und Abluftöffnung) ≤ 10 m mindestens folgende Eigenschaften aufweisen:

- Die Höhe des freien Lüftungsquerschnitts innerhalb des Dachbereichs über der Wärmedämmschicht muss mindestens 2 ‰ der zugehörigen geneigten Dachfläche betragen, mindestens jedoch 5 cm (siehe Abb. 11). Die Belüftung dieser flach geneigten Luftschichten ist nur möglich, wenn die Luftschicht durchgehend ist und die Mindestdicke eingehalten wird. Daher ist es erforderlich, die Materialtoleranzen der Wärmedämmung zu berücksichtigen, d. h., bei Mineralwolle-Zwischensparrendämmungen sollte wegen der zulässigen Materialtoleranzen die Luftschichtdicke mit mindestens 7 cm geplant werden.
- Die Mindestlüftungsquerschnitte an mindestens zwei gegenüberliegenden Dachrändern müssen mindestens 2 ‰ der zugehörigen geneigten Dachfläche betragen, mindestens jedoch 200 cm²/m. Die Lüftungsöffnungen müssen frei anströmbar sein.

Bei Sparren-/Luftraumlängen (Entfernung von Zu- und Abluftöffnung) > 10 m können besondere Maßnahmen (z. B. Einbau von Lüftern) zur Aufrechterhaltung der Belüftungsfunktion erforderlich sein.

Abb. 11: Höhe des freien Lüftungsquerschnitts von belüfteten Luftschichten bei Dachneigungen < 5° (ca. 9 %)

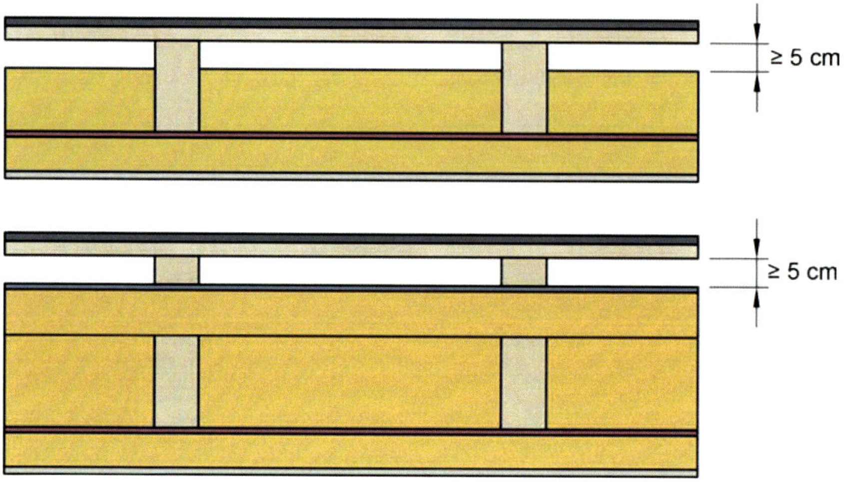

(11) Bei Dächern mit Innengefälle oder in enger Bebauung ist es empfehlenswert, diese als unbelüftete Konstruktionen und/oder ohne zusätzliche belüftete Luftschichten zu planen und auszuführen.

(12) Bei Kehlen von belüfteten Dächern mit nicht belüfteter Dachdeckung oder Abdichtung sind Lüftungsöffnungen im Allgemeinen nicht möglich. Solche Dachkonstruktionen sind daher zweckmäßiger als nicht belüftete Dächer mit belüfteter Luftschicht (Konterlattenebene) auszuführen.

(13) Die Be- und Entlüftung muss an Durchdringungen (z. B. Lichtkuppeln, Dachaufbauten, Dachflächenfenstern) und stark gegliederten Dachflächen mit daraus resultierenden häufigen Unterbrechungen der Belüftungsebenen gewährleistet sein. Andernfalls sind Konstruktionen ohne belüftete Luftschicht zu planen und auszuführen.

(14) Die Funktion von Lüftungsöffnungen kann durch Schnee unterbunden bzw. beeinträchtigt werden.

(15) Luftschichten zur Hinterlüftung oder Belüftung von Außenwandbekleidungen müssen eine Dicke von mindestens 2 cm aufweisen und dürfen an einzelnen Stellen auf 5 mm reduziert werden. Öffnungen sind bei

- hinterlüfteten Außenwandbekleidungen am oberen und unteren Abschluss der Luftschicht mit einer Fläche von mindestens 50 cm^2 je Meter Wandlänge,
- belüfteten Außenwandbekleidungen am unteren Abschluss der Luftschicht mit einer Fläche von mindestens 100 cm^2 je Meter Wandlänge

erforderlich.

Kleinere, aus konstruktiven Gründen nicht hinterlüftete oder nicht belüftete Flächen, z. B. Fensterbrüstungen und Fensterstürze, sind jedoch zulässig.

(16) Bei luftdurchlässigen Außenwandbekleidungen ist eine durchgehende Luftschicht raumseitig der Deckunterlage nicht erforderlich, wenn durch die linienförmige Deckunterlage (z. B. Traglatte oder Metallprofil) ein Hohlraum mit einer Dicke von mindestens 2 cm vorhanden ist.

7 Feuchteschutz – Konstruktionsprinzipien für nachweisfreie Dächer

7.1 Allgemeines

(1) Bei den folgenden Bauteilen kann nach DIN 4108-3 auf eine Berechnung des Tauwasserschutzes verzichtet werden. Diese Bauteile erfüllen die Anforderungen nach DIN 68800-2 an den Holzschutz.

Das nachfolgende Schaubild dient der Orientierung und zeigt, welche Konstruktionen in welchem Abschnitt dargestellt sind.

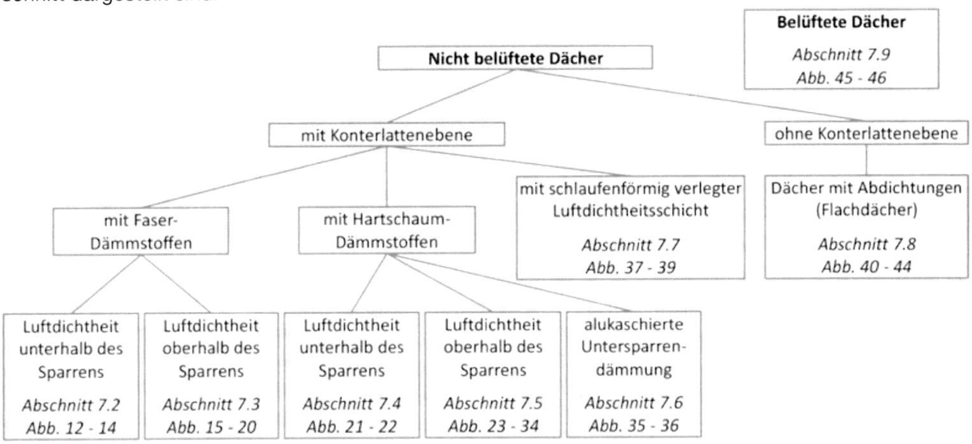

DIN 4108-3 enthält weitere nachweisfreie Konstruktionen.

(2) DIN 68800-2 bietet in Abschnitt 6.1 drei gleichwertige Möglichkeiten für die Einstufung der Holzbauteile in die Gebrauchsklasse GK 0 an. Dies sind

- rechnerische und sonstige Nachweise zur Sicherstellung eines ausreichenden Holzschutzes entsprechend der Gefährdung und Gebrauchssituation oder
- Nutzung der Konstruktionsprinzipien aus den Abschnitten 7, 8, 9 der DIN 68800-2, erforderlichenfalls mit zusätzlicher Berechnung des Tauwasserschutzes oder
- Anwendung der in Anhang A der DIN 68800-2 dargestellten Konstruktionen.

Nach Anhang A der DIN 68800-2 wird die Gebrauchsklasse GK 0 bei nicht belüfteten Dächern mit Dachabdichtung und Konterlattenebene (Luftraumlänge) bei einer Dachneigung von 3° (ca. 5%) $\leq \alpha <$ 5° (ca. 9%) erreicht, wenn die Anforderungen an die Höhe des Luftraums nach Tabelle 6 eingehalten werden.

Der Anhang A der DIN 68800-2 ist nicht zwingend anzuwenden.

Tabelle 6: Anforderungen an die Höhe des Luftraums für Dachneigungen 3° $\leq \alpha <$ 5° nach DIN 68800-2 Anhang A

Luftraumlänge (l)	Höhe des Luftraums
10 m < l ≤ 11m	≥ 5 cm
11 m < l ≤ 12m	≥ 7 cm
12 m < l ≤ 13m	≥ 9 cm
13 m < l ≤ 14m	≥ 11 cm
14 m < l ≤ 15m	≥ 13 cm
15 m < l ≤ 16m	≥ 15 cm

7.2 Nachweisfreie nicht belüftete Dächer mit Konterlattenebene und Faserdämmstoffen – Luftdichtheitsschicht unterhalb des Sparrens – Abbildungen 12 bis 14

Abb. 12: Nachweisfreie Dächer mit Gefachdämmung – Luftdichtheitsschicht unterhalb des Sparrens (auch für helle Dachoberflächen)

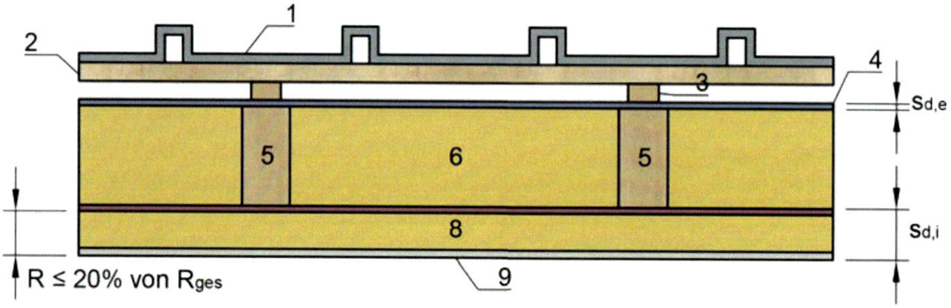

1: Dachdeckung (Abdichtung)
   - auch helle Dachoberflächen -
2: Traglattung (Schalung)
3: Konterlattenebene als belüftete Luftschicht
4: Unterdeckbahn
5: Sparren
6: Gefachdämmung
7: Luftdichtheitsschicht
8: Installationsebene mit oder ohne Dämmung
9: innenseitige Bekleidung

$s_{d,e}$ in m	$s_{d,i}$ in m
≤ 0,1	≥ 1,0
0,1 < $s_{d,e}$ ≤ 0,3	≥ 2,0
0,3 < $s_{d,e}$ ≤ 2,0	≥ 6 x $s_{d,e}$

Abb. 13: Nachweisfreie Dächer mit Gefachdämmung und Holzschalung – Luftdichtheitsschicht unterhalb des Sparrens (auch für helle Dachoberflächen)

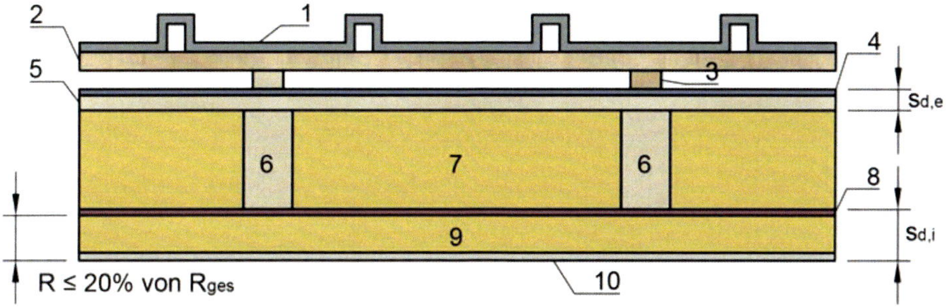

1: Dachdeckung (Abdichtung)
   - auch helle Dachoberflächen -
2: Traglattung (Schalung)
3: Konterlattenebene als belüftete Luftschicht
4: Unterdeckbahn
5: Schalung
6: Sparren
7: Gefachdämmung
8: Luftdichtheitsschicht
9: Installationsebene mit oder ohne Dämmung
10: innenseitige Bekleidung

$s_{d,e}$ in m	$s_{d,i}$ in m
≤ 0,1	≥ 1,0
0,1 < $s_{d,e}$ ≤ 0,3	≥ 2,0
0,3 < $s_{d,e}$ ≤ 2,0	≥ 6 x $s_{d,e}$

nachweisfrei nach ZVDH + DIN 4108-3

Abb. 14: Nachweisfreie Dächer mit Gefachdämmung und Aufsparrendämmung aus Faserdämmstoffen – Luftdichtheitsschicht unterhalb des Sparrens (auch für helle Dachoberflächen)

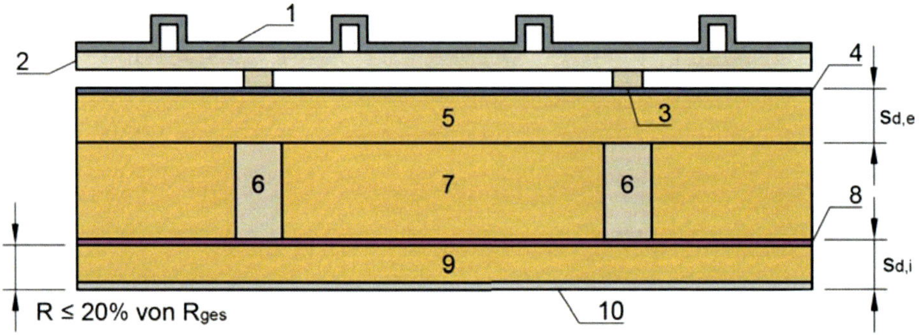

1: Dachdeckung (Abdichtung)
- auch helle Dachoberflächen -
2: Traglattung (Schalung)
3: Konterlattenebene als belüftete Luftschicht
4: Unterdeckbahn
5: Holzfaser- oder Mineralwolle-Aufsparrendämmung
6: Sparren
7: Gefachdämmung
8: Luftdichtheitsschicht
9: Installationsebene mit oder ohne Dämmung
10: innenseitige Bekleidung

$s_{d,e}$ in m	$s_{d,i}$ in m
≤ 0,1	≥ 1,0
0,1 < $s_{d,e}$ ≤ 0,3	≥ 2,0
0,3 < $s_{d,e}$ ≤ 2,0	≥ 6 x $s_{d,e}$

7.3 Nachweisfreie nicht belüftete Dächer mit Konterlattenebene und Faserdämmstoffen – Luftdichtheitsschicht oberhalb des Sparrens – Abbildungen 15 bis 20

Abb. 15: Nachweisfreie Dächer mit Aufsparrendämmung aus Faserdämmstoffen mit raumseitiger Bekleidung – Luftdichtheitsschicht oberhalb des Sparrens (auch für helle Dachoberflächen)

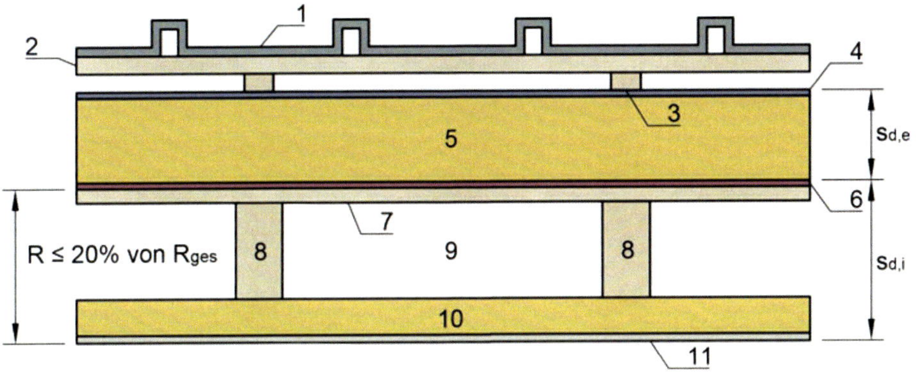

1: Dachdeckung (Abdichtung)
   - auch helle Dachoberflächen -
2: Traglattung (Schalung)
3: Konterlattenebene als belüftete Luftschicht
4: Unterdeckbahn
5: Holzfaser- oder Mineralwolle-Aufsparrendämmung
6: Luftdichtheitsschicht
7: ggf. Schalung
8: Sparren
9: ruhende Luftschicht
10: Installationsebene mit oder ohne Dämmung
11: innenseitige Bekleidung

$s_{d,e}$ in m	$s_{d,i}$ in m
$\leq 0{,}1$	$\geq 1{,}0$
$0{,}1 < s_{d,e} \leq 0{,}3$	$\geq 2{,}0$
$0{,}3 < s_{d,e} \leq 2{,}0$	$\geq 6 \times s_{d,e}$

Abb. 16: Nachweisfreie Dächer mit Aufsparrendämmung aus Faserdämmstoffen mit sichtbaren Sparren – Luftdichtheitsschicht oberhalb des Sparrens (auch für helle Dachoberflächen)

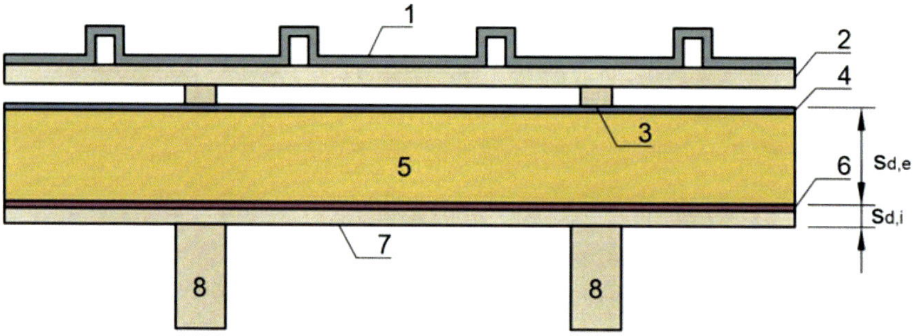

1: Dachdeckung (Abdichtung)
 - auch helle Dachoberflächen -
2: Traglattung (Schalung)
3: Konterlattenebene als belüftete Luftschicht
4: Unterdeckbahn
5: Holzfaser- oder Mineralwolle-Aufsparrendämmung
6: Luftdichtheitsschicht
7: Schalung und innenseitige Bekleidung
8: Sparren

$s_{d,e}$ in m	$s_{d,i}$ in m
$\leq 0,1$	$\geq 1,0$
$0,1 < s_{d,e} \leq 0,3$	$\geq 2,0$
$0,3 < s_{d,e} \leq 2,0$	$\geq 6 \times s_{d,e}$

Abb. 17: Nachweisfreie Dächer mit Gefachdämmung und Aufsparrendämmung aus Faserdämmstoffen – Luftdichtheitsschicht oberhalb des Sparrens

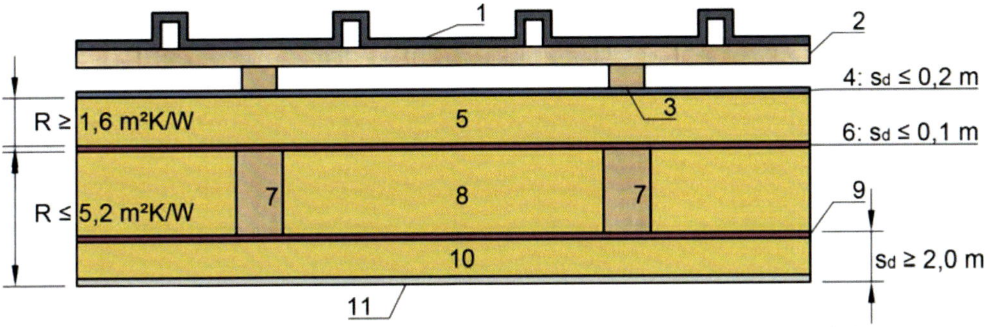

1: Dachdeckung (Abdichtung) mit einem **Strahlungsabsorptionsgrad ≥ 0,6**
2: Traglattung (Schalung)
3: Konterlattenebene als belüftete Luftschicht
4: ggf. Unterdeckbahn mit s_d ≤ 0,2 m
5: Aufsparrendämmung mit R ≥ 1,6 m²K/W aus
- Holzfasern (≥ 8 cm bei λ = 0,045 W/mK)
- Mineralwolle (≥ 6 cm bei λ = 0,036 W/mK)

6: Luftdichtheitsschicht mit s_d ≤ 0,1 m
7: Sparren
8: Gefachdämmung - Vollsparrendämmung in Verbindung mit den Schichten 9 bis 11 mit R ≤ 5,2 m²K/W, z.B. aus
- Holzfasern (≤ 20 cm bei λ = 0,038 W/mK)
- Mineralwolle (≤ 18 cm bei λ = 0,035 W/mK)

9: vorhandene Dampfsperre/-bremse
10: Installationsebene mit oder ohne Dämmung
11: innenseitige Bekleidung

nachweisfrei nach ZVDH + DIN 4108-3

Beispiele für Materialien mit Strahlungsabsorptionsgraden ≥ 0,6
- Materialien mit schwarzen Oberflächen
- Materialien mit mittelgrauen, roten oder dunkleren Oberflächen
- oxidierte Kupfer- und Zinkbleche

Beispiele für Materialien mit Strahlungsabsorptionsgraden < 0,6
- Materialien mit weißen oder hellen Oberflächen
- nicht oxidierte Kupfer- und Zinkbleche
- unbeschichtete Bleche

Abb. 18: Nachweisfreie Dächer mit Gefachdämmung, ruhender Luftschicht und Aufsparrendämmung aus Faserdämmstoffen – Luftdichtheitsschicht oberhalb des Sparrens

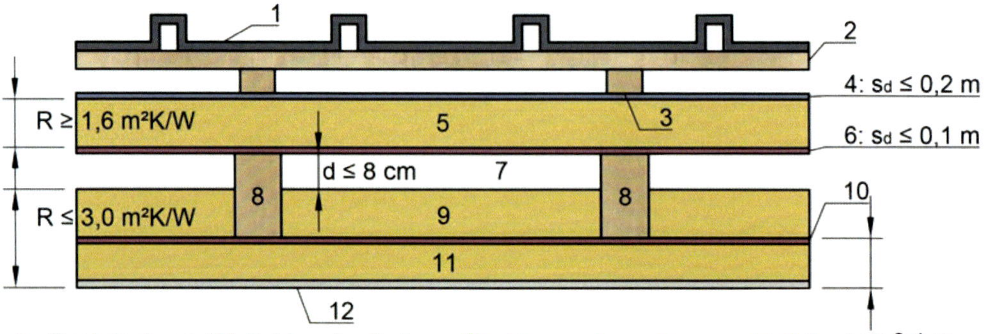

1: Dachdeckung (Abdichtung) mit einem Strahlungsabsorptionsgrad ≥ 0,6
2: Traglattung (Schalung)
3: Konterlattenebene als belüftete Luftschicht
4: ggf. Unterdeckbahn mit s_d ≤ 0,2 m
5: Aufsparrendämmung mit R ≥ 1,6 m²K/W aus
- Holzfasern (≥ 8 cm bei λ = 0,045 W/mK)
- Mineralwolle (≥ 6 cm bei λ = 0,036 W/mK)

6: Luftdichtheitsschicht mit s_d ≤ 0,1 m
7: ruhende Luftschicht mit d ≤ 8 cm
8: Sparren
9: Gefachdämmung
in Verbindung mit den Schichten 10 bis 12 mit R ≤ 3,0 m²K/W, z.B. aus
- Holzfasern (≤ 11 cm bei λ = 0,038 W/mK)
- Mineralwolle (≤ 10 cm bei λ = 0,035 W/mK)

10: vorhandene Dampfsperre/-bremse
11: Installationsebene mit oder ohne Dämmung
12: innenseitige Bekleidung

nachweisfrei nach ZVDH + DIN 4108-3

Die Anschlüsse der Dachränder und Durchdringungen sind insbesondere hinsichtlich der Ausbildung der Luftdichtheitsschicht und der ruhenden Luftschicht zu planen.

Beispiele für Materialien mit Strahlungsabsorptionsgraden ≥ 0,6
- Materialien mit schwarzen Oberflächen
- Materialien mit mittelgrauen, roten oder dunkleren Oberflächen
- oxidierte Kupfer- und Zinkbleche

Beispiele für Materialien mit Strahlungsabsorptionsgraden < 0,6
- Materialien mit weißen oder hellen Oberflächen
- nicht oxidierte Kupfer- und Zinkbleche
- unbeschichtete Bleche

Abb. 19: Nachweisfreie Dächer mit Gefachdämmung, Schalung und Aufsparrendämmung aus Faserdämmstoffen – Luftdichtheitsschicht oberhalb des Sparrens

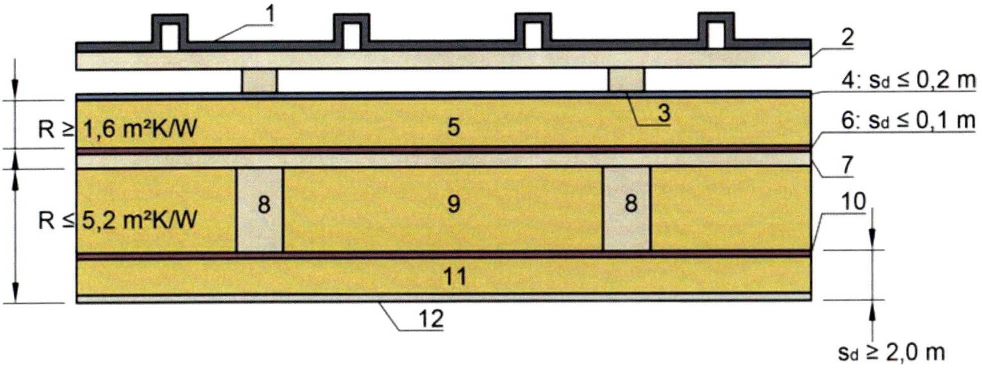

1: Dachdeckung (Abdichtung) mit einem Strahlungsabsorptionsgrad ≥ 0,6
2: Traglattung (Schalung)
3: Konterlattenebene als belüftete Luftschicht
4: ggf. Unterdeckbahn mit $s_d \leq 0{,}2$ m
5: Aufsparrendämmung mit R ≥ 1,6 m²K/W aus
- Holzfasern (≥ 8 cm bei λ = 0,045 W/mK)
- Mineralwolle (≥ 6 cm bei λ = 0,036 W/mK)

6: Luftdichtheitsschicht mit $s_d \leq 0{,}1$ m
7: Vollholz-Schalung
8: Sparren
9: Gefachdämmung - Vollsparrendämmung
in Verbindung mit den Schichten 10 bis 12 mit R ≤ 5,2 m²K/W, z.B. aus
- Holzfasern (≤ 20 cm bei λ = 0,038 W/mK)
- Mineralwolle (≤ 18 cm bei λ = 0,035 W/mK)

10: vorhandene Dampfsperre/-bremse
11: Installationsebene mit oder ohne Dämmung
12: innenseitige Bekleidung

Beispiele für Materialien mit Strahlungsabsorptionsgraden ≥ 0,6

- Materialien mit schwarzen Oberflächen
- Materialien mit mittelgrauen, roten oder dunkleren Oberflächen
- oxidierte Kupfer- und Zinkbleche

Beispiele für Materialien mit Strahlungsabsorptionsgraden < 0,6

- Materialien mit weißen oder hellen Oberflächen
- nicht oxidierte Kupfer- und Zinkbleche
- unbeschichtete Bleche

Abb. 20: Nachweisfreie Dächer mit Gefachdämmung, ruhender Luftschicht, Schalung und Aufsparrendämmung aus Faserdämmstoffen – Luftdichtheitsschicht oberhalb des Sparrens

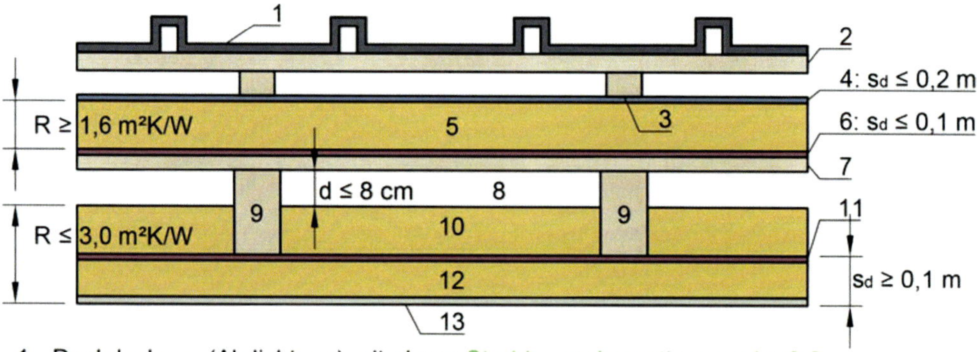

1: Dachdeckung (Abdichtung) mit einem Strahlungsabsorptionsgrad ≥ 0,6
2: Traglattung (Schalung)
3: Konterlattenebene als belüftete Luftschicht
4: ggf. Unterdeckbahn mit $s_d \leq 0{,}2$ m
5: Aufsparrendämmung mit R ≥ 1,6 m²K/W aus
- Holzfasern (≥ 8 cm bei λ = 0,045 W/mK)
- Mineralwolle (≥ 6 cm bei λ = 0,036 W/mK)

6: Luftdichtheitsschicht mit $s_d \leq 0{,}1$ m
7: Vollholz-Schalung
8: ruhende Luftschicht d ≤ 8 cm
9: Sparren
10: Gefachdämmung
in Verbindung mit den Schichten 11 bis 13 mit R ≤ 3,0 m²K/W, z.B. aus
- Holzfasern (≤ 11 cm bei λ = 0,038 W/mK)
- Mineralwolle (≤ 10 cm bei λ = 0,035 W/mK)

11: vorhandene Dampfsperre/-bremse
12: Installationsebene mit oder ohne Dämmung
13: innenseitige Bekleidung

nachweisfrei nach ZVDH + DIN 4108-3

Die Anschlüsse der Dachränder und Durchdringungen sind insbesondere hinsichtlich der Ausbildung der Luftdichtheitsschicht und der ruhenden Luftschicht zu planen.

Beispiele für Materialien mit Strahlungsabsorptionsgraden ≥ 0,6
- Materialien mit schwarzen Oberflächen
- Materialien mit mittelgrauen, roten oder dunkleren Oberflächen
- oxidierte Kupfer- und Zinkbleche

Beispiele für Materialien mit Strahlungsabsorptionsgraden < 0,6
- Materialien mit weißen oder hellen Oberflächen
- nicht oxidierte Kupfer- und Zinkbleche
- unbeschichtete Bleche

7.4 Nachweisfreie nicht belüftete Dächer mit Konterlattenebene und Hartschaum-Dämmstoffen – Luftdichtheitsschicht unterhalb des Sparrens – Abbildungen 21 bis 22

Abb. 21: Nachweisfreie Dächer mit Gefachdämmung und Aufsparrendämmung aus Hartschaum – Luftdichtheitsschicht unterhalb des Sparrens

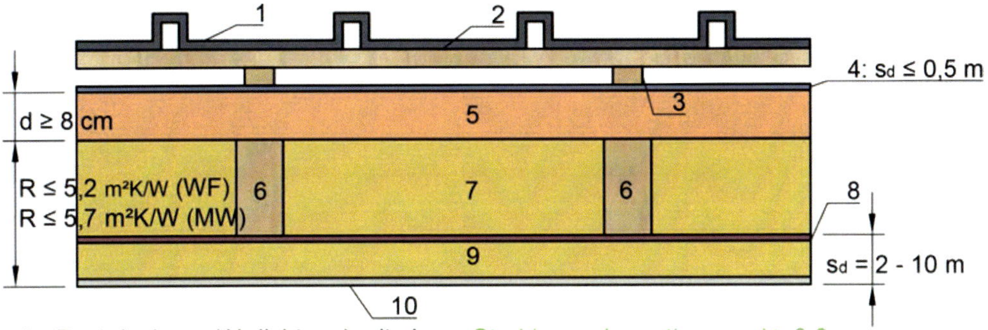

1: Dachdeckung (Abdichtung) mit einem Strahlungsabsorptionsgrad ≥ 0,6
2: Traglattung (Schalung)
3: Konterlattenebene als belüftete Luftschicht
4: Unterdeckbahn mit $s_d \leq 0{,}5$ m
bei alukaschierter PU-Aufsparrendämmung: $s_d \leq 25$m
5: Aufsparrendämmung aus PU- oder Phenolharz-Hartschaum mit d ≥ 8cm
6: Sparren
7: Gefachdämmung ausschließlich aus
- Holzfasern mit R ≤ 5,2 m²K/W (≤ 20 cm bei λ = 0,038 W/mK)
- Mineralwolle mit R ≤ 5,7 m²K/W (≤ 20 cm bei λ = 0,035 W/mK)

in Verbindung mit den Schichten 8 bis 10
8: Luftdichtheitsschicht mit s_d = 2 - 10 m (auch in Vebindung mit Schichten 9 & 10) oder mit variablem s_d-Wert
$s_{d,feucht} \leq 1{,}0$ m
$s_{d,trocken} \geq 4{,}0$ m
$s_{d,feucht}$ wird bei einer mittleren Umgebungsluftfeuchte von 90% +/- 2% gemessen
$s_{d,trocken}$ wird bei einer mittleren Umgebungsluftfeuchte von 25% +/- 2% gemessen
9: Installationsebene mit oder ohne Dämmung
10: innenseitige Bekleidung

Beispiele für Materialien mit Strahlungsabsorptionsgraden ≥ 0,6
- Materialien mit schwarzen Oberflächen
- Materialien mit mittelgrauen, roten oder dunkleren Oberflächen
- oxidierte Kupfer- und Zinkbleche

Beispiele für Materialien mit Strahlungsabsorptionsgraden < 0,6
- Materialien mit weißen oder hellen Oberflächen
- nicht oxidierte Kupfer- und Zinkbleche
- unbeschichtete Bleche

Abb. 22: Nachweisfreie Dächer mit Gefachdämmung, Schalung und Aufsparrendämmung aus Hartschaum – Luftdichtheitsschicht unterhalb des Sparrens

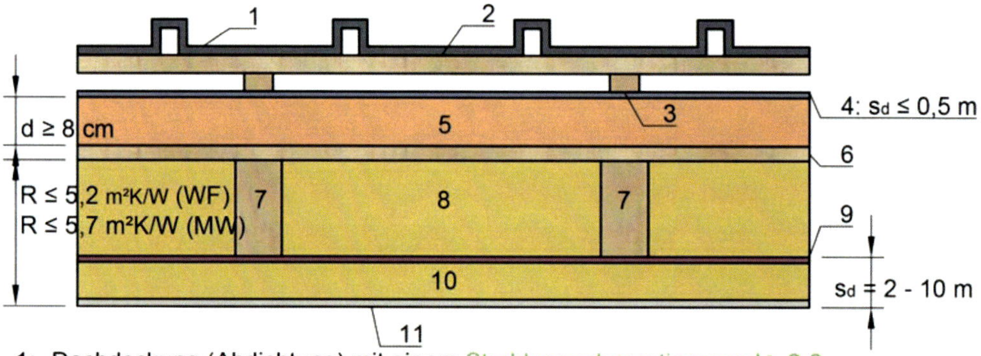

1: Dachdeckung (Abdichtung) mit einem Strahlungsabsorptionsgrad ≥ 0,6
2: Traglattung (Schalung)
3: Konterlattenebene als belüftete Luftschicht
4: Unterdeckbahn mit s_d ≤ 0,5 m
bei alukaschierter PU-Aufsparrendämmung: s_d ≤ 25m
5: Aufsparrendämmung aus PU- oder Phenolharz-Hartschaum mit d ≥ 8cm
6: Vollholzschalung
7: Sparren
8: Gefachdämmung ausschließlich aus
- Holzfasern mit R ≤ 5,2 m²K/W (≤ 20 cm bei λ = 0,038 W/mK)
- Mineralwolle mit R ≤ 5,7 m²K/W (≤ 20 cm bei λ = 0,035 W/mK
in Verbindung mit den Schichten 9 bis 11
9: Luftdichtheitsschicht mit s_d = 2 - 10 m (auch in Vebindung mit Schichten 10 & 11) oder mit variablem sd-Wert
$s_{d,feucht}$ ≤ 1,0 m
$s_{d,trocken}$ ≥ 4,0 m
$s_{d,feucht}$ wird bei einer mittleren Umgebungsluftfeuchte von 90% +/- 2% gemessen
$s_{d,trocken}$ wird bei einer mittleren Umgebungsluftfeuchte von 25% +/- 2% gemessen
10: Installationsebene mit oder ohne Dämmung
11: innenseitige Bekleidung

Beispiele für Materialien mit Strahlungsabsorptionsgraden ≥ 0,6
- Materialien mit schwarzen Oberflächen
- Materialien mit mittelgrauen, roten oder dunkleren Oberflächen
- oxidierte Kupfer- und Zinkbleche

Beispiele für Materialien mit Strahlungsabsorptionsgraden < 0,6
- Materialien mit weißen oder hellen Oberflächen
- nicht oxidierte Kupfer- und Zinkbleche
- unbeschichtete Bleche

7.5 Nachweisfreie nicht belüftete Dächer mit Konterlattenebene und Hartschaum-Dämmstoffen – Luftdichtheitsschicht oberhalb des Sparrens – Abbildungen 23 bis 34

Abb. 23: Nachweisfreie Dächer mit Gefachdämmung und Aufsparrendämmung aus Hartschaum – Luftdichtheitsschicht oberhalb des Sparrens

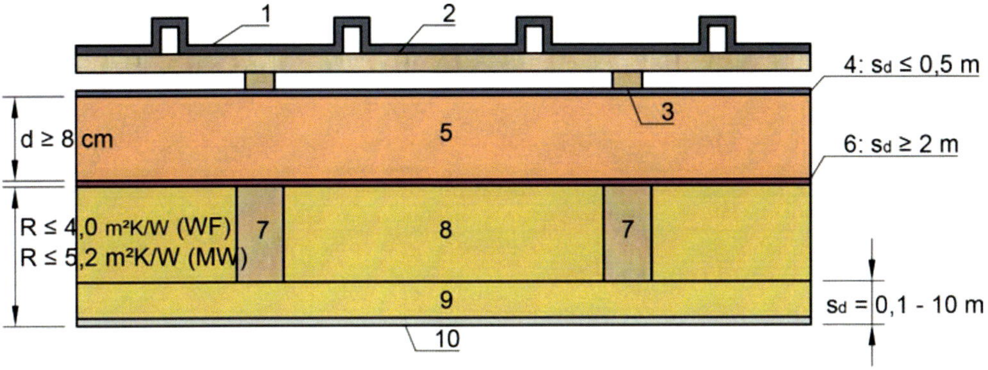

1: Dachdeckung (Abdichtung) mit einem Strahlungsabsorptionsgrad ≥ 0,6
2: Traglattung (Schalung)
3: Konterlattenebene als belüftete Luftschicht
4: Unterdeckbahn mit s_d ≤ 0,5 m
bei alukaschierter PU-Aufsparrendämmung: s_d ≤ 25m
5: Aufsparrendämmung aus PU- oder Phenolharz-Hartschaum mit d ≥ 8cm
6: Luftdichtheitsschicht mit s_d ≥ 2 m
7: Sparren
8: Gefachdämmung ausschließlich aus
- Holzfasern mit R ≤ 4,0 m²K/W (≤ 15 cm bei λ = 0,038 W/mK)
- Mineralwolle mit R ≤ 5,2 m²K/W (≤ 18 cm bei λ = 0,035 W/mK
in Verbindung mit den Schichten 9 & 10
9: Installationsebene mit oder ohne Dämmung
10: innenseitige Bekleidung

Beispiele für Materialien mit Strahlungsabsorptionsgraden ≥ 0,6
- Materialien mit schwarzen Oberflächen
- Materialien mit mittelgrauen, roten oder dunkleren Oberflächen
- oxidierte Kupfer- und Zinkbleche

Beispiele für Materialien mit Strahlungsabsorptionsgraden < 0,6
- Materialien mit weißen oder hellen Oberflächen
- nicht oxidierte Kupfer- und Zinkbleche
- unbeschichtete Bleche

Abb. 24: Nachweisfreie Dächer mit Gefachdämmung, ruhender Luftschicht und Aufsparrendämmung aus Hartschaum – Luftdichtheitsschicht oberhalb des Sparrens – Variante 1

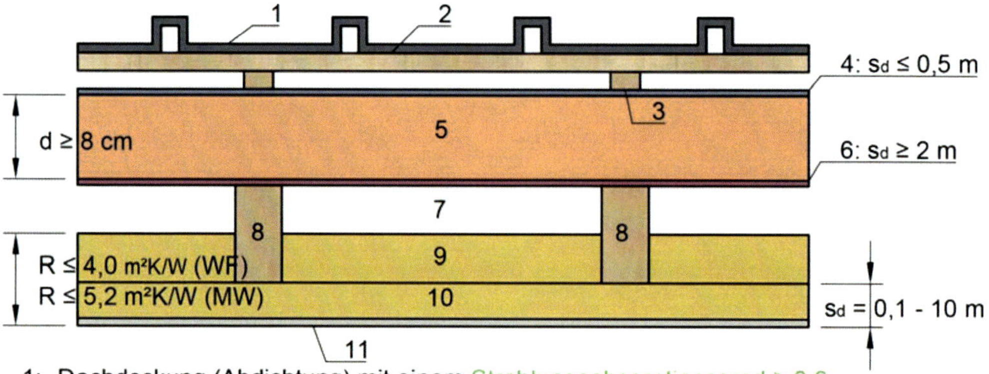

1: Dachdeckung (Abdichtung) mit einem Strahlungsabsorptionsgrad ≥ 0,6
2: Traglattung (Schalung)
3: Konterlattenebene als belüftete Luftschicht
4: Unterdeckbahn mit $s_d \leq 0{,}5$ m
bei alukaschierter PU-Aufsparrendämmung: $s_d \leq 25$m
5: Aufsparrendämmung aus PU- oder Phenolharz-Hartschaum mit d ≥ 8cm
6: Luftdichtheitsschicht mit $s_d \geq 2$ m
7: ruhende Luftschicht
8: Sparren
9: Gefachdämmung ausschließlich aus
- Holzfasern mit R ≤ 4,0 m²K/W (≤ 15 cm bei λ = 0,038 W/mK)
- Mineralwolle mit R ≤ 5,2 m²K/W (≤ 18 cm bei λ = 0,035 W/mK
- in Verbindung mit den Schichten 10 & 11

10: Installationsebene mit oder ohne Dämmung
11: innenseitige Bekleidung

Die Anschlüsse der Dachränder und Durchdringungen sind insbesondere hinsichtlich der Ausbildung der Luftdichtheitsschicht und der ruhenden Luftschicht zu planen.

Beispiele für Materialien mit Strahlungsabsorptionsgraden ≥ 0,6
- Materialien mit schwarzen Oberflächen
- Materialien mit mittelgrauen, roten oder dunkleren Oberflächen
- oxidierte Kupfer- und Zinkbleche

Beispiele für Materialien mit Strahlungsabsorptionsgraden < 0,6
- Materialien mit weißen oder hellen Oberflächen
- nicht oxidierte Kupfer- und Zinkbleche
- unbeschichtete Bleche

Abb. 25: Nachweisfreie Dächer mit Gefachdämmung, ruhender Luftschicht und Aufsparrendämmung aus Hartschaum – Luftdichtheitsschicht oberhalb des Sparrens – Variante 2 (auch für helle Dachoberflächen)

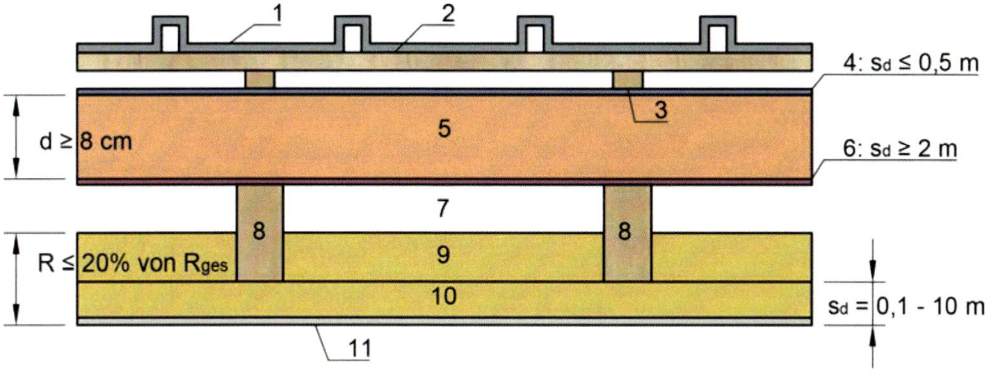

1: Dachdeckung (Abdichtung) - auch helle Dachoberflächen -
2: Traglattung (Schalung)
3: Konterlattenebene als belüftete Luftschicht
4: Unterdeckbahn mit $s_d \leq 0{,}5$ m
bei alukaschierter PU-Aufsparrendämmung: $s_d \leq 25$m
5: Aufsparrendämmung aus PU- oder
Phenolharz-Hartschaum mit d ≥ 8cm
6: Luftdichtheitsschicht mit $s_d \geq 2$ m
7: ruhende Luftschicht
8: Sparren
9: Gefachdämmung mit $R \leq 20\%$ von R_{ges}
in Verbindung mit den Schichten 10 & 11
10: Installationsebene mit oder ohne Dämmung
11: innenseitige Bekleidung

Die Anschlüsse der Dachränder und Durchdringungen sind insbesondere hinsichtlich der Ausbildung der Luftdichtheitsschicht und der ruhenden Luftschicht zu planen.

Abb. 26: Nachweisfreie Dächer mit Untersparrendämmung, ruhender Luftschicht und Aufsparrendämmung aus Hartschaum – Luftdichtheitsschicht oberhalb des Sparrens – Variante 1

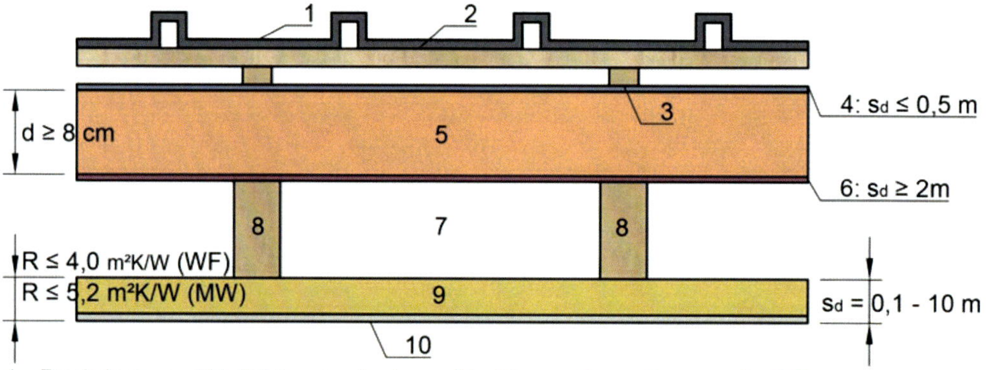

1: Dachdeckung (Abdichtung) mit einem Strahlungsabsorptionsgrad ≥ 0,6
2: Traglattung (Schalung)
3: Konterlattenebene als belüftete Luftschicht
4: Unterdeckbahn mit s_d ≤ 0,5 m
bei alukaschierter PU-Aufsparrendämmung: s_d ≤ 25m
5: Aufsparrendämmung aus PU- oder Phenolharz-Hartschaum mit d ≥ 8cm
6: Luftdichtheitsschicht mit s_d ≥ 2 m
7: ruhende Luftschicht
8: Sparren
9: Installationsebene mit oder ohne Dämmung; Dämmung ausschließlich aus
- Holzfasern mit R ≤ 4,0 m²W/K (≤ 15 cm bei = 0,038 W/mK)
- Mineralwolle mit R ≤ 5,2 m²W/K (≤ 18 cm bei = 0,035 W/mK)
10: innenseitige Bekleidung

nachweisfrei nach ZVDH + DIN 4108-3

Die Anschlüsse der Dachränder und Durchdringungen sind insbesondere hinsichtlich der Ausbildung der Luftdichtheitsschicht und der ruhenden Luftschicht zu planen.

Beispiele für Materialien mit Strahlungsabsorptionsgraden ≥ 0,6
- Materialien mit schwarzen Oberflächen
- Materialien mit mittelgrauen, roten oder dunkleren Oberflächen
- oxidierte Kupfer- und Zinkbleche

Beispiele für Materialien mit Strahlungsabsorptionsgraden < 0,6
- Materialien mit weißen oder hellen Oberflächen
- nicht oxidierte Kupfer- und Zinkbleche
- unbeschichtete Bleche

Abb. 27: Nachweisfreie Dächer mit Untersparrendämmung, ruhender Luftschicht und Aufsparrendämmung aus Hartschaum – Luftdichtheitsschicht oberhalb des Sparrens – Variante 2 (auch für helle Dachoberflächen)

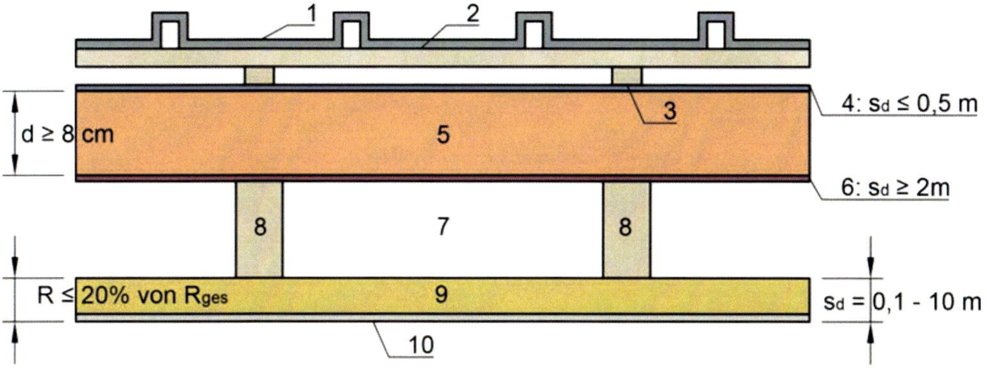

1: Dachdeckung (Abdichtung) - auch helle Dachoberflächen -
2: Traglattung (Schalung)
3: Konterlattenebene als belüftete Luftschicht
4: Unterdeckbahn mit $s_d \leq 0{,}5$ m
bei alukaschierter PU-Aufsparrendämmung: $s_d \leq 25$m
5: Aufsparrendämmung aus PU- oder Phenolharz-Hartschaum mit d ≥ 8cm
6: Luftdichtheitsschicht mit $s_d \geq 2$ m
7: ruhende Luftschicht
8: Sparren
9: Installationsebene mit oder ohne Dämmung
10: innenseitige Bekleidung

nachweisfrei nach ZVDH + DIN 4108-3

Die Anschlüsse der Dachränder und Durchdringungen sind insbesondere hinsichtlich der Ausbildung der Luftdichtheitsschicht und der ruhenden Luftschicht zu planen.

Abb. 28: Nachweisfreie Dächer mit Gefachdämmung, Schalung und Aufsparrendämmung aus Hartschaum – Luftdichtheitsschicht oberhalb des Sparrens

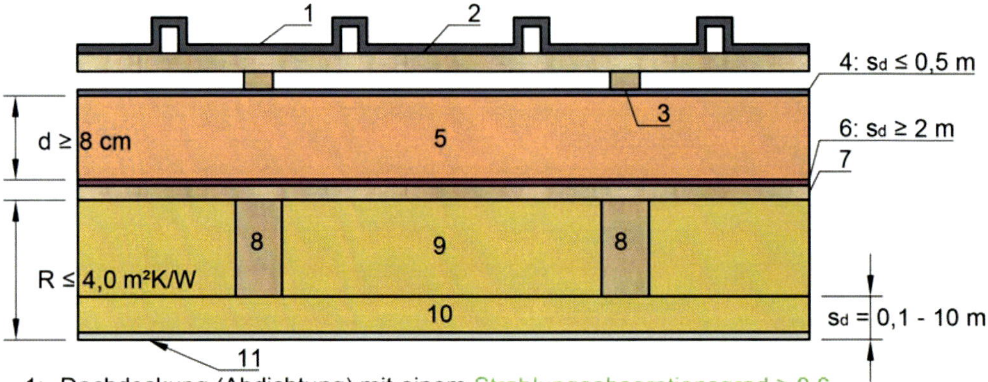

1: Dachdeckung (Abdichtung) mit einem Strahlungsabsorptionsgrad ≥ 0,6
2: Traglattung (Schalung)
3: Konterlattenebene als belüftete Luftschicht
4: Unterdeckbahn mit $s_d \leq 0{,}5$ m
bei alukaschierter PU-Aufsparrendämmung: $s_d \leq 25$m
5: Aufsparrendämmung aus PU- oder
Phenolharz-Hartschaum mit d ≥ 8cm
6: Luftdichtheitsschicht mit $s_d \geq 2$ m
7: Schalung aus Vollholz oder Holzwerkstoff
8: Sparren
9: Gefachdämmung mit R ≤ 4,0 m²K/W ausschließlich aus
- Holzfasern (≤ 15 cm bei λ = 0,038 W/mK)
- Mineralwolle (≤ 14 cm bei λ = 0,035 W/mK
in Verbindung mit den Schichten 10 & 11
10: Installationsebene mit oder ohne Dämmung
11: innenseitige Bekleidung

nachweisfrei nach ZVDH + DIN 4108-3

Beispiele für Materialien mit Strahlungsabsorptionsgraden ≥ 0,6

· Materialien mit schwarzen Oberflächen
· Materialien mit mittelgrauen, roten oder dunkleren Oberflächen
· oxidierte Kupfer- und Zinkbleche

Beispiele für Materialien mit Strahlungsabsorptionsgraden < 0,6

· Materialien mit weißen oder hellen Oberflächen
· nicht oxidierte Kupfer- und Zinkbleche
· unbeschichtete Bleche

Abb. 29: Nachweisfreie Dächer mit Gefachdämmung, ruhender Luftschicht, Schalung und Aufsparrendämmung aus Hartschaum – Luftdichtheitsschicht oberhalb des Sparrens

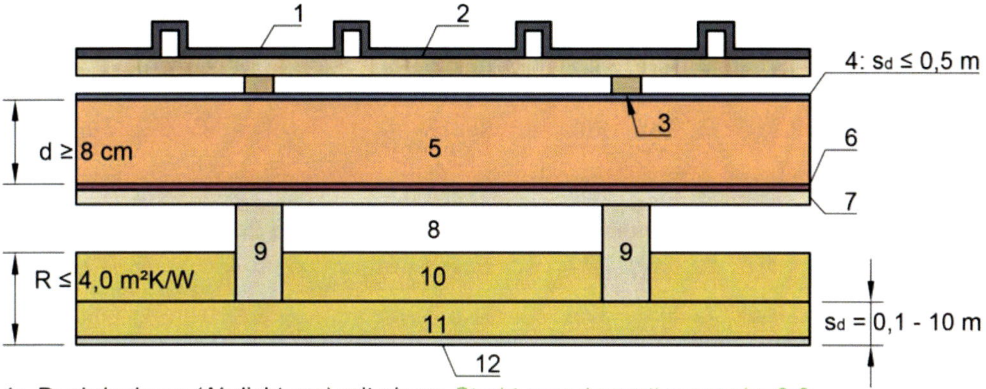

1: Dachdeckung (Abdichtung) mit einem Strahlungsabsorptionsgrad ≥ 0,6
2: Traglattung (Schalung)
3: Konterlattenebene als belüftete Luftschicht
4: Unterdeckbahn mit s_d ≤ 0,5 m
bei alukaschierter PU-Aufsparrendämmung: s_d ≤ 25m
5: Aufsparrendämmung aus PU- oder
Phenolharz-Hartschaum mit d ≥ 8cm
6: Luftdichtheitsschicht mit s_d ≥ 2 m
7: Schalung aus Vollholz oder Holzwerkstoff
8: ruhende Luftschicht
9: Sparren
10: Gefachdämmung mit R ≤ 4,0 m²K/W ausschließlich aus
- Holzfasern (≤ 15 cm bei λ = 0,038 W/mK)
- Mineralwolle (≤ 14 cm bei λ = 0,035 W/mK
in Verbindung mit den Schichten 11 & 12
11: Installationsebene mit oder ohne Dämmung
12: innenseitige Bekleidung

nachweisfrei nach ZVDH + DIN 4108-3

Die Anschlüsse der Dachränder und Durchdringungen sind insbesondere hinsichtlich der Ausbildung der Luftdichtheitsschicht und der ruhenden Luftschicht zu planen.

Beispiele für Materialien mit Strahlungsabsorptionsgraden ≥ 0,6

- Materialien mit schwarzen Oberflächen
- Materialien mit mittelgrauen, roten oder dunkleren Oberflächen
- oxidierte Kupfer- und Zinkbleche

Beispiele für Materialien mit Strahlungsabsorptionsgraden < 0,6

- Materialien mit weißen oder hellen Oberflächen
- nicht oxidierte Kupfer- und Zinkbleche
- unbeschichtete Bleche

Abb. 30: Nachweisfreie Dächer mit teilweiser Gefachdämmung, Schalung und Aufsparrendämmung aus Hartschaum – Luftdichtheitsschicht oberhalb des Sparrens – Variante 1

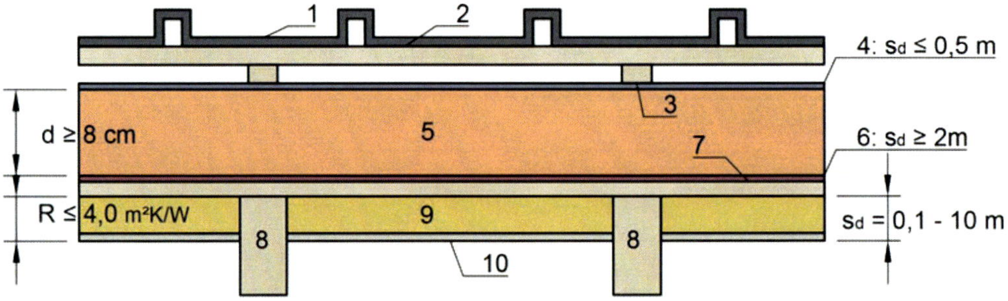

1: Dachdeckung (Abdichtung) mit einem Strahlungsabsorptionsgrad ≥ 0,6
2: Traglattung (Schalung)
3: Konterlattenebene als belüftete Luftschicht
4: Unterdeckbahn mit $s_d \leq 0{,}5$ m
bei alukaschierter PU-Aufsparrendämmung: $s_d \leq 25$m
5: Aufsparrendämmung aus PU- oder Phenolharz-Hartschaum mit d ≥ 8cm
6: Luftdichtheitsschicht mit $s_d \geq 2$ m
7: Schalung aus Vollholz oder Holzwerkstoff
8: Sparren
9: Dämmung mit R ≤ 4,0 m²K/W ausschließlich aus
- Holzfasern (≤ 15 cm bei λ = 0,038 W/mK)
- Mineralwolle (≤ 14 cm bei λ = 0,035 W/mK
in Verbindung mit der Schicht 10
10: innenseitige Bekleidung

Beispiele für Materialien mit Strahlungsabsorptionsgraden ≥ 0,6
- Materialien mit schwarzen Oberflächen
- Materialien mit mittelgrauen, roten oder dunkleren Oberflächen
- oxidierte Kupfer- und Zinkbleche

Beispiele für Materialien mit Strahlungsabsorptionsgraden < 0,6
- Materialien mit weißen oder hellen Oberflächen
- nicht oxidierte Kupfer- und Zinkbleche
- unbeschichtete Bleche

Abb. 31: Nachweisfreie Dächer mit teilweiser Gefachdämmung, Schalung und Aufsparrendämmung aus Hartschaum – Luftdichtheitsschicht oberhalb des Sparrens – Variante 2 (auch für helle Dachoberflächen)

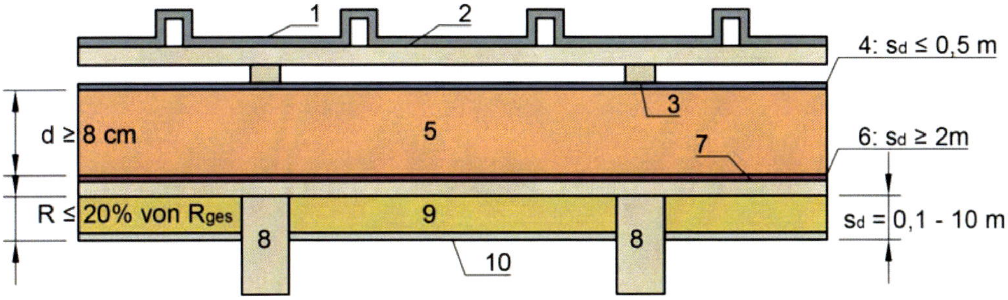

1: Dachdeckung (Abdichtung) - auch helle Dachoberflächen -
2: Traglattung (Schalung)
3: Konterlattenebene als belüftete Luftschicht
4: Unterdeckbahn mit $s_d \leq 0{,}5$ m
bei alukaschierter PU-Aufsparrendämmung: $s_d \leq 25$m
5: Aufsparrendämmung aus PU- oder
Phenolharz-Hartschaum mit d ≥ 8cm
6: Luftdichtheitsschicht mit $s_d \geq 2$ m
7: Schalung aus Vollholz oder Holzwerkstoff
8: Sparren
9: Dämmung mit R ≤ 20% von R_{ges}
10: innenseitige Bekleidung

Abb. 32: Nachweisfreie Dächer mit teilweiser Gefachdämmung, ruhender Luftschicht, Schalung und Aufsparrendämmung aus Hartschaum – Luftdichtheitsschicht oberhalb des Sparrens – Variante 1

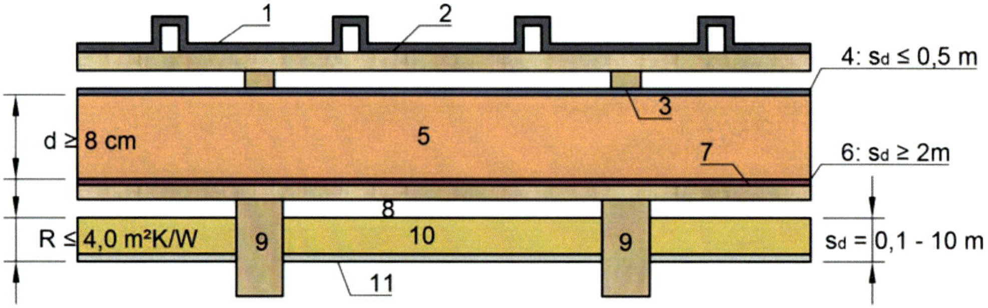

1: Dachdeckung (Abdichtung) mit einem Strahlungsabsorptionsgrad ≥ 0,6
2: Traglattung (Schalung)
3: Konterlattenebene als belüftete Luftschicht
4: Unterdeckbahn mit $s_d \leq 0,5$ m
bei alukaschierter PU-Aufsparrendämmung: $s_d \leq 25$m
5: Aufsparrendämmung aus PU- oder Phenolharz-Hartschaum mit d ≥ 8cm
6: Luftdichtheitsschicht mit $s_d \geq 2$ m
7: Schalung aus Vollholz oder Holzwerkstoff
8: ruhende Luftschicht
9: Sparren
10: Dämmung mit R ≤ 4,0 m²K/W ausschließlich aus
- Holzfasern (≤ 15 cm bei λ = 0,038 W/mK)
- Mineralwolle (≤ 14 cm bei λ = 0,035 W/mK
in Verbindung mit Schicht 11
11: innenseitige Bekleidung

Die Anschlüsse der Dachränder und Durchdringungen sind insbesondere hinsichtlich der Ausbildung der Luftdichtheitsschicht und der ruhenden Luftschicht zu planen.

Beispiele für Materialien mit Strahlungsabsorptionsgraden ≥ 0,6
- Materialien mit schwarzen Oberflächen
- Materialien mit mittelgrauen, roten oder dunkleren Oberflächen
- oxidierte Kupfer- und Zinkbleche

Beispiele für Materialien mit Strahlungsabsorptionsgraden < 0,6
- Materialien mit weißen oder hellen Oberflächen
- nicht oxidierte Kupfer- und Zinkbleche
- unbeschichtete Bleche

Abb. 33: Nachweisfreie Dächer mit teilweiser Gefachdämmung, ruhender Luftschicht, Schalung und Aufsparrendämmung aus Hartschaum – Luftdichtheitsschicht oberhalb des Sparrens – Variante 2 (auch für helle Dachoberflächen)

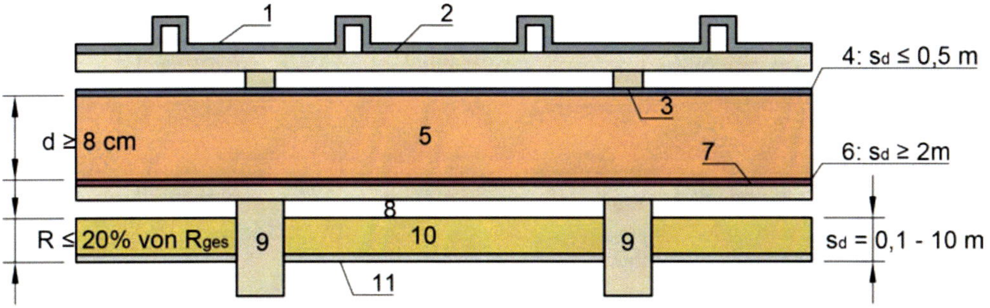

1: Dachdeckung (Abdichtung) - auch helle Dachoberflächen -
2: Traglattung (Schalung)
3: Konterlattenebene als belüftete Luftschicht
4: Unterdeckbahn mit $s_d \leq 0{,}5$ m
bei alukaschierter PU-Aufsparrendämmung: $s_d \leq 25$m
5: Aufsparrendämmung aus PU- oder Phenolharz-Hartschaum mit d ≥ 8cm
6: Luftdichtheitsschicht mit $s_d \geq 2$ m
7: Schalung aus Vollholz oder Holzwerkstoff
8: ruhende Luftschicht
9: Sparren
10: Dämmung mit R ≤ 20% von R_{ges}
11: innenseitige Bekleidung

nachweisfrei nach ZVDH + DIN 4108-3

Die Anschlüsse der Dachränder und Durchdringungen sind insbesondere hinsichtlich der Ausbildung der Luftdichtheitsschicht und der ruhenden Luftschicht zu planen.

Abb. 34: Nachweisfreie Dächer mit Aufsparrendämmung aus Hartschaum – Luftdichtheitsschicht oberhalb des Sparrens (auch für helle Dachoberflächen)

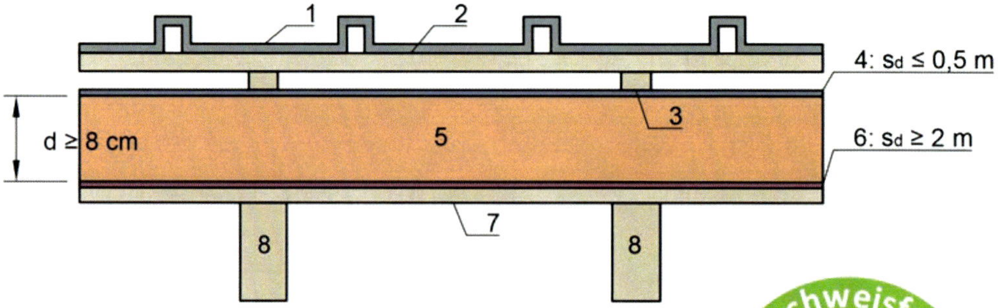

1: Dachdeckung (Abdichtung) - auch helle Dachoberflächen -
2: Traglattung (Schalung)
3: Konterlattenebene als belüftete Luftschicht
4: Unterdeckbahn mit $s_d \leq 0,5$ m
bei alukaschierter PU-Aufsparrendämmung: $s_d \leq 25$ m
5: Aufsparrendämmung aus PU- oder Phenolharz-Hartschaum mit d ≥ 8 cm
6: Luftdichtheitsschicht mit $s_d \geq 2$ m
7: Schalung aus Vollholz oder Holzwerkstoffen und/oder innenseitige Bekleidung
8: Sparren

7.6 Nachweisfreie nicht belüftete Dächer mit Konterlattenebene und alukaschierter Untersparrendämmung – Abbildungen 35 bis 36

Abb. 35: Nachweisfreie Dächer mit alukaschierter Untersparrendämmung und ohne Gefachdämmung (auch für helle Dachoberflächen)

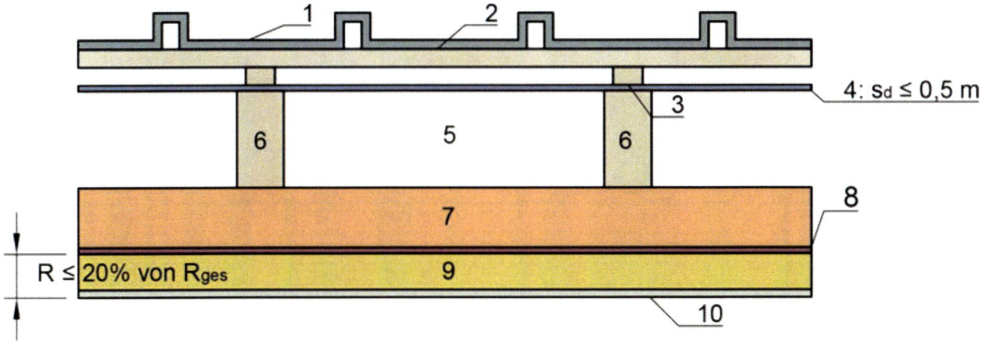

1: Dachdeckung (Abdichtung) - auch helle Dachoberflächen -
2: Traglattung (Schalung)
3: Konterlattenebene als belüftete Luftschicht
4: Unterdeckbahn mit $s_d \leq 0{,}5$ m
5: Luftschicht
6: Sparren
7: alukaschierte PU-Untersparrendämmung oder Phenolharz-Hartschaum mit $s_d \geq 1.500$ m
8: Luftdichtheitsschicht
9: Installationsebene mit R ≤ 20% von R_{ges}
10: innenseitige Bekleidung

nachweisfrei nach ZVDH + DIN 4108-3

Abb. 36: Nachweisfreie Dächer mit alukaschierter Untersparrendämmung und Gefachdämmung (auch für helle Dachoberflächen)

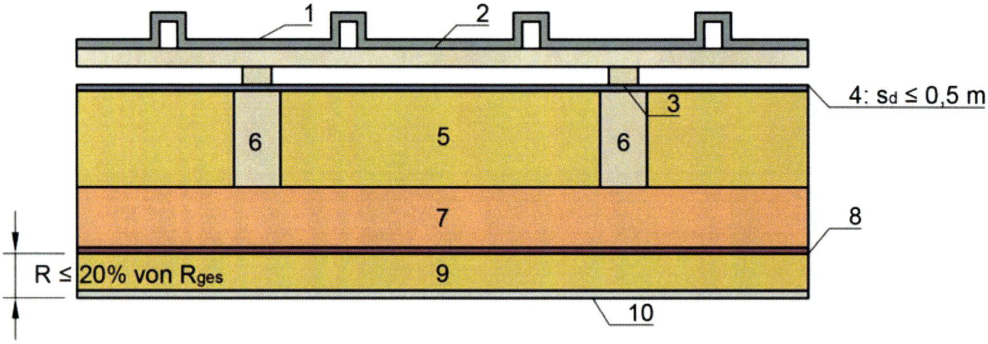

1: Dachdeckung (Abdichtung) - auch helle Dachoberflächen -
2: Traglattung (Schalung)
3: Konterlattenebene als belüftete Luftschicht
4: Unterdeckbahn mit $s_d \leq 0{,}5$ m
5: Gefachdämmung
6: Sparren
7: alukaschierte PU-Untersparrendämmung oder Phenolharz-Hartschaum mit $s_d \geq 1.500$ m
8: Luftdichtheitsschicht
9: Installationsebene ohne oder mit Dämmung mit R ≤ 20% von R_{ges}
10: innenseitige Bekleidung

nachweisfrei nach ZVDH + DIN 4108-3

7.7 Nachweisfreie nicht belüftete Dächer mit Konterlattenebene und schlaufenförmig verlegter Luftdichtheitsschicht – Abbildungen 37 bis 39

Abb. 37: Nachweisfreie Dächer mit Gefachdämmung – schlaufenförmig verlegte Luftdichtheitsschicht

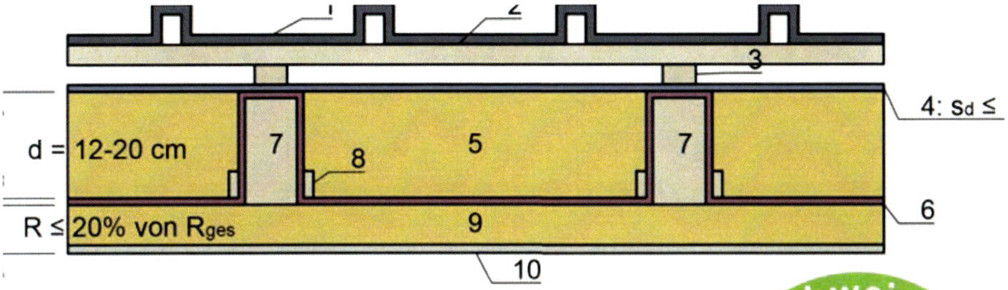

1: Dachdeckung (Abdichtung) mit einem Strahlungsabsorptionsgrad ≥ 0,6
2: Traglattung (Schalung)
3: Konterlattenebene als belüftete Luftschicht
4: Unterdeckbahn mit $s_d \leq 0{,}5$ m
5: Mineralwolle-Gefachdämmung mit d = 12 - 20 cm
6: feuchtevariable Luftdichtheitsschicht
$s_{d,feucht} \leq 0{,}5$ m
$2{,}0 \text{ m} \leq s_{d,trocken} \leq 10{,}0$ m
$s_{d,feucht}$ wird bei einer mittleren Umgebungsluftfeuchte von 90% +/- 2% gemessen
$s_{d,trocken}$ wird bei einer mittleren Umgebungsluftfeuchte von 25% +/- 2% gemessen
7: Sparren
8: durchgehende Anpressleisten
9: Installationsebene ohne oder mit Dämmung mit R ≤ 20% von R_{ges}
10: innenseitige Bekleidung

nachweisfrei nach ZVDH + DIN 4108-3

Die Anschlüsse der Dachränder und Durchdringungen sind insbesondere hinsichtli(der Ausbildung der Luftdichtheitsschicht zu planen.

Beispiele für Materialien mit Strahlungsabsorptionsgraden ≥ 0,6
- Materialien mit schwarzen Oberflächen
- Materialien mit mittelgrauen, roten oder dunkleren Oberflächen
- oxidierte Kupfer- und Zinkbleche

Beispiele für Materialien mit Strahlungsabsorptionsgraden < 0,6
- Materialien mit weißen oder hellen Oberflächen
- nicht oxidierte Kupfer- und Zinkbleche
- unbeschichtete Bleche

Abb. 38: Nachweisfreie Dächer mit Gefachdämmung und Schalung – schlaufenförmig verlegte Luftdichtheitsschicht

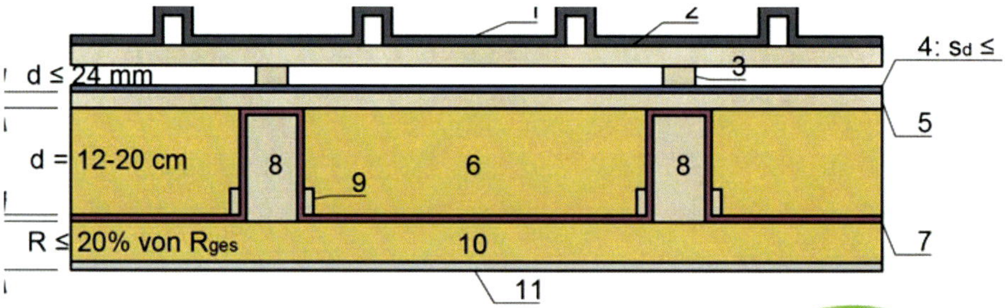

1: Dachdeckung (Abdichtung)
   mit einem Strahlungsabsorptionsgrad ≥ 0,6
2: Traglattung (Schalung)
3: Konterlattenebene als belüftete Luftschicht
4: Unterdeckbahn mit $s_d \leq 0{,}5$ m
5: Vollholz-Schalung mit d ≤ 24 mm
6: Mineralwolle-Gefachdämmung mit d = 12 - 20 cm
7: feuchtevariable Luftdichtheitsschicht
   $s_{d,feucht} \leq 0{,}5$ m
   $2{,}0 \text{ m} \leq s_{d,trocken} \leq 10{,}0$ m
   $s_{d,feucht}$ wird bei einer mittleren Umgebungsluftfeuchte von 90% +/- 2% gemessen
   $s_{d,trocken}$ wird bei einer mittleren Umgebungsluftfeuchte von 25% +/- 2% gemessen
8: Sparren
9: durchgehende Anpressleisten
10: Installationsebene ohne oder mit Dämmung mit R ≤ 20% von R_{ges}
11: innenseitige Bekleidung

Die Anschlüsse der Dachränder und Durchdringungen sind insbesondere hinsichtli der Ausbildung der Luftdichtheitsschicht zu planen.

Beispiele für Materialien mit Strahlungsabsorptionsgraden ≥ 0,6
- Materialien mit schwarzen Oberflächen
- Materialien mit mittelgrauen, roten oder dunkleren Oberflächen
- oxidierte Kupfer- und Zinkbleche

Beispiele für Materialien mit Strahlungsabsorptionsgraden < 0,6
- Materialien mit weißen oder hellen Oberflächen
- nicht oxidierte Kupfer- und Zinkbleche
- unbeschichtete Bleche

Abb. 39: Nachweisfreie Dächer mit Gefachdämmung und Aufsparrendämmung – schlaufenförmig verlegte Luftdichtheitsschicht

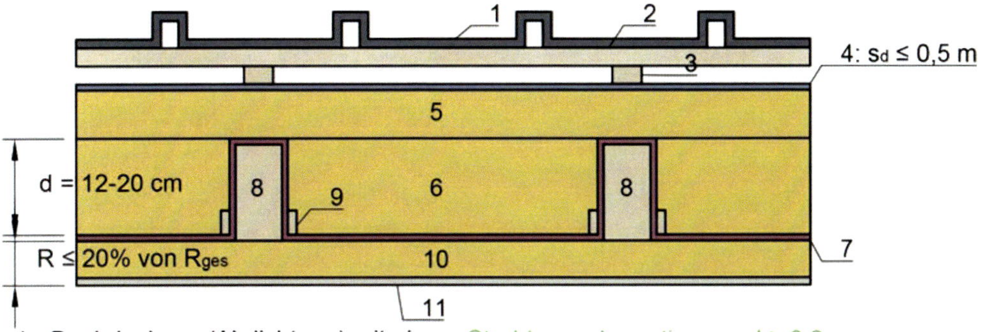

1: Dachdeckung (Abdichtung) mit einem Strahlungsabsorptionsgrad ≥ 0,6
2: Traglattung (Schalung)
3: Konterlattenebene als belüftete Luftschicht
4: Unterdeckbahn mit $s_d \leq 0{,}5$ m
5: Aufsparrendämmung aus
- Holzfasern oder Minerlawolle
- PU-Hartschaum mineralvlieskaschiert mit d ≥ 5 cm
- Phenolharz-Hartschaum mit d ≥ 5 cm

6: Mineralwolle-Gefachdämmung mit d = 12 - 20 cm
7: feuchtevariable Luftdichtheitsschicht
$s_{d,feucht} \leq 0{,}5$ m
$2{,}0 \text{ m} \leq s_{d,trocken} \leq 10{,}0$ m
$s_{d,feucht}$ wird bei einer mittleren Umgebungsluftfeuchte von 90% +/- 2% gemessen
$s_{d,trocken}$ wird bei einer mittleren Umgebungsluftfeuchte von 25% +/- 2% gemessen
8: Sparren
9: durchgehende Anpressleisten
10: Installationsebene ohne oder mit Dämmung mit R ≤ 20% von R_{ges}
11: innenseitige Bekleidung

Die Anschlüsse der Dachränder und Durchdringungen sind insbesondere hinsichtlich der Ausbildung der Luftdichtheitsschicht zu planen.

Beispiele für Materialien mit Strahlungsabsorptionsgraden ≥ 0,6
- Materialien mit schwarzen Oberflächen
- Materialien mit mittelgrauen, roten oder dunkleren Oberflächen
- oxidierte Kupfer- und Zinkbleche

Beispiele für Materialien mit Strahlungsabsorptionsgraden < 0,6
- Materialien mit weißen oder hellen Oberflächen
- nicht oxidierte Kupfer- und Zinkbleche
- unbeschichtete Bleche

7.8 Nachweisfreie nicht belüftete Dächer mit Abdichtungen (ohne Konterlattenebene) – Abbildungen 40 bis 44

Abb. 40: Nachweisfreie Dächer mit Abdichtungen (ohne Konterlattenebene) – Luftdichtheitsschicht oberhalb der Tragkonstruktion

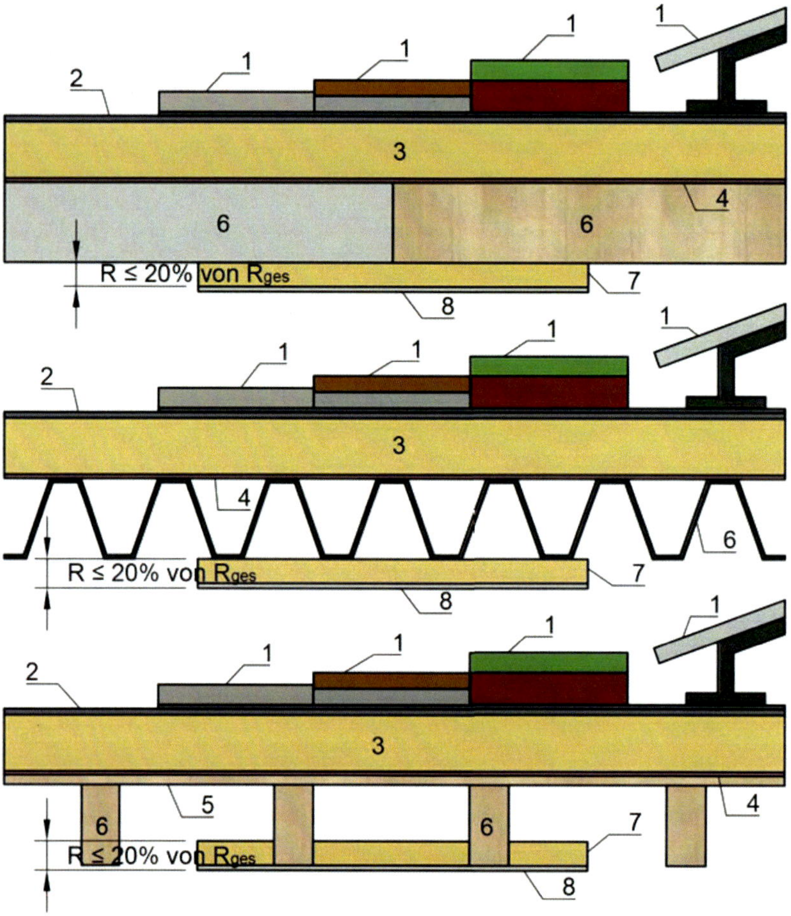

1: Kies, Nutzbelag, Begrünung, Solaranlagen etc.
2: Abdichtung
bei Dachbegrünungen und massiven Nutzbelägen auf Bettungsschicht:
- Abdichtung mit s_d ≥ 100m, oder
- Schaumglas-Dämmung oder alukaschierte PU-Dämmung in Schicht 3
3: Aufsparren-/Aufdachdämmung
4: Dampfsperre und Luftdichtheitsschicht mit s_d ≥ 100 m
5: Schalung aus Vollholz oder Holzwerkstoff
6: Tragkonstruktion (materialunabhängig)
7: Dämmung mit R ≤ 20% von R_{ges}
8: innenseitige Bekleidung

nachweisfrei nach ZVDH + DIN 4108-3

Abb. 41: Nachweisfreie Dächer mit Abdichtungen (ohne Konterlattenebene) – Dächer in Holzbauweise mit Gefach- und Aufdachdämmung – Luftdichtheitsschicht unterhalb der Tragkonstruktion – Gebäudehöhe ≤ 10 m

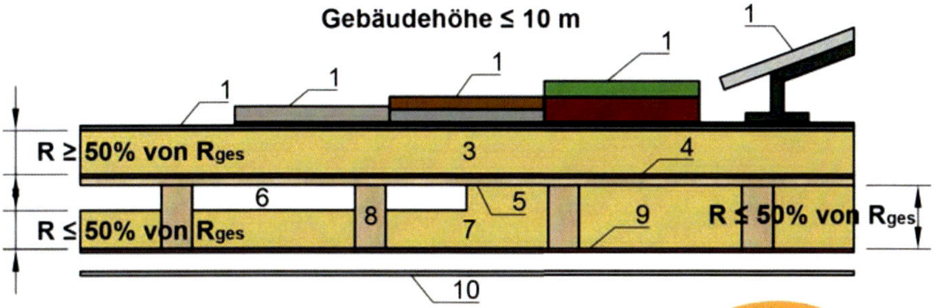

1: Kies, Nutzbelag, Begrünung, Solaranlagen etc.
2: Abdichtung mit $s_d \geq 100$ m
bei Schaumglas-Dämmung oder
alukaschierter PU-Dämmung darf $s_d < 100$ m
3: Aufdachdämmung mit R ≥ 50% von R_{ges}
4: Dampfsperre mit $s_d \geq 100$ m
bei Schaumglas-Dämmung oder
alukaschierter PU-Dämmung darf $s_d < 100$ m
5: Schalung aus Vollholz oder Holzwerkstoff
6: ruhende Luftschicht
7: Gefachdämmung mit R ≤ 50% von R_{ges}
(bezogen auf die Stelle der geringsten Dicke der Aufdachdämmung)
8: Holzbalken
9: flächig durchgehende, feuchtevariable Luftdichheitsschicht
$s_{d,feucht} \leq 1{,}0$ m
$s_{d,trocken} \geq 4{,}0$ m
$s_{d,feucht}$ wird bei einer mittleren Umgebungsluftfeuchte von 90% +/- 2% gemessen
$s_{d,trocken}$ wird bei einer mittleren Umgebungsluftfeuchte von 25% +/- 2% gemessen
10: innenseitige Bekleidung mit Unterkonstruktion

Diese Konstruktion sollte nur in Fällen gewählt werden, wenn eine Ausführung nach Abbildung 40 aus konstruktiven und/oder baurechtlichen Gründen nicht möglich ist.

Abb. 42: Nachweisfreie Dächer mit Abdichtungen (ohne Konterlattenebene) – Dächer in Holzbauweise mit Gefach- und Aufdachdämmung – Luftdichtheitsschicht unterhalb der Tragkonstruktion – Gebäudehöhe ≤ 8 m

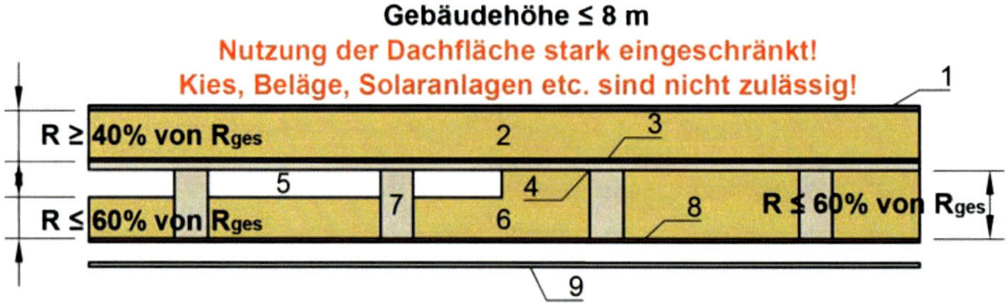

1: Abdichtung (**frei bewittert**) mit $s_d \geq 100$ m
Strahlungsabsorptionsgrad > 0,9
(schwarze Abdichtung)
bei Schaumglas-Dämmung oder
alukaschierter PU-Dämmung darf $s_d < 100$ m
2: Aufdachdämmung mit R ≥ 40% von R_{ges}
3: Dampfsperre mit $s_d \geq 100$ m
bei Schaumglas-Dämmung oder
alukaschierter PU-Dämmung darf $s_d < 100$ m
4: Schalung aus Vollholz oder Holzwerkstoff
5: ruhende Luftschicht
6: Gefachdämmung mit R ≤ 60% von R_{ges} (bezogen auf die Stelle der geringsten Dicke der Aufdachdämmung)
7: Holzbalken
8: flächig durchgehende, feuchtevariable Luftdichheitsschicht
$s_{d,feucht} \leq 1{,}0$ m
$s_{d,trocken} \geq 4{,}0$ m
$s_{d,feucht}$ wird bei einer mittleren Umgebungsluftfeuchte von 90% +/- 2% gemessen
$s_{d,trocken}$ wird bei einer mittleren Umgebungsluftfeuchte von 25% +/- 2% gemessen
9: innenseitige Bekleidung mit Unterkonstruktion

Diese Konstruktion sollte nur in Fällen gewählt werden, wenn eine Ausführung nach Abbildung 40 aus konstruktiven und/oder baurechtlichen Gründen nicht möglich ist.

Abb. 43: Nachweisfreie Umkehrdächer

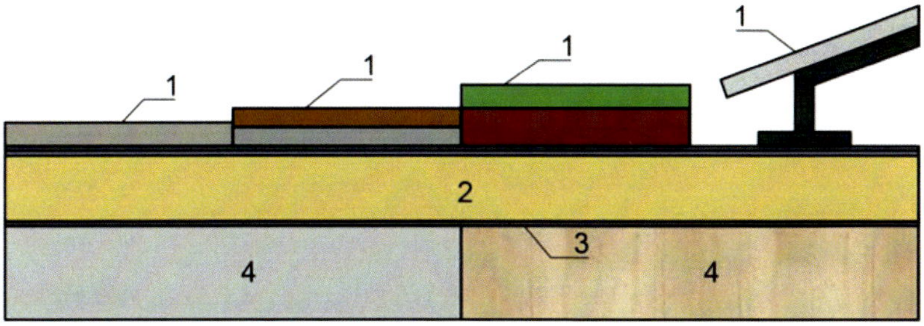

1: Kies, Nutzbelag, Begrünung, Solaranlagen etc. (entsprechend des bauaufsichtlichen Verwendbarkeitsnachweises der Umkehrdachdämmung)
2: Umkehrdachdämmung Anwendungstyp DUK nach DIN 4108-10 einschließlich aller Funktionsschichten (z.B. Schutzvliese etc.) entsprechend des bauaufsichtlichen Verwendbarkeitsnachweises
3: Abdichtung
4: Tragkonstruktion (materialunabhängig) bei einer flächenbezogenen Masse < 250kg/m² muss der Wärmedurchlasswiderstand unterhalb der Abdichtung mindestens 0,15 m²K/W betragen

nachweisfrei nach ZVDH + DIN 4108-3

Abb. 44: Nachweisfreie Porenbetondächer ohne diffusionshemmende Schicht an der Unterseite und ohne zusätzliche Wärmedämmung

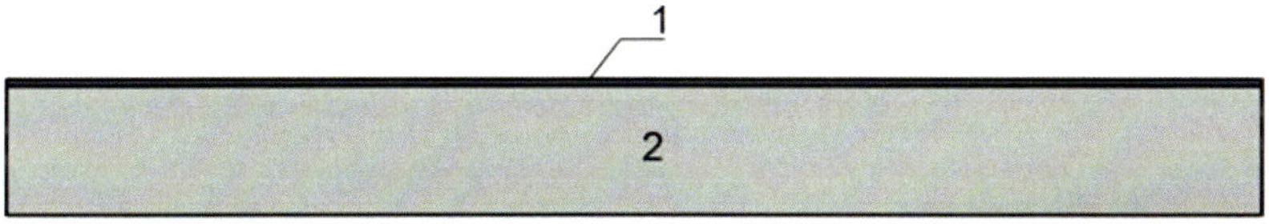

1: Abdichtung
2: Porenbeton nach DIN EN 12602 ohne diffusionshemmende Schicht an der Unterseite und ohne zusätzliche Wärmedämmung

nachweisfrei nach ZVDH + DIN 4108-3

7.9 Nachweisfreie belüftete Dächer – Abbildungen 45 bis 46

Abb. 45: Belüftete Dächer mit einer Neigung < 5° (ca. 9 %) (auch für helle Dachoberflächen)

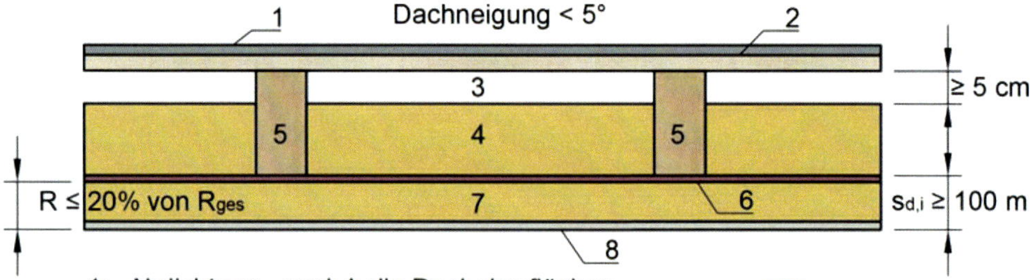

1: Abdichtung - auch helle Dachoberflächen -
2: Schalung
3: belüftete Luftschicht mit d ≥ 5 cm
4: Gefachdämmung
5: Sparren
6: Luftdichtheitsschicht
7: Installationsebene mit R ≤ 20% von x R_{ges}
8: innenseitige Bekleidung

Abb. 46: Belüftete Dächer mit einer Neigung ≥ 5° (ca. 9 %) (auch für helle Dachoberflächen)

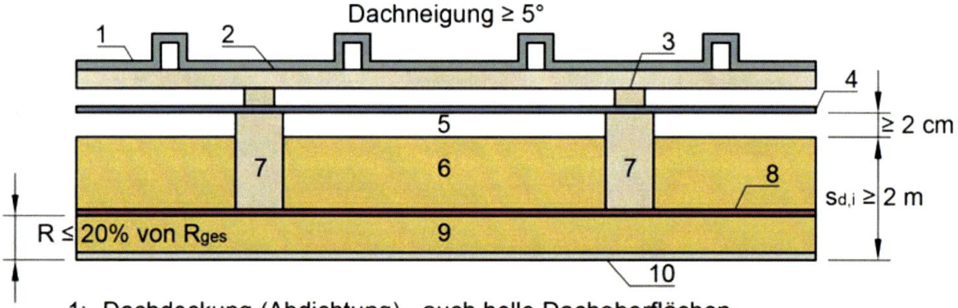

1: Dachdeckung (Abdichtung) - auch helle Dachoberflächen-
2: Traglattung (Schalung)
3: Konterlattenebene als belüftete Luftschicht
4: Unterspannung
5: belüftete Luftschicht mit d ≥ 2 cm
6: Gefachdämmung
7: Sparren
8: Luftdichtheitsschicht
9: Installationsebene mit R ≤ 20% von R_{ges}
10: innenseitige Bekleidung

8 Feuchteschutz – Konstruktionsprinzipien für nachweisfreie oberste Geschossdecken

Die Abbildung 47 zeigt nachweisfreie oberste Geschossdecken nach DIN 4108-3, die die alleinige thermische Gebäudehülle mit Luftdichtheitsschicht bilden. Damit diese Bauteile nachweisfrei sind, muss der darüberliegende Dachraum belüftet sein. Die Lüftungsöffnungen müssen mindestens 20 cm² pro m² Grundfläche des Dachraums aufweisen und können z. B.

- an Traufe und First,
- an Traufe und Pultabschluss,
- am First bzw. im Firstbereich,
- in gegenüberliegenden Außenwänden

angeordnet sein. Die Lüftungsöffnungen für belüftete Luftschichten und belüftete Dachdeckungen können dabei angerechnet werden.

Abb. 47: Oberste Geschossdecken

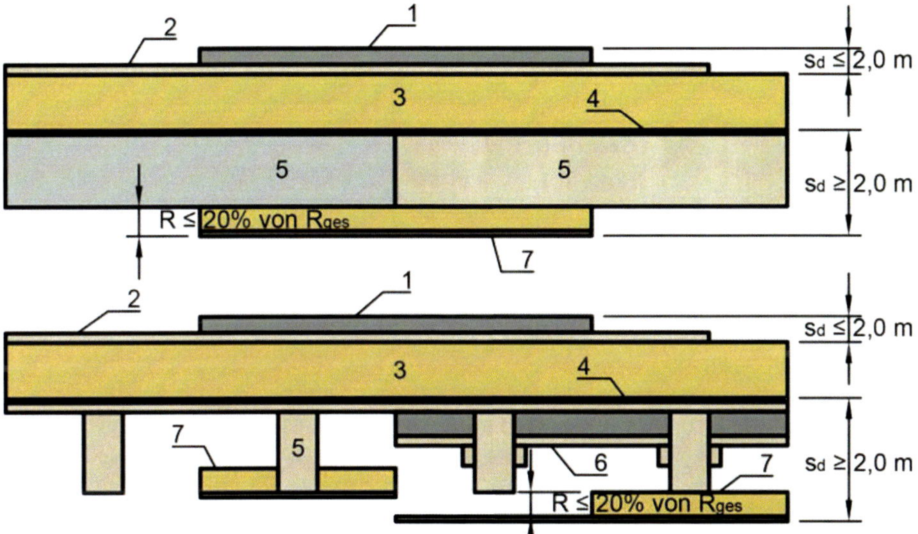

1: Fußbodenaufbau mit s_d ≤ 2,0 m in Verbindung mit Schicht 2
2: ggf. Schalung
3: Wärmedämmung, ggf. zwischen Holzunterkonstruktion
4: Luftdichtheitsschicht mit s_d ≥ 2,0 m, ggf. in Verbindung mit den darunterliegenden Schichten
5: Tragkonstruktion, z.B. Holzbalken, Massivholz, Stahlbeton, Hohlkörperdecken
6: Fehlboden-Konstruktion
7: Installationsebene und innenseitige Bekleidung mit R ≤ 20% von R_{ges} in Verbindung mit den Schichten 5 und 6

nachweisfrei nach ZVDH + DIN 4108-3

9 Feuchteschutz – Konstruktionsprinzipien für nachweisfreie Außenwände

(1) Nachweisfrei sind Wände aus

- ein- und zweischaligem Mauerwerk (nach DIN 1053-1) oder
- Normalbeton (nach DIN EN 206[17], DIN1045-2) oder
- Leichtbeton (nach DIN 1045-1, DIN 1045-2[18], DIN EN 206-1, DIN 4213[19], DIN EN 992[20], DIN EN 1520[21])

jeweils mit Innenputz und Außenwandbekleidung nach dem Regelwerk des ZVDH oder DIN 18516-1[22] mit oder ohne Wärmedämmung. Für diese Außenwände ist kein rechnerischer Nachweis erforderlich.

(2) Grundsätzlich gelten für Außenwände und Gaubenkonstruktionen in Holzbauweise dieselben Bedingungen wie für Dächer, wenn die Außenwand mit Außenwandbekleidung nach dem Regelwerk des ZVDH oder DIN 18516-1 mit oder ohne Wärmedämmung bekleidet wird.

Bei luftdurchlässigen Außenwandbekleidungen ohne Be- oder Hinterlüftung ist nach DIN 68800-2 zum Schutz der Wärmedämmung eine Wasser ableitende Schicht, z. B. aus Unterdeckbahnen oder Unterdeckplatten, auf der Wärmedämmung anzuordnen.

Für die Ausbildung des Sockels bei Wänden in Holzbauweise ist die DIN 68800-2 zu berücksichtigen.

(3) Nachweisfrei sind Holzfachwerkwände mit Außendämmung und hinterlüfteter Außenwandbekleidung nach DIN 4108-3.

(4) Nachweisfrei sind Kelleraußenwände aus einschaligem Mauerwerk oder Beton mit außenliegender Wärmedämmung (Perimeterdämmung nach DIN 4108-10[23] oder Zulassung), für diese Außenwände ist kein rechnerischer Nachweis erforderlich. Ggf. muss der bauaufsichtliche Verwendbarkeitsnachweis (allgemeine bauaufsichtliche Zulassung, Europäische Technische Bewertung oder Bauartgenehmigung) für die Perimeterdämmung berücksichtigt werden.

(5) Weitere nachweisfreie Bauteile sind in

- DIN 4108-3 für den klimabedingten Feuchteschutz,
- DIN 68800-2 für den Holzschutz

aufgeführt.

10 Schlagregenbeanspruchung von Außenwänden

(1) Der Schlagregenschutz von Außenwänden wird in DIN 4108-3 geregelt.

(2) Wände mit Außenwandbekleidungen nach dem Regelwerk des ZVDH oder DIN 18516-1 erfüllen den Schlagregenschutz nach DIN 4108-3.

---

[17] DIN EN 206 Beton – Festlegung, Eingenschaften, Herstellung und Konformität

[18] DIN 1045-2 Tragwerke aus Beton, Stahlbeton und Spannbeton – Teil 2: Beton

[19] DIN 4213 Anwendung von vorgefertigten Bauteilen aus haufwerksporigem Leichtbeton mit statisch anrechenbarer oder nicht anrechenbarer Bewehrung in Bauwerken

[20] DIN EN 992 Bestimmung der Trockenrohdichte von haufwerksporigem Leichtbeton

[21] DIN EN 1520 Vorgefertigte Bauteile aus haufwerksporigem Leichtbeton mit statisch anrechenbarer oder nicht anrechenbarer Bewehrung

[22] DIN 18516-1 Außenwandbekleidungen, hinterlüftet; Anforderungen, Prüfgrundsätze

[23] DIN 4108-10 Wärmeschutz und Energie-Einsparung in Gebäuden – Teil 10: Anwendungsbezogene Anforderungen an Wärmedämmstoffe

Deutsches Dachdeckerhandwerk
– Regelwerk –

Merkblatt für Unterdächer, Unterdeckungen und Unterspannungen

Aufgestellt und herausgegeben vom

Zentralverband
des Deutschen Dachdeckerhandwerks
– Fachverband Dach-, Wand- und Abdichtungstechnik – e.V.

Ausgabe April 2024

RM Rudolf Müller

Vorgänger

Merkblatt für Unterdächer, Unterdeckungen und Unterspannungen	September 1997
Merkblatt für Unterdächer, Unterdeckungen und Unterspannungen	Januar 2010

© Alle Rechte bei der D + W-Service GmbH für Management, PR und Messewesen, Köln 2024.
Nachdruck und Vervielfältigung, auch auszugsweise, nur mit Genehmigung der D + W-Service GmbH und des Verlages gestattet.

Inhaltsverzeichnis

1 Allgemeines

1.1 Geltungsbereich

(1) Dieses Merkblatt gilt für die Planung und Ausführung von Unterdächern, Unterdeckungen und Unterspannungen, die unterhalb von Dachdeckungen als zusätzliche Maßnahme zur Regensicherheit angeordnet werden.

Es enthält Hinweise zur Verwendung von Unterdächern, Unterdeckungen und Unterspannungen als Behelfsdeckung, also dem Zeitraum bis zur Fertigstellung der Dachdeckung.

(2) Die jeweiligen Fachregeln für Dachdeckungen legen fest, in welchen Fällen Unterdächer, Unterdeckungen und Unterspannungen erforderlich sind, und können darüberhinausgehende Anforderungen stellen.

Ergänzend hierzu sind die bauphysikalischen Eigenschaften des Dachaufbaus entsprechend dem „Merkblatt Wärmeschutz bei Dach und Wand“ zu berücksichtigen, insbesondere hinsichtlich der nachweisfreien Bauteile.

(3) Dieses Merkblatt erläutert Anwendungsgrundsätze und enthält Prinzip-Skizzen für die Ausführung. Spezielle Einsatzkriterien bzw. Anwendungsgrenzen sind in diesem Merkblatt nicht enthalten. Anwendungsgrenzen sind in den jeweiligen Fachregeln, spezielle Einsatzkriterien ergänzend im „Merkblatt Wärmeschutz bei Dach und Wand" enthalten.

1.2 Begriffe

(1) Unterdach

Ein Unterdach ist eine wasserdichte Schicht aus nicht diffusionsoffenen Werkstoffen, die auf Schalung oder druckfestem Dämmstoff unter der Dachdeckung angeordnet wird.

(2) Unterdeckung

Eine Unterdeckung ist eine Schicht unterhalb der Dachdeckung, die die darunterliegende Dachkonstruktion vor Feuchtigkeit aus Staunässe, Flugschnee, Treibregen, Kondensat o.a. und Staub schützt. Sie liegt auf Sparren und Zwischensparrendämmung, Schalung oder Dämmung. Unterdeckungen können mit Unterdeckbahnen oder Holzfaser-Unterdeckplatten hergestellt werden und sind in Abhängigkeit der Klassifizierung regensicher bzw. wasserdicht auszuführen.

(3) Unterspannung

Eine Unterspannung ist eine Schicht unterhalb der Dachdeckung, die die darunterliegende Dachkonstruktion vor Feuchtigkeit aus Flugschnee, Treibregen, Kondensat o.a. und Staub schützt und frei gespannt auf den Sparren aufliegt. Im Gefachbereich liegt die Unterspannung über einer belüfteten Luftschicht.

(4) Nageldichtbänder und Nageldichtmassen

Nageldichtbänder und Nageldichtmassen sind bandförmige bzw. pastöse Massen die bei Erfordernis (Verwendung nach Tabelle 1) zwischen Konterlatte und Abdichtungs-, Unterdeck- oder Unterspannbahn oder Holzfaser-Unterdeckplatte eingebaut werden. Sie haben eine sichernde Funktion gegen Wassereintrag bei der Perforation durch die Befestigung der Konterlatte [1]. Nageldichtbänder und Nageldichtmassen sind für die Erstellung eines wasserdichten Unterdaches nicht geeignet.

[1] Die Funktion des Nageldichtbandes bzw. der Nageldichtmasse kann durch eine entsprechende Ausstattung der Unterdeck-/Unterspannbahn übernommen werden. In diesen Fällen ist für diese Eigenschaft eine Europäisch Technische Bewertung (ETB/ETA) erforderlich.

2 Ausführungsvarianten – Klassifizierungen und grundsätzliche Anforderungen

(1) Tabelle 1 zeigt die unterschiedlichen Ausführungsvarianten von Unterdächern, Unterdeckungen und Unterspannungen einschließlich einer Klassifizierung. Konkretisierungen zur Ausführung sind in Kapitel 3 bis 8 enthalten.

Tabelle 1: Unterdächer, Unterdeckungen und Unterspannungen – Ausführungsvarianten mit Beschreibung und Klassifizierung

Art	Beschreibung	Klasse
Wasserdichtes Unterdach Abbildung 1 bis 4	Abdichtung auf Schalung oder druckfestem Dämmstoff. Die Konterlattung ist in die Abdichtung eingebunden.	1
Nahtgefügte Unterdeckung mit eingebundener Konterlatte Abbildung 27, Abbildung 28	Diffusionsoffene Unterdeckbahn für erweiterte Anwendungen (UDB-eA) auf Schalung oder druckfestem Dämmstoff. Die Nähte und Stöße der Bahnen sind nahtgefügt. Die Konterlatte ist in die Unterdeckbahn (UDB-eA) eingebunden.	1
Regensicheres Unterdach Abbildung 5, Abbildung 6	Abdichtung auf Schalung oder druckfestem Dämmstoff. Die Abdichtungsbahn liegt unter der Konterlatte. Zwischen Abdichtungsbahn und Konterlatte ist ein Nageldichtband bzw. Nageldichtmasse angeordnet.	2
Nahtgefügte Unterdeckung mit Nageldichtband/-masse unter Konterlatte Abbildung 29	Diffusionsoffene Unterdeckbahn für erweiterte Anwendungen (UDB-eA) auf Schalung oder druckfestem Dämmstoff. Die Nähte und Stöße der Bahnen sind nahtgefügt. Die Unterdeckbahn liegt unter der Konterlatte. Zwischen Unterdeckbahn und Konterlatte ist ein Nageldichtband bzw. Nageldichtmasse angeordnet.	2
verklebte Unterdeckung mit Nageldichtband/-masse unter Konterlatte[1)] Abbildung 36	Diffusionsoffene Unterdeckbahnen (UDB) auf Sparren und Zwischensparrendämmung, Aufsparrendämmung oder Schalung. Die Nähte und Stöße der Bahnen sind verklebt (vorkonfektionierter Selbstklebebereich, Klebebänder). Die Unterdeckbahn liegt unter der Konterlatte. Zwischen Unterdeckbahn und Konterlatte ist ein Nageldichtband bzw. Nageldichtmasse mit einer Breite von ≥ 5 cm angeordnet.	3
Unterdeckung mit Holzfaser-Unterdeckplatte[1)] Abbildung 43	Holzfaser-Unterdeckplatte (UDP) auf Tragkonstruktion oder Wärmedämmung. Die Holzfaser-Unterdeckplatten sind verfalzt und entsprechen dem „Produktdatenblatt für Unterdeckplatten aus Holzfasern". Zwischen Unterdeckplatte und Konterlatte ist bei Erfordernis eine Perforationssicherung mit einer Breite von ≥ 5 cm anzuordnen.	3
verklebte Unterspannung mit Nageldichtband/-masse[1)] Abbildung 50	Frei gespannte Unterspannbahnen (USB). Die Nähte und Stöße der Bahnen sind verklebt (vorkonfektionierter Selbstklebebereich, Klebebänder). Die Seitenüberdeckungen liegen auf dem Sparren. Zwischen Unterspannbahn und Konterlatte ist ein Nageldichtband bzw. Nageldichtmasse mit einer Breite von ≥ 5 cm angeordnet.	3
verklebte Unterdeckung Abbildung 37	Diffusionsoffene Unterdeckbahnen (UDB) auf Sparren und Zwischensparrendämmung, Aufsparrendämmung oder Schalung. Die Nähte und Stöße der Bahnen sind verklebt (vorkonfektionierter Selbstklebebereich, Klebebänder).	4

Art	Beschreibung	Klasse
verklebte Unterspannung Abbildung 51	Frei gespannte Unterspannbahnen (USB). Die Nähte und Stöße der Bahnen sind verklebt (vorkonfektionierter Selbstklebebereich, Klebebänder). Die Seitenüberdeckungen liegen auf dem Sparren.	4
Unterspannung Abbildung 51	Frei gespannte Unterspannbahnen (USB). Die Bahnen sind in der Höhe überdeckt, seitliche Überdeckungen liegen auf dem Sparren.	5
Unterdeckung Abbildung 58	Unterdeckbahnen (UDB), Bitumenbahnen mindestens V13, auf Sparren und Zwischensparrendämmung, Aufsparrendämmung oder Schalung. Die Bahnen überdecken an Nähten und Stößen.	5
[1] Die Funktion des Nageldichtbandes bzw. der Nageldichtmasse kann durch eine entsprechende Ausstattung der Unterdeck-/Unterspannbahn übernommen werden. In diesen Fällen ist für diese Eigenschaft eine Europäisch Technische Bewertung (ETB/ETA) erforderlich.		

(2) Details sind mit dem Material der Fläche oder mit Zubehörmaterial auszuführen. Wenn Unterdeck- und Unterspannbahnen bei An- und Abschlüssen, sowie Durchdringungen der Beanspruchung durch UV-Strahlung ausgesetzt sind, muss dieser Anwendungsfall vom Hersteller freigegeben sein.

Zubehörmaterial muss für den jeweiligen Anwendungsfall geeignet sein, insbesondere hinsichtlich der dauerhaften Materialverträglichkeit und der Verarbeitung auf der Baustelle. Die Bedingungen für die Verwendung sind durch den Hersteller zu benennen.

Insbesondere bei Klebebändern, Klebemassen, Nageldichtbändern und Nageldichtmassen ist die Verträglichkeit und die dichtende Funktion von Bedeutung. Die Freigaben von Herstellern sind zu berücksichtigen.

Anschlüsse und Durchdringungen sind in Abhängigkeit der Anforderungen regensicher oder wasserdicht auszuführen.

Montageschäume sind zur Herstellung von Anschlüssen bei Zusatzmaßnahmen nicht geeignet.

Bei der Verwendung von Metallen ist die „Fachregel für Metallarbeiten im Dachdeckerhandwerk" zu beachten.

(3) Bei Unterdächern, Unterdeckungen und Unterspannungen sind Konterlatten wegen der

- Ableitung von Feuchtigkeit, die durch die Deckung eindringt, sowie von abtropfendem Kondensat/Tauwasser und
- Hinterlüftung der Deckung

einzubauen.

Hierfür können Latten, Bretter, Bohlen und Kanthölzer verwendet werden.

- Latten müssen einen Nennquerschnitt von mindestens 30/50 mm haben.
- Bretter müssen eine Nenndicke von ≥ 30 mm haben

Für die Hinterlüftung der Deckung sollte die Höhe des Belüftungsraums

- bei Sparrenlängen ≥ 8 m mindestens 4 cm hoch sein,
- bei Sparrenlängen ≥ 10 m und ≤ 15 m mindestens 6 cm hoch sein.

Für die konkreten Anforderungen an die Lüftungsquerschnitte ist das „Merkblatt Wärmeschutz bei Dach und Wand" maßgebend.

(4) Abdichtungsbahnen für Unterdächer und Unterdeckbahnen für Unterdeckungen können auf Dämmstoffen aufkaschiert sein. Die jeweiligen Anforderungen an die Bahnen ändern sich dadurch nicht. Dies gilt sinngemäß auch für Holzfaser-Unterdeckplatten.

(5) Wasserdichte Unterdächer, regensichere Unterdächer, Unterdeckungen und Unterspannungen können für einen begrenzten Zeitraum als Behelfsdeckung eingesetzt werden. Der Einsatz ist für den Einzelfall zu planen und insbesondere von der möglichen Freibewitterung der Bahnen und Holzfaser-Unterdeckplatten sowie Nageldichtmassen und Nageldichtbänder abhängig (Angabe der Hersteller).

(6) Unterlagen aus Schalungsbrettern oder Holzwerkstoffplatten für Unterdächer und nahtgefügte Unterdeckungen müssen Tabelle 2 und 3 entsprechen.

Tabelle 2: Nenndicke von Schalungsbrettern als Unterlage für Unterdächer und nahtgefügte Unterdeckungen

Nenndicke der Schalungsbretter	Achsabstand der Unterkonstruktion
≥ 18 mm	≤ 60 cm
≥ 24 mm	≤ 80 cm
≥ 28 mm	≤ 90 cm
≥ 30 mm	≤ 100 cm

Tabelle 3: Nenndicke von Holzwerkstoffplatten als Unterlage für Unterdächer und nahtgefügte Unterdeckungen

Nenndicke der Holzwerkstoffplatten	Achsabstand der Unterkonstruktion
≥ 18 mm	≤ 60 cm
≥ 22 mm	≤ 80 cm
≥ 25 mm	≤ 100 cm

(7) Wärmedämmstoffe, die als Unterlage für Unterdächer und nahtgefügte Unterdeckungen verwendet werden, müssen eine Druckfestigkeit/-spannung ≥ 100 kPa aufweisen. Bei Mineralfaserdämmstoffen sind auch geringere Druckfestigkeiten/-spannungen zulässig, wenn der Hersteller die Verwendung freigibt.

3 Unterdächer

(1) Unterdächer sind mit bahnenförmigen Abdichtungsmaterialien und entsprechender Nahtausbildung nach der „Fachregel für Abdichtungen - Flachdachrichtlinie -“ auszuführen.

Unterdächer aus Bitumenbahnen dürfen einlagig ausgeführt werden. Unter der Berücksichtigung des Freibewitterungszeitraums dürfen auch Bitumenbahnen des Anwendungstyps DU (nach Abschnitt 3.6.2.2 Flachdachrichtlinie) für Unterdächer verwendet werden.

Unterdächer können auf Unterlagen aus Schalungsbrettern, Holzwerkstoffplatten oder druckfester Wärmedämmung ausgeführt werden.

Eine Verklebung von Bitumenbahnen mit der Schalungsunterlage sollte vermieden werden. Dies kann durch Trennlagen, Bahnenkaschierungen oder verbleibende Abziehfolien erreicht werden.

Die Abdichtungsbahnen sind mit mindestens korrosionsgeschützten Breitkopfstiften/-nägeln im oberen/äußeren Drittel der Höhen-/Seitenüberdeckung zu befestigen. Bei Dächern mit Zwischensparrendämmung ist eine zusätzliche Belüftungsebene mit Unterdeckung entsprechend Abbildung 2 und Abbildung 4 auszuführen.

(2) Bei wasserdichten Unterdächern sind die Konterlatten entsprechend der Abbildungen 1 bis 4 in die Abdichtung einzubinden. Bei Verwendung von Bitumenbahnen sollten trapezförmige Konterlatten oder Konterlatten mit zusätzlichen Dreikantleisten verwendet werden. Die Höhe (Nennmaß) der Konterlatte sollte mindestens 4 cm betragen.

Für die Ausführungsvarianten mit allseitig eingeschlossenen Konterlatten und nicht diffusionsoffenen Abdeckstreifen (Abbildung 1 und Abbildung 2) gilt, dass die eingebundenen Konterlatten entweder

- aus feuchteresistenten Materialien bestehen müssen oder
- bei Holzlatten zum Zeitpunkt des Einbaus der abdeckenden Abdichtungsstreifen die Holzfeuchte maximal 20% beträgt. Die maximale Holzfeuchte von 20% ist durch Messung zu ermitteln und zu dokumentieren.

Abb. 1: Wasserdichtes Unterdach mit durchgehender Abdichtungsbahn und streifenförmiger Abdichtung der Konterlatte bei ungedämmten Dächern (Klasse 1)

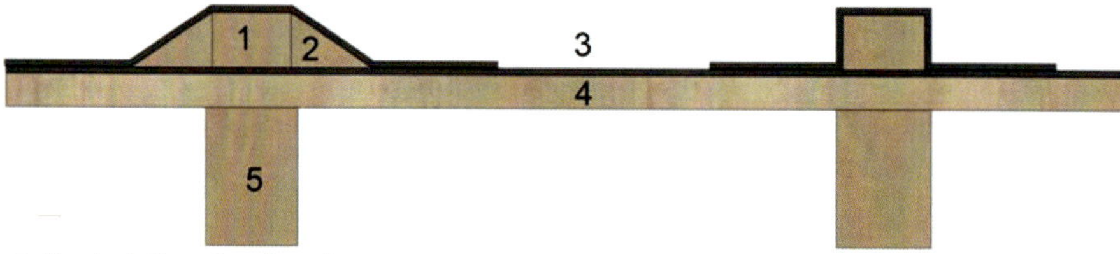

1: Konterlatte, eingebunden
Schutz der Latte ist nach Kap. 3 (3) herzustellen
2 Dreikantleisten oder trapezförmige Latten (empfohlen)
3: Abdichtung nach PDB Bitumen- oder Kunststoff- und Elastomerbahnen, Nähte verschweißt
4: Unterlage nach Tabelle 2 oder 3
5: Sparren

Abb. 2: Wasserdichtes Unterdach mit durchgehender Abdichtungsbahn und streifenförmiger Abdichtung der Konterlatte mit Belüftungsebene (Klasse 1)

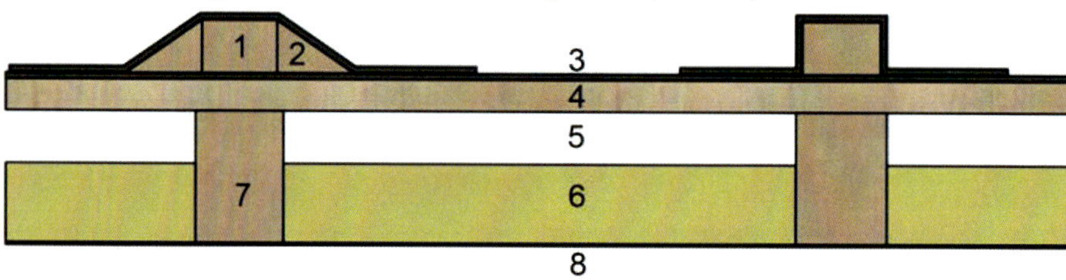

1: Konterlatte, eingebunden
Schutz der Latte ist nach Kap.3, (3) herzustellen.
2: Dreikantleisten oder trapezförmige Latten (empfohlen)
3: Abdichtung nach PDB Bitumen- oder Kunststoff- und Elastomerbahnen Nähte verschweißt
4: Unterlage nach Tabelle 2 oder 3
5: Belüftungsebene nach Merkblatt Wärmeschutz
6: Zwischensparrendämmung
7: Sparren
8: Luftdichtheitsschicht

Abb. 3: Wasserdichtes Unterdach bei ungedämmten Dächern (Klasse 1)

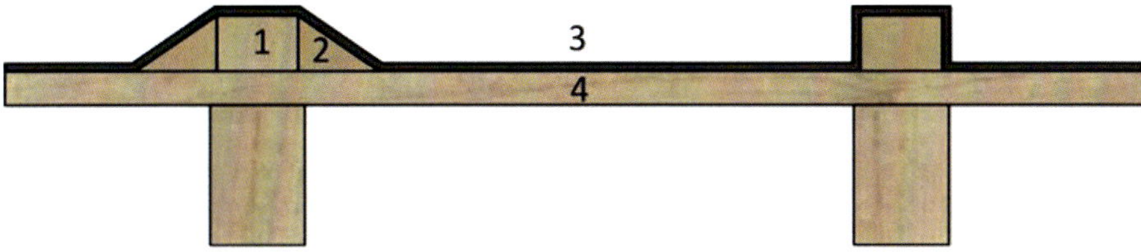

1: Konterlatte, eingebunden
2: Dreikantleisten oder trapezförmige Latten (empfohlen)
3: Abdichtung nach PDB Bitumen- oder Kunststoff- und Elastomerbahnen, Nähte verschweißt
4: Unterlage nach Tabelle 2 oder 3
5: Sparren

Abb. 4: Wasserdichtes Unterdach - mit Belüftungsebene bei Dächern mit Zwischensparrendämmung (Klasse 1)

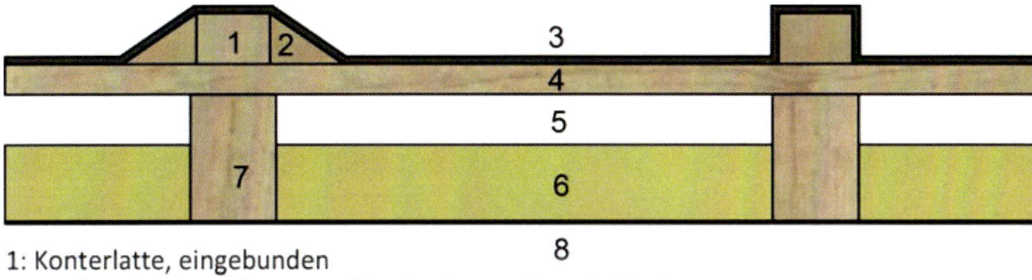

1: Konterlatte, eingebunden
2: Dreikantleisten oder trapezförmige Latten (empfohlen)
3: Abdichtung nach PDB Bitumen- oder Kunststoff- und Elastomerbahnen, Nähte verschweißt
4: Unterlage nach Tabelle 2 oder 3
5: Belüftungsebene nach Merkblatt Wärmeschutz
6: Zwischensparrendämmung
7: Sparren
8 Luftdichtheitsschicht

(3) Bei regensicheren Unterdächern werden zwischen den Konterlatten und der Abdichtungsbahn Nageldichtbänder/-massen eingebaut (Abbildung 5 und Abbildung 6). Nageldichtbänder und Nageldichtmassen müssen für die Verwendung mit der jeweiligen Abdichtungsbahn geeignet sein.

Abb. 5: Regensicheres Unterdach bei ungedämmten Dächern (Klasse 2)

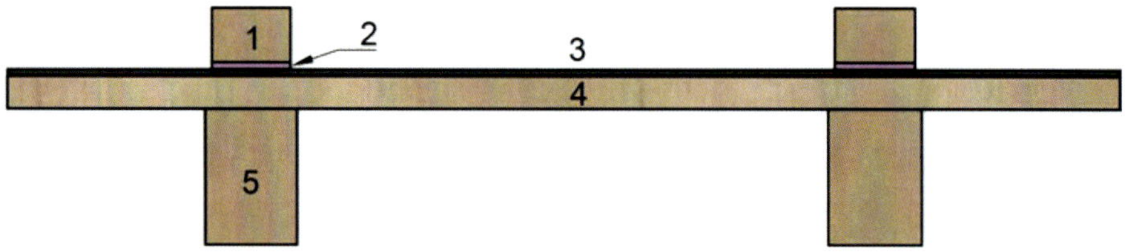

1: Konterlatte
2: Nageldichtband oder -masse
3: Abdichtung nach PDB Bitumen- oder Kunststoff- und Elastomerbahnen, Nähte verschweißt
4: Unterlage nach Tabelle 2 oder 3
5: Sparren

Abb. 6: Regensicheres Unterdach mit zusätzlicher Belüftungsebene bei Dächern mit Zwischensparrendämmung (Klasse 2)

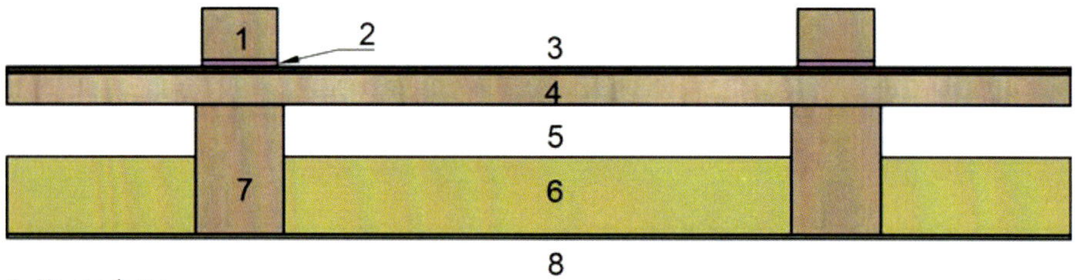

1: Konterlatte
2: Nageldichtband oder -masse
3: Abdichtung nach PDB Bitumen- oder Kunststoff- und Elastomerbahnen, Nähte verschweißt
4: Unterlage nach Tabelle 2 oder 3
5: Belüftungsebene nach Merkblatt Wärmeschutz
6: Zwischensparrendämmung
7: Sparren
8: Luftdichtheitsschicht

(4) Die Traufe ist mit Rinneneinlauf- oder Tropfblech mit wasserdichtem Anschluss der Abdichtung auszuführen (Abbildungen 7 bis12). Die Abdichtung ist auf das Blech zu führen und zu verkleben oder zu verschweißen. Die Bleche sind in der Unterlage zu befestigen.

Beim Traufanschluss mit Traufkeil sind Wassersackbildung und Negativgefälle des Traufkeils zu vermeiden.

Abb. 7: Traufe beim wasserdichten Unterdach, Entwässerung in die Rinne (Klasse 1)

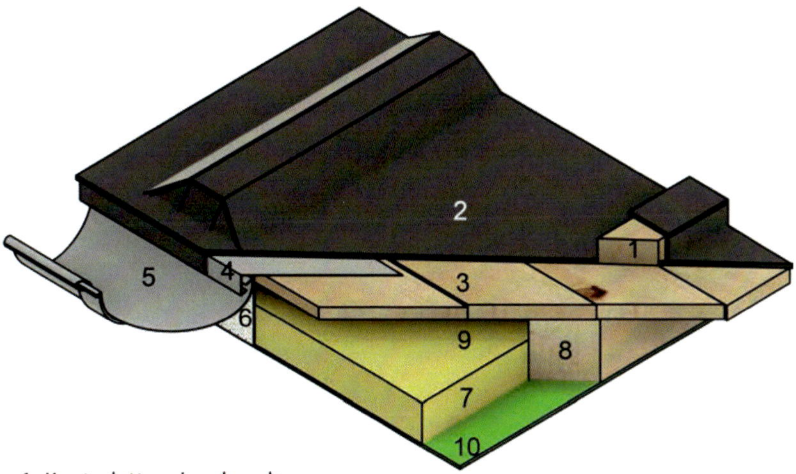

1: Konterlatte, eingebunden
2: Abdichtung nach PDB Bitumen- Kunststoff- und Elastomerbahnen, Nähte verschweißt
3: Unterlage nach Tabelle 2 oder 3
4: Trauf-/Stützblech
5: Rinne
6: Lüftungsgitter
7: Zwischensparrendämmung
8: Sparren
9: Belüftungsebene nach Merkblatt Wärmeschutz
10: Luftdichtheitsschicht

Abb. 8: Traufe beim wasserdichten Unterdach, Entwässerung über Traufkeil (Klasse 1)

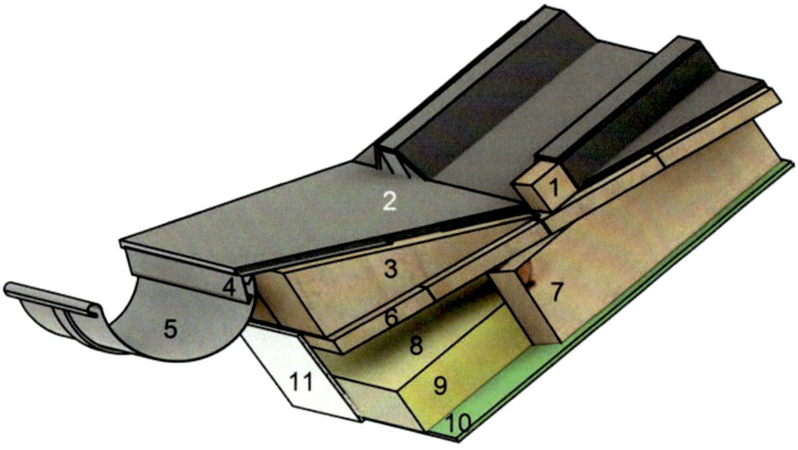

1: Konterlatte, eingebunden
2: Abdichtung nach PDB Bitumen- Kunststoff- und Elastomerbahnen, Nähte verschweißt
3:Traufkeil, ist nach Punkt 3 (5) auszuführen
4: Traufblech
5: Dachrinne
6 Unterlage nach Tabelle 2 oder 3
7: Sparren
8: Belüftungsebene nach Merkblatt Wärmeschutz
9: Zwischensparrendämmung
10: Luftdichtheitsschicht
11: Lüftungsgitter

Abb. 9: Traufe beim wasserdichten Unterdach, Entwässerung mit Tropfblech (Klasse 1)

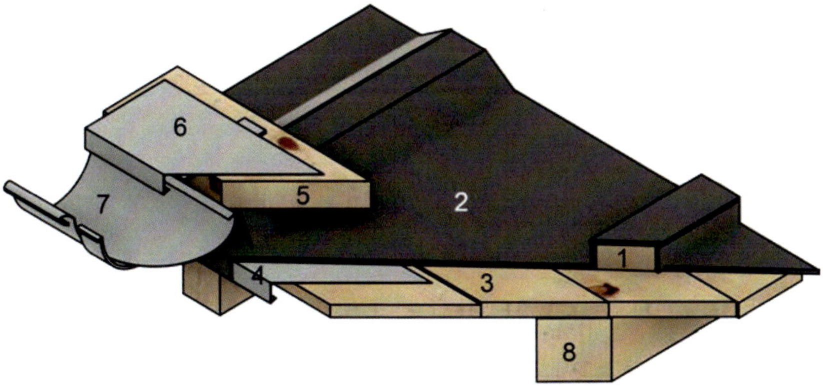

1: Konterlatte, eingebunden
2: Abdichtung nach PDB Bitumen-,oder Kunststoff- und Elastomerbahnen, Nähte verschweißt
3: Unterlage nach Tabelle 2 oder 3
4: Tropfblech
5: Traufbohle
6: Traufblech
7: Rinne
8: Sparren

Abb. 10: Traufe beim regensicheren Unterdach, Entwässerung in die Rinne (tiefliegend) (Klasse 2)

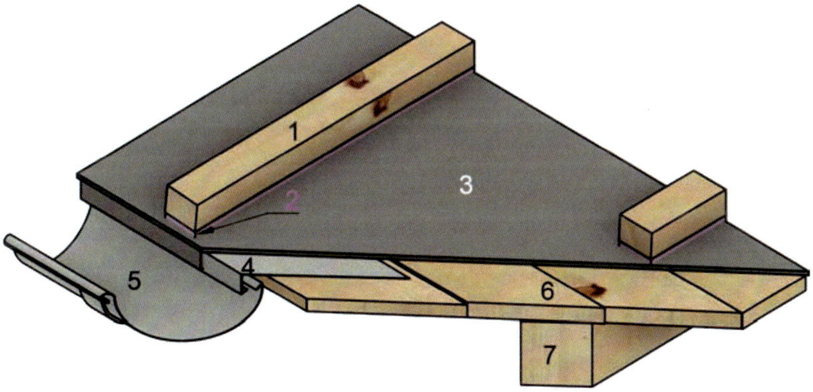

1: Konterlatten
2: Nageldichtband oder -masse
3: Abdichtung nach PDB Bitumen- oder Kunststoff- und Elastomerbahnen, Nähte verschweißt
4: Stützblech
5: Rinne
6: Unterlage nach Tabelle 2 oder 3
7: Sparren

Abb. 11: Traufe beim regensicheren Unterdach, Entwässerung mit Tropfblech (Klasse 2)

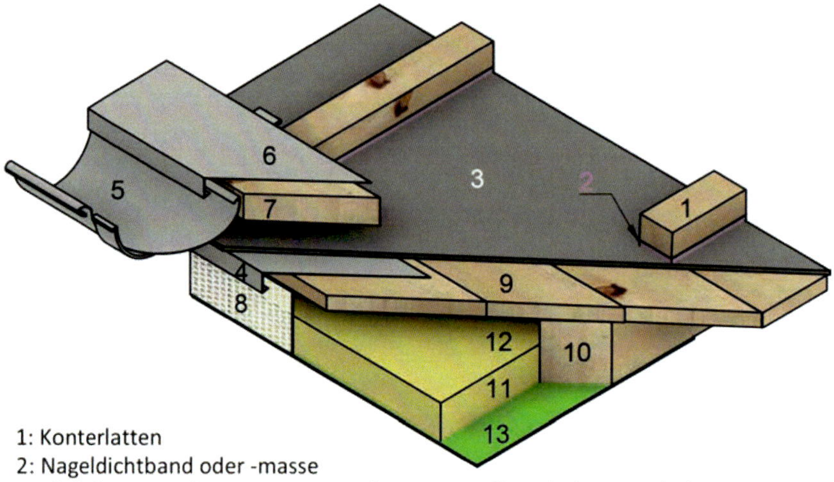

1: Konterlatten
2: Nageldichtband oder -masse
3: Abdichtung nach PDB Bitumen- oder Kunststoff- und Elastomerbahnen, Nähte verschweißt
4: Tropfblech
5: Rinne
6: Traufblech
7: Traufbohle
8: Lüftungsgitter
9: Unterlage nach Tabelle 2 oder 3
10: Sparren
11: Zwischensparrendämmung
12: Belüftungsebene nach Merkblatt Wärmeschutz
13: Luftdichtheitsschicht

Abb. 12: Traufe beim regensicheren Unterdach, Entwässerung über Traufkeil (Klasse 2)

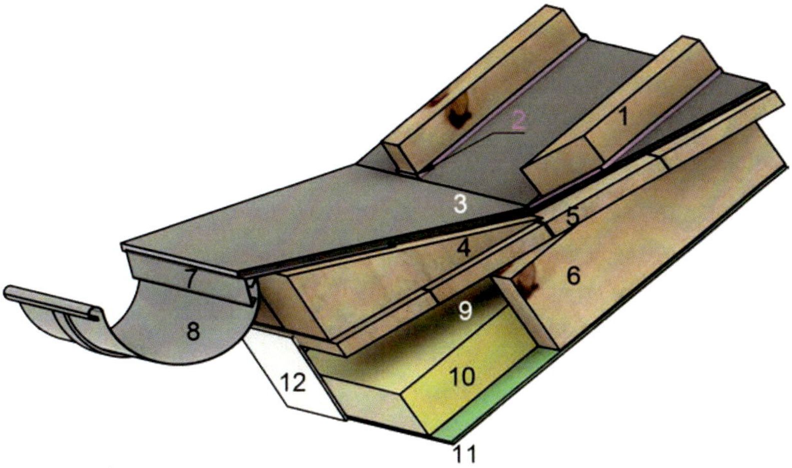

1: Konterlatten
2: Nageldichtband oder -masse.
3: Abdichtung nach PDB Bitumen- oder Kunststoff- und Elastomerbahnen, Nähte verschweißt.
4: Traufkeil, ist nach Punkt 3 (5) auszuführen.
5: Unterlage nach Tabelle 2 oder 3
6: Sparren
7: Traufblech
8: Rinne
9: Belüftungsebene nach Merkblatt Wärmeschutz
10: Zwischensparrendämmung
11: Luftdichtheitsschicht
12: Lüftungsgitter

(5) Über den Ortgang abtropfendes Wasser ist zu vermeiden, insbesondere wenn der Ortgang keinen Überstand oder einen Überstand ≤ 15 cm über die Außenwand hat (Abbildungen 13 und 14).

Abb. 13: Ortgang beim wasserdichten Unterdach (Klasse 1)

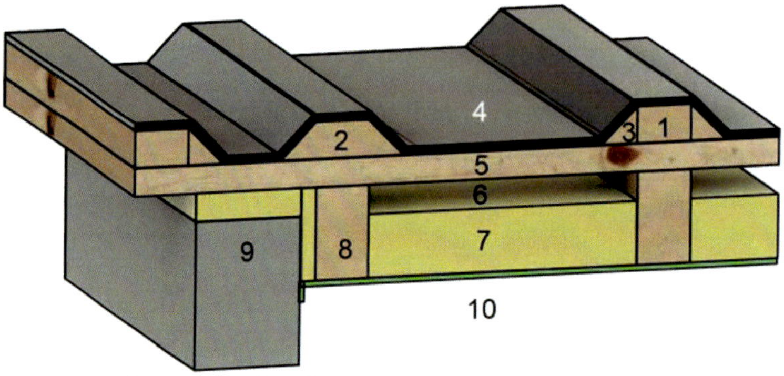

1: Konterlatten, eingebunden
2,3: Dreikantleisten oder trapezförmige Latten werden empfohlen
4: Abdichtung nach PDB Bitumen- oder Kunststoff- und Elastomerbahnen, Nähte verschweißt
5: Unterlage nach Tabelle 2 oder 3
6: Belüftungsebene nach Merkblatt Wärmeschutz
7: Zwischensparrendämmung
8: Sparren
9: Mauer
10: Luftdichtheitsschicht

Abb. 14: Ortgang beim regensicheren Unterdach (Klasse 2)

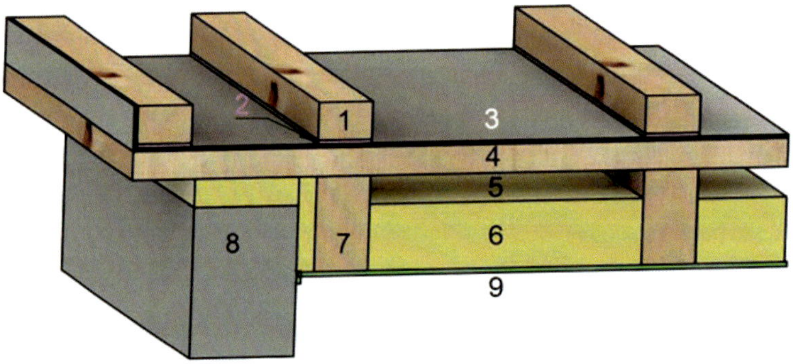

1: Konterlatten
2: Nageldichtband oder -masse
3: Abdichtung nach PDB Bitumen- oder Kunststoff- und Elastomerbahnen, Nähte verschweißt
4 Unterlage nach Tabelle 2 oder 3
5: Belüftungsebene nach Merkblatt Wärmeschutz
6: Zwischensparrendämmung
7: Sparren
8: Mauer
9: Luftdichtheitsschicht

(6) An der Traufe sind Zuluftöffnungen für die Konterlattenebenen erforderlich, Abluftöffnungen sind am First, Grat oder Pultabschluss anzuordnen (Abbildung 15). Die Abluftöffnungen sind so auszubilden, dass der Eintrag von Treibregen und Schnee minimiert wird und die Wärmedämmung geschützt ist.

Abb. 15: First beim wasserdichten Unterdach mit Zwischensparrendämmung (Klasse 1)

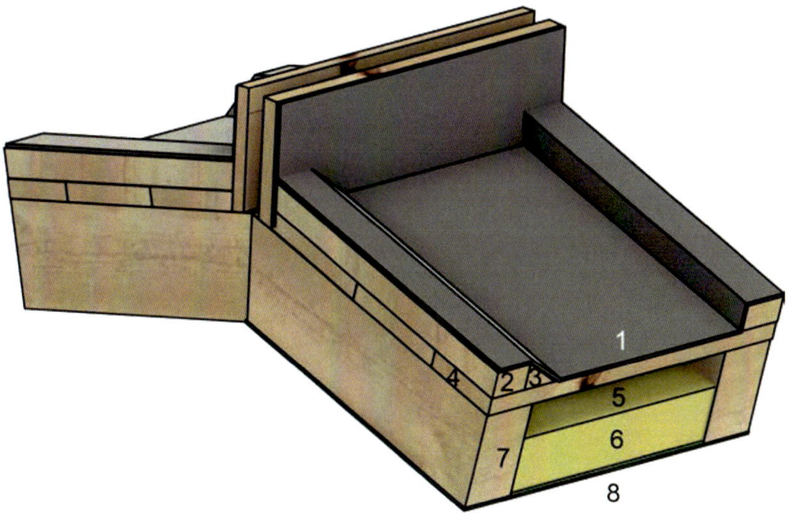

1: Abdichtung nach PDB Bitumen- oder Kunststoff- und Elastomerbahnen, Nähte verschweißt
2: Konterlatten, eingebunden
3: Dreikantleisten oder trapezförmige Latten werden empfohlen
4: Unterlage nach Tabelle 2 oder 3
5: Belüftungsebene nach Merkblatt Wärmeschutz
6: Zwischensparrendämmung
7: Sparren
8: Luftdichtheitsschicht

Abb. 16: First beim wasserdichten Unterdach mit Zwischensparrendämmung, Querschnitt (Klasse 1)

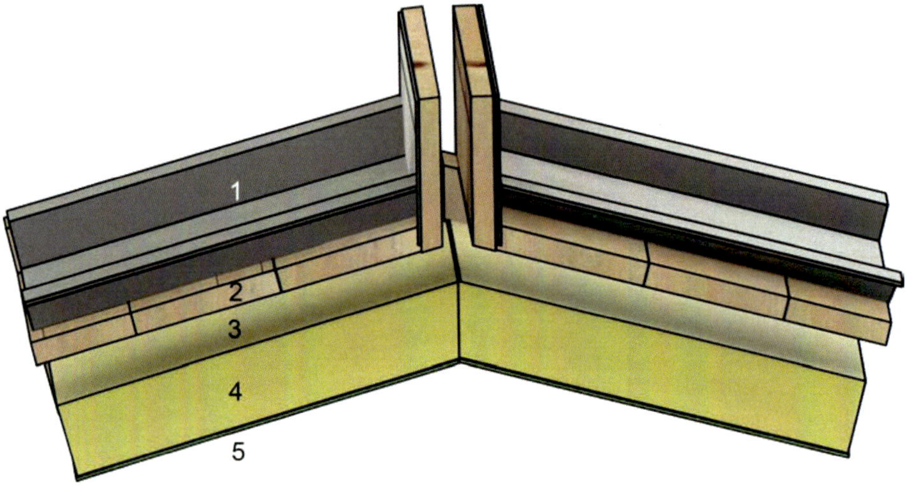

1: Abdichtung nach PDB Bitumen- oder Kunststoff- und Elastomerbahnen, Nähte verschweißt
2: Unterlage nach Tabelle 2 oder 3
3: Belüftungsebene nach Merkblatt Wärmeschutz
4: Zwischensparrendämmung
5: Luftdichtheitsschicht

Abb. 17: First beim regensicheren Unterdach mit Zwischensparrendämmung (Klasse 2)

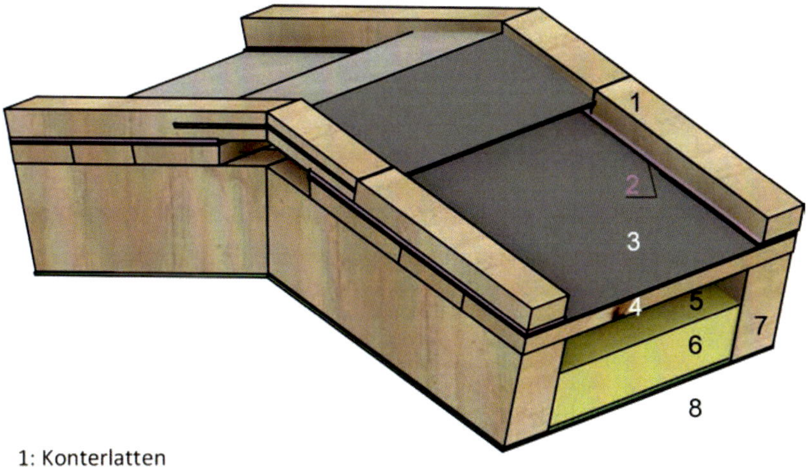

1: Konterlatten
2: Nageldichtband oder -masse
3: Abdichtung nach PDB Bitumen- oder Kunststoff- und Elastomerbahnen, Nähte verschweißt
4: Unterlage nach Tabelle 2 oder 3
5: Belüftungsebene nach Merkblatt Wärmeschutz
6: Zwischensparrendämmung
7: Sparren
8: Luftdichtheitsschicht

Abb. 18: First beim regensicheren Unterdach mit Zwischensparrendämmung, Querschnitt (Klasse 2)

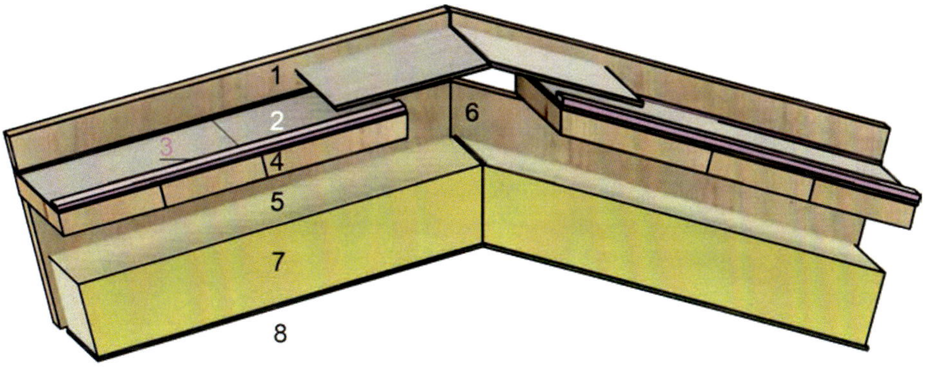

1: Konterlatte
2: Abdichtung nach PDB Bitumen- oder Kunststoff- und Elastomerbahnen, Nähte verschweißt
3: Nageldichtband oder -masse
4: Unterlage nach Tabelle 2 oder 3
5: Belüftungsebene nach Merkblatt Wärmeschutz
6: Sparren
7: Zwischensparrendämmung
8: Luftdichtheitsschicht

(7) Durchdringungen, Einbauteile und Anschlüsse sind entsprechend der „Fachregel für Abdichtungen - Flachdachrichtlinie -“ auszuführen. Die Anschlusshöhe darf auf ≥ 5 cm über Oberfläche der Dachdeckung reduziert werden.

Bei Durchdringungen in der Dachfläche und bei Kehlen ist die Luftströmung der unteren Belüftungsebene sicherzustellen.

Bei firstseitigen Anschlüssen muss sichergestellt werden, dass ablaufendes Wasser am aufgehenden Bauteil vorbei in das nächste Sparrenfeld geleitet wird.

Abb. 19: Firstseitiger Anschluss beim wasserdichten Unterdach (Klasse 1)

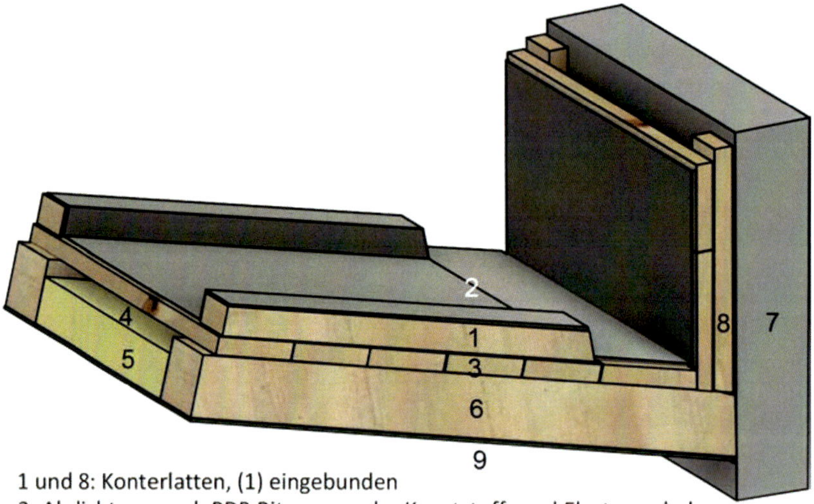

1 und 8: Konterlatten, (1) eingebunden
2: Abdichtung nach PDB Bitumen- oder Kunststoff- und Elastomerbahnen, Nähte verschweißt
3: Unterlage nach Tabelle 2 oder 3
4: Belüftungsebene nach Merkblatt Wärmeschutz
5: Zwischensparrendämmung
6: Sparren
7: Mauer/Wand
9: Luftdichtheitsschicht

Abb. 20: Firstseitiger Anschluss beim wasserdichten Unterdach, Querschnitt (Klasse 1)

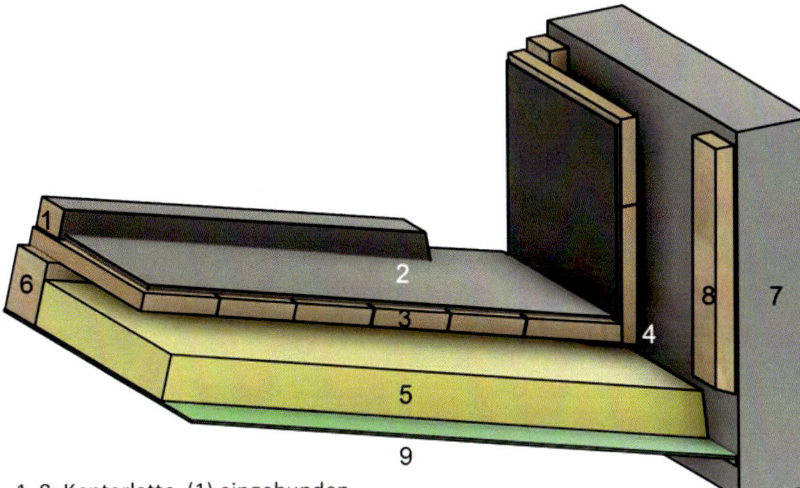

1, 8: Konterlatte, (1) eingebunden
2: Abdichtung nach PDB Bitumen- oder Kunststoff- und Elastomerbahnen, Nähte verschweißt.
3: Unterlage nach Tabelle 2 oder 3
4: Belüftungsebene nach Merkblatt Wärmeschutz
5: Zwischensparrendämmung
6: Sparren
7: Mauer/Wand
9: Luftdichtheitsschicht

Abb. 21: Seitlicher Anschluss beim wasserdichten Unterdach (Klasse 1)

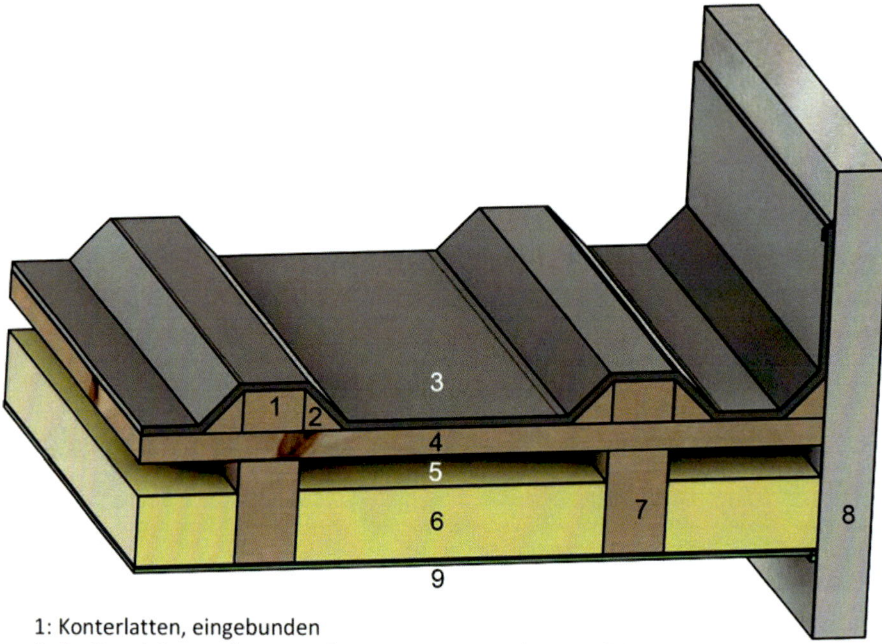

1: Konterlatten, eingebunden
2: Dreikantleisten oder trapezförmige Latten werden empfohlen.
3: Abdichtung nach PDB Bitumen- oder Kunststoff- und Elastomerbahnen, Nähte verschweißt.
4: Unterlage nach Tabelle 2 oder 3.
5: Belüftungsebene nach Merkblatt Wärmeschutz
6: Zwischensparrendämmung
7: Sparren
8: Wand
9: Luftdichtheitsschicht

Abb. 22: Traufseitiger Anschluss beim wasserdichten Unterdach (Klasse 1)

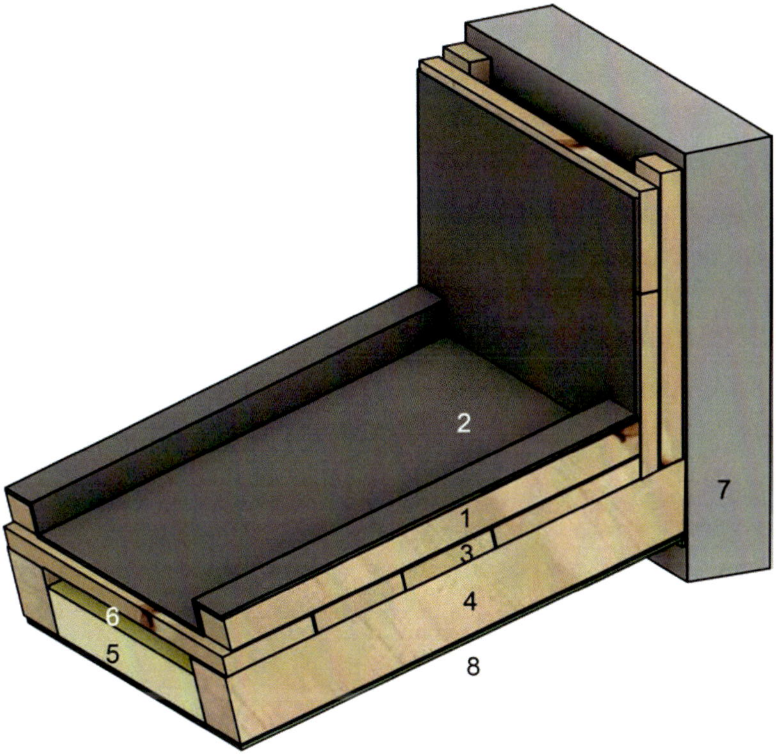

1: Konterlatten, eingebunden
2: Abdichtung nach PDB Bitumen- oder Kunststoff- und Elastomerbahnen, Nähte verschweißt.
3: Unterlage nach Tabelle 2 oder 3
4: Sparren
5: Zwischensparrendämmung
6: Belüftungsebene nach Merkblatt Wärmeschutz
7: aufgehendes Bauteil
8: Luftdichtheitsschicht

Abb. 23: Traufseitiger Anschluss beim wasserdichten Unterdach, Querschnitt (Klasse 1)

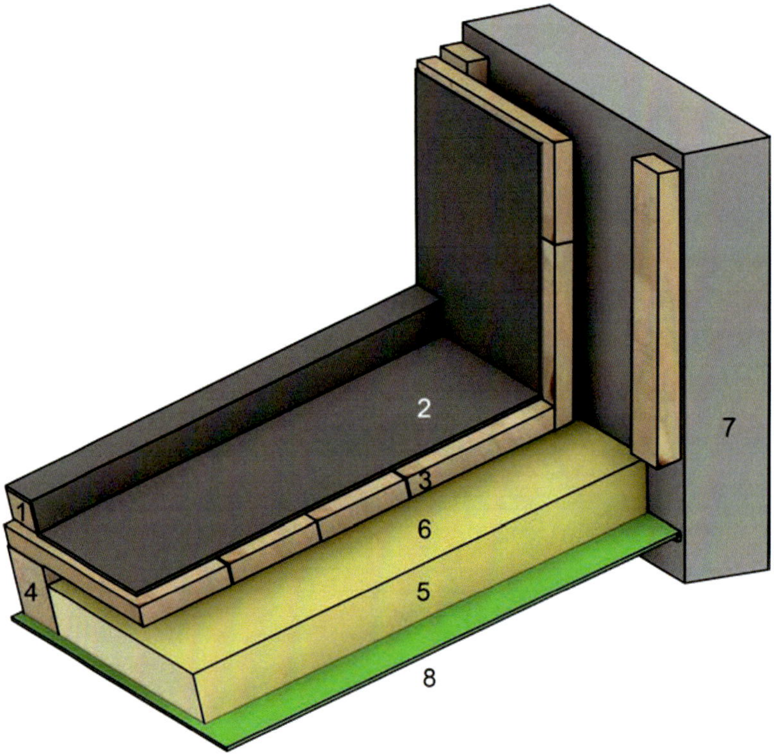

1: Konterlatten, eingebunden
2: Abdichtung nach PDB Bitumen- oder Kunststoff- und Elastomerbahnen, Nähte verschweißt
3: Unterlage nach Tabelle 2 oder 3
4: Sparren
5: Zwischensparrendämmung
6: Belüftungsebene nach Merkblatt Wärmeschutz
7: aufgehendes Bauteil
8: Luftdichtheitsschicht

Abb. 24: Firstseitiger Anschluss beim regensicheren Unterdach (Klasse 2)

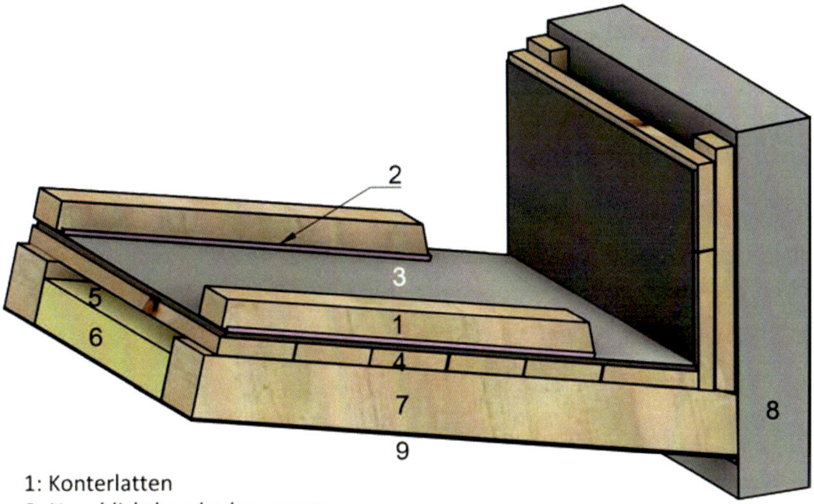

1: Konterlatten
2: Nageldichtband oder -masse.
3: Abdichtung nach PDB Bitumen- oder Kunststoff- und Elastomerbahnen, Nähte verschweißt.
4: Unterlage nach Tabelle 2 oder 3.
5: Belüftungsebene nach Merkblatt Wärmeschutz
6: Zwischensparrendämmung
7: Sparren
8: Mauer/Wand
9: Luftdichtheitsschicht

Abb. 25: Seitlicher Anschluss beim regensicheren Unterdach (Klasse 2)

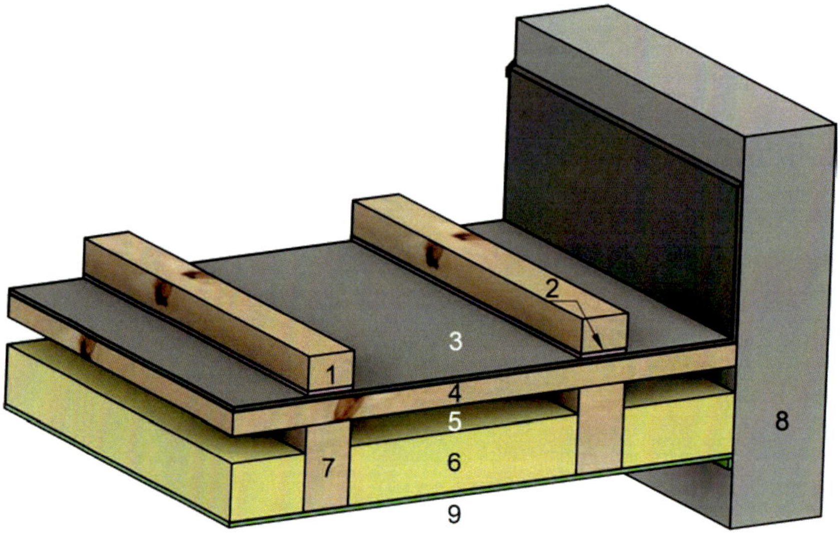

1: Konterlatten
2: Nageldichtband oder -masse
3: Abdichtung nach PDB Bitumen- oder Kunststoff- und Elastomerbahnen, Nähte verschweißt.
4: Unterlage nach Tabelle 2 oder 3.
5: Belüftungsebene nach Merkblatt Wärmeschutz
6: Zwischensparrendämmung
7: Sparren
8: Wand
9: Luftdichtheitsschicht

Abb. 26: Traufseitiger Anschluss beim regensicheren Unterdach, Querschnitt (Klasse 2)

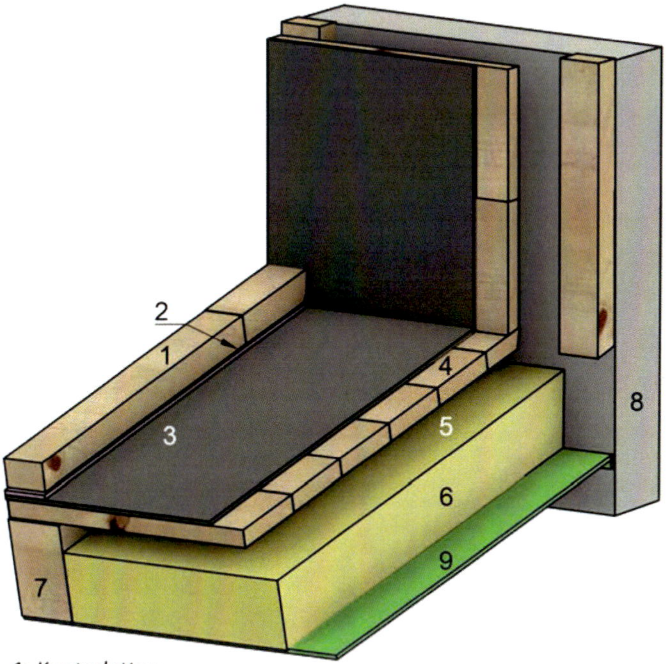

1: Konterlatten
2: Nageldichtband oder -masse
3: Abdichtung nach PDB Bitumen- oder Kunststoff- und Elastomerbahnen, Nähte verschweißt
4: Unterlage nach Tabelle 2 oder 3
5: Belüftungsebene nach Merkblatt Wärmeschutz
6: Zwischensparrendämmung
7: Sparren
8: Wand/Mauer
9: Luftdichtheitsschicht

4 Unterdeckungen mit nahtgefügten Unterdeckbahnen

(1) Die Unterdeckbahnen müssen dem „Produktdatenblatt diffusionsoffene Unterdeckbahnen für erweiterte Anwendungen (UDB-eA)“ entsprechen.

Bahnen, die mit Ausnahme des s_d-Werts alle Anforderungen des „Produktdatenblatt diffusionsoffene Unterdeckbahnen für erweiterte Anwendungen (UDB-eA)“ erfüllen, können ebenfalls eingesetzt werden. In diesen Fällen ist zu prüfen, ob der klimabedingte Feuchteschutz nach DIN 4108-3[1] mit nachweisfreien Bauteilen eingehalten oder durch Berechnung nachgewiesen wird.

Die Unterdeckbahnen sind auf einer Unterlage aus Schalungsbrettern, Holzwerkstoffplatten oder druckfester Wärmedämmung ohne Kreuzstöße mit mindestens 10 cm Höhen-/ Seitenüberdeckung zu verlegen. Die Nähte und T-Stöße sind wasserdicht mittels Quell- oder Warmgasschweißen zu fügen. In Abhängigkeit des Werkstoffes kann die wasserdichte Verklebung von Nähten und Stößen mit Klebstoff erfolgen, wenn der Bahnen-Hersteller die Freigabe erteilt. Eine Verklebung mit Klebebändern und/oder Klebe-Dichtstoffen ist nicht zulässig.

Die Unterdeckbahnen sind mit mindestens korrosionsgeschützten Breitkopfstiften/-nägeln oder Klammern im oberen/äußeren Drittel der Höhen-/Seitenüberdeckung zu befestigen. Über den Sparren unter Konterlatten sind zusätzliche Befestigungen möglich, eine sichtbare Befestigung ist nicht zulässig.

(2) Bei nahtgefügten Unterdeckbahnen mit eingebundener Konterlatte (Abbildung 27), können trapezförmige Konterlatten oder Konterlatten mit zusätzlichen Dreikantleisten verwendet werden. Die Konterlatten werden mit nahtgefügten Unterdeckbahnstreifen abgedeckt und in die Unterdeckung eingebunden.

Abb. 27: Nahtgefügte Unterdeckung mit eingebundener Konterlatte auf Schalung, Zwischensparrensparrendämmung (Klasse 1)

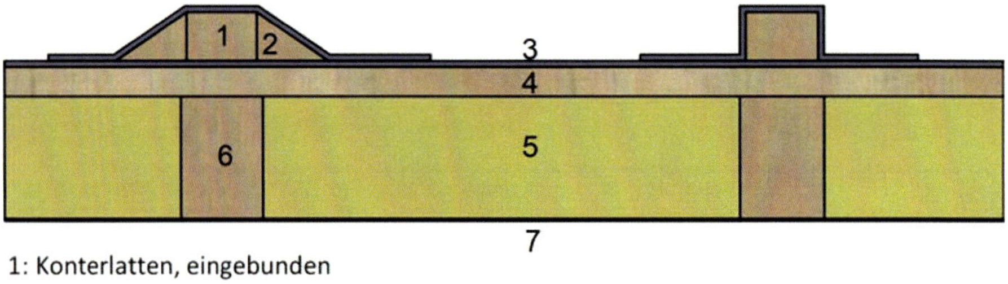

1: Konterlatten, eingebunden
2: Dreikantleisten oder trapezförmige Latten werden empfohlen.
3: Unterdeckbahn nach PDB UDB-eA, nahtgefügt.
4: Unterlage nach Tabelle 2 (nur Brettschalung)
5: Zwischensparrendämmung
6: Sparren
7: Luftdichtheitsschicht

[1] DIN 4108-3 Wärmeschutz und Energie-Einsparung in Gebäuden; Klimabedingter Feuchteschutz; Anforderungen, Berechnungsverfahren und Hinweise für Planung und Ausführung

Abb. 28: Nahtgefügte Unterdeckung mit eingebundener Konterlatte, Aufsparrendämmung (Klasse 1)

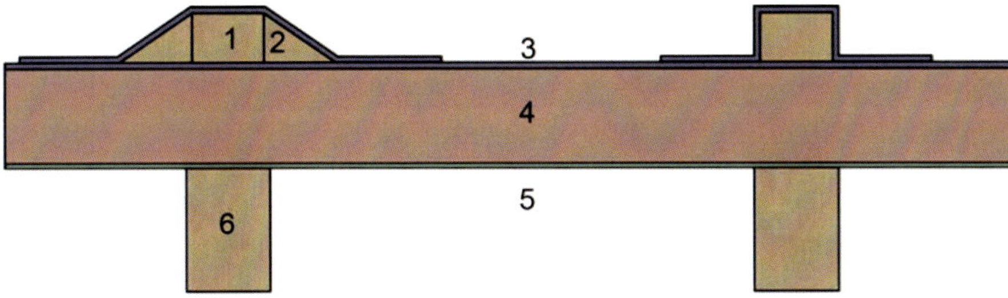

1: Konterlatte, eingebunden
2: Dreikantleisten oder trapezförmige Latten (empfohlen)
3: Unterdeckbahn nach PDB UDB-eA, nahtgefügt
4: Aufsparrendämmung
5: Luftdichtheitsschicht
6: Sparren

(3) Bei nahtgefügten Unterdeckbahnen mit Nageldichtband/-masse (Abbildung 29), sind zwischen Konterlatte und Unterdeckbahn Nageldichtbänder/-massen einzubauen.

Nageldichtbänder und Nageldichtmassen müssen für die Verwendung mit der jeweiligen Unterdeckbahn geeignet sein.

Abb. 29: Nahtgefügte Unterdeckung mit Nageldichtband/Nageldichtmasse (Klasse 2)

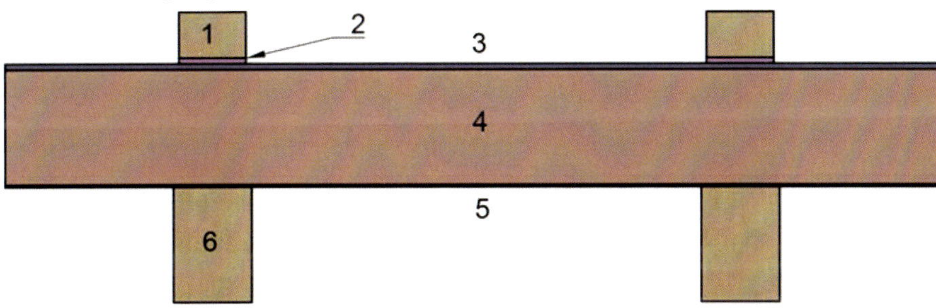

1: Konterlatte
2: Nageldichtband oder -masse
3: Unterdeckbahn nach PDB UDB-eA, nahtgefügt
4: Aufsparrendämmung
5: Luftdichtheitsschicht
6: Sparren

(4) Die Traufe ist mit Rinneneinlauf- oder Tropfblech auszuführen (Abbildungen 30 bis 32). Die Unterdeckbahn ist auf das Blech zu führen und wasserdicht zu verkleben. Die Bleche sind in der Unterlage zu befestigen.

Abb. 30: Nahtgefügte Unterdeckung mit eingebundener Konterlatte, Entwässerung in die Rinne (Klasse 1)

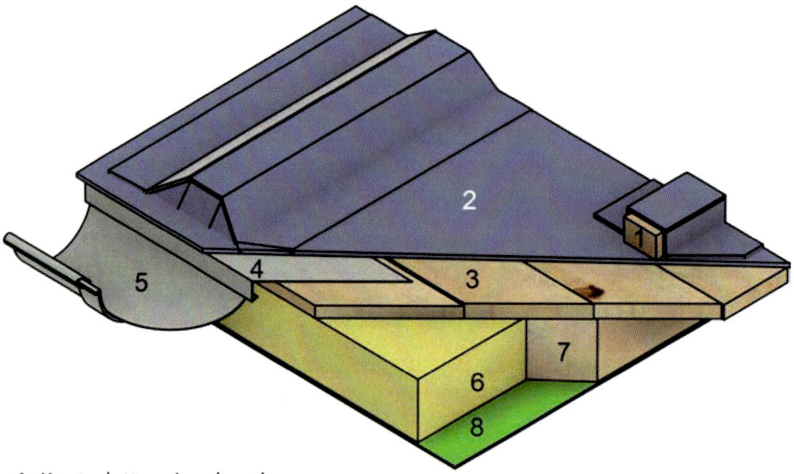

1: Konterlatte, eingebunden
2: Unterdeckbahn nach PDB UDB-eA, nahtgefügt
3: Unterlage nach Tabelle 2 (Brettschalung)
4: Traufblech
5: Rinne
6: Zwischensparrendämmung
7: Sparren
8: Luftdichtheitsschicht

Abb. 31: Nahtgefügte Unterdeckung mit Nageldichtband, mit Entwässerung über Traufkeil (Klasse 2)

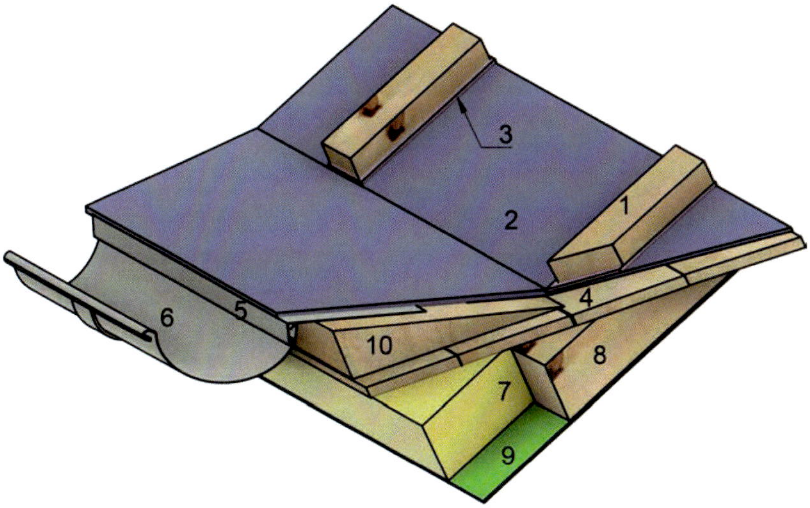

1: Konterlatte
2: Unterdeckbahn nach PDB UDB-eA, nahtgefügt
3: Nageldichtband oder -masse
4: Unterlage nach Tabelle 2 (Brettschalung)
5: Traufblech
6: Rinne
7: Zwischensparrendämmung
8: Sparren
9: Luftdichtheitsschicht
10: Traufkeil

Abb. 32: Nahtgefügte Unterdeckung mit Nageldichtband, mit Tropfblech (Klasse 2)

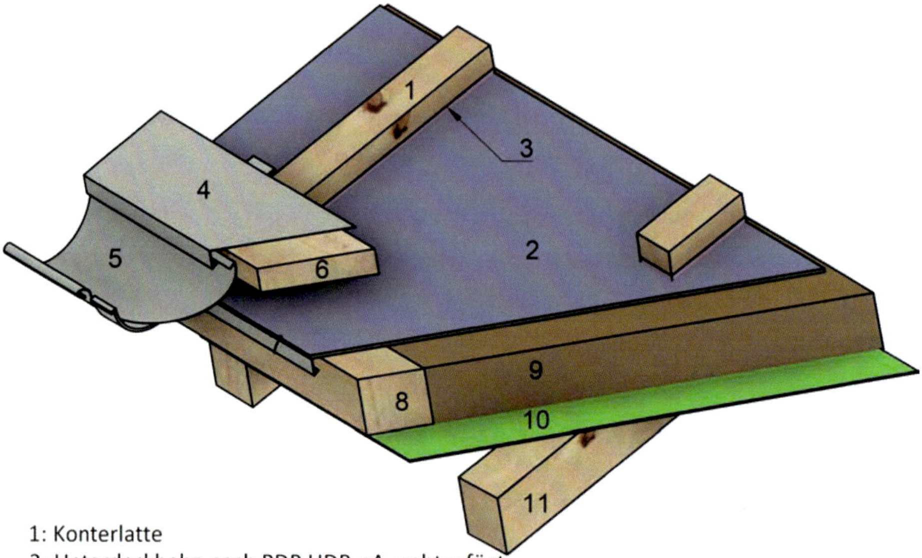

1: Konterlatte
2: Unterdeckbahn nach PDB UDB-eA, nahtgefügt
3: Nageldichtband oder -masse
4: Traufblech
5: Rinne
6: Traufbohle
7: Tropfblech
8: Schubholz
9: Unterdeckplatte
10: Luftdichtheitsschicht
11: Sparren

(5) Anschlüsse und Durchdringungen sind mit dem Bahnenmaterial oder Systemzubehör mit der Fügetechnik für die Nahtverbindung auszuführen. Die Anschlusshöhe an aufgehende Bauteile beträgt ≥ 5 cm über Oberfläche der Dachdeckung.

Bei firstseitigen Anschlüssen muss sichergestellt werden, dass ablaufendes Wasser am aufgehenden Bauteil vorbei in das nächste Sparrenfeld geleitet wird.

Abb. 33: Nahtgefügte Unterdeckung, mit Nageldichtband, firstseitiger Anschluss (Klasse 2)

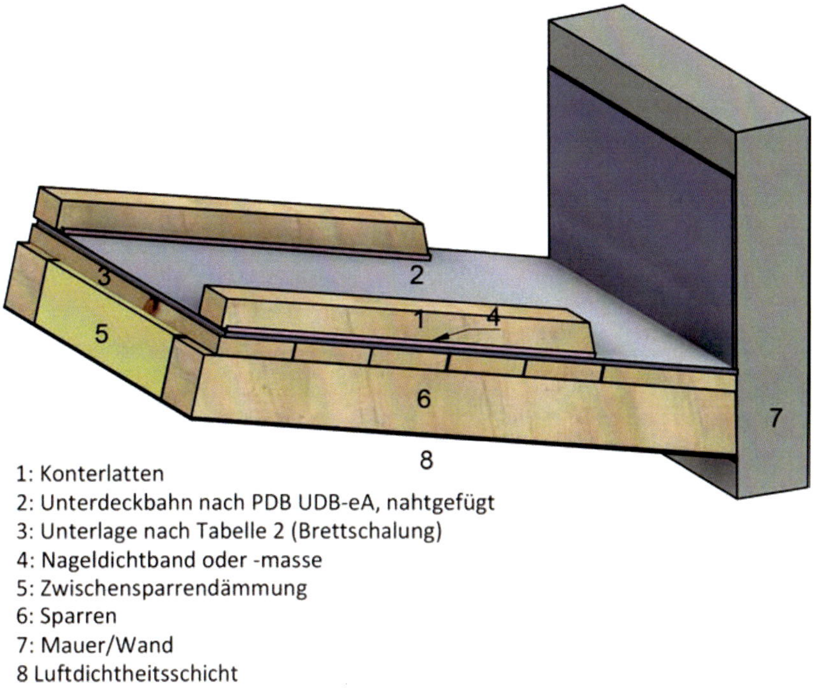

Abb. 34: Nahtgefügte Unterdeckung, mit eingebundener Konterlatte, traufseitiger Anschluss (Klasse 1)

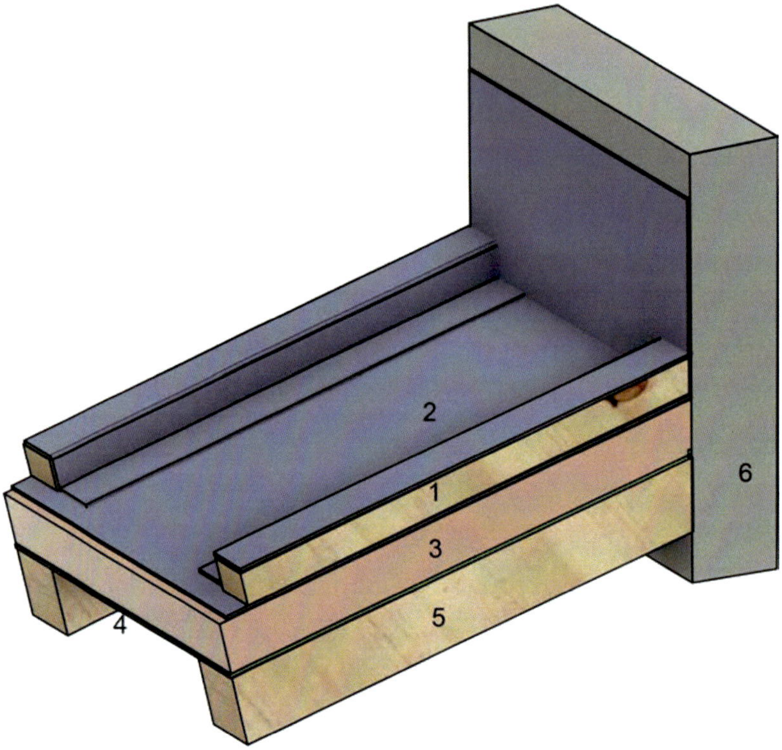

1: Konterlatten, eingebunden
2: Unterdeckbahn nach PDB UDB-eA, nahtgefügt
3: Aufsparrendämmung
4: Luftdichtheitsschicht
5: Sparren
6: Wand

Abb. 35: Nahtgefügte Unterdeckung, mit Nageldichtband, seitlicherer Anschluss (Klasse 2)

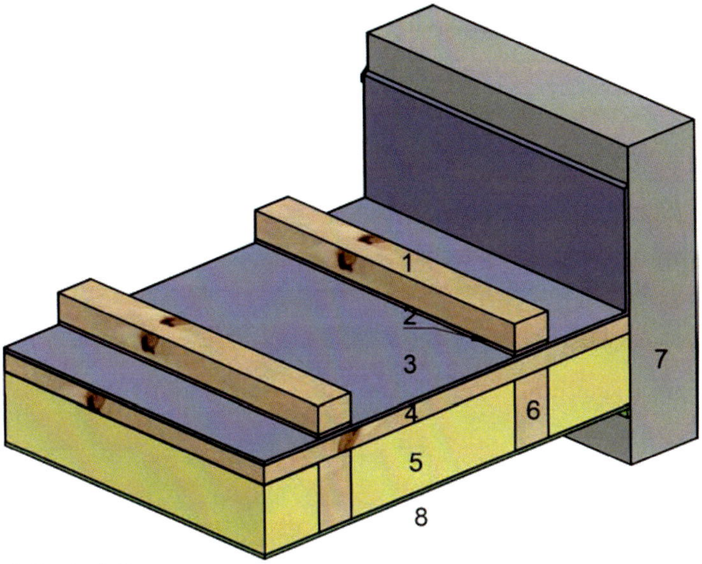

1: Konterlatten
2: Nageldichtband oder -masse
3: Unterdeckbahn nach PDB UDB-eA, nahtgefügt
4: Unterlage nach Tabelle 2 (Brettschalung)
5: Zwischensparrendämmung
6: Sparren
7: Wand
8: Luftdichtheitsschicht

5 Unterdeckungen mit verklebten Unterdeckbahnen

(1) Unterdeckungen mit verklebten Unterdeckbahnen werden nach

- Abbildung 36 mit Nageldichtband/-masse (Klasse 3) oder
- Abbildung 37 ohne Nageldichtband/-masse (Klasse 4)

mit Unterdeckbahnen nach dem "Produktdatenblatt für Unterdeckbahnen und Unterspannbahnen" ausgeführt.

Die Bahnen sind mit Höhen- und Seitenüberdeckung von jeweils ≥ 10 cm auszuführen und zu verkleben. Seitenüberdeckungen müssen unter den Konterlatten liegen. T-Stöße sind unvermeidbar. Kreuzstöße sind nicht zulässig.

Die Unterdeckbahnen sind mit mindestens korrosionsgeschützten Breitkopfstiften/-nägeln oder Klammern im oberen/äußeren Drittel der Höhen-/Seitenüberdeckung zu befestigen. Über den Sparren unter Konterlatten sind zusätzliche Befestigungen möglich, eine sichtbare Befestigung ist nicht zulässig.

Die Verklebung der Bahnen erfolgt mit integrierten Klebezonen der Bahnen oder mit Klebebändern.

Nageldichtbänder und Nageldichtmassen müssen für die Verwendung mit der jeweiligen Bahn geeignet sein und werden zwischen Konterlatte und Unterdeckbahn angeordnet.

Abb. 36: Verklebte Unterdeckung mit Nageldichtband / Nageldichtmasse auf Aufsparrendämmung (Klasse 3)

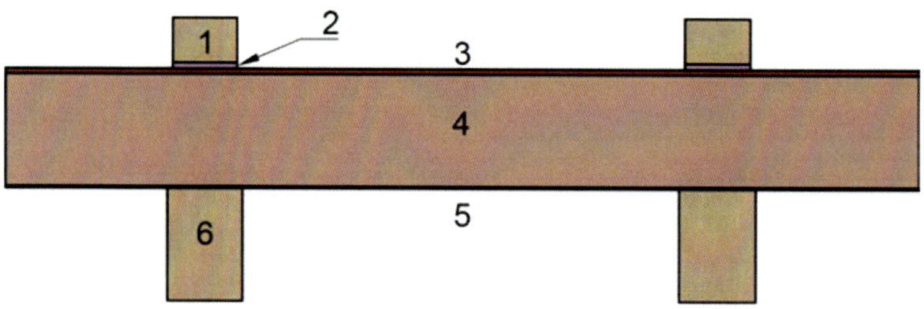

1: Konterlatte
2: Nageldichtband oder -masse
3: Unterdeckbahn nach PDB UDB/USB, Nähte verklebt
4: Aufsparrendämmung
5: Luftdichtheitsschicht
6: Sparren

Abb. 37: Verklebte Unterdeckung auf Vollsparrendämmung (Klasse 4)

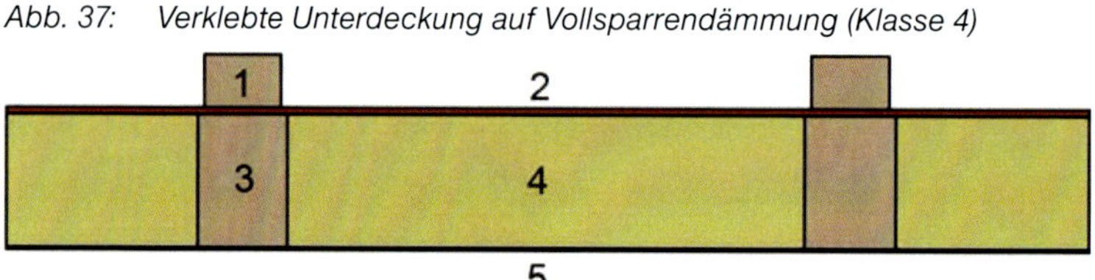

1: Konterlatte
2: Unterdeckbahn nach PDB UDB/USB, Nähte verklebt
3: Sparren
4: Zwischensparrendämmung
5: Luftdichtheitsschicht

(2) Die Traufe ist mit Rinneneinlauf- oder Tropfblech auszuführen (Abbildungen 38 bis 40). Die Unterdeckbahn ist auf das Blech zu führen und zu verkleben. Die Bleche sind in der Unterlage zu befestigen.

Abb. 38: Verklebte Unterdeckung, Entwässerung in die Rinne (Klasse 4)

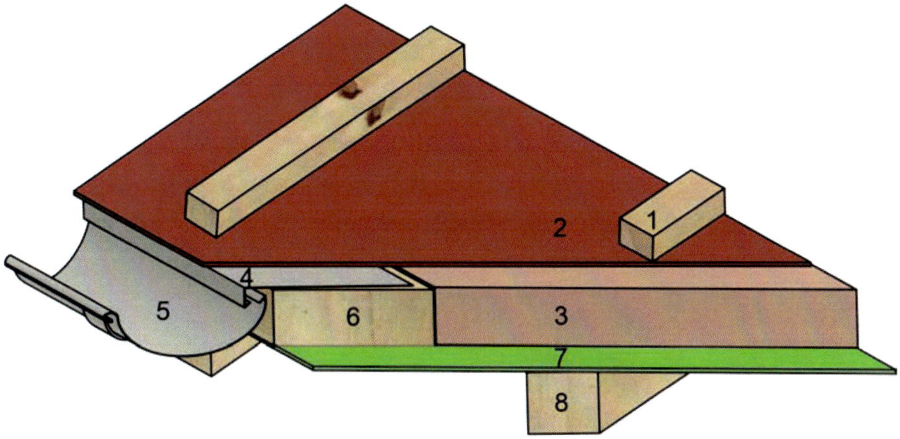

1: Konterlatte
2: Unterdeckung nach PDB UDB/USB, Nähte verklebt
3: Aufsparrendämmung
4: Traufblech
5: Rinne
6: Traufbohle
7: Luftdichtheitsschicht
8: Sparren

Abb. 39: Verklebte Unterdeckung mit Nageldichtband, Entwässerung über Traufkeil (Klasse 3)

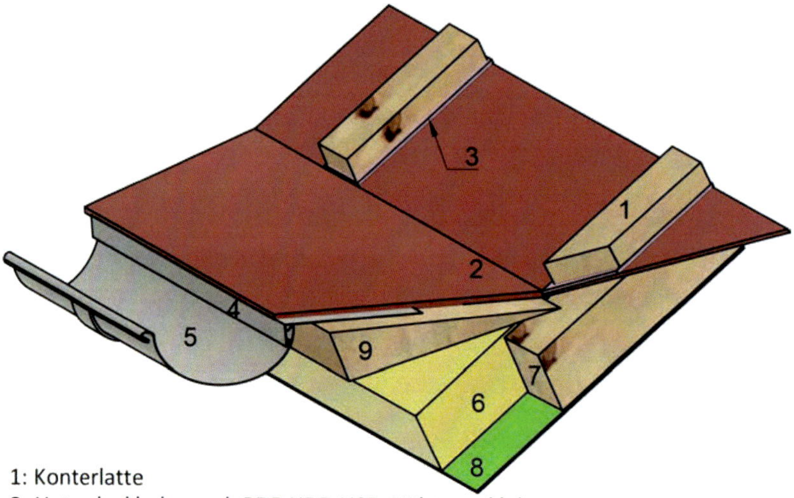

1: Konterlatte
2: Unterdeckbahn nach PDB UDB-USB, Nähte verklebt
3: Nageldichtband oder -masse
4: Traufblech
5: Rinne
6: Zwischensparrendämmung
7: Sparren
8: Luftdichtheitsschicht
9: Traufkeil

Abb. 40: Verklebte Unterdeckung mit Nageldichtband, mit Tropfblech (Klasse 3)

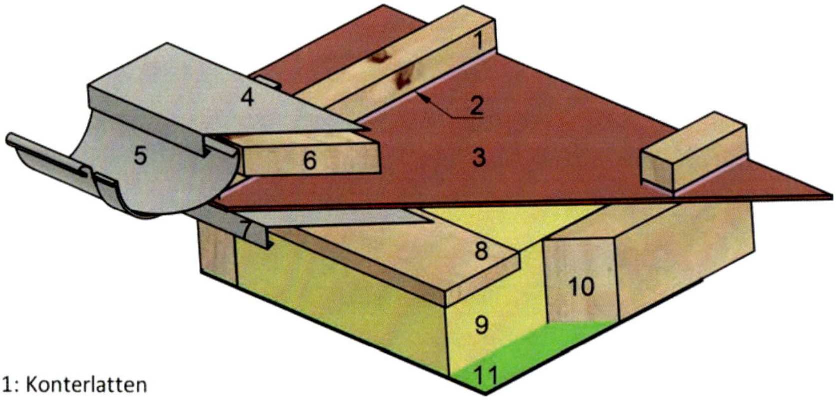

1: Konterlatten
2: Nageldichtband oder -masse.
3: Unterdeckung nach PDB UDB-USB, Nähte verklebt
4: Traufblech
5: Rinne
6: Traufbohle
7: Tropfblech
8: Traufschalung
9: Zwischensparrendämmung
10: Sparren
11: Luftdichtheitsschicht

(3) Anschlüsse und Durchdringungen sind mit dem Bahnenmaterial oder Zubehör mit der Fügetechnik für die Nahtverbindung oder mit speziellen und auf den jeweiligen Anwendungsfall bezogenen Produkten auszuführen. Die Anschlusshöhe an aufgehende Bauteile beträgt ≥ 5 cm über Oberfläche der Dachdeckung.

Bei firstseitigen Anschlüssen muss sichergestellt werden, dass ablaufendes Wasser am aufgehenden Bauteil vorbei in das nächste Sparrenfeld geleitet wird.

Abb. 41: Verklebte Unterdeckung mit Nageldichtband, firstseitiger Anschluss (Klasse 3)

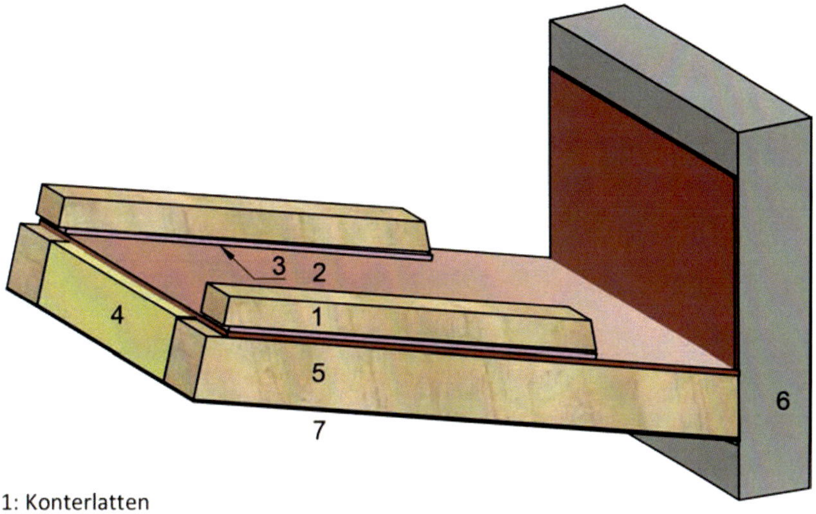

1: Konterlatten
2: Unterdeckbahn nach PDB UDB/USB, Nähte verklebt
3: Nageldichtband oder -masse
4: Zwischensparrendämmung
5: Sparren
6: Mauer/Wand
7: Luftdichtheitsschicht

Abb. 42: Verklebte Unterdeckung, traufseitiger Anschluss (Klasse 4)

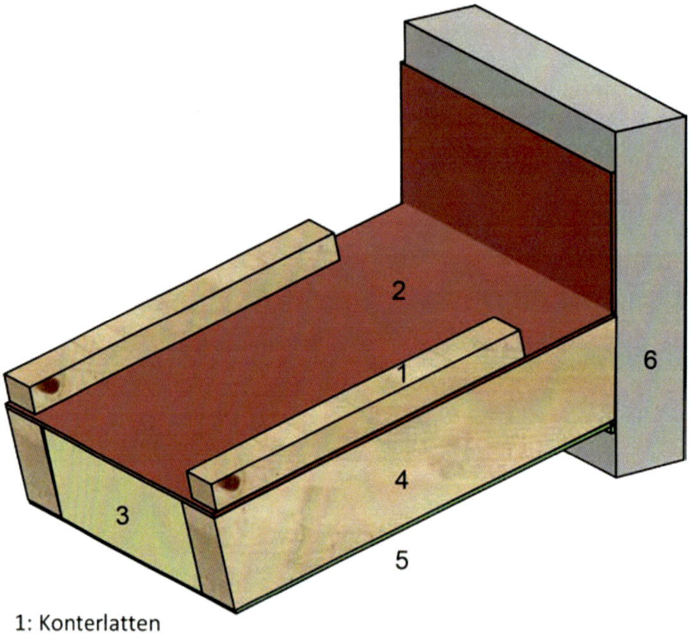

1: Konterlatten
2: Unterdeckbahn nach PDB UDB/USB, Nähte verklebt
3: Zwischensparrendämmung
4: Sparren
5: Luftdichtheitsschicht
6: Mauer/Wand

6 Unterdeckungen mit Holzfaser-Unterdeckplatten

(1) Unterdeckungen mit Holzfaser-Unterdeckplatten werden nach Abbildung 43 in der Regel ohne Nageldichtband/-masse ausgeführt. Die Unterdeckplatten müssen dem „Produktdatenblatt für Unterdeckplatten aus Holzfasern“ entsprechen.

Die Platten müssen eine umlaufende Verfalzung/Kantenprofilierung haben.

Verklebungen und/oder Abklebungen der Verfalzung/Kantenprofilierung, die im Rahmen der Prüfung der Wassereintragssicherheit verwendet wurden, sind vom Hersteller anzugeben und entsprechend auszuführen.

Bei Ausführung von Überdeckungs- und/oder Stoßbereichen mit Dichtungsbändern muss die Breite der Bänder mindestens 10 cm betragen. Die Bänder sollten mittig über der Fuge angeordnet werden.

Nageldichtbänder/-massen, die im Rahmen der Prüfung der Wassereintragssicherheit verwendet wurden, sind vom Hersteller anzugeben und entsprechend auszuführen.

Holzfaser-Unterdeckplatten werden in der Regel rechtwinklig zum Sparren angeordnet und mit Stoßversatz von mindestens einem Sparrenfeld verlegt. Kreuzstöße sind nicht zulässig.

Die Befestigung hat indirekt durch die Konterlatte zu erfolgen. Der erforderliche Korrosionsschutz ist vom verwendeten Plattenmaterial abhängig.

Der vom Hersteller angegebene maximale Sparrenabstand ist einzuhalten.

Abb. 43: Holzfaser-Unterdeckplatte (Klasse 3)

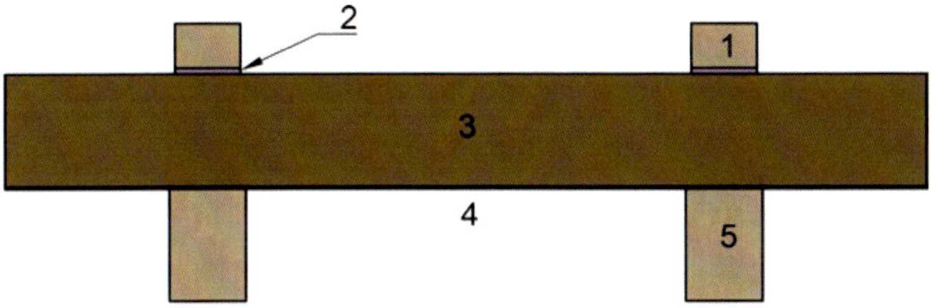

1: Konterlatte
2: Nageldichtband oder -masse, wenn vom Hersteller gefordert
3: Holzfaser-Unterdeckplatte nach PDB UDP
4: Luftdichtheitsschicht
5: Sparren

(2) Unterdeckplatten gelten ohne besonderen Nachweis als nicht begehbare Bauteile. Eine Lastabtragung im Zwischensparrenbereich ist deshalb nicht zulässig. Im Sparrenbereich sind Unterdeckplatten üblicherweise trittsicher.

(3) Die Traufe ist mit Rinneneinlauf- oder Tropfblech auszuführen (Abbildungen 44 und 45).

Abb. 44: Traufe Holzfaser-Unterdeckplatte mit Rinneneinlauf (Klasse 3)

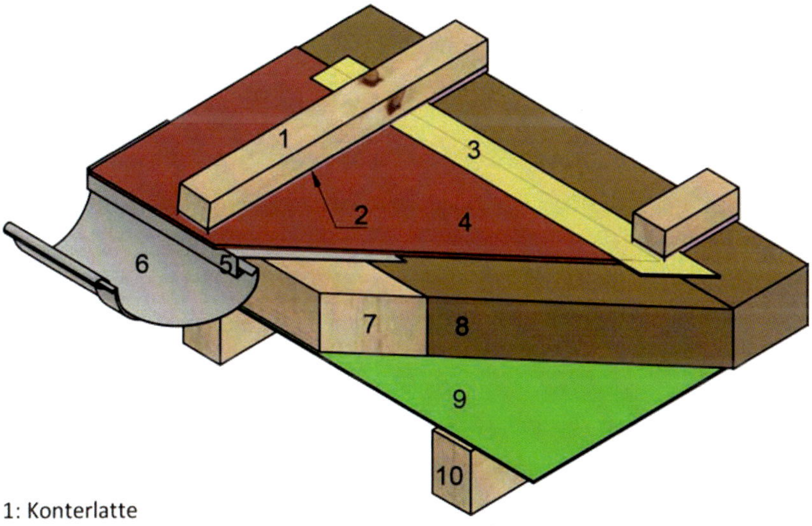

1: Konterlatte
2: Nageldichtband oder -masse (Herstellerangabe)
3: Klebeband nach Punkt 6 (1)
4: Unterdeckbahn nach PDB UDB/USB, Nähte verklebt
5: Traufe
6: Rinne
7: Traufbohle/Schubholz
8: Unterdeckplatte nach PDB UDP
9: Luftdichtheitsschicht
10: Sparren

Abb. 45: Traufe Holzfaser-Unterdeckplatte mit Tropfblech (Klasse 3)

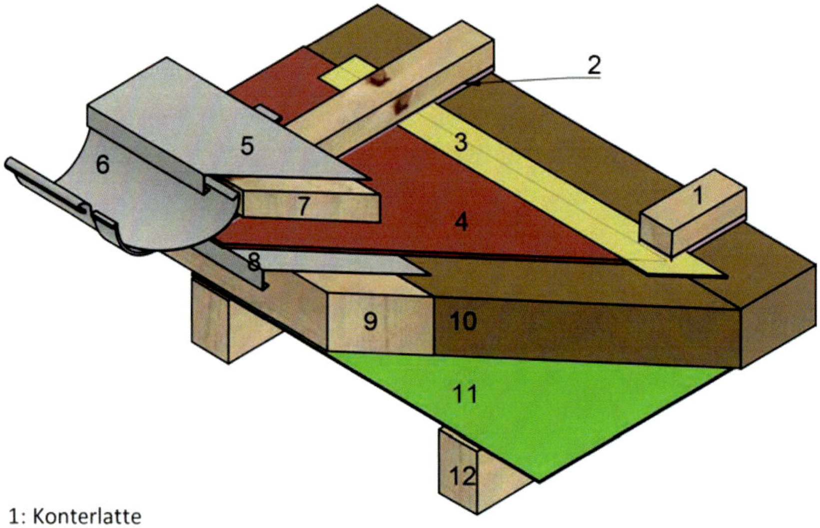

1: Konterlatte
2: Nageldichtband oder -masse (Herstellerangabe)
3: Klebeband nach Punkt 6 (1)
4: Unterdeckbahn nach PDB UDB/USB, Nähte verklebt
5: Traufe
6: Rinne
7: Traufbohle
8: Tropfblech
9: Schubholz
10: Unterdeckplatte nach PDB UDP
11: Luftdichtheitsschicht
12: Sparren

(4) Der First kann als belüftete und unbelüftete Konstruktion ausgeführt werden (Abbildungen 46 und 47).

Abb. 46: First Holzfaser-Unterdeckplatte, unbelüftet (Klasse 3)

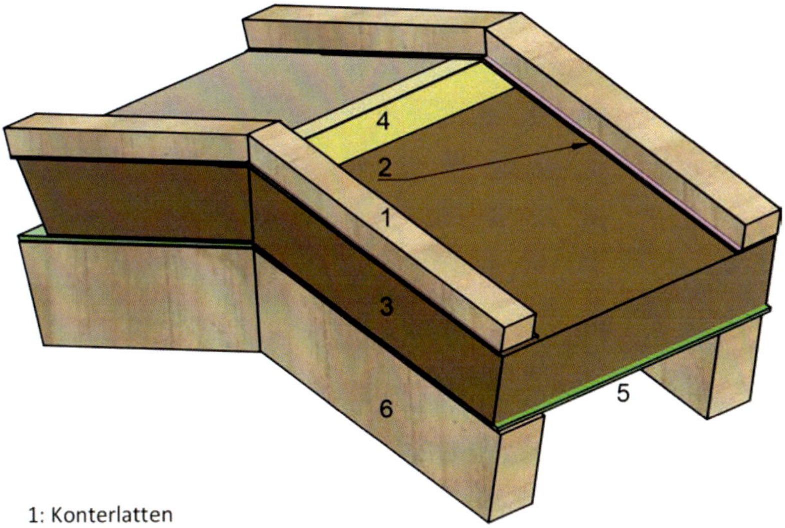

1: Konterlatten
2: Nageldichtband oder -masse nach Herstellerangabe
3: Unterdeckplatte nach PDB UDP
4: Klebeband, nach Kapitel 6 (1) ausgeführt
5: Luftdichtheitsschicht
6: Sparren

Abb. 47: First Holzfaser-Unterdeckplatte, belüftet (Klasse 3)

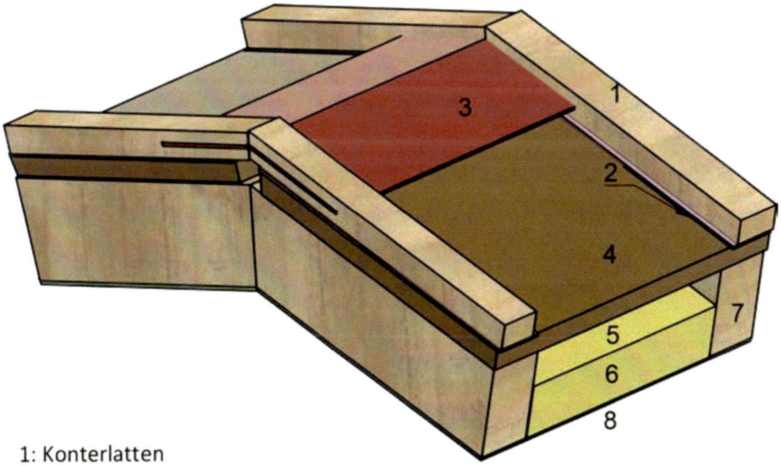

1: Konterlatten
2: Nageldichtband oder -masse nach Herstellerangabe
3: Unterdeckbahn nach PDB UDB/USB
4: Unterdeckplatte nach PDB UDP
5: Belüftungsebene nach Merkblatt Wärmeschutz
6: Zwischensparrendämmung
7: Sparren
8: Luftdichtheitsschicht

(5) Für Durchdringungen, Einbauteile und Anschlüsse sind spezielle auf die Unterdeckplatte abgestimmte Systemprodukte zu verwenden. Die Anschlusshöhe an aufgehende Bauteile beträgt ≥ 5 cm über Oberfläche der Dachdeckung.

Bei firstseitigen Anschlüssen muss sichergestellt werden, dass ablaufendes Wasser am aufgehenden Bauteil vorbei in das nächste Sparrenfeld geleitet wird.

Abb. 48: Holzfaser-Unterdeckplatte, firstseitiger Anschluss (Klasse 3)

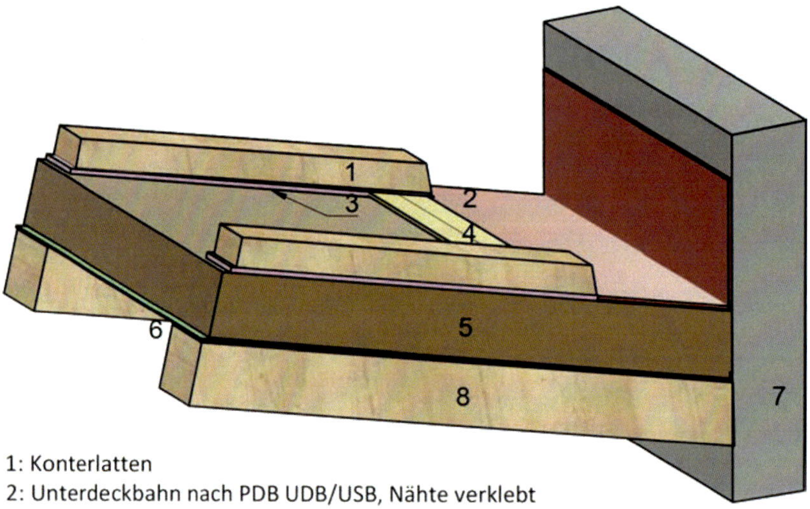

1: Konterlatten
2: Unterdeckbahn nach PDB UDB/USB, Nähte verklebt
3 Nageldichtband oder -masse nach Herstellerangabe
4: Klebeband, nach Kapitel 6 (1) ausgeführt
5: Unterdeckplatte nach PDB UDP
6: Luftdichtheitsschicht
7: Mauer/Wand
8: Sparren

Abb. 49: Holzfaser-Unterdeckplatte, traufseitiger Anschluss (Klasse 3)

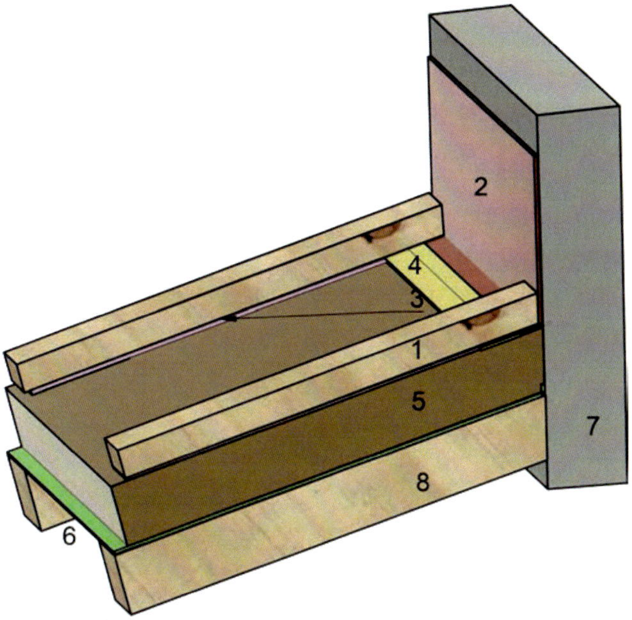

1: Konterlatten
2: Unterdeckbahn nach PDB UDB/USB, Nähte verklebt
3: Nageldichtband oder -masse nach Herstellerangabe
4: Klebeband, nach Kapitel 6 (1) ausgeführt
5: Unterdeckplatte nach PDB UDP
6: Luftdichtheitsschicht
7: Mauer/Wand
8: Sparren

7 Unterspannungen

(1) Unterspannungen werden nach

- Abbildung 50 mit verklebten Überdeckungen und Nageldichtband/-masse (Klasse 3) oder
- Abbildung 51 mit verklebten Überdeckungen (Klasse 4) oder
- Abbildung 51 nicht verklebten Überdeckungen (Klasse 5)

mit Unterspannbahnen der Klasse USB des „Produktdatenblatt für Unterdeckbahnen und Unterspannbahnen" ausgeführt.

Unterspannungen können bei belüfteten oder nicht gedämmten Konstruktionen ausgeführt werden. Eintrieb von Flugschnee und Regen durch Lüftungsöffnungen ist bei belüfteten Systemen nicht zu vermeiden.

Die Bahnen sind mit Höhen- und Seitenüberdeckung von jeweils ≥ 10 cm auszuführen und zu verkleben. Seitenüberdeckungen müssen unter den Konterlatten liegen. T-Stöße sind unvermeidbar. Kreuzstöße sind nicht zulässig.

Der Durchhang der Bahn soll nicht größer als die Konterlattendicke sein.

Die Unterspannbahnen sind auf den Sparren mit mindestens korrosionsgeschützten Breitkopfstiften/-nägeln oder Klammern im oberen/äußeren Drittel der Höhen-/Seitenüberdeckung zu befestigen. Über den Sparren unter Konterlatten sind zusätzliche Befestigungen möglich, sichtbare Befestigung ist nicht zulässig.

Bei verklebten Unterspannungen der Bahnen erfolgt die Verklebung der Bahnenüberlappungen mit integrierten Klebezonen der Bahnen oder mit Klebebändern.

Nageldichtbänder und Nageldichtmassen müssen für die Verwendung mit der jeweiligen Bahn geeignet sein, sie werden zwischen Konterlatte und Unterspannbahn angeordnet.

Abb. 50: Verklebte Unterspannung mit Nageldichtband/-masse (Klasse 3)

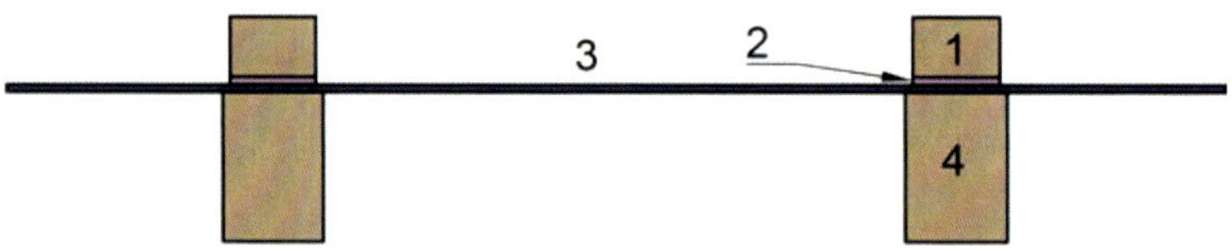

1: Konterlatte
2: Nageldichtband oder -masse
3: Unterspannbahn nach PDB UDB/USB, Nähte verklebt
4: Sparren

Abb. 51: Unterspannung mit verklebten Überdeckungen (Klasse 4) oder nicht verklebten Überdeckungen (Klasse 5)

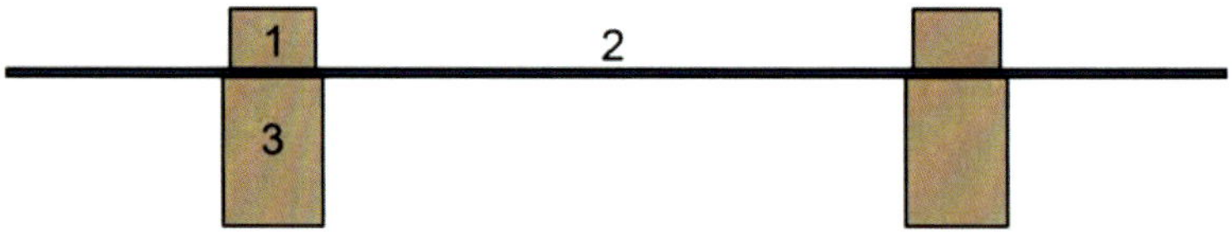

1: Konterlatte
2: Unterspannbahn nach PDB UDB/USB, verklebt/lose überlappt
3: Sparren

(2) Die Traufe ist mit Rinneneinlauf- oder Tropfblech auszuführen, (Abbildungen 52 bis 54). Die Unterspannbahn ist auf das Blech zu führen und zu verkleben. Die Bleche sind in der Unterlage zu befestigen.

Abb. 52: Verklebte Unterspannungen mit Nageldichtband Traufausführung mit Tropfblech (Klasse 3)

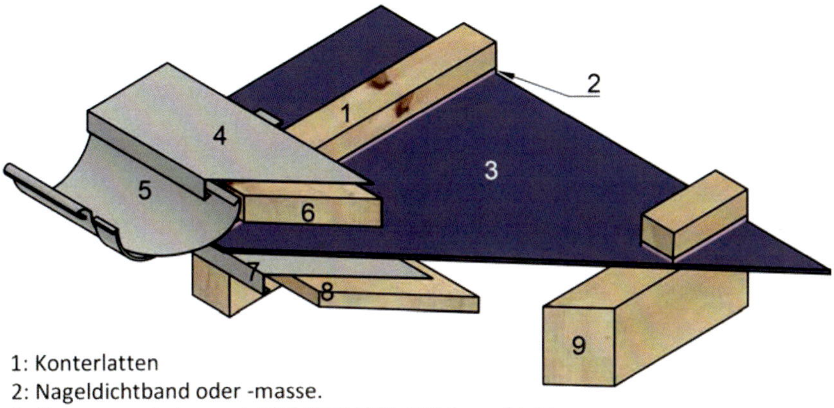

1: Konterlatten
2: Nageldichtband oder -masse.
3: Unterspannbahn nach PDB UDB-USB, Nähte verklebt
4: Traufblech
5: Rinne
6: Traufbohle
7: Tropfblech
8: Traufschalung
9: Sparren

Abb. 53: Verklebte Unterspannungen Traufausführung mit Traufkeil (Klasse 4)

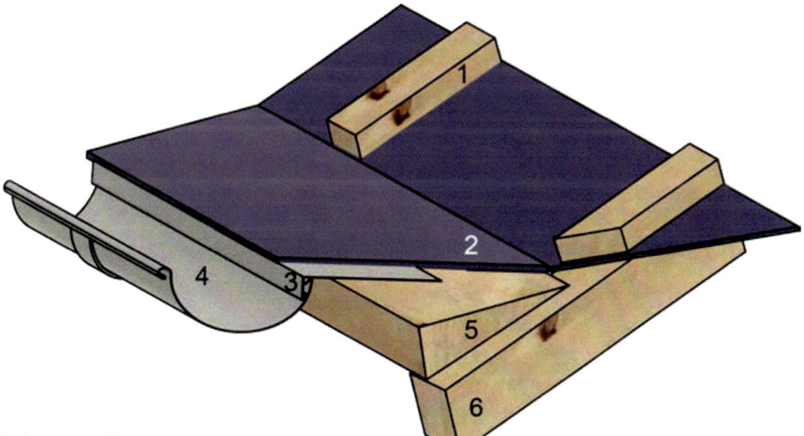

1: Konterlatte
2: Unterspannbahn nach PDB UDB-USB, Nähte verklebt
3: Traufblech
4: Rinne
5: Traufkeil
6: Sparren

Abb. 54: Unterspannungen, Traufausführung mit Rinneneinlaufblech (Klasse 5)

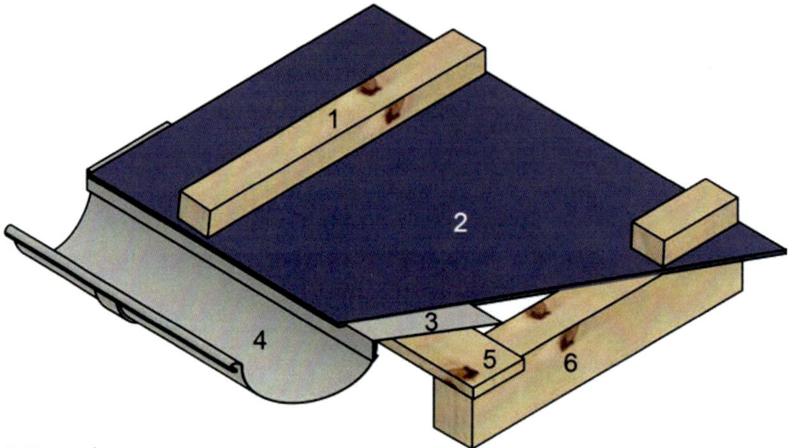

1: Konterlatte
2: Unterspannbahn nach PDB UDB/USB, lose überlappt
3: Traufe
4: Rinne
5: Traufschalung
6: Sparren

(3) Firstausführung: Die Unterspannbahnen sollen ca. 5 cm vor der First-Scheitellinie enden. (Abbildung 55)

Abb. 55: Firstausführung, verklebte Unterspannung Querschnitt (Klasse 4)

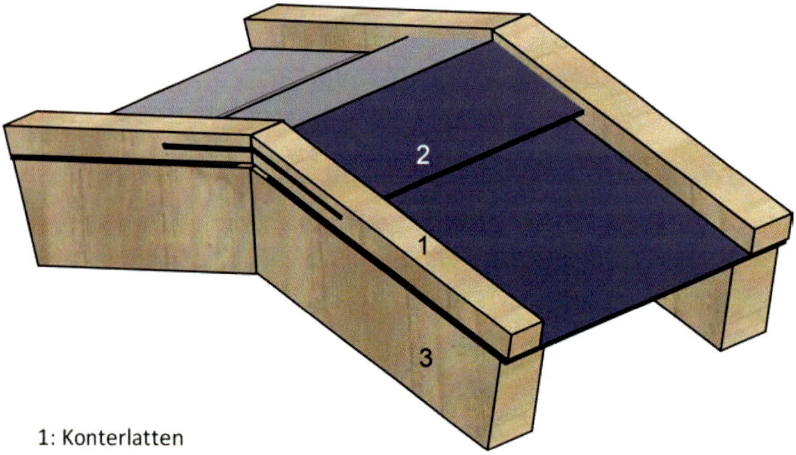

1: Konterlatten
2: Unterspannbahn nach PDB UDB/USB, Nähte verklebt
3: Sparren

(4) Anschlüsse und Durchdringungen sind mit dem Bahnenmaterial oder System Zubehör für die Nahtverbindung oder mit speziellen und auf den jeweiligen Anwendungsfall bezogenen Produkten auszuführen. Die Anschlusshöhe an aufgehende Bauteile beträgt ≥ 5 cm über Oberfläche der Dachdeckung.

Bei firstseitigen Anschlüssen muss sichergestellt werden, dass ablaufendes Wasser am aufgehenden Bauteil vorbei in das nächste Sparrenfeld geleitet wird.

Abb. 56: Firstseitiger Anschluss verklebte Unterspannung mit Dichtband (Klasse3)

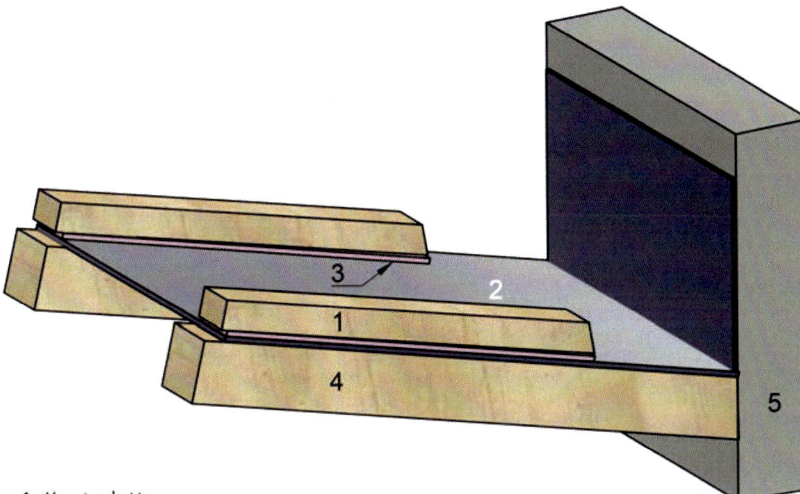

1: Konterlatten
2: Unterspannbahn nach PDB UDB/USB, Nähte verklebt
3: Nageldichtband oder -masse
4: Sparren
5: Mauer/Wand

Abb. 57: Verklebte Unterspannung, traufseitiger Anschluss (Klasse 4)

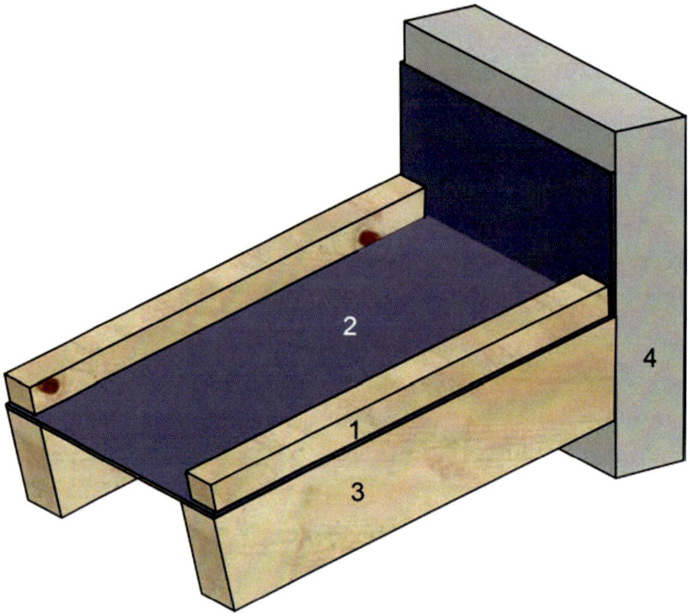

1: Konterlatten
2: Unterspannbahn nach PDB UDB/USB, Nähte verklebt
3: Sparren
4: Mauer/Wand

8 Unterdeckungen

(1) Unterdeckungen mit überlappten Bahnen werden nach Abbildungen 58 und 59 mit nicht verklebten Überdeckungen (Klasse 5)

- mit Unterdeckbahnen der Klasse UDB des „Produktdatenblatt für Unterdeckbahnen und Unterspannbahnen“ oder
- dem „Produktdatenblatt für Bitumenbahnen“ oder
- mit Bitumenbahnen nach DIN EN 13707[2]

ausgeführt.

Unterdeckungen mit Bitumenbahnen können bei belüfteten oder nicht gedämmten Konstruktionen ausgeführt werden. Eintrieb von Flugschnee und Regen durch Lüftungsöffnungen ist bei belüfteten Systemen nicht zu vermeiden.

Die Bahnen sind mit Höhen- und Seitenüberdeckung von jeweils ≥ 10 cm auszuführen. Seitenüberdeckungen müssen unter den Konterlatten liegen. T-Stöße sind unvermeidbar. Kreuzstöße sind nicht zulässig.

Die Unterdeckbahnen sind mit mindestens korrosionsgeschützten Breitkopfstiften/-nägeln oder Klammern im oberen/äußeren Drittel der Höhen-/Seitenüberdeckung zu befestigen. Über den Sparren unter Konterlatten sind zusätzliche Befestigungen möglich, eine sichtbare Befestigung ist nicht zulässig.

Abb. 58: Unterdeckungen mit überdeckten Bahnen, UDB, V13 (Klasse 5)

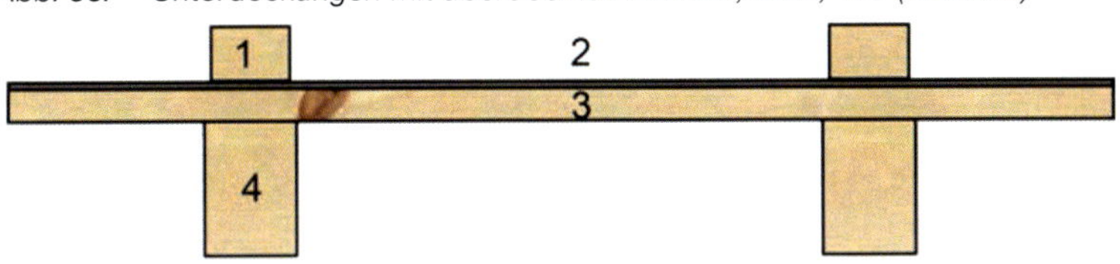

1: Konterlatte
2: Bitumenbahn nach PDB, oder V13, lose überlappt
3: Unterlage nach Tabelle 2 oder 3
4: Sparren

Abb. 59: Unterdeckungen mit überdeckten Bahnen, UDB, V13, belüftet (Klasse 5)

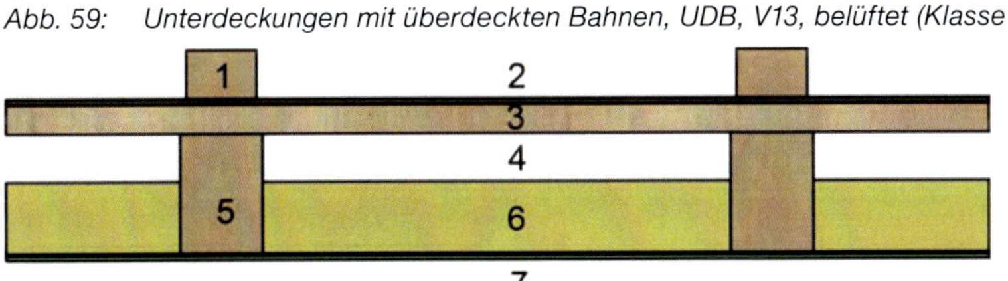

1: Konterlatte
2: Bitumenbahn nach PDB, oder V13, lose überlappt
3: Unterlage nach Tabelle 2 oder 3
4: Belüftungsebene nach Merkblatt Wärmeschutz
5: Sparren
6: Zwischensparrendämmung
7: Luftdichtheitsschicht

[2] DIN EN 13707 Abdichtungsbahnen – Bitumenbahnen mit Trägereinlage für Dachabdichtungen – Definitionen und Eigenschaften

(2) Die Traufe ist mit Rinneneinlauf- oder Tropfblech auszuführen (Abbildungen 60 und 61). Die Unterdeckbahn ist auf das Blech zu führen. Die Bleche sind in der Unterlage zu befestigen.

Abb. 60: Unterdeckungen mit überdeckten Bahnen, Traufe mit Einlaufblech, V13 (Klasse 5)

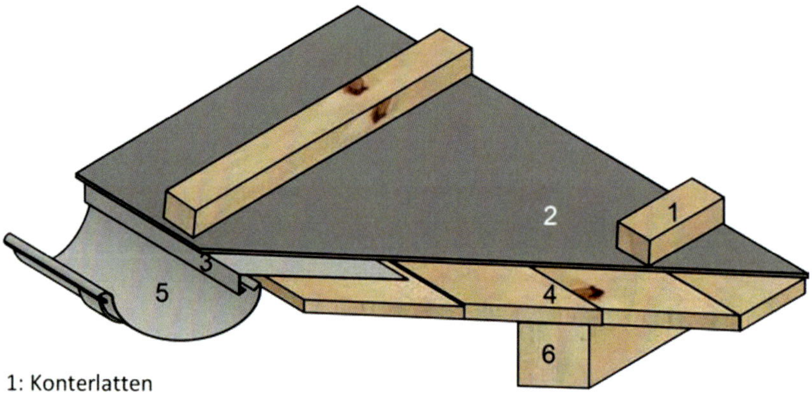

1: Konterlatten
2: V13, lose überlappt
3: Traufblech
4: Unterlage nach Tabelle 2 oder 3
5: Rinne
6: Sparren

Abb. 61: Unterdeckungen mit überdeckten Bahnen, Traufe mit Tropfblech, V13 (Klasse 5)

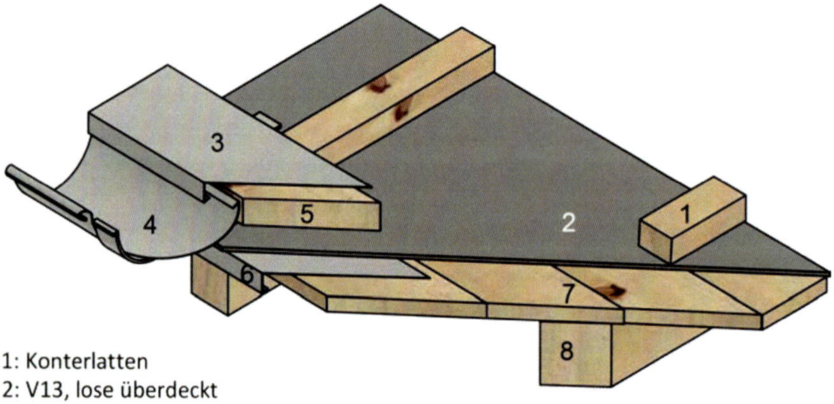

1: Konterlatten
2: V13, lose überdeckt
3: Traufblech
4: Rinne
5: Traufbohle
6: Tropfblech
7: Unterlage nach Tabelle 2 oder 3
8: Sparren

(3) Die Bahnen sollen bei belüfteten oder ungedämmten Konstruktionen ca. 3 cm vor der First-Scheitellinie enden, siehe Abbildung 62.

Abb. 62: Unterdeckungen mit überdeckten Bahnen, First, Querschnitt (Klasse 5)

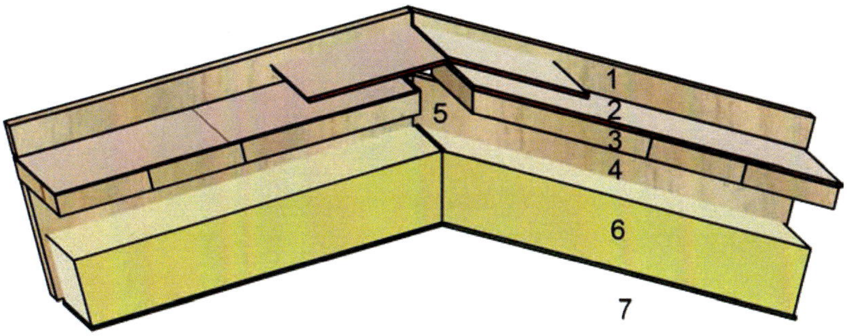

1: Konterlatten
2: Unterdeckung nach PDB UDB/USB oder z.B. V13, lose überlappt
3: Schalung nach Tabelle 2 oder 3
4: Belüftungsebene nach Merkblatt Wärmeschutz
5: Sparren
6: Zwischensparrendämmung
7: Luftdichtheitsschicht

(4) Anschlüsse und Durchdringungen sind mit dem Bahnenmaterial oder Systemzubehör auszuführen. Die Anschlusshöhe an aufgehende Bauteile beträgt ≥ 5 cm über Oberfläche der Dachdeckung.

Bei firstseitigen Anschlüssen muss sichergestellt werden, dass ablaufendes Wasser am aufgehenden Bauteil vorbei in das nächste Sparrenfeld geleitet wird.

Abb. 63: Unterdeckungen mit überdeckten Bahnen, firstseitiger Anschluss (Klasse 5)

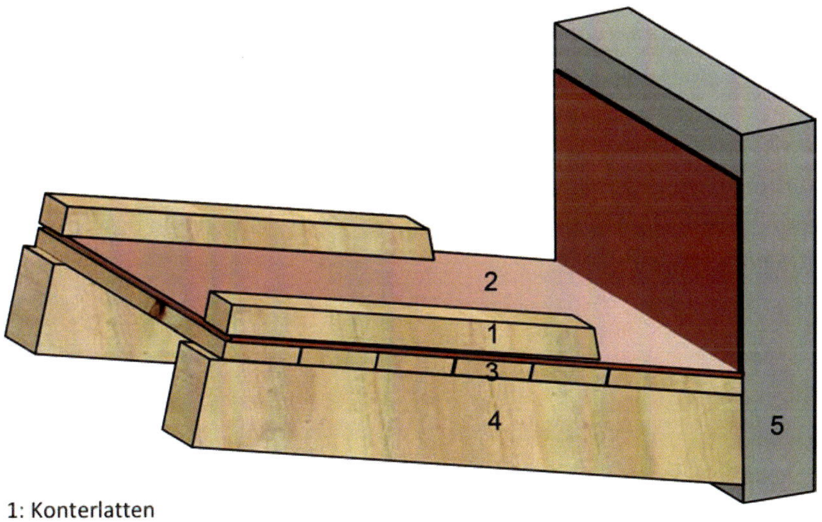

1: Konterlatten
2: Unterdeckbahn nach PDB UDB/USB, Nähte überlappt
3: Schalung nach Tabelle 2 oder 3 dieses Merkblattes
4: Sparren
5: Mauer/Wand

Abb. 64: Unterdeckungen mit überdeckten Bahnen, traufseitiger Anschluss (Klasse 5)

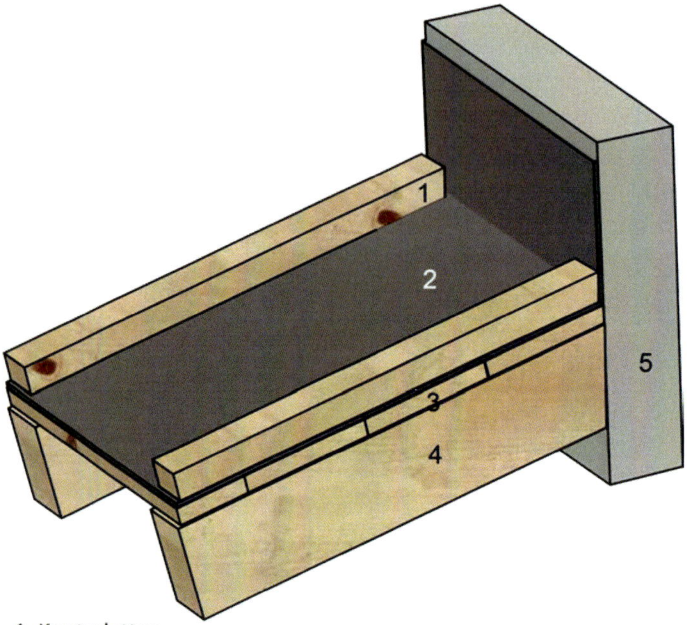

1: Konterlatten
2: Unterdeckbahn V13, Nähte überlappt
3: Schalung nach Tabelle 2 oder 3
4: Sparren
5: Mauer/Wand

Deutsches Dachdeckerhandwerk
– Regelwerk –

Merkblatt Äußerer Blitzschutz auf Dach und Wand

Aufgestellt und herausgegeben vom

Zentralverband des Deutschen Dachdeckerhandwerks – Fachverband Dach-, Wand- und Abdichtungstechnik – e.V.

in Zusammenarbeit mit dem

**VDE Verband der Elektrotechnik Elektronik Informationstechnik e.V.
Ausschuss für Blitzschutz und Blitzforschung (ABB)**

Ausgabe 01. Dezember 2018

RM Rudolf Müller

Vorgänger

Merkblatt „Blitzschutz auf und an Dächern“	Ausgabe September 1999
Merkblatt „Äußerer Blitzschutz auf Dach und Wand“	Ausgabe März 2003
Merkblatt „Äußerer Blitzschutz auf Dach und Wand“	Ausgabe November 2010

© Alle Rechte bei der D + W-Service GmbH für Management, PR und Messewesen, Köln 2018.
Nachdruck und Vervielfältigung, auch auszugsweise, nur mit Genehmigung der D + W-Service GmbH und des Verlages gestattet.

Inhaltsverzeichnis

1 Allgemeines

1.1 Geltungsbereich

Dieses Merkblatt gilt für die Planung und Montage des Äußeren Blitzschutzes an und auf Dächern und an Wänden. Es ist eine Ergänzung zu den grundsätzlichen Anforderungen an den Blitzschutz in Normen und VDE-Vorschriften (siehe Anhang III). Blitzschutzsysteme müssen durch eine Blitzschutz-Fachkraft errichtet werden.

1.1.1 Notwendigkeit

Die Notwendigkeit von Blitzschutzsystemen ergibt sich aus

- den gesetzlichen Auflagen und Verordnungen (z.B. Landesbauordnungen),
- der Risikoanalyse aus der DIN EN 62305-2 (VDE 0185-305-2),
- den Auflagen der Sachversicherer.

1.1.2 Blitzschutz-Fachkraft

Eine Blitzschutz-Fachkraft (z.B. „VDE-geprüfte Blitzschutzfachkraft") ist, wer aufgrund seiner fachlichen Ausbildung, Kenntnisse und Erfahrungen sowie Kenntnis der einschlägigen Normen Blitzschutzsysteme planen, errichten oder prüfen kann. Sie verfügt über mehrjährige Berufserfahrung und zeitnahe berufliche Tätigkeiten im Bereich des Blitzschutzes.

1.2 Begriffe

1.2.1 Blitzschutzsystem

Ein Blitzschutzsystem ist das gesamte System für den Schutz einer baulichen Anlage gegen Auswirkungen des Blitzes. Es besteht sowohl aus dem Äußeren als auch aus dem Inneren Blitzschutz.

1.2.2 Blitzschutzklassen/Gefährdungspegel

Blitzschutzklassen/Gefährdungspegel dienen zur Klassifizie ung von Blitzschutzsystemen entsprechend deren Wirksamkeit. Die Blitzschutzklasse/Gefährdungspegel drückt die Wahrscheinlichkeit aus, mit der ein Blitzschutzsystem eine bauliche Anlage gegen Blitzeinwirkungen schützt.

1.2.3 Äußerer Blitzschutz

Äußerer Blitzschutz besteht aus der Fangeinrichtung, der Ableitungseinrichtung und der Erdungsanlage.

1.2.4 Innerer Blitzschutz

Alle zusätzlichen Maßnahmen zu den in Abschnitt 1.2.3 aufgeführten notwendigen Maßnahmen einschließlich Schutzpotenzialausgleich, Einhaltung des Trennungsabstandes und der Verminderung der elektromagnetischen Auswirkungen des Blitzstroms innerhalb der zu schützenden baulichen Anlage.

1.2.4.1 Blitzschutzpotenzialausgleich

Der Blitzschutzpotenzialausgleich ist die Verbindung aller getrennten leitenden Anlagenteile direkt durch Leitungen oder Überspannungsschutzgeräte als Teil des Inneren Blitzschutzes, um die vom Blitzstrom hervorgehobenen Potenzialunterschiede zwischen diesen Teilen zu reduzieren.

1.2.4.2 Potenzialausgleichsschiene

Die Potenzialausgleichsschiene ist eine Sammelschiene, an der metallene Installationen wie z.B. metallene Rohrleitungen und metallene Lüftungskanäle, äußere leitende Teile und Leitungen der Energie- und Informationstechnik mit dem Blitzschutzsystem verbunden werden.

1.2.5 Fangeinrichtung

Die Fangeinrichtung ist der Teil des Äußeren Blitzschutzes, der zum Auffangen der Blitze bestimmt ist.

1.2.6 Schutzwinkel

Der Schutzwinkel (Schutzraum) beschreibt den Schutzbereich um Teile der Fangeinrichtung.

1.2.7 Trennungsabstand (Vermeidung einer Näherung)

Der Trennungsabstand ist der Mindestabstand zwischen 2 leitenden Teilen der zu schützenden baulichen Anlage, über den keine gefährliche Funkenbildung stattfindet

1.2.8 Ableitungseinrichtung

Die Ableitungseinrichtung ist der Teil des Äußeren Blitzschutzes, der dazu bestimmt ist, den Blitzstrom von der Fangeinrichtung zur Erdungsanlage abzuleiten.

1.2.9 Erdungsanlage

Die Erdungsanlage ist der Teil des Äußeren Blitzschutzes, der den Blitzstrom in die Erde leitet und verteilt.

1.2.10 Natürlicher Bestandteil

Ein „natürlicher Bestandteil" ist ein Bestandteil der baulichen Anlage, der eine Blitzschutzfunktion erfüllt, aber nicht speziell zu diesem Zwecke installiert wurde.

Beispiele für die Anwendung dieser Bezeichnung:

- „natürliche" Fangeinrichtung, z.B. Mauerabdeckung, Regenrinnen usw.
- „natürliche" Ableitungseinrichtung, z.B. durchgehende elektrisch leitfähige Fassadenteile
- „natürliche" Erdungsanlagenteile, z.B. Fundamentarmierungen

1.2.11 Verbindung

Verbindungen sind Klemmen oder Anschlussbauteile, die Leitungen untereinander oder mit anderen leitfähigen Bauteilen verbinden.

Verbindungen sind auf ein Minimum zu beschränken. Verbindungen sind durch Hartlöten, Schweißen, Klemmen, Quetschen, Falzen, Schrauben oder Nieten sicher auszuführen.

Anmerkung: Sie müssen nach DIN EN 62561-1 (VDE 0185-561-1):2017-12 geprüft sein.

1.2.12 Befestigung

Eine Befestigung ist ein Bauteil, das die Leitung in der vorgegebenen Lage fixie t.

1.2.13 Schutzlage

Eine Schutzlage schützt die vorhandene Dachabdichtung vor mechanischen und chemischen Einflüssen (z.B. Bautenschutzmatte).

1.2.14 Einrichtungen zum Befestigen von persönlicher Schutzausrüstung gegen Absturz (PSAgA)

Eine Einrichtung zum Befestigen von persönlicher Schutzausrüstung gegen Absturz (PSAgA) kann aus einzelnen Anschlagpunkten oder aus Seil- bzw. Schienensystemen bestehen.

1.2.15 Metallener Schornstein bzw. –einsatz

Bauteil, welches der Abführung von Rauch und/oder Abgasen dient.

1.2.16 Photovoltaik- und solarthermische Anlagen

Bauteile zur solaren Energiegewinnung.

2 Werkstoffe und Anforderungen

2.1 Werkstoffe

2.1.1 Verträglichkeit von Werkstoffen

Nur untereinander verträgliche Werkstoffe dürfen verwendet werden. Die am Bauwerk befindlichen Materialien sind hierbei zu berücksichtigen (siehe „Fachregel für Metallarbeiten im Dachdeckerhandwerk").

2.1.2 Abmessungen

Die erforderlichen Mindestmaße der Einbauteile sind in DIN EN 62305-3 (VDE 0185-305-3):2011-10, Tabelle 3, 6 und 7, Werkstoffe (Anhang I, Tabelle I.1 und Tabelle I.2) beschrieben.

2.1.3 Konstruktiver Korrosionsschutz

Das Blitzschutzsystem sollte aus korrosionsbeständigem Werkstoff wie Kupfer, Aluminium, rostfreiem und verz. Stahl ausgeführt werden.

Aluminiumleiter sollten nicht direkt an Gebäude mit kalkhaltiger Oberfläche wie Kalkstein oder Kalksteinputz oder in Beton und niemals im Erdboden verlegt werden.

Innerhalb und unmittelbar auf Mauerwerk oder Beton müssen Leitungen aus Aluminium mit einer Umhüllung gegen Korrosion geschützt werden.

Bei der Verbindung von verschiedenen Materialien sind spezielle Bauelemente zu verwenden, damit die Korrosion bei Feuchtigkeit unterbunden wird. Verbindungen mit Blei-Zwischenlagen sind nicht zulässig.

2.2 Anforderungen

2.2.1 Planung eines Blitzschutzsystems

(1) Ein technisch und wirtschaftlich optimierter Entwurf eines Blitzschutzsystems ist nur möglich, wenn die Schritte der Planung des Blitzschutzsystems und die der Planung und Errichtung der zu schützenden baulichen Anlage aufeinander abgestimmt sind. Die notwendige Planung erstreckt sich auf das gesamte Blitzschutzsystem unter Berücksichtigung der Nutzung der einzelnen Komponenten in Verbindung mit der notwendigen Abstimmung zur vorhandenen Dachdeckung, Dachabdichtung, Außenwand und der statischen Berechnung.

(2) Die temperaturbedingte Längenänderung sowie Schnee- und Windlast sind zu berücksichtigen.

3 Ausführung

3.1 Planungsvorgaben

(1) Bei der Planung sind die gewerküberschreitenden technischen Berührungspunkte zu berücksichtigen und abzustimmen.

(2) Die Ermittlung der Blitzschutzklasse erfolgt durch den Planer des Blitzschutzsystems. Abhängig von der Blitzschutzklasse ergeben sich die Anordnung der Fangeinrichtung und die Anzahl der Ableitungen.

3.2 Fangeinrichtung

(1) Die Abmessungen und Werkstoffe für Fangeinrichtungen müssen der Tabelle I.1 Anhang I entsprechen.

(2) Natürliche Bestandteile, wie Bekleidungen und Abdeckungen aus Metall an der zu schützenden baulichen Anlage, können als Fangeinrichtung verwendet werden. Voraussetzung ist die dauerhafte, blitzstromtragfähige Verbindung zwischen den verschiedenen Teilen.

(3) Bei Blitzeinschlag kann es am Einschlagpunkt zum Durchschmelzen oder zu unzulässiger Erhitzung kommen. Dies kann weitestgehend vermieden werden, wenn die Mindestdicken t aus der Tabelle I.2 Anhang I eingehalten werden.

(4) Soll dies aufgrund einer Vereinbarung mit dem Auftraggeber nicht ausgeschlossen werden, müssen die Mindestdicken t' aus der Tabelle I.2 Anhang I eingehalten werden. Die Regensicherheit der Dacheindeckung kann dann nach Blitzeinschlag nicht mehr gegeben sein.

(5) Eine Beschichtung mit Farbe, ≤ 1 mm Bitumen oder ≤ 0,5 mm PVC ist nicht als Isolierung zu betrachten.

(6) Leitfähige Dachaufbauten ohne leitende Verbindung in das Innere der baulichen Anlage müssen mit der Fangeinrichtung verbunden werden, wenn eine ihrer Abmessungen folgende Werte übersteigen:

- Höhe über das Dachniveau 0,3 m
- Gesamtfläche des Aufbaus 1,0 m^2
- Länge des Aufbaus 2,0 m

(7) Nicht leitende Dachaufbauten erfordern keinen zusätzlichen Schutz, wenn sie im Schutzbereich von Fangeinrichtungen liegen oder nicht mehr als 0,5 m über die Fangebene hinausragen.

3.3 Ableitungen

(1) Natürliche Bestandteile, wie Metallkonstruktionen, Bleche, metallene Unterkonstruktionen und Metallfassaden an der zu schützenden baulichen Anlage, können als Ableitung verwendet werden, wenn ihre Abmessungen den Anforderungen an Ableitungen entsprechen (siehe Anhang I), ihre Dicke ≥ 0,5 mm beträgt und eine elektrisch leitende, blitzstromtragfähige Verbindung gewährleistet ist. Überlappende Verbindungen gelten nicht als elektrisch leitende Verbindung.

(2) Enge Biegungen der Ableitung sind zu vermeiden.

(3) Erforderliche Isolierungen der Leitungen nach Abschnitt 3.6 (2) sind zu beachten.

(4) Sofern erforderlich, sind Wasserabweiser einzubauen.

3.4 Befestigungen

(1) Die Bauteile müssen so befestigt werden, dass elektrodynamische oder andere mechanische Kräfte (z.B. Schwingungen, Ausdehnungen), Schneeabrutschungen usw. nicht zu Unterbrechungen der Leitungen führen.

(2) Auf Dachabdichtungen, z.B. mit Bitumen- oder Kunststoffdachdichtungsbahnen, dürfen keine starren Verbindungen der Leitungshalter angebracht werden. Die Einbauanweisungen der Hersteller müssen eingehalten werden.

(3) Damit Dachleitungshalter auf der ungeschützten Oberfläche von Dachabdichtungen mit Kunststoffbahnen durch Wind und Wasser nicht verschoben werden, ist eine Lagesicherung der Dachleitungshalter zu empfehlen. Für diese Anwendungsfälle eignen sich z.B. Dachleitungshalter mit Schnapptechnik. Hierzu wird ein Streifen der Kunststoffdachbahn in üblicher Fügetechnik mit einer Länge von ca. 200 mm und einer Breite von ca. 100 mm zwischen dem Dachleitungshalter und der darauf aufzuschnappenden Grundplatte rechtwinklig zur Fangleitung befestigt. Dadurch wird ein Verschieben der Fangleitungen auf den Kunststoffbahnen verhindert. Bei einer Dachneigung von > 5° ist jeder Dachleitungshalter und bei einer Dachneigung von ≤ 5° jeder zweite Dachleitungshalter mit einem Streifen der Kunststoffdachbahn zu versehen. Die Anordnung der Dachleitungshalter sollte bei mechanisch befestigten Kunststoffbahnen im unmittelbaren Bereich der mechanischen Befestigung erfolgen (siehe Anhang II Abb. II.10). Diese Arbeiten müssen von einem Dachdeckerfachbetrieb ausgeführt werden.

(4) Leitungshalter müssen nach den jeweiligen Herstellerangaben befestigt werden.

3.5 Erdung

(1) Die Erdungsanlage hat die Aufgabe, einen gut leitenden Kontakt mit dem Erdreich herzustellen. Hierdurch soll ein Einleiten des Blitzstroms in die Erde ungehindert stattfinden

(2) Form und Abmessung der Erdungsanlage sind wichtiger als ein bestimmter Erdungswiderstand. Empfohlen wird jedoch ein niedriger Wert. Eine Erdungsanlage als geschlossener Ring um das zu schützende Gebäude ist einem Erdungssystem aus Einzelerdern immer vorzuziehen. Sind Einzelerder nicht zu vermeiden, dann muss pro erforderliche Ableitung eine Mindestlänge von 5 m für Horizontalerder und 2,5 m für Vertikalerder bei Blitzschutzklasse III und IV verlegt werden. Bei Blitzschutzklasse I und II bestimmt die Leitfähigkeit des Erdreichs die Erderlänge. Die Einzelerder müssen auf Höhe des Erdniveaus alle miteinander verbunden werden. Diese Verbindung kann auch durch Leitungen oder Rohrleitungen, die durch das Gebäude geführt sind, hergestellt werden. Vertikalerder mit einer Länge von 9 m Länge haben sich bewährt. Es wird empfohlen, den ersten Meter eines Vertikalerders unter Frostbedingungen als unwirksam zu betrachten. Die Verlegetiefe von Horizontalerdern ist größer 0,5 m und der Abstand zum Gebäude etwa 1 m.

(3) Die Erdungsanlage soll für alle Zwecke der baulichen Anlage geeignet sein (Blitzschutz, Niederspannungsanlage u.a.).

(4) Man unterscheidet grundsätzlich zwischen 2 Arten der Erderanordnung: Erder Typ A (Einzelerder) und Erder Typ B (Fundament- oder Ringerder).

(5) Nach den anerkannten technischen Richtlinien müssen Erdungsanlagen ohne Verwendung von vorhandenen metallenen Wasserleitungen für sich alleine funktionsfähig sein. Diese Forderung stützt sich auf die zunehmende Verwendung von Kunststoffrohren für Wasserleitungen.

(6) Die Erdungsanlage muss mit der Potenzialausgleichsschiene verbunden werden.

(7) Bei der Errichtung eines Fudamenterders ist DIN 18014:2014-03 zu beachten.

3.6 Messstellen

(1) Die Messstellen sollen an jedem Anschluss zur Erdungsanlage angebracht sein. Bei der Verwendung von natürlichen Ableitungen kann diese auch auf dem Dach angeordnet werden.

(2) Um eine Messung des Äußeren Blitzschutzes durchführen zu können, ist, falls notwendig, die Ableitung bzw. die Verbindungsleitung isoliert auszuführen (siehe Abb. II.2 und Abb. II.3).

(3) Messstellen müssen jederzeit zugänglich und sollen witterungsbeständig fortlaufend nummeriert sein.

3.7 Dachdurchführungen bei Dächern mit Abdichtungen

(1) Dachdurchführungen sollen möglichst vermieden werden. Falls sie erforderlich sind, muss zum Randbereich ein Abstand von ≥ 1 m (Rohbaumaß) und zu allen anderen Anschlüssen ein Abstand von ≥ 0,5 m eingehalten werden.

(2) Nach oben muss sie von Oberkante Belag eine Höhe von ≥ 150 mm haben. Der verbleibende Hohlraum muss ausgeschäumt werden.

(3) Enge Biegungen müssen vermieden werden. Der Anschluss der Fangeinrichtung muss so erfolgen, dass keine Kräfte auf die Durchführung wirken (siehe Abb. II.4).

(4) Die Abdichtungsarbeiten müssen von einem Dachdeckerfachbetrieb ausgeführt werden.

3.8 Dachaufbauten mit leitfähigen Verbindungen

(1) Dachaufbauten mit leitfähigen Verbindungen ins Gebäudeinnere müssen in das Blitzschutzsystem integriert werden. Um ein Verschleppen von Blitzteilströmen in das Innere des Objektes zu verhindern, ist der Schutz dieser Einrichtungen durch Fangstangen oder durch getrennte Fangeinrichtungen zu realisieren. Die zu schützende Einrichtung darf nicht mit der Fangeinrichtung verbunden werden. Der Trennungsabstand muss beachtet werden (siehe Abb. II.6, 7 und 8).

(2) Die Höhe der Fangstange ist entsprechend der Blitzschutzklasse zu bemessen (siehe Abb. II.6, 7 und 8 und Anhang I, Tabelle I.3).

(3) Bei Dächern mit Abdichtungen ist als mechanischer Schutz der Dachbahn unterhalb des Betonsockels der Fangstange eine Schutzlage aus einem geeigneten Werkstoff zu legen. Die Werkstoffverträglichkeit der Schutzlage mit der Dachbahn muss gegeben sein (siehe Abb. II.6, 7 und 8).

3.9 Außenwandbekleidung

3.9.1 Metallene Unterkonstruktionen

(1) Die Mindestanzahl von Ableitungen, die für das Gebäude erforderlich ist, kann durch eine entsprechende Anzahl elektrisch leitend verbundener senkrechter Teile der Unterkonstruktion erreicht werden. Die notwendigen Verbindungen zur Fangeinrichtung und zur Erdungsanlage müssen hergestellt werden.

(2) Der erforderliche Trennungsabstand der Unterkonstruktion zu anderen leitfähigen Teilen kann verringert werden, wenn die Unterkonstruktion horizontal verbunden wird. Eine wesentliche Verbesserung ergibt sich bei engmaschigerer Verbindung der Unterkonstruktionen (waagerecht und senkrecht).

3.9.2 Metallene Außenwandbekleidungen

(1) Metallene Außenwandbekleidungen können als Ableitung verwendet werden, wenn ihre Abmessungen den Anforderungen an Ableitungen entsprechen (siehe Anhang I), ihre Dicke ≥ 0,5 mm beträgt und eine elektrisch leitende Verbindung gewährleistet ist. Die notwendigen Verbindungen zur Fangeinrichtung und zur Erdungsanlage müssen hergestellt werden. Überlappende Verbindungen gelten nicht als elektrisch leitende Verbindung.

(2) Eine Gebäudeschirmung ergibt sich bei einer engmaschigen und großflächigen elektrisch leitenden Verbindung. Die Verbindung der großflächigen Elemente kann auch über die Unterkonstruktion erfolgen.

3.10 Einrichtungen zum Befestigen von persönlicher Schutzausrüstung gegen Absturz (PSAgA)

(1) Eine Einrichtung zum Befestigen von persönlicher Schutzausrüstung gegen Absturz (PSAgA) kann aus einzelnen Anschlagpunkten oder aus Seil- bzw. Schienensystemen bestehen.

(2) Einrichtungen zum Befestigen von persönlicher Schutzausrüstung gegen Absturz (PSgA) dürfen nicht als natürliche Fangeinrichtung verwendet werden, weil sie eine Personenschutzeinrichtung ist. Sie sind durch eine Fangeinrichtung vor direktem Blitzschlag zu schützen und müssen, wenn ihre Abmessung einen der Werte von Abschnitt 3.2 (6) übersteigt, mit der Fangeinrichtung verbunden werden. Eine Seil- bzw. Schienenanlage ist an allen Kreuzungspunkten zum Zwecke des Potenzialausgleiches elektrisch sicher zu verbinden. Diese flexiblen Verbindungen zur Seil- bzw. Schienenanlage müssen für den Mitläufer/Seilgleiter überfahrbar und nach DIN EN 62561-1 (VDE 0185-561-1):2017-02 geprüft sein.

(3) Der Trennungsabstand zu metallenen und elektrischen Einrichtungen ist zu beachten.

(4) Bei Dächern mit metallener Eindeckung ist die Seilanlage mindestens am Anfang und am Ende mit dem Metalldach zu verbinden.

(5) Die Fangeinrichtung für die Seilanlage ist mindestens nach Blitzschutzklasse III nach DIN EN 62305-3 (VDE 0185-305-3):2011-10 zu dimensionieren.

3.11 Metallene Schornsteine bzw. –einsätze

(1) Metallene Schornsteine bzw. –einsätze sind durch eine getrennte Fangeinrichtung vor direktem Blitzschlag zu schützen.

(2) Sie müssen am Fußpunkt in den Schutzpotenzialausgleich einbezogen werden.

(3) Siehe auch Merkblatt - Blitzschutz an Abgasanlagen - des Bundesindustrieverband Deutschland Haus-, Energie- und Umwelttechnik e.V. und des ABB.

3.12 Photovoltaik- und solarthermische Anlagen

(1) Photovoltaik- und solarthermische Anlagen werden durch getrennte Fangeinrichtungen vor direkten Blitzeinschlägen geschützt.

(2) Ist der Trennungsabstand mit konventionellen Bauteilen nicht einzuhalten, kann eine hochspannungsisolierte Ableitung verwendet werden.

(3) Ein direkter Anschluss muss vermieden werden. Die Trennungsabstände sind einzuhalten. Bei nicht zu vermeidenden Näherungen aufgrund metallener Konstruktionen ist die Auswirkung des in das Innere der baulichen Anlage eingekoppelten Blitzteilstroms zu beachten. Ein Anschluss an den Potenzialausgleich ist vorzunehmen.

(4) Erforderliche Maßnahmen des inneren Blitzschutzes müssen beachtet werden.

(5) Siehe auch VDE 0185-305-3, Beiblatt 5:2014-02, Blitz- und Überspannungsschutz für PV-Stromversorgungssysteme.

4 Prüfung und Wartung

(1) Prüfungen sind eine der Grundbedingungen für die bestimmungsgemäße Wirksamkeit und die zuverlässige Instandhaltung eines Blitzschutzsystems.

(2) Grundlage der Prüfung sind die jeweils zum Errichtungszeitpunkt des Blitzschutzsystems geltenden Normen sowie die Maßgaben sonstiger zutreffender Vorschriften, Bauverordnungen und dergleichen. Werden bei Überprüfungen Abweichungen von den Anforderungen der aktuellen Normen festgestellt, muss der Bauherr darauf hingewiesen werden.

(3) Bestehen keine behördlichen Auflagen oder Verordnungen mit Prüffristen, so werden die Zeitabstände zwischen den Prüfungen des Blitzschutzsystems der Blitzschutzklasse III und IV empfohlen. Darüber hinaus wird empfohlen, zur Funktionserhaltung der Blitzschutzsystems, eine regelmäßige Wartung durchführen zu lassen.

(4) Prüffristen sind in den Verordnungen über bautechnische Prüfungen (BauPrüfVO) der Länder und in der DIN EN 62305-3 (VDE 0185-305-3):2011-10, Tabelle E.2, festgelegt.

Anhang I: Tabellen

Tabelle I.1: Werkstoff, Form und Mindestquerschnitt von Fangleitungen, Fangstangen und Ableitungen (nach DIN EN 62305-3 (VDE 0185-305-3):2011-10, Tabelle 6)

Werkstoff	Form	Mindestquerschnitt mm²
Kupfer, verzinntes Kupfer	massives Flachmaterial	50
	massives Rundmaterial[1)]	50
	Seil[2)]	50
	massives Rundmaterial[3)]	176
Aluminium	massives Flachmaterial	70
	massives Rundmaterial	50
	Seil	50
Aluminiumlegierung	massives Flachmaterial	50
	massives Rundmaterial	50
	Seil	50
	massives Rundmaterial[3)]	176
kupferüberzogene Aluminiumlegierung	massives Rundmaterial	50
feuerverzinkter Stahl	massives Flachmaterial	50
	massives Rundmaterial	50
	Seil	50
	massives Rundmaterial[3)]	176
kupferüberzogener Stahl	massives Rundmaterial	50
	massives Flachmaterial	50
rostfreier Stahl	massives Flachmaterial[4)]	50
	massives Rundmaterial[4)]	50
	Seil	50
	massives Rundmaterial[3)]	176

1) Mechanische und elektrische Eigenschaften sowie das Verhalten des Korrosionswiderstands müssen den Anforderungen der Reihe DIN EN 50164 entsprechen.
2) In bestimmten Anwendungen, bei denen mechanische Festigkeit nicht von Bedeutung ist, darf 50 mm² (8 mm Durchmesser) auf 25 mm² verringert werden. Dabei sollte die Verringerung des Abstandes der Befestigungselemente beachtet werden.
3) Anwendbar für Fangstangen und Erdeinführungsstangen. Für Anwendungen, wo mechanische Beanspruchungen wie Windlast nicht kritisch sind, kann eine höchstens 1 m lange Fangstange mit einem Durchmesser von 9,5 mm verwendet werden.
4) Wenn thermische und mechanische Anforderungen von Bedeutung sind, können diese Maße auf 75 mm² erhöht werden.

Tabelle I.2: Mindestdicke von Metallblechen oder Metallrohren in Fangeinrichtungen (nach DIN EN 62305-3 (VDE 0185-305-3):2011-10, Tabelle 3)

LPS-Schutzklasse	Werkstoff	Dicke[1)] t (mm)	Dicke[2)] t' (mm)
I bis IV	Blei	-	2,0
	Stahl (rostfrei, verzinkt)	4	0,5
	Titan	4	0,5
	Kupfer	5	0,5
	Aluminium	7	0,65
	Zink	-	0,7

1) t verhindert Durchlöchern
2) t' nur für Metallbleche, wenn die Verhinderung von Durchlöchern, Überhitzung und Entzündung nicht wichtig ist.

Die folgenden Teile einer baulichen Anlage können als natürliche Fangeinrichtung und Teil eines Blitzschutzsystems betrachtet werden:

- Metallene Bestandteile der Dachkonstruktion (Träger, durchverbundene Bewehrung usw.) unter einer nicht metallenen Dachdeckung, vorausgesetzt, dass Beschädigungen dieser nicht metallenen Dacheindeckung akzeptabel sind.
- Metallteile wie Verzierungen, Geländer, Regenrinnen, Abdeckungen von Brüstungen usw., deren Querschnitt nicht geringer als der für Normbauteile der Fangeinrichtung festgelegte Querschnitt ist.
- Metallrohre und -behälter auf dem Dach, sofern sie aus Werkstoff hergestellt sind, dessen Dicke und Querschnitt Tabelle 6 entsprechen.
- Metallrohre und -behälter, die leicht ent°ammbare oder explosive Stoffe enthalten, sofern sie aus Werkstoff hergestellt sind, dessen Dicke nicht kleiner als der Wert t in Tabelle 3 ist und sofern die Temperaturerhöhung an der inneren Wand°äche am Einschlagpunkt keine Gefahr darstellt (genaue Informationen siehe DIN EN 62305-3 (VDE 0185-305-3):2011-10 Anhang D).

Wird die Bedingung für die Dicke nicht erfüllt, müssen die Rohre und Behälter in die zu schützenden bauliche Anlage einbezogen werden.

Tabelle I.3: Berechnung der Eindringtiefe zur Anordnung von 2 Fangstangen auf der Basis des Blitzkugelverfahrens (nach DIN EN 62305-3 (VDE 0185-305-3):2011-10, Abschnitt E.5.2.2.2)

Schutzklasse	**I**	**II**	**III**	**IV**
Radius der Blitzkugel r(m) in Abhängigkeit von der Schutzklasse	20	30	45	60
Abstand zwischen den Fangstangen d (m)	Eindringtiefe p (m)	Eindringtiefe p (m)	Eindringtiefe p (m)	Eindringtiefe p (m)
2,00	0,03	0,02	0,01	0,01
3,00	0,06	0,04	0,03	0,02
4,00	0,10	0,07	0,04	0,03
5,00	0,16	0,10	0,07	0,05
6,00	0,23	0,15	0,10	0,08
7,00	0,31	0,20	0,14	0,10
8,00	0,40	0,27	0,18	0,13
9,00	0,51	0,34	0,23	0,17
10,00	0,64	0,42	0,28	0,21
15,00	1,46	0,95	0,63	0,47
20,00	2,68	1,72	1,13	0,84

Berechnungsformel:

$$p = r - \sqrt{r^2 - \frac{d^2}{4}}\,[m]$$

Hinweis: Bei mehreren Fangstangen muss immer die größte Entfernung zwischen den Fangstangen beachtet werden. Der Umfang der Blitzkugel muss einen Abstand von ‸ 0,1 m von dem zu schützenden Objekt einhalten.

Anhang II: Detailskizzen

Verzeichnis der Abbildungen

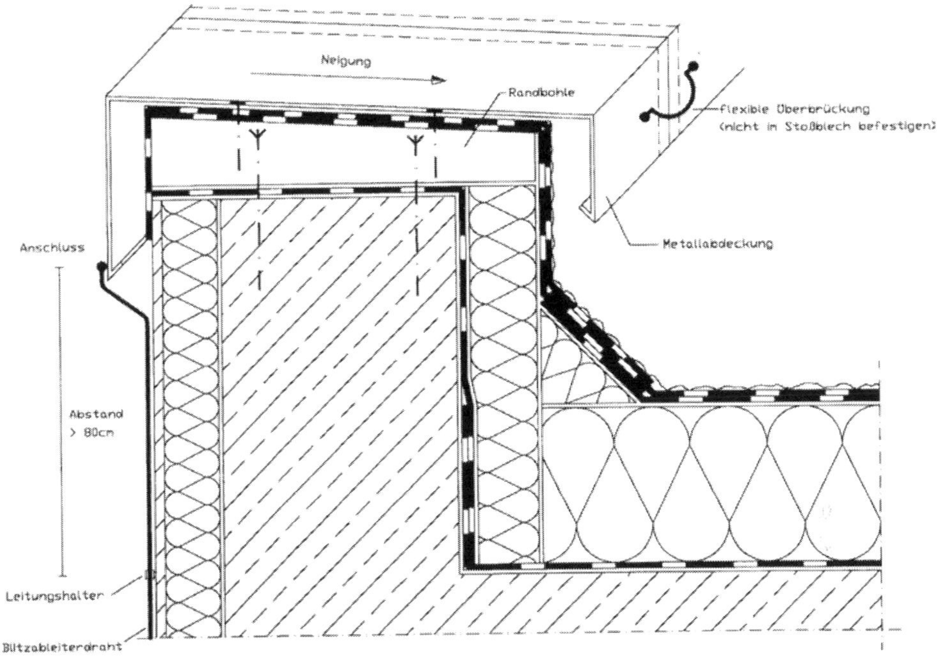

Abb. II.1: Ableitung auf der Wand mit Attika als Fangeinrichtung

Bei der Installation der flexiblen Überbrückung ist darauf zu achten, dass das Stoßblech nicht befestigt wird, um Längenausdehnungen zu gewährleisten.

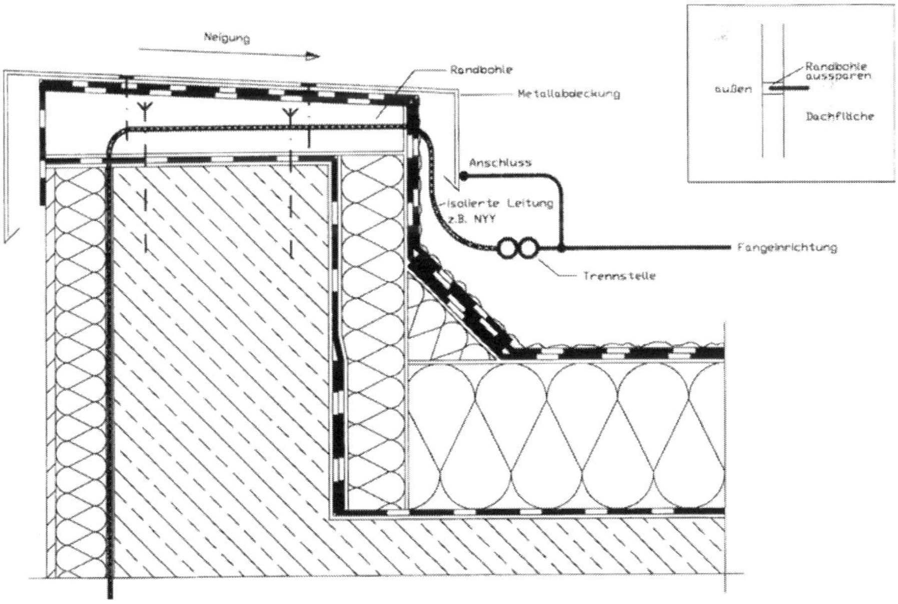

Abb. II.2: Ableitung unter der Wärmedämmung mit Attika als Fangeinrichtung und Trennstelle

Bei dieser Ausführungsform ist die Ableitung zwischen Gebäudewand und Wärmedämmung verlegt. Um eine Messung des Äußeren Blitzschutzes durchführen zu können, ist die Ableitung als isolierte Leitung auszuführen. Die Randbohle muss für die Durchführung der Leitung ausgespart werden. Enge Biegungen sind zu vermeiden.

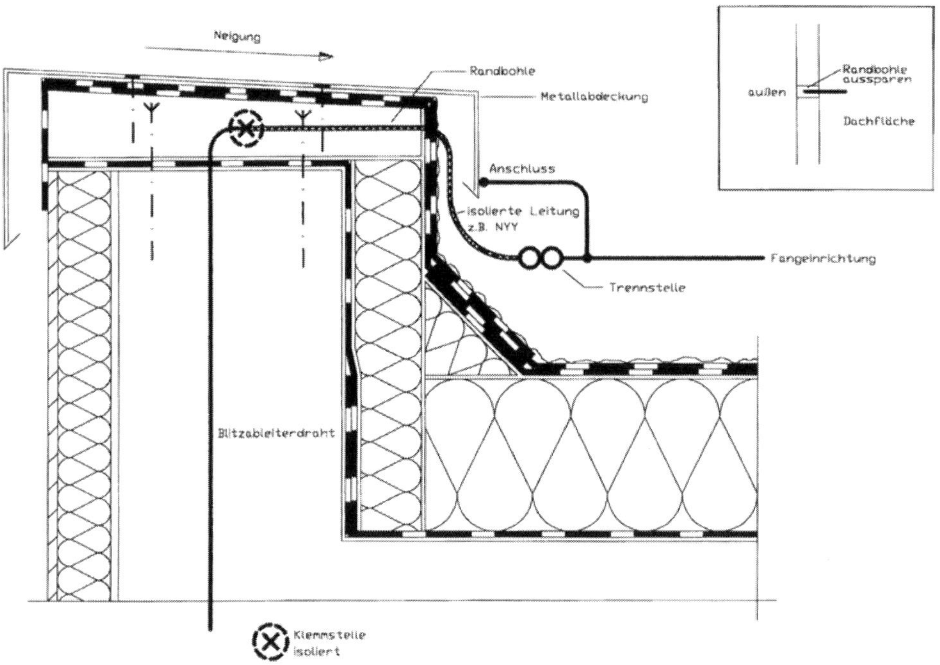

Abb. II.3: Ableitung im Beton/Mauerwerk mit Attika als Fangeinrichtung und Trennstelle

Bei dieser Ausführungsform ist die Ableitung im Beton/Mauerwerk hochgeführt. Um eine Messung des Äußeren Blitzschutzes durchführen zu können, ist die Verbindungsleitung zur Messstelle isoliert auszuführen.

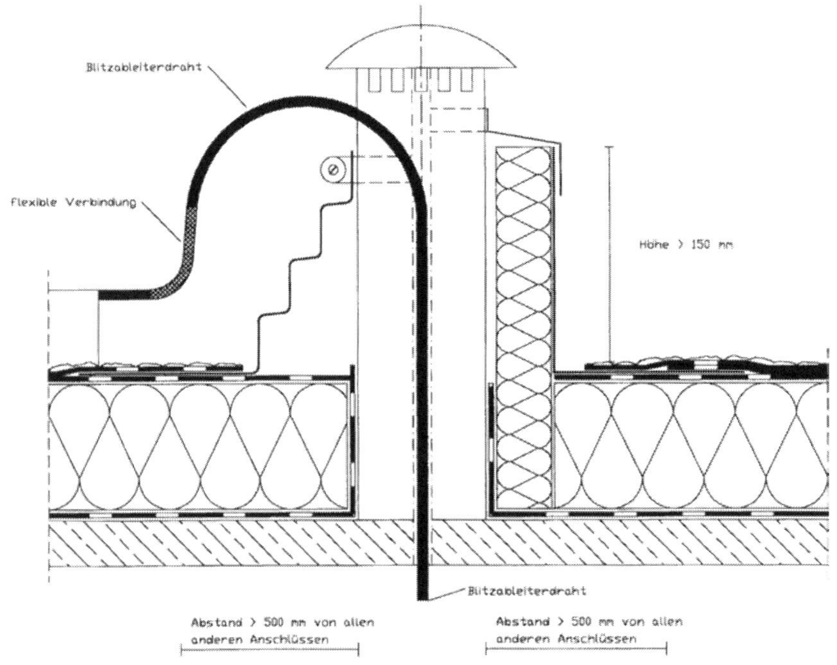

Abb. II. 4: Dachdurchführung

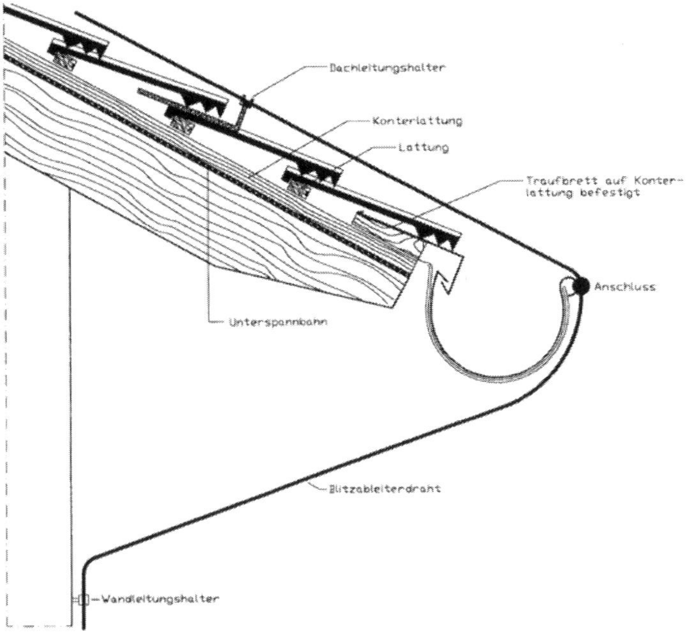

Abb. II.5: Fangleitung auf Dachziegeln/-steinen

Aufgrund der verschiedenartigsten Dacheindeckungen wird in diesem Bild exemplarisch eine Installationsvariante dargestellt. Der Dachleitungshalter wird entsprechend seiner Konstruktion eingebaut.

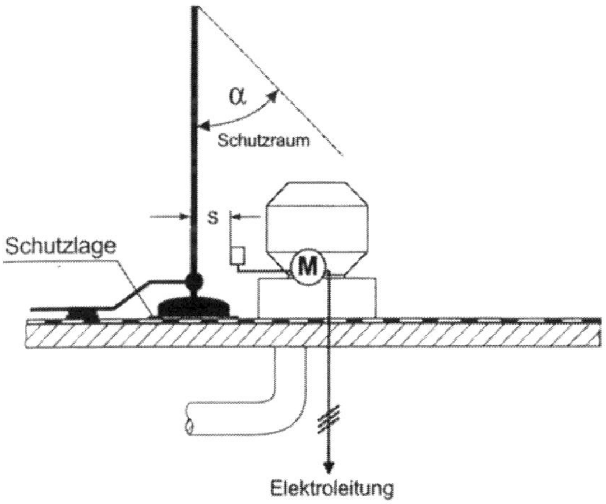

- isolierte Fangeinrichtung: z.B. Fangstange
- kein direkter Anschluss der Fangeinrichtung an Lüftergehäuse
- Leitungsführung mit Abstand

- s Sicherheitsabstand nach Berechnung
- α Schutzwinkel nach Blitz-Schutzklasse

Abb. II.6: Fangeinrichtung für einen Motorlüfter

Bei dieser Ausführungsform ist zu beachten, dass auch bei seitlich angeordneten Steuerungselementen der notwendige Sicherheitsabstand eingehalten wird.

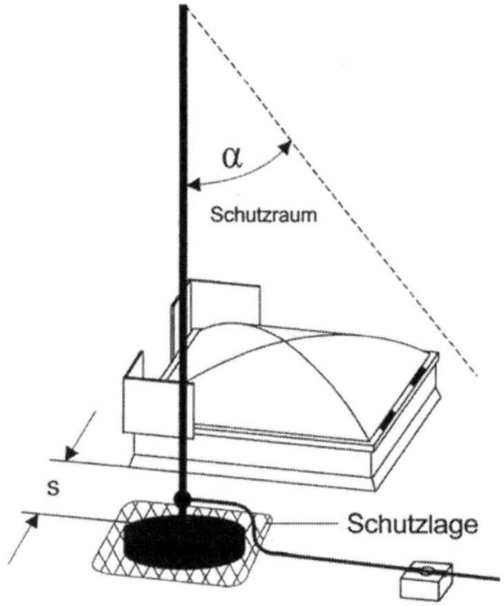

- s Sicherheitsabstand nach Berechnung
- α Schutzwinkel nach Blitz-Schutzklasse

Abb. II.7: Fangeinrichtung für eine Lichtkuppel/RWA

Die Fangstangen sind seitlich so anzuordnen, dass durch das Öffnen einer Lichtkuppel oder einer Rauch-Wärme-Abzugsklappe die Fangstangen nicht berührt werden. Die Höhe der Fangstangen ergibt sich aus der Blitzschutzklasse; sie wird ermittelt bei geschlossener Anlage.

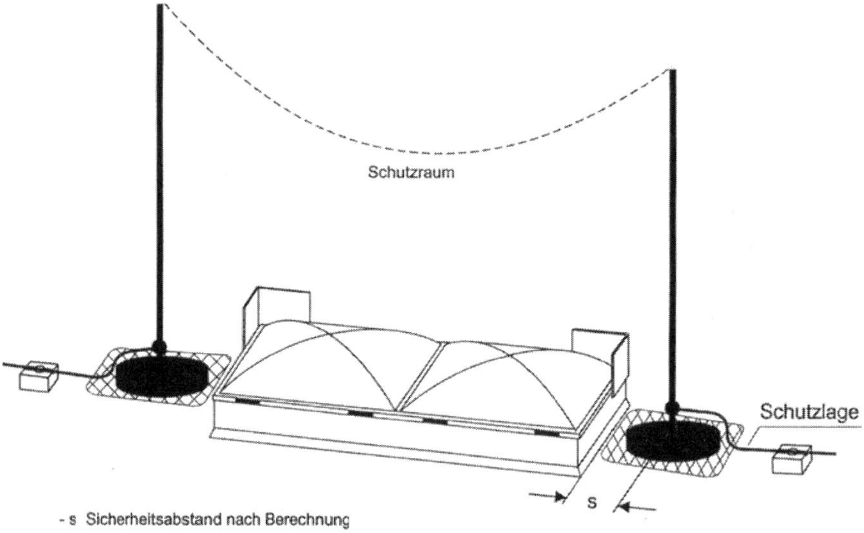

- s Sicherheitsabstand nach Berechnung

Abb. II.8: Fangeinrichtung für eine Lichtkuppel/RWA mit 2 Fangstangen

Die Fangstangen sind seitlich so anzuordnen, dass durch das Öffnen einer Lichtkuppel oder einer Rauch-Wärme-Abzugsklappe die Fangstangen nicht berührt werden. Die Höhe der Fangstangen ergibt sich aus der Blitzschutzklasse; sie wird ermittelt bei geschlossener Anlage.

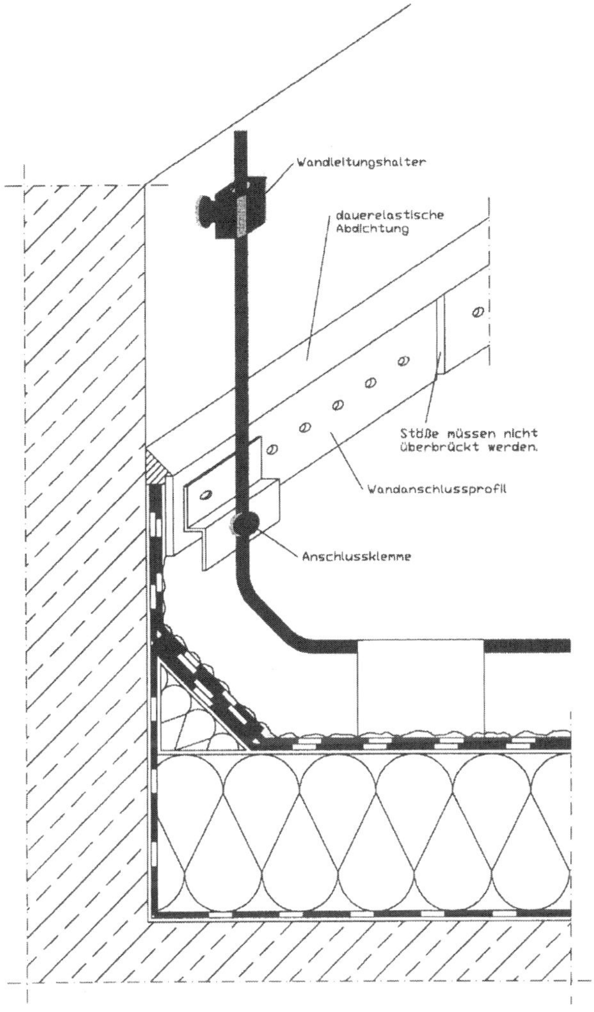

Abb. II.9: Verbindung zwischen Wandanschlussprofil und einer Blitzschutzleitung

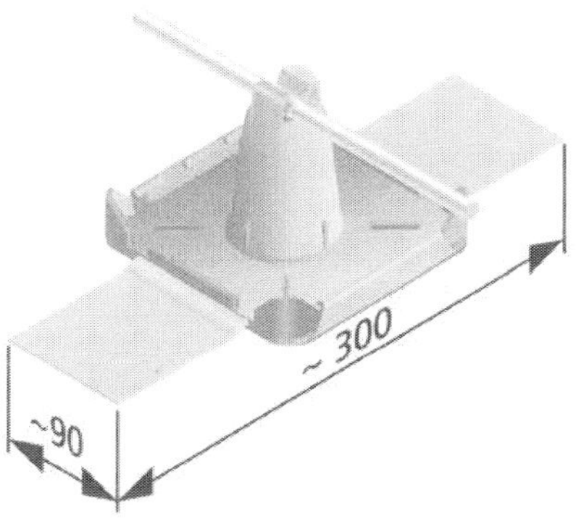

Abb. II.10: Dachleitungshalter auf Dächern mit Kunststoffbahnen

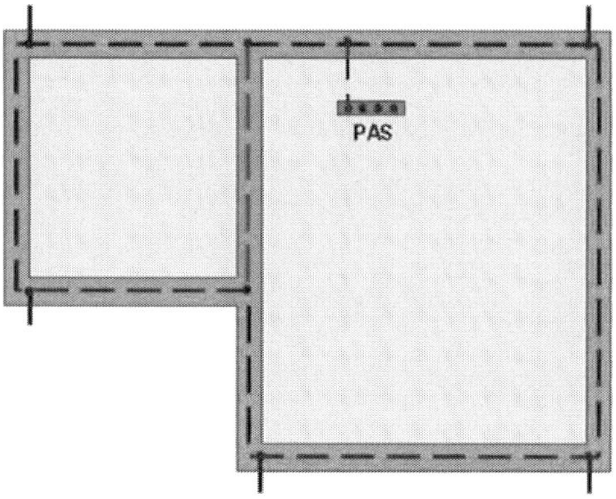

Abb. II.11: Erder Typ B, Fundamenterder

Werkstoff Erder im Beton, z.B. verzinkter Stahl

Werkstoff Anschlussfahnen, z.B. hochlegierter Edelstahl, Werkstoff Nr. 1.4571

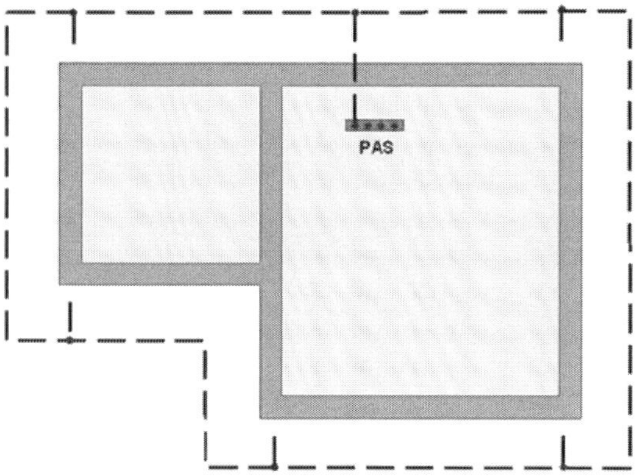

Abb. II.12: Erder Typ B, Ringerder

Werkstoff Erder im Erdreich, z.B. hochlegierter Edelstahl, Werkstoff Nr. 1.4571

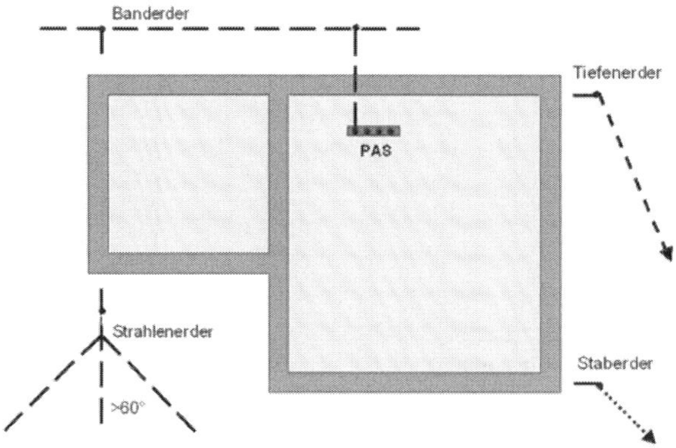

Abb. II.13: Erder Typ A, Einzelerder

Werkstoff Erder im Erdreich, z.B. hochlegierter Edelstahl, Werkstoff Nr. 1.4571

1 Metallabdeckung der Attika
2 Verbindung zwischen Außenwandbekleidung und Fangeinrichtung
3 Horizontale Fangeinrichtung
4 Metallene Außenwandbekleidung
5 Potenzialausgleichsschiene
6 Verbindung zwischen den Platten der Außenwandbekleidung
7 Prüfklemme
8 Erder im Beton

typische Maße:
a = 5 m, *b* = 3 m, *c* = 1 m

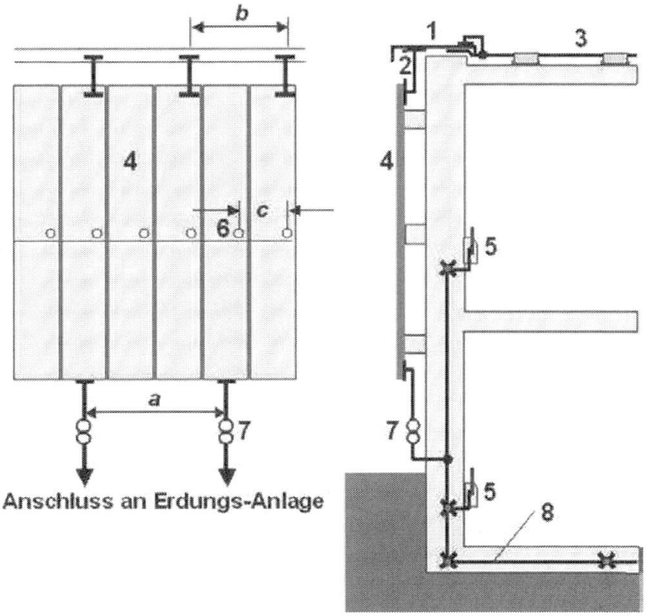

Abb. II.14: Nutzung der leitenden Außenwandbekleidung als natürliche Ableitung

1 Metallabdeckung der Attika
2 Verbindung zwischen Unterkonstruktion und Fangeinrichtung
3 Horizontale Fangeinrichtung
4 Potenzialausgleichsschiene
5 Erder im Beton
6 leitfähige Unterkonstruktion

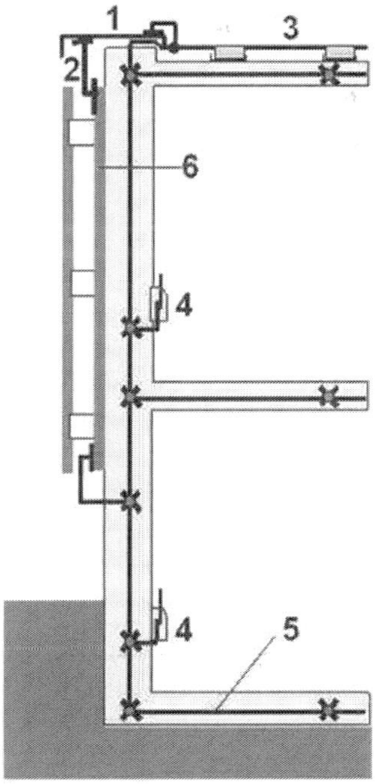

Abb. II.15: Nutzung der leitenden Unterkonstruktion als natürliche Ableitung

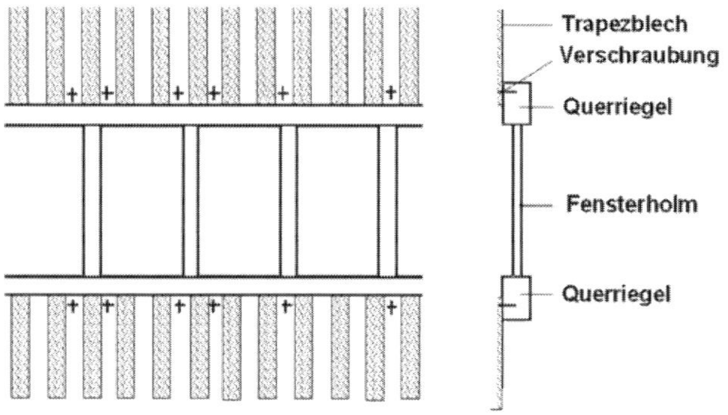

Abb. II.16: Verbindung metallener Fenster mit der metallenen Außenwandbekleidung

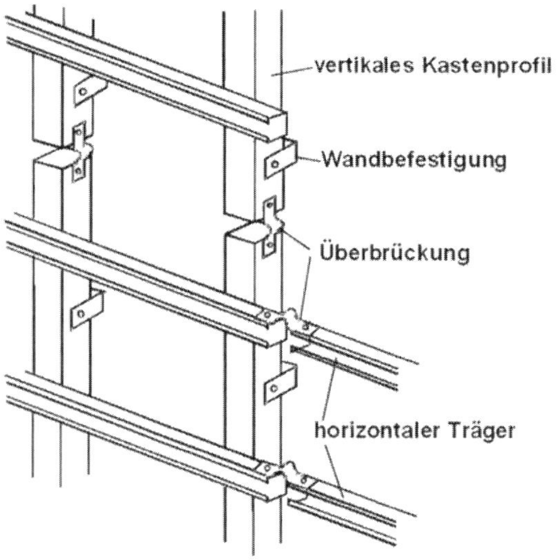

Abb. II. 17: Typische Unterkonstruktion für eine Außenwandbekleidung

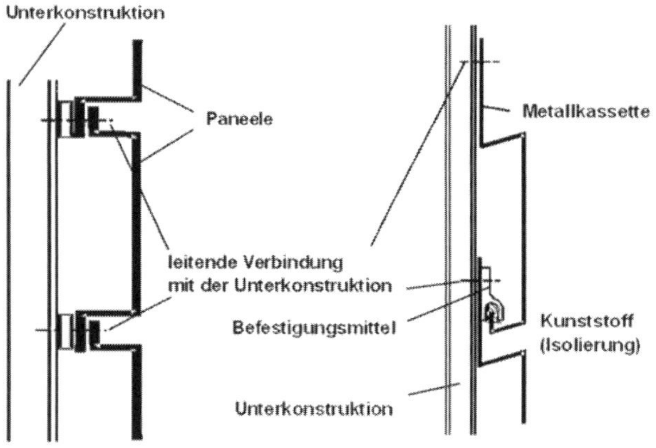

Abb. II. 18: Typische Befestigung von Metallkassetten und Paneelen auf leitender Unterkonstruktion

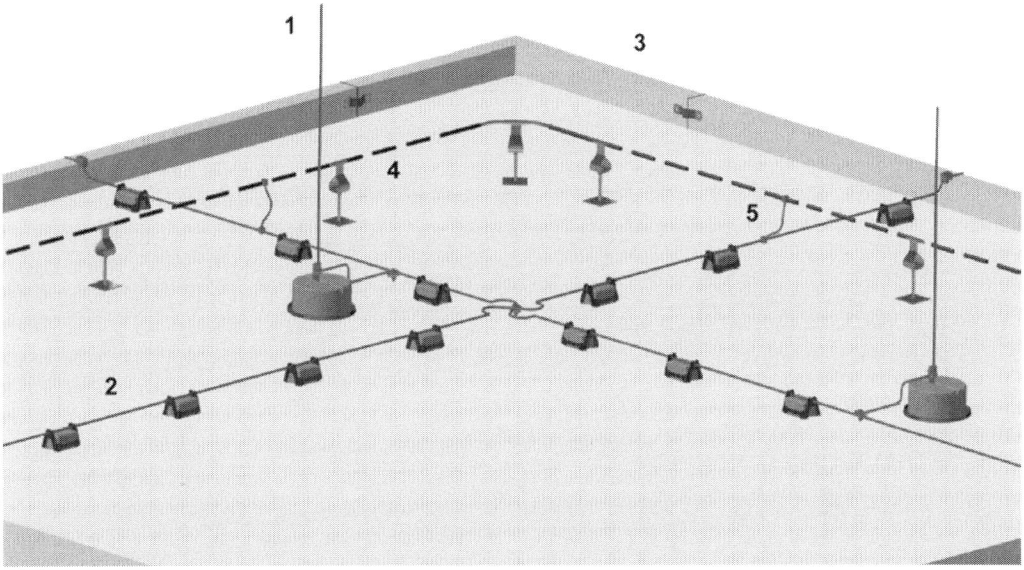

Abb. II.19: Einbindung einer Einrichtung zum Befestigen von persönlicher Schutzausrüstung gegen Absturz in das Blitzschutzsystem

Die Attika (3) stellt eine natürliche Fangeinrichtung dar und bildet mit den Fangleitungen (2) das Fangmaschennetz. Die Seilanlage (4) der Einrichtung zum Befestigen von persönlicher Schutzausrüstung wird durch Fangstangen (1) vor direktem Blitzschlag geschützt und mit den Fangleitungen an allen Kreuzungspunkten (5) flexibel verbunden (Überrollbarkeit gewährleisten!).

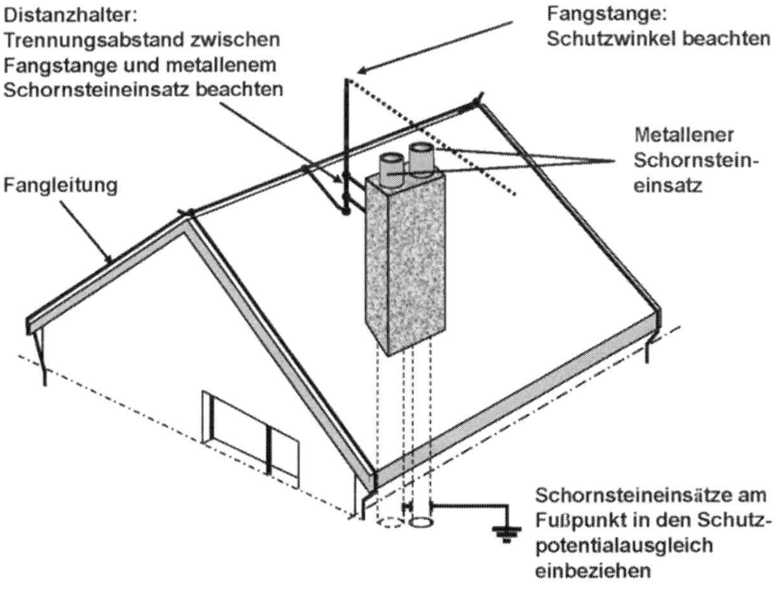

Abb. II.20: Wohnhaus, Schornstein mit Metallinnenrohr

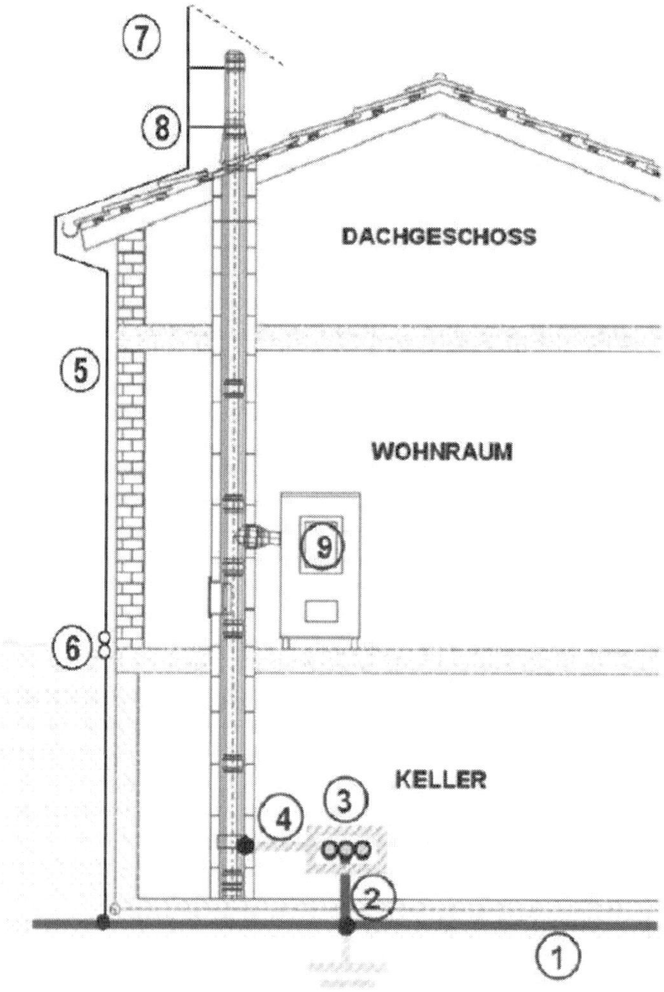

Abb. II.21: Wohnhaus mit Metallschornstein

Legende:
1 Erdungsanlage
2 Erdungsleiter
3 Potenzialausgleichsschiene
4 Potenzialausgleichsleiter
5 Fangleitung
6 Trennstelle
7 Fangstange mit Schutzwinkel
8 Distanzhalter, Trennungsabstand beachten
9 Feuerstätte
Gilt auch bei gemauertem Schornstein und Metallinnenrohr

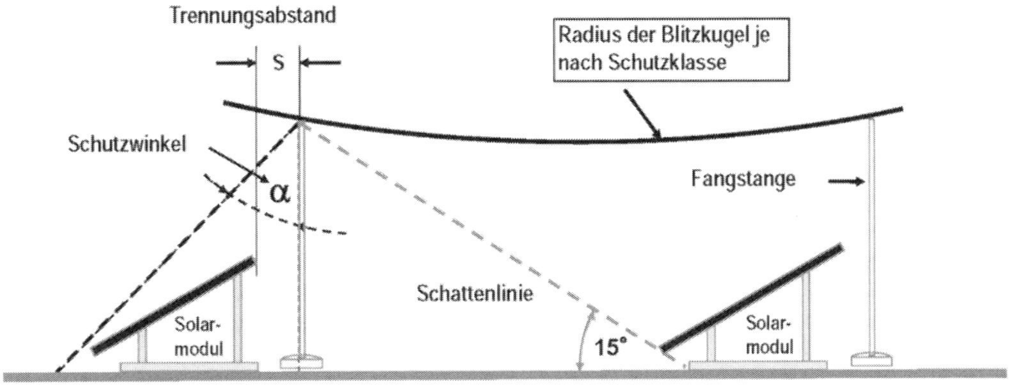

Abb. II.22: Blitzschutz Solaranlage

Solaranlage in den Schutzbereich der Blitzschutzanlage einbeziehen durch Einsatz von Fangstangen gemäß Schutzwinkelverfahren und/oder Maschenverfahren. Trennungsabstand „s“ beachten.

Auf Schattenbildung achten (Schattenwinkel: z.B. 15°)!

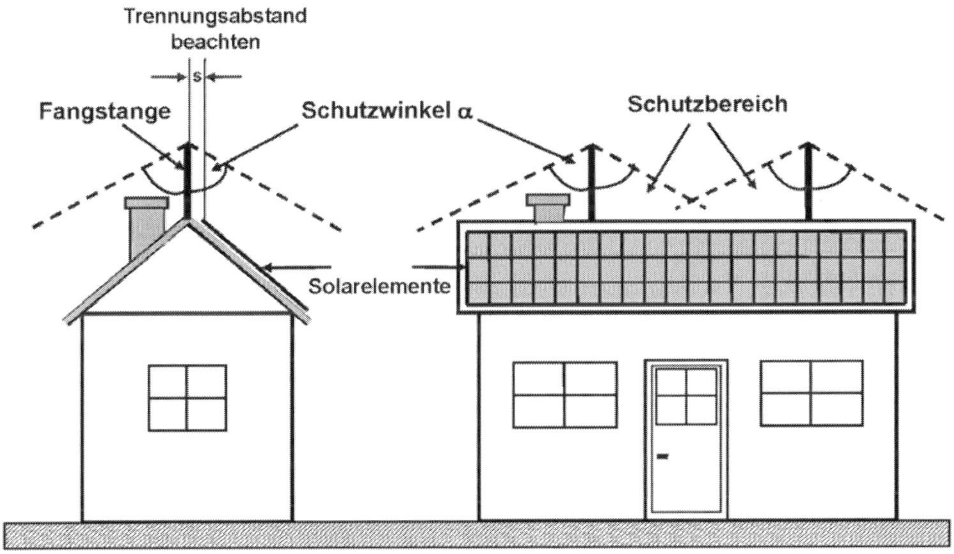

Abb. II.23: Fangeinrichtung mit Fangstangen (Beispiel mit Solaranlage)

Die gesamte bauliche Anlage (einschließlich Solaranlage) muss innerhalb des Schutzbereichs liegen. Leitende Verbindungen zwischen Solaranlage und Fangeinrichtung müssen vermieden werden!

Anhang III: Normen

Übersicht der DIN/VDE-Normen Blitzschutz:

Die Norm „DIN EN 62305-3 (VDE 0185-305):2011-10 Blitzschutz“ gliedert sich in 4 Teile:

Teil 1: Allgemeine Grundsätze

Teil 2: Risiko-Management

Teil 3: Schutz von baulichen Anlagen und Personen

Teil 4: Elektrische und elektronische Systeme in baulichen Anlagen

Die Teile 2, 3 und 4 wurden durch nationale Beiblätter ergänzt, die Berechnungshilfen und Ausführungshinweise enthalten.

Literaturhinweis:

Merkblatt „Blitzschutz an Abgasanlagen“ (Merkblatt ABB, ZVH und VSE)

„Merkblatt Solartechnik für Dach und Wand“ (ZVDH-Regelwerk)

Merkblatt „Blitzschutz von Photovoltaik-Anlagen“ (ABB-Merkblatt)

Merkblatt „Potentialausgleich und Blitzschutz von Vorhangfassaden“ (VFF Merkblatt FA.01)

Deutsches Dachdeckerhandwerk
– Regelwerk –

Merkblatt Einbauteile bei Dachdeckungen

Aufgestellt und herausgegeben vom

Zentralverband des Deutschen Dachdeckerhandwerks – Fachverband Dach-, Wand- und Abdichtungstechnik – e.V.

Ausgabe April 2022

RM Rudolf Müller

Vorgänger

Merkblatt Einbauteile bei Dachdeckungen	September 2000
Merkblatt Einbauteile bei Dachdeckungen	Ausgabe Juli 2013 (mit Änderungen Dezember 2016)

© Alle Rechte bei der D + W-Service GmbH für Management, PR und Messewesen, Köln 2020.
Nachdruck und Vervielfältigung, auch auszugsweise, nur mit Genehmigung der D + W-Service GmbH und des Verlages gestattet.

Inhaltsverzeichnis

1 Allgemeines

1.1 Geltungsbereich

Das Merkblatt gilt für die Planung und den Einbau von Einbauteilen in Dachdeckungen und deren Anschluss an die zugehörigen Funktionsschichten. Das Merkblatt gilt für folgende Einbauteile:

- Dachfenster,
- Dachflächenfenster,
- Rohrdurchführungen,
- Fertiggauben,
- Ausstiege-Sicherheitsdachhaken,
- Schneeschutzsysteme,
- Halterungen und Stützen, z.B.: Halterungen für Solaranlagen, Halterungen für äußeren Blitzschutz,
- Einrichtungen zum Betreten des Daches (Verkehrswege),
- Rettungswege,
- Belichtungssysteme,
- Indachanlage.

1.2 Begriffe

1.2.1 Dachfenster

Dachfenster sind ungedämmte, regensichere Fenster. Sie dienen der Belichtung und Belüftung und dem Ausstieg für Wartungsarbeiten an Dachflächen und Kaminanlagen bei nicht ausgebauten Dachgeschossen.

1.2.2 Dachflächenfenster

Dachflächenfenster sind schall- und wärmegedämmte Dach- und Ausstiegsfenster. Sie dienen der Belichtung und Belüftung bei ausgebauten Dachgeschossen. Sie müssen den Anforderungen der Bauregelliste entsprechen und sind CE-Kennzeichnungspflichtig. Dachflächenfenster müssen aufgrund der erhöhten Anforderungen auf ihre Schlagregensicherheit geprüft sein.

1.2.3 Rohrdurchführungen

Rohrdurchführungen sind Bauteile oder Elemente in Dachdeckungen für haustechnische Anlagen, Solaranlagen oder Lüftungsanlagen.

1.2.4 Fertiggauben

Fertiggauben sind industriell vorgefertigte Gauben, z. B. aus Holz, Kunststoffen oder Metall mit Anschlusselementen und Bekleidungen.

1.2.5 Ausstiege

Ausstiege sind industriell vorgefertigte Elemente als Ausgang oder zu Fluchtwegen. Sie können mit ihren Anforderungen von der Bauaufsicht gefordert werden. Dachflächenfenster und Fertiggauben können bei Einhaltung dieser Anforderungen als Notausstieg dienen.

1.2.6 Sicherheitsdachhaken

Sicherheitsdachhaken sind Bauprodukte, die auf einer geneigten Dachfläche angeordnet sind und der Sicherheit von Personen sowie der Befestigung von Schutzausrüstung, Dachdecker-Auflegeleitern und Dachdeckerstühlen dienen.

Die DGUV Information 201-054[1] - Dach-, Zimmer- und Holzbauarbeiten ist zu beachten.

[1] DGUV Information 201-054 Dach-, Zimmer- und Holzbauarbeiten

1.2.7 Schneeschutzsysteme

Schneeschutzsysteme bestehen aus Schneehaltesystemen und Schneefangsystemen, einzeln oder in Kombination.

Schneeschutzsysteme sind Bauteile und/oder Anlagen, die zum Schutz vor Schäden durch Abrutschen von Eis und/oder Schnee auf geneigten Dachflächen angeordnet werden.

- Schneehaltesysteme werden in die Dachfläche, in ggf. auch unterschiedlichen Rastern, auf der oder durch die Dachdeckung eingebaut und bewirken einen höheren flächigen Widerstand gegen Abrutschen von Schnee und Eis als die Dachdeckung.
- Schneefangsysteme sind Vorrichtungen, die linienförmig in einer oder mehreren Reihen senkrecht zur Dachneigung oder lotrecht eingebaut werden, um das Herabfallen von Schnee und Eis von der Dachfläche zu verhindern.

1.2.8 Halterungen und Stützen

Halterungen und Stützen sind Einbauteile, die die zu erwartenden ständigen und veränderlichen Lasten sicher in die Dachkonstruktion einleiten.

1.2.9 Einrichtungen zum Betreten des Daches (Verkehrswege)

Einrichtungen zum Betreten des Daches bestehen aus einer betretbaren oder begehbaren Plattform und einer oder mehreren Stützkonstruktionen, die mit den zugehörigen Befestigungsmitteln mit tragenden Teilen des Daches verbunden werden.

1.2.10 Rettungswege

Rettungswege sind Zugangsmöglichkeiten für Rettungskräfte zum Zweck der Brandbekämpfung bzw. Rettung und/oder Bergung von Mensch und Tier. Bei Planung und Montage sind die Anforderungen der Landesbauordnung und der örtlichen Feuerwehr einzuhalten.

1.2.11 Belichtungssysteme

Belichtungssysteme leiten das Tageslicht direkt oder durch Anwendung von Lichtleittechnik in das Gebäudeinnere.

1.2.12 Indachanlage

Anlage, z.B. zur Energiegewinnung, die wie Einbauteile in die Dachdeckung eingebaut und regensicher an diese angeschlossen wird.

1.2.13 Wasserdichter Anschluss

Anschluss aus wasserdichten Werkstoffen, z.B. Bitumen-, Kunststoffdachbahnen oder Flüssigkunststoffen entsprechend den ZVDH-Produktdatenblättern mit wasserdichter und werkstoffgerechter Fügetechnik.

1.2.14 Regensicherer Anschluss

Anschluss aus mindestens ausreichend wasserundurchlässigen Bahnen, z.B. Unterdeck- und Unterspannbahnen, entsprechend den ZVDH-Produktdatenblättern oder aus mindestens ausreichend wasserundurchlässigen Werkstoffen und werkstoffgerechter Fügetechnik.

2 Anforderungen

2.1 Erhöhte Anforderungen

Einbauteile können eine erhöhte konstruktive Anforderung an die Dachdeckung darstellen und entsprechende Zusatzmaßnahmen erfordern.

2.2 Anschlüsse

(1) Der Anschluss der Einbauteile an die Dachdeckung hat mindestens den Anforderungen der Dachdeckung zu entsprechen und muss mindestens regensicher sein.

Vorgefertigte System-/Zubehörteile passend für die jeweilige Dachdeckung haben sich bewährt.

Systemteile sind Bauteile oder Elemente, die in ihrer Formgebung, Farbe und ihren Eigenschaften auf die jeweiligen Hauptmerkmale eines Werkstoffes abgestimmt sind. Sonstige handwerkliche Lösungen sind mit geeigneten Mitteln fachgerecht herzustellen.

(2) Der Anschluss der Einbauteile an zusätzliche regensichernde Maßnahmen soll mindestens den Anforderungen der Zusatzmaßnahmen (siehe "Merkblatt Unterdächer, Unterdeckungen, Unterspannungen") genügen. Weitere Ausführungen sind in diesem Merkblatt festgelegt.

(3) Der Anschluss der Einbauteile an weitere Schichten im Dachaufbau muss den Anforderungen an diese Schichten entsprechen.

2.3 Wärmeschutz

Die Anforderungen an den Wärmeschutz des Einbauteils einschließlich aller Schichten und Anschlüsse müssen bei der Planung festgelegt werden. Der Hersteller muss die Kennwerte des Wärmeschutzes von wärmetechnisch relevanten Einbauteilen angeben.

2.4 Luftdichtheit

Die Luftdichtheit des Anschlusses von Einbauteilen muss mindestens den Anforderungen an die Luftdichtheit der Fläche entsprechen (siehe "Merkblatt Wärmeschutz bei Dach und Wand").

Die Luftdichtheit ausschließlich durch die Innenbekleidung kann in der Regel nicht gewährleistet werden.

2.5 Dampfsperre

Die Anforderungen an die Dampfsperre beim Anschluss von Einbauteilen müssen mindestens den Systemanforderungen der Fläche entsprechen (siehe "Merkblatt Wärmeschutz bei Dach und Wand").

2.6 Schallschutz

Die Anforderungen an den Schallschutz des Einbauteils, z.B. Fenster einschließlich aller Schichten und Anschlüsse, müssen bei der Planung festgelegt werden. Gegebenenfalls sind spezielle Einbauteile, z. B. Schallschutzfenster, zu verwenden. Der Hersteller muss die Kennwerte des Schallschutzes von schallschutztechnisch relevanten Einbauteilen angeben.

2.7 Brandschutz

Die Anforderungen an den Brandschutz des Einbauteils, z.B. einer Indach-Solaranlage, müssen bei der Planung festgelegt werden. Bauaufsichtliche Anforderungen sind in der Landesbauordnung geregelt.

Zu unterscheiden sind:

- Brandverhalten des Einbauteils,
- Feuerwiderstandsklasse des Einbauteils,
- Funktion des Einbauteils als Rauch- und Wärmeabzugsanlage (RWA),
- Brandweiterleitung und Feuerüberschlag durch Lage und Abstand des Einbauteils zu anderen Brandabschnitten bzw. angrenzenden Gebäuden.

2.8 Standsicherheit

(1) Einbauteile müssen sich standsicher entsprechend den technischen Vorschriften und windsogsicher einbauen lassen. Die Art der Befestigung des Einbauteils muss vom Hersteller angegeben werden. Unter Belastung darf die Dachdeckung nicht beschädigt werden.

(2) Müssen für ein Einbauteil vorhandene Sparren durchgeschnitten oder entfernt werden, sind andersartige Lastabtragungen vorzusehen, die das vorherige Tragsystem während und nach dem Einbau vollständig ersetzen.

(3) Die Anforderungen der "Hinweise Holz und Holzwerkstoffe" sind zu berücksichtigen.

2.9 Belichtung

Dachflächenfenster, Gauben und Lichtleitsysteme können zur Belichtung von Dachgeschossen beitragen. Die geforderte Lichtfläche richtet sich nach der Netto-Grundfläche des zugehörigen Raumes und soll mindestens 1/8 dieser Fläche betragen (Musterbauordnung[PDF:MBO_2019.pdf]). Je nach Nutzung und Landesbauordnung können andere Lichtflächen gefordert werden.

2.10 Einbauhöhe von Dachflächenfenstern und Fertiggauben

Die Einbauhöhe dieser Einbauteile ist bei der Planung festzulegen. Die Brüstungshöhen, auch für Notausstiege, sind nach den Anforderungen der Landesbauordnungen einzuhalten. Beispiele für Einbauhöhen sind den Abb. I.4 und Abb. I.5 im Anhang zu entnehmen.

2.11 Sommerlicher Wärmeschutz

Anforderungen an den sommerlichen Wärmeschutz sind bei der Planung zu berücksichtigen. Gegebenenfalls sind geeignete Vorkehrungen zu treffen, z. B. Rollläden, Markisen, spezielle Verglasungen.

3 Ausführung

3.1 Dachfenster

3.1.1 Anschluss an eine Unterspannung

(1) Seitlich, firstseitig und traufseitig sind die Unterspannbahnen hochzuführen und auf der Dachlattung zu befestigen.

(2) Firstseitig des Dachfensters muss eine schräg laufende Rinne hergestellt werden, die eventuell auf der Unterspannung über dem Fenster herablaufende Feuchtigkeit am Fenster vorbei in ein benachbartes Sparrenfeld leitet. Die Rinne kann aus dem Werkstoff der Unterspannung, aus Metall oder einem anderen geeigneten Werkstoff hergestellt werden.

3.1.2 Anschluss an eine Unterdeckung

(1) Unterdeckbahnen für überlappte Unterdeckungen oder überdeckte Unterdeckungen mit Bitumenbahnen sind seitlich, firstseitig und traufseitig des Dachfensters hochzuführen und auf der Dachlattung zu befestigen. Bei überlappten oder verfalzten Unterdeckungen mit Unterdeckplatten erfolgt der Anschluss mit aufliegenden oder unterliegenden eingeklebten Blechen oder mit geeigneten Klebebändern, Dichtungsbändern oder Bahnenstreifen. Der firstseitige Anschluss erfolgt wie in Abschnitt 3.1.1(2) angegeben.

(2) Bei verklebten Unterdeckbahnen oder Unterdeckplatten muss der Anschluss mindestens regensicher erfolgen.

3.1.3 Anschluss an ein Unterdach

Unterdächer müssen wasserdicht angeschlossen werden. Regensichere Dachfenster sind für den Einbau in Unterdächer ungeeignet.

3.1.4 *Anschluss an die Dachdeckung*

Dachfenster haben einen allseitigen zur Deckung passenden Anschlussrahmen. Bei industriell hergestellten Anschlussrahmen kann von den Mindestmaßen der "Fachregel für Metallarbeiten im Dachdeckerhandwerk" abgewichen werden, wenn die Funktionsfähigkeit der Anschlussrahmen durch praxisnahe Versuche nachgewiesen und durch eine Materialgarantie beim ZVDH zugesichert wird.

3.2 Dachflächenfenster

3.2.1 *Anschluss an die Innenbekleidung*

(1) Die Innenbekleidung aus z. B. vorgefertigten Elementen, Holz und Holzwerkstoffen oder Gipskarton wird an den Fensterrahmen herangeführt. Je nach Art der Innenbekleidung und deren Befestigung kann der Anschluss beweglich oder starr ausgeführt werden. Anschlüsse müssen bei der Planung festgelegt werden. Der Anschluss am Sturz soll waagerecht und an der Brüstung senkrecht erfolgen (siehe Abb. I.4). Dabei ist auf die Einhaltung des Mindestwärmeschutzes zu achten.

(2) Die Anschlüsse an die Luftdichtheitsschicht, Dampfsperre und Wärmedämmung müssen berücksichtigt werden.

3.2.2 *Anschluss an die Luftdichtheitsschicht*

(1) Dachflächenfenster müssen die Anforderungen zur Luftdichtheit erfüllen (siehe "Merkblatt Wärmeschutz bei Dach und Wand").

(2) Geeignet sind Pressungen mit komprimierten Dichtungsbändern, Bahnenstreifen oder Anschlussschürzen mit Klebebändern.

(3) Fugendichtungsmassen oder Füllmaterialien, z. B. Montageschäume oder Silikone, sind für die Herstellung der Luftdichtheit ungeeignet.

(4) Herstellerangaben sind zu berücksichtigen.

3.2.3 *Anschluss der Dampfsperre*

(1) Dampfsperren sind mit geeigneten Mitteln an Dachflächenfenster anzuschließen.

(2) Soll die Dampfsperre auch Luftdichtheitsschicht sein gilt Abschnitt 3.2.2.

3.2.4 *Anschluss an die Wärmedämmung*

(1) Wärmedämmungen müssen an das Dachflächenfenster dicht gestoßen verlegt werden, damit keine schädlichen Wärmebrücken entstehen.

(2) Die Wärmedämmung muss an jeder Stelle so bemessen sein, dass der Mindestwärmeschutz an jeder Stelle erreicht wird. Dies bedeutet bei Wärmedämmung zwischen den Sparren, dass die Aussparung entsprechend größer hergestellt werden muss. Die Ausführung muss handwerklich oder mit vorgefertigten Dämmrahmen erfolgen.

3.2.5 *Anschluss an eine Unterspannung*

(1) Bei verklebten Unterspannungen muss der Anschluss mindestens regensicher erfolgen.

(2) Überlappungen von Anschlussbahnen, Anschlussschürzen und Einschnitte in Unterspannungen sind regensicher auszubilden, z. B. durch Verklebung (siehe Abb. I.1 und Abb. I.2).

(3) Firstseitig des Dachflächenfensters muss eine schräg laufende Rinne hergestellt werden, die eventuell auf der Unterspannung über dem Fenster herablaufende Feuchtigkeit am Fenster vorbei in ein benachbartes Sparrenfeld leitet. Die Rinne kann aus dem Werkstoff der Unterspannung, aus Metall oder einem anderen geeigneten Werkstoff hergestellt werden.

3.2.6 *Anschluss an eine Unterdeckung*

(1) Besteht die Unterdeckung aus Unterdeckbahnen, sind die Anschlüsse wie in Abschnitt 3.2.5 herzustellen. Überlappungen von Anschlussbahnen und Anschlussschürzen in Unterdeckbahnen sind mindestens regensicher herzustellen, z. B. durch Verklebung (siehe Abb. I.6 bis I.10).

(2) Besteht die Unterdeckung aus Unterdeckplatten oder Wärmedämmsystemen, die zusätzlich die Funktion einer Unterdeckung erfüllen, sind die Anschlüsse an die Unterdeckplatten mit geeigneten Werkstoffen mindestens regensicher herzustellen. Die Anschlüsse an das Dachflächenfenster sind wie in Abschnitt 3.2.5 herzustellen.

3.2.7 Anschluss an ein regensicheres Unterdach

(1) Der Anschluss an das Dachflächenfenster ist je nach Ausführung des Unterdaches mit den verwendeten Bitumen- oder Kunststoffbahnen wasserdicht herzustellen. Spezielle Anschlussschürzen sind zulässig, wenn die Verträglichkeit mit den vorhandenen Werkstoffen und die erforderliche Regensicherheit gewährleistet sind.

(2) Firstseitig des Dachflächenfensters muss eine schräg laufende Rinne hergestellt werden, die eventuell auf dem regensicheren Unterdach über dem Fenster herablaufende Feuchtigkeit am Fenster vorbei in ein benachbartes Sparrenfeld leitet. Die Rinne kann aus dem Werkstoff des regensicheren Unterdaches, aus Metall oder einem anderen geeigneten Werkstoff hergestellt werden.

(3) Für die Unterlüftung des regensicheren Unterdaches sind eigene Lüftungsöffnungen vorzusehen.

3.2.8 Anschluss an ein wasserdichtes Unterdach

Der Anschluss des Dachflächenfensters an ein wasserdichtes Unterdach ist wasserdicht auszuführen.

3.2.9 Anschluss an die Dachdeckung

Anschlüsse an Dachflächenfenster können mit industriell vorgefertigten Teilen oder handwerklich hergestellt werden. Bei handwerklich hergestellten Lösungen sind die Forderungen der "Fachregel für Metallarbeiten im Dachdeckerhandwerk" zu berücksichtigen. Bei industriell hergestellten Eindeckrahmen kann von den Mindestmaßen der "Fachregel für Metallarbeiten im Dachdeckerhandwerk" abgewichen werden, wenn die Funktionsfähigkeit der Eindeckrahmen durch praxisnahe Versuche nachgewiesen und durch eine Materialgarantie beim ZVDH zugesichert wird.

3.2.10 Belüftete Dächer

Bei belüfteten Dächern kann durch große Durchdringungen der Lüftungsstrom unterbrochen werden. In diesen Fällen (z. B. bei Dachflächenfenstern) sind eigene Lüftungsöffnungen vorzusehen. Die Anforderungen des "Merkblatt Wärmeschutz bei Dach und Wand" sind zu beachten.

3.2.11 Einbau in flach geneigte Dachdeckungen

Dachflächenfenster sollen nicht unter 15° Fensterneigung eingebaut werden. Bei Dachneigungen unter 15° sind Sondermaßnahmen, z.B. Aufkeilrahmen, erforderlich.

3.3 Rohrdurchführungen

3.3.1 Anschluss an die Dampfsperre und Luftdichtheitsschicht

Rohre- und Kabeldurchführungen sind z. B. mit geeigneten Anschlussmanschetten und/oder Klebebändern luftdicht und/oder dampfdicht an die Luftdichtheitsschicht/Dampfsperre anzuschließen (siehe "Merkblatt Wärmeschutz bei Dach und Wand").

3.3.2 Anschluss an die Wärmedämmung

Wärmedämmungen müssen an das Einbauteil dicht gestoßen verlegt werden, damit keine schädlichen Wärmebrücken entstehen.

3.3.3 Anschluss an Unterspannung und Unterdeckung

(1) Der Anschluss an die Rohrdurchführung ist regensicher mit der Unterspannbahn/Unterdeckbahn herzustellen.

(2) Bei Verwendung von Formteilen, z. B. Rohrmanschetten, sind diese am oberen Rand gegen Abrutschen zu sichern.

(3) Kabeldurchführungen sind regensicher herzustellen. Vorgefertigte Zubehörteile passend für die jeweilige Zusatzmaßnahme haben sich bewährt.

Sonstige handwerkliche Lösungen sind mit geeigneten Mitteln fachgerecht herzustellen.

(4) Besteht die Unterdeckung aus Unterdeckplatten oder Wärmedämmsystemen, die zusätzlich die Funktion einer Unterdeckung erfüllen, sind die Anschlüsse an die Unterdeckplatten mit geeigneten Werkstoffen regensicher herzustellen.

3.3.4 Anschluss an das Unterdach

(1) Der Anschluss an die Rohrdurchführung soll mit einem Formteil, z. B. Rohrmanschette (ein- oder zweiteilig), hergestellt werden und ist wasserdicht mit der Abdichtungsbahn zu verbinden. Der obere Anschluss ist regensicher zu verwahren. Die Manschette ist mittels Rohrschelle oder Klebeband an das Rohr anzuschließen.

(2) Kabeldurchführungen sind wasserdicht an das Unterdach anzuschließen. Vorgefertigte Zubehörteile passend für die jeweilige Zusatzmaßnahme haben sich bewährt.

Sonstige handwerkliche Lösungen sind mit geeigneten Mitteln fachgerecht herzustellen.

3.3.5 Anschluss an die Dachdeckung

Anschlüsse an Dachdurchdringungen können mit industriell vorgefertigten Teilen oder handwerklich hergestellt werden und müssen mindestens regensicher sein. Bei handwerklich hergestellten Lösungen sind die Forderungen der entsprechenden Fachregeln zu berücksichtigen (siehe "Fachregel für Metallarbeiten im Dachdeckerhandwerk").

3.4 Fertiggauben

3.4.1 Anschluss an die Innenbekleidung

(1) Die Innenbekleidung kann z. B. aus vorgefertigten Elementen, Holz und Holzwerkstoffen oder Gipskarton bestehen. Die Anschlüsse müssen bei der Planung festgelegt werden.

(2) Die Anschlüsse an die Luftdichtheitsschicht, Dampfsperre und Wärmedämmung müssen hierbei berücksichtigt werden.

3.4.2 Anschluss an die Luftdichtheitsschicht

(1) Fertiggauben müssen die Anforderungen zur Luftdichtheit erfüllen (siehe "Merkblatt Wärmeschutz bei Dach und Wand").

(2) Geeignet sind Pressungen mit komprimierten Dichtungsbändern oder Bahnen mit Klebebändern.

(3) Fugendichtungsmassen oder Füllmaterialien, z. B. Montageschäume oder Silikone, sind für die Herstellung der Luftdichtheit ungeeignet.

3.4.3 Anschluss an die Dampfsperre

(1) Ist im Dachaufbau eine Dampfsperre vorhanden, ist der Anschluss fachregelgerecht herzustellen.

(2) Soll die Dampfsperre auch Luftdichtheitsschicht sein, gilt Abschnitt 3.4.2.

3.4.4 Anschluss an die Wärmedämmung

(1) Wärmedämmungen müssen an die Fertiggauben dicht gestoßen verlegt werden, damit keine schädlichen Wärmebrücken entstehen.

(2) Die Wärmedämmung muss an jeder Stelle so bemessen sein, dass der Mindestwärmeschutz an jeder Stelle erreicht wird.

3.4.5 *Anschluss an eine Unterspannung*

(1) Bei Fertiggauben wird in der Dachlattenebene ein Holzrahmen hergestellt, auf dem die Unterspannbahn hochgeführt und befestigt wird. Unterspannbahnen sind seitlich, firstseitig und traufseitig fachregelgerecht anzuschließen.

(2) Firstseitig der Gaube soll eine schräg laufende Rinne hergestellt werden, die eventuell auf der Unterspannung über der Fertiggaube herablaufende Feuchtigkeit an der Fertiggaube vorbei in ein Sparrenfeld neben der Fertiggaube leitet. Die Rinne kann aus dem Werkstoff der Unterspannung, aus Metall oder einem anderen geeigneten Werkstoff hergestellt werden.

(3) Überlappungen von Anschlussbahnen und Anschlussschürzen und Einschnitte in Unterspannungen sind regensicher herzustellen, z. B. durch Verklebung.

3.4.6 *Anschluss an eine Unterdeckung*

(1) Unterdeckbahnen für überlappte Unterdeckungen oder überdeckte Unterdeckungen mit Bitumenbahnen sind seitlich, firstseitig und traufseitig hochzuführen und auf der Dachlattung zu befestigen. Bei überlappten oder verfalzten Unterdeckungen mit Unterdeckplatten erfolgt der Anschluss mit aufliegenden oder unterliegenden eingeklebten Blechen oder mit geeigneten Klebebändern, Dichtungsbändern oder Bahnenstreifen. Der oberseitige Anschluss erfolgt wie in Abschnitt 3.4.5 angegeben. Überlappungen von Anschlussbahnen und Anschlussschürzen in Unterdeckbahnen sind mindestens regensicher herzustellen, z. B. durch Verklebung (siehe Abb. I.6 bis I.10).

(2) Bei verklebten Unterdeckbahnen oder Unterdeckplatten muss der Anschluss mindestens regensicher erfolgen.

(3) Besteht die Unterdeckung aus Unterdeckplatten oder Wärmedämmsystemen, die zusätzlich die Funktion einer Unterdeckung erfüllen, sind die Anschlüsse an die Unterdeckplatten mit geeigneten Werkstoffen mindestens regensicher herzustellen. Die Anschlüsse an die Fertiggaube sind wie in Abschnitt 3.4.5 herzustellen.

3.4.7 *Anschluss an ein regensicheres Unterdach*

(1) Der Anschluss an die Fertiggaube ist je nach Ausführung des Unterdaches aus der verwendeten Bitumen- oder Kunststoffbahn wasserdicht herzustellen. Spezielle Anschlussschürzen sind zulässig, wenn die Verträglichkeit mit den vorhandenen Werkstoffen und die Regensicherheit gewährleistet sind.

(2) Bei Fertiggauben wird in der Dachlattenebene ein Holzrahmen hergestellt, auf dem die Bitumen- oder Kunststoffbahn hochgeführt und befestigt wird.

(3) Überlappungen von Anschlussbahnen und Anschlussschürzen und Einschnitte in Bitumen- oder Kunststoffbahnen sind wasserdicht herzustellen, z. B. durch Verklebung.

(4) Firstseitig der Fertiggaube muss eine schräg laufende Rinne hergestellt werden, die eventuell auf dem regensicheren Unterdach über der Fertiggaube herablaufende Feuchtigkeit an der Fertiggaube vorbei in ein benachbartes Sparrenfeld leitet. Die Rinne kann aus dem Werkstoff des regensicheren Unterdaches, aus Metall oder einem anderen geeigneten Werkstoff hergestellt werden.

3.4.8 *Anschluss an ein wasserdichtes Unterdach*

Der Anschluss der Fertiggaube an ein wasserdichtes Unterdach ist wasserdicht auszuführen.

3.4.9 *Anschluss an die Dachdeckung*

Beim Anschluss an die Dachdeckung sind die jeweiligen Fachregeln der Deckungen und die "Fachregel für Metallarbeiten im Dachdeckerhandwerk" zu berücksichtigen.

3.4.10 *Belüftete Dächer*

Bei belüfteten Dächern kann durch große Durchdringungen der Lüftungsstrom unterbrochen werden. In diesen Fällen (z. B. bei Dachgauben) sind eigene Lüftungsöffnungen vorzusehen. Die Anforderungen des "Merkblatt Wärmeschutz bei Dach und Wand" sind zu beachten.

3.5 Sicherheitsdachhaken

3.5.1 Allgemeines

(1) Das Erfordernis zum Einbau von Sicherheitsdachhaken ergibt sich aus der jeweiligen Landesbauordnung und den örtlichen Bestimmungen. Eine über diese Mindestanforderung hinausgehende vertragliche Vereinbarung, z.B. nach DIN 4426, ist möglich.

(2) Unfallverhütungsvorschriften, baurechtliche Vorschriften sowie Herstellervorschriften sind zu beachten.

(3) Technische Sicherheitsmaßnahmen (Auffangeinrichtungen, wie Fanggerüste, Dachfanggerüste, Auffangnetze, Schutznetze) und organisatorische Sicherheitsmaßnahmen (Seitenschutz, Absperrungen) haben Vorrang vor Anseilschutz.

(4) Sicherheitsdachhaken müssen eine CE-Kennzeichnung entsprechend DIN EN 517[2] haben, diese kann auch den Begleitdokumenten entnommen werden. Sicherheitsdachhaken nach DIN EN 517 sind unlöschbar entsprechend dieser Norm zu kennzeichnen.

(5) Als Anschlagpunkt für Sicherheitsgeschirr sind Sicherheitsdachhaken nur zur Benutzung durch eine Person mit Falldämpfer nach DIN EN 355[3] vorgesehen.

(6) Ist eine augenscheinliche und praxisgerechte Überprüfung eingebauter Sicherheitsdachhaken nicht möglich, ist die Benutzung nicht zulässig.

(7) Sicherheitsdachhaken werden unterschieden in Typ A und Typ B.
- Typ A: Aufnahme von Zugkräften in Richtung der Falllinie der Dachfläche,
- Typ B: Aufnahme von Zugkräften in Richtung der Falllinie der Dachfläche (Richtung Traufe), entgegengesetzt der Falllinie (Richtung First) als auch senkrecht dazu parallel zur Dachfläche (Richtung Ortgang).

(8) Korrosion, siehe Abschnitt 5
- Korrosivitätskategorie: mindestens C3,
- Schutzdauer: hoch (H) > 15 Jahre.

(9) Der Korrosionsschutz von Einbauteilen, bei denen eine Kontrolle der Funktionstauglichkeit wegen Unzugänglichkeit nicht oder nur mit hohem Aufwand möglich ist, siehe Abschnitt 5(3).

3.5.2 Befestigung

(1) Die Befestigung hat nach Herstellerangaben zu erfolgen.

(2) Die Berechnung der Tragfähigkeit ist vom Hersteller der Sicherheitsdachhaken zu erbringen.

Diese muss die Tragfähigkeit des Sicherheitsdachhaken bis zur Befestigung im bzw. am Gebäude unter Berücksichtigung des vorhandenen Untergrundes und Dachaufbaus (z.B. Holz, Holzwerkstoffe, Stahlkonstruktion, Stahltrapezblech, Stahlbeton, Falzdach, Aufdachdämmung) nach den gültigen Vorschriften einschließen.

(3) Für die Berechnung der Tragfähigkeit der Gebäudekonstruktion ist der Bauherr bzw. Auftraggeber verantwortlich. Gegebenenfalls muss eine Einzelfallberechnung durchgeführt werden.

(4) Schrauben und andere Kleinmaterialien sollten aus Edelstahl bestehen, mindestens muss ein Korrosionsschutz in Abhängigkeit zur Korrosionsbelastung nach DIN EN ISO 1461[4] und DIN EN ISO 12944 gewährleistet sein.

(5) Befestigungen, die der freien Bewitterung ausgesetzt sind, müssen korrosionsbeständig sein.

3.5.3 Planungshinweise

Der Umfang des Einbaus von Sicherheitsdachhaken sollte in der Planungsphase unter Berücksichtigung folgender Gesichtspunkte geklärt werden:

- Verklammerung von Dachziegeln/Dachsteinen,
- glatte Oberflächen der Deckmaterialien,
- zu erwartende Inspektions- und Instandhaltungsarbeiten (z.B. an Dachgauben, Anschlüssen, Verwahrungen, Bekleidungen, Kehlen, Schornsteinköpfen...).

---

[2] DIN EN 517 Vorgefertigte Zubehörteile für Dacheindeckungen – Sicherheitsdachhaken
[3] DIN EN 355 Persönliche Schutzausrüstung gegen Absturz – Falldämpfer
[4] DIN EN ISO 1461 Durch Feuerverzinken auf Stahl angebrachte Zinküberzüge (Stückverzinken), Anforderungen und Prüfungen

3.6 Schneeschutzsysteme

3.6.1 Allgemeines

(1) Das Erfordernis zum Einbau von Schnee- und Eisschutzanlagen ergibt sich aus den Bestimmungen der Landesbauordnungen, den örtlichen Bestimmungen sowie der Verkehrssicherungspflicht des Hauseigentümers.

(2) Schneeschutzsysteme bestehen aus Schneefangsystemen und Schneehaltesystemen, einzeln oder in Kombination. Ausschließlich im Traufbereich wirksame Schneefangsysteme sind bei hohen Schneelasten nicht für jeden Anwendungsfall geeignet.

Bei großen, steilen oder glatten Dachflächen und bei hohem Schneeaufkommen sollten Systeme verwendet werden, die über die ganze Dachfläche wirksam sind.

Bei Bedarf sind zusätzlich Eishalter am Schneefangsystem anzubringen, um das Abrutschen von Eis zu verhindern.

(3) Unter bestimmten Bedingungen kann es bei eingebauten Schneeschutzsystemen durch Schnee- und Eisschmelze zu Rückstauwasser kommen, das auch unter die Dachdeckung geraten kann.

Um Schäden zu vermeiden, sind Maßnahmen entsprechend dem "Merkblatt für Unterdächer, Unterdeckungen, Unterspannungen" erforderlich.

(4) Bei überdurchschnittlichem Schneefall kann es auch bei fachregelgerechten Schneeschutzsystemen zum Abrutschen von Schnee und Eis oder zu Schnee- und Eisschäden kommen.

(5) Das Herabfallen geringer Mengen von Schnee und Eis, z.B. aus dem ungesicherten Zwischenraum zwischen Dachrand und Schneefangsystem oder aus überschießenden Dachlawinen, kann nicht verhindert werden.

(6) Die Regensicherheit und Funktion des Daches darf durch das Schneeschutzsystem nicht beeinträchtigt werden.

(7) Korrosion, siehe Abschnitt 5:
- Korrosivitätskategorie: mindestens C2,
- Schutzdauer hoch, (H) > 15 Jahre.

3.6.2 Planungshinweise

(1) Im Traufbereich können bei Bedarf z.B. Metalldeckungen oder Heizungen zum Einsatz kommen.

(2) Spezielle Dachbereiche, z.B. Kehlen, Gauben, Mansardbereiche, können höhere Schneelasten aufweisen und bedürfen weitergehender Maßnahmen, z.B. zusätzliche Schneeschutzsysteme (weitere Reihe eines Schneefanges).

(3) Bei großflächigen Belichtungs- und Solaranlagen und dgl., bei denen ein Rückhalten des Schnees unmöglich und/oder unerwünscht ist, sind besondere Vorkehrungen zu treffen, um Personen und Sachschäden zu vermeiden.

(4) Schneefangsysteme sind in bestehende Blitzschutzanlagen entsprechend der Vorschriften einzubeziehen (siehe "Merkblatt Äußerer Blitzschutz auf Dach und Wand").

(5) Auf Metalldacheindeckungen sind Schneeschutzsysteme so zu befestigen, dass Kräfte aus thermisch bedingten Längenänderungen schadlos aufgenommen werden können.

(6) Die Deckmaterialien dürfen durch die Schneeschutzsysteme nicht unzulässig belastet werden.

(7) Schneefangsysteme werden mit den zum Zeitpunkt des Einbaus geltenden Technischen Baubestimmungen der Bundesländer bemessen. Im Gebäudebestand wurden unter Umständen geringere Schneelasten bei der Ermittlung des Dachtragwerks zugrunde gelegt.

3.6.3 Anschluss an die Dachdeckung

(1) Der Anschluss der Einbauteile an die Dachdeckung hat den Anforderungen der Dachdeckung zu entsprechen und muss mindestens regensicher sein.

(2) Anschlüsse an Dachdurchdringungen können mit industriell vorgefertigten Teilen oder handwerklich hergestellt werden.

(3) Handwerkliche Lösungen sind mit geeigneten Mitteln fachgerecht herzustellen. Die Forderungen der entsprechenden Fachregeln sind zu beachten (siehe "Fachregel für Metallarbeiten im Dachdeckerhandwerk").

(4) Vorgefertigte System-/Zubehörteile, passend für die jeweilige Dachdeckung, haben sich bewährt. Systemteile sind Bauteile oder Elemente, die in ihrer Formgebung, Farbe und ihren Eigenschaften auf die jeweiligen Hauptmerkmale eines Werkstoffes abgestimmt sind.

3.6.4 Befestigung und Montage

(1) Die Befestigung und Montage soll unter Beachtung der Herstellerangaben zu erfolgen.

(2) Die Berechnung der Tragfähigkeit ist vom Hersteller der Schneeschutzsysteme zu führen. Diese muss die Tragfähigkeit des Schneeschutzsystems bis zur Befestigung im bzw. am Gebäude unter Berücksichtigung des vorhandenen Untergrundes (z.B. Holz, Holzwerkstoffe, Stahlkonstruktion, Stahltrapezblech, Stahlbeton, Falzdach, Aufdachdämmung) nach den gültigen Vorschriften einschließen.

(3) Für die Berechnung der Tragfähigkeit der Gebäudekonstruktion ist der Bauherr bzw. Auftraggeber verantwortlich. Gegebenenfalls muss eine Einzelfallberechnung geführt werden.

(4) Schrauben und andere Kleinmaterialien sollten aus Edelstahl bestehen, mindestens muss ein Korrosionsschutz in Abhängigkeit zur Korrosionsbelastung nach DIN EN ISO 1461 und DIN EN ISO 12944 gewährleistet sein.

(5) Befestigungen, die der freien Bewitterung ausgesetzt sind, müssen korrosionsbeständig sein.

3.6.5 Dimensionierung

(1) Die Dimensionierung der Schneeschutzsysteme erfolgt auf Grundlage der „Hinweise zur Lastenermittlung" (Abschnitt 3[020--070--040]).

(2) Bei Stehfalzdeckungen bzw. vergleichbaren Metalldeckungen ist die Lasteintragung durch Schneeschutzsysteme in Gleitrichtung zusätzlich zu berücksichtigen.

(3) Die Prüfung der von Schneeschutzsystemen aufnehmbaren Lasten erfolgt in Anlehnung an die OENORM B 3418.

(4) Die Berechnung der Tragfähigkeit hat herstellerseitig nach den eingeführten Technischen Baubestimmungen zu erfolgen.

3.6.6 Nachträglicher Einbau von Schneeschutzsystemen

(1) Um Überlastung und Verformungen der einzelnen Tragwerksteile zu begrenzen, sollen beim erstmaligen Einbau von Schneefangsystemen im Gebäudebestand die erforderlichen Reihen im Bereich der unterstützenden Bauteile der Sparren eingebaut werden. Bei einreihiger Ausführung sollen die im Bereich der Traufpfette, bei zweireihiger Anordnung im Bereich der Trauf- und Mittelpfette angeordnet werden. Bei Bindertragwerken sowie bei Sparren- oder Kehlbalkendächer ist die einreihige Ausführung im Bereich des Auflagers zu bevorzugen.

(2) Die Dimensionierung der Schneefangsysteme erfolgt im Gebäudebestand ebenfalls nach Abschnitt 3.6.5.

(3) Der Auftraggeber soll darauf hingewiesen werden, dass bei überdurchschnittlich starken Schneefällen die Dachfläche zu räumen ist.

3.7 Halterungen und Stützen

(1) Die Regensicherheit und Funktion des Daches dürfen durch Halterungen und Stützen nicht beeinträchtigt werden.

(2) Herstellervorschriften sowie baurechtliche Vorschriften sind zu beachten.

(3) Korrosion, siehe Abschnitt 5:

- Korrosivitätskategorie: mindestens C2,
- Schutzdauer: hoch (H) > 15 Jahre.

(4) Korrosionsschutz von Einbauteilen, bei denen eine Kontrolle der Funktionstauglichkeit wegen Unzugänglichkeit nicht oder nur mit hohem Aufwand möglich ist, siehe Abschnitt 5(3).

(5) Anschluss an die Dachdeckung, entsprechend Abschnitt 3.6.3.

(6) Nachträglicher Einbau, entsprechend Abschnitt 4.

3.8 Einrichtungen zum Betreten des Daches (Verkehrswege)

(1) Verkehrswege, wie z.B. Laufstege, Trittflächen, Einzeltritte, sind zum Zwecke der Inspektion, Wartung und Instandhaltung einzubauen.

(2) Diese werden in Klasse K1 und K2 nach DIN EN 516[5] eingeteilt.

K1- darf nicht als Anschlagpunkt für Sicherheitsgeschirr verwendet werden,

K2- darf auch als Anschlagpunkt für Sicherheitsgeschirr verwendet werden.

(3) Der Umfang des Einbaus von Verkehrswegen usw. sollte in der Planungsphase unter Berücksichtigung folgender Gesichtspunkte geklärt werden:

- Verklammerung von Dachziegeln/Dachsteinen,
- glatte Oberflächen der Deckmaterialien,
- zu erwartende Inspektions- und Instandhaltungsarbeiten, z.B. an Dachgauben, Anschlüssen, Verwahrungen, Bekleidungen, Kehlen, Schornsteinköpfen,
- Nutzung von Dachflächen (z.B. Solaranlagen).

(4) Unfallverhütungsvorschriften, baurechtliche Vorschriften (z.B. Landesbauordnung) sowie Herstellervorschriften sind zu beachten.

(5) Einrichtungen zum Betreten des Daches müssen eine CE-Kennzeichnung entsprechend DIN EN 516 haben, diese kann auch den Begleitdokumenten entnommen werden.

Einrichtungen zum Betreten des Daches nach DIN EN 516 sind unlöschbar zu kennzeichnen.

(6) Korrosion, siehe Abschnitt 5:

- Korrosivitätskategorie: mindestens C2,
- Schutzdauer: hoch (H) > 15 Jahre.

(7) Ist eine augenscheinliche und praxisgerechte Überprüfung eingebauter Einrichtungen zum Betreten des Daches (Verkehrswege) nicht möglich, ist die Benutzung nicht zulässig.

(8) Korrosionsschutz von Einbauteilen, bei denen eine Kontrolle der Funktionstauglichkeit wegen Unzugänglichkeit nicht oder nur mit hohem Aufwand möglich ist, siehe Abschnitt 5(3).

(9) Anschluss an die Dachdeckung, entsprechend Abschnitt 3.6.3.

(10) Nachträglicher Einbau, entsprechend Abschnitt 4.

3.9 Rettungswege

(1) Rettungswege sind nach der jeweiligen Landesbauordnung einzubauen.

(2) Unfallverhütungsvorschriften, baurechtliche Vorschriften sowie Herstellervorschriften sind zu beachten.

3.10 Belichtungssysteme

(1) Belichtungssysteme sind an alle Funktionsschichten des Daches fachregelgerecht anzuschließen.

(2) Um Tauwasser zu vermeiden, sind die Forderungen des Mindestwärmeschutzes zu beachten.

(3) Einbau- und Verwendungsanleitungen der Hersteller sind zu beachten.

3.11 Indachanlagen

(1) Unfallverhütungsvorschriften, baurechtliche Vorschriften sowie Herstellervorschriften sind zu beachten.

(2) Unter Indachanlagen, welche die Deckwerkstoffe flächig ersetzen und deren fachregelkonforme Regensicherheit herstellerseitig nicht gegeben ist, sind wasserdichte Unterdächer anzuordnen.

(3) Der traufseitige Bereich ist mindestens als regensicheres Unterdach auszubilden (siehe "Merkblatt Unterdächer, Unterdeckungen, Unterspannungen" und "Merkblatt Solartechnik für Dach und Wand").

(4) Indachanlagen haben einen allseitigen zur Dachdeckung passenden Anschlussrahmen. Bei industriell hergestellten Anschlussrahmen kann von den Mindestmaßen der "Fachregel für Metallarbeiten im Dachde-

[5] DIN EN 516 Vorgefertigte Zubehörteile für Dacheindeckungen – Einrichtungen zum Betreten des Daches – Laufstege, Trittflächen und Einzeltritte

ckerhandwerk" abgewichen werden, wenn die Funktionsfähigkeit der Anschlussrahmen durch praxisnahe Versuche nachgewiesen und durch eine Materialgarantie beim ZVDH zugesichert wird.

(5) Indachanlagen, die nicht nach der Liste der Technischen Baubestimmungen nachgewiesen werden können, bedürfen:
- einer allgemeinen bauaufsichtlichen Zulassung,
- eines allgemeinen bauaufsichtlichen Prüfzeugnisses,
- oder eine Zustimmung im Einzelfall

(insbesondere ist der Nachweis der harten Bedachung durch eine Brandprüfung nach DIN 4102-7[6] oder DIN SPEC 91187 zu erbringen).

4 Besondere Anforderungen bei nachträglichem Einbau

4.1 Nachträglicher Einbau

(1) Als nachträglicher Einbau wird die Montage von Einbauteilen in bestehende Dächer verstanden, bei denen eine Koordination der Ausführung der einzelnen Schichten – wie zuvor unter Abschnitt 2 genannt – nicht mehr möglich ist. Baurechtliche Vorschriften sind zu berücksichtigen.

(2) Sind einzelne Schichten, z. B. Unterspannbahn, Unterdeckbahn oder Unterdach, Wärmedämmung, Dampfsperre, Luftdichtheitsschichten, Winddichtheitsschicht, nicht vorhanden, kann deren Funktion nicht gewährleistet und mit dem Einbau/Austausch des Einbauteils nicht erreicht werden.

(3) Beim nachträglichen Einbau oder Austausch vorhandener Einbauteile können sich aufgrund der bereits vorhandenen bzw. nicht vorhandenen Schichten Sonderlösungen ergeben. Diese Sonderlösungen unterliegen der Hinweispflicht und sind mit dem Auftraggeber zu vereinbaren.

(4) Die Berechnung der Tragfähigkeit hat nach den eingeführten technischen Baubestimmungen zu erfolgen.

4.2 Dachgeschossausbau

Wird ein Dachgeschoss nachträglich ausgebaut und werden Einbauteile vorgesehen, sind die Anforderungen wie bei einem Neubau zu berücksichtigen.

5 Korrosionsschutz

(1) Die Korrosionsbelastung ist bei atmosphärischer Korrosion in Abhängigkeit von der relativen Luftfeuchtigkeit, Kondenswassererscheinungen und Verunreinigungen der Atmosphäre nach DIN EN ISO 12944-2[7] in 6 Korrosivitätskategorien eingeteilt:
- C1 unbedeutend (beheizter Innenbereich),
- C2 gering (ländliche Bereiche),
- C3 mäßig (Stadt- und Industrieatmosphäre),
- C4 stark (Industrie und Küste mit mäßiger Salzbelastung),
- C5 sehr stark (Industrie mit hoher Feuchte und aggressiver Atmosphäre),
- C6 sehr stark (Meer).

(2) Die Schutzdauer und die Korrosivitätskategorie der Einbauteile müssen vom Hersteller dokumentiert und nachgewiesen werden (nach DIN EN ISO 1461, DIN EN ISO 12944).

(3) Der Korrosionsschutz von Einbauteilen, bei denen eine Kontrolle der Funktionstauglichkeit wegen Unzugänglichkeit nicht oder nur mit hohem Aufwand möglich ist, ein Versagen sich nicht offensichtlich (z.B. Korrosion) ankündigt und eine erhebliche Gefährdung erwarten lässt, ist für die beabsichtigte Nutzungsdauer für das Bauteil und die Befestigung zu berücksichtigen. Für die beabsichtigte Zeit muss die Tragfähigkeit auch ohne Instandhaltung gewährleistet sein.

(4) Die Dauerhaftigkeit ist bei Materialien, die keiner Reduktion der Tragfähigkeit unterliegen, gegeben (geeignete Materialien siehe z.B. DIN 18516).

---

[6] DIN 4102-7 Brandverhalten von Baustoffen und Bauteilen – Teil 7: Bedachungen – Anforderungen und Prüfungen

[7] DIN EN ISO 12944-2 Beschichtungsstoffe – Korrosionsschutz von Stahlbauten durch Beschichtungssysteme – Teil 2: Einteilung der Umgebungsbedingungen

(5) Bei Korrosionsschutzsystemen durch Verzinkung oder spezielle Beschichtungen muss eine Überprüfung nach Ablauf der Schutzdauer, auch unzugänglicher Bauteile, erfolgen, da die Schutzzeit nicht der Lebensdauer üblicher Gebäude entspricht.

(6) Der Korrosionsschutz muss mindestens dem von Stahl mit einer Feuerverzinkung von 50µm (360g/m²) Schichtdicke nach DIN EN ISO 1461 und DIN EN ISO 12944 entsprechen.

6 Inspektion und Wartung

(1) Zur Inspektion und Wartung eines Daches gehört auch die Überprüfung aller Dachdetails im Rahmen der Möglichkeiten, insbesondere der Funktionsfähigkeit, z.B. der Einbauteile, Einfassungen, An- und Abschlüsse u. a.

(2) Einbauteile sind regelmäßig auf sichtbare Schäden zu prüfen.

(3) Sicherheitsdachhaken und Verkehrswege sind vor der Verwendung durch Sichtkontrolle auf offensichtliche Mängel zu prüfen, z.B. lose Schraubverbindungen, Abnutzung, Korrosion.

(4) Regelungen in Fachregeln haben Vorrang.

Anhang I

Die folgenden Skizzen von Dachdetails sind Beispiele für die Arbeitsausführung. Sie sind nicht maßstabsgetreue bildliche Darstellungen der einzelnen Techniken und dienen der Veranschaulichung der textlichen Beschreibung.

Verzeichnis der Abbildungen

Abb. I.1: Anschluss eines Dachflächenfensters an eine Unterdeckung – Einschnitte

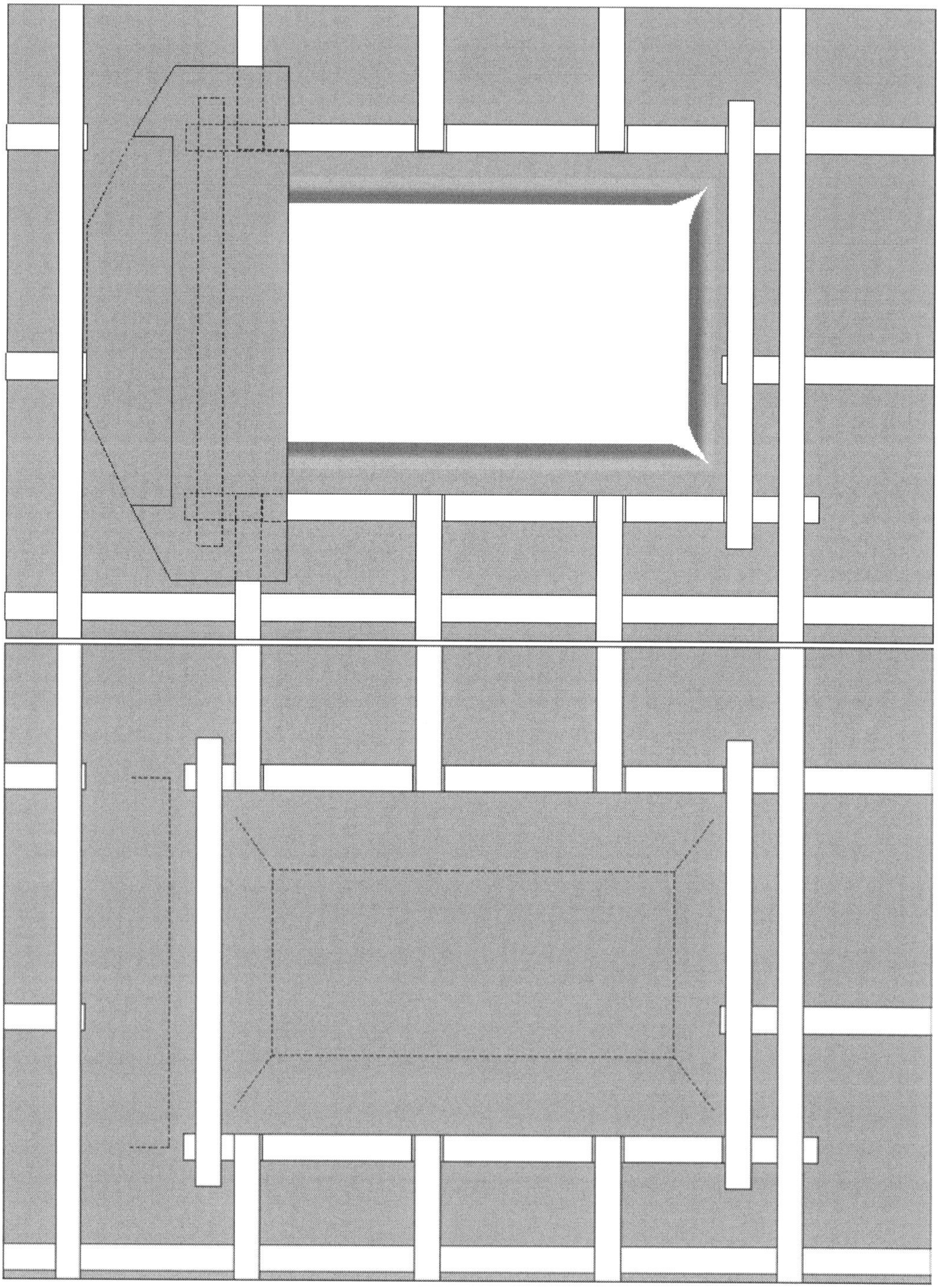

Abb. I.2: Anschluss eines Dachflächenfensters an eine Unterdeckung – Anschluss

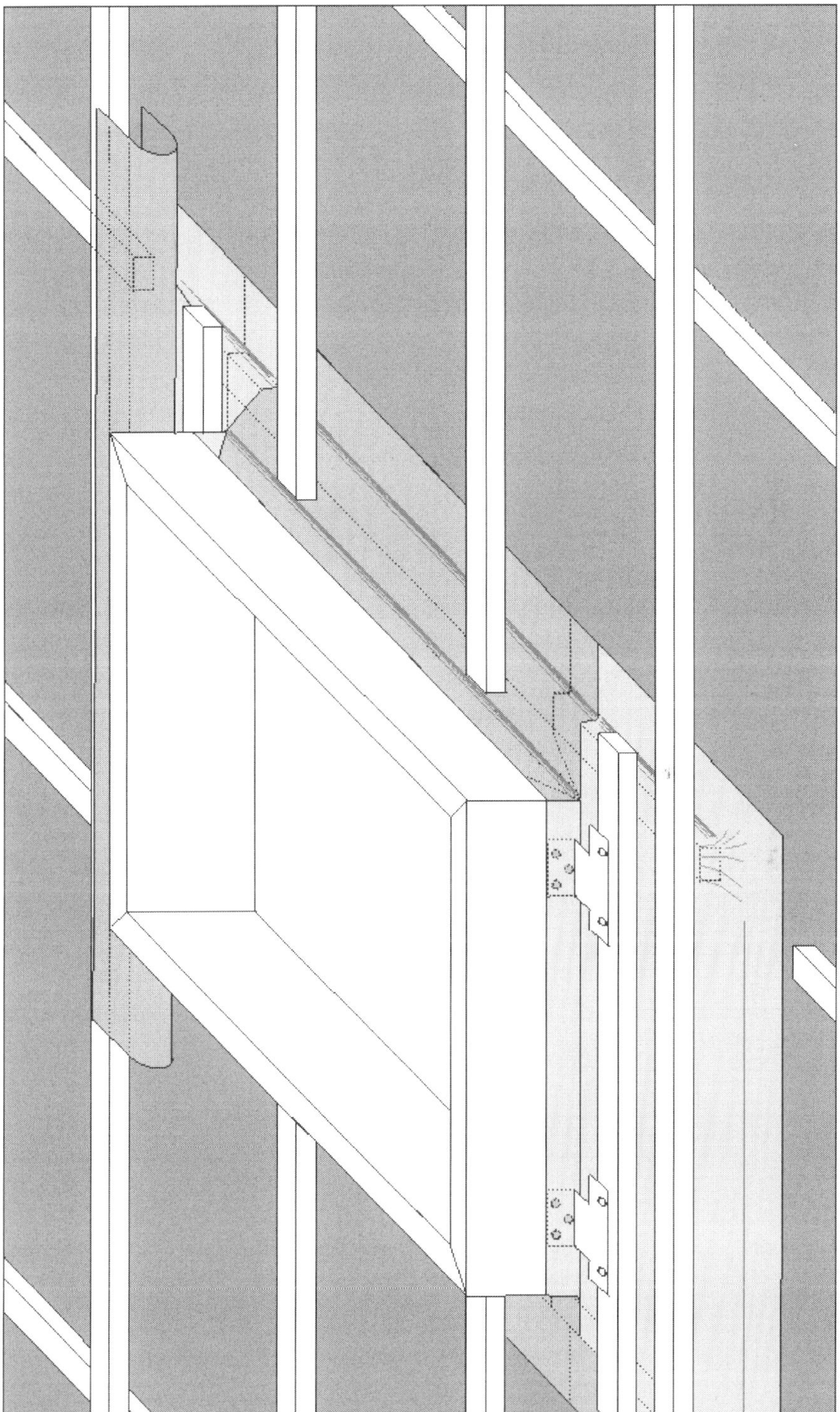

Abb. I.3: Rohrdurchführung

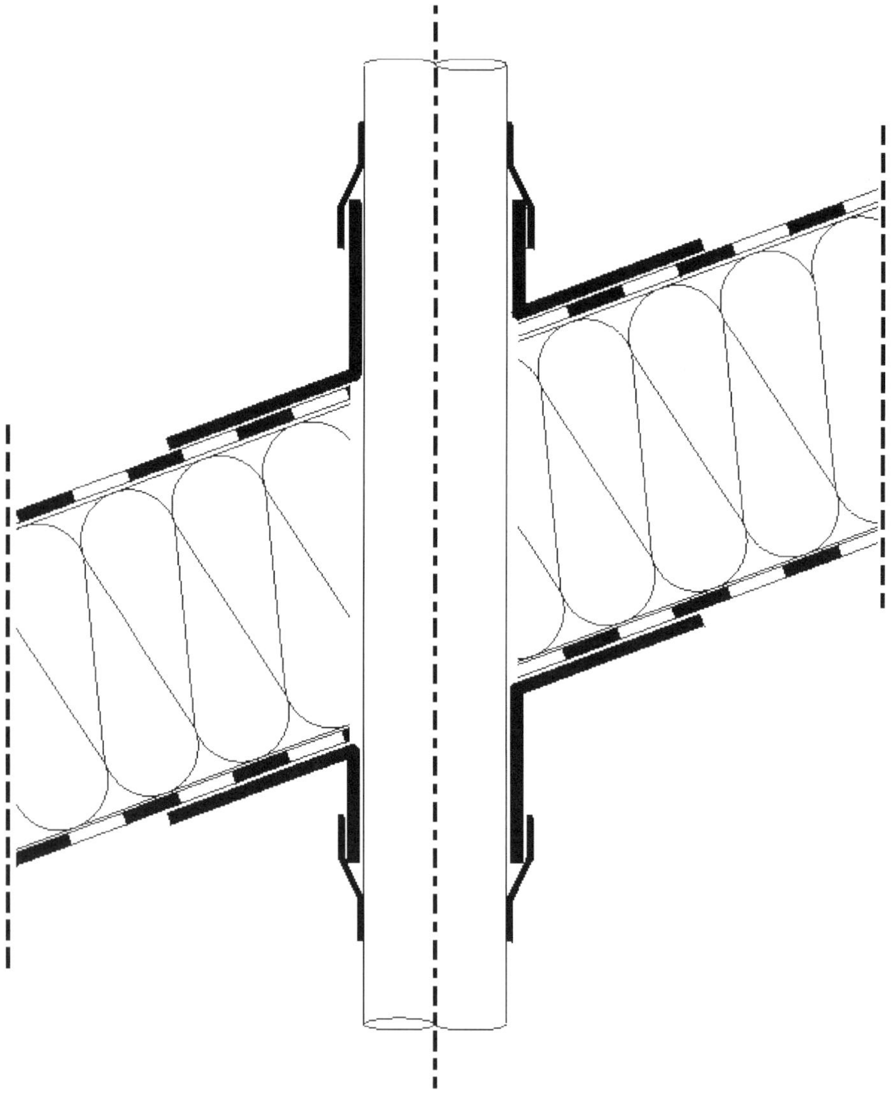

Abb. I.4: Empfohlene Ausführung der Innenbekleidung und empfohlene Einbauhöhen

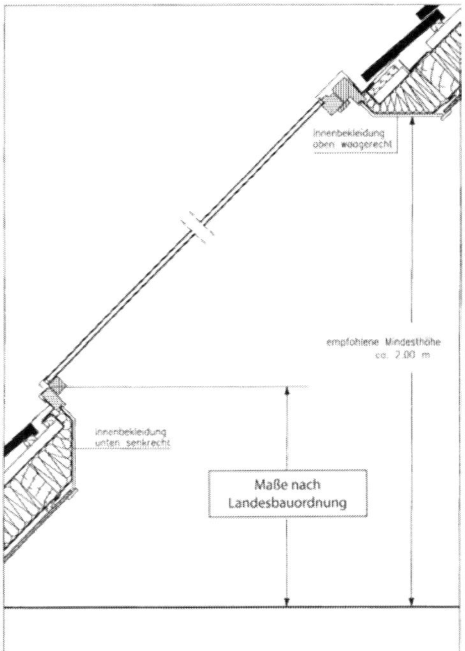

Abb. I.5: Fensterlängen in Abhängigkeit von der Dachneigung

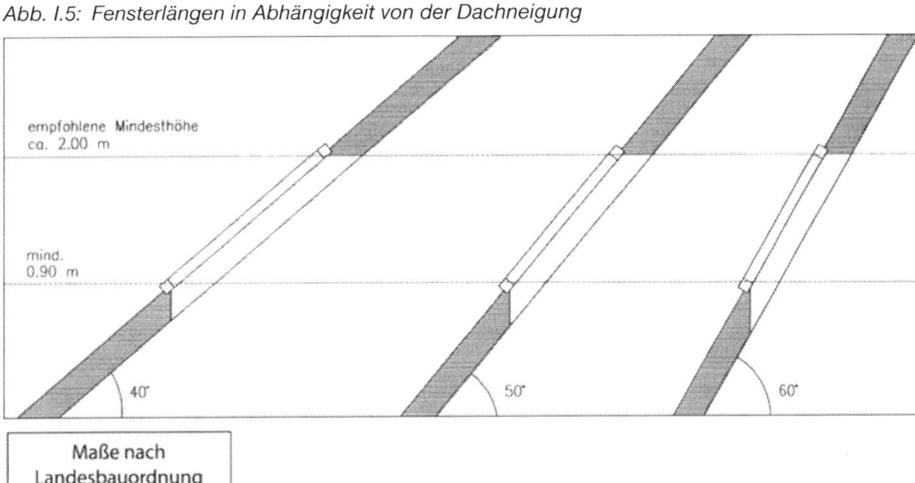

Abb. I.6: Anschluss von Dachflächenfenstern mit separatem Eindeckrahmen an eine Unterdeckbahn in einem Dach mit Zwischensparrendämmung mit Herstellung eines Rahmens auf Dachlattenebene

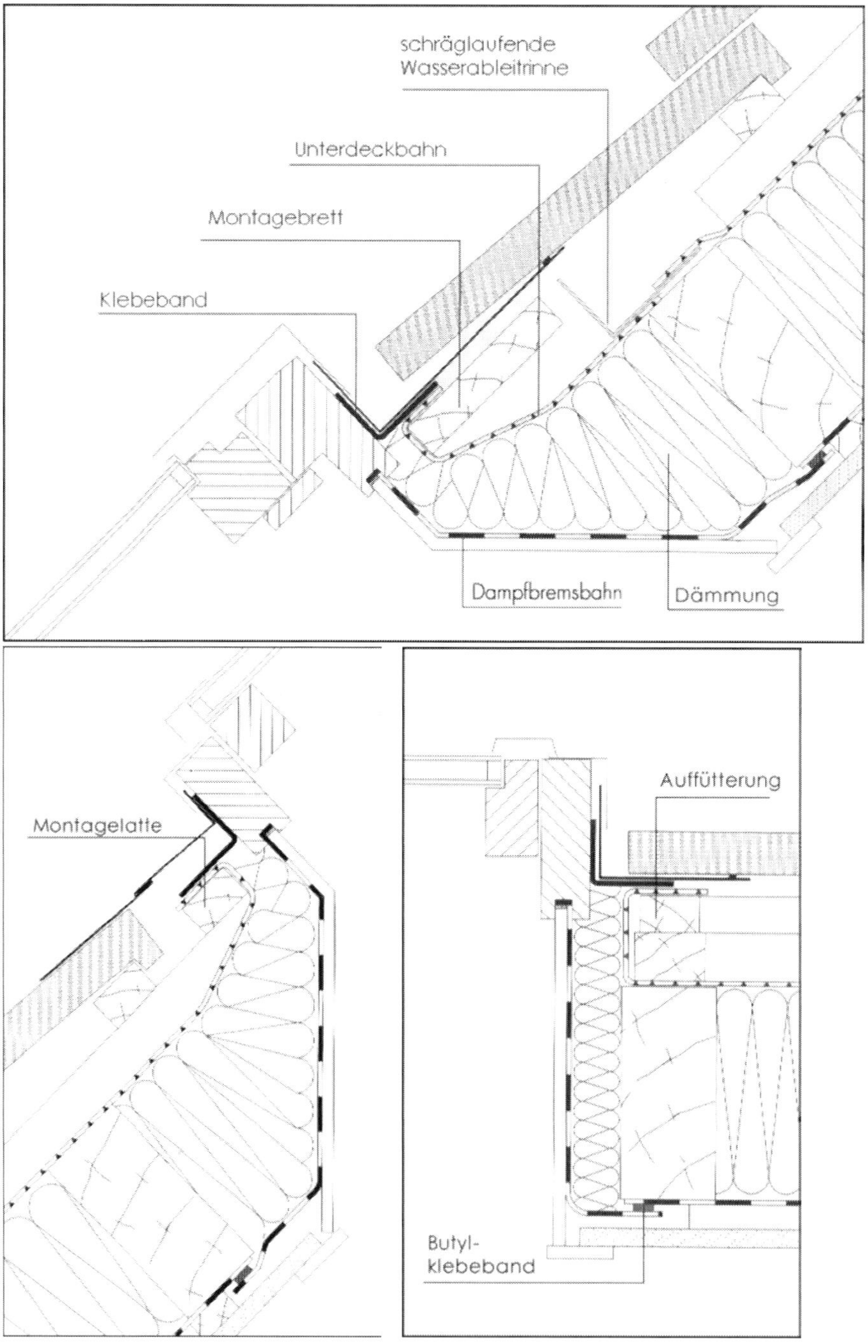

Abb. I.7: Anschluss von Dachflächenfenstern mit separatem Eindeckrahmen an eine Unterdeckbahn in einem Dach mit Zwischensparrendämmung mit Führung der Bahnen unter die Dachlatten

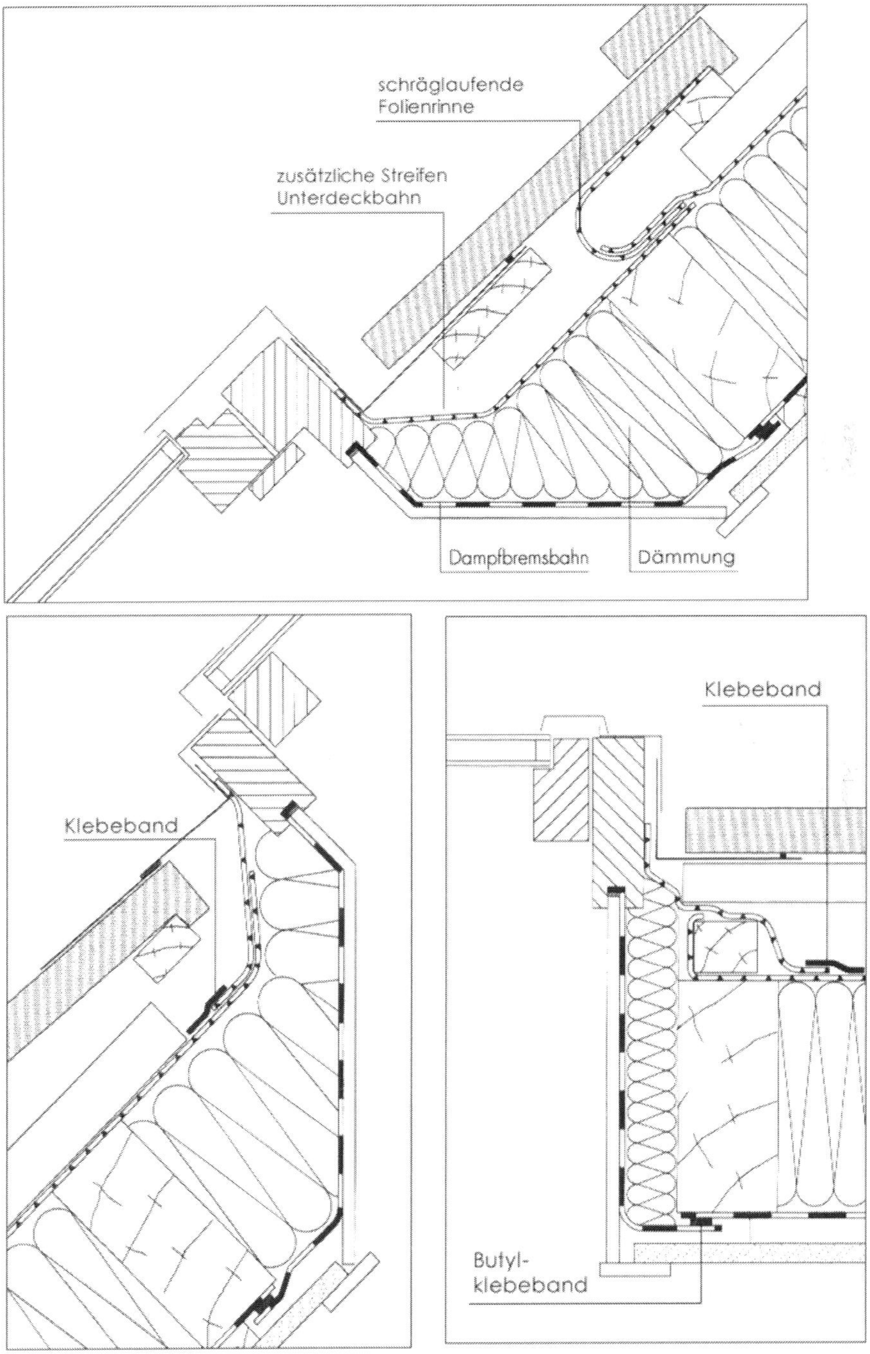

Abb. I.8: Anschluss von Dachflächenfenstern mit separatem Eindeckrahmen an ein Dach mit Aufsparrendämmung

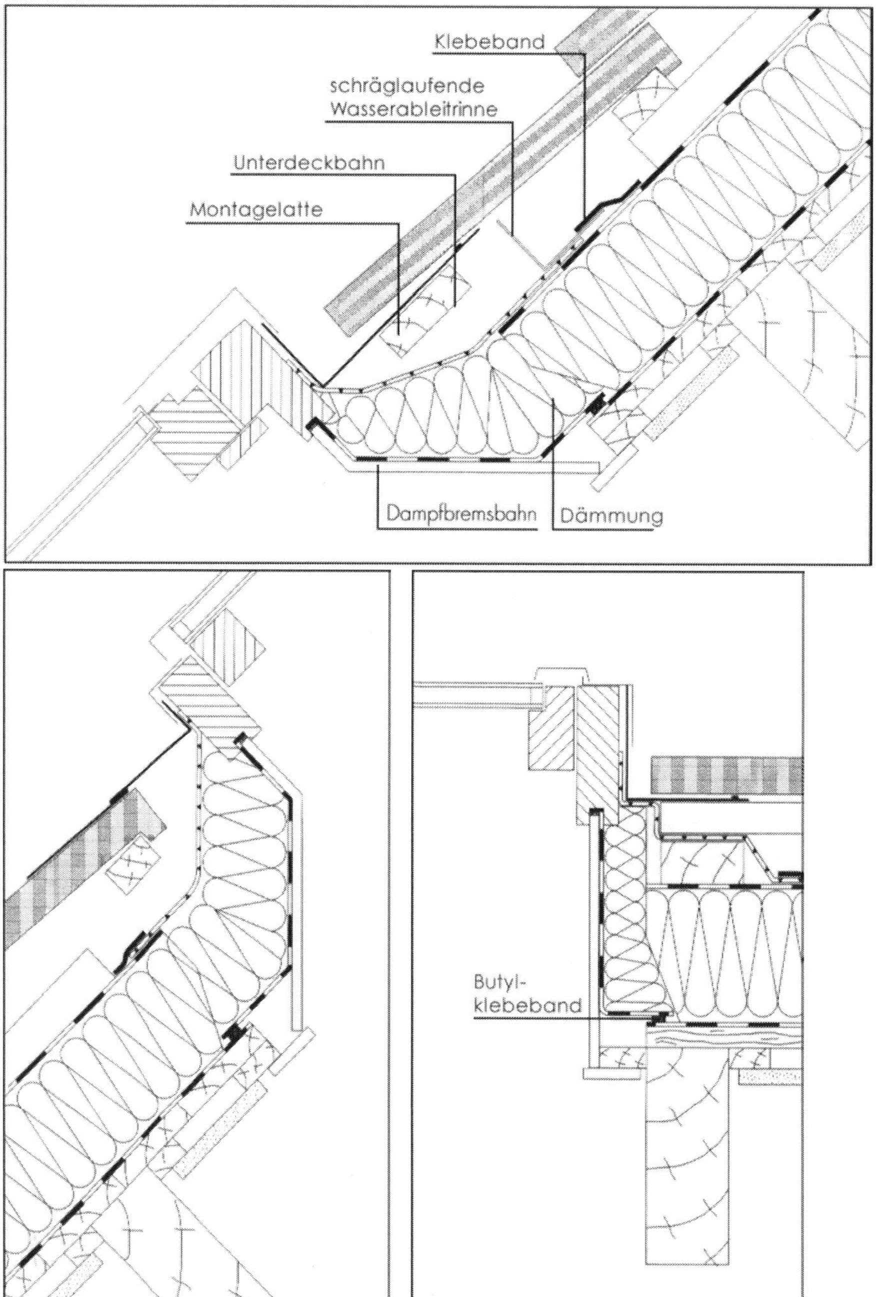

Abb. I.9: Anschluss von Dachflächenfenstern mit separatem Eindeckrahmen an eine Unterdeckbahn in einem Dach mit Zwischensparrendämmung unter Verwendung vorgefertigter Dämmelemente

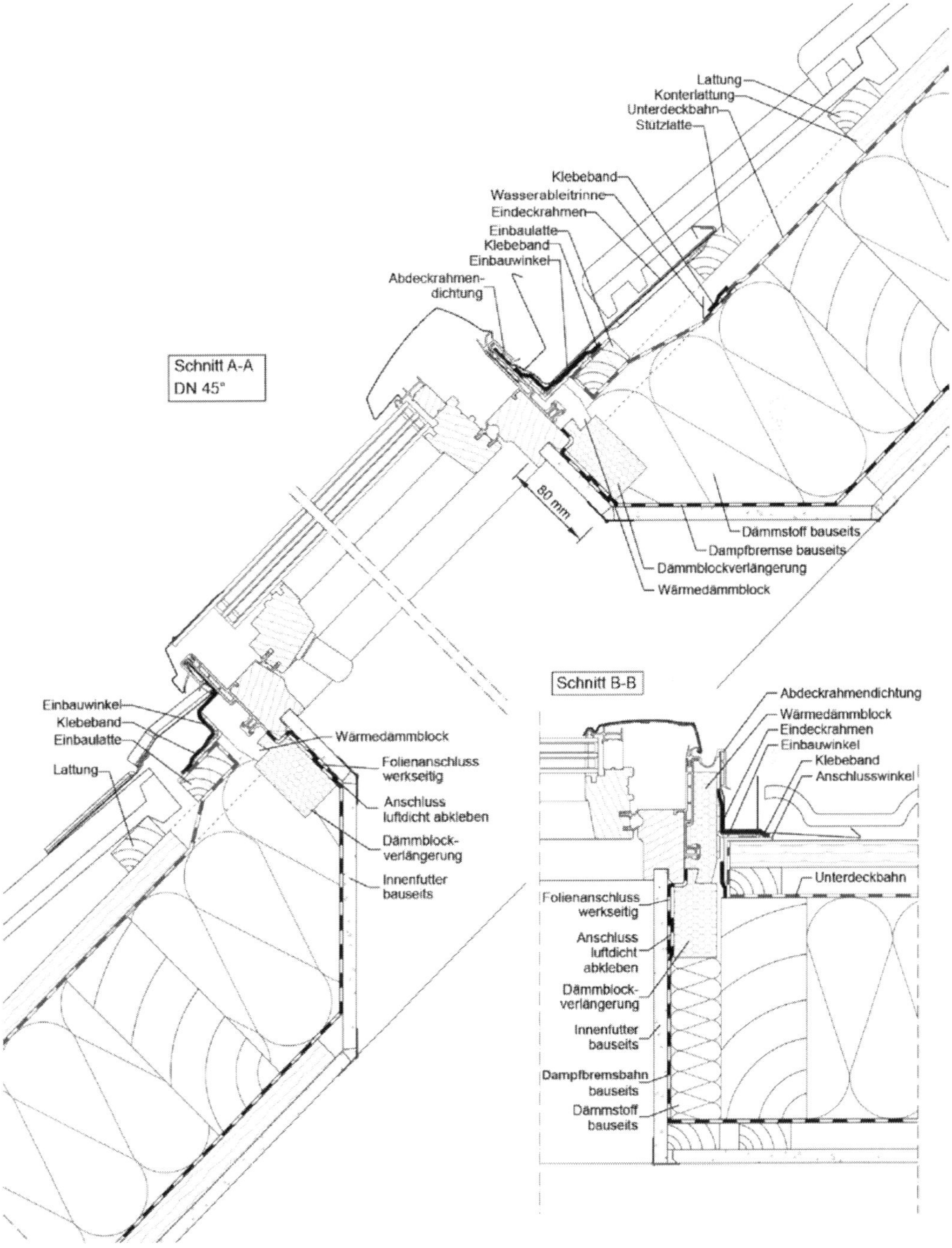

Abb. I.10: Anschluss von Dachflächenfenstern mit separatem Eindeckrahmen an eine Unterdeckbahn in einem Dach mit Zwischensparrendämmung unter Verwendung vorgefertigter Dämmelemente

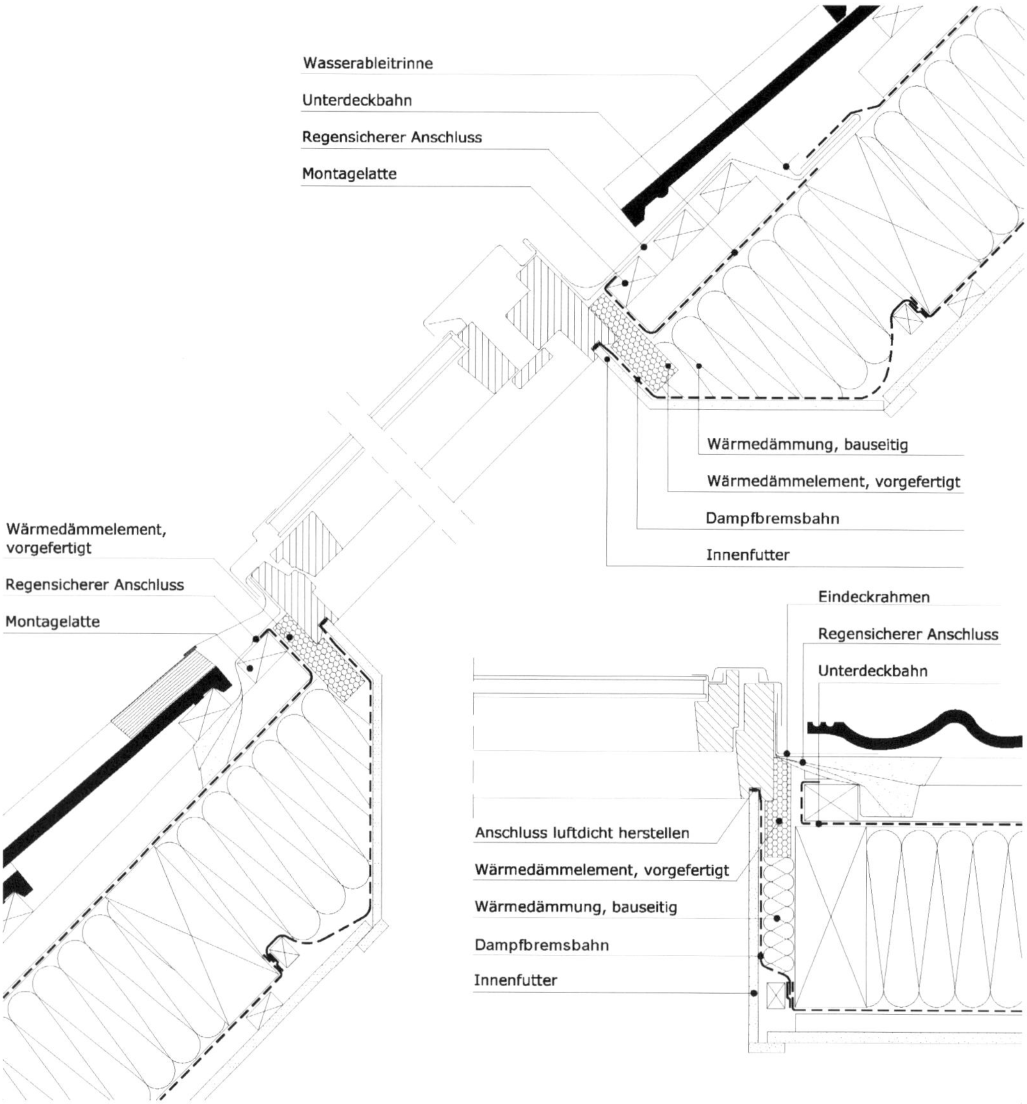

Deutsches Dachdeckerhandwerk
– Regelwerk –

Merkblatt
Solartechnik für
Dach und Wand

Aufgestellt und herausgegeben vom

Zentralverband
des Deutschen Dachdeckerhandwerks
– Fachverband Dach-, Wand- und Abdichtungstechnik – e.V.

Ausgabe April 2011 (mit Änderungen Dezember 2016)

Rudolf Müller

Vorgänger:

Merkblatt Solartechnik für Dach und Wand Juni 2001

© Alle Rechte bei der D + W-Service GmbH für Management, PR und Messewesen, Köln 2011
Nachdruck und Vervielfältigung, auch auszugsweise, nur mit Genehmigung der D + W-Service GmbH und des Verlages gestattet.

Inhaltsverzeichnis

1 Allgemeines

1.1 Geltungsbereich

(1) Dieses Merkblatt gilt für die Planung und die Ausführung von Solaranlagen in und über Dachdeckungen, Dachabdichtungen und Außenwandbekleidungen.

(2) Dieses Merkblatt enthält im Anhang I Grundsätze für die Dimensionierung und die Planung der Solaranlage.

(3) Das Merkblatt wird durch die technischen Herstellerangaben zur Leistung von Solaranlagen ergänzt.

1.2 Begriffe

(1) Solaranlagen gliedern sich in Solarthermie- und Photovoltaikanlagen.

(2) Unter Solarthermie versteht man die Umwandlung der Sonnenenergie in nutzbare Wärmeenergie.

Energiegewinnungsflächen können aus Absorbern (Kollektoren) bestehen (siehe Abb. AII.1).

(3) Photovoltaik ist die direkte Umwandlung von Licht- und/oder Sonnenenergie in Elektrizität. Energiegewinnungsflächen können aus Solarzellen (Modulen) bestehen (siehe Abb. AII.2).

(4) Ein Solardach ist ein Dach, bei dem die Energiegewinnungsfläche den Deckwerkstoff komplett ersetzt (Dachabschlüsse können aus anderen Werkstoffen bestehen).

(5) Eine Solaraußenwand ist eine Außenwand mit einer Energiegewinnungsfläche als gesamte Außenwandbekleidung.

(6) Transparente Solarsysteme: Transparente Solaranlagen erfüllen neben der Energiegewinnung aus Sonnenergie noch weitere Aufgaben, wie z.B. Belichtung, Blendschutz, Wärmeschutz.

(7) Wirkungsgrad: ist der Quotient aus der abgegebenen Energie zur aufgenommenen Sonnenenergie der Energiegewinnungsflächeneinheit in Prozent.

1.3 Konstruktionsarten

1.3.1 Solarthermieanlagen

(1) Die Solarthermieanlage besteht üblicherweise aus:

- Kollektor, Flachkollektor, Vakuumkollektor (Absorber)
- Kreislauf zur Abführung der Wärme (Rohrleitungen)
- Wärmetauscher
- Regeltechnik
- Speicherung

(2) Ein Kollektor nimmt die Wärme aus der Sonnenenergie auf und überträgt diese auf einen Wärmeträger.

(3) Der Wärmetransport erfolgt über die Wärmeträgerflüssigkeit vom Kollektor zum Solarspeicher und wird durch eine Regelung gesteuert.

1.3.2 Photovoltaikanlagen

(1) Die Photovoltaikanlage besteht üblicherweise aus:

- Solarzelle (Modul)
- Ableitungen
- DC-Trennschalter (Gleichstrom-Trennschalter)
- Speicheranlagen (bei netzunabhängigen Anlagen)
- Wechselrichter
- Sicherheitseinrichtungen
- Messeinrichtungen
- Netzeinspeisezähler

(2) Die Energiegewinnungsfläche einer Photovoltaikanlage besteht aus Solarmodulen, die sich aus einzelnen Solarzellen zusammensetzen. Solarzellen können z.B. aus monokristallinem Silizium, polykristallinem Silizium, amorphem Silizium, Gallium-Arsenid, Kadmium-Tellurid, Kupfer-Indium-Diselenid bestehen.

(3) Der gewonnene Gleichstrom (DC) wird mit systembezogenen Solarkabeln zur Schnittstelle (Wechselrichter) der elektrotechnischen Anlage geführt.

(4) Gleichspannung (DC – Direct Current), Wechselspannung (AC – Alternating Current)

(5) kWp = Kilowatt peak, (Nennleistung unter Standardbedingungen, d.h. Zellentemperatur = 25 °C, Bestrahlungsstärke=1000 W/m², Sonnenlichtspektrum AM = 1,5)

1.4 Planungshinweise

(1) Solaranlagen und Montagesysteme sowie deren Einbindung in Dachdeckungen, Dachabdichtungen und Fassaden sollten aufeinander abgestimmt sein.

(2) Im Rahmen der Gewährleistung für die Funktionsfähigkeit des Daches und aller seiner Funktionsschichten sollten die Montagearbeiten von einem für Dacharbeiten im Sinne der Handwerksordnung zugelassenen Fachbetrieb ausgeführt werden.

(3) Die Anschlüsse an die hauseigene Installation müssen von entsprechend zugelassenen Fachbetrieben ausgeführt werden.

(4) Die Montagevorschriften des Solaranlagenherstellers müssen beachtet werden.

(5) Um den maximalen Energieertrag zu erhalten, sollten die Energiegewinnungsflächen sowohl von der Himmelsrichtung als auch vom Neigungswinkel optimal zur Sonne stehen (siehe Abb. AI.2).

(6) Im Neubaubereich sind die erforderlichen Energiegewinnungsflächen bei Dach und Wand in Bezug auf die gesamte Planung zu berücksichtigen.

(7) Bei nachträglichem Ein- bzw. Aufbau einer Solaranlage in, über oder vor die bestehende Dach- bzw. Wandfläche sind die Anforderungen der Dachdeckung, Dachabdichtung oder Außenwandbekleidung nach dem Regelwerk des Deutschen Dachdeckerhandwerks zu beachten. Insbesondere müssen der Wärmeschutz und die Tragfähigkeit geprüft werden.

Der Zustand der vorhandenen Dachdeckung, Dachabdichtung oder Außenwandbekleidung soll berücksichtigt werden.

(8) Die Lüftungsebene unterhalb der Dachdeckung und hinter der Wandbekleidung darf durch den Einbau einer Energiegewinnungsfläche nicht auf ein unzulässiges Maß eingeschränkt werden.

(9) Bei der Integration von Solaranlagen in die Dachdeckung, Dachabdichtung oder Außenwandbekleidung ist eine Hinterlüftung nach Angaben des Herstellers einzuhalten.

(10) Da an der Unterseite von Indachsolaranlagen erhöhte Temperaturen entstehen, muss mit einer erhöhten thermischen Belastung der Unterkonstruktion gerechnet werden.

Die Herstellerangaben sind zu beachten.

(11) Energiegewinnungsflächen müssen windsogsicher befestigt bzw. verankert werden.

(12) Bei Photovoltaikanlagen sollten Verschattungen durch Bäume, Häuser, Schornsteine, Dachaufbauten, Freileitungen, Blitzschutzfangstangen usw. vermieden werden, da sie zu Leistungsverlusten führen und Störungen hervorrufen können. Bei Solarthermieanlagen führen die oben genannten Situationen zu Leistungseinschränkungen.

(13) TRGS 519: In und auf Dächern und Außenwandbekleidungen aus Asbestzement dürfen keine Solaranlagen eingebaut werden.

(14) Bewegungsfugen in Gebäuden sind bei der Anordnung von Solaranlagen zu beachten.

2 Werkstoffe und Anforderungen

2.1 Allgemeines

(1) Alle Teile einer Solaranlage müssen aufeinander abgestimmt und die Werkstoffe untereinander verträglich sein.

(2) Auf- oder Indachsysteme stellen eine erhöhte Anforderung dar und erfordern auch bei Einhaltung der Regeldachneigung geeignete Zusatzmaßnahmen zur Regensicherheit („Merkblatt Unterdächer, Unterdeckungen und Unterspannungen", Abschnitt 1.3(4),(12)).

(3) Zusatzmaßnahmen werden in Abhängigkeit von der Gebäudeart zugeordnet. Untergeordnete Gebäude wie z.B. Carport, Scheunen, Lagerschuppen u.a. haben einen geringeren Schutzbedarf bezogen auf die Regensicherheit. Die Zusatzmaßnahme ist für den Einzelfall zu vereinbaren.

2.2 Beanspruchung von Dächern und Fassaden mit Solaranlagen

Bei aufgeständerten und integrierten Energiegewinnungsflächen werden Anlagenteile verwendet, die eine ausreichende Trag- und Zugfestigkeit haben müssen. Die Trag- und Zugfestigkeit der Energiegewinnungsanlagen muss unter Berücksichtigung der DIN 1055 nachgewiesen werden (z.B. Befestigung, Auflast).

2.2.1 Windlasten

(1) Für die Bemessung der Montagesysteme von Solaranlagen ist die DIN 1055-4 zugrunde zu legen.

(2) Die Randbereiche eines Daches, wie Traufe, Ortgang, Grat und First sind besonders gefährdet.

(3) Der statische Nachweis ist vom Hersteller der Solaranlage zu führen.

Dieser muss den Nachweis für die Tragfähigkeit des Kollektors, bzw. Moduls, des Montagesystems bis zur Befestigung im bzw. am Gebäude unter Berücksichtigung des vorhandenen Untergrundes (z.B. Holz, Holzwerkstoffe, Stahlkonstruktion, Stahltrapezblech, Stahlbeton, Falzdach) nach den gültigen Vorschriften erbringen.

(4) Für den Nachweis der Tragfähigkeit der Gebäudekonstruktion ist der Bauherr bzw. Auftraggeber verantwortlich.

Gegebenenfalls muss ein Einzelnachweis geführt werden.

2.2.2 Schneelasten

(1) Für die Bemessung der Montagesysteme von Solaranlagen ist die DIN 1055-5 zugrunde zu legen.

(2) Der statische Nachweis ist vom Hersteller der Solaranlage zu führen.

(3) Dieser muss den Nachweis für die Tragfähigkeit des Kollektors, bzw. Moduls, des Montagesystems bis zur Befestigung im bzw. am Gebäude unter Berücksichtigung des vorhandenen Untergrundes (z.B. Holz, Holzwerkstoffe, Stahlkonstruktion, Stahltrapezblech, Stahlbeton, Falzdach) nach den gültigen Vorschriften erbringen.

(4) Für den Nachweis der Tragfähigkeit der Gebäudekonstruktion ist der Bauherr bzw. Auftraggeber verantwortlich.

Gegebenenfalls muss ein Einzelnachweis geführt werden.

(5) Die durch den Einbau von Solaranlagen bestehende erhöhte Gefahr des Abrutschens von Schnee und Eis sollte beim Planen bzw. Einbau von Schneerückhaltesystemen berücksichtigt werden.

2.3 Wasserdichte Unterkonstruktion

(1) Unter Solaranlagen, welche die Deckwerkstoffe flächig ersetzen und deren fachregelkonforme Regensicherheit herstellerseitig nicht gegeben ist, sind wasserdichte Unterdächer anzuordnen.

(2) Der traufseitige Bereich ist mindestens als regensicheres Unterdach auszubilden („Merkblatt Unterdächer, Unterdeckungen und Unterspannungen", Abschnitt 1.3 (12)).

2.4 Bestehende Deckung

Bestehende Dachdeckungen, Dachabdichtungen und Außenwandbekleidungen sind auf Funktionalität, Beständigkeit und Eignung bzgl. der zu erwartenden Lebensdauer bei aufgeständerten Solaranlagen zu überprüfen.

2.5 Befestigung

Zu empfehlen sind korrosionsbeständige Materialien.

Bei verzinktem Stahl sollte ein dauerhafter Korrosionsschutz sichergestellt werden.

Schrauben und andere Kleinmaterialien sollen aus Edelstahl bestehen, mindestens muss ein dauerhafter Korrosionsschutz sichergestellt sein.

Befestigungen, die der freien Bewitterung ausgesetzt sind, müssen korrosionsbeständig sein.

2.6 Leitungssysteme für Solarthermie

Geeignete Rohrleitungssysteme und Verbindungen zu Regel- und Messeinrichtungen müssen im Außenbereich UV- und witterungsbeständig sein.

2.7 Leitungssysteme für Photovoltaikanlagen

Geeignete systembezogene Gleichstromkabel für PV-Anlagen müssen

- kurzschluss- und erdschlusssicher,
- UV- und witterungsbeständig,
- temperaturbeständig (ca. -40 °C bis +120 °C)

sein.

3 Ausführung

3.1 Allgemeines

(1) Die Montage von Solaranlagen, einschließlich Anschluss von Durchdringungen, z.B. Verkabelung, Verrohrung, müssen entsprechend den jeweiligen Regelwerksteilen des Deutschen Dachdeckerhandwerks ausgeführt werden.

(2) Bei Lichteinwirkung auf PV-Module liegt sofort eine Spannung an, die je nach Größe und Schaltung der Module bis zu 1000 Volt betragen kann (Achtung: Lebensgefahr).

(3) Die Befestigung von Solaranlagen auf Dächern und an Außenwänden muss statisch geprüft und der Kraftverlauf bis in die Tragkonstruktion nachgewiesen werden.

3.2 Solaranlagen bei Dachdeckungen

3.2.1 Dachaufständerung bei Dachdeckungen (Aufdachsystem)

(1) Die Aufständerung dient der Aufnahme der Energiegewinnungsfläche. Sie besteht aus vorgefertigten Elementen, die auftretende Kräfte (Eigengewicht, Wind, Schnee etc.) auf die Unterkonstruktion übertragen.

(2) Für die Aufständerung einer Energiegewinnungsfläche sind verschiedene Systeme möglich, z.B. Schienen- und Trägerelemente aus verschiedenen Werkstoffen, die mindestens feuerverzinkt sind. Die Befestigungen müssen mindestens korrosionsgeschützt, bei freier Bewitterung korrosionsbeständig sein.

(3) Die Aufständerungselemente sind auf die jeweilige Dachdeckung, die Dachneigung und auf die örtlichen Gegebenheiten abzustimmen.

(4) Bei aufgeständerten Energiegewinnungsflächen muss die Funktionsfähigkeit der darunter liegenden Deckung gewährleistet sein.

(5) Der Mindestabstand zwischen Oberkante Dachdeckung und Unterseite Energiegewinnungsfläche darf 60 mm bzw. die Herstellerangaben nicht unterschreiten.

Der Mindestabstand begründet sich durch die anlagenspezifisch erforderliche Hinterlüftung.

3.2.2 Dachintegrierte Solaranlagen (Indachsystem)

(1) Integrierte Energiegewinnungsflächen werden wie Einbauteile in die Dachdeckung eingebaut und sind regensicher an diese anzuschließen. Sie bestehen aus:

- Solarelementen
- Eindeckrahmen
- Abdeckungen.

(2) Bei der Wahl der Eindeckrahmen ist die Verträglichkeit der Werkstoffe untereinander zu beachten (siehe „Fachregel für Metallarbeiten im Dachdeckerhandwerk").

(3) Anschluss an ein Unterdach

Das „Merkblatt für Unterdächer, Unterdeckungen und Unterspannungen" ist zu beachten.

(4) Anschluss an die Dachdeckung

Indachsysteme von Solaranlagen haben einen allseitigen zur Deckung passenden Anschlussrahmen. Bei industriell hergestellten Anschlussrahmen kann von den Mindestmaßen der „Fachregeln für Metallarbeiten im Dachdeckerhandwerk" abgewichen werden, wenn die Funktionsfähigkeit der Anschlussrahmen durch praxisnahe Versuche nachgewiesen und durch Langfristerfahrung bewährt sind.

3.2.3 Solardach

Die Energiegewinnungsfläche ersetzt die Dachdeckung vollständig. An- und Abschlüsse können mit anderen Materialien hergestellt werden.

3.2.4 Transparente Solarsysteme bei Dachdeckungen

Transparente Solarsysteme bei Dachdeckungen erfüllen neben der Energiegewinnung noch weitere Aufgaben, z.B.: Belichtung, Blendschutz, Wärmeschutz.

3.3 Solaranlagen bei Dachabdichtungen

3.3.1 Dachaufständerung bei Dachabdichtungen (Aufdachsystem)

(1) Die Energiegewinnungsflächen können auf bauseits vorhandenen und in die Dachabdichtung eingebundenen Sockel oder Stützen angebracht werden.

(2) Außerdem können sie auch freistehend auf lastverteilende Unterlagen aufgestellt werden. Diese Unterlagen können z.B. Wannen sein, die mit Auflast (z.B. Kies oder Plattenbelag) beschwert werden. Generell sind erforderliche Schutzlagen für Dachabdichtungen (siehe „Fachregel für Abdichtungen") unter den Solaranlagen vorzusehen. Die statische Belastbarkeit der Tragkonstruktion und des Dachaufbaus (Druckfestigkeit der Wärmedämmung u.a.) ist zu beachten.

(3) Die Aufständerung dient der Aufnahme, Ausrichtung und Neigungsgebung der Solaranlage. Somit können diese auch optimiert nachgeführt werden.

(4) Bei aufgeständerten Energiegewinnungsflächen muss die Funktionsfähigkeit der darunter liegenden Dachabdichtung gewährleistet sein. Ein Anstauen von Niederschlagswasser ist zu vermeiden.

3.3.2 In die Dachabdichtung integrierte Solaranlage (Indachsystem)

(1) Integrierte Energiegewinnungsflächen werden wie Einbauteile in die Dachabdichtung eingebaut.

(2) Integrierte Energiegewinnungsflächen können auch auf die Dachabdichtungswerkstoffe abgestimmte und/oder integrierte Solarelemente sein, die als System mit den Dachabdichtungswerkstoffen verlegt werden.

3.4 Solaranlagen bei Außenwandbekleidungen

3.4.1 Allgemeines

Solaranlagen bei Außenwandbekleidungen werden nach statischem Nachweis mit systembedingten, korrosionsbeständigen Befestigungen an der tragenden Unterkonstruktion befestigt bzw. verankert und eingebaut.

3.4.2 Solaranlagen vor der Außenwandbekleidung

(1) Die Energiegewinnungsflächen werden vor der Außenwandbekleidung an Halterungen oder Konsolen befestigt, die die Bekleidung durchdringen.

(2) Die Ausrichtung der Energiegewinnungsflächen kann durch neigungsgerechte Halterungen oder Konsolen optimiert werden.

(3) Bei Solaranlagen vor der Außenwandbekleidung muss die Funktionsfähigkeit der darunter liegenden Bekleidung gewährleistet sein. Der Mindestabstand zwischen Oberkante Bekleidung und Unterseite Element von 60 mm bzw. gemäß Herstellerangaben darf nicht unterschritten werden.

Der Mindestabstand begründet sich durch die anlagenspezifisch erforderliche Hinterlüftung.

3.4.3 In die Außenwandbekleidung integrierte Solaranlage

(1) Integrierte Energiegewinnungsflächen werden wie Einbauteile systemgerecht in die Außenwandbekleidung eingebaut.

(2) In die Außenwandbekleidung integrierte Solaranlagen bestehen aus:

- Solarelementen
- Anschlussrahmen
- Abdeckungen.

(3) Bei der Wahl der Anschlussrahmen ist die Verträglichkeit der Werkstoffe untereinander zu beachten (siehe „Fachregel für Metallarbeiten im Dachdeckerhandwerk").

3.4.4 Solaraußenwand

Die Energiegewinnungsfläche ersetzt die Außenwandbekleidung vollständig. An- und Abschlüsse können mit anderen Materialien hergestellt werden.

3.4.5 Transparente Solarsysteme in Außenwänden

Transparente Solarsysteme bei Außenwänden erfüllen neben der Energiegewinnung noch weitere Aufgaben, z.B. Belichtung, Blendschutz, Wärmeschutz.

3.5 Solaranlagen auf Metalldächern

(1) Die berechnete Anzahl Hafte pro m² berücksichtigt die bei Metalldeckungen auftretenden Lasten ohne die durch Solaranlagen zusätzlich auftretenden Lasten. Sind weitere einwirkende Kräfte zu berücksichtigen, z.B. nachträglicher Einbau von Solaranlagen, ist ein Nachweis zu führen.

(2) Die Befestigung von Solaranlagen an Metalldeckungen muss statisch geprüft und der Kraftverlauf bis in die Tragkonstruktion nachgewiesen werden.

(3) Der Mindestabstand zwischen Oberkante Bekleidung und Unterseite Element von 60 mm bzw. gemäß Herstellerangaben darf nicht unterschritten werden.

Der Mindestabstand begründet sich durch die anlagenspezifisch erforderliche Hinterlüftung.

(4) Bei Metalldeckungen in Stehfalztechnik ist als Bezugsebene die Wasser führende Ebene anzusehen.

Zu unterscheiden sind:

- Selbsttragende Metalldeckungen
- Nicht selbsttragende Metalldeckungen

4 Brandschutz

(1) Bauliche Anlagen sind so anzuordnen, zu errichten, zu ändern und instand zu halten, dass der Entstehung eines Brandes und der Ausbreitung von Feuer und Rauch vorgebeugt wird und bei einem Brand die Rettung von Menschen und Tieren sowie wirksame Löscharbeiten möglich sind (Musterbauordnung, §14).

Baustoffe, die nicht mindestens normalentflammbar sind (leichtentflammbare Baustoffe) dürfen nicht verwendet werden (Musterbauordnung, §26).

Die Landesbauordnungen und die DIN 4102 „Brandverhalten von Baustoffen und Bauteilen" sind einzuhalten.

(2) Brandabschnitte von Gebäuden sind bei der Anordnung von Solaranlagen zu beachten.

(3) Äußerer Brandschutz: gegen Flugfeuer und strahlende Wärme widerstandsfähige Bedachung (harte Bedachung) nach DIN 4102-4 oder Prüfzeugnis nach DIN 4102-7.

(4) Für die rechtliche Absicherung der am Bau Beteiligten hinsichtlich einer einwandfreien Planung und Ausführung sind die Herstellervorschriften einzuhalten. In diesem Zusammenhang wird auf die DIN EN 10204 „Metallische Erzeugnisse - Arten von Prüfbescheinigungen" hingewiesen (siehe auch DIN 18234).

(5) DIN VDE 0126-21 „Photovoltaik im Bauwesen" (VDE 0126-21:2007-07) gilt für gebäudeintegrierte Photovoltaikanlagen.

Sie ist nicht für additive Photovoltaik anwendbar.

Additive Photovoltaik: PV-Module sind an oder auf einem Bauteil der Gebäudehülle montiert und übernehmen neben der Funktion der Stromerzeugung keine zusätzliche Funktion des Bauteils.

(6) Für die Brandbekämpfung ist es vorteilhaft, durch ein Hinweisschild an gut sichtbarer Stelle darauf hinzuweisen, dass sich auf dem Gebäude eine Solaranlage (PV–Anlage) befindet. Die Position der Wechselrichter und ein Kabelverlegeplan sollten vermerkt sein.

5 Blitzschutz

(1) Für öffentliche Gebäude ist in den Bauordnungen ein Blitzschutz vielfach vorgeschrieben.

(2) Der Verband der Sachversicherer verlangt in der Richtlinie zur Schadensverhütung (VdS 2010) einen Blitz- und Überspannungsschutz für Photovoltaikanlagen mit einer Größe von mehr als 10 kWp.

5.1 Gebäude ohne bestehende Blitzschutzanlage

Durch die Installation einer Solaranlage wird i.d.R. das Gefährdungspotenzial für direkte Blitzeinschläge nicht erhöht, solange nicht Teile der Anlage wesentlich über das Gebäude herausragen.

5.2 Gebäude mit bestehender Blitzschutzanlage

(1) Gebäude mit Äußerem Blitzschutz und Einhaltung des Trennungsabstands (siehe Abb. AII.5.1 und AII.5.2)

Solaranlagen sind durch getrennte Fangeinrichtungen (d.h. neben der zu schützenden Anlage aufgestellte Fangstangen) vor direkten Blitzschlägen zu schützen. Dabei ist der notwendige Trennungsabstand zwischen Solaranlage und äußerem Blitzschutz zu beachten.

(2) Kann der Trennungsabstand nicht eingehalten werden, muss eine direkte leitfähige Verbindung zwischen dem Äußeren Blitzschutz und den metallenen PV-Komponenten hergestellt werden. Die Auswirkungen der in das Innere der baulichen Anlage eingekoppelten Ströme sind zu beachten und der Blitzschutz-Potenzialausgleich ist durchzuführen.

(3) Bei einem Gebäude mit bestehendem Blitzschutz muss geprüft werden, welche Umbau- bzw. Anpassungsmaßnahmen durch die Solaranlage verursacht werden.

(4) Verschattungen durch Blitzfangeinrichtungen können Ertragsverluste bewirken und sollten vermieden werden.

(5) Der Anschluss einer Solaranlage an Blitzschutzanlagen muss grundsätzlich mit dem Hersteller abgestimmt werden, da ansonsten die Gefahr des Verlustes der Herstellergarantie besteht. Installationen an der Blitzschutzanlage dürfen nur von einer Blitzschutz-Fachkraft ausgeführt werden.

(6) Die VDE Bestimmungen müssen beachtet werden.

(7) Das „Merkblatt Äußerer Blitzschutz auf Dach und Wand“ ist zu berücksichtigen.

6 Versicherung

Dem Auftraggeber einer Solaranlage wird empfohlen, diese gegen eventuelle Ausfälle, Schäden und Haftung zu versichern.

7 Pflege, Wartung, Inspektion, Reparaturen

(1) Der Abschluss eines Wartungsvertrags sowie Reparaturen sollten von einem Fachbetrieb ausgeführt werden.

Überprüft werden sollte:

- Verschmutzung
- Verschattung
- Schneelage und Eisbildung
- Rahmen
- Befestigungen
- Beschädigungen
- Verbindungen
- elektrische Bauteile und Anlagen

(2) Dach- und Wandflächen mit Solaranlagen sollten regelmäßig inspiziert werden. Hierfür wird der Abschluss eines Inspektions- oder Wartungsvertrags empfohlen. Regelmäßige Kontrolle kann die Energiegewinnung erhalten, die Nutzungsdauer verlängern.

(3) Die Unfallverhütungsvorschriften der Bauberufsgenossenschaften sind zu beachten.

(4) PV- und Solarthermieanlagen sind i.d.R. nicht begehbar.

(5) Bei Lichteinwirkung auf PV-Module liegt sofort eine Spannung an, die je nach Größe und Schaltung der Module bis zu 1000 Volt betragen kann.

8 Entsorgung

Im Entsorgungsfall sind Herstellerangaben und Umweltbestimmungen zu beachten.

9 Baurechtliche Vorschriften, Normen, Genehmigungen

(1) Solaranlagen unterliegen als Bauprodukte den Anforderungen der Landesbauordnungen.

(2) PV-Anlagen und Solarthermieanlagen, die nicht nach der Liste der technischen Baubestimmungen nachgewiesen werden können, bedürfen

- einer allgemeinen bauaufsichtlichen Zulassung,
- eines allgemeinen bauaufsichtlichen Prüfzeugnisses
- oder einer Zustimmung im Einzelfall.

(3) Alle öffentlich rechtlichen Vorschriften sind einzuhalten, z.B.:

- Bauproduktengesetz
- EEG-Gesetz
- LBO
- Örtliche Bestimmungen
- Denkmalschutzrecht
- EnEV
- Bebauungsplan

(4) Wichtige Normen und Vorschriften für Photovoltaikanlagen, z.B.:

- DIN VDE 0100 „Errichten von Starkstromanlagen mit Nennspannungen bis 1000 V“ - alle relevanten Teile
- DIN VDE 0105 Teil 100 „Betrieb von elektrischen Anlagen“
- DIN EN 62305 (VDE 0185-305) „Blitzschutz“ - alle relevanten Teile
- VDE 0298 Teil 4 „Gummiisolierte Leitungen mit Nennspannungen bis 450/750 V“
- E DIN VDE 0126-21 „Photovoltaik im Bauwesen“
- VDI 6012 Blatt 2 „Dezentrale Energiesysteme im Gebäude - Photovoltaik“

Unfallverhütungsvorschriften

- BGV A2 „Elektrische Anlagen und Betriebsmittel“
- BGV C22 „Bauarbeiten“

Richtlinien des Verbandes der Sachversicherer

Anhang I

Grundsätze für die Dimensionierung und Planung einer Solaranlage

Checklisten

In die Dimensionierung und die Planung einer Solaranlage fließen folgende Einflüsse ein:

- Lage des Objektes (siehe Abb. AI.1)
- Dachneigung und Ausrichtung (siehe Abb. AI.2 und Abb. AI.3)
- Verbrauch (siehe Abb. AI.4)
- Bemessungsfläche von Kollektoren (siehe Abb. AI.5)

Für die Einflussgrößen sind in den folgenden Abbildungen Abhängigkeiten beispielhaft angegeben. Eine Solaranlage muss immer objektbezogen dimensioniert und geplant werden.

Sonnenscheinzone	Durchschnittliche jährliche Sonnenscheindauer in h	Durchschnittliche jährliche Globalstrahlung in kWh/m²
I	< 1500	ca. 920
II	1500 - 1700	ca. 1030
III	1700 - 1900	ca. 1150

Abb. AI.1: Durchschnittliche Sonnenstunden pro Jahr

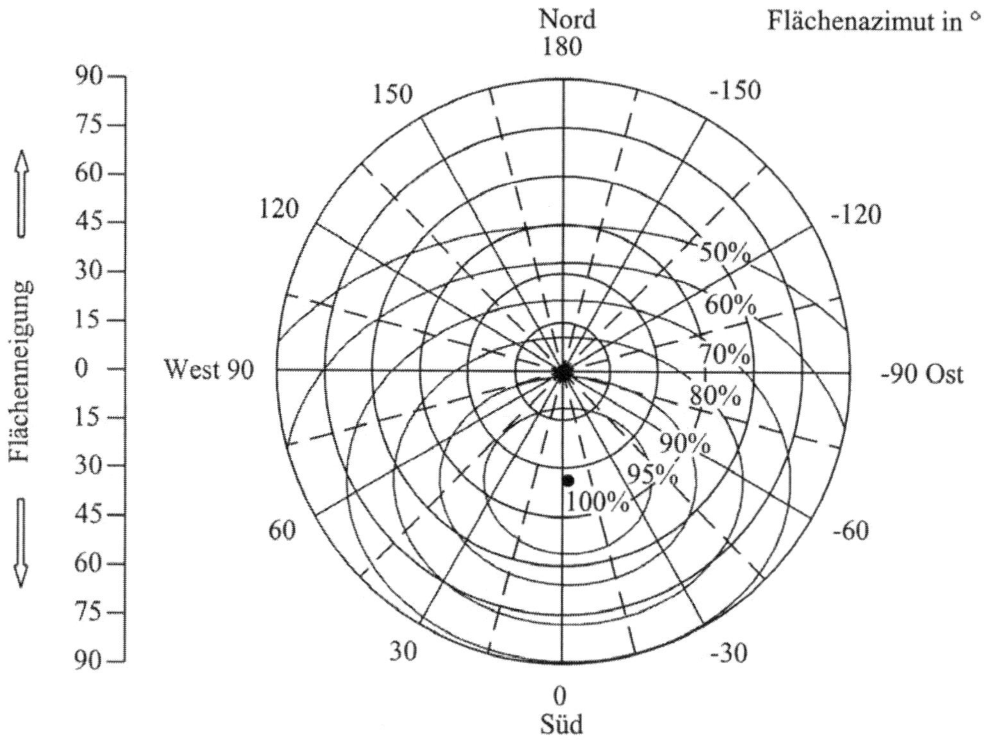

Abb. AI.2: Einfluss der Dachneigung und der Himmelsrichtung auf die Ausnutzung der eingestrahlten Sonnenenergie im Sommer

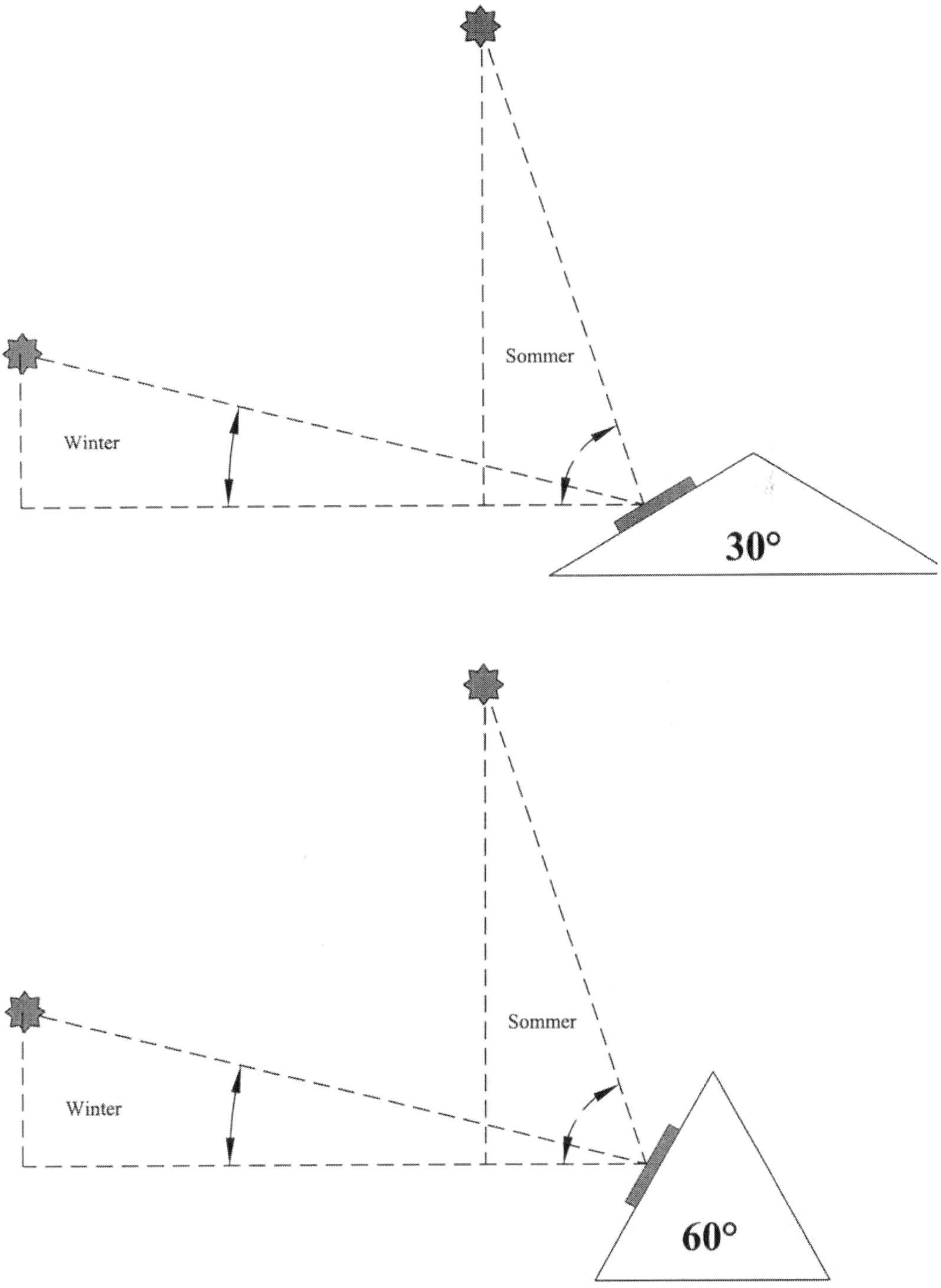

Abb. AI.3: Optimale Dachneigung abhängig vom Sonnenstand

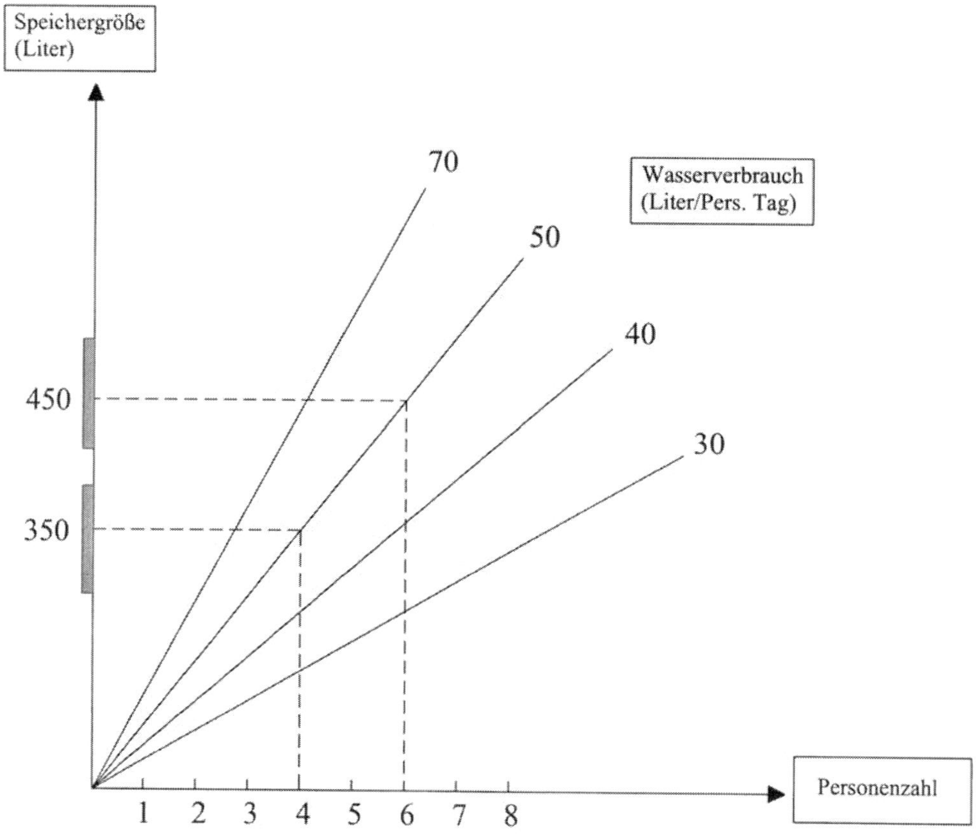

Abb. AI.4: Abhängigkeit der Warmwasserspeichergröße von Personenzahl und Verbrauch bei Warmwassererzeugungsanlagen

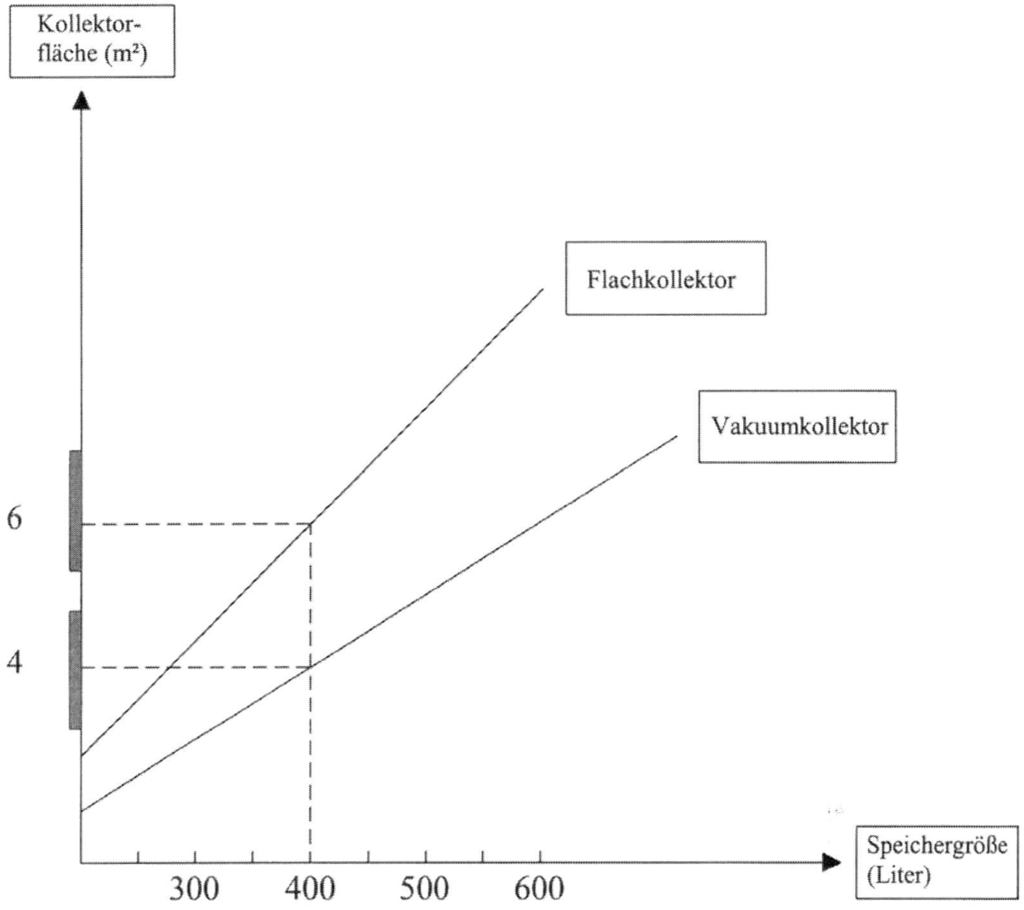

Abb. AI.5: Notwendige Kollektorfläche in Abhängigkeit von der vorhandenen Speichergröße (Beispiel)

Anhang II: Abbildungen

Detailskizzen

Die folgenden Skizzen von Dachdetails sind Beispiele für die Arbeitsausführung. Sie sind nicht maßstabsgetreue bildliche Darstellungen der einzelnen Techniken und dienen der Veranschaulichung der textlichen Beschreibung.

Verzeichnis der Abbildungen

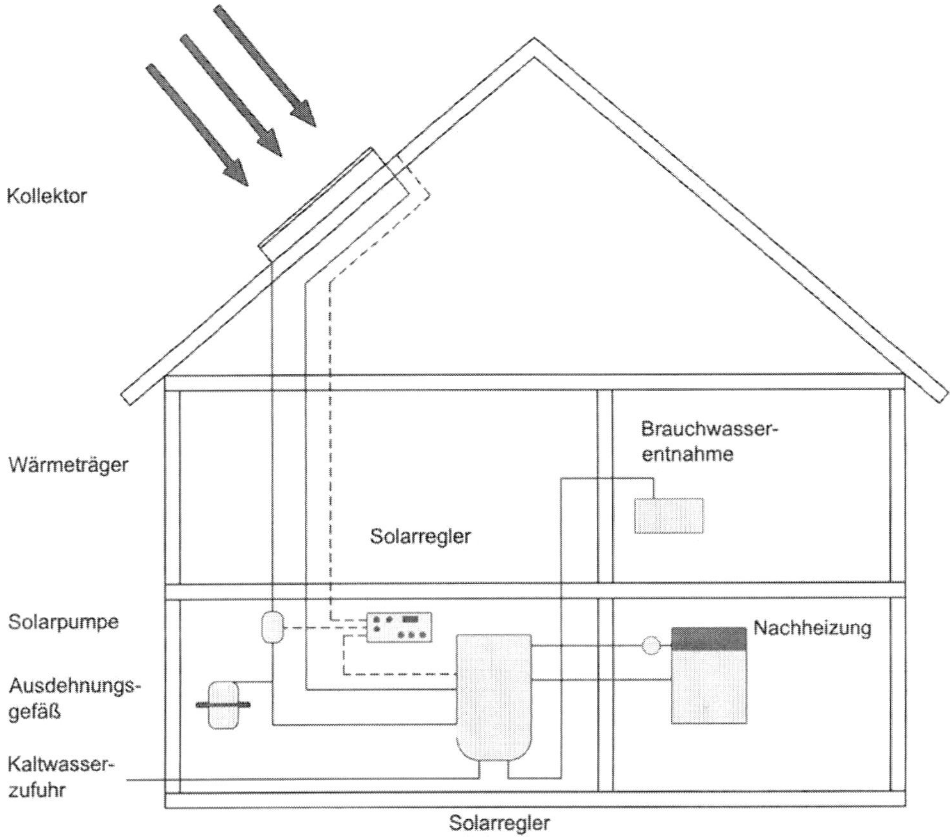

Abb. AII.1: Solarthermie-System

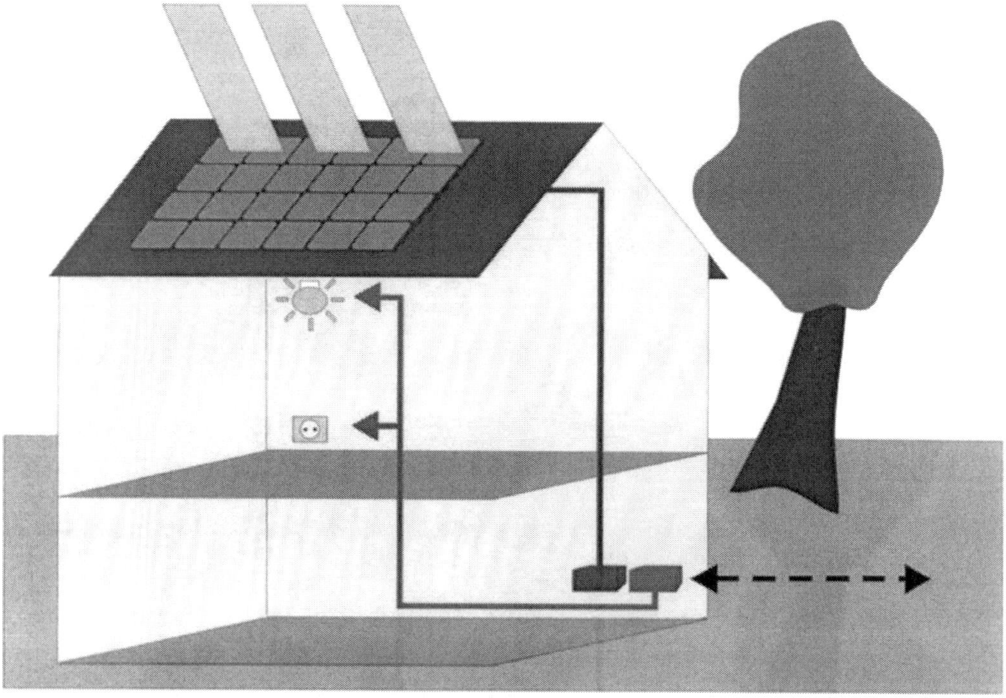

Solargenerator

Gleichstrom-Hauptrichtung

Wechselrichter

Stromkreisverteiler und Zähler

Verbraucherstromkreis (Wechselstrom)

Einspeisung in das öffentliche Netz/Bezug aus dem öffentlichen Netz

Vom Solargenerator fließt der Strom über den Wechselrichter, der aus Gleichstrom Wechselstrom macht, in den Stromkreis des Hauses.

Abb. AII.2: Photovoltaik-System

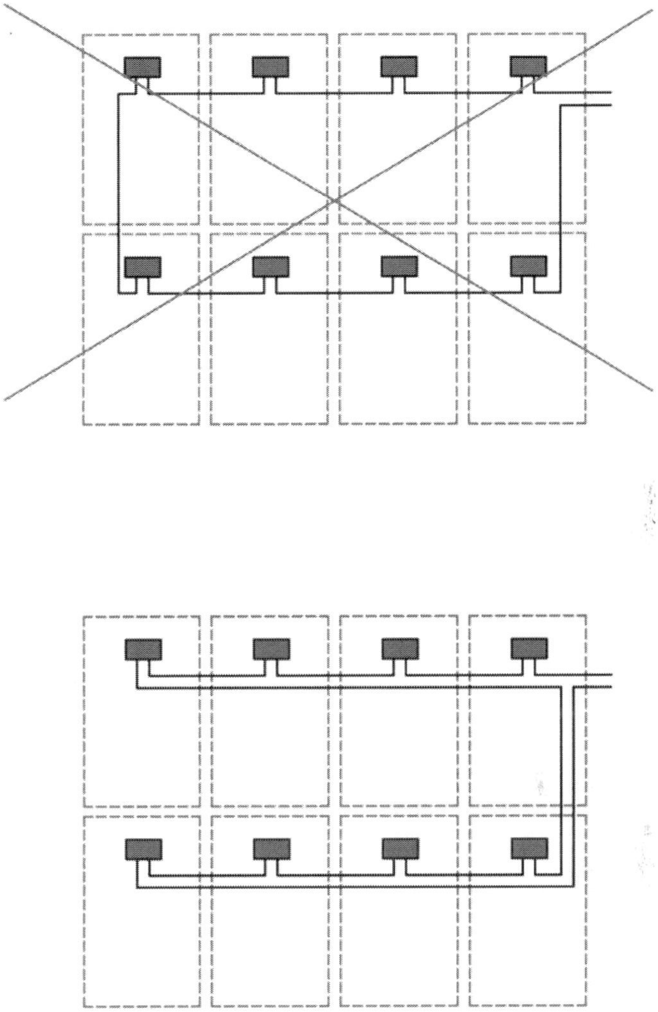

Abb. AII.2.1: Schaltung von PV-Modulen zur Verringerung der induktiven Einwirkung eines Blitzes

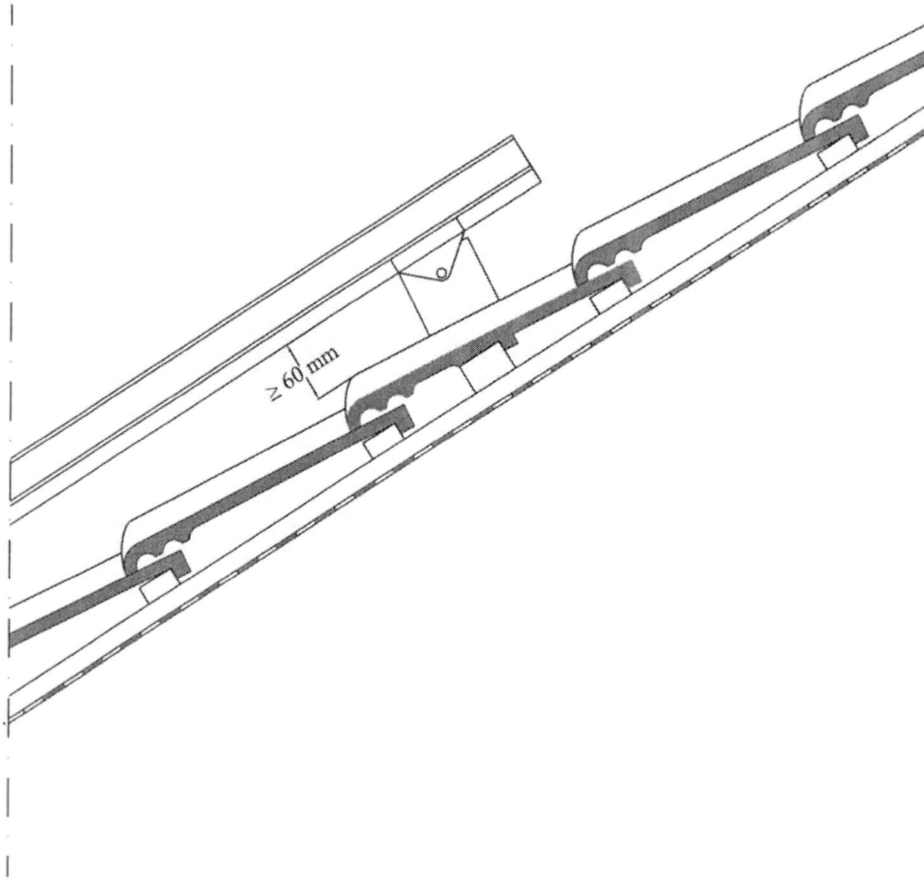

Mindestabstand zwischen Oberkante Dachdeckung und Unterseite Energiegewinnungsfläche ≥ 60 mm bzw. gemäß Herstellerangaben

Abb. AII.3: Dachaufständerung bei Dachdeckungen

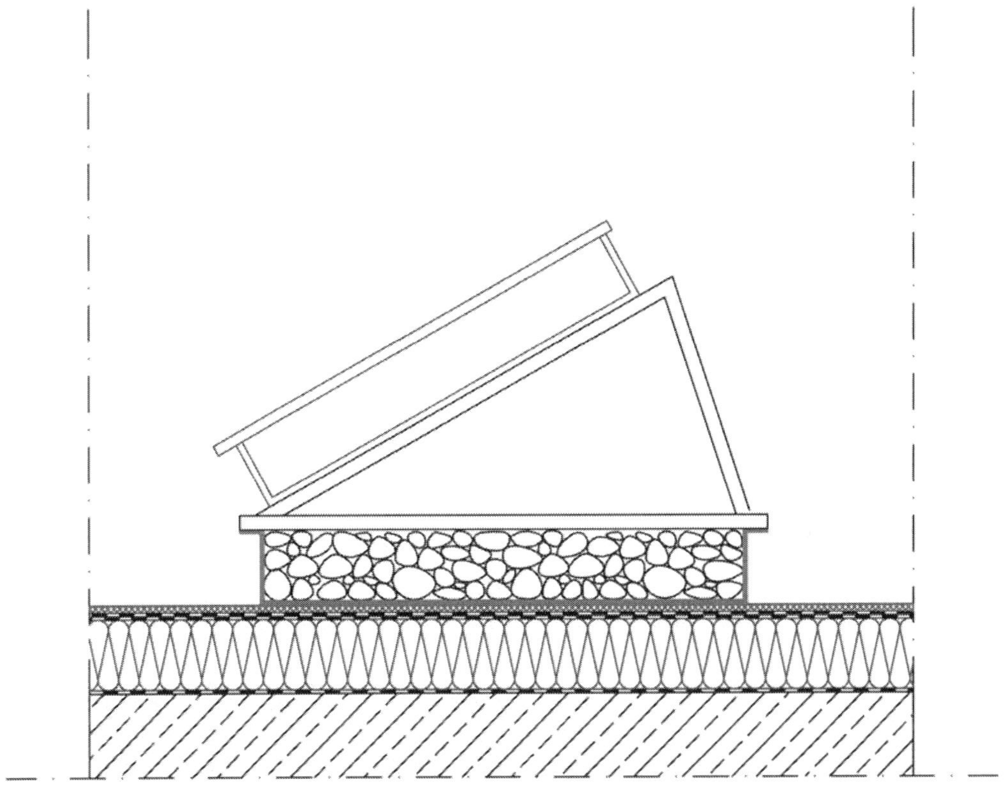

Abb. AII.4: Dachaufständerung bei Dachabdichtungen

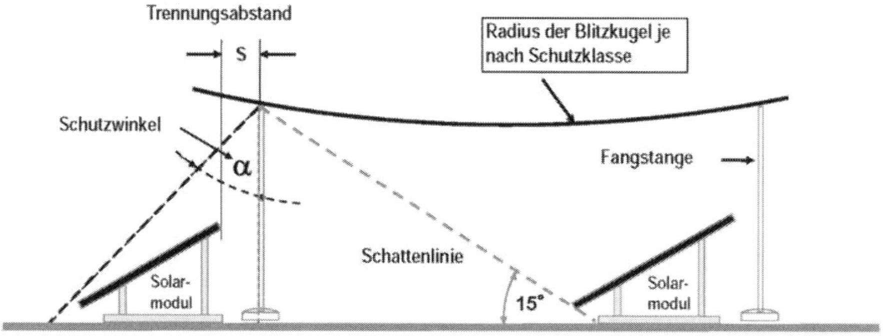

Abb. AII.5.1: Fangeinrichtung mit Fangstangen (Beispiel mit Solaranlage)

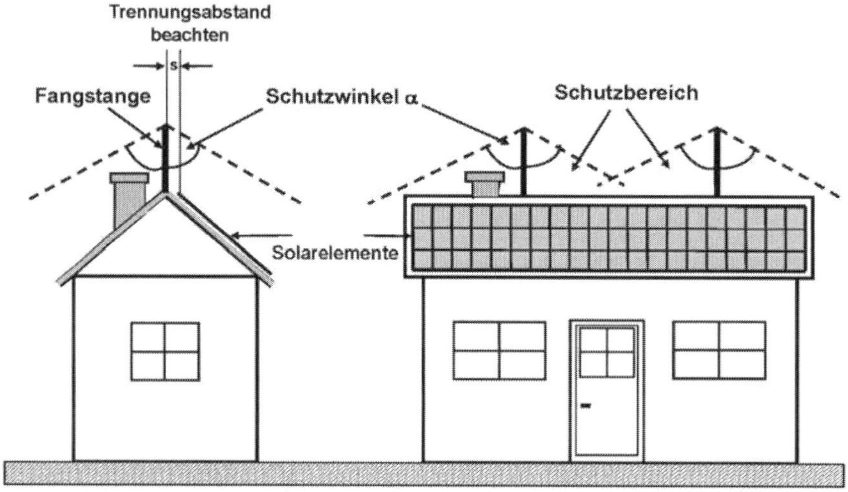

Abb. AII.5.2: Blitzschutz Solaranlage

Deutsches Dachdeckerhandwerk
– Regelwerk –

Merkblatt zur Bemessung von Entwässerungen

Aufgestellt und herausgegeben vom

Zentralverband
des Deutschen Dachdeckerhandwerks
– Fachverband Dach-, Wand- und Abdichtungstechnik – e.V.

Ausgabe April 2023

RM Rudolf Müller

Vorgänger

Merkblatt zur Bemessung von Entwässerungen	März 2007
Merkblatt zur Bemessung von Entwässerungen	März 2011

© Alle Rechte bei der D + W-Service GmbH für Management, PR und Messewesen, Köln 2023.
Nachdruck und Vervielfältigung, auch auszugsweise, nur mit Genehmigung der D + W-Service GmbH und des Verlages gestattet.

03/2023

Inhaltsverzeichnis

Einleitung

Dieses Merkblatt dient dazu, dem Dachdecker als Anwender des Regelwerks des Deutschen Dachdeckerhandwerks das nötige Basswissen zum Thema Bemessung von Entwässerungen zu vermitteln. Da die Planung und die Ausführung von Entwässerungen je nach Objekt komplex sein können, sollen neben der Bemessung in diesem Merkblatt auch klare Grenzen bzgl. der Planung und Zuständigkeit des Dachdeckers aufgezeigt werden. Die Gewerkegrenze (Abb. 1) soll dabei als visuelle Hilfe dienen und diese Grenzen klar aufzeigen, um die Zuständigkeiten „greifbar" zu machen. So kann der Anwender erkennen, wann er seinen Zuständigkeitsbereich verlässt und auf die Hilfe von Fachplanern oder dem Bauherrn angewiesen ist, um die Entwässerung erfolgreich zu bemessen. Weiter soll dieses Merkblatt genügend Freiraum lassen, um objektspezifische und handwerkliche Lösungen zu ermöglichen.

Mit diesem Ansatz soll die Kommunikation der am Bau Beteiligten verbessert werden. Bereits in der Planungsphase können somit Fehler oder neuralgische Punkte im Vorfeld, also vor der Ausführung, entdeckt und ausgeräumt werden.

Die Bemessung der Entwässerungsanlage beinhaltet folgende Schritte:

(1) Objektdaten bereithalten
- Dachabmessungen
- Am Standort des Gebäudes zu erwartende Regenspenden (Abschnitt 1.2.2)
  - für den Bemessungsregen
  - für den Jahrhundertregen
- Abflussbeiwerte der zu entwässernden Flächen (Abschnitt 1.2.1)
- Wirksame Fläche(n), also die Grundfläche(n) (Abschnitt 1.2.19)
- Gewerkegrenze (siehe Abb. 1) beachten (Abschnitt 1.3) und gegebenenfalls notwendige Unterlagen beim Bauherrn/Planer anfordern

(2) Regenwasserabfluss Q der wirksamen Dachfläche(n) berechnen (Abschnitt 1.2.11)

(3) Regenwasserabfluss Q_{NOT} für den Jahrhundertregen bemessen (Abschnitt 3.2 (1))

(4) Bemessung der Entwässerungsanlage (Rinnen, Rohre, Abläufe, Überläufe etc.)
- Bei außenliegenden Entwässerungen (z.B. vorgehängte Rinne, innenliegende Rinne mit Ablauf außerhalb des Gebäudes) anhand Kapitel 2 unter Beachtung der allgemeinen Hinweise in Abschnitt 1.3
- Bei innenliegenden Entwässerungen (Flachdachabläufe, Flachdachrinnen, Sheddachrinnen, Entwässerungsgräben, innenliegende Rinnen mit Abläufen innerhalb des Gebäudes, etc.) nach Kapitel 3 unter Beachtung der allgemeinen Hinweise in Abschnitt 1.3
- Dabei muss die Ablaufleistung der gewählten Komponenten der Entwässerungsanlage (Rinnen, Rohre Abläufe etc.) immer größer sein als der unter (2) und (3) errechnete Wert.

(5) Ist die Bemessung anhand dieses Merkblattes nicht möglich, sollte zur Sicherheit ein Fachplaner eingeschaltet werden.

1 Bemessung von Rinnen, Fallrohren und Zubehörgrößen

1.1 Geltungsbereich

(1) Das Merkblatt gilt für die Bemessung von:

- vorgehängten und innenliegenden Rinnen
- Regenfallrohren und Regenfallleitungen
- Flachdachentwässerungen

zur Ableitung von Niederschlagswasser und von Regenwasserfallleitungen bis zum oberirdischen Anschluss an die Grund- oder Sammelleitung außerhalb von Gebäuden und innerhalb von Gebäuden bis Unterkante des Dachablaufs.

Des Weiteren gilt dieses Merkblatt für die Bemessung von Notentwässerungen.

(2) Grundlage für das Merkblatt sind die zum Zeitpunkt der Ausgabe des „Merkblatts zur Bemessung von Entwässerungen" gültigen Normen.

(3) Das Merkblatt gilt nicht für die Bemessung von Grund- und Sammelleitungen bzw. im Gebäude liegende Entwässerungsanlagen.

(4) Das Merkblatt gilt nicht für die Versickerung von Niederschlagswasser (siehe Abb. 1).

(5) Das Merkblatt gilt nicht für planmäßig vollgefüllt betriebene Dachentwässerungsanlagen (Druckströmung).

Abb. 1: Schematische Darstellung der Gewerkegrenze in Anlehnung an die DIN 1986-100

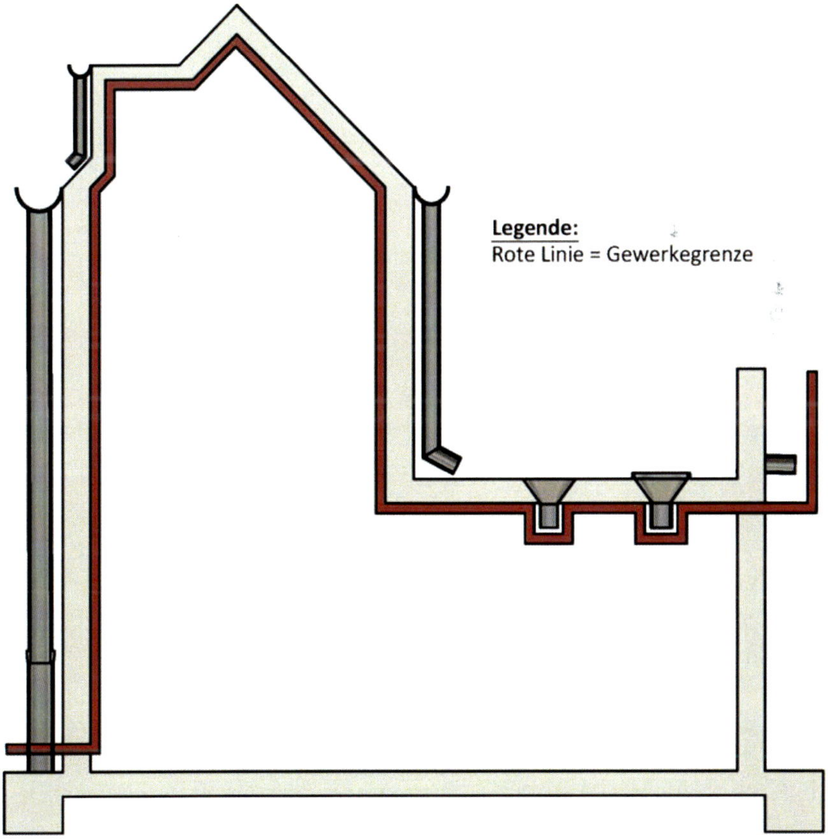

1.2 Begriffe

1.2.1 Abflussbeiwert

Der Abflussbeiwert C ist ein dimensionsloser Wert und beschreibt das Verhältnis von Regenwasserabfluss zu Berechnungsregenspende. Sein Wert (für Dachentwässerungen der Spitzenabflussbeiwert C_s nach DIN 1986-100[1]) ist Tabelle II.17 zu entnehmen.

1.2.2 Berechnungsregenspende

Die Berechnungsregenspende $r_{(D,T)}$ in [l/(s · ha)] ist die Regenwassermenge, die für eine Dauer pro Sekunde auf einen Hektar fällt. Für Dächer beträgt die Dauer 5 Minuten. T ist die durchschnittliche Wiederkehrperiode der Berechnungsregenspende. Für Dächer beträgt T 5 bzw. 100 Jahre. Die Werte sind bei den zuständigen örtlichen Behörden zu erfragen oder aus KOSTRA-DWD des Deutschen Wetterdienstes einzuholen oder den Berechnungshilfen des aktuellen ZVDH-Regelwerks zu entnehmen.

Sollte für einen Ort kein auf statistischen Erhebungen beruhender Wert für den Berechnungsregen verfügbar sein, wird für Deutschland eine pauschale Bemessungsregenspende von r = 300 l/(s · ha) angesetzt. Diese ist dann aber zusätzlich mit einem Sicherheitsfaktor entsprechend Tabelle II.16 zu multiplizieren.

1.2.3 Entwässerung

Außenliegende Entwässerung:

Ist eine Entwässerungsanlage, bei der das Niederschlagswasser außerhalb des Gebäudes abgeführt wird. Bei einer außenliegenden Entwässerung gelangt im Versagensfall von der Rinne/dem Fallrohr/der Ableitung oder der Notentwässerung das Niederschlagswasser in der Regel nicht unmittelbar in das Gebäude.

Innenliegende Entwässerung:

Ist eine Entwässerungsanlage, bei der das Niederschlagswasser innerhalb des Gebäudes abgeführt wird. Bei einer innenliegenden Entwässerung gelangt im Versagensfall der Rinne/des Ablaufs/Fallrohrs das Niederschlagswasser in der Regel unmittelbar in das Gebäude.

1.2.4 Freibord

Der Freibord F ist die Rinnenhöhe (Z) abzüglich der Wassertiefe (W) und dient zum Ausgleich von Wasserbewegungen in der Rinne.

1.2.5 Kaskadenentwässerung

Als Kaskadenentwässerung bezeichnet man im Sinne dieses Merkblattes die Entwässerung höher liegender Dachflächen eines Gebäudes auf tiefer liegende Dachflächen.

1.2.6 Niederschlagswasser

Niederschlag, der nicht im Boden versickert ist und von Bodenoberflächen oder von Gebäudeaußenflächen in die Entwässerungsanlage eingeleitet ist (DIN 1986-100).

1.2.7 Notentwässerung

Zusätzliche Regenentwässerung über Notab- oder Notüberläufe mit freiem Auslauf auf das Grundstück.

1.2.8 Notablauf

Zusätzlicher Dach-, Attika- oder Ablauf einer innenliegenden Rinne mit Anstauelement oder erhöhtem Einbau (siehe Abb. 2).

[1] DIN 1986-100 Entwässerungsanlagen für Gebäude und Grundstücke - Teil 100: Bestimmungen in Verbindung mit DIN EN 752 und DIN EN 12056

1.2.9 Notüberlauf

Natürlicher Überlauf einer außenliegenden Regenrinne oder Aussparung in einer Attika oder Brüstung (Speier) mit Anstauelement oder erhöhtem Einbau (siehe Abb. 2).

1.2.10 Regenwasserfallleitung

Innenliegende oder außenliegende lotrechte Leitung, gegebenenfalls mit Verziehung, zum Ableiten des Niederschlagswassers von Dachflächen, Balkonen und Loggien.

1.2.11 Regenwasserabfluss

Der Regenwasserabfluss Q ist die Regenwassermenge, die sich aus dem Produkt der Regenspende, des Abflussbeiwerts und der wirksamen Fläche ergibt.

Ermittelt wird nach der Gleichung:

$Q = r_{(D,T)} \cdot C \cdot A \cdot 1/10.000$ [in l/s]

1.2.12 Rinnenbreite

Die Rinnenbreite S ist die lichte Breite der Rinne an der Rinnensohle und wird von Innenkante zu Innenkante gemessen.

1.2.13 Rinnenhöhe

Die Rinnenhöhe Z entspricht der Gesamttiefe der Dachrinne von der Sohle bis zur Überlaufhöhe einschließlich Freibord.

1.2.14 Sicherheitsfaktor

Der Sicherheitsfaktor findet zusätzlich Anwendung, wenn im Einzelfall statt der statistischen Berechnungsregenspende die für Deutschland angesetzte pauschale Bemessungsregenspende (r = 300 l/(s · ha)) zur Berechnung benutzt wird. Dann ist:

$Q = 300$ l/(s · ha) · Sicherheitsfaktor · C · A · 1/10.000 [in l/s]

Der Sicherheitsfaktor ist dimensionslos, sein Wert ist Tabelle II.16 zu entnehmen.

1.2.15 Stauhöhe am Ablauf

Die erforderliche Stauhöhe h, auch Druckhöhe oder Anstauhöhe genannt, gibt die für eine wirksame Funktion des Ablaufs erforderliche Höhe des Niederschlags [mm] am Ablauf an.

1.2.16 Teildachfläche

Mit Teildachfläche bezeichnet man den Teil einer Gesamtdachfläche, der durch Gefälleausbildung einer Entwässerung zugeordnet werden kann.

1.2.17 Überflutungshöhe

Die Überflutungshöhe beschreibt den maximal möglichen Wasserstand auf der Dachfläche, ohne die Standsicherheit des Gebäudes zu gefährden. Die Überflutungshöhe ist eine Vorgabe des Statikers.

Abb. 2: Schematische Darstellung der erforderlichen Stauhöhen

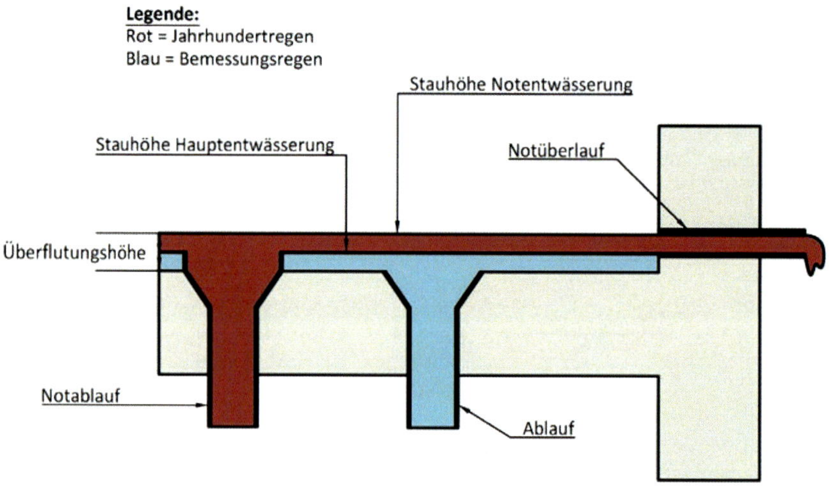

1.2.18 Wassertiefe

Bei vorgehängten Rinnen entspricht die Wassertiefe W der Höhe von Rinnenunterkante bis Oberkante Rinnenwulst. Bei innenliegenden Rinnen entspricht die Wassertiefe W der Rinnenhöhe Z abzüglich des Freibords F.

1.2.19 Wirksame Fläche

Die wirksame Fläche A ist die Dachgrundfläche und setzt sich aus der Summe aller horizontalen Grundflächen eines Daches zusammen. Durch objektspezifische Besonderheiten können auch aufgehende Fassaden zur wirksamen Fläche zählen (siehe Abschnitt 1.3 (10)).

1.3 Allgemeine Hinweise

(1) Starkregenereignisse (Jahrhundertregen) sind zu erwarten und können zur Überlastung der Entwässerungsanlagen führen. Daher ist seitens des Planers ein Entwässerungskonzept zu erstellen. Insbesondere die Art und Anzahl der Abläufe, Rinnenquerschnitte, Fallrohre, Lage und Größe von Notüberläufen der Dachentwässerung sind zu berücksichtigen.

(2) Regenwasserfall-, Regensammel- und Grundleitungen sind mindestens für die örtliche 5-Minuten-Regenspende zu bemessen, die einmal in 5 Jahren ($r_{5,5}$) erwartet werden kann (Berechnungsregen).

(3) Bemessungsgrundlagen für die Entwässerung durch Rinnen und Abläufe sind folgende Normen:
- DIN EN 12056-3[2] „Schwerkraftentwässerungsanlagen innerhalb von Gebäuden“,
- DIN EN 1253-2[3] „Abläufe für Gebäude“ Teil 2: Dachabläufe und Bodenabläufe ohne Geruchverschluss,
- DIN 1986-100„Entwässerungsanlagen für Gebäude und Grundstücke“.

(4) Zur Berechnung sind folgende Arbeitsschritte erforderlich:
- Ermittlung der örtlich zu erwartenden Regenereignisse, Berechnung auf der Basis der genauen Regenspende nach DIN 1986-100 oder den aktuellen KOSTRA-DWD-Werten. Alternativ können die auf der

[2] DIN EN 12056-3 Schwerkraftentwässerungsanlagen innerhalb von Gebäuden; Dachentwässerung; Planung und Berechnung;
[3] DIN EN 1253-2 Abläufe für Gebäude – Teil 2: Dachabläufe und Bodenabläufe ohne Geruchsverschluss

DIN 1986-100 basierenden Werte aus Tabelle II.6 dieses Merkblatts herangezogen werden. Daraus können sich jedoch andere Abflusswerte ergeben.

- Ermittlung der wirksamen Fläche,
- Verteilung der Abflüsse,
- Ermittlung des Regenwasserabflusses Q.

(5) Um die Funktionsfähigkeit der Entwässerung zu gewährleisten, sollen, bei innenliegenden Entwässerungen müssen, diese mindestens alle 6 Monate überprüft werden. Aus der Überprüfung können sich Wartungs- und Reinigungsarbeiten ergeben. Bei erhöhter Verschmutzungsneigung der Entwässerungseinrichtung können sich zudem kürzere Reinigungsintervalle ergeben. Diese sollten insbesondere im Frühling und im Herbst durchgeführt werden. Es wird hierzu empfohlen, den Kunden auf den Abschluss eines Wartungsvertrages schriftlich hinzuweisen.

Die Verwendung von Laubfangkörben im Fallrohr und die damit erleichterte Kontroll- und Reinigungsmöglichkeit vermeidet die Reduktion der Ablaufleistungen von Rinnen. Die verringerte Ablaufleistung des Fallrohres ist dementsprechend zu berücksichtigen und bedarf einer dem Verschmutzungsgrad angepassten, regelmäßigen Kontrolle und Reinigung.

(6) Sanierung von Dachflächen

Wenn die Dachfläche eines Gebäudes saniert wird, muss das Abflussvermögen der vorhandenen Entwässerungsanlage **bauseitig** überprüft werden.

Die Mitwirkung des Bauherrn liegt in der Bereitstellung der Informationen zur Funktionstauglichkeit des Systems, Entwässerungsleistung und Entwässerungskonzeption der im Gebäude liegenden Leitungen etc. Gleichfalls ist zu kontrollieren, ob Notentwässerungen vorhanden, ausreichend bemessen und richtig angeordnet sind. Siehe dazu Abb. 1.

(7) Auslauf auf tiefer liegende Dachflächen (Kaskadenentwässerung)

Besteht aus technischen oder ortsspezifischen Gegebenheiten keine andere Möglichkeit, kann eine Dachfläche auf eine tiefer liegende Dachfläche entwässert werden. Dabei muss die Entwässerungsanlage der tiefer liegenden Dachfläche um die zusätzlichen Abflussmengen der oberen Dachfläche(n) erweitert werden. Die Überflutungshöhe der tiefer liegenden Dachfläche ist einzuhalten. Um die tiefer liegende Dachfläche nur möglichst kurz durch das zusätzliche Niederschlagswasser zu belasten, sollen die Fließwege gering gehalten werden und/oder durch unmittelbare Anschlüsse an die untere Entwässerungsanlage erfolgen.

Wird die Entwässerung auf niedrigere Dachfläche(n) geleitet, muss das Regenwasser von aufgehenden Gebäudeteilen weggeleitet werden. In Bereichen, in denen das Regenwasser auftrifft, soll die Abdichtung gegebenenfalls geschützt werden.

Eine Kaskadenentwässerung ist nicht geeignet für:

- Dächer in Leichtbauweise (z.B. Trapezprofile und Balkendächer) mit innenliegenden Entwässerungen,
- Balkone und Terrassen mit umlaufend geschlossener Attika und barrierefreien Übergängen,
- Notentwässerung; außer die zusätzlichen Abflussmengen sind in einem fachplanerischen Gesamtkonzept berücksichtigt.

(8) Es wird empfohlen, Reinigungsöffnungen im Übergangsbereich der lotrechten Fallleitung in die liegende Grundleitung oder im Standrohr vorzusehen. Sie sind auszuführen als Reinigungsrohre mit runder/ovaler Öffnung oder als Schiebestücke.

(9) Auf Länder-, Kreis-, Stadt- oder Gemeindeebene können Vorschriften bzgl. des Umgangs mit dem Regenwasserabfluss bestehen. Dies kann u.a. auch dazu führen, dass im Fall von Versickerung des Regenwasserabflusses oder Einleitung in die Kanalisation bestimmte Richtwerte einzuhalten sind, die im Entwässerungskonzept berücksichtigt werden müssen. Diese Informationen sind vom Bauherrn bereitzustellen. Auskünfte hierzu erteilt die zuständige Verwaltungsbehörde.

(10) Einflüsse auf die Entwässerungsleistung aufgrund objektspezifischer Besonderheiten

Bedingt durch den Standort des Bauvorhabens können sich objektspezifische Besonderheiten ergeben, die besondere Maßnahmen wie z.B.:

- die Berücksichtigung von aufgehenden Fassaden als wirksame Fläche

  Bei größeren aufgehenden Fassaden sollte der Einfluss von Schlagregen auf die Dimensionierung der Entwässerungsanlage und der kontrollierte Regenwasserabfluss von der Fassade über Ablaufrinnen zur Entwässerungsanlage geprüft werden. Die zu berücksichtigende Fläche beträgt 50 % der lotrechten

Fassadenfläche. Zu empfehlen ist die Berücksichtigung von Fassadenflächen mit lotrechter Höhe über 3 m (Geschosshöhe),

- Begleitheizungen,
- häufigere Wartungs-, Instandhaltungs- und Reinigungsintervalle

erforderlich machen. Die Notwendigkeit ist objektspezifisch zu prüfen und gegebenenfalls in der Entwässerungsplanung zu berücksichtigen.

2 Dachrinnen

2.1 Abflussverhalten einer Rinne

2.1.1 Allgemeines

Das Abflussverhalten einer Rinne hängt von der Form, dem Querschnitt und der Länge bis zum Ablauf ab (Abflussverhalten siehe Tabelle II.1 und Tabelle II.2).

2.1.2 Reduktion des Abflussvermögens einer Rinne

(1) Das Abflussvermögen einer Dachrinne wird durch Rinnenwinkel negativ beeinflusst. Erhält die Dachrinne eine Richtungsänderung über 10°, so muss ihr Abflussvermögen um 15 % reduziert werden.

(2) Beim Einsatz von Laubfangkörben/Sieben in Ablaufstutzen verringert sich die Ablaufleistung von Rinnen mit nicht flacher Sohle um 50 % (DIN EN 12056-3– Abschnitt 5.3.3).

2.2 Abflussverhalten von Ablaufstutzen und Fallleitung

2.2.1 Allgemeines

(1) Das Abflussverhalten von Ablaufstutzen und Fallleitung hängt ab:
- von der Stauhöhe am Ablauf und
- von der Stutzenform (zylindrischer oder trichterförmiger Einhangstutzen).

(2) Bei Verwendung des Einhangstutzens als Bewegungsausgleicher ist die Öffnung zur Wasserableitung oberhalb des Fallrohres so herzustellen, dass das Ablaufverhalten nicht beeinflusst wird.

(3) Die Bemessung von Entwässerungsleitungen erfolgt
- bei geneigten Leitungen < 10° gemäß Tabelle II.18,
- bei geneigten Leitungen ≥ 10° gemäß Tabelle II.15.

Abb. 3: Bildliche Darstellung von Fallleitungsverziehungen

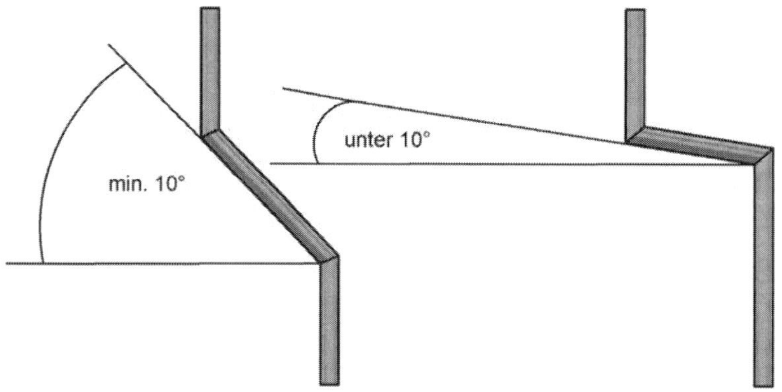

2.2.2 *Reduktion des Abflussvermögens von Ablaufstutzen und Fallleitungen*

(1) Ist das Gefälle einer Fallleitung auch nur teilweise unter 10°, so muss sie wie eine liegende Leitung mit einem Füllungsgrad f von h/d = 0,7 dimensioniert werden (Ablaufleistungen siehe Tabelle II.18). Füllungsgrad f ist der dimensionslose Quotient aus der Wasserstandshöhe (h) des Rohrstücks, das mit Wasser gefüllt ist, und dem Rohrinnendurchmesser (di).

(2) Bei Einbau von Laubfangkörben muss das Ablaufvermögen des Rinnenablaufes um 50 % reduziert werden.

(3) Zylindrische Ablaufstutzen verringern die Ablaufleistung um ca. 30 %.

2.2.3 *Wasserfangkästen mit rückwärtiger Rohrdurchführung*

(1) Bei Wasserfangkästen mit rückwärtiger Rohrdurchführung ist die Verbindung zwischen Wasserfangkasten und durchdringendem Rohr so auszuführen, dass das Wasser nicht am Rohr zurücklaufen und zu Schäden am dahinterliegenden Bauteil führen kann.

(2) Die Kombination aus durchdringendem Rohr und Wasserfangkasten ist rückstausicher auszuführen, damit die Entwässerung der angeschlossenen Dachfläche zu jeder Zeit gewährleistet ist (Beispiel in Abb. 4).

Abb. 4: Rückstausichere rückwärtige Rohrdurchführung links (siehe (3)) und Bauweise mit Zulauf oberhalb der Oberkante des Wasserfangkastens rechts

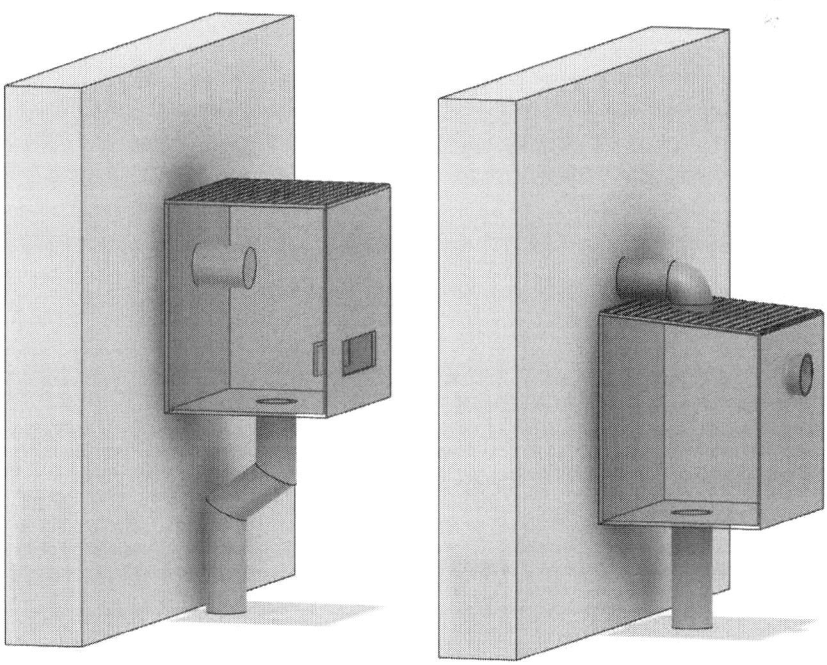

(3) Ist eine rückstausichere Ausführung wie in (2) beschrieben nicht möglich, sollte auf die rückwärtige Rohrdurchführung verzichtet werden und der Zulauf in den Wasserfangkasten von oben erfolgen (siehe Abb. 4). Dabei ist darauf zu achten, dass

- im Falle des Rückstaus ein Überlauf über die Oberkante möglich ist, ohne dass der Zulauf beeinträchtigt wird, und/oder
- ein gezielter und ausreichend dimensionierter Überlauf in der Vorderseite des Wasserfangkastens vorhanden ist, der ein kontrolliertes Überlaufen ermöglicht.

(4) Ein Wasserfangkasten kann nicht gleichzeitig für die Hauptentwässerung und für die Notentwässerung genutzt werden.

2.3 Notentwässerung

(1) Bei Vollfüllung der vorgehängten Rinne erfolgt die Notentwässerung über die Vorderkante der Rinnenlängsseite.

(2) Die Notentwässerung innenliegender Rinnen erfolgt grundsätzlich über Notüberläufe oder Notabläufe mit zusätzlichen Regenfallleitungen, die einen freien Abfluss außerhalb des Gebäudes haben.

(3) An jedem Hochpunkt einer innenliegenden Dachrinne sind die in unten stehender Übersicht (siehe Abb. 5) angegebenen Mindestmaße für den Freibord einzuhalten.

(4) Wird die Notentwässerung von vorgehängten oder innenliegenden Rinnen auf eine darunterliegende Dachfläche geleitet, müssen die zusätzlichen Abflussmengen in einem fachplanerischen Gesamtkonzept berücksichtigt werden (Kaskadenentwässerung, siehe Abschnitt 1.3 (7)).

Gesamtwassertiefe einschließlich Freibord, Z in mm	**Freibord-Mindestmaß mm**
< 85	25
85–250	0,3 · Z
> 250	75

Abb. 5: Bezeichnungen an innenliegenden Rinnen

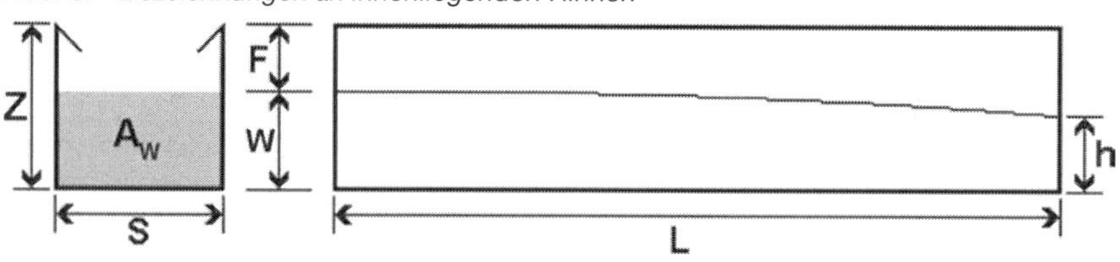

W-Not in W-Kopf

3 Innenliegende Entwässerungen

3.1 Allgemeines

(1) Um die Funktionsfähigkeit der Entwässerung zu gewährleisten, muss diese mindestens alle 6 Monate überprüft werden. Aus der Überprüfung können sich Wartungs- und Reinigungsarbeiten ergeben. Bei erhöhter Verschmutzungsneigung der Entwässerungseinrichtung können sich zudem kürzere Reinigungsintervalle ergeben. Diese sollten insbesondere im Frühling und im Herbst durchgeführt werden. Es wird hierzu empfohlen, den Kunden auf den Abschluss eines Wartungsvertrages schriftlich hinzuweisen.

(2) Bereits bei der Planung innenliegender Entwässerungen bei Balkonen und Loggien mit geschlossener Brüstung oder Attika sind zusätzliche Entwässerungsöffnungen vorzusehen.

Balkone und Loggien sollten für die gezielte Wasserführung einen Ablauf oder eine vorgehängte Rinne erhalten. Haben Balkone und Loggien eine geschlossene Brüstung, so muss zusätzlich zum Ablauf ein Notablauf oder Notüberlauf in der Brüstung vorhanden sein. Die Bemessung der Entwässerung erfolgt nach diesem Merkblatt. Bei überdachten, aber offenen Balkonen/Loggien sollte aus Sicherheitsgründen eine Entwässerung der Balkon-/Loggia-Grundfläche nach diesem Merkblatt erfolgen.

(3) An Regenwasserfallleitungen von Dachentwässerungen dürfen zur Vermeidung von Überflutungen keine Balkon-, Loggien- oder Terrassenabläufe auf gleichen oder tiefer liegenden Etagen angeschlossen werden, auch dann nicht, wenn Notentwässerungen in der Brüstung vorhanden sind.

(4) Nur wenn Balkone und Loggien keine geschlossene Brüstung (min. 50 % freier Ablauf) haben oder ein an das Entwässerungskonzept angepasster, ausreichend freier Ablauf verfügbar ist, kann auf getrennte Fallleitungen für die Dach- und Balkonentwässerung verzichtet werden.

Abläufe von Balkonen und Loggien im Erdgeschoss sollten getrennt an die Grundleitung angeschlossen werden, da das Risiko eines möglichen Rückstaus durch Überlastung der Regenwasserleitung besteht.

Alternativ kann der Anschluss an die Fallleitung auch über einen Entspannungspunkt hergestellt werden. Das kann z.B. durch:

- Zusatzteile des Standrohres oder
- handwerklich hergestellte Tascheneinführung

ermöglicht werden.

Wenn Dritte nicht beeinträchtigt werden, ist eine Ableitung des Niederschlagswassers über Speier oder Tropfleisten auf das Grundstück zulässig.

(5) Dachflächen mit nach innen abgeführter Entwässerung müssen, unabhängig von der Größe der Dachfläche, für jede Teildachfläche einen Dachablauf und einen Notablauf bzw. Notüberlauf erhalten.

(6) Wenn sich die Dachabläufe in einer Ebene ohne nennenswerte Höhendifferenzen befinden, sollte der maximale Abstand der Dachabläufe 20 m nicht überschreiten. Bei Gefälledächern erhält man unterschiedlich große Einzugsgebiete pro Entwässerungselement. Dies erfordert einen gesonderten Nachweis pro Teilfläche. Die Durchbiegung der Unterkonstruktion muss hierbei berücksichtigt werden.

(7) Bei innenliegenden Dachrinnen rechteckiger, trapezförmiger oder ähnlicher Form (siehe Abb. 6), ohne Gefälle geplant und mit einem Ablauf versehen, der einen freien Auslauf garantiert, wird das Abflussvermögen nach DIN EN 12056-3 – Abschnitt 5.2.3 berechnet.

Zur Vereinfachung und zur Veranschaulichung ist das Abflussvermögen einer gleichwertigen rechteckigen innenliegenden oder eingebauten Dachrinne in Abb. 7 graphisch dargestellt.

Abb. 6: Verschiedene Varianten innenliegender Rinnen/Kehlen (nach DIN EN 12056-03)

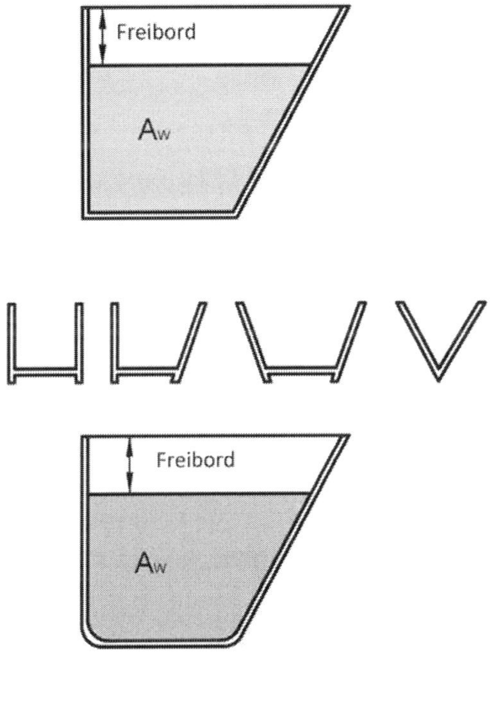

Abb. 7: Abflussvermögen von rechteckigen innenliegenden oder eingebauten Dachrinnen, kurze Ausführung und ohne Gefälle verlegt (kurze Ausführung: Länge einer Dachrinne, die nicht größer als das 50-Fache der Sollwassertiefe W ist) (Quelle: DIN EN 12056-3)

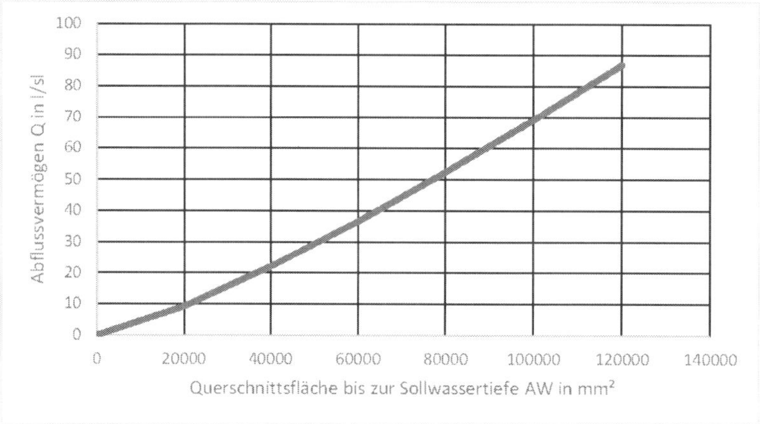

(8) Entwässerungsanlagen (anhand der Gewerkegrenze, Abb. 1) können nach DIN 1986-100 und DIN EN 12056-3 geplant und sollen nach DIN EN 12056-3 bemessen werden. Die Ablaufleistungen der vorgesehenen Entwässerungselemente werden nach DIN EN 1253-2 bestimmt. Dachflächen ohne Gefälle oder in Leichtbauweise können besondere Maßnahmen erfordern.

(9) Ein Kiesfang/Laubfang vermindert die Ablaufleistung um 50 %. Wenn der Ablauf mit Kiesfang vom Hersteller als System werkseitig mit der Ablaufleistung angegeben wurde, ist eine Reduzierung nicht mehr notwendig.

3.2 Bemessung von Abläufen und Notentwässerungen

(1) Das erforderliche Mindestabflussvermögen der Notabläufe/-überläufe ergibt sich aus der Differenz zwischen dem Jahrhundertregen und dem Abflussvermögen der Dachentwässerungsanlage bezogen auf den Berechnungsregen $r_{(5,5)}$:

- $Q_{Not} = (r_{(5,100)} - r_{(5,5)} \cdot C) \cdot A \cdot 1/10.000$
- Eine zusätzliche Sicherheit bietet ein Notüberlauf, der allein durch seinen Querschnitt die Jahrhundertregenspende entwässern kann.

(2) Für die Entwässerung bzw. Notentwässerung stehen 2 Schwerkraftentwässerungsprinzipien zur Verfügung:

- Freispiegelentwässerungssystem (mehrere Fallleitungen in einem Grundleitungssystem, Rohrleitungen teilgefüllt, kein Unterdruck),
- Druckentwässerungssystem (Sammeln des Wassers in Anschlussleitungen unter der Dachkonstruktion sowie Weiterführung in die Fallleitung und die Grundleitung, Rohrleitungen vollgefüllt, Unterdruck).

Abb. 8: Darstellung von Freispiegel- und Druckentwässerungssystem

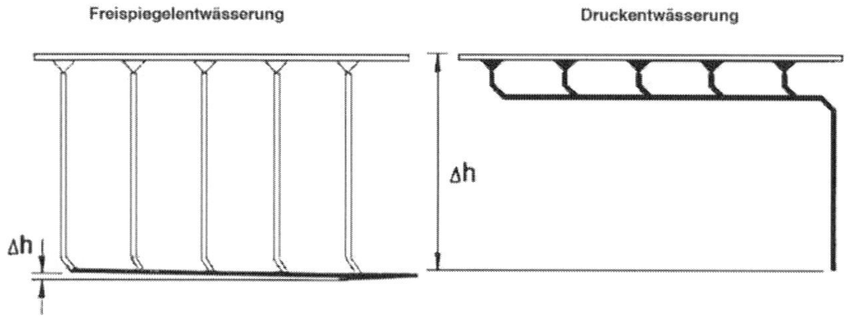

(3) Die Höhe der Notentwässerung muss oberhalb der erforderlichen Stauhöhe für den gewählten Dachablauf liegen. Zur Vermeidung von Überlastungen, insbesondere der Tragkonstruktion, sollte die Höhe der Notentwässerung auf der normativ oder im Entwässerungskonzept berücksichtigten Stauhöhe des Dachablaufs liegen.

(4) Um das optimale Ablaufvermögen der Fallleitung zu erreichen, sollten konische Ablauftrichter (Einlaufquerschnitt ca. doppelt so groß wie Fallleitungsquerschnitt) verwendet werden, die industriell oder handwerklich hergestellt sein können.

(5) Notentwässerungen dürfen nicht ins Grundleitungssystem geführt werden, sondern müssen frei über schadlos überflutbare Grundstücksflächen entwässert werden.

(6) Horizontal durch die Attika geführte Notentwässerungen sind entweder handwerklich herzustellen oder in Größe und Anzahl entsprechend der Ablaufleistung nach Herstellerangabe einzubauen.

(7) Bei handwerklicher Herstellung muss nach vorher ermittelter Notüberlaufleistung Q_{Not}eine maximale Stauhöhe h (in mm) über der Ablaufkante festgelegt werden. Bei der Wahl der Stauhöhe ist die Tragfähigkeit der Unterkonstruktion zu berücksichtigen. Dann kann die Länge L_w(in mm) der rechteckigen Notüberlauföffnung nach folgender Formel ermittelt werden:

Rechteckiger Notüberlauf

$L_w = Q_{Not} \cdot 24.000 / h^{1,5}$

Dabei ist

L_w: Länge des Überlaufs in mm

h: Stauhöhe am Notüberlauf in mm

Q_{Not}: Abflussvermögen des Notüberlaufs je Meter Überlauflänge in l/s

Ablaufleistungen rechteckiger Standardöffnungsgrößen siehe Tabelle II.19.

Für runde Notüberlauföffnungen, die durch die Attika geführt werden, muss die Ablaufleistung durch den Hersteller angegeben werden, da eine einfache Berechnung nicht möglich ist.

Beispiel:

$Q_{Not} = 10,4 l/s$

h = 100 mm

$L_w = Q_{Not} \cdot 24.000/h^{1,5}$

$L_w = 10,4\ l/s \cdot 24.000/(100mm)^{1,5}$

$L_w = 249,6$ mm (Breite des Notüberlaufs)

Anmerkung:

Bei einem Jahrhundertregen tritt eine Überflutungshöhe von 35 mm + 100 mm = 135 mm auf. Als Folge ist mit einer Wasserlast von 135 kg/m² zu rechnen! Diese ist bei der Dimensionierung der Tragkonstruktion zu berücksichtigen.

*Hinweis:*Bei Vorgabe der Breite des Notüberlaufes kann die Höhe der Rechtecköffnung h wie folgt berechnet werden: h [mm] = 3.Wurzel aus $(Q_{Not} \cdot 24.000 / L_w)^2$

Abb. 9: Dimensionierung eines rechteckigen Notüberlaufs

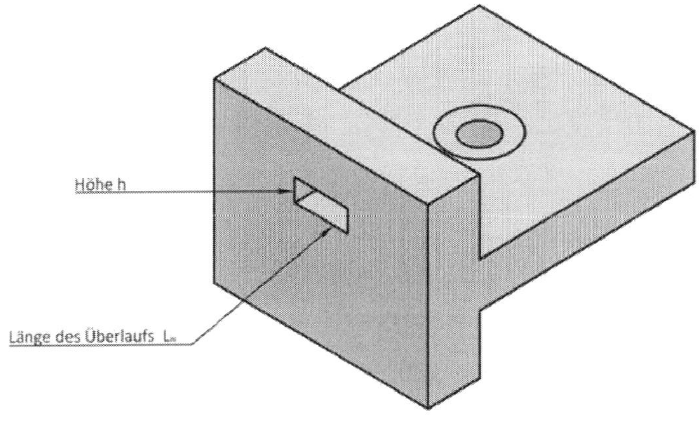

(8) Im Ausnahmefall kann bei Dachunterkonstruktionen mit umlaufender Attika oder aufgehenden Bauteilen und planmäßig vorgesehener Regenrückhaltung (z.B. Retention), die den auftretenden Lasten, durch einen Fachingenieur statisch nachgewiesen, standhalten, ohne Notentwässerung geplant werden. Die Abdichtungshöhe ist dementsprechend zu planen.

(9) Bei Dachkonstruktionen in Leichtbauweise muss von jedem Dachablauf aus ein freier Abfluss auf der Dachabdichtung zu einem Notüberlauf mit ausreichendem Abflussvermögen vorhanden sein. Lässt die Dachgeometrie einen freien Notüberlauf über die Fassade nicht zu, muss zur Sicherstellung der Notüberlauffunktion ein zusätzliches Leitungssystem mit freiem Auslauf auf schadlos überflutbare Grundstücksflächen diese Aufgabe übernehmen.

(10) Ist ein außergewöhnliches Maß an Schutz für ein Gebäude z.B.:
- mit barrierefreien Übergängen (z.B. Türanschlüsse),
- Krankenhäuser/Theater,
- sensible Kommunikationseinrichtungen,
- Lagerräume für Substanzen, die durch Nässe toxische oder entflammbare Gase abgeben,
- Gebäude, in denen besondere Kunstwerke aufbewahrt werden,

notwendig, soll die Notentwässerung allein den gesamten Jahrhundertregen entwässern können.

(11) Ist im Sanierungsfall die Möglichkeit einer nachträglich angeordneten Notentwässerung über die Gebäudeaußenkanten nicht gegeben, ist dies als Sonderfall zu werten, der eine detaillierte Vorgabe durch den Fachplaner verlangt.

(12) Bei Sanierungen sollten neue Gullys mit höheren Ablaufleistungen nur dann eingebaut werden, wenn die Fall- und Grundleitungen für die erhöhte Belastung ausreichend bemessen sind (siehe Abschnitt 1.3 (6)).

(13) Liegen Notabläufe/Notüberläufe weiter als 20 m auseinander, ist die Wassertiefe wie in Abb. 10dargestellt in der Mitte zu verdoppeln (siehe DIN 1986-100– Abschnitt 14.2.6).

Abb. 10: Abstand L zwischen Notüberlauf/Notablauf

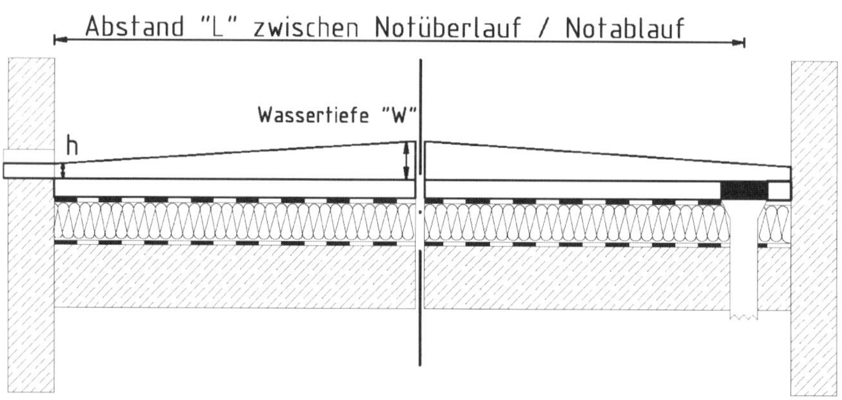

W = 2 x h

W = Wassertiefe in mm

h = Stauhöhe am Notüberlauf in mm

4 Lüftung der Entwässerungsanlage (Belüftung der Abwasserfallleitung)

(1) Grundsätzlich muss jede Fallleitung als Lüftungsleitung bis über Dach geführt werden.

(2) Endrohre von Lüftungsleitungen über Dach sind nach oben offen mindestens mit dem Querschnitt der Lüftungsleitung auszuführen. Abdeckungen dürfen nicht eingesetzt werden.

(3) Flexible Verbindungen zwischen Endrohr und weiterführenden Lüftungsleitungen dürfen maximal 1 m lang sein, wobei ausreichend eigensteife und knickfeste Bauteile zu verwenden sind.

(4) Lüftungsleitungen sind möglichst geradlinig und lotrecht zu führen. Verziehungen müssen mit Gefälle verlegt werden. Umlenkungen sind mit 45°-Bögen auszuführen. Längere Verziehungen von Lüftungsleitungen sollten vermieden werden.

Mündet eine Lüftungsleitung in der Nähe von Aufenthaltsräumen, so ist sie mindestens 1,0 m über den Fenstersturz hochzuführen oder so zu verlegen, dass sie mindestens 2,0 m seitlich der Fensteröffnung liegt.

(5) Die Mündung der Lüftungsleitungen muss rechtwinklig bis lotrecht zur Dachfläche aus dem Dach herausgeführt werden. Der Abstand Oberkante Mündung der Lüftungsleitung muss rechtwinklig zur Dachdeckung gemessen mindestens 15 cm betragen.

(6) Als Endrohre von Lüftungsleitungen sind nur Bauteile zu verwenden, die einen fach- und funktionsgerechten Anschluss an die Funktionsschichten des Dachaufbaus ermöglichen.

Anhang I Berechnungsbeispiele

I.1 Berechnungsbeispiele a) und b) für vorgehängte Dachrinnen

I.2 Berechnungsbeispiel für ein gefälleloses Flachdach mit Freispiegelentwässerung und entsprechender Notentwässerung

I.3 Berechnungsbeispiel eines Gefälledaches

I.4 Berechnungsbeispiel für innenliegende Rinnen mit Notentwässerung am Sammelkasten

Die hier aufgeführten Berechnungsbeispiele sind auf Basis von gerundeten Werten gemäß Tabelle II.6berechnet. Sie dienen als Orientierungshilfe zur überschlägigen Berechnung. Daraus können sich andere Abflusswerte als durch die Berechnung nach DIN 1986-100 oder KOSTRA-DWD ergeben. Eine präzise Berechnung der Abflusswerte kann mit den Werten aus DIN 1986-100 Anhang A oder KOSTRA-DWD erfolgen.

Anhang I.1 Berechnungsbeispiele für vorgehängte Dachrinnen

Berechnungsbeispiel a)

Dieses Berechnungsbeispiel beinhaltet die Bemessung der Entwässerung eines Satteldaches mit Ziegeleindeckung, welches sich im Stadtgebiet von Bonn befindet. Die Trauflänge beträgt 14,00 m und die Gebäudebreite 10,00 m. Die Dachhälften werden geplanterweise über ein Fallrohr am Ende der 14,00-m-Traufe entwässert.

Abb. I.1: Objektansicht mit Kenntlichmachung der wirksamen Fläche nach Abschnitt 1.2.19

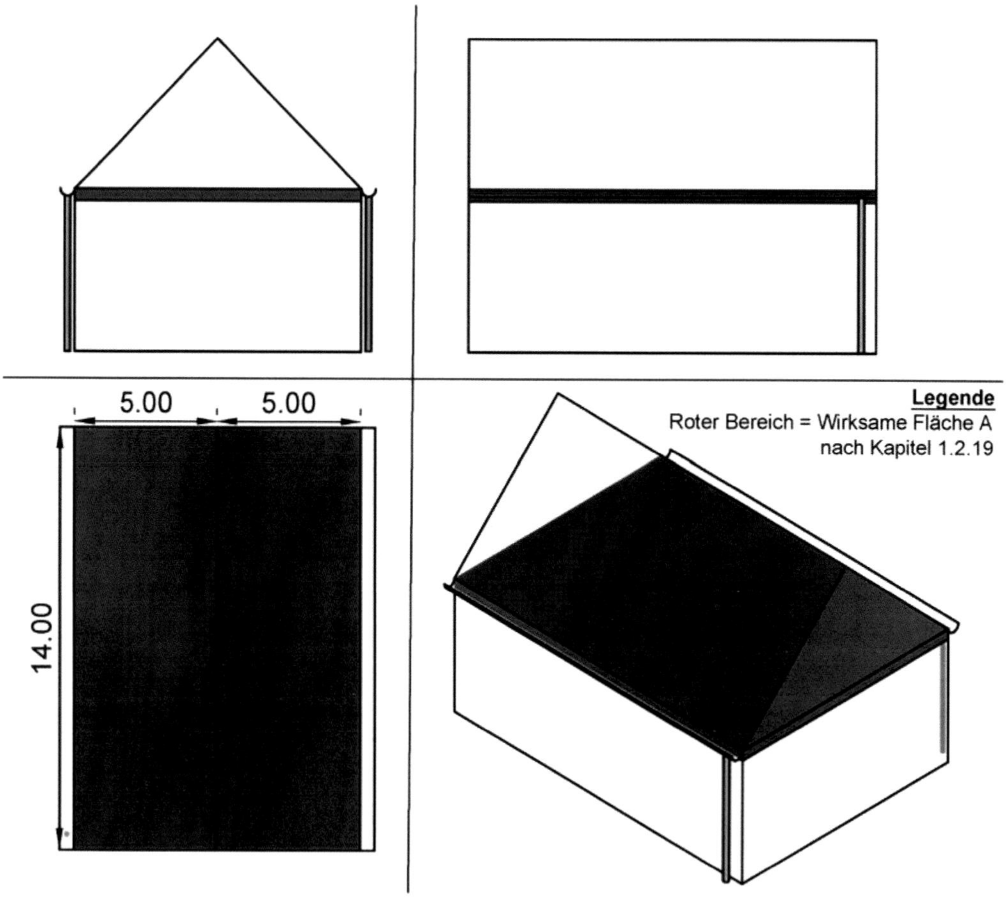

Objektdaten:

- Berechnungsregen ($r_{5,5}$) für die Stadt Bonn (siehe Tabelle II.6) = 300 l/(s · ha)
- Jahrhundertregen ($r_{5,100}$) für die Stadt Bonn (siehe Tabelle II.6) = 600 l/(s · ha)
- Anzahl der Fallrohre pro Rinne = 1, Einleitung über einen trichterförmigen Stutzen
- Länge der halbrunden Rinne 14,00 m
- Abflussbeiwert C einer Dacheindeckung aus Ziegeln = 1,0 (siehe Tabelle II.17)
- Der Niederschlag fällt senkrecht, weswegen nicht die Dachfläche als „wirksame Fläche" bezeichnet wird, sondern die Grundfläche der Teildachfläche. In diesem Beispiel ist die wirksame Fläche je Dachseite (Teildachfläche) = 5,00 m · 14,00 m = 70,00 m²

Berechnung des Regenwasserabflusses Q:

Q = Berechnungsregen ($r_{5,5}$) · Abflussbeiwert · wirksame Fläche · Umrechnungsfaktor ha auf m²

$Q = r_{(5,5)}$[l/s · ha] · C [-] · A [m²] · 1/10.000 [-]

Q = 300 · 1 · 70 · 1/10.000 = 2,1 l/s

Es fließen im Falle eines 5-minütigen Berechnungsregens, welcher alle 5 Jahre statistisch gesehen einmal vorkommt, von jeder Teildachfläche 2,1 l/s in die Dachrinne.

Berechnung des Regenwasserabflusses eines Jahrhundertregens Q_{Not}:

Die Berechnung des Regenwasserabflusses eines Jahrhundertregenereignisses (Notentwässerung) muss in diesem Beispiel nicht durchgeführt werden, da das Niederschlagswasser, welches über den Bemessungsregen hinaus anfällt, über die Rinnenvorderkante entwässert (siehe Abschnitt 2.3).

Bemessung der Entwässerungsanlage:

Rinnengröße nach Tabelle II.1:

Über die Spalte „Rinnenlänge 14,00 m" kann ein ausreichender Rinnenquerschnitt bestimmt werden. Durch Vergleichen der Abflusswerte Q der Rinnengrößen kann die erforderliche Rinnengröße der Nennweite von 333 abgelesen werden. Die dort angegebene Abflussleistung der 333er-Rinne wird mit 2,33 l/s angegeben und ist somit größer als die erforderlichen 2,1 l/s aus der Berechnung des Regenwasserabflusses Q.

Ermittlung des Einhangstutzens nach Tabelle II.3 *und* Tabelle II.4:

Nach Tabelle II.3 (für halbrunde Rinnen) hat ein ovaler/trichterförmiger Einhangstutzen einer 333er-Rinne eine Abflussleistung von 7,4 l/s, wenn der Ausschnitt der Rinne nach Herstellerangaben gemacht wird.

Die 7,4 l/s Abflussleistung sind größer als der berechnete Regenwasserabfluss von 2,1 l/s der Teildachfläche und damit ausreichend.

Ermittlung der Fallleitung nach Tabelle II.3 *und* Tabelle II.5:

Anhand der Tabelle II.3 wird der 333er-Rinne mit einem ovalen Ausschnitt ein Mindestrohrdurchmesser von 75 mm zugeordnet. Nach Tabelle II.5 kann ein Fallrohr mit Ø 75 mm 5,0 l/s entwässern und reicht somit ebenfalls aus, da 5,0 l größer sind als die erforderlichen 2,1 l/s Regenwasserabfluss der Teildachfläche. Aus optischen Gründen kann natürlich auch ein größerer Fallrohrquerschnitt gewählt werden, nach Tabelle II.3 bis zu 100 mm.

Zusammenfassung:

Die Entwässerungsanlage setzt sich für jede Dachfläche somit aus folgenden Elementen zusammen:

- 333er-Rinne
- Rinneneinlaufstutzen 333/80
- Fallrohrinnendurchmesser ≥ 75 mm

Berechnungsbeispiel b)

Dieses Berechnungsbeispiel beinhaltet die Bemessung der Entwässerung eines L-förmigen Satteldaches mit Ziegeleindeckung, welches sich im Stadtgebiet von Leipzig befindet. Durch die unsymmetrische Bauweise ergeben sich unterschiedliche Trauflängen und unterschiedliche Dachflächen. Die beiden großen Dachflächen sollen separat voneinander entwässert werden und die beiden Kehldachflächen gemeinsam. Darüber hinaus gibt es einen in der Bemessung der Entwässerung zu berücksichtigenden Rinnenwinkel im Kehlbereich.

Abb. I.2: Objektansicht des L-förmigen Satteldaches von oben

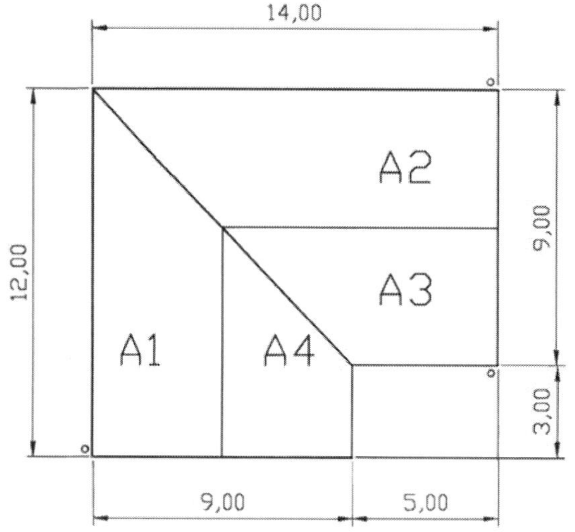

Objektdaten:

- Berechnungsregen ($r_{5,5}$) für die Stadt Leipzig (siehe Tabelle II.6) = 400 l/(s · ha)
- Jahrhundertregen ($r_{5,100}$) für die Stadt Leipzig (siehe Tabelle II.6) = 700 l/(s · ha)
- Abflussbeiwert C einer Dacheindeckung aus Ziegeln = 1,0 (siehe Tabelle II.17)

Teilflächenbezogene Objektdaten:

Teilfläche A1:

- Anzahl der Fallrohre = 1, Einleitung über einem trichterförmigen Stutzen
- Länge der halbrunden Rinne 12,00 m
- Die wirksame Fläche A1 = (7,50 m + 12,00 m)/2 · 4,50 m = 43,88 m²

Teilfläche A2:

- Anzahl der Fallrohre = 1, Einleitung über einem trichterförmigen Stutzen
- Länge der halbrunden Rinne 14,00 m
- Die wirksame Fläche A2 = (9,50 m + 14,00 m)/2 · 4,50 m = 52,88 m²

Teilfläche A3 + A4:

- Anzahl der Fallrohre = 1, Einleitung über einem trichterförmigen Stutzen
- Länge der halbrunden Rinne 3,00 m + 5,00 m = 8,00 m
- Die wirksame Fläche A3 = (9,50 m + 5,00 m)/2 · 4,50 m = 32,63 m²
- Die wirksame Fläche A4 = (7,50 m + 3,00 m)/2 · 4,50 m = 23,63 m²
- Wirksame Flächen A3 und A4 = 56,26 m²
- Ein zu berücksichtigender Rinnenwinkel 90°

Berechnung des Regenwasserabflusses Q der Teildachflächen A1–A4:

Anmerkung: Eine detaillierte Berechnung des Regenwasserabflusses Q finden Sie in Berechnungsbeispiel a). Bei diesem Berechnungsbeispiel wird dieser Arbeitsgang bereits abgekürzt.

Q_{A1}= 400 l/s · 1 · 43,88 m² · 1/10.000 = 1,76 l/s

Q_{A2}= 400 l/s · 1 · 52,88 m² · 1/10.000 = 2,12 l/s

Q_{A3}= 400 l/s · 1 · 32,63 m² · 1/10.000 = 1,31 l/s

Q_{A4}= 400 l/s · 1 · 23,62 m² · 1/10.000 = 0,95 l/s

Da Q_{A3} und Q_{A4} in die gleiche Rinne fließen, müssen die Werte addiert werden. Daraus folgt, dass Q_{A3+A4} = 1,31 + 0,95 = 2,26 l/s beträgt.

Man könnte jetzt bereits mit der Bemessung der Entwässerungsanlage beginnen. Bei diesem Objekt bietet sich jedoch an, vorab einen zusätzlichen Schritt zu tätigen. Da hier alle Rinnen zur Hauptentwässerung des Gebäudes zählen und auf der gleichen Höhe angebracht sind, kann hier aus optischen Gründen davon ausgegangen werden, dass alle Rinnen die gleiche Größe haben sollen. Diese Vorgehensweise spart im Folgenden zusätzlich ein paar Rechenschritte. Um eine einheitliche Rinnengröße zu erhalten, sollte der größte Q-Wert der obigen Liste zur Bemessung der Entwässerungsanlage gewählt werden. In diesem Beispiel Q_{A3+A4}= 2,26 l/s. Dadurch wird gewährleistet, dass alle anderen ebenfalls ausreichend dimensioniert sind.

Berechnung des Regenwasserabflusses eines Jahrhundertregens Q_{Not}:

Die Berechnung des Regenwasserabflusses eines Jahrhundertregenereignisses (Notentwässerung) muss in diesem Beispiel nicht durchgeführt werden, da das Niederschlagswasser, welches über den Bemessungsregen hinaus anfällt, über die Rinnenvorderkante entwässert (siehe Abschnitt 2.3).

Bemessung der Entwässerungsanlage:

Rinnengröße nach Tabelle II.1*:*

Über die Spalte „Rinnenlänge 8,00 m" kann die erforderliche Rinnengröße der Nennweite von 333 abgelesen werden. Die dort angegebene Abflussleistung der 333er-Rinne wird mit 2,55 l/s angegeben und ist somit größer als die erforderlichen 2,26 l/s aus der Berechnung des Regenwasserabflusses Q_{A3+A4}.

- Berücksichtigung des Rinnenwinkels

  Laut Abschnitt 2.1.2 wird das Abflussvermögen einer Dachrinne durch Rinnenwinkel negativ beeinflusst und muss daher bei einer Richtungsänderung über 10° um 15 % reduziert werden.

  Für das Abflussvermögen von 2,55 l/s bedeutet die Reduktion ein tatsächliches Abflussvermögen von 2,55 · 0,85 = 2,16 l/s.

  Nach der Reduktion reicht die ausgewählte Rinne nicht mehr aus! Es muss der nächstgrößere Rinnenquerschnitt gewählt werden, also eine 400er-Rinne.
- Alternativen zur Querschnittsvergrößerung:
  - Einen zweiten Ablauf einbauen
  - Einen Wasserfangkasten im Rinnenwinkel anordnen
  - Den geplanten Ablauf so weit Richtung Rinnenwinkel verschieben, bis das Abflussvermögen der Rinne wieder größer als der berechnete Regenwasserabfluss ist
  - Da nur aus optischen Gründen der größte Wert zur Bemessung gewählt wurde, kann im Hinblick auf die Wirtschaftlichkeit auf eine Vergrößerung der anderen beiden Rinnen verzichtet werden.

Ermittlung des Einhangstutzens nach Tabelle II.3 *und* Tabelle II.4*:*

Nach Tabelle II.3 (für halbrunde Rinnen) hat ein ovaler/trichterförmiger Einhangstutzen einer 400er-Rinne eine Abflussleistung von 14,5 l/s, wenn der Ausschnitt der Rinne nach Herstellerangaben gemacht wird.

Ermittlung der Fallleitung nach Tabelle II.3 *und* Tabelle II.5*:*

Anhand der Tabelle II.3 wird der 400er-Rinne mit einem ovalen Ausschnitt ein Mindestrohrdurchmesser von 100 mm zugeordnet. Nach Tabelle II.5 kann ein Fallrohr mit Ø 100 mm 10,4 l/s entwässern und reicht somit ebenfalls aus.

Zusammenfassung:

Die Entwässerungsanlage setzt sich für jede Dachfläche somit aus folgenden Elementen zusammen:

- 400er-Rinne
- Rinneneinlaufstutzen 400/100
- Fallrohrinnendurchmesser ≥ 100 mm

Für die wirtschaftlichere Variante setzt sich die Entwässerungsanlage somit aus folgenden Elementen zusammen:

Dachflächen A1 und A2:

- 333er-Rinne
- Rinneneinlaufstutzen 333/80
- Fallrohrinnendurchmesser ≥ 75 mm

Dachflächen A3 und A4:

- 400er-Rinne
- Rinneneinlaufstutzen 400/100
- Fallrohrinnendurchmesser ≥ 100 mm

Anhang I.2 Berechnungsbeispiel für ein gefälleloses Flachdach mit Freispiegelentwässerung und entsprechender Notentwässerung

Dieses Berechnungsbeispiel beinhaltet die Bemessung der Entwässerung eines gefällelosen Flachdaches. Das Beispielobjekt befindet sich im Stadtgebiet von Bad Kissingen. Die Entwässerung soll über Dachabläufe und eine passende Notentwässerung in der Attika umgesetzt werden. Die Dachfläche beträgt 200,00 m². Es sind kein Oberflächenschutz oder etwaige andere abflussreduzierende Maßnahmen vorgesehen und das Gebäude ist entwässerungstechnisch nicht besonders schützenswert.

Abb. I.3: Objektansicht des gefällelosen Flachdaches von oben

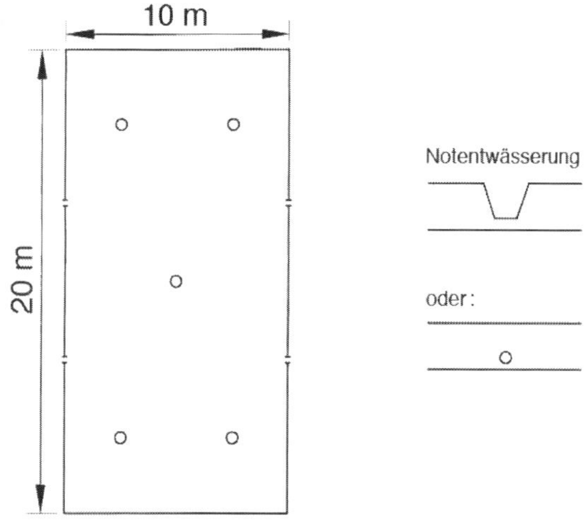

Objektdaten:

- Berechnungsregen ($r_{5,5}$) für die Stadt Bad Kissingen (siehe Tabelle II.6) = 400 l/(s · ha)
- Jahrhundertregen ($r_{5,100}$) für die Stadt Bad Kissingen (siehe Tabelle II.6) = 800 l/(s · ha)
- Gesamtfläche = 200,00 m²
- Abflussbeiwert C eines Flachdaches = 1,0 (siehe Tabelle II.17)
- Wirksame Fläche ist bei diesem Beispiel aufgrund der gefällelosen Ausführung = Dachfläche.
  Durch die gefällelose Ausführung ist auch keine Unterteilung in Teildachflächen nötig.

Wirksame Fläche = 10,00 m · 20,00 m = 200,00 m²

- maximal Überflutungshöhe: 75 mm (festgelegt nach Angabe des Statikers)
- Nennweite der Abläufe: 100 mm (Annahme des Planers)
- Stauhöhe Dachablauf: 35 mm (abhängig vom Ablauf, hier gewählt: NW 100 mm)

Berechnung des Regenwasserabflusses Q:

$Q = r_{(5,5)} \cdot C \cdot A \cdot 1/10.000$

$Q = 400 \cdot 1 \cdot 20,00\ m \cdot 10,00\ m \cdot 1/10.000$

$Q = 8\ l/s$

Berechnung des Regenwasserabflusses eines Jahrhundertregens Q_{Not}:

$Q_{100} = 800\ l/(s \cdot ha) \cdot 1 \cdot 20,00\ m \cdot 10,00\ m \cdot 1/10.000 = 16\ l/s$

Da entwässerungstechnisch keine besonderen Anforderungen an den Schutz des Gebäudes bestehen, berechnet sich der Regenwasserabfluss eines Jahrhundertregens wie folgt:

$Q_{Not} = Q_{100} - Q$

$Q_{Not} = 16 - 8$

$Q_{Not} = 8\ l/s$

Bemessung der Entwässerungsanlage (Bemessungsregen):

Nach Tabelle II.20 kann ein Ablauf NW 100 bei einer Stauhöhe von 35 mm mindestens 4,5 l/s entwässern (bei industriell hergestellten Abläufen kann die – zumeist deutlich höhere – Ablaufleistung nach Herstellerangabe angesetzt werden).

Daraus ergibt sich die notwendige Anzahl der Abläufe von 8 l/s: 4,5 l/s (pro Ablauf) = 1,78 Stück. Die Anzahl muss immer auf ganze Zahlen aufgerundet werden. Somit ergibt sich hier ein Bedarf von 2 Abläufen für die gesamte Dachfläche.

Bemessung der Entwässerungsanlage (Jahrhundertregen):

Die Notentwässerung muss mindestens die Differenz zwischen Jahrhundertregen und Berechnungsregen (hier: 16 – 8 = 8 l/s) entwässern können. Und nach Abschnitt 3.1.(5) muss für jeden Dachablauf auch ein Notab- bzw. Notüberlauf vorhanden sein. Für die geplante Notentwässerung über die Attika müssen somit 2 Notüberläufe vorgesehen werden, die zusammen die 8 l/s entwässern können (Abschnitt 3.2 (7)). Als Stauhöhe der Notentwässerungsströmung ist die angegebene Überflutungshöhe des Statikers ausschlaggebend. Diese hat der Planer mit 75 mm festgelegt. Wird nun die Stauhöhe des Dachablaufes von 35 mm davon abgezogen, bleibt eine maximal mögliche Höhe der Attikaöffnung von 40 mm übrig.

Damit kann der erforderliche Querschnitt des Notüberlaufs bestimmt werden:

$L_w = Q_{Not} \cdot 24.000 / h^{1,5}$

$L_w = 4 \text{ l/s} \cdot 24.000 / (40 \text{ mm})^{1,5}$

$L_w = 379,47$ mm, gerundet 380 mm

Es sind also 2 Notüberläufe in der Attika mit den Querschnittsmaßen von 380 mm Breite und 40 mm Höhe vorzusehen. Alternativ sind auch folgende Möglichkeiten denkbar:

- zusätzliche Dachabläufe mit Anstauelement und freier Entwässerung auf das Grundstück,
- Entwässerung mit Attikagullys,
- partielles Absenken der Attika auf die Mindeststauhöhe (hier: 35 mm) oder
- Herstellung eines durch die Attika geführten Notüberlaufs nach Abschnitt 3.2 (7).

Für Notentwässerungen, die als zusätzliche Sicherheit den ganzen Jahrhundertregen allein entwässern sollen, muss entsprechend die Bemessung der Entwässerungsanlage für eine Jahrhundertregenspende (hier: 16 l/s) erneut nach diesem Beispiel gerechnet werden:

$L_w = Q_{Not} \cdot 24.000 / h^{1,5}$

$L_w = 8 \text{ l/s} * 24.000 / (40 \text{ mm})^{1,5}$

$L_w = 758,95$ mm, gerundet 760 mm

Es sind also 2 Notüberläufe in der Attika mit den Querschnittsmaßen von 760 mm Breite und 40 mm Höhe vorzusehen.

Zusammenfassung:

Die Entwässerungsanlage setzt sich für die Dachfläche somit aus folgenden Elementen zusammen:

- 2 Abläufe mit NW 100
- 2 Notüberläufe mit den Abmessungen:
  - 380/40 mm für die normale Situation oder
  - 760/40 mm für ein außergewöhnliches Maß an Schutz (Abschnitt 3.2 (10))

Anhang I.3 Berechnungsbeispiel eines Gefälledaches

Dieses Berechnungsbeispiel beinhaltet die Bemessung der Entwässerung eines Flachdaches mit ausgeführtem Gefälle von 2 %. Das Beispielobjekt befindet sich im Stadtgebiet von Bad Kissingen. Die Entwässerung soll über im Dachgraben liegende Dachabläufe und eine passende Notentwässerung umgesetzt werden. Die Dachfläche beträgt 200,00 m². Es sind kein Oberflächenschutz oder etwaige andere abflussreduzierende Maßnahmen vorgesehen und das Gebäude ist entwässerungstechnisch nicht besonders schützenswert.

Abb. I.4: Draufsicht des Gefälledaches mit geplanten Entwässerungsleitungen

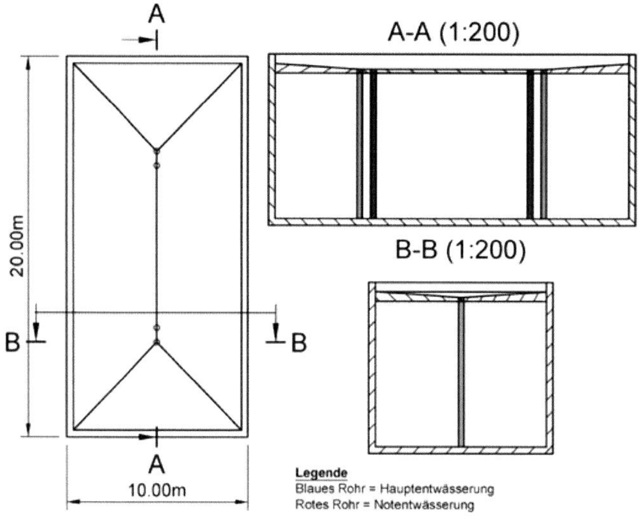

Objektdaten:

- Berechnungsregen ($r_{5,5}$) für die Stadt Bad Kissingen (siehe Tabelle II.6) = 400 l/(s · ha)
- Jahrhundertregen ($r_{5,100}$) für die Stadt Bad Kissingen (siehe Tabelle II.6) = 800 l/(s · ha)
- Gesamtfläche = 200,00 m²
- Abflussbeiwert C eines Flachdaches = 1,0 (siehe Tabelle II.17)
- Die wirksame Fläche ist bei diesem Beispiel gleich der Grundfläche des Daches, da die Teilflächen in den mittig liegenden Dachgraben entwässern und dieser damit die Niederschlagssumme der Teilflächen führt. Aufgrund dieser Ausführung ist keine Unterteilung in Teilflächen notwendig.

  Wirksame Fläche = 10,00 m · 20,00 m = 200,00 m²
- maximal Überflutungshöhe: 75 mm (festgelegt nach Angabe des Statikers)
- Nennweite der Abläufe: 100 mm (Annahme des Planers)
- Stauhöhe Dachablauf: 35 mm (abhängig vom Ablauf, hier gewählt: NW 100 mm)

Berechnung des Regenwasserabflusses Q:

$Q = r_{(5,5)} \cdot C \cdot A \cdot 1/10.000$

$Q = 400 \cdot 1 \cdot 20{,}00\ m \cdot 10{,}00\ m \cdot 1/10.000$

$Q = 8\ l/s$

Berechnung des Regenwasserabflusses eines Jahrhundertregens Q_{Not}:

$Q_{100} = 800\ l/(s \cdot ha) \cdot 1 \cdot 20{,}00\ m \cdot 10{,}00\ m \cdot 1/10.000 = 16\ l/s$

Da entwässerungstechnisch keine besonderen Anforderungen an den Schutz des Gebäudes bestehen, berechnet sich der Regenwasserabfluss eines Jahrhundertregens wie folgt:

$Q_{Not} = Q_{100} - Q$

$Q_{Not} = 16 - 8$

$Q_{Not} = 8\ l/s$

Bemessung der Entwässerungsanlage (Bemessungsregen):

Nach Tabelle II.20 kann ein Ablauf NW 100 bei einer Stauhöhe von 35 mm mindestens 4,5 l/s entwässern (bei industriell hergestellten Abläufen kann die – zumeist deutlich höhere – Ablaufleistung nach Herstellerangabe angesetzt werden).

Daraus ergibt sich die notwendige Anzahl der Abläufe von 8 l/s: 4,5 l/s (je Ablauf) = 1,78 Stück. Die Anzahl muss immer auf ganze Zahlen aufgerundet werden. Somit ergibt sich hier ein Bedarf von 2 Abläufen für die gesamte Dachfläche.

Bemessung der Entwässerungsanlage (Jahrhundertregen):

Die Notentwässerung muss mindestens die Differenz zwischen Jahrhundertregen und Berechnungsregen (hier: 16 – 8 = 8 l/s) entwässern können. Und nach Abschnitt 3.1 (5) muss für jeden Dachablauf auch ein Notab- bzw. Notüberlauf vorhanden sein. Für die geplante Notentwässerung über Notabläufe müssen somit 2 Notabläufe vorgesehen werden, die zusammen die 8 l/s entwässern können (Abschnitt 3.2 (7)). Als Stauhöhe der Notentwässerungsströmung ist die angegebene Überflutungshöhe des Statikers auschlaggebend. Diese hat der Planer mit 75 mm festgelegt. Wird nun die Stauhöhe des Dachablaufes von 35 mm davon abgezogen, bleibt eine maximal mögliche Stauhöhe der Notabläufe von 40 mm übrig. Diese muss bei der Wahl der Notabläufe berücksichtigt werden (siehe Abschnitt 3.2 (3)) und darf keinesfalls die 40 mm überschreiten, da sonst die Statik des Gebäudes gefährdet wird. Die Notabläufe können mit Anstauelement oder als erhöhter Einbau in direkter Nähe der normalen Dachabläufe eingebaut werden. Mit Hilfe von Tabelle II.20 kann der Notablauf ausgewählt werden. Da für dieses Beispiel $Q = Q_{Not}$ ist, können z.B. die gleichen Abläufe wie für die Hauptentwässerung, in Kombination mit einem 35-mm-Anstauring, gewählt werden. Bei 35 mm Anstauhöhe werden dabei ebenfalls die 4,5 l/s pro Ablauf erreicht.

Prüfung der Notentwässerungsleistung:

2 Notabläufe mit 4,5 l/s ergeben ein Abflussvermögen von 9,0 l/s. Damit ist das Abflussvermögen der bemessenen Notentwässerung größer als Q_{Not}(8 l/s) und damit ausreichend.

Prüfung der Überflutungshöhe:

Die Abläufe für die Hauptentwässerung haben eine Stauhöhe von 35 mm, um die angegebenen 4,5 l/s Ablaufleistung aus Tabelle II.20 zu erreichen. Die Notabläufe werden nach Abschnitt 3.2 (3) auf der Stauhöhe der Hauptentwässerung eingebaut und haben ebenfalls eine Stauhöhe von 35 mm. Addiert man diese beiden Stauhöhen,

Überflutungshöhe = Stauhöhe Hauptentwässerung + Stauhöhe Notentwässerung

Überflutungshöhe = 35 mm + 35 mm,

erhält man eine Überflutungshöhe von 70 mm. Vergleicht man diese mit der maximal möglichen Überflutungshöhe, also der Angabe des Statikers/Tragwerkplaners/Fachplaners, muss die Überflutungshöhe in jedem Fall ≤ der maximal möglichen Überflutungshöhe sein.

Da in diesem Beispiel 70 mm ≤ 75 mm sind, ist die Vorgabe erreicht und die Bemessung der Notentwässerung ausreichend.

Für Notentwässerungen, die als zusätzliche Sicherheit den ganzen Jahrhundertregen allein entwässern sollen, muss entsprechend die Bemessung der Entwässerungsanlage für eine Jahrhundertregenspende (hier: 16 l/s) erneut nach diesem Beispiel gerechnet werden:

In dieser Situation, also wenn das Gebäude bspw. besonders schützenswert ist (Abschnitt 3.2 (10)), muss die Notentwässerung 16 l/s aufnehmen können. Die Tabelle II.20 gibt für eine Stauhöhe von 35 mm einen Abflusswert von 4,5 l/s je 100er-Ablauf an. Die Abläufe mit 45 mm Stauhöhe aus der Tabelle können nicht gewählt werden, da sonst die maximal mögliche Überflutungshöhe von 75 mm überschritten würde (35 mm + 45 mm = 80 mm). Demnach muss für die nötige Anzahl an Notabläufen Q_{Not} durch die 4,5 l/s pro 100er-Ablauf geteilt werden: 16 l/s / 4,5 l/s (pro Ablauf) = 3,55 Notabläufe, aufgerundet 4 Notabläufe.

Zusammenfassung:

Die Entwässerungsanlage setzt sich für die Dachfläche somit aus folgenden Elementen zusammen:

- 2 Abläufe mit NW 100,
- 2 Notabläufe mit den Abmessungen NW 100 mit 35 mm Anstauring
  oder
  erhöhtem Einbau auf 35 mm Höhe.

Anhang I.4 Berechnungsbeispiel für innenliegende Rinne mit Notentwässerung am Sammelkasten

Dieses Berechnungsbeispiel beinhaltet die Bemessung der Entwässerung eines Flachdaches mit innenliegender Rinne, welches sich im Stadtgebiet von Hamburg befindet. Die Rinnenlänge beträgt 50,00 m und soll an der Stirnseite über einen Ablauf entwässert werden. Es sind kein Oberflächenschutz oder etwaige andere abflussreduzierende Maßnahmen vorgesehen. Das Gebäude ist entwässerungstechnisch nicht besonders schützenswert.

Abb. I.5: Draufsicht und Schnittansicht des Flachdaches mit innenliegender Rinne

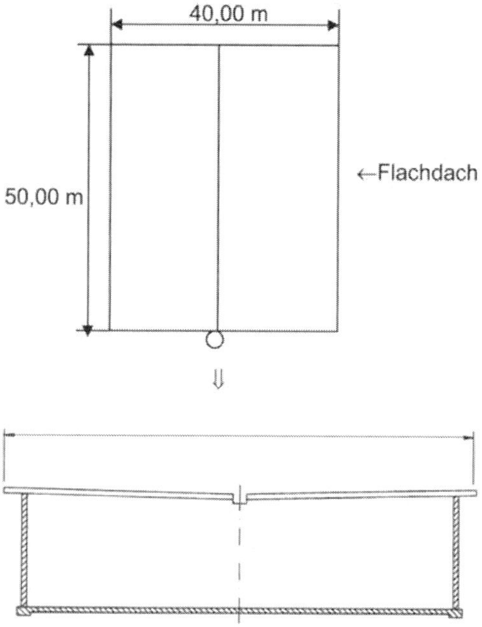

Objektdaten:

- Berechnungsregen ($r_{5,5}$) für die Stadt Hamburg (siehe Tabelle II.6) = 300 l/(s · ha)
- Jahrhundertregen ($r_{5,100}$) für die Stadt Hamburg (siehe Tabelle II.6) = 500 l/(s · ha)
- Anzahl der Fallrohre pro Rinne = 1, Einleitung über einem trichterförmigen Stutzen
- Länge der kastenförmigen Rinne 50,00 m
- Abflussbeiwert C eines Flachdaches = 1,0 (siehe Tabelle II.17)
- Der Niederschlag fällt senkrecht, weswegen nicht die Dachfläche als „wirksame Fläche" bezeichnet wird, sondern die Grundfläche der Teildachfläche. In diesem Beispiel ist die wirksame Fläche je Dachseite (Teildachfläche) = 50,00 m · 20,00 m = 1.000,00 m².

Berechnung des Regenwasserabflusses Q:

$Q = r_{(5,5)} \cdot C \cdot A \cdot 1/10.000$

$Q = 300 \cdot 1{,}0 \cdot 50{,}00\ m \cdot 40{,}00\ m \cdot 1/10.000$

$Q = 60\ l/s$

Berechnung des Regenwasserabflusses eines Jahrhundertregens Q_{Not}:

Q_{100} = Jahrhundertregen ($r_{5,100}$) · Abflussbeiwert · wirksame Fläche · Umrechnungsfaktor ha auf m²

Hinweis: Bei der Berechnung des Regenwasserabflusses des Jahrhundertregens wird der Abflussbeiwert mit 1,0 angesetzt. Grund dafür ist die Annahme, dass der Abflussbeiwert außer Kraft gesetzt wird, da so viel Niederschlag auf der Fläche vorhanden ist, dass keine Abminderung durch Reibung oder Ähnliches erfolgt.

Q_{100}= 500 · 1,0 · 50,00 m · 40,00 m · 1/10.000

Q_{100}= 100 l/s

Da das Gebäude kein Krankenhaus oder Ähnliches ist, ist es im Sinne der Entwässerung nicht besonders schützenswert. Das bedeutet, dass der Regenwasserabfluss, der von der Notentwässerung abgeführt werden muss, nicht in Gänze angesetzt wird, sondern nur der Anteil, der über den Bemessungsregen hinausgeht:

Q_{Not}= Q_{100}– Q

Q_{Not}= 100 – 60

Q_{Not}= 40 l/s

Bemessung der Entwässerungsanlage (Bemessungsregen):

Bei einer innenliegenden Rinne muss darauf geachtet werden, dass diese den gesamten Jahrhundertregen (Q_{100}) fassen kann, da diese sonst überläuft und je nach Bauweise das Niederschlagswasser ins Gebäudeinnere gelangt.

Rinnengröße nach Tabelle II.7 *bis* Tabelle II.14*:*

Über die Tabelle II.10 „Rinnenlänge 50,00 m" kann ein ausreichender Rinnenquerschnitt bestimmt werden. Durch Vergleichen der Abflusswerte Q der Rinnengrößen kann die erforderliche Rinnengröße abgelesen werden. Bei 50,00 m Länge und einer benötigten Entwässerungsleistung bzw. Abflussvermögen der Rinne von 100 l/s muss die Rinne mindestens folgende Abmessungen haben:

Abb. I.6: Darstellung der Maße aus dem Beispiel anhand der Abb. 5

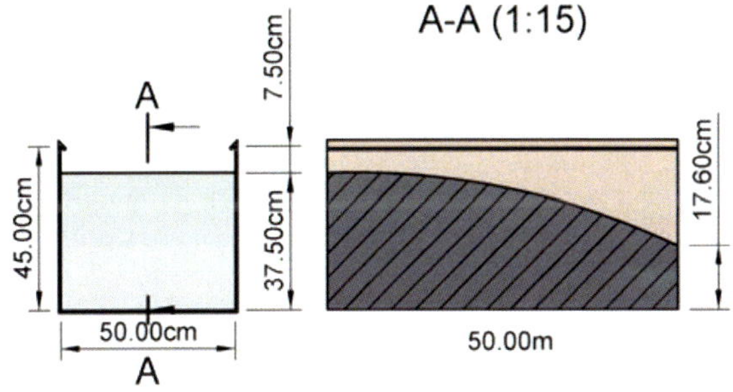

Die Ablaufleistung beträgt dann 112,2 l/s und ist größer als die von den Dachflächen kommenden 100 l/s.

Damit würde die Entwässerungssituation wie Abb. I.7 bildlich dargestellt aussehen:

Abb. I.7: Bildliche Darstellung der Entwässerungssituation am Ablauf der Rinne

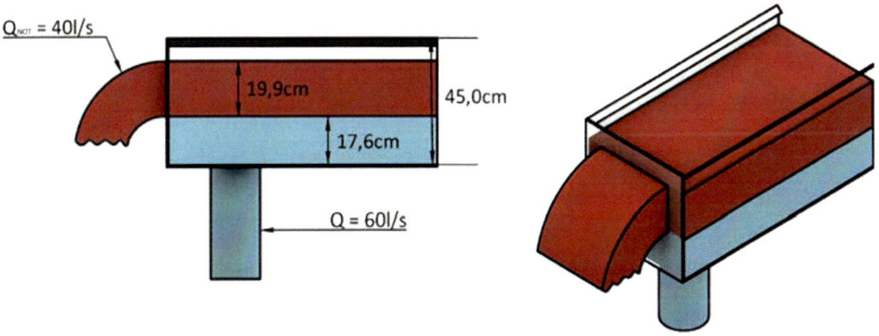

Legende:
Rot = Idealisierte Notentwässerungsströmung
Blau = Idealisisierte Hauptentwässerungsströmung

Ermittlung des Einhang-/Ablaufstutzens nach Tabelle II.3, Tabelle II.4 *oder* Tabelle II.15*:*

Nach keiner Tabelle in diesem Merkblatt kann ein Einhangstutzen/Ablauf für diese Wassermengen bestimmt werden.

Ermittlung der Fallleitung nach Tabelle II.3 *und* Tabelle II.5*:*

Wie beim Ablaufstutzen ist auch für das Fallrohr kein passender Querschnitt auswählbar.

Achtung: Da hier weder ein passender Ablaufstutzen noch ein geeignetes Fallrohr nach diesem Merkblatt gewählt werden kann, ist das ein Signal, dass die geplante Entwässerung nicht funktioniert. Hier müsste nun mit dem Bauherrn/Planer das Gespräch gesucht und eine mögliche Lösung diskutiert werden. Lösungen könnten z.B. sein:

- von Freispiegelentwässerung auf Druckentwässerung zu wechseln (Fachplaner einschalten! Siehe Kapitel 1 „Geltungsbereich"),
- von außenliegender Entwässerung zu innenliegender Entwässerung wechseln, um auch im Fließbereich der Rinne Abläufe planen zu können.

Die möglichen Lösungen sind jedoch von den objektspezifischen Gegebenheiten abhängig. Um das ganze Entwässerungskonzept in dem Gespräch mit dem Kunden/Planer abzubilden, ist es sinnvoll, die Notentwässerung ebenfalls zu bemessen und die evtl. dort auftretenden Probleme direkt mit anzusprechen.

Bemessung der Entwässerungsanlage (Jahrhundertregen):

Bei diesem Objekt soll die Notentwässerung ebenfalls über die Stirnseite ausgeführt werden. Dabei sind über das „Kopfstück" der innenliegenden Rinne allein die 40 l/s zu entwässern. Die Dimensionierung des notwendigen Schlitzes kann nach Abschnitt 3.2 (7)) erfolgen:

Länge der Notüberlauföffnung = $Q_{Not} \cdot 24.000$ / Stauhöhe der Notüberlaufströmung^{1,5}

Bei einer Wasserstandshöhe W von 375 mm (siehe Abb. I.7) und einer geplanten Stauhöhe am Ablauf von 176 mm bleibt eine mögliche Stauhöhe von 375 – 176 = 199 mm übrig, ohne das geforderte Freibord von 75 mm einzuschränken. Damit ist eine maximale Stauhöhe der Notüberlaufströmung von 199 mm übrig:

$L_w = 40 \cdot 24.000/199^{1,5}$

$L_w = 341{,}97$, also rund 345 mm

Bei einer verfügbaren Breite des Kopfstückes der innenliegenden Rinne von 500 mm wäre dieser Schlitz möglich und die Notentwässerung gewährleistet. Anhand der Tabelle II.19 können auch andere Öffnungsquerschnitte gewählt werden.

Achtung: Die Notentwässerung wäre von der Abflussmenge her realisierbar. Aber, wenn der Hochpunkt einer Notüberlaufströmung weiter als 10,00 m vom Ablauf entfernt ist, muss der Hochpunkt mit der doppelten Stauhöhe des Ablaufs angenommen werden (Abschnitt 3.2 (13), zur Veranschaulichung siehe Abb. 10). Damit müsste auf die geplante Wasserstandshöhe in Rinnenmitte von 345 mm die Stauhöhe des Ablaufs von 176 mm addiert werden. Da aber nur noch das Freibord von 75 mm als Reserve vorhanden ist, würde die Rinne in der Theorie überlaufen. Zusätzlich müsste ein Statiker diese theoretische Mehrbelastung in Feldmitte statisch freigeben. An dieser Stelle ist die Grenze des Merkblattes erreicht und eine Bemessung nach Fachregel nicht mehr möglich. In diesem Beispiel müsste spätestens jetzt ein Fachplaner eingeschaltet werden, um ein Entwässerungskonzept zu erstellen!

Zusammenfassung:

Die geplante Entwässerungsanlage kann mit Hilfe dieses Merkblattes nicht bemessen werden! Vorher ist ein Fachplaner für das Erstellen eines Entwässerungskonzeptes zu beauftragen, da hier durch die weiten Fließwege eine nicht geplante Belastung der Tragkonstruktion entsteht. Diese Einschätzung liegt außerhalb des Zuständigkeitsbereiches des Dachdeckers!

Anhang II Tabellen

Tabelle II.1: Abflussverhalten von halbrunden Rinnen und daran anschließbare Niederschlagsflächen in m² bei unterschiedlichen Regenspenden r in l/(s · ha) und C = 1,0

Nennmaß			**Rinnenlänge (= Länge vom Rinnenanfang bis zum Ablauf) in m**															
in mm			5	6	7	8	9	10	11	12	13	14	15	16	17	18	19	20
250	r in l/(s · ha)	Q(l/s)	1,07	1,05	1,02	1,00	0,98	0,96	0,94	0,92	0,90	0,88	0,86	0,85	0,83	0,81	0,80	0,78
		250	43	42	41	40	39	38	38	37	36	35	34	34	33	32	32	31
		300	36	35	34	33	33	32	31	31	30	29	29	28	28	27	27	26
		350	31	30	29	29	28	27	27	26	26	25	25	24	24	23	23	22
		400	27	26	26	25	25	24	24	23	23	22	22	21	21	20	20	20
		450	24	23	23	22	22	21	21	20	20	20	19	19	18	18	18	17
280	r in l/(s · ha)	Q(l/s)	1,68	1,65	1,62	1,59	1,56	1,53	1,50	1,48	1,45	1,42	1,4	1,37	1,35	1,33	1,30	1,28
		250	67	66	65	64	62	61	60	59	58	57	56	55	54	53	52	51
		300	56	55	54	53	52	51	50	49	48	47	47	46	45	44	43	43
		350	48	47	46	45	45	44	43	42	41	41	40	39	39	38	37	37
		400	42	41	41	40	39	38	38	37	36	36	35	34	34	33	33	32
		450	37	37	36	35	35	34	33	33	32	32	31	30	30	30	29	28
333	r in l/(s · ha)	Q(l/s)	2,68	2,64	2,59	2,55	2,51	2,48	2,44	2,40	2,36	2,33	2,29	2,26	2,22	2,19	2,16	2,13
		250	107	106	104	102	100	99	98	96	94	93	92	90	89	88	86	85
		300	89	88	86	85	84	83	81	80	79	78	76	75	74	73	72	71
		350	77	75	74	73	72	71	70	69	67	67	65	65	63	63	62	61
		400	67	66	65	64	63	62	61	60	59	58	57	57	56	55	54	53
		450	60	59	58	57	56	55	54	53	52	52	51	50	49	49	48	47
400	r in l/(s · ha)	Q(l/s)	4,71	4,63	4,57	4,51	4,46	4,40	4,35	4,29	4,24	4,18	4,13	4,08	4,03	3,98	3,93	3,89
		250	188	185	183	180	178	176	174	172	170	167	165	163	161	159	157	156
		300	157	154	152	150	149	147	145	143	141	139	138	136	134	133	131	130
		350	135	132	131	129	127	126	124	123	121	119	118	116	115	114	112	111
		400	118	116	114	113	112	110	109	107	106	105	103	102	101	100	98	97
		450	105	103	102	100	99	98	97	95	94	93	92	91	90	88	87	86
500	r in l/(s · ha)	Q(l/s)	8,78	8,78	8,68	8,60	8,51	8,42	8,34	8,26	8,18	8,10	8,02	7,94	7,86	7,78	7,71	7,63
		250	351	351	347	344	340	337	334	330	327	324	321	318	314	311	308	305
		300	293	293	289	287	284	281	278	275	273	270	267	265	262	259	257	254
		350	251	251	248	246	243	241	238	236	234	231	229	227	225	222	220	218
		400	220	220	217	215	213	211	209	207	205	203	201	199	197	195	193	191
		450	195	195	193	191	189	187	185	184	182	180	178	176	175	173	171	170

Tabelle II.2: Abflussverhalten von kastenförmigen Rinnen und daran anschließbare Niederschlagsflächen in m² bei unterschiedlichen Regenspenden r in l/(s · ha) und C = 1,0

Nennmaß			Rinnenlänge (= Länge vom Rinnenanfang bis zum Ablauf) in m															
in mm			5	6	7	8	9	10	11	12	13	14	15	16	17	18	19	20
250	r in l/(s · ha)	Q(l/s)	1,02	0,99	0,97	0,95	0,92	0,90	0,88	0,86	0,84	0,82	0,80	0,79	0,77	0,75	0,74	0,72
		250	41	40	39	38	37	36	35	34	34	33	32	32	31	30	30	29
		300	34	33	32	32	31	30	29	29	28	27	27	26	26	25	25	24
		350	29	28	28	27	26	26	25	25	24	23	23	23	22	21	21	21
		400	26	25	24	24	23	23	22	22	21	21	20	20	19	19	19	18
		450	23	22	22	21	20	20	20	19	19	18	18	18	17	17	16	16
333	r in l/(s · ha)	Q(l/s)	2,37	2,32	2,28	2,24	2,20	2,16	2,12	2,09	2,05	2,01	1,98	1,95	1,91	1,88	1,85	1,82
		250	95	93	91	90	88	86	85	84	82	80	79	78	76	75	74	73
		300	79	77	76	75	73	72	71	70	68	67	66	65	64	63	62	61
		350	68	66	65	64	63	62	61	60	59	57	57	56	55	54	53	52
		400	59	58	57	56	55	54	53	52	51	50	50	49	48	47	46	46
		450	53	52	51	50	49	48	47	46	46	45	44	43	42	42	41	40
400	r in l/(s · ha)	Q(l/s)	3,95	3,89	3,83	3,77	3,71	3,66	3,61	3,55	3,50	3,45	3,40	3,35	3,30	3,25	3,21	3,16
		250	158	156	153	151	148	146	144	142	140	138	136	134	132	130	128	126
		300	132	130	128	126	124	122	120	118	117	115	113	112	110	108	107	105
		350	113	111	109	108	106	105	103	101	100	99	97	96	94	93	92	90
		400	99	97	96	94	93	92	90	89	88	86	85	84	83	81	80	79
		450	88	86	85	84	82	81	80	79	78	77	76	74	73	72	71	70
500	r in l/(s · ha)	Q(l/s)	7,23	7,12	7,03	6,94	6,86	6,78	6,69	6,61	6,53	6,45	6,37	6,30	6,22	6,15	6,07	6,00
		250	289	285	281	278	274	271	268	264	261	258	255	252	249	246	243	240
		300	241	237	234	231	229	226	223	220	218	215	212	210	207	205	202	200
		350	207	203	201	198	196	194	191	189	187	184	182	180	178	176	173	171
		400	181	178	176	174	172	170	167	165	163	161	159	158	156	154	152	150
		450	161	158	156	154	152	151	149	147	145	143	142	140	138	137	135	133

Tabelle II.3: Ablaufleistung Q ovaler Einhangstutzen an halbrunden Rinnen[1]

Rinnennennmaß in mm	250	280	333	400	500
Fallrohrnenndurchmesser in mm	60–80	75–100	75–100	100–120	150
Abflussverhalten Q in l/s:	2,9	4,1	7,4	14,5	21,1

[1]Gilt bei Verwendung werkseitig hergestellter Abläufe in Verbindung mit einem Rinnenausschnitt nach den vom Hersteller entwickelten Schablonen.
Abweichungen bei anderen Produkten und Abläufen aus handwerklicher Herstellung sind möglich (mit C = 1,0).
Quelle: GRÖMO

Tabelle II.4: Ablaufleistung Q trichterförmiger Einhangstutzen an kastenförmigen Rinnen[1]

Rinnennennmaß in mm	250	280	333	400
Fallrohrnenndurchmesser in mm	75–80	80–87	100	120
Abflussverhalten Q in l/s:	2,4	3,3	6,0	10,8

[1]Gilt bei Verwendung werkseitig hergestellter Abläufe in Verbindung mit einem Rinnenausschnitt nach den vom Hersteller entwickelten Schablonen.
Abweichungen bei anderen Produkten und Abläufen aus handwerklicher Herstellung sind möglich (mit C = 1,0).
Quelle: GRÖMO

Anmerkung zu Tabelle II.3 und Tabelle II.4:

- Zylindrische Ablaufstutzen verringern die Ablaufleistung um ca. 30 %.
- Der Einbau von Laubfangkörben reduziert das Ablaufvermögen von Ablaufstutzen um 50 %.

Beim Einsatz von Laubfangkörben in Ablaufstutzen verringert sich die Ablaufleistung von Rinnen mit nicht flacher Sohle um 50 % (DIN EN 12056-3– Abschnitt 5.3.3). Die Verwendung von Laubfangkörben im Fallrohr und die damit erleichterte Kontroll- und Reinigungsmöglichkeit vermeidet die Reduktion der Ablaufleistungen oben genannter Rinnen. Die verringerte Ablaufleistung des Fallrohres ist dementsprechend zu berücksichtigen und bedarf einer dem Verschmutzungsgrad angepassten regelmäßigen Kontrolle und Reinigung (siehe Abschnitt 1.3 (5)).

Tabelle II.5: Abflussvermögen senkrechter Regenwasserfallleitungen

Innendurchmesser di in mm	**Abflussvermögen Q in l/s bei einem Füllungsgrad f = 0,33**
60	2,7
70	4,1
75	5,0
80	5,9
85	6,9
100	10,7
120	17,4
150	31,6

Tabelle II.6: 5-Minuten-Regenspenden in Deutschland [in l/(s · ha)] (nach DIN 1986-100:2016-12)

Ort (Werte sind zur Erstellung der im Anhang aufgeführten Tabellen gegenüber der Norm gerundet)	**Berechnungsregen $r_{(5,5)}$**					**Jahrhundertregen $r_{(5,100)}$**			
	250	300	350	400	450	500	600	700	800
Aachen		x				x			
Aschaffenburg		x					x		
Augsburg				x				x	
Aurich		x					x		
Bad Kissingen				x					x
Bad Salzuflen			x					x	
Bad Tölz					x				x
Bamberg			x				x		
Bayreuth			x					x	
Berlin			x				x		
Bielefeld		x					x		
Bocholt		x				x			
Bonn		x					x		
Braunschweig			x					x	
Bremen	x					x			
Bremerhaven			x				x		
Chemnitz			x				x		
Cottbus			x					x	
Cuxhaven		x					x		
Dessau		x					x		

Ort (Werte sind zur Erstellung der im Anhang aufgeführten Tabellen gegenüber der Norm gerundet)	**Berechnungsregen $r_{(5,5)}$**					**Jahrhundertregen $r_{(5,100)}$**			
	250	300	350	400	450	500	600	700	800
Dortmund			x					x	
Dresden			x					x	
Duisburg		x					x		
Düsseldorf			x					x	
Eisenach		x				x			
Emden		x					x		
Erfurt		x				x			
Erlangen			x					x	
Essen			x				x		
Frankfurt/Main			x					x	
Garmisch-Partenkirchen			x				x		
Gera			x					x	
Göppingen		x				x			
Görlitz			x					x	
Göttingen			x					x	
Halle/Saale		x					x		
Hamburg		x				x			
Hamm		x					x		
Hanau			x					x	
Hannover		x				x			
Heidelberg			x				x		
Heilbronn		x				x			
Helmstedt			x					x	
Hildesheim		x				x			
Ingolstadt			x				x		
Kaiserslautern			x					x	
Karlsruhe			x					x	
Kassel			x				x		
Kiel	x					x			
Koblenz			x					x	
Köln			x					x	
Konstanz			x					x	
Leipzig				x				x	
Lindau				x				x	
Lingen				x				x	
Lübeck		x				x			
Lüdenscheid			x					x	
Magdeburg			x				x		
Mainz			x					x	
Mannheim			x				x		
Minden		x					x		

Ort (Werte sind zur Erstellung der im Anhang aufgeführten Tabellen gegenüber der Norm gerundet)	**Berechnungsregen** $r_{(5,5)}$					**Jahrhundertregen** $r_{(5,100)}$			
	250	300	350	400	450	500	600	700	800
Mönchengladbach		x				x			
München				x				x	
Münster		x					x		
Neubrandenburg				x				x	
Neustadt/Weinstraße			x					x	
Nürnberg			x					x	
Oberstdorf				x					x
Osnabrück			x					x	
Paderborn			x					x	
Passau			x					x	
Pforzheim			x					x	
Pirmasens			x					x	
Regensburg			x					x	
Rosenheim					x				x
Rostock		x				x			
Rüsselsheim			x					x	
Saarbrücken		x				x			
Schweinfurt			x					x	
Schwerin		x				x			
Siegen			x					x	
Solingen				x					x
Speyer			x				x		
Stuttgart					x				x
Trier				x				x	
Ulm		x					x		
Villingen-Schwenningen				x					x
Willingen/Upland				x					x
Wittenberge		x				x			
Wuppertal				x				x	
Würzburg				x					x
Zwickau			x				x		

Aufgerundete Werte auf Grundlage der DIN 1986-100, Anhang A, „Regenspenden in Deutschland".

Hinweis: Ortsgenaue Daten sind den KOSTRA-Tabellen oder den Regenspendentabellen der jeweiligen Bundesländer zu entnehmen (siehe auch Abschnitt 1.2.2).

Tabelle II.7: Abflussvermögen von rechteckigen, innenliegenden Rinnen, Rinnenbreite = 200 mm

rechteckig						Abflussvermögen QL in l/s				
Z	S	Frei-bord	W	h	Aw	Länge der Rinne in m				
						10	20	30	40	50
mm	mm	mm	mm	mm	cm²	l/s	l/s	l/s	l/s	l/s
200	200	60	140	66	280	11,2	10,1	9,2	8,5	7,8
190	200	57	133	63	266	10,3	9,3	8,4	7,7	7,1
180	200	54	126	59	252	9,4	8,5	7,7	6,9	6,4
170	200	51	119	56	238	8,6	7,7	6,9	6,2	5,7
160	200	48	112	53	224	7,8	6,9	6,2	5,6	5,1
150	200	45	105	49	210	7,0	6,2	5,5	4,9	4,5
140	200	42	98	46	196	6,3	5,4	4,8	4,3	4,0
130	200	39	91	43	182	5,6	4,8	4,2	3,8	3,5
120	200	36	84	39	168	4,8	4,2	3,6	3,2	3,0

Tabelle II.8: Abflussvermögen von rechteckigen, innenliegenden Rinnen, Rinnenbreite = 300 mm

rechteckig						Abflussvermögen QL in l/s				
Z	S	Frei-bord	W	h	Aw	Länge der Rinne in m				
						10	20	30	40	50
mm	mm	mm	mm	mm	cm²	l/s	l/s	l/s	l/s	l/s
300	300	75	225	106	675	35,5	33,4	31,4	29,5	27,9
280	300	75	205	96	615	30,9	28,7	26,8	25,1	23,6
260	300	75	185	87	555	26,1	24,3	22,5	20,9	19,5
240	300	72	168	79	504	22,4	20,7	19,0	17,7	16,4
220	300	66	154	72	462	19,5	17,8	16,4	15,1	13,9
200	300	60	140	66	420	16,7	15,2	13,9	12,7	11,7
180	300	54	126	59	378	15,4	13,9	12,6	11,5	10,6
170	300	51	119	56	357	14,2	12,7	11,5	10,4	9,5
160	300	48	112	53	336	12,9	11,5	10,4	9,4	8,6

Tabelle II.9: Abflussvermögen von rechteckigen, innenliegenden Rinnen, Rinnenbreite = 400 mm

rechteckig						Abflussvermögen QL in l/s				
Z	S	Frei-bord	W	h	Aw	Länge der Rinne in m				
						10	20	30	40	50
mm	mm	mm	mm	mm	cm²	l/s	l/s	l/s	l/s	l/s
400	400	75	325	153	1.300	82,2	80,0	76,6	73,5	70,6
375	400	75	300	141	1.200	72,9	70,5	67,2	64,3	61,5
350	400	75	275	129	1.100	63,7	61,3	58,3	55,5	53,0
325	400	75	250	118	1.000	55,3	52,7	49,8	47,2	44,9
300	400	75	225	106	900	47,3	44,4	41,7	39,4	37,2
275	400	75	200	94	800	39,3	36,7	34,2	32,0	30,1
250	400	75	175	82	700	31,8	29,5	27,2	25,3	23,7
225	400	68	158	74	630	26,9	24,7	22,7	20,9	19,4
200	400	60	140	66	560	22,4	20,3	18,4	16,9	15,6

Tabelle II.10: Abflussvermögen von rechteckigen, innenliegenden Rinnen, Rinnenbreite = 500 mm

rechteckig					Abflussvermögen QL in l/s					
Z	S	Frei-bord	W	h	Aw	Länge der Rinne in m				
						20	30	40	50	60
mm	mm	mm	mm	mm	cm²	l/s	l/s	l/s	l/s	l/s
500	500	75	425	20	2.125	153,5	147,6	142,9	138,8	134,2
450	500	75	375	176	1.875	125,2	120,8	116,4	112,2	108,5
400	500	75	325	153	1.625	100,0	95,7	91,9	88,1	84,8
350	500	75	275	129	1.375	76,6	72,8	69,4	66,1	63,3
300	500	75	225	106	1.125	55,5	52,1	49,2	46,4	44,1
275	500	75	200	94	1.000	45,8	42,7	40,2	37,6	35,5
250	500	75	175	82	875	36,8	34,0	31,6	29,4	27,7
225	500	68	158	74	788	30,9	28,3	26,2	24,1	22,7
200	500	60	140	66	700	25,4	23,0	21,1	19,4	18,1

Tabelle II.11: Abflussvermögen von rechteckigen, innenliegenden Rinnen, Rinnenbreite = 600 mm

rechteckig						Abflussvermögen QL in l/s				
Z	S	Frei-bord	W	h	Aw	Länge der Rinne in m				
						20	30	40	50	60
mm	mm	mm	mm	mm	cm²	l/s	l/s	l/s	l/s	l/s
600	600	75	525	247	3.150	253,1	247,7	241,2	235,0	229,5
550	600	75	475	223	2.850	217,5	211,6	205,3	199,7	194,0
500	600	75	425	200	2.550	184,3	177,5	171,7	166,4	161,1
450	600	75	375	176	2.250	150,6	145,0	140,0	141,0	130,6
400	600	75	325	153	1.950	120,0	114,9	110,3	106,0	101,6
350	600	75	275	129	1.650	92,0	87,5	83,4	79,5	75,7
300	600	75	225	106	1.350	66,5	65,5	59,3	55,8	52,7
250	600	75	175	82	1.050	44,1	40,8	38,1	35,3	33,3
200	600	60	140	66	840	30,3	27,5	25,3	23,2	21,6

Tabelle II.12: Abflussvermögen von rechteckigen, innenliegenden Rinnen, Rinnenbreite = 700 mm

rechteckig						Abflussvermögen QL in l/s				
Z	S	Frei-bord	W	h	Aw	Länge der Rinne in m				
						20	30	40	50	60
mm	mm	mm	mm	mm	cm²	l/s	l/s	l/s	l/s	l/s
700	700	75	62	294	4.375	383,3	383,3	372,9	364,5	357,0
600	700	75	525	247	3.675	294,5	289,1	282,0	275,0	268,1
500	700	75	425	200	2.975	215,3	206,8	201,0	194,3	188,3
450	700	75	375	176	2.625	175,5	169,2	163,3	157,6	152,3
400	700	75	325	153	2.275	140,2	134,2	129,2	124,0	119,0
350	700	75	275	129	1.925	107,5	102,1	97,7	93,0	88,8
300	700	75	225	106	1.575	77,9	73,2	69,2	65,1	61,7
250	700	75	175	82	1.225	51,7	47,8	44,5	41,4	38,8
200	700	60	140	66	980	35,7	32,5	29,8	27,3	25,4

Tabelle II.13: Abflussvermögen von rechteckigen, innenliegenden Rinnen, Rinnenbreite = 800 mm

rechteckig						Abflussvermögen QL in l/s				
Z	S	Frei-bord	W	h	Aw	Länge der Rinne in m				
						20	30	40	50	60
mm	mm	mm	mm	mm	cm²	l/s	l/s	l/s	l/s	l/s
800	800	75	725	341	5.800	547,0	547,2	537,9	527,9	518,5
700	800	75	625	294	5.000	438,3	438,2	425,3	416,0	407,2
600	800	75	525	247	4.200	337,6	330,5	322,2	314,1	306,1
500	800	75	425	200	3.400	246,0	236,6	228,5	222,3	215,1
400	800	75	325	153	2.600	160,2	153,4	147,4	141,6	135,9
350	800	75	275	129	2.200	122,8	116,8	111,0	106,4	101,4
300	800	75	225	106	1.800	89,3	83,8	78,7	74,5	70,5
250	800	75	175	82	1.400	59,1	54,7	50,7	47,2	44,1
200	800	60	140	66	1.120	40,8	37,1	33,7	31,1	28,7

Tabelle II.14: Abflussvermögen von rechteckigen, innenliegenden Rinnen, Rinnenbreite = 1.000 mm

rechteckig						Abflussvermögen QL in l/s				
Z	S	Frei-bord	W	h	Aw	Länge der Rinne in m				
						20	30	40	50	60
mm	mm	mm	mm	mm	cm²	l/s	l/s	l/s	l/s	l/s
600	1.000	75	525	247	5.250	421,6	413,5	403,3	392,2	382,1
550	1.000	75	475	223	4.750	363,0	352,9	342,9	333,1	323,5
500	1.000	75	425	200	4.250	307,2	295,9	286,2	277,0	268,8
450	1.000	75	375	176	3.750	250,9	242,3	234,0	225,0	217,0
400	1.000	75	325	153	3.250	200,9	192,1	183,9	176,9	169,5
350	1.000	75	275	129	2.750	153,8	146,1	139,3	132,7	126,5
300	1.000	75	225	106	2.250	111,1	105,0	98,8	92,8	88,1
250	1.000	75	175	82	1.750	73,7	68,7	63,3	59,0	55,2
200	1.000	60	140	66	1.400	51,0	46,2	42,3	38,9	36,2

Tabelle II.15: Abflussvermögen/Regenwasserabfluss von senkrechten Regenwasserfallleitungen nach DIN EN 12056-3

DN Regen-wasserfallleitung	**Abflussvermögen/ Regenwasserabfluss Füllungsgrad f = 0,33**	**DN Regen-wasserfallleitung**	**Abflussvermögen/ Regenwasserabfluss Füllungsgrad f = 0,33**
70	4,1	110	13,8
75	5,0	120	17,4
80	5,9	130	21,6
85	6,9	140	26,3
90	8,1	150	31,6
95	9,3	160	37,5
100	10,7	170	44,1

Tabelle II.16: Sicherheitsfaktor in Abhängigkeit vom Gebäude nach DIN EN 12056-3

Situation	Sicherheitsfaktor
vorgehängte Dachrinnen	1,0
vorgehängte Dachrinnen, bei denen überfließendes Wasser unangenehme Folgen hat, z.B. über Eingängen von öffentlichen Gebäuden	1,5
innenliegende Dachrinnen und überall dort, wo ungewöhnlich starker Regen oder Verstopfungen in der Dachentwässerungsanlage Wasser in das Gebäude eindringen lässt	2,0
innenliegende Dachrinnen in Gebäuden, für die ein außergewöhnliches Maß an Schutz notwendig ist, z.B.: – Krankenhäuser/Theater – sensible Kommunikationseinrichtungen – Lagerräume für Substanzen, die durch Nässe toxische oder entflammbare Gase abgeben – Gebäude, in denen besondere Kunstwerke aufbewahrt werden	3,0

Tabelle II.17: Spitzenabflussbeiwerte C_s zur Ermittlung des Regenwasserabflusses nach DIN 1986-100

Art der Flächen	**Material bzw. Flächentyp**	C_s
Steildach/Schrägdach	Metall, Glas, Schiefer, Faserzement, Ziegel, Abdichtungsbahnen	1,0
Flachdach ≤ 3° bzw. ca. 5 %	Abdichtungsbahnen, Metall, Glas, Faserzement	1,0
	Kiesschüttung	0,8
Begrünte Dachflächen	Extensivbegrünung (> 5°)	0,7
	Intensivbegrünung, ab 30 cm Aufbaudicke (≤ 5°)	0,2
	Extensivbegrünung, ab 10 cm Aufbaudicke (≤ 5°)	0,4
	Extensivbegrünung, unter 10 cm Aufbaudicke (≤ 5°)	0,5
Verkehrsflächen (Straßen, Plätze, Zufahrten, Wege)	Betonflächen, Schwarzdecken (Asphalt)	1,0
	Befestigte Flächen mit Fugendichtung, z.B. Pflaster mit Fugenverguss	1,0
Rampen mit Neigung zum Gebäude	Ausführung unerheblich	1,0
Teildurchlässige und schwach ableitende Flächen, z.B. Verkehrsflächen (Straßen, Plätze, Zufahrten, Wege)	Betonsteinpflaster, in Sand oder Schlacke verlegt, Flächen mit Platten	0,9
	Pflasterflächen, mit Fugenanteil > 15 %, z.B. 10 cm × 10 cm und kleiner oder fester Kiesbelag	0,7
	wassergebundene Flächen	0,9
	lockerer Kiesbelag, Schotterrasen, z.B. Kinderspielplätze	0,3
	Verbundsteine mit Sickerfugen, Sicker-/Drainsteine	0,4
	Rasengittersteine (mit häufigen Verkehrsbelastungen, z.B. Parkplatz)	0,4
	Rasengittersteine (ohne häufige Verkehrsbelastungen, z.B. Feuerwehrzufahrt)	0,2
Sportflächen mit Dränung	Kunststoff-Flächen, Kunststoffrasen	0,6
	Tennenflächen	0,3
	Rasenflächen	0,2

Spitzenabflussbeiwert C_s für die Berechnung der abflusswirksamen Fläche zur Bemessung der Dachentwässerung und Grundleitungen.

Bei Änderung der Art der Fläche ist der Spitzenabflussbeiwert C_s zu bewerten (z.B. Entfernen einer Kiesschicht oder Dachbegrünung).

Tabelle II.18: Abflussvermögen von Entwässerungsleitungen bei einem Füllungsgrad f = h/di = 0,7 nach DIN 1986-100

Gefälle (in %)	**DN 80 di 75 mm**	**DN 100 di 96 mm**	**DN 125 di 113 mm**	**DN 150 di 146 mm**
J	**Q**	**Q**	**Q**	**Q**
cm/m	l/s	l/s	l/s	l/s
0,2	-	-	-	5,7
0,3	-	-	3,5	7,0
0,4	-	2,6	4,1	8,1
0,5	1,5	2,9	4,6	9,0
0,6	1,7	3,2	5,0	9,9
0,7	1,8	3,5	5,4	10,7
0,8	1,9	3,7	5,8	11,5
0,9	2,1	4,0	6,1	12,2
1,0	2,2	4,2	6,5	12,8
1,1	2,3	4,4	6,8	13,5
1,2	2,4	4,6	7,1	14,1
1,3	2,5	4,8	7,4	14,6
1,4	2,6	5,0	7,7	15,2
1,5	2,7	5,1	7,9	15,7
2,0	3,1	5,9	9,2	18,2
2,5	3,4	6,7	10,3	20,3
3,0	3,8	7,3	11,3	22,3
3,5	4,1	7,9	12,2	24,1
4,0	4,4	8,4	13,0	25,8
4,5	4,6	8,9	13,8	27,3
5,0	4,9	9,4	14,6	28,8

Tabelle II.19: Abflussvermögen rechteckiger Notüberläufe

Breite	**Abflussvermögen Q_{Not} in l/s**											
	Überlaufhöhe h in mm											
	40	50	60	70	80	90	100	110	120	130	140	150
mm	l/s	l/s	l/s	l/s	l/s	l/s	l/s	l/s	l/s	l/s	l/s	l/s
50	0,5	0,7	1,0	1,2	1,5	1,8	2,1	2,4	2,7	3,1	3,5	3,8
100	1,1	1,5	1,9	2,4	3,0	3,6	4,2	4,8	5,5	6,2	6,9	7,7
150	1,6	2,2	2,9	3,7	4,5	5,3	6,3	7,2	8,2	9,3	10,4	11,5
200	2,1	2,9	3,9	4,9	6,0	7,1	8,3	9,6	11,0	12,4	13,8	15,3
250	2,6	3,7	4,8	6,1	7,5	8,9	10,4	12,0	13,7	15,4	17,3	19,1
300	3,2	4,4	5,8	7,3	8,9	10,7	12,5	14,4	16,4	18,5	20,7	23,0
350	3,7	5,2	6,8	8,5	10,4	12,5	14,6	16,8	19,2	21,6	24,2	26,8
400	4,2	5,9	7,7	9,8	11,9	14,2	16,7	19,2	21,9	24,7	27,6	30,6
450	4,7	6,6	8,7	11,0	13,4	16,0	18,8	21,6	24,6	27,8	31,1	34,4
500	5,3	7,4	9,7	12,2	14,9	17,8	20,8	24,0	27,4	30,9	34,5	38,3

Die Ablaufleistung wird maßgeblich durch die Höhe der Öffnung, weniger durch deren Breite beeinflusst.

Tabelle II.20: Mindestabflusswerte für Dachabläufe nach DIN EN 1253-2

DN des Einsteckendes am Dach	Mindestabflusswert in l/s	Erforderliche Stauhöhe h in mm
70	1,7	35
75	2,6	
80	2,6	
90	3,0	
100	4,5	
110	4,5	
125	7,0	45
150	8,1	

Deutsches Dachdeckerhandwerk
– Regelwerk –

Produktdatenblatt für Unterdeckbahnen und Unterspannbahnen

Aufgestellt und herausgegeben vom

Zentralverband
des Deutschen Dachdeckerhandwerks
– Fachverband Dach-, Wand- und Abdichtungstechnik – e.V.

Ausgabe April 2024

RM Rudolf Müller

Vorgänger

Produktdatenblatt für Unterdeckbahnen	10/2008
Produktdatenblatt für Unterspannbahnen	10/2008
Produktdatenblatt für Unterdeckbahnen	01/2010
Produktdatenblatt für Unterspannbahnen	01/2010

© Alle Rechte bei der D + W-Service GmbH für Management, PR und Messewesen, Köln 2024.
Nachdruck und Vervielfältigung, auch auszugsweise, nur mit Genehmigung der D + W-Service GmbH und des Verlages gestattet.

Inhalt

(1) Dieses Produktdatenblatt für Unterdeckbahnen (UDB) und Unterspannbahnen (USB) legt anwendungsbezogene Anforderungen und Eigenschaften für die Verwendung als Zusatzmaßnahme unter Dachdeckungen fest.

Für die Verwendung dieser Produkte sind das „Merkblatt für Unterdächer, Unterdeckungen und Unterspannungen“ sowie die jeweilige Fachregel maßgebend.

(2) Unterdeckbahnen (UDB) und Unterspannbahnen (USB) sind industriell hergestellte, flexible Werkstoffe, die in Rollen gebrauchsfertig geliefert werden und eine CE-Kennzeichnung nach DIN EN 13859-1[1] aufweisen.

Unterdeck- und Unterspannbahnen müssen herstellerseitig dauerhaft lesbar auf dem Produkt mit

- dem Namen des Herstellers,
- dem Produktnamen,
- der Chargennummer, maximal 20 cm vom überdeckenden Bahnenrand in einem Abstand von max. 1,0 m,
- der Bezeichnung
  - „UDB nach Produktdatenblatt des ZVDH“ oder
  - „USB nach Produktdatenblatt des ZVDH“ oder
  - „UDB / USB nach Produktdatenblatt des ZVDH“

gekennzeichnet werden.

Der Hersteller hat anzugeben, ob die Bahn als

- Unterdeckbahn (UDB),
- Unterspannbahn (USB),
- Unterdeckbahn (UDB) und Unterspannbahn (USB)

verwendet werden darf.

Die Verlegeanleitung des Herstellers muss jeder einzelnen Rolle beigefügt sein und mittels QR-Code digital abrufbar sein. In der Verlegeanleitung sind

- die erforderlichen Randbedingungen für die Verlegung, wie z.B. Witterungsbedingungen, für die Verarbeitung,
- Verarbeitungstechniken,
- geeignetes Zubehör, z.B. für Durchdringungen und Anschlüsse,
- Einschränkungen der Einsetzbarkeit,
- Zeitraum der Freibewitterung,
- Zeitraum für die Eignung als Behelfsdeckung sowie erforderliche Maßnahmen hierfür

zu benennen.

Besondere Transport- und Lagerbedingungen sind auf jeder einzelnen Verpackungseinheit anzugeben.

(3) Unterdeck- und Unterspannbahnen müssen den Anforderungen nach Tabelle 1 entsprechen.

Die Bahnen müssen für den Einsatz als Behelfsdeckung (Widerstand gegenüber Schlagregen und lang andauernde Niederschläge) geeignet sein.

(4) Zubehör für Nahtverklebungen muss hinsichtlich Alterung und Schlagregenwiderstand gleichwertig mit der Bahn sein. Hersteller von Zubehör müssen die Eignung in Anlehnung an das Produktdatenblatt sowie die Materialverträglichkeit mit der jeweiligen Bahn bestätigen.

---

[1] DIN EN 13859-1 Abdichtungsbahnen – Definitionen und Eigenschaften von Unterdeck- und Unterspannbahnen; Unterdeck- und Unterspannbahnen für Dachdeckungen

Tabelle 1: Anforderungen an Unterdeckbahnen und Unterspannbahnen

Zeile	Eigenschaft nach DIN EN 13859-1	Anforderung	
		UDB	USB
1	Flächenbezogene Masse der Bahn		
1.1	**mit** Gewebeeinlage	$\geq$ 140 g/m²	
1.2	**ohne** Gewebeeinlage	$\geq$ 120 g/m²	
2	Künstliche Alterung	Prüfung bei einer Temperatur von 80°C	
3	Widerstand gegen Wasserdurchgang		
3.1	vor künstlicher Alterung	W1	
3.2	nach künstlicher Alterung	W1	
4	Zugfestigkeit		
4.1	vor künstlicher Alterung - längs	$\geq$ 250 N/50 mm [a)]	
4.2	nach künstlicher Alterung - längs	$\geq$ 65 % des Ausgangswertes	
4.3	vor künstlicher Alterung - quer	$\geq$ 200 N/50 mm	
4.4	nach künstlicher Alterung - quer	$\geq$ 65 % des Ausgangswertes	
5	Dehnung		
5.1	vor künstlicher Alterung - längs	Angabe des Herstellers	
5.2	nach künstlicher Alterung - längs	$\geq$ 65 % des Ausgangswertes	
5.3	vor künstlicher Alterung - quer	Angabe des Herstellers	
5.4	nach künstlicher Alterung - quer	$\geq$ 65 % des Ausgangswertes	
6	Nagelausreißfestigkeit	150 N längs und quer	
7	Maßhaltigkeit	< 1%	
8	Kaltbiegeverhalten (Biegsamkeit)	$\leq$ -20°C	
9	Brandverhalten nach DIN EN 13859-1	Klasse E	
10	Widerstand gegen Schlagregen TU Berlin [b)] mit den Klimabedingungen nach Tabelle 2	Unterdeckbahnen (UDB) $\leq$ 0,04% Wasserdurchtritt bei weicher Unterlage $\leq$ 0,12% Wasserdurchtritt c) bei harter Unterlage Unterspannbahnen (USB) Bewertungsziffer < 6 im Schlagregentest, (der visuellen Beurteilung durch die prüfende Stelle) Test abrufbar unter: https://www.dachdecker-technik.de/veroeffentlichungen[https://www.dachdecker-technik.de/veroeffentlichungen]	

[a] Bahnen, an die besondere Anforderungen zum Schutz gegen Absturz entsprechend DIN 44262 Abschnitt 5.2.1 erfüllen sollen, müssen eine Zugfestigkeit von ≥ 450 N/50 mm aufweisen; die Anforderungen hinsichtlich der Zugfestigkeit von ≥ 65 % nach künstlicher Alterung gelten entsprechend.
[b] Nachweis der Schlagregensicherheit mit dem Verfahren der TU Berlin; abrufbar auf https://www.dachdecker-technik.de/veroeffentlichungen[https://www.dachdecker-technik.de/veroeffentlichungen]
[c] Bezogen auf die beaufschlagte Gesamtniederschlagsmenge nach Tabelle 2

Tabelle 2: Klimabedingungen für die Prüfung der Schlagregensicherheit von Unterdeck- und Unterspannbahnen nach dem Verfahren der TU Berlin

Stufe	Zeit [h]	Niederschlagsmenge [mm/h]	Windgeschwindigkeit		
			[m/s]	[km/h]	Beaufort
1	1,0	50	16	57,6	7
2	1,0	60	20	72,0	8
3	0,5	55	20	72,0	8 in Böen (4 Sek. Schließzeit, 16 Sek. Öffnungszeit)

[2] DIN 4426 Einrichtungen zur Instandhaltung baulicher Anlagen – Sicherheitstechnische Anforderungen an Arbeitsplätze und Verkehrswege – Planung und Ausführung

Deutsches Dachdeckerhandwerk
– Regelwerk –

Produktdatenblatt diffusionsoffene Unterdeckbahnen für erweiterte Anwendungen (UDB-eA)

Aufgestellt und herausgegeben vom

Zentralverband
des Deutschen Dachdeckerhandwerks
– Fachverband Dach-, Wand- und Abdichtungstechnik – e.V.

Ausgabe April 2024

RM Rudolf Müller

Vorgänger

keine

© Alle Rechte bei der D + W-Service GmbH für Management, PR und Messewesen, Köln 2024.
Nachdruck und Vervielfältigung, auch auszugsweise, nur mit Genehmigung der D + W-Service GmbH und des Verlages gestattet.

Inhalt

(1) Dieses Produktdatenblatt für diffusionsoffene Unterdeckbahnen für erweiterte Anwendungen (UDB-eA) legt anwendungsbezogene Anforderungen und Eigenschaften für die Verwendung als Zusatzmaßnahme unter Dachdeckungen größer gleich deren Mindestdachneigung fest.

Für die Verwendung dieser Produkte sind das „Merkblatt für Unterdächer, Unterdeckungen und Unterspannungen" sowie die jeweilige Fachregel maßgebend.

(2) Unterdeckbahnen UDB-eA sind industriell hergestellte, flexible Werkstoffe, die in Rollen gebrauchsfertig geliefert werden und eine CE-Kennzeichnung nach DIN EN 13859-1[1] aufweisen.

Unterdeckbahnen UDB-eA müssen herstellerseitig auf dem Produkt mit

- dem Namen des Herstellers
- dem Produktnamen
- dem Herstellungsdatum
- der Chargennummer
- der Bezeichnung „UDB-eA nach Produktdatenblatt des ZVDH"

gekennzeichnet werden.

Die Verlegeanleitung des Herstellers muss jeder einzelnen Rolle beigefügt sein und mittels QR-Code digital abrufbar sein. In der Verlegeanleitung sind

- die erforderlichen Randbedingungen für die Verlegung, wie z.B. Klima, für die Verarbeitung
- geeignetes Zubehör, z.B. für Durchdringungen und Anschlüsse,
- Einschränkungen der Einsetzbarkeit

zu benennen.

Zubehör muss hinsichtlich Alterung und Schlagregenwiderstand gleichwertig mit Unterdeckbahnen UDB-eA sein. Die Verlege- und Fügetechnik muss mit dem Hersteller der Unterdeckbahn abgestimmt sein.

Besondere Transport- und Lagerbedingungen sind auf jeder einzelnen Verpackungseinheit anzugeben.

(3) Unterdeckbahnen UDB-eA müssen mittels Quell- oder Heißluftschweißen oder geeigneter Klebetechnik dauerhaft miteinander fügbar sein.

Anmerkung: Klebebänder erfüllen die Anforderungen an diese Fügetechnik nicht.

(4) Unterdeckbahnen UDB-eA müssen den Anforderungen der Tabelle 1 entsprechen.

---

[1] DIN EN 13859-1 Abdichtungsbahnen – Definitionen und Eigenschaften von Unterdeck- und Unterspannbahnen; Unterdeck- und Unterspannbahnen für Dachdeckungen

Tabelle 1: Anforderungen an Unterdeckbahnen UDB-eA

Zeile	Eigenschaft	Anforderung
1	Flächenbezogene Masse nach DIN EN 13859-1	
1.1	Flächenbezogene Masse der gesamten Bahn	S ≥ 350 g/m²
1.2	Flächenbezogene Masse der dauerhaft wasserdichtenden Funktionsschichten	S ≥ 220 g/m²
2	Planlage nach DIN EN 13859-1	< 10 mm
3	Gradheit nach DIN EN 13859-1	< 30 mm
4	Maßhaltigkeit nach DIN EN 13859-1	< 1%
5	Kaltbiegeverhalten nach DIN EN 13859-1	≤ - 20°C
6	Brandverhalten nach DIN EN 13859-1	Klasse E
7	Wasserdampfdurchlässigkeit nach DIN EN 13859-1	≤ 0,5 m
8	Zugfestigkeit nach DIN EN 13859-1	
8.1	vor künstlicher Alterung, längs/quer	≥ 300 N/50mm
8.2	nach künstlicher Alterung (siehe Tabelle 2), längs/quer	≥ 65% des Werts vor der künstlichen Alterung
9	Dehnung nach DIN EN 13859-1	
9.1	vor künstlicher Alterung, längs/quer	≥ 20%
9.2	nach künstlicher Alterung (siehe Tabelle 2), längs/quer	≥ 65% des Werts vor der künstlichen Alterung
10	Widerstand gegen Wasserdurchgang incl. der Nähte nach DIN EN 13859-1 nach künstlicher Alterung (siehe Tabelle 2)	W1
11	Widerstand gegen Wasserdurchgang incl. der Nähte nach DIN EN ISO 811[2] nach künstlicher Alterung (siehe Tabelle 2)	≥ 0,5 m Wassersäule (dynamische Prüfung)
12	Widerstand gegen Wasserdurchgang unter Einfluss von Tensiden [a)] incl. der Nähte nach DIN EN 13859-1 nach künstlicher Alterung (siehe Tabelle 2)	W1
13	Widerstand gegen Wasserdurchgang unter Einfluss von Tensiden [a)] incl. der Nähte nach DIN EN ISO 811 nach künstlicher Alterung (siehe Tabelle 2)	≥ 0,5 m Wassersäule (dynamische Prüfung)
14	Widerstand gegen Wasserdurchgang incl. der Nähte nach DIN EN 13859-1 nach Scheuerbeanspruchung [b)]	
14.1	Scheuerbeanspruchung der Bahnenunterseite	W1
14.2	Scheuerbeanspruchung der Bahnenoberseite	W1
15	Widerstand gegen Wasserdurchgang incl. der Nähte nach DIN EN ISO 811 nach Scheuerbeanspruchung [a)]	
15.1	Scheuerbeanspruchung der Bahnenunterseite	≥ 0,5 m Wassersäule (dynamische Prüfung)
15.2	Scheuerbeanspruchung der Bahnenoberseite	≥ 0,5 m Wassersäule (dynamische Prüfung)
16	Widerstand gegen Schlagregen unter Einbindung der Nähte/Nahtverbindungen und System-Zubehör nach DIN plus TU Berlin [c)] mit den Klimabedingungen nach Tabelle 3 und dem Prüfaufbau mit weicher und harter Unterlage, jeweils mit und ohne Nahtverbindung	≤ 0,03% Wasserdurchtritt [1] bei weicher Unterlage und ≤ 0,09% Wasserdurchtritt [d)] bei harter Unterlage

[2] DIN EN ISO 811 Textilien – Bestimmung des Widerstandes gegen das Durchdringen von Wasser – Hydrostatischer Druckversuch

a) Beschreibung des zu verwenden Tensids für Prüfungen nach dem „Produktdatenblatt diffusionsoffene Unterdeckbahnen für erweiterte Anwendungen (UDB-eA)"; abrufbar auf www.dachdecker-technik.de/veroeffentlichungen
b) Beschreibung des Prüfverfahrens für die Scheuerbeständigkeit im „Produktdatenblatt für diffusionsoffene Unterdeckbahnen für erweiterte Anwendungen"; abrufbar auf www.dachdecker-technik.de/veroeffentlichungen
c) Nachweis der Schlagregensicherheit mit dem Verfahren der TU Berlin gemäß „Produktdatenblatt für diffusionsoffene Unterdeckbahnen für erweiterte Anwendungen (UDB-eA)"; abrufbar auf www.dachdecker-technik.de/veroeffentlichungen
d) Bezogen auf die beaufschlagte Gesamtniederschlagsmenge nach Tabelle 3

Tabelle 2: Verfahren zur künstlichen Alterung – sämtliche Schritte sind nacheinander an den Proben durchzuführen

Schritt	Prüfung
1	Beanspruchung durch UV-Strahlung in Anlehnung an DIN 13859-1 Anhang C über einen Zeitraum von 672 Stunden (4 Wochen)
2	Feuchtlagerung bei einer relativen Luftfeuchte von 90% und einer Temperatur von 70°C über einen Zeitraum von 2016 Stunden (12 Wochen)
3	Hitzelagerung in Anlehnung an DIN 13859-1 Anhang C bei einer Temperatur von 80°C und einer Geschwindigkeit des Luftstroms von 1,0 m/s über einen Zeitraum von 2016 Stunden (12 Wochen)

Tabelle 3: Klimabedingungen für die Prüfung der Schlagregensicherheit von Unterdeck- und Unterspannbahnen nach dem Verfahren der TU Berlin

Stufe	Zeit [h]	Niederschlagsmenge [mm/h]	Windgeschwindigkeit		
			[m/s]	[km/h]	Beaufort
1	1,0	50	16	57,6	7
2	1,0	60	20	72,0	8
3	1,0	55	20	72,0	8 in Böen (4 Sek. Schließzeit, 16 Sek. Öffnungszeit)

Deutsches Dachdeckerhandwerk
– Regelwerk –

Produktdatenblatt für Unterdeckplatten aus Holzfasern

Aufgestellt und herausgegeben vom

Zentralverband des Deutschen Dachdeckerhandwerks – Fachverband Dach-, Wand- und Abdichtungstechnik – e.V.

Ausgabe Dezember 2012

Rudolf Müller

Vorgänger:

Produktdatenblatt für Unterdeckplatten Entwurf: August 2006

© Alle Rechte bei der D + W-Service GmbH für Management, PR und Messewesen, Köln 2012
Nachdruck und Vervielfältigung, auch auszugsweise, nur mit Genehmigung der D + W-Service GmbH und des Verlages gestattet.

(1) Unterdeckplatten müssen der DIN EN 14964 entsprechen.

Geeignete Werkstoffe sind z.B.:

- harte Holzfaserplatten gemäß DIN EN 622-2, mindestens Typ HB.H,
- mittelharte Holzfaserplatten gemäß DIN EN 622-3, mindestens Typ MBL.H oder MBH.H,
- poröse Holzfaserplatten gemäß DIN EN 622-4, mindestens Typ SB.H,
- Holzfaserdämmplatten gemäß DIN EN 13171, mindestens Typ DAD- ds, gemäß DIN 4108-10, die zusätzlich die Anforderungen gemäß DIN EN 622-4, mindestens Typ SB.H erfüllen,
- MDF gemäß DIN EN 622-5, mindestens Typ MDF.RWH,
- mehrlagige Elemente, bei denen die Decklage aus einem der vorgenannten Materialien und die weiteren Lagen aus einem Holzfaserdämmstoff nach DIN EN 13171 bestehen.

(2) Abweichend von DIN EN 14964 dürfen Unterdeckplatten nach diesem Produktdatenblatt maximale Maßabweichungen von ±2mm in Plattenbreite aufweisen.

(3) Unterdeckplatten sind industriell hergestellte Plattenwerkstoffe in unterschiedlicher Formgebung sowie ggf. mit zusätzlichen Eigenschaften (z.B. Dämmwirkung). Mit Unterdeckplatten können Zusatzmaßnahmen für die Regensicherheit im Sinne des „Merkblattes für Unterdächer, Unterdeckungen und Unterspannungen" erstellt werden.

Die Eigenschaften als Wärmedämmung müssen dem „Produktdatenblatt für Wärmedämmstoffe" entsprechen. Für die in Deutschland üblichen Verlegetechniken und die dort vorherrschenden Klima- und Umweltbedingungen sind für die Anwendung nach dem Regelwerk des ZVDH die Anforderungen nach der Tabelle 1 dieses Produktdatenblattes zu erfüllen.

(4) Unterdeckplatten, welche die Anforderungen der Klasse UDP-A erfüllen, sind für die Ausführung von Behelfsdeckungen geeignet.

(5) Holzfaserplatten für den Einsatz als Unterdeckplatten müssen über die gesamte Dicke hydrophobiert sein. Für Decklagen von mehrlagigen Elementen gilt die gleiche Forderung.

(6) Zusatzstoffe von Unterdeckplatten, z.B. Beimengungen zur Hydrophobierung, müssen wasserunlöslich sein.

(7) Unterdeckplatten sind je nach Kantenprofilierung für eine überlappende bzw. Nut-Feder-Verlegung geeignet. Es werden die Plattentypen OL für die überlappende Verlegung und IL für die Nut-Feder-Verlegung unterschieden.

Kantenprofilierungen sind zur Verbindung geeignete Kantenausbildungen von Unterdeckplatten, die bereits bei der Plattenproduktion werkseitig hergestellt werden. Sie können sich in Form und Länge unterscheiden. Abbildung 1 zeigt beispielhaft Kantenprofilierungen.

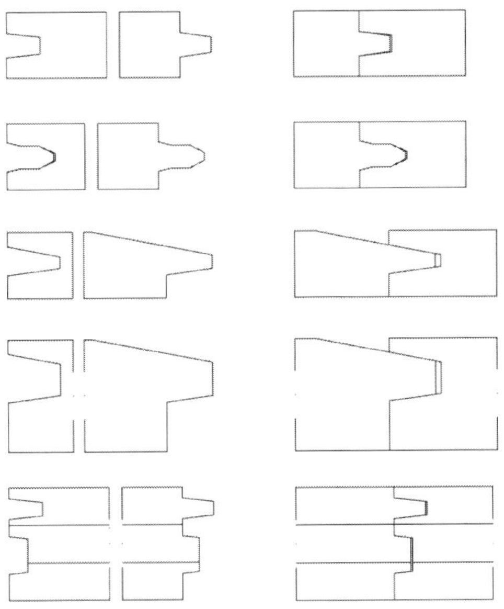

Abb. 1: Beispielhafte Kantenprofilierung

Die Wassereintragssicherheit muss durch Prüfung, unter Berücksichtigung der Toleranzen gemäß DIN EN 14964, bei Einbindung der Kanten im T-Stoßbereich herstellerseitig nachgewiesen werden.

Eine bauseits erstellte Kantenprofilierung stellt keine Profilierung im Sinne dieses Produktdatenblattes dar.

(8) Unterdeckplatten im Sinne dieses Produktdatenblattes müssen die bauaufsichtlichen Anforderungen an das Brandverhalten erfüllen.

(9) Das Zubehör muss auf die jeweilige Unterdeckplatte abgestimmt und vom Hersteller der Unterdeckplatte als geeignet bezeichnet und in die Gewährleistung eingebunden sein. Hersteller von Zubehör müssen die Eignung in Anlehnung an das Produktdatenblatt und der gültigen Prüfspezifikation eines beim ZVDH hinterlegten, anerkannten Prüfverfahrens sowie die Materialverträglichkeit mit der jeweiligen Platte nachweisen und in die Gewährleistung einbinden.

(10) Eine aktuelle, produktspezifische Verarbeitungsanleitung ist vom Hersteller zur Verfügung zu stellen. Angaben zu Transport- und Lagerbedingungen sowie Angaben zu maximal zulässigen Sparrenabständen sind jeder Verpackungseinheit beizufügen.

(11) Einschränkungen zur Verlegung und Einsatzfähigkeit der Unterdeckplatte und des Zubehörs (z. B. durch Witterung, Temperatur, Luftfeuchtigkeit, Einsatzbereich, Beschädigungen etc.) sind vom Hersteller anzugeben.

(12) Von Inhaltsstoffen der Unterdeckplatten und des Zubehörs darf bei der Verarbeitung und im eingebauten Zustand bei bestimmungsgemäßer Verwendung keine Gesundheitsgefahr ausgehen.

(13) Zusatzstoffe der Unterdeckplatten und des Zubehörs sind hinsichtlich ihrer Auswirkung auf Mensch und Umwelt im Sicherheitsdatenblatt des Herstellers anzugeben.

(14) Unterdeckplatten sind mit der CE- Kennzeichnung auf oder an dem Produkt zu versehen. Produkte, welche die Anforderungen dieses Produktdatenblattes erfüllen, sind zusätzlich zu kennzeichnen: „Entspricht dem ZVDH-Produktdatenblatt Unterdeckplatten Klasse UDP- A gemäß Tabelle 1“

Tabelle 1: Anforderungen an Unterdeckplatten, Nachweisverfahren und Mindestanforderungen

<table>
<tr><th>Art der Platte</th><th>Technische Klasse</th><th>Plattentyp (siehe (7))</th><th>Nachweis der Wassereintrags-sicherheit</th></tr>
<tr><td>Harte Holzfaserplatten gemäß DIN EN 622- 2</td><td>mindestens Typ HB.H</td><td>OL</td><td rowspan="5">a. Entsprechend Prüfmodus der Holzforschung Austria Projekt-Nr. 804949 vom März 2003 (Nachweis der Regensicherheit) einschließlich Freibewitterung.
Mit folgenden Prüfzyklen für Produkte, die nach 2010 auf den Markt gebracht wurden und/oder Produkte deren Kantenprofilierung geändert und/oder deren Materialeigenschaften verändert werden:
• 1 Stunde: 8l/min rinnendes Wasser + 4l/min sprühendes Wasser;
• 1 Stunde: 8l/min rinnendes Wasser + 4l/min sprühendes Wasser + Wind (12m/s);
• 30 Minuten: 8l/min rinnendes Wasser + 4l/min sprühendes Wasser + Wind (16m/s).
b. Angabe der Dachneigung, bei der die Prüfung nach a. durchgeführt und ohne Zusatzmaßnahme (zur Perforationssicherung) unterhalb der Konterlatte bestanden wurde.
c. Angabe des maximalen Freibewitterungszeitraums durch den Hersteller.</td></tr>
<tr><td>mittelharte Holzfaserplatten gemäß DIN EN 622- 3</td><td>mindestens Typ MBL.H oder MBH.H</td><td>OL / IL</td></tr>
<tr><td>poröse Holzfaserplatten gemäß DIN EN 622- 4</td><td>mindestens Typ SB.H</td><td>IL</td></tr>
<tr><td>Holzfaserdämmplatten gemäß DIN EN 13171</td><td>mindestens Typ DAD - ds nach DIN 4108-10, die zusätzlich die Anforderungen gemäß DIN EN 622- 4 mindestens Typ SB.H erfüllen</td><td>IL</td></tr>
<tr><td>MDF gemäß DIN EN 622- 5</td><td>mindestens Typ MDF.RWH</td><td>OL / IL</td></tr>
</table>

Übersicht der Normen im Arbeitsgebiet des Dachdeckerhandwerks
Redaktionsstand: Januar 2024

Norm	Ausgabedatum	Titel
DIN 96	01.12.2016	Halbrund-Holzschrauben mit Schlitz
DIN 97	01.12.2016	Senk-Holzschrauben mit Schlitz
DIN 105-4	01.01.2019	Mauerziegel – Teil 4: Keramikklinker
DIN 105-4/A1	01.04.2021	Mauerziegel – Teil 4: Keramikklinker; Änderung A1
DIN 105-5	01.06.2013	Mauerziegel – Teil 5: Leichtlanglochziegel und Leichtlanglochziegelplatten
DIN 105-41	01.01.2019	Mauerziegel – Teil 41: Konformitätsnachweis für Keramikklinker nach DIN 105-4
DIN 529	01.09.2010	Steinschrauben
DIN 571	01.12.2016	Sechskant-Holzschrauben
DIN 603	01.05.2017	Flachrundschrauben mit Vierkantansatz
DIN 1045-1	01.08.2023	Tragwerke aus Beton, Stahlbeton und Spannbeton – Teil 1: Planung, Bemessung und Konstruktion
DIN 1045-2	01.08.2023	Tragwerke aus Beton, Stahlbeton und Spannbeton – Teil 2: Beton
DIN 1052-10	01.05.2012 (E10.2022)	Herstellung und Ausführung von Holzbauwerken – Teil 10: Ergänzende Bestimmungen (zu Verbindungsmitteln und nicht europäisch geregelten geklebten Produkten und Bauarten)
DIN 1055-2	01.11.2010	Einwirkungen auf Tragwerke – Teil 2: Bodenkenngrößen
DIN 1164-10	01.02.2023	Zement mit besonderen Eigenschaften – Teil 10: Zement mit niedrigem wirksamen Alkaligehalt – Zusammensetzung und Anforderungen
DIN 1946-6	01.12.2019	Raumlufttechnik – Teil 6: Lüftung von Wohnungen; Allgemeine Anforderungen, Anforderungen an die Auslegung, Ausführung, Inbetriebnahme und Übergabe sowie Instandhaltung
DIN 1946-6/Bbl. 1	01.09.2012 (E09.2022)	Raumlufttechnik – Lüftung von Wohnungen; Allgemeine Anforderungen, Anforderungen zur Bemessung, Ausführung und Kennzeichnung, Übergabe/Übernahme (Abnahme) und Instandhaltung – Beiblatt 1: Beispielberechnungen für ausgewählte Lüftungssysteme
DIN 1946-6/Bbl. 3	01.06.2017	Raumlufttechnik – Teil 6: Lüftung von Wohnungen – Allgemeine Anforderungen, Anforderungen zur Bemessung, Ausführung und Kennzeichnung, Übergabe/Übernahme (Abnahme) und Instandhaltung – Beiblatt 3: Gemeinsamer und nicht gemeinsamer Betrieb von Lüftungsgeräten und Einzelraumfeuerstätten für feste Brennstoffe – Installationsregel
DIN 1946-6/Bbl. 4	01.06.2017	Raumlufttechnik – Teil 6: Lüftung von Wohnungen – Allgemeine Anforderungen, Anforderungen zur Bemessung, Ausführung und Kennzeichnung, Übergabe/Übernahme (Abnahme) und Instandhaltung – Beiblatt 4: Gemeinsamer Betrieb von Lüftungsgeräten und Einzelraumfeuerstätten für feste Brennstoffe – Installationsbeispiele
DIN 1960	01.09.2019	VOB Vergabe- und Vertragsordnung für Bauleistungen – Teil A: Allgemeine Bestimmungen für die Vergabe von Bauleistungen

DIN 1961	01.09.2016	VOB Vergabe- und Vertragsordnung für Bauleistungen – Teil B: Allgemeine Vertragsbedingungen für die Ausführung von Bauleistungen
DIN 1986-100	01.12.2016	Entwässerungsanlagen für Gebäude und Grundstücke - Teil 100: Bestimmungen in Verbindung mit DIN EN 752 und DIN EN 12056
DIN 4072	01.04.2019	Gespundete Bretter aus Nadelholz
DIN 4074-1	01.06.2012	Sortierung von Holz nach der Tragfähigkeit – Teil 1: Nadelschnittholz
DIN 4074-2	01.01.2021	Sortierung von Holz nach der Tragfähigkeit – Teil 2: Baurundholz (Nadelholz)
DIN 4102-1	01.05.1998	Brandverhalten von Baustoffen und Bauteilen – Teil 1: Baustoffe; Begriffe, Anforderungen und Prüfungen
DIN 4102-2	01.09.1977	Brandverhalten von Baustoffen und Bauteilen – Teil 2: Bauteile, Begriffe, Anforderungen und Prüfungen
DIN 4102-3	01.09.1977	Brandverhalten von Baustoffen und Bauteilen – Teil 3: Brandwände und nicht tragende Außenwände, Begriffe, Anforderungen und Prüfungen
DIN 4102-4	01.05.2016	Brandverhalten von Baustoffen und Bauteilen – Teil 4: Zusammenstellung und Anwendung klassifizierter Baustoffe, Bauteile und Sonderbauteile
DIN 4102-4/A1	01.04.2023	Brandverhalten von Baustoffen und Bauteilen – Teil 4: Zusammenstellung und Anwendung klassifizierter Baustoffe, Bauteile und Sonderbauteile
DIN 4102-5	01.09.1977	Brandverhalten von Baustoffen und Bauteilen; Feuerschutzabschlüsse, Abschlüsse in Fahrschachtwänden und gegen Feuer widerstandsfähige Verglasungen, Begriffe, Anforderungen und Prüfungen
DIN 4102-7	01.11.2018	Brandverhalten von Baustoffen und Bauteilen – Teil 7: Bedachungen – Anforderungen und Prüfungen
DIN 4102-8	01.10.2003	Brandverhalten von Baustoffen und Bauteilen – Teil 8: Kleinprüfstand
DIN 4102-9	01.05.1990	Brandverhalten von Baustoffen und Bauteilen – Teil 9: Kabelabschottungen; Begriffe, Anforderungen und Prüfungen
DIN 4102-11	01.12.1985	Brandverhalten von Baustoffen und Bauteilen; Rohrummantelungen, Rohrabschottungen, Installationschächte und -kanäle sowie Abschlüsse ihrer Revisionsöffnungen; Begriffe, Anforderungen und Prüfungen
DIN 4102-12	01.11.1998	Brandverhalten von Baustoffen und Bauteilen; Funktionserhalt von elektrischen Kabelanlagen; Anforderungen und Prüfungen
DIN 4102-13	01.05.1990	Brandverhalten von Baustoffen und Bauteilen; Brandschutzverglasungen – Begriffe, Anforderungen und Prüfungen
DIN 4102-14	01.05.1990	Brandverhalten von Baustoffen und Bauteilen; Bodenbeläge und Bodenbeschichtungen; Bestimmung der Flammenausbreitung bei Beanspruchung mit einem Wärmestrahler
DIN 4102-15	01.05.1990	Brandverhalten von Baustoffen und Bauteilen; Brandschacht

DIN 4102-16	01.01.2021	Brandverhalten von Baustoffen und Bauteilen Teil 16: Durchführung von Brandschachtprüfungen
DIN 4102-17	01.12.2017	Brandverhalten von Baustoffen und Bauteilen; Schmelzpunkt von Mineralfaser-Dämmstoffen – Begriffe, Anforderungen, Prüfung
DIN 4102-18	01.03.1991	Brandverhalten von Baustoffen und Bauteilen; Feuerschutzabschlüsse; Nachweis der Eigenschaft "selbstschließend" (Dauerfunktionsprüfung)
DIN 4108, Beiblatt 2	01.06.2019	Wärmeschutz und Energie-Einsparung in Gebäuden; Beiblatt 2: Wärmebrücken – Planungs- und Ausführungsbeispiele, mit CD-ROM
DIN 4108-2	01.02.2013	Wärmeschutz und Energie-Einsparung in Gebäuden; Mindestanforderungen an den Wärmeschutz
DIN 4108-3	01.10.2018 (E04.2023)	Wärmeschutz und Energie-Einsparung in Gebäuden; Klimabedingter Feuchteschutz; Anforderungen, Berechnungsverfahren und Hinweise für Planung und Ausführung
DIN 4108-4	01.11.2020	Wärmeschutz und Energie-Einsparung in Gebäuden – Teil 4: Wärme- und feuchteschutztechnische Bemessungswerte
DIN 4108-7	01.01.2011	Wärmeschutz und Energie-Einsparung in Gebäuden; Teil 4: Luftdichtheit von Gebäuden – Anforderungen, Planungs- und Ausführungsempfehlungen sowie -beispiele
DIN 4108-10	01.11.2021	Wärmeschutz und Energie-Einsparung in Gebäuden – Teil 10: Anwendungsbezogene Anforderungen an Wärmedämmstoffe
DIN 4109-1	01.01.2018	Schallschutz im Hochbau – Teil 1: Mindestanforderungen
DIN 4109-2	01.01.2018	Schallschutz im Hochbau – Teil 2: Rechnerische Nachweise der Erfüllung der Anforderungen
DIN 4109-4	01.07.2016	Schallschutz im Hochbau – Teil 4: Bauakustische Prüfungen
DIN 4109-5	01.08.2020	Schallschutz im Hochbau – Teil 5: Erhöhte Anforderungen
DIN 4109-31	01.07.2016	Schallschutz im Hochbau – Teil 31: Daten für die rechnerischen Nachweise des Schallschutzes (Bauteilkatalog) – Rahmendokument
DIN 4109-32	01.07.2016	Schallschutz im Hochbau – Teil 32: Daten für die rechnerischen Nachweise des Schallschutzes (Bauteilekatalog) – Massivbau
DIN 4109-33	01.07.2016	Schallschutz im Hochbau – Teil 33: Daten für die rechnerischen Nachweise des Schallschutzes (Bauteilekatalog) -Holz-, Leicht- und Trockenbau
DIN 4109-34	01.07.2016	Schallschutz im Hochbau – Teil 34: Daten für die rechnerischen Nachweise des Schallschutzes (Bauteilekatalog) – Vorsatzkonstruktionen von massiven Bauteilen
DIN 4109-34/A1	01.12.2019	Schallschutz im Hochbau – Teil 34: Daten für die rechnerischen Nachweise des Schallschutzes (Bauteilkatalog) – Vorsatzkonstruktionen vor massiven Bauteilen, Änderung A1
DIN 4109-35	01.07.2016	Schallschutz im Hochbau – Teil 35: Daten für die rechnerischen Nachweise des Schallschutzes (Bauteilekatalog) – Elemente, Fenster, Türen, Vorhangfassaden

DIN 4109-35/A1	01.12.2019	Schallschutz im Hochbau – Teil 35: Daten für die rechnerischen Nachweise des Schallschutzes (Bauteilekatalog) – Elemente, Fenster, Türen, Vorhangfassaden; Änderung A1
DIN 4109-36	01.07.2016	Schallschutz im Hochbau – Teil 36: Daten für die rechnerischen Nachweise des Schallschutzes (Bauteilekatalog) – Gebäudetechnische Anlagen
DIN 4213	01.10.2015	Anwendung von vorgefertigten Bauteilen aus haufwerksporigem Leichtbeton mit statisch anrechenbarer oder nicht anrechenbarer Bewehrung in Bauwerken
DIN 4213/A1	01.08.2022	Anwendung von vorgefertigten Bauteilen aus haufwerksporigem Leichtbeton mit statisch anrechenbarer oder nicht anrechenbarer Bewehrung in Bauwerken
DIN 4420-1	01.03.2004	Arbeits- und Schutzgerüste – Teil 1: Schutzgerüste; Leistungsanforderungen, Entwurf, Konstruktion und Bemessung
DIN 4420-3	01.01.2006	Arbeits- und Schutzgerüste – Teil 3: Ausgewählte Gerüstbauarten und ihre Regelausführungen
DIN 4426	01.01.2017	Einrichtungen zur Instandhaltung baulicher Anlagen – Sicherheitstechnische Anforderungen an Arbeitsplätze und Verkehrswege – Planung und Ausführung
DIN 14094-2	01.04.2017	Feuerwehrwesen – Notleiteranlagen – Teil 2: Rettungswege auf flachen und geneigten Dächern
DIN 16726	01.08.2017	Kunststoffbahnen – Prüfungen
DIN 17611	01.08.2022	Anodisch oxidierte Erzeugnisse aus Aluminium und Aluminium-Knetlegierungen; Technische Lieferbedingungen
DIN 17640-1	01.02.2004	Bleilegierungen für allgemeine Verwendung
DIN 18014	01.06.2023	Erdungsanlagen für Gebäude – Planung, Ausführung und Dokumentation
DIN 18160-1	01.02.2023	Abgasanlagen – Teil 1: Planung und Ausführung
DIN 18160-5	01.04.2016	Abgasanlagen – Teil 5: Einrichtungen für Schornsteinfegerarbeiten; Anforderungen, Planung und Ausführung
DIN 18195	01.07.2017	Abdichtung von Bauwerken – Begriffe
DIN 18195 Bbl. 2	01.07.2017	Abdichtung von Bauwerken – Beiblatt 2: Hinweise zur Kontrolle und Prüfung der Schichtdicken von flüssig verarbeiteten Abdichtungsstoffen
DIN 18202	01.07.2019	Toleranzen im Hochbau – Bauwerke
DIN 18203-3	01.08.2008	Toleranzen im Hochbau; Bauteile aus Holz und Holzwerkstoffen
DIN 18234-1	01.05.2018 (E12.2022)	Baulicher Brandschutz großflächiger Dächer – Brandbeanspruchung von unten; Geschlossene Dachflächen – Anforderungen und Prüfungen;
DIN 18234-2	01.05.2018 (E12.2022)	Baulicher Brandschutz großflächiger Dächer – Brandbeanspruchung von unten; Verzeichnis von Dächern, welche die Anforderungen nach DIN 18234-1 erfüllen; Dachflächen
DIN 18234-3	01.05.2018 (E12.2022)	Baulicher Brandschutz großflächiger Dächer – Brandbeanspruchung von unten; Durchdringungen, Anschlüsse und Abschlüsse von Dachflächen – Anforderungen und Prüfung

DIN 18234-4	01.05.2018 (E12.2022)	Baulicher Brandschutz großflächiger Dächer – Brandbeanspruchung von unten; Verzeichnis von Durchdringungen, Anschlüssen und Abschlüssen von Dachflächen, welche ohne weiteren Nachweis die Anforderungen nach DIN 18234-3 erfüllen
DIN 18299	01.09.2023	VOB-Vergabe- und Vertragsordnung für Bauleistungen – VOB Vergabe- und Vertragsordnung für Bauleistungen – Teil C: Allgemeine Technische Vertragsbedingungen für Bauleistungen (ATV) – Allgemeine Regelungen für Bauarbeiten jeder Art
DIN 18300	01.09.2019	VOB Vergabe- und Vertragsordnung für Bauleistungen – Teil C: Allgemeine Technische Vertragsbedingungen für Bauleistungen (ATV) – Erdarbeiten
DIN 18301	01.09.2023	VOB Vergabe- und Vertragsordnung für Bauleistungen – Teil C: Allgemeine Technische Vertragsbedingungen für Bauleistungen (ATV) – Bohrarbeiten
DIN 18302	01.09.2023	VOB Vergabe- und Vertragsordnung für Bauleistungen- Teil C: Allgemeine Technische Vertragsbedingungen für Bauleistungen (ATV) – Arbeiten zum Ausbau von Bohrungen
DIN 18303	01.09.2016	VOB Vergabe- und Vertragsordnung für Bauleistungen- Teil C: Allgemeine Technische Vertragsbedingungen für Bauleistungen (ATV) – Verbauarbeiten
DIN 18304	01.09.2019	VOB Vergabe- und Vertragsordnung für Bauleistungen – Teil C: Allgemeine Technische Vertragsbedingungen für Bauleistungen (ATV) – Ramm-, Rüttel- und Pressarbeiten
DIN 18305	01.09.2019	VOB Vergabe- und Vertragsordnung für Bauleistungen – Teil C: Allgemeine Technische Vertragsbedingungen für Bauleistungen (ATV) – Wasserhaltungsarbeiten
DIN 18306	01.09.2016	VOB Vergabe- und Vertragsordnung für Bauleistungen – Teil C: Allgemeine Technische Vertragsbedingungen für Bauleistungen (ATV) – Entwässerungskanalarbeiten
DIN 18307	01.09.2016	VOB Vergabe- und Vertragsordnung für Bauleistungen- Teil C: Allgemeine Technische Vertragsbedingungen für Bauleistungen (ATV) – Druckrohrleitungsarbeiten außerhalb von Gebäuden
DIN 18308	01.09.2019	VOB Vergabe- und Vertragsordnung für Bauleistungen – Teil C: Allgemeine Technische Vertragsbedingungen für Bauleistungen (ATV) – Drän- und Versickerarbeiten
DIN 18309	01.09.2019	VOB Vergabe- und Vertragsordnung für Bauleistungen – Teil C: Allgemeine Technische Vertragsbedingungen für Bauleistungen (ATV) – Einpressarbeiten
DIN 18311	01.09.2019	VOB Vergabe- und Vertragsordnung für Bauleistungen – Teil C: Allgemeine Technische Vertragsbedingungen für Bauleistungen (ATV) – Nassbaggerarbeiten
DIN 18312	01.09.2019	VOB Vergabe- und Vertragsordnung für Bauleistungen – Teil C: Allgemeine Technische Vertragsbedingungen für Bauleistungen (ATV) – Untertagebauarbeiten
DIN 18313	01.09.2019	VOB Vergabe- und Vertragsordnung für Bauleistungen – Teil C: Allgemeine Technische Vertragsbedingungen für Bauleistungen (ATV) – Schlitzwandarbeiten mit stützenden Flüssigkeiten

DIN 18314	01.09.2016	VOB Vergabe- und Vertragsordnung für Bauleistungen – Teil C: Allgemeine Technische Vertragsbedingungen für Bauleistungen (ATV) – Spritzbetonarbeiten
DIN 18315	01.09.2023	VOB Vergabe- und Vertragsordnung für Bauleistungen – Teil C: Allgemeine Technische Vertragsbedingungen für Bauleistungen (ATV) – Verkehrswegebauarbeiten – Oberbauschichten ohne Bindemittel
DIN 18316	01.09.2019	VOB Vergabe- und Vertragsordnung für Bauleistungen – Teil C: Allgemeine Technische Vertragsbedingungen für Bauleistungen (ATV) – Verkehrswegebauarbeiten – Oberbauschichten mit hydraulischen Bindemitteln
DIN 18317	01.09.2019	VOB Vergabe- und Vertragsordnung für Bauleistungen – Teil C: Allgemeine Technische Vertragsbedingungen für Bauleistungen (ATV) – Verkehrswegebauarbeiten – Oberbauschichten aus Asphalt
DIN 18318	01.09.2019	VOB Vergabe- und Vertragsordnung für Bauleistungen – Teil C: Allgemeine Technische Vertragsbedingungen für Bauleistungen (ATV) – Verkehrswegebauarbeiten – Pflasterdecken und Plattenbeläge in ungebundener Ausführung, Einfassungen
DIN 18319	01.09.2019	VOB Vergabe- und Vertragsordnung für Bauleistungen – Teil C: Allgemeine Technische Vertragsbedingungen für Bauleistungen (ATV) – Rohrvortriebsarbeiten
DIN 18320	01.09.2019	VOB Vergabe- und Vertragsordnung für Bauleistungen – Teil C: Allgemeine Technische Vertragsbedingungen für Bauleistungen (ATV) – Landschaftsbauarbeiten
DIN 18321	01.09.2019	VOB Vergabe- und Vertragsordnung für Bauleistungen – Teil C: Allgemeine Technische Vertragsbedingungen für Bauleistungen (ATV) – Düsenstrahlarbeiten
DIN 18325	01.09.2019	VOB Vergabe- und Vertragsordnung für Bauleistungen – Teil C: Allgemeine Technische Vertragsbedingungen für Bauleistungen (ATV) – Gleisbauarbeiten
DIN 18330	01.09.2019	VOB Vergabe- und Vertragsordnung für Bauleistungen – Teil C: Allgemeine Technische Vertragsbedingungen für Bauleistungen (ATV) – Mauerarbeiten
DIN 18331	01.09.2019	VOB Vergabe- und Vertragsordnung für Bauleistungen – Teil C: Allgemeine Technische Vertragsbedingungen für Bauleistungen (ATV) – Betonarbeiten
DIN 18332	01.09.2023	VOB Vergabe- und Vertragsordnung für Bauleistungen – Teil C: Allgemeine Technische Vertragsbedingungen für Bauleistungen (ATV) – Naturwerksteinarbeiten
DIN 18333	01.09.2019	VOB Vergabe- und Vertragsordnung für Bauleistungen – Teil C: Allgemeine Technische Vertragsbedingungen für Bauleistungen (ATV) – Betonwerksteinarbeiten
DIN 18334	01.09.2023	VOB Vergabe- und Vertragsordnung für Bauleistungen – Teil C: Allgemeine Technische Vertragsbedingungen für Bauleistungen (ATV) – Zimmer- und Holzbauarbeiten
DIN 18335	01.09.2016	VOB Vergabe- und Vertragsordnung für Bauleistungen – Teil C: Allgemeine Technische Vertragsbedingungen für Bauleistungen (ATV) – Stahlbauarbeiten
DIN 18336	01.09.2023	VOB Vergabe- und Vertragsordnung für Bauleistungen – Teil C: Allgemeine Technische Vertragsbedingungen für Bauleistungen (ATV) – Abdichtungsarbeiten

DIN 18338	01.09.2019	VOB Vergabe- und Vertragsordnung für Bauleistungen – Teil C: Allgemeine Technische Vertragsbedingungen für Bauleistungen (ATV) – Dachdeckungs- und Dachabdichtungsarbeiten
DIN 18339	01.09.2019	VOB Vergabe- und Vertragsordnung für Bauleistungen – Teil C: Allgemeine Technische Vertragsbedingungen für Bauleistungen (ATV) – Klempnerarbeiten
DIN 18340	01.09.2023	VOB Vergabe- und Vertragsordnung für Bauleistungen – Teil C: Allgemeine Technische Vertragsbedingungen für Bauleistungen (ATV) – Trockenbauarbeiten
DIN 18349	01.09.2023	VOB Vergabe- und Vertragsordnung für Bauleistungen – Teil C: Allgemeine Technische Vertragsbedingungen für Bauleistungen (ATV) – Betonerhaltungsarbeiten
DIN 18350	01.09.2019	VOB Vergabe- und Vertragsordnung für Bauleistungen – Teil C: Allgemeine Technische Vertragsbedingungen für Bauleistungen (ATV) – Putz- und Stuckarbeiten
DIN 18351	01.09.2023	VOB Vergabe- und Vertragsordnung für Bauleistungen – Teil C: Allgemeine Technische Vertragsbedingungen für Bauleistungen (ATV) – Vorgehängte Hinterlüftete Fassaden
DIN 18352	01.09.2019	VOB Vergabe- und Vertragsordnung für Bauleistungen – Teil C: Allgemeine Technische Vertragsbedingungen für Bauleistungen (ATV) – Fliesen- und Plattenarbeiten
DIN 18353	01.09.2023	VOB Vergabe- und Vertragsordnung für Bauleistungen – Teil C: Allgemeine Technische Vertragsbedingungen für Bauleistungen (ATV) – Estricharbeiten
DIN 18354	01.09.2019	VOB Vergabe- und Vertragsordnung für Bauleistungen – Teil C: Allgemeine Technische Vertragsbedingungen für Bauleistungen (ATV) – Gussasphaltarbeiten
DIN 18355	01.09.2019	VOB Vergabe- und Vertragsordnung für Bauleistungen – Teil C: Allgemeine Technische Vertragsbedingungen für Bauleistungen (ATV) – Tischlerarbeiten
DIN 18356	01.09.2019	VOB Vergabe- und Vertragsordnung für Bauleistungen – Teil C: Allgemeine Technische Vertragsbedingungen für Bauleistungen (ATV) – Parkettarbeiten
DIN 18357	01.09.2019	VOB Vergabe- und Vertragsordnung für Bauleistungen – Teil C: Allgemeine Technische Vertragsbedingungen für Bauleistungen (ATV) – Beschlagarbeiten
DIN 18358	01.09.2019	VOB Vergabe- und Vertragsordnung für Bauleistungen – Teil C: Allgemeine Technische Vertragsbedingungen für Bauleistungen (ATV) – Rollladenarbeiten
DIN 18360	01.09.2019	VOB Vergabe- und Vertragsordnung für Bauleistungen – Teil C: Allgemeine Technische Vertragsbedingungen für Bauleistungen (ATV) – Metallbauarbeiten
DIN 18361	01.09.2023	VOB Vergabe- und Vertragsordnung für Bauleistungen – Teil C: Allgemeine Technische Vertragsbedingungen für Bauleistungen (ATV) – Verglasungsarbeiten
DIN 18363	01.09.2019	VOB Vergabe- und Vertragsordnung für Bauleistungen – Teil C: Allgemeine Technische Vertragsbedingungen für Bauleistungen (ATV) – Maler- und Lackierarbeiten – Beschichtungen

DIN 18364	01.09.2023	VOB Vergabe- und Vertragsordnung für Bauleistungen – Teil C: Allgemeine Technische Vertragsbedingungen für Bauleistungen (ATV) – Korrosionsschutzarbeiten an Stahlbauten
DIN 18365	01.09.2019	VOB Vergabe- und Vertragsordnung für Bauleistungen – Teil C: Allgemeine Technische Vertragsbedingungen für Bauleistungen (ATV) – Bodenbelagarbeiten
DIN 18366	01.09.2019	VOB Vergabe- und Vertragsordnung für Bauleistungen – Teil C: Allgemeine Technische Vertragsbedingungen für Bauleistungen (ATV) – Tapezierarbeiten
DIN 18379	01.09.2019	VOB Vergabe- und Vertragsordnung für Bauleistungen – Teil C: Allgemeine Technische Vertragsbedingungen für Bauleistungen (ATV) – Raumlufttechnische Anlagen
DIN 18380	01.09.2019	VOB Vergabe- und Vertragsordnung für Bauleistungen – Teil C: Allgemeine Technische Vertragsbedingungen für Bauleistungen (ATV) – Heizanlagen und zentrale Wassererwärmungsanlagen
DIN 18381	01.09.2019	VOB Vergabe- und Vertragsordnung für Bauleistungen – Teil C: Allgemeine Technische Vertragsbedingungen für Bauleistungen (ATV) – Gas-, Wasser- und Entwässerungsanlagen innerhalb von Gebäuden
DIN 18382	01.09.2023	VOB Vergabe- und Vertragsordnung für Bauleistungen – Teil C: Allgemeine Technische Vertragsbedingungen für Bauleistungen (ATV) – Nieder- und Mittelspannungsanlagen mit Nennspannungen bis 36 kV
DIN 18384	01.09.2019	VOB Vergabe- und Vertragsordnung für Bauleistungen – Teil C: Allgemeine Technische Vertragsbedingungen für Bauleistungen (ATV) – Blitzschutzanlagen
DIN 18385	01.09.2016	VOB Vergabe- und Vertragsordnung für Bauleistungen – Teil C: Allgemeine Technische Vertragsbedingungen für Bauleistungen (ATV) – Förderanlagen, Aufzugsanlagen, Fahrtreppen und Fahrsteige
DIN 18386	01.09.2019	VOB Vergabe- und Vertragsordnung für Bauleistungen – Teil C: Allgemeine Technische Vertragsbedingungen für Bauleistungen (ATV) – Gebäudeautomation
DIN 18421	01.09.2016	VOB Vergabe- und Vertragsordnung für Bauleistungen – Teil C: Allgemeine Technische Vertragsbedingungen für Bauleistungen (ATV) – Dämm- und Brandschutzarbeiten an technischen Anlagen
DIN 18448	01.09.2023	VOB Vergabe- und Vertragsordnung für Bauleistungen – Teil C: Allgemeine Technische Vertragsbedingungen für Bauleistungen (ATV) – Arbeiten an schadstoffbelasteten baulichen und technischen Anlagen
DIN 18451	01.09.2023	VOB Vergabe- und Vertragsordnung für Bauleistungen – Teil C: Allgemeine Technische Vertragsbedingungen für Bauleistungen (ATV) – Gerüstarbeiten
DIN 18462	01.07.1991	Rohrbögen für kreisförmige Regenfallrohre; Prüfung
DIN 18515-1	01.06.2023	Außenwandbekleidungen- Grundsätze für Planung und Ausführung – Teil 1: Angemörtelte Fliesen oder Platten
DIN 18516-1	01.06.2010	Außenwandbekleidungen, hinterlüftet; Anforderungen, Prüfgrundsätze
DIN 18516-3	01.05.2021	Außenwandbekleidungen, hinterlüftet – Teil 3: Naturwerkstein; Anforderungen, Bemessung

DIN 18516-5	01.05.2021	Außenwandbekleidungen, hinterlüftet – Teil 5: Betonwerkstein; Anforderungen, Bemessung
DIN 18531-1	01.07.2017	Abdichtung von Dächern sowie von Balkonen, Loggien und Laubengängen – Teil 1: Nicht genutzte und genutzte Dächer – Anforderungen, Planungs- und Ausführungsgrundsätze
DIN 18531-2	01.07.2017	Abdichtung von Dächern sowie von Balkonen, Loggien und Laubengängen – Teil 2: Nicht genutzte und genutzte Dächer – Stoffe
DIN 18531-3	01.07.2017	Abdichtung von Dächern sowie von Balkonen, Loggien und Laubengängen – Teil 3: Nicht genutzte und genutzte Dächer – Auswahl, Ausführung und Details
DIN 18531-4	01.07.2017	Abdichtung von Dächern sowie von Balkonen, Loggien und Laubengängen – Teil 4: Nicht genutzte und genutzte Dächer – Instandhaltung
DIN 18531-5	01.07.2017	Abdichtung von Dächern sowie von Balkonen, Loggien und Laubengängen – Teil 5: Balkone, Loggien und Laubengänge
DIN 18532-1	01.07.2017	Abdichtung von befahrbaren Verkehrsflächen aus Beton – Teil 1: Anforderungen, Planungs- und Ausführungsgrundsätze
DIN 18532-2	01.07.2017	Abdichtung von befahrbaren Verkehrsflächen aus Beton – Teil 2: Abdichtung mit einer Lage Polymerbitumen-Schweißbahn und einer Lage Gussasphalt
DIN 18532-3	01.07.2017	Abdichtung von befahrbaren Verkehrsflächen aus Beton – Teil 3: Abdichtung mit zwei Lagen Polymerbitumenbahnen
DIN 18532-3/A1	01.09.2018	Abdichtung von befahrbaren Verkehrsflächen aus Beton – Teil 3: Abdichtung mit zwei Lagen Polymerbitumenbahnen; Änderung A1
DIN 18532-3/A2	01.02.2021	Abdichtung von befahrbaren Verkehrsflächen aus Beton – Teil 3: Abdichtung mit zwei Lagen Polymerbitumenbahnen; Änderung A2
DIN 18532-4	01.07.2017	Abdichtung von befahrbaren Verkehrsflächen aus Beton – Teil 4: Abdichtung mit einer Lage Kunststoff- oder Elastomerbahn
DIN 18532-5	01.07.2017	Abdichtung von befahrbaren Verkehrsflächen aus Beton – Teil 5: Abdichtung mit einer Lage Polymerbitumenbahn und einer Lage Kunststoff- oder Elastomerbahn
DIN 18532-5/A1	01.09.2018	Abdichtung von befahrbaren Verkehrsflächen aus Beton – Teil 5: Abdichtung mit einer Lage Polymerbitumenbahn und einer Lage Kunststoff- oder Elastomerbahn; Änderung 1
DIN 18532-6	01.07.2017	Abdichtung von befahrbaren Verkehrsflächen aus Beton – Teil 6: Abdichtung mit flüssig zu verarbeitenden Abdichtungsstoffen
DIN 18533-1	01.07.2017 (E10.2023)	Abdichtung von erdberührten Bauteilen – Teil 1: Anforderungen, Planungs- und Ausführungsgrundsätze
DIN 18533-1/A1	01.09.2018	Abdichtung von erdberührten Bauteilen – Teil 1: Anforderungen, Planungs- und Ausführungsgrundsätze; Änderung A1
DIN 18533-2	01.07.2017 (E10.2023)	Abdichtung von erdberührten Bauteilen – Teil 2: Abdichtung mit bahnenförmigen Abdichtungsstoffen

DIN 18533-2/A1	01.11.2020	Abdichtung von erdberührten Bauteilen – Teil 2: Abdichtung mit bahnenförmigen Abdichtungsstoffen; A2
DIN 18533-3	01.07.2017 (E10.2023)	Abdichtung von erdberührten Bauteilen – Teil 3: Abdichtung mit flüssig zu verarbeitenden Abdichtungsstoffen
DIN 18533-3/A1	01.09.2018	Abdichtung von erdberührten Bauteilen – Teil 3: Abdichtung mit flüssig zu verarbeitenden Abdichtungsstoffen; Änderung A1
DIN 18534-1	01.07.2017	Abdichtung von Innenräumen - Teil 1: Anforderungen, Planungs- und Ausführungsgrundsätze
DIN 18534-2	01.07.2017	Abdichtung von Innenräumen - Teil 2: Abdichtung mit bahnenförmigen Abdichtungsstoffen
DIN 18534-3	01.07.2017	Abdichtung von Innenräumen - Teil 3: Abdichtung mit flüssig zu verarbeitenden Abdichtungsstoffen im Verbund mit Fliesen und Platten (AIV-F)
DIN 18534-4	01.07.2017	Abdichtung von Innenräumen - Teil 4: Abdichtung mit Gussasphalt oder Asphaltmix
DIN 18534-5	01.08.2017	Abdichtung von Innenräumen - Teil 5: Abdichtung mit bahnenförmigen Abdichtungsstoffen im Verbund mit Fliesen und Platten (AIV-P)
DIN 18534-5/A1	01.09.2018	Abdichtung von Innenräumen - Teil 5: Abdichtung mit bahnenförmigen Abdichtungsstoffen im Verbund mit Fliesen und Platten (AIV-P); Änderung A1
DIN 18534-6	01.08.2017	Abdichtung von Innenräumen - Teil 6: Abdichtung mit plattenförmigen Abdichtungsstoffen im Verbund mit Fliesen und Platten (AIV-P)
DIN 18535-1	01.07.2017	Abdichtung von Behältern und Becken - Teil 1: Anforderungen, Planungs- und Ausführungsgrundsätze
DIN 18535-2	01.07.2017	Abdichtung von Behältern und Becken - Teil 2: Abdichtung mit bahnenförmigen Abdichtungsstoffen
DIN 18535-2/A1	01.09.2019	Abdichtung von Behältern und Becken - Teil 2: Abdichtung mit bahnenförmigen Abdichtungsstoffen, Änderung 1
DIN 18535-3	01.07.2017	Abdichtung von Behältern und Becken - Teil 3: Abdichtung mit flüssig zu verarbeitenden Abdichtungsstoffen
DIN 18540	01.09.2014	Abdichten von Außenwandfugen im Hochbau mit Fugendichtstoffen
DIN 18542	01.04.2020	Imprägnierte Fugendichtungsbänder aus Schaumkunststoff zur Abdichtung von Außenwandfugen – Anforderungen und Prüfung
DIN 18550-1	01.01.2018	Planung, Zubereitung und Ausführung von Innen- und Außenputzen – Teil 1: Ergänzende Festlegungen zu DIN EN 13914-1 : 2016-09 für Außenputze
DIN 20000-1	01.06.2017	Anwendung von Bauprodukten in Bauwerken, Teil 1: Holzwerkstoffe
DIN 20000-5	01.01.2024	Anwendung von Bauprodukten in Bauwerken – Teil 5: Nach Festigkeit sortiertes Bauholz für tragende Zwecke mit rechteckigem Querschnitt
DIN 20000-6	01.02.2015	Anwendung von Bauprodukten in Bauwerken – Teil 6: Stiftförmige und nicht stiftförmige Verbindungsmittel nach DIN EN 14592 und DIN EN 14545

DIN 20000-403	01.11.2019	Anwendung von Bauprodukten in Bauwerken – Teil 403: Regeln für die Verwendung von Mauersteinen aus Beton (mit dichten und porigen Zuschlägen) nach DIN EN 771-3:2015-11
DIN 52102	01.10.2013	Prüfverfahren für Gesteinskörnungen; Bestimmung der Trockenrohdichte mit dem Messzylinderverfahren und Berechnung des Dichtigkeitsgrades
DIN 52117	01.11.2014	Rohfilzpappe; Begriff, Bezeichnung, Anforderungen
DIN 52123	01.06.2014	Prüfung von Bitumen- und Polymerbitumenbahnen
DIN 52129	01.11.2014	Nackte Bitumenbahnen; Begriff, Bezeichnung, Anforderungen
DIN 52144	01.11.2014	Abdichtungsbahnen – Nackte Bitumenbahnen – Werkseigene Produktionskontrolle
DIN 55634-1	01.03.2018	Beschichtungsstoffe und Überzüge – Korrosionsschutz von tragenden dünnwandigen Bauteilen aus Stahl – Teil 1: Anforderungen und Prüfverfahren
DIN 55634-2	01.03.2018	Beschichtungsstoffe und Überzüge – Korrosionsschutz von tragenden dünnwandigen Bauteilen aus Stahl – Teil 2: Überwachung und Zertifizierungsanforderungen
DIN 59231	01.11.2003	Wellbleche und Pfannenbleche, oberflächenveredelt – Maße, Masse und statische Werte
DIN 68119	01.04.2019	Holzschindeln
DIN 68364	01.05.2003	Kennwerte von Holzarten; Rohdichte, Elastizitätsmodul und Festigkeiten
DIN 68365	01.12.2008	Schnittholz für Zimmererarbeiten – Sortierung nach dem Ausehen – Nadelholz
DIN 68800-1	01.06.2019	Holzschutz – Teil 1: Allgemeines
DIN 68800-2	01.02.2022	Holzschutz Teil 2: Vorbeugende bauliche Maßnahmen im Hochbau
DIN 68800-3	01.03.2020	Holzschutz- Teil 3: Vorbeugender Schutz von Holz mit Holzschutzmitteln
DIN 68800-4	01.12.2020	Holzschutz – Teil 4: Bekämpfungsmaßnahmen gegen Holz zerstörende Pilze und Insekten und Sanierungsmaßnahmen
DIN EN 197-1	01.11.2011	Zement – Teil 1: Zusammensetzung, Anforderungen und Konformitätskriterien von Normalzement
DIN EN 197-2	01.10.2020	Zement – Teil 2: Bewertung und Überprüfung der Leistungsbeständigkeit
DIN EN 206	01.06.2021	Beton – Festlegung, Eingenschaften, Herstellung und Konformität
DIN EN 300	01.09.2006	Platten aus langen, flachen, ausgerichteten Spänen (OSB) – Definitionen, Klassifizierung und Anforderungen
DIN EN 312	01.12.2010	Spanplatten – Anforderungen
DIN EN 315	01.10.2000	Sperrholz – Maßtoleranzen
DIN EN 335	01.06.2013	Dauerhaftigkeit von Holz und Holzprodukten – Gebrauchsklassen: Definitionen, Anwendung bei Vollholz und Holzprodukten
DIN EN 336	01.12.2013	Bauholz für tragende Zwecke – Maße, zulässige Abweichungen
DIN EN 338	01.07.2016	Bauholz für tragende Zwecke – Festigkeitsklassen

DIN EN 350	01.12.2016	Dauerhaftigkeit von Holz und Holzprodukten – Prüfung und Klassifizierung der Dauerhaftigkeit von Holz und Holzprodukten gegen biologischen Angriff
DIN EN 350/Berichtigung 1	01.05.2017	Dauerhaftigkeit von Holz und Holzprodukten – Prüfung und Klassifizierung der Dauerhaftigkeit von Holz und Holzprodukten gegen biologischen Angriff; Berichtigung
DIN EN 354	01.11.2010	Persönliche Schutzausrüstung gegen Absturz – Verbindungsmittel
DIN EN 355	01.09.2002	Persönliche Schutzausrüstung gegen Absturz – Falldämpfer
DIN EN 358	01.02.2019	Persönliche Schutzausrüstung zur Arbeitsplatzpositionierung und zur Verhinderung von Abstürzen– Gurte und Verbindungsmittel zur Arbeitsplatzpositionierung oder zum Rückhalten
DIN EN 459-1	01.07.2015	Baukalk – Teil 1: Begriffe, Anforderungen und Konformitätskriterien
DIN EN 459-3	01.07.2015	Baukalk – Teil 3: Konformitätsbewertung
DIN EN 460	01.07.2023	Dauerhaftigkeit von Holz und Holzprodukten – Leitfaden zur Bestimmung der Leistungsfähigkeit
DIN EN 485-1	01.10.2016	Aluminium und Aluminiumlegierungen – Bänder, Bleche und Platten: Technische Lieferbedingungen
DIN EN 485-2	01.12.2018	Aluminium und Aluminiumlegierungen – Bänder, Bleche und Platten; Mechanische Eigenschaften
DIN EN 485-2/Beiblatt 1	01.11.1996	Aluminium und Aluminiumlegierungen – Bänder, Bleche und Platten; Mechanische Eigenschaften; Vergleich der Werkstoffzustands-Bezeichnungen
DIN EN 490	01.04.2017	Dach- und Formsteine aus Beton für Dächer und Wandbekleidungen; Produktspezifikationen
DIN EN 491	01.11.2011	Dach- und Formsteine aus Beton für Dächer und Wandbekleidungen; Prüfverfahren
DIN EN 492	01.07.2018	Faserzement-Dachplatten und dazugehörige Formteile – Produktspezifikation und Prüfverfahren
DIN EN 494	01.12.2015	Faserzement-Wellplatten und dazugehörige Formteile – Produktspezifikation und Prüfverfahren
DIN EN 495-5	01.08.2013	Abdichtungsbahnen – Bestimmung des Verhaltens beim Falzen bei tiefen Temperaturen – Teil 5: Kunststoff- und Elastomerbahnen für Dachabdichtungen;
DIN EN 501	01.11.1994	Dacheindeckungsprodukte aus Metallblech – Festlegung für vollflächig unterstützte Bedachungselemente aus Zinkblech
DIN EN 502	01.06.2013	Dachdeckungsprodukte aus Metallblech – Festlegungen für vollflächig unterstützte Bedachungselemente aus nichtrostendem Stahlblech
DIN EN 504	01.01.2000	Dachdeckungsprodukte aus Metallblech – Festlegungen für vollflächig unterstützte Bedachungselemente aus Kupferblech
DIN EN 505	01.06.2013	Dachdeckungsprodukte aus Metallblech – Festlegungen für vollflächig unterstützte Bedachungselemente aus Stahlblech
DIN EN 506	01.07.2009	Dachdeckungsprodukte aus Metallblech – Festlegungen für selbsttragende Bedachungselemente aus Kupfer- oder Zinkblech

DIN EN 507	01.10.2019	Dachdeckungs- und Wandbekleidungselemente aus Metallblech – Festlegungen für vollflächig unterstützte Bedachungselemente aus Aluminiumblech;
DIN EN 508-1	01.01.2022	Dachdeckungs- und Wandbekleidungsprodukte aus Metallblech – Spezifikation für selbsttragende Dachdeckungsprodukte aus Stahlblech, Aluminiumblech oder nichtrostendem Stahlblech – Teil 1: Stahl
DIN EN 508-2	01.10.2019	Dachdeckungs- und Wandbekleidungselemente aus Metallblech – Spezifikation für selbsttragende Bedachungselemente aus Stahlblech, Aluminiumblech oder nichtrostendem Stahlblech – Teil 2: Aluminium
DIN EN 508-3	01.12.2023	Dachdeckungsprodukte aus Metallblech – Festlegungen für selbsttragende Dachdeckungsprodukte aus Stahlblech, Aluminiumblech oder nichtrostendem Stahlblech; Nichtrostendes Stahlblech
DIN EN 516	01.04.2006	Vorgefertigte Zubehörteile für Dacheindeckungen – Einrichtungen zum Betreten des Daches – Laufstege, Trittflächen und Einzeltritte
DIN EN 517	01.05.2006	Vorgefertigte Zubehörteile für Dacheindeckungen – Sicherheitsdachhaken
DIN EN 534	01.07.2010 (E05.2020)	Bitumen-Wellplatten – Produktfestlegungen und Prüfverfahren
DIN EN 538	01.11.1994	Tondachziegel für überlappende Verlegung – Prüfung der Biegetragfähigkeit
DIN EN 539-1	01.12.2005	Dachziegel für überlappende Verlegung – Bestimmung der physikalischen Eigenschaften; Prüfung der Wasserundurchlässigkeit
DIN EN 539-2	01.08.2013	Dachziegel für überdeckende Verlegung – Bestimmung der physikalischen Eigenschaften: Prüfung der Frostwiderstandsfähigkeit
DIN EN 544	01.09.2011 (E08.2020)	Bitumenschindeln mit mineralhaltiger Einlage und/oder Kunststoffeinlage – Produktspezifikation und Prüfverfahren
DIN EN 573-1	01.02.2005	Aluminium und Aluminiumlegierungen – Chemische Zusammensetzung und Form von Halbzeug; Numerisches Bezeichnungssystem
DIN EN 573-3	01.09.2022	Aluminium und Aluminiumlegierungen – Chemische Zusammensetzung und Form von Halbzeug – Teil 3: Chemische Zusammensetzung und Erzeugnisformen
DIN EN 573-3/A2	01.05.2023	Aluminium und Aluminiumlegierungen – Chemische Zusammensetzung und Form von Halbzeug – Teil 3: Chemische Zusammensetzung und Erzeugnisformen
DIN EN 607	01.02.2005 (E08.2021)	Hängedachrinnen und Zubehörteile aus PVC-U – Begriffe, Anforderungen und Prüfung
DIN EN 612	01.04.2005	Hängedachrinnen mit Aussteifung der Rinnenvorderseite und Regenrohre aus Metallblech mit Nahtverbindungen
DIN EN 622-1	01.09.2003	Faserplatten – Anforderungen Teil 1: Allgemeine Anforderungen
DIN EN 622-2	01.07.2004	Faserplatten – Anforderungen; Anforderungen an harte Platten
DIN EN 622-2/Ber. 1	01.06.2006	Faserplatten – Anforderungen; Anforderungen an harte Platten

DIN EN 622-3	01.07.2004	Faserplatten – Anforderungen; Anforderungen an mittelharte Platten
DIN EN 622-4	01.08.2019 (E09.2023)	Faserplatten-Anforderungen, Anforderungen an poröse Platten
DIN EN 634-1	01.04.1995	Zementgebundene Spanplatten. Allgemeine Anforderungen
DIN EN 634-2	01.05.2007	Zementgebundene Spanplatten – Anforderungen – Teil 2: Anforderungen an Portlandzement (PZ) gebundene Spanplatten zur Verwendung im Trocken-, Feucht- und Außenbereich
DIN EN 636	01.05.2015	Sperrholz – Anforderungen
DIN EN 752	01.07.2017	Entwässerungssysteme außerhalb von Gebäuden – Kanalmanagement
DIN EN 771-1	01.11.2015	Festlegungen für Mauersteine – Teil 1: Mauerziegel
DIN EN 771-3	01.11.2015	Festlegungen für Mauersteine – Teil 3: Mauersteine aus Beton (mit dichten und porigen Zuschlägen)
DIN EN 795	01.10.2012 (E12.2022)	Persönliche Absturzschutzausrüstung – Anschlageinrichtungen
DIN EN 820-2	01.07.2003	Hochleistungskeramik – Prüfverfahren für monolithische Keramik – Thermomechanische Eigenschaften – Teil 2: Bestimmung der Verformung unter Eigengewicht
DIN EN 932-1	01.11.1996	Prüfverfahren für allgemeine Eigenschaften vo Gesteinskörnungen: Probenahmeverfahren
DIN EN 988	01.08.1996	Zink und Zinklegierungen – Anforderungen an gewalzte Flacherzeugnisse für das Bauwesen
DIN EN 992	01.09.1995	Bestimmung der Trockenrohdichte von haufwerksporigem Leichtbeton
DIN EN 998-1	01.02.2017	Festlegungen für Mörtel im Mauerwerksbau – Teil 1: Putzmörtel
DIN EN 998-2	01.02.2017	Festlegungen für Mörtel im Mauerwerksbau – Teil 2: Mauermörtel
DIN EN 1004-1	01.02.2021	Fahrbare Arbeitsbühnen aus vorgefertigten Bauteilen – Teil 1: Werkstoffe, Maße, Lastannahmen und sicherheitstechnische Anforderungen
DIN EN 1004-2	01.03.2022	Fahrbare Arbeitsbühnen - Teil 2: Regeln und Festlegungen für die Aufstellung einer Aufbau- und Verwendungsanleitung
DIN EN 1013	01.03.2015	Lichtdurchlässige, einschalige, profilierte Platten aus Kunststoff für Innen- und Außenanwendungen an Dächern, Wänden und Decken – Anforderungen und Prüfverfahren
DIN EN 1024	01.06.2012	Tondachziegel für überlappende Verlegung – Bestimmung der geometrischen Kennwerte
DIN EN 1026	01.09.2016	Fenster und Türen – Luftdurchlässigkeit – Prüfverfahren
DIN EN 1052-2	01.12.2018	Prüfverfahren für Mauerwerk – Teil 2: Bestimmung der Biegezugfestigkeit
DIN EN 1090-2	01.09.2018	Ausführung von Stahltragwerken und Aluminiumtragwerken - Teil 2: Technische Regeln für die Ausführung von Stahltragwerken
DIN EN 1090-3	01.07.2019	Ausführung von Stahltragwerken und Aluminiumtragwerken – Teil 3: Technische Regeln für die Ausführung von Aluminiumtragwerken

DIN EN 1090-4	01.06.2020	Ausführung von Stahltragwerken und Aluminiumtragwerken – Teil 4: Technische Anforderungen an tragende, kaltgeformte Bauelemente aus Stahl und tragende, kaltgeformte Bauteile für Dach-, Decken-, Boden- und Wandanwendungen
DIN EN 1090-5	01.06.2020	Ausführung von Stahltragwerken und Aluminiumtragwerken – Teil 5: Technische Anforderungen an tragende, kaltgeformte Bauelemente aus Aluminium und tragende, kaltgeformte Bauteile für Dach-, Decken-, Boden- und Wandanwendungen
DIN EN 1097-6	01.05.2022	Prüfverfahren für mechanische und physikalische Eigenschaften von Gesteinskörnungen – Teil 6: Bestimmung der Rohdichte und der Wasseraufnahme
DIN EN 1107-1	01.10.1999	Abdichtungsbahnen – Bestimmung der Maßhaltigkeit – Bitumenbahnen für Dachabdichtungen
DIN EN 1107-2	01.04.2001	Abdichtungsbahnen – Bestimmung der Maßhaltigkeit – Teil 2: Kunststoff-und Elastomerbahnen für Dachabdichtungen
DIN EN 1108	01.10.1999	Abdichtungsbahnen – Bitumenbahnen für Dachabdichtungen – Bestimmung der Formstabilität bei zyklischer Temperaturänderung
DIN EN 1109	01.07.2013	Abdichtungsbahnen – Bitumenbahnen für Dachabdichtungen – Bestimmung des Kaltbiegeverhaltens
DIN EN 1110	01.03.2011	Abdichtungsbahnen – Bitumenbahnen für Dachabdichtungen – Bestimmung der Wärmestandfestigkeit
DIN EN 1172	01.02.2012	Kupfer und Kupferlegierungen – Bleche und Bänder für das Bauwesen
DIN EN 1179	01.09.2003	Zink und Zinklegierungen – Primärzink
DIN EN 1253-1	01.03.2015	Abläufe für Gebäude – Teil 1: Anforderungen
DIN EN 1253-2	01.03.2015	Abläufe für Gebäude – Teil 2: Dachabläufe und Bodenabläufe ohne Geruchsverschluss
DIN EN 1253-3	01.09.2016	Abläufe für Gebäude - Teil 3: Bewertung der Konformität
DIN EN 1253-4	01.07.2016	Abläufe für Gebäude; Abdeckungen
DIN EN 1296	01.03.2001	Abdichtungsbahnen – Bitumen-, Kunststoff- und Elastomerbahnen für Dachabdichtungen- Verfahren zur künstlichen Alterung bei Dauerbeanspruchung durch erhöhte Temperatur
DIN EN 1297	01.12.2004	Abdichtungsbahnen – Bitumen-, Kunststoff- und Elastomerbahnen für Dachabdichtungen – Verfahren zur künstlichen Alterung bei kombinierter Dauerbeanspruchung durch UV-Strahlung, erhöhte Temperatur und Wasser
DIN EN 1304	01.08.2013	Dachziegel und Formziegel – Begriffe und Produktanforderungen
DIN EN 1339	01.08.2003	Platten aus Beton – Anforderungen und Prüfverfahren
DIN EN 1339 Berichtigung 1	01.11.2006	Platten aus Beton – Anforderungen und Prüfverfahren, Berichtigungen
DIN EN 1367-1	01.06.2007	Prüfverfahren für thermische Eigenschaften und Verwitterungsbeständigkeiten von Gesteinskörnungen – Bestimmung des Widerstandes gegen Frost-Tau-Wechsel
DIN EN 1462	01.12.2004	Rinnenhalter für Hängedachrinnen – Anforderungen und Prüfung

DIN EN 1520	01.06.2011	Vorgefertigte Bauteile aus haufwerksporigem Leichtbeton mit statisch anrechenbarer oder nicht anrechenbarer Bewehrung
DIN EN 1542	01.07.1999	Produkte und Systeme für den Schutz und die Instandsetzung von Betontragwerken – Prüfverfahren – Messung der Haftfestigkeit im Abreißversuch
DIN EN 1548	01.11.2007	Abdichtungsbahnen – Kunststoff- und Elastomerbahnen für Dachabdichtungen – Verhalten nach Lagerung auf Bitumen
DIN EN 1610	01.12.2015	Verlegung und Prüfung von Abwasserleitungen und -kanälen
DIN EN 1610/Ber. 1	01.09.2016	Einbau und Prüfung von Abwasserleitungen und -kanälen; Berichtigung zu DIN EN 1610:2015-12
DIN EN 1652	01.03.1998	Kupfer- und Kupferlegierungen – Platten, Bleche, Bänder, Streifen und Ronden zur allgemeinen Verwendung
DIN EN 1844	01.08.2013	Abdichtungsbahnen – Verhalten bei Ozonbeanspruchung – Kunststoff- und Elastomerbahnen für Dachabdichtungen
DIN EN 1847	01.04.2010	Abdichtungsbahnen – Bestimmung der Einwirkung von Flüssigchemikalien einschließlich Wasser – Kunststoff- und Elastomerbahnen für Dachabdichtungen
DIN EN 1848-1	01.12.1999 (E09.2023)	Abdichtungsbahnen – Bestimnung der Länge, Breite Geradheit und Planlage – Teil 1: Bitumenbahnen für Dachabdichtungen
DIN EN 1848-2	01.09.2001	Abdichtungsbahnen – Bestimmung der Länge, Breite, Geradheit und Planlage – Teil 2: Kunststoff- und Elastomerbahnen für Dachabdichtungen
DIN EN 1849-1	01.01.2000	Abdichtungsbahnen – Bestimmung der Dicke und der flächenbezogenen Masse – Teil 1: Bitumenbahnen für Dachabdichtungen
DIN EN 1849-2	01.09.2019	Abdichtungsbahnen – Bestimmung der Dicke und der flächenbezogenen Masse – Teil 2: Kunststoff- und Elastomerbahnen für Dachabdichtungen
DIN EN 1850-1	01.12.1999	Abdichtungsbahnen – Bestimmung sichtbarer Mängel – Teil 1: Bitumenbahnen für Dachabdichtungen
DIN EN 1850-2	01.09.2001	Abdichtungsbahnen – Bestimmung sichtbarer Mängel – Teil 2: Kunststoff- und Elastomerbahnen für Dachabdichtungen
DIN EN 1873	01.07.2016	Vorgefertigte Zubehörteile für Dacheindeckungen – Lichtkuppeln aus Kunststoff; Produktspezifikation und Prüfverfahren
DIN EN 1912	01.10.2013 (E11.2022)	Bauholz für tragende Zwecke – Festigkeitsklassen – Zuordnung von visuellen Sortierklassen und Holzarten
DIN EN 1928	01.07.2000	Abdichtungsbahnen – Bitumen-, Kunststoff- und Elastomerbahnen für Dachabdichtungen – Bestimmung der Wasserdichtheit
DIN EN 1931	01.03.2001	Abdichtungsbahnen – Bitumen-, Kunststoff- und Elastomerbahnen für DachabdichtungenBestimmung der Wasserdampfdurchlässigkeit
DIN EN 1990	01.10.2021	Eurocode: Grundlagen der Tragwerksplanung
DIN EN 1990/NA	01.12.2010	Nationaler Anhang – National festgelegte Parameter – Eurocode: Grundlagen der Tragwerksplanung

DIN EN 1990/NA/A1	01.05.2023	Nationaler Anhang – National festgelegte Parameter – Eurocode: Grundlagen der Tragwerksplanung
DIN EN 1991-1-1	01.12.2010 (E04.2023)	Eurocode 1: Einwirkungen auf Tragwerke – Teil 1-1: Allgemeine Einwirkungen auf Tragwerke – Wichten, Eigengewicht und Nutzlasten im Hochbau
DIN EN 1991-1-1/NA	01.12.2010	Nationaler Anhang – National festgelegte Parameter – Eurocode 1: Einwirkungen auf Tragwerke – Teil 1-1: Allgemeine Einwirkungen auf Tragwerke – Wichten, Eigengewicht und Nutzlasten im Hochbau
DIN EN 1991-1-1/NA/A1	01.05.2015	Nationaler Anhang – National festgelegte Parameter – Eurocode 1: Einwirkungen auf Tragwerke – Teil 1-1: Allgemeine Einwirkungen auf Tragwerke – Wichten, Eigengewicht und Nutzlasten im Hochbau; Änderung A1
DIN EN 1991-1-2	01.12.2010 (E10.2021)	Eurocode 1: Einwirkungen auf Tragwerke – Teil 1-2: Allgemeine Einwirkungen – Brandeinwirkungen auf Tragwerke
DIN EN 1991-1-2_ber 1	01.08.2013	Eurocode 1: Einwirkungen auf Tragwerke – Teil 1-2: Allgemeine Einwirkungen – Brandeinwirkungen auf Tragwerke
DIN EN 1991-1-2/NA	01.09.2015	Nationaler Anhang – National festgelegte Parameter – Eurocode 1: Einwirkungen auf Tragwerke – Teil 1-2: Allgemeine Einwirkungen – Brandeinwirkungen auf Tragwerke
DIN EN 1991-1-3	01.12.2010	Eurocode 1: Einwirkungen auf Tragwerke – Teil 1-3: Allgemeine Einwirkungen, Schneelasten
DIN EN 1991-1-3/A1	01.12.2015	Eurocode 1: Einwirkungen auf Tragwerke – Teil 1-3: Allgemeine Einwirkungen, Schneelasten
DIN EN 1991-1-3/NA	01.04.2019	Eurocode 1: Einwirkungen auf Tragwerke – Teil 1-3: Allgemeine Einwirkungen, Schneelasten
DIN EN 1991-1-4	01.12.2010	Eurocode 1: Einwirkungen auf Tragwerke – Teil 1-4: Einwirkungen auf Tragwerke, Allgemeine Einwirkungen, Windlasten
DIN EN 1991-1-4/NA	01.02.2023	Eurocode 1: Einwirkungen auf Tragwerke – Teil 1-4: Einwirkungen auf Tragwerke, Allgemeine Einwirkungen, Windlasten
DIN EN 1992-1-1	01.01.2011 (E10.2021)	Eurocode 2: Bemessung und Konstruktion von Stahlbeton- und Spannbetontragwerken – Teil 1-1: Allgemeine Bemessungsregeln und Regeln für den Hochbau
DIN EN 1992-1-1/A1	01.03.2015	Eurocode 2: Bemessung und Konstruktion von Stahlbeton- und Spannbetontragwerken – Teil 1-1: Allgemeine Bemessungsregeln und Regeln für den Hochbau
DIN EN 1992-1-1/NA	01.04.2013	Nationaler Anhang - National festgelegte Parameter - Eurocode 2: Bemessung und Konstruktion von Stahlbeton- und Spannbetontragwerken - Teil 1-1: Allgemeine Bemessungsregeln und Regeln für den Hochbau
DIN EN 1992-1-1/NA/A1	01.12.2015	Nationaler Anhang – National festgelegte Parameter – Eurocode 2: Bemessung und Konstruktion von Stahlbeton- und Spannbetontragwerken – Teil 1-1: Allgemeine Bemessungsregeln und Regeln für den Hochbau; Änderung A1
DIN EN 1993-1-3	01.12.2010 (E03.2022)	Eurocode 3: Bemessung und Konstruktion von Stahlbauten- Teil 1-3: Allgemeine Regeln – Ergänzende Regeln für kaltgeformte Bauteile und Bleche
DIN EN 1993-1-3/NA	01.05.2017	Nationaler Anhang – National festgelegte Parameter – Eurocode 3: Bemessung und Konstruktion von Stahlbauten- Teil 1-3: Allgemeine Regeln – Ergänzende Regeln für kaltgeformte Bauteile und Bleche

DIN EN 1993-1-4	01.10.2015	Eurocode 3: Bemessung und Konstruktion von Stahlbauten – Teil 1-4: Allgemeine Bemessungsregeln – Ergänzende Regeln zur Anwendung von nichtrostenden Stählen
DIN EN 1993-1-4/A2	01.02.2021	Eurocode 3: Bemessung und Konstruktion von Stahlbauten – Teil 1-4: Allgemeine Bemessungsregeln – Ergänzende Regeln zur Anwendung von nichtrostenden Stählen
DIN EN 1993-1-4/NA	01.11.2020	Nationaler Anhang – National festgelegt Parameter – Eurocode 3: Bemessung und Konstruktion von Stahlbauten – Teil 1-4: Allgemeine Bemessungsregeln – Ergänzende Regeln zur Anwendung von nichtrostenden Stählen
DIN EN 1995-1-1	01.12.2010 (E10.2023)	"Eurocode 5: Bemessung und Konstruktion von Holzbauten – Teil 1-1: Allgemeines – Allgemeine Regeln und Regeln für den Hochbau "
DIN EN 1995-1-1/A2	01.07.2014	Eurocode 5: Bemessung und Konstruktion von Holzbauten – Teil 1-1: Allgemeines – Allgemeine Regeln und Regeln für den Hochbau
DIN EN 1995-1-1/NA	01.08.2013	Nationaler Anhang – National festgelegte Parameter – Eurocode 5: Bemessung und Konstruktion von Holzbauten – Teil 1-1: Allgemeines – Allgemeine Regeln und Regeln für den Hochbau
DIN EN 1996-1-1	01.02.2013 (E09.2019)	Eurocode 6: Bemessung und Konstruktion von Mauerwerksbauten; Teil 1-1: Allgemeine Regeln für bewehrte und unbewehrtes Mauerwerk
DIN EN 1996-1-1/NA	01.12.2019	Nationaler Anhang – national festgelegte Paramenter- Teil 1-1: Eurocode 6: Bemessung und Konstruktion von Mauerwerksbauten – Teil 1-1: allgemeine Regeln für bewehrtes und unbewehrtes Mauerwerk
DIN EN 1999-1-1	01.03.2014 (E04.2021)	Eurocode 9: Bemessung und Konstruktion von Aluminiumtragwerken – Teil 1-1: Allgemeine Bemessungsregeln
DIN EN 1999-1-1/NA	01.03.2021	Nationaler Anhang – National festgelegte Parameter – Eurocode 9: Bemessung und Konstruktion von Aluminiumtragwerken – Teil 1-1: Allgemeine Bemessungsregeln
DIN EN 1999-1-4	01.05.2010 (E04.2021)	Eurocode 9 – Bemessung und Konstruktion von Aluminiumtragwerken – Teil 1-4: Kaltgeformte Profiltafeln
DIN EN 1999-1-4/A1	01.11.2011	Eurocode 9: Bemessung und Konstruktion von Aluminiumtragwerken – Teil 1-4: Kaltgeformte Profiltafeln
DIN EN 1999-1-4/NA	01.10.2017	Eurocode 9 – Bemessung und Konstruktion von Aluminiumtragwerken – Teil 1-4: Kaltgeformte Profiltafeln
DIN EN 10025-1	01.02.2005 (E04.2011)	Warmgewalzte Erzeugnisse aus Baustählen – Teil 1: Allgemeine technische Lieferbedingungen
DIN EN 10025-2	01.10.2019	Warmgewalzte Erzeugnisse aus Baustählen – Teil 2: Technische Lieferbedingungen für unlegierte Baustähle
DIN EN 10027-2	01.07.2015	Bezeichnungssysteme für Stähle – Teil 2: Nummernsystem
DIN EN 10088-1	01.12.2014 (E01.2022)	Nichtrostende Stähle – Teil 1: Verzeichnis der nichtrostenden Stähle
DIN EN 10088-2	01.12.2014 (E01.2022)	Nichtrostende Stähle – Teil 2: Technische Lieferbedingungen für Blech und Band aus korrosionsbeständigen Stählen für allgemeine Verwendung

DIN EN 10088-3	01.12.2014 (E01.2022)	Nichtrostende Stähle – Teil 3: Technische Lieferbedingungen für Halbzeug, Stäbe, Walzdraht, gezogenen Draht, Profile und Blankstahlerzeugnisse aus korrosionsbeständigen Stählen für allgemeine Verwendung
DIN EN 10130	01.02.2007	Kaltgewalzte Flacherzeugnisse aus weichen Stählen zum Kaltumformen – Technische Lieferbedingungen
DIN EN 10130/Ber 1	01.04.2007	Kaltgewalzte Flacherzeugnisse aus weichen Stählen zum Kaltumformen – Technische Lieferbedingungen
DIN EN 10204	01.01.2005	Metallische Erzeugnisse – Arten von Prüfbescheinigungen
DIN EN 10230-1	01.01.2000	Nägel aus Stahldraht; Lose Nägel für allgemeine Verwendungszwecke
DIN EN 10297-1	01.06.2003	Nahtlose kreisförmige Stahlrohre für den Maschinenbau und allgemeine technische Anwendungen – Technische Lieferbedingungen: Rohre aus unlegierten und legierten Stählen
DIN EN 10297-2	01.02.2006	Nahtlose kreisförmige Stahlrohre für den Maschinenbau und allgemeine technische Anwendungen – Technische Lieferbedingungen: Rohre aus nichtrostenden Stählen
DIN EN 10297-2/Berichtigung 1	01.06.2007	Nahtlose kreisförmige Stahlrohre für den Maschinenbau und allgemeine technische Anwendungen – Technische Lieferbedingungen: Rohre aus nichtrostenden Stählen
DIN EN 10312	01.12.2005	Geschweißte Rohre aus nichtrostendem Stahl für den Transport von Wasser und anderen wässrigen Flüssigkeiten – Technische Lieferbedingungen
DIN EN 10346	01.10.2015	Kontinuierlich schmelztauchveredelte Flacherzeugnisse aus Stahl zum Kaltumformen – Technische Lieferbedingungen
DIN EN 12039	01.05.2017	Abdichtungsbahnen – Bitumenbahnen für Dachabdichtungen — Bestimmung der Bestreuungshaftung
DIN EN 12056-1	01.01.2001	Schwerkraftentwässerungsanlagen innerhalb von Gebäuden; Allgemeine und Ausführungsanforderungen
DIN EN 12056-2	01.01.2001	Schwerkraftentwässerungsanlagen innerhalb von Gebäuden, Schmutzwasseranlagen; Planung und Berechnung
DIN EN 12056-3	01.01.2001	Schwerkraftentwässerungsanlagen innerhalb von Gebäuden; Dachentwässerung; Planung und Berechnung;
DIN EN 12056-4	01.01.2001	Schwerkraftentwässerungsanlagen innerhalb von Gebäuden; Abwasserhebeanlagen; Planung und Bemessung
DIN EN 12056-5	01.01.2001	Schwerkraftentwässerungsanlagen innerhalb von Gebäuden; Installation und Prüfung, Anleitung für Betrieb, Wartung und Gebrauch
DIN EN 12158-1	01.04.2022	Bauaufzüge für den Materialtransport – Teil 1: Aufzüge mit betretbarer Plattform
DIN EN 12158-2	01.04.2011	Bauaufzüge für den Materialtransport – Teil 2: Schrägaufzüge mit nicht betretbaren Lastaufnahmemitteln
DIN EN 12159	01.03.2013 (E11.2020)	Bauaufzüge zur Personen- und Materialbeförderung mit senkrecht geführten Fahrkörben
DIN EN 12163	01.11.2016 (E09.2022)	Kupfer und Kupferlegierungen – Stangen zur allgemeinen Verwendung
DIN EN 12164	01.11.2016 (E09.2022)	Kupfer und Kupferlegierungen – Stangen für die spanende Bearbeitung
DIN EN 12165	01.11.2016 (E09.2022)	Kupfer und Kupferlegierungen – Vormaterial für Schmiedestücke

DIN EN 12166	01.11.2016 (E09.2022)	Kupfer und Kupferlegierungen – Drähte zur allgemeinen Verwendung
DIN EN 12167	01.11.2016 (E09.2022)	Kupfer und Kupferlegierungen – Profile und Rechteckstangen zur allgemeinen Verwendung
DIN EN 12168	01.11.2016 (E09.2022)	Kupfer und Kupferlegierungen – Hohlstangen für die spanende Bearbeitung
DIN EN 12207	01.03.2017	Fenster und Türen – Luftdurchlässigkeit – Klassifizierung
DIN EN 12310-1	01.11.1999 (E09.2023)	Abdichtungsbahnen – Bitumenbahnen für Dachabdichtungen — Bestimmung des Weiterreißwiderstandes (Nagelschaft)
DIN EN 12310-2	01.02.2019	Abdichtungsbahnen – Bestimmung des Widerstandes gegen Weiterreißen – Teil 2: Kunststoff- und Elastomerbahnen für Dachabdichtungen
DIN EN 12311-1	01.11.1999	Abdichtungsbahnen – Bitumenbahnen für Dachabdichtungen — Bestimmung des Zug-Dehnungsverhaltens
DIN EN 12311-2	01.11.2013	Abdichtungsbahnen – Bestimmung des Zug-Dehnungsverhaltens – Teil 2: Kunststoff- und Elastomerbahnen für Dachabdichtungen
DIN EN 12316-1	01.11.1999	Abdichtungsbahnen – Bitumenbahnen für Dachabdichtungen —Bestimmung des Schälwiderstandes der Fügenähte
DIN EN 12316-2	01.08.2013	Abdichtungsbahnen – Bestimmung des Schälwiderstandes der Fügenähte – Teil 2: Kunststoff- und Elastomerbahnen für Dachabdichtungen
DIN EN 12317-1	01.11.1999	Abdichtungsbahnen – Bitumenbahnen für Dachabdichtungen — Bestimmung des Scherwiderstandes der Fügenähte
DIN EN 12317-2	01.12.2010	Abdichtungsbahnen – Bestimmung des Scherwiderstandes der Fügenähte – Teil 2: Kunststoff- und Elastomerbahnen für Dachabdichtungen
DIN EN 12326-1	01.11.2014	Schiefer und andere Natursteinprodukte für überlappende Dachdeckungen und Außenwandbekleidungen – Produktspezifikation
DIN EN 12326-2	01.09.2011	Schiefer und andere Natursteinprodukte für überlappende Dachdeckungen und Außenwandbekleidungen; Prüfverfahren
DIN EN 12371	01.07.2010	Prüfverfahren für Naturstein – Bestimmung des Frostwiderstandees
DIN EN 12372	01.05.2022	Prüfverfahren für Naturstein – Bestimmung der Biegefestigkeit unter Mittellinienlast
DIN EN 12467	01.07.2018	Faserzement-Tafeln – Produktspezifikation und Prüfverfahren
DIN EN 12588	01.03.2007	Blei- und Bleilegierungen – Gewalzte Bleche aus Blei für das Bauwesen
DIN EN 12602	01.12.2016	Vorgefertigte bewehrte Bauteile aus dampfgehärtetem Porenbeton
DIN EN 12620	01.07.2008	Gesteinskörnungen für Beton
DIN EN 12664	01.05.2001	Wärmetechnisches Verhalten von Baustoffen und Bauprodukten – Bestimmung des Wärmedurchlasswiderstandes nach dem Verfahren mit dem Plattengerät und dem Wärmestrommessplatten-Gerät – Trockene und feuchte Produkte mit mittlerem und niedrigem Wärmedurchlasswiderstand

DIN EN 12667	01.05.2001	Wärmetechnisches Verhalten von Baustoffen und Bauprodukten – Bestimmung des Wärmedurchlasswiderstandes nach dem Verfahren mit dem Plattengerät und dem Wärmestrommessplatten-Gerät – Produkte mit hohem und mittleren Wärmedurchlasswiderstand
DIN EN 12691	01.05.2018	Abdichtungsbahnen – Bitumen-, Kunststoff- und Elastomerbahnen für Dachabdichtungen – Bestimmung des Widerstandes gegen stoßartige Belastung
DIN EN 12730	01.06.2015	Abdichtungsbahnen – Bitumen-, Kunststoff- und Elastomerbahnen für Dachabdichtungen – Bestimmung des Widerstandes gegen statische Belastung
DIN EN 12810-1	01.03.2004	Fassadengerüste aus vorgefertigten Bauteilen – Teil 1: Produktfestlegungen
DIN EN 12810-2	01.03.2004	Fassadengerüste aus vorgefertigten Bauteilen – Teil 2: Besondere Bemessungsverfahren und Nachweise
DIN EN 12811-1	01.03.2004	Temporäre Konstruktionen für Bauwerke – Arbeitsgerüste; Leistungsanforderungen, Entwurf, Konstruktion und Bemessung
DIN EN 12811-2	01.04.2004	Temporäre Konstruktionen für Bauwerke – Informationen zu den Werkstoffen
DIN EN 12812	01.12.2008	Traggerüste – Anforderungen, Bemessung und Entwurf
DIN EN 12939	01.02.2001	Wärmetechnisches Verhalten von Baustoffen und Bauprodukten – Bestimmung des Wärmedurchlasswiderstandes nach dem Verfahren mit dem Plattengerät und dem Wärmestrommessplatten-Gerät – Dicke Produkte mit hohem und mittleren Wärmedurchlasswiderstand
DIN EN 12970	01.02.2001	Gussasphalt und Asphaltmastix für Abdichtungen Definitionen, Anforderungen und Prüfverfahren
DIN EN 13036-1	01.10.2010	Oberflächeneingenschaften von Straßen und Flugplätzen – Prüfverfahren – Teil 1: Messung der Makrotexturtiefe der Fahrbahnoberfläche mit Hilfe eines volumetrischen Verfahrens
DIN EN 13111	01.11.2010	Abdichtungsbahnen- Unterdeck- und Unterspannbahnen für Dachdeckungen und Wände – Bestimmung des Widerstandes gegen Wasserdurchgang
DIN EN 13161	01.08.2008	Prüfverfahren für Naturstein – Bestimmung der Biegefestigkeit unter Drittellinienlast
DIN EN 13162	01.04.2015	Wärmedämmstoffe für Gebäude – Werkmäßig hergestellte Produkte aus Mineralwolle (MW) – Spezifikation
DIN EN 13163	01.02.2017	Wärmedämmstoffe für Gebäude - Werkmäßig hergestellte Produkte aus expandiertem Polystyrol (EPS) - Spezifikation
DIN EN 13164	01.04.2015	Wärmedämmstoffe für Gebäude – Werkmäßig hergestellte Produkte aus extrudiertem Polystyrolschaum (XPS) – Spezifikation
DIN EN 13165	01.09.2016	Wärmedämmstoffe für Gebäude – Werkmäßig hergestellte Produkte aus Polyurethan-Hartschaum (PU) – Spezifikation
DIN EN 13166	01.09.2016	Wärmedämmstoffe für Gebäude – Werkmäßig hergestellte Produkte aus Phenolharzschaum (PF) – Spezifikation
DIN EN 13167	01.04.2015	Wärmedämmstoffe für Gebäude – Werkmäßig hergestellte Produkte aus Schaumglas (CG) – Spezifikation

DIN EN 13168	01.04.2015	Wärmedämmstoffe für Gebäude – Werkmäßig hergestellte Produkte aus Holzwolle (WW)– Spezifikation
DIN EN 13169	01.04.2015	Wärmedämmstoffe für Gebäude – Werkmäßig hergestellte Produkte aus Blähperlit (EPB) – Spezifikation
DIN EN 13170	01.04.2015	Wärmedämmstoffe für Gebäude – Werkmäßig hergestellte Produkte aus expandiertem Kork (ICB) – Spezifikation
DIN EN 13171	01.04.2015	Wärmedämmstoffe für Gebäude – Werkmäßig hergestellte Produkte aus Holzfasern(WF) – Spezifikation
DIN EN 13172	01.04.2012 (E04.2023)	Wärmedämmstoffe-Konformitätsbewertung
DIN EN 13183-2	01.07.2002	Feuchtegehalt eines Stückes Schnittholzes – Teil 2: Schätzung durch elektrisches Widerstands-Messverfahren
DIN EN 13183-2/Berichtigung 1	01.12.2003	Berichtigungen zu DIN EN 13183-2:2002-07
DIN EN 13353	01.09.2022	Massivholzplatten (SWP) – Anforderungen
DIN EN 13416	01.12.2023	Abdichtungsbahnen – Bitumen-, Kunststoff- und Elastomerbahnen für Dachabdichtungen – Regeln für die Probenentnahme
DIN EN 13494	01.11.2019	Wärmedämmstoffe für das Bauwesen – Bestimmung der Haftzugfestigkeit zwischen Klebemasse/Klebemörtel und Wärmedämmstoff sowie zwischen Unterputz und Wärmedämmstoff
DIN EN 13495	01.11.2019	Wärmedämmstoffe für das Bauwesen – Bestimmung der Abreißfestigkeit von außenseitigen Wärmedämmverbundsystemem (WDVS) (Schaumblock-Verfahren)
DIN EN 13496	01.12.2013 (E11.2021)	Wärmedämmstoffe für das Bauwesen – Bestimmung der mechanischen Eigenschaften von Glasfasergewebe als Armierung für außenseitige Wärmedämm-Verbundsysteme mit Putz (WDVS)
DIN EN 13497	01.03.2021	Wärmedämmstoffe für das Bauwesen – Bestimmung der Schlagfestigkeit von außenseitigen Wärmedämm-Verbundsystemen (WDVS)
DIN EN 13498	01.02.2003	Wärmedämmstoffe für das Bauwesen – Bestimmung des Eindringwiderstandes von außenseitigen Wärmedämm-Verbundsystemen (WDVS)
DIN EN 13501-1	01.05.2019	Klassifizierung von Bauprodukten und Bauarten zu ihrem Brandverhalten; Klassifizierung mit den Ergebnissen aus den Prüfungen zum Brandverhalten von Bauprodukten
DIN EN 13501-2	01.12.2023	Klassifizierung von Bauprodukten und Bauarten zu ihrem Brandverhalten – Teil 2: : Klassifizierung mit den Ergebnissen aus den Feuerwiderstandsprüfungen und/oder Rauchschutzprüfungen, mit Ausnahme von Lüftungsanlagen
DIN EN 13501-3	01.02.2010 (E10.2023)	Klassifizierung von Bauprodukten und Bauarten zu ihrem Brandverhalten: Klassifizierung mit den Ergebnissen aus den Feuerwiderstandsprüfungen, mit Ausnahme von Lüftungsanlagen
DIN EN 13501-5	01.12.2016	Klassifizierung von Bauprodukten und Bauarten zu ihrem Brandverhalten; Klassifizierung mit den Ergebnissen aus Prüfungen von Bedachungen bei Beanspruchung durch Feuer von außen
DIN EN 13583	01.10.2012	Abdichtungsbahnen – Bitumen-, Kunststoff- und Elastomerbahnen – Bestimmung des Widerstandes gegen Hagelschlag

DIN EN 13707	01.12.2013	Abdichtungsbahnen – Bitumenbahnen mit Trägereinlage für Dachabdichtungen – Definitionen und Eigenschaften
DIN EN 13755	01.08.2008	Prüfverfahren für Naturstein – Bestimmung der Wasseraufnahme unter atmosphärischem Druck
DIN EN 13793	01.12.2003	Wärmedämmstoffe für das Bauwesen – Bestimmungen des Verhaltens unter zyklischer Belastung
DIN EN 13820	01.12.2003	Wärmedämmstoffe für das Bauwesen – Bestimmung des Gehalts an organischen Bestandteilen
DIN EN 13823	01.04.2023	Prüfungen zum Brandverhalten von Bauprodukten – Thermische Beanspruchung durch einen einzelnen brennenden Gegenstand für Bauprodukte mit Ausnahme von Bodenbelägen
DIN EN 13859-1	01.07.2014	Abdichtungsbahnen – Definitionen und Eigenschaften von Unterdeck- und Unterspannbahnen; Unterdeck- und Unterspannbahnen für Dachdeckungen
DIN EN 13859-2	01.07.2014	Abdichtungsbahnen – Definitionen und Eigenschaften von Unterdeck- und Unterspannbahnen; Unterdeck-und Unterspannbahnen für Wände
DIN EN 13897	01.02.2005	Abdichtungsbahnen – Bitumen-, Kunststoff- und Elastomerbahnen für Dachabdichtungen – Bestimmung der Wasserdichtheit nach Dehnung bei niedriger Temperatur
DIN EN 13948	01.01.2008	Abdichtungsbahnen – Bitumen-, Kunststoff- und Elastomerbahnen für Dachabdichtungen; Bestimmung des Widerstandes gegen Wurzelpenetration
DIN EN 13956	01.03.2013	Abdichtungsbahnen – Kunststoff und Elastomerbahnen für Dachabdichtungen – Definitionen und Eigenschaften
DIN EN 13967	01.08.2017	Abdichtungsbahnen – Kunststoff- und Elastomerbahnen für die Bauwerksabdichtung gegen Bodenfeuchte und Wasser – Definitionen und Eigenschaften
DIN EN 13969	01.03.2007	Abdichtungsbahnen – Bitumenbahnen für die Bauwerksabdichtung gegen Bodenfeuchte und Wasser; Definitionen und Eigenschaften
DIN EN 13970	01.02.2005	Abdichtungsbahnen – Bitumen-Dampfsperrbahnen; Definitionen und Eigenschaften
DIN EN 13970/A1	01.02.2007	Abdichtungsbahnen – Bitumen-Dampfsperrbahnen – Definitionen und Eigenschaften
DIN EN 13984	01.05.2013	Abdichtungsbahnen – Kunststoff- und Elastomer-Dampfsperrbahnen; Definitionen und Eigenschaften
DIN EN 13986	01.06.2015	Holzwerkstoffe zur Verwendung im Bauwesen – Eigenschaften; Bewertung der Konformität und Kennzeichnung
DIN EN 14063-1	01.11.2004	Wärmedämmstoffe für Gebäude – An der Verwendungsstelle hergestellte Wärmedämmung aus Blähton-Leichtzuschlagstoffen; Spezifikation für die Schüttdämmstoffe vor dem Einbau
DIN EN 14064-1	01.04.2019	Wärmedämmstoffe für Gebäude – An der Verwendungsstelle hergestellte Wärmedämmung aus Mineralwolle (MW); Spezifikation für Schüttdämmstoffe vor dem Einbau
DIN EN 14080	01.09.2013	Holzbauwerke – Brettschichtholz und Balkenschichtholz – Anforderungen
DIN EN 14081-1	01.10.2019	Holzbauwerke – Nach Festigkeit sortiertes Bauholz für tragende Zwecke mit rechteckigem Querschnitt- Teil 1: Allgemeine Anforderungen

DIN EN 14315-1	01.04.2013	Wärmedämmstoffe für das Bauwesen – An der Verwendungsstelle hergestellter Wärmedämmsroff aus Polyurethan (PUR) und Polyisocyanurat (PIR) Spritzschaum – Teil 1: Spezifikation für das Schaumsystem vor dem Einbau
DIN EN 14315-2	01.04.2013	Wärmedämmstoffe für das Bauwesen – An der Verwendungsstelle hergestellter Wärmedämmstoff aus Polyurethan (PUR)- und Polyisocyanurat (PIR)-Spritzschaum – Teil 2: Spezifikation für die eingebauten Produkte
DIN EN 14318-1	01.04.2013	Wärmedämmstoffe für das Bauwesen – An der Verwendungsstelle hergestellter Wärmedämmstoff aus dispensiertem Polyurethan (PUR)- und Polyisocyanurat (PIR)-Hartschaum – Teil 1: Spezifikation für das Schaumsystem vor dem Einbau;
DIN EN 14318-2	01.04.2013	Wärmedämmstoffe für das Bauwesen – An der Verwendungsstelle hergestellter Wärmedämmstoff aus dispensiertem Polyurethan (PUR)- und Polyisocyanurat (PIR)-Hartschaum – Teil 2: Spezifikation für die eingebauten Produkte
DIN EN 14319-1	01.04.2013	Wärmedämmstoffe für die technische Gebäudeausrüstung und für betriebstechnische Anlagen in der Industrie – An der Verwendungsstelle hergestellter Wärmedämmstoff aus Polyurethan (PUR)- und Polyisocyanurat (PIR)-Gießschaum – Teil 1: Spezifikation für das Schaumsystem vor dem Einbau
DIN EN 14319-2	01.04.2013	Wärmedämmstoffe für die technische Gebäudeausrüstung und für betriebstechnische Anlagen in der Industrie – An der Verwendungsstelle hergestellter Wärmedämmstoff aus Polyurethan (PUR)- und Polyisocyanurat (PIR)-Gießschaum – Teil 2: Spezifikation für die eingebauten Produkte
DIN EN 14320-1	01.04.2013	Wärmedämmstoffe für die technische Gebäudeausrüstung und für betriebstechnische Anlagen in der Industrie – An der Verwendungsstelle hergestellter Wärmedämmstoff aus Polyurethan (PUR)- und Polyisocyanurat (PIR)-Spritzschaum – Teil 1: Spezifikation für das Schaumsystem vor dem Einbau
DIN EN 14320-2	01.04.2013	Wärmedämmstoffe für die technische Gebäudeausrüstung und für betriebstechnische Anlagen in der Industrie – An der Verwendungsstelle hergestellter Wärmedämmstoff aus Polyurethan (PUR)- und Polyisocyanurat (PIR)-Spritzschaum – Teil 2: Spezifikation für die eingebauten Produkte
DIN EN 14390	01.04.2007	Brandverhalten von Bauprodukten – Referenzversuch im Realmaßstab an Oberflächenprodukten in einem Raum;
DIN EN 14399-4	01.04.2015	Hochfeste vorspannbare Garnituren für Schraubverbindungen im Metallbau – Teil 4: System HV – Garnituren aus Sechskantschrauben und -muttern
DIN EN 14399-6	01.04.2015	Hochfeste vorspannbare Garnituren für Schraubverbindungen im Metallbau – Teil 6: Flache Scheiben mit Fase
DIN EN 14437	01.08.2023	Bestimmung des Abhebewiderstandes von verlegten Dachziegeln oder Dachsteinen – Prüfverfahren für Dachsysteme

DIN EN 14509	01.12.2013	Selbsttragende Sandwich-Elemente mit beidseitigen Metalldeckschichten – Werkmäßig hergestellte Produkte: Spezifikationen
DIN EN 14592	01.08.2022	Holzbauwerke – Stiftförmige Verbindungsmittel – Anforderungen
DIN EN 14691	01.07.2017	Abdichtungsbahnen – Abdichtungen von Betonbrücken und anderen Verkehrsflächen aus Beton – Bestimmung der Verträglichkeit bei Wärmelagerung
DIN EN 14692	01.07.2017	Abdichtungsbahnen – Abdichtung von Betonbrücken und anderen Verkehrsflächen auf Beton – Bestimmung des Widerstandes gegenüber Verdichtung der Asphaltschicht
DIN EN 14693	01.07.2017	Abdichtungsbahnen – Abdichtung von Betonbrücken und anderen Verkehrsflächen auf Beton – Bestimmung des Verhaltens von Bitumenbahnen bei Anwendung von Gussasphalt
DIN EN 14694	01.07.2017	Abdichtungsbahnen – Abdichtung von Betonbrücken und anderen Verkehrsflächen auf Beton – Bestimmung des Widerstandes gegenüber dynamischem Wasserdruck nach Schäden infolge Vorbeanspruchung
DIN EN 14695	01.05.2010	Abdichtungsbahnen – Bitumenbahnen mit Trägeereinlage für Abdichtung von Betonbrücken und anderen Verkehrsflächen aus Beton – Definition und Eigenschaften
DIN EN 14782	01.03.2006 (E09.2015)	Selbsttragende Dachdeckungs- und Wandbekleidungselemente für die Innen- und Außenanwendung aus Metallblech
DIN EN 14783	01.07.2013	Vollflächig unterstützte Dachdeckungs- und Wandbekleidungselemente für die Innen- und Außenanwendung aus Metallblech – Produktspezifikation und Anforderungen
DIN EN 14963	01.12.2006	Dacheindeckungen – Dachlichtbänder aus Kunststoff mit und ohne Aufsetzkränzen – Klassifizierung, Anforderungen und Prüfverfahren
DIN EN 14963/Ber. 1	01.06.2007	Dacheindeckungen – Dachlichtbänder aus Kunststoff mit und ohne Aufsetzkränzen – Klassifizierung, Anforderungen und Prüfverfahren, Berichtigungen
DIN EN 14964	01.01.2007	Unterdeckplatten für Dachdeckungen – Definitionen und Eigenschaften
DIN EN 14967	01.08.2006	Abdichtungsbahnen – Bitumen-Mauersperrbahnen – Definitionen und Eigenschaften
DIN EN 15026	01.12.2023	Wärme- und feuchtetechnisches Verhalten von Bauteilen und Bauelementen – Bewertung der Feuchteübertragung durch numerische Simulation
DIN EN 15101-1	01.07.2019	Wärmedämmstoffe für das Bauwesen – An der Anwendungsstelle hergestellter Wärmedämmstoff aus Zellulosefüllstoff; Spezifikation für die Produkte vor dem Einbau
DIN EN 15101-2	01.12.2013	Wärmedämmstoffe für Gebäude – An der Anwendungsstelle hergestellte Wärmedämmung aus losem Zellulosefüllstoff; Spezifikation für die eingebauten Produkte
DIN EN 16798-3	01.11.2017 (E12.2022)	Energetische Bewertung von Gebäuden – Lüftung von Gebäuden – Teil 3: Lüftung von Nichtwohngebäuden – Leistungsanforderungen an Lüftungs- und Klimaanlagen und Raumkühlsysteme (Module M5-1, M5-4)
DIN EN 62305-1	01.10.2011	Blitzschutz – Teil 1: Allgemeine Grundsätze

DIN EN 62305-1/Berichtigung 1	01.03.2012	Blitzschutz – Teil 1: Allgemeine Grundsätze, Berichtigung zu DIN EN 62305:2011-10
DIN EN 62305-2	01.02.2013 (E04.2022)	Blitzschutz – Teil 2: Risiko-Management
DIN EN 62305-2_Beiblatt 1	01.02.2013	Blitzschutz – Teil 2: Risiko-Management; Beiblatt 1: Blitzgefährdung in Deutschland
DIN EN 62305-2/Beiblatt 2	01.02.2013	Blitzschutz – Teil 2: Risiko-Management; Beiblatt 2: Berechnungshilfe zur Abschätzung des Schadensrisikos für bauliche Anlagen, mit CD-ROM
DIN EN 62305-2/Beiblatt 3	01.12.2013	Blitzschutz – Teil 2: Risiko-Management; Beiblatt 3: Zusätzliche Informationen zur Anwendung der DIN EN 62305-2
DIN EN 62305-3	01.10.2011 (E04.2022)	Blitzschutz – Teil 3: Schutz von baulichen Anlagen und Personen
DIN EN 62305-3/Beiblatt 1	01.10.2012	Blitzschutz – Teil 3: Schutz von baulichen Anlagen und Personen; Beiblatt 1: Zusätzliche Informationen zur Anwendung der DIN EN 62305-3 (VDE 0185-305-3)
DIN EN 62305-3/Beiblatt 2	01.10.2012	Blitzschutz – Teil 3: Schutz von baulichen Anlagen und PersonenBlitzschutz ; Beiblatt 2: Zusätzliche Informationen für besondere bauliche Anlagen
DIN EN 62305-3/Beiblatt 3	01.10.2012	Blitzschutz – Teil 3: Schutz von baulichen Anlagen und PersonenBlitzschutz; Beiblatt 3: Zusätzliche Informationen für die Prüfung und Wartung von Blitzschutzsystemen
DIN EN 62305-3/Beiblatt 4	01.01.2008	Blitzschutz – Teil 3: Schutz von baulichen Anlagen und Personen; Beiblatt 4: Verwendung von Metalldächern in Blitzschutzsystemen
DIN EN 62305-3/Beiblatt 5	01.02.2014	Blitzschutz – Teil 3: Schutz von baulichen Anlagen und Personen; Beiblatt 5: Blitz- und Überspannungsschutz für PV-Stromversorgungssysteme
DIN EN 62305-3/Beiblatt 6	01.06.2022	Blitzschutz - Teil 3: Schutz von baulichen Anlagen und Personen; Beiblatt 6: Zusätzliche Informationen über das Erfordernis von Blitzschutzmaßnahmen nach DIN EN 62305-3 (VDE 0185-305-3)
DIN EN 62561-1	01.12.2017 (E06.2022)	Blitzschutzsystembauteile (LPSC) - Teil 1: Anforderungen an Verbindungsbauteile
DIN EN 62561-2	01.12.2019	Blitzschutzsystembauteile (LPSC) – Teil 2: Anforderungen an Leiter und Erder
DIN EN ISO 811	01.08.2018	Textilien – Bestimmung des Widerstandes gegen das Durchdringen von Wasser – Hydrostatischer Druckversuch
DIN EN ISO 1182	01.11.2020	Prüfungen zum Brandverhalten von Produkten – Nichtbrennbarkeitsprüfung
DIN EN ISO 1461	01.12.2022	Durch Feuerverzinken auf Stahl angebrachte Zinküberzüge (Stückverzinken), Anforderungen und Prüfungen
DIN EN ISO 1716	01.10.2018	Prüfung zum Brandverhalten von Bauprodukten, Bestimmung der Verbrennungswärme (des Brennwerts)
DIN EN ISO 3506-1	01.08.2020	Mechanische Verbindungselemente – Mechanische Eigenschaften von Verbindungselementen aus korrosionsbeständigen nichtrostenden Stählen – Teil 1: Schrauben mit festgelegten Stahlsorten und Festigkeitsklassen

DIN EN ISO 3506-2	01.08.2020	Mechanische Verbindungselemente – Mechanische Eigenschaften von Verbindungselementen aus korrosionsbeständigen nichtrostenden Stählen – Teil 2: Muttern mit festgelegten Stahlsorten und Festigkeitsklassen
DIN EN ISO 6781-1	01.11.2023	Verhalten von Gebäuden – Feststellung von wärme-, luft- und feuchtebezogenen Unregelmäßigkeiten in Gebäuden durch Infrarotverfahren – Teil 1: Allgemeine Verfahren
DIN EN ISO 6946	01.03.2018	Bauteile-Wärmedurchlasswiderstand und Wärmedurchgangskoeffizient – Berechnungsverfahren
DIN EN ISO 7345	01.07.2018	Wärmeverhalten von Gebäuden und Baustoffen – Physikalische Größen und Definitionen
DIN EN ISO 7500-1	01.06.2018	Metallische Werkstoffe - Kalibrierung und Überprüfung von statischen einachsigen Prüfmaschinen - Teil 1: Zug- und Druckprüfmaschinen - Kalibrierung und Überprüfung der Kraftmesseinrichtung
DIN EN ISO 7500-1 Beiblatt 1	01.06.2022	Metallische Werkstoffe - Kalibrierung und Überprüfung von statischen einachsigen Prüfmaschinen - Teil 1: Zug- und Druckprüfmaschinen - Kalibrierung und Überprüfung der Kraftmesseinrichtung – Beiblatt 1: Allgemeines zu Anforderungen und zur Kalibrierung und Überprüfung von Zug-. Druck- und biegemaschinen
DIN EN ISO 7500-1 Beiblatt 2	01.06.2022	Metallische Werkstoffe - Kalibrierung und Überprüfung von statischen einachsigen Prüfmaschinen - Teil 1: Zug- und Druckprüfmaschinen - Kalibrierung und Überprüfung der Kraftmesseinrichtung – Beiblatt 2: Allgemeines zu Anforderungen und zur Kalibrierung und Überprüfung von Federprüfmaschinen
DIN EN ISO 7500-1 Beiblatt 3	01.11.1999 (E03.2023)	Metallische Werkstoffe – Prüfung von Prüfmaschinen für statische einachsige Beanspruchung – Teil 1: Zug- und Druckprüfmaschinen; Prüfung und Kalibrierung der Kraftmeßeinrichtung; Allgemeines zu Anforderungen und zur Prüfung und Kalibrierung von Schwingprüfmaschinen
DIN EN ISO 7500-1 Beiblatt 4	01.03.2013	Metallische Werkstoffe - Prüfung von statischen einachsigen Prüfmaschinen - Teil 1: Zug- und Druckprüfmaschinen - Prüfung und Kalibrierung der Kraftmesseinrichtung – Beiblatt 4: Informationen zur Berücksichtigung der Messunsicherheit bei der Klassifizierung von Werkstoffprüfmaschinen
DIN EN ISO 9000	01.11.2015	Qualitätsmanagementsysteme – Grundlagen und Begriffe
DIN EN ISO 9001	01.11.2015	Qualitätsmanagementsysteme – Anforderungen
DIN EN ISO 9346	01.02.2008	Wärme- und feuchtetechnisches Verhalten von Gebäuden und Baustoffen – Stofftransport- physikalische Größen und Begriffe
DIN EN ISO 9453	01.01.2021	Weichlote – Chemische Zusammensetzung und Lieferformen
DIN EN ISO 9454-1	01.07.2016	Flussmittel zum Weichlöten – Einteilung und Anforderungen – Teil 1: Einteilung, Kennzeichnung und Verpackung
DIN EN ISO 9513	01.05.2013	Metallische Werkstoffe; Kalibrierung von Längenänderungs-Messeinrichtungen für die Prüfung einachsiger Beanspruchung
DIN EN ISO 9972	01.12.2018	Wärmetechnisches Verhalten von Gebäuden – Bestimmung der Luftdurchlässigkeit von Gebäuden – Differenzdruckverfahren

DIN EN ISO 10077-1	01.10.2020	Wärmetechnisches Verhalten von Fenstern, Türen und Abschlüssen – Berechnung des Wärmedurchgangskoeffizienten: Allgemeines
DIN EN ISO 10211	01.03.2018	Wärmebrücken im Hochbau – Wärmeströme und Oberflächentemperaturen – Detaillierte Berechnungen
DIN EN ISO 10456	01.05.2010	Baustoffe und –produkte – Wärme- und feuchtetechnische Eigenschaften; Tabellierte Bemessungswerte und Verfahren zur Bestimmung der wärmeschutztechnischen Nenn- und Bemessungswerte
DIN EN ISO 10684	01.09.2011	Verbindungselemente – Feuerverzinkung
DIN EN ISO 11925-2	01.07.2020	Prüfungen zum Brandverhalten von Bauprodukten – Entzündbarkeit von Produkten bei direkter Flammeneinwirkung – Teil 2: Einzelflammentest
DIN EN ISO 12567-1	01.12.2010	Wärmetechnisches Verhalten von Fenstern und Türen – Bestimmung des Wärmedurchgangskoeffizienten mittels des Heizkastenverfahrens – Komplette Fenster und Türen
DIN EN ISO 12567-2	01.03.2006	Wärmetechnisches Verhalten von Fenstern und Türen – Bestimmung des Wärmedurchgangskoeffizienten mittels Heizkastenverfahrens – Teil 2: Dachflächenfenster und andere auskragende Fenster
DIN EN ISO 12572	01.05.2017	Wärme- und feuchtetechnisches Verhalten von Baustoffen und Bauprodukten – Bestimmung der Wasserdampfdurchlässigkeit
DIN EN ISO 12631	01.01.2018	Wärmetechnisches Verhalten von Vorhangfassaden – Berechnung des Wärmedurchgangskoeffizienten
DIN EN ISO 12944-2	01.04.2018	Beschichtungsstoffe – Korrosionsschutz von Stahlbauten durch Beschichtungssysteme – Teil 2: Einteilung der Umgebungsbedingungen
DIN EN ISO 12944-5	01.03.2020	Beschichtungsstoffe – Korrosionsschutz von Stahlbauten durch Beschichtungssysteme – Teil 5: Beschichtungssysteme
DIN EN ISO 13385-1	01.03.2020	Geometrische Produktspezifikation (GPS) – Längenmessgeräte – Teil 1: Konstruktionsmerkmale und messtechnische Merkmale von Messschiebern (ISO 13385-1:2019); Deutsche Fassung EN ISO 13385-1:2019
DIN EN ISO 13788	01.05.2013	Wärme- und feuchtetechnisches Verhalten von Bauteilen und Bauelementen – Raumseitige Oberflächentemperatur zur Vermeidung kritischer Oberflächenfeuchte und Tauwasserbildung im Bauteilinneren – Berechnungsverfahren (ISO 13788:2000)
DIN EN ISO 13789	01.04.2018	Wärmetechnisches Verhalten von Gebäuden – Transmissions- und Lüftungswärmetransferkoeffizient – Berechnungsverfahren
DIN EN ISO 14040	01.02.2021	Umweltmanagement – Ökobilanz:Grundsätze und Rahmenbedingungen
DIN EN ISO 14683	01.03.2018	Wärmebrücken im Hochbau – Längenbezogener Wärmedurchgangskoeffizient – Vereinfachte Verfahren und Standardwerte
DIN EN ISO 15927-4	01.10.2005	Wärme- und feuchtetechnisches Verhalten von Gebäuden – Berechnung und Darstellung von Klimadaten – Stündliche Daten zur Abschätzung des Jahresenergiebedarfs für Kühl- und Heizsysteme
DIN EN ISO 17672	01.01.2017 (E04.2023)	Hartlöten – Lote

DIN EN ISO 18496	01.12.2021	Hartlöten – Flussmittel zum Hartlöten – Einteilung und technische Lieferbedingungen
DIN EN ISO 52016-1	01.04.2018	Energetische Bewertung von Gebäuden – Energiebedarf für Heizung und Kühlung, Innentemperaturen sowie fühlbare und latente Heizlasten – Teil 1: Berechnungsverfahren (ISO 52016-1:2017)
DIN ISO 857-2	01.03.2007	Schweißen und verwandte Prozesse – Begriffe – Teil 2: Weichlöten, Hartlöten und verwandte Begriffe
DIN SPEC 20000-201	01.08.2018	Anwendung von Bauprodukten in Bauwerken – Teil 201: Anwendungsnorm für Abdichtungsbahnen nach Europäischen Produktnormen zur Verwendung in Dachabdichtungen
DIN/TS 20000-202	01.11.2020	Anwendung von Bauprodukten in Bauwerken – Teil 202: Anwendungsdokument für Abdichtungsbahnen nach Europäischen Produktnormen zur Verwendung als Abdichtung von erdberührten Bauteilen, von Innenräumen und von Behältern und Becken
DIN CEN/TS 1187	01.03.2012	Prüfverfahren zur Beanspruchung von Bedachungen durch Feuer von außen
DIN V 18599-1	01.09.2018	Energetische Bewertung von Gebäuden – Berechnung des Nutz-, End- und Primärenergiebedarfs für Heizung, Kühlung, Lüftung, Trinkwarmwasser und Beleuchtung – Allgemeine Bilanzierungsverfahren, Begriffe, Zonierung und Bewertung der Energieträger
DIN V 18599-2	01.09.2018	Energetische Bewertung von Gebäuden – Berechnung des Nutz-, End- und Primärenergiebedarfs für Heizung, Kühlung, Lüftung, Trinkwarmwasser und Beleuchtung – Teil 2: Nutzenergiebedarf für Heizen und Kühlen von Gebäudezonen
DIN V 18599-3	01.09.2018	Energetische Bewertung von Gebäuden – Berechnung des Nutz-, End- und Primärenergiebedarfs für Heizung, Kühlung, Lüftung, Trinkwarmwasser und Beleuchtung – Teil 3: Nutzenergiebedarf für die energetische Luftaufbereitung
DIN V 18599-4	01.09.2018	Energetische Bewertung von Gebäuden – Berechnung des Nutz-, End- und Primärenergiebedarfs für Heizung, Kühlung, Lüftung, Trinkwarmwasser und Beleuchtung – Teil 4: Nutz- und Endenergiebedarf für Beleuchtung
DIN V 18599-5	01.09.2018	Energetische Bewertung von Gebäuden – Berechnung des Nutz-, End- und Primärenergiebedarfs für Heizung, Kühlung, Lüftung, Trinkwarmwasser und Beleuchtung – Teil 5: Endenergiebedarf von Heizsystemen
DIN V 18599-6	01.09.2018	Energetische Bewertung von Gebäuden – Berechnung des Nutz-, End- und Primärenergiebedarfs für Heizung, Kühlung, Lüftung, Trinkwarmwasser und Beleuchtung – Teil 6: Endenergiebedarf von Wohnungslüftungsanlagen und Luftheizungsanlagen für den Wohnungsbau
DIN V 18599-7	01.09.2018	Energetische Bewertung von Gebäuden – Berechnung des Nutz-, End- und Primärenergiebedarfs für Heizung, Kühlung, Lüftung, Trinkwarmwasser und Beleuchtung – Teil 7: Endenergiebedarf von Raumlufttechnik- und Klimakältesystemen für den Nichtwohnungsbau

DIN V 18599-8	01.09.2018	Energetische Bewertung von Gebäuden – Berechnung des Nutz-, End- und Primärenergiebedarfs für Heizung, Kühlung, Lüftung, Trinkwarmwasser und Beleuchtung – Teil 8: Nutz- und Endenergiebedarf von Warmwasserbereitungssystemen
DIN V 18599-9	01.09.2018	Energetische Bewertung von Gebäuden – Berechnung des Nutz-, End- und Primärenergiebedarfs für Heizung, Kühlung, Lüftung, Trinkwarmwasser und Beleuchtung – Teil 9: End- und Primärenergiebedarf von stromproduzierenden Anlagen
DIN V 18599-10	01.09.2018	Energetische Bewertung von Gebäuden – Berechnung des Nutz-, End- und Primärenergiebedarfs für Heizung, Kühlung, Lüftung, Trinkwarmwasser und Beleuchtung – Teil 10: Nutzungsrandbedingungen, Klimadaten
DIN VDE 0100 (DIN 57100)_ Beiblatt 1	01.11.1982	Errichten von Starkstromanlagen mit Nennspannungen bis 1000 V; Entwicklungsgang der Errichtungsbestimmungen
DIN VDE 0105-100	01.10.2015	Betrieb von elektrischen Anlagen – Teil 100: Allgemeine Festlegungen
DIN VDE 0105-100/A1	01.06.2017	Betrieb von elektrischen Anlagen – Teil 100: Allgemeine Festlegungen; Änderung A1
DIN VDE 0151	01.06.1986	Werkstoffe und Mindestmaße von Erdern bezüglich der Korrosion
DIN VDE 0298-4	01.06.2023	Verwendung von Kabeln und isolierten Leitungen für Starkstromanlagen – Teil 4: Empfohlene Werte für die Strombelastbarkeit von Kabeln und Leitungen für feste Verlegung in und an Gebäuden und von flexiblen Leitungen
DIN VDE 0298-4/Ber. 1	01.10.2023	Verwendung von Kabeln und isolierten Leitungen für Starkstromanlagen – Teil 4: Empfohlene Werte für die Strombelastbarkeit von Kabeln und Leitungen für feste Verlegung in und an Gebäuden und von flexiblen Leitungen
NEN 6707	01.12.2019	Fixing of roof coverings – Requirements and determination methods
NPR 6708	01.12.2019	Fixing of roof coverings – guidelines (Befestigung von Dachbedeckungen – Richtlinien)
VDI 6012 Blatt 1.1	01.04.2014	Regenerative und dezentrale Energiesysteme für Gebäude – Grundlagen – Projektplanung und -durchführung

Besondere Richtlinien und Vorschriften

Z-30.3-6	20.04.2022	Allgemeine bauaufsichtliche Zulassung Nr. Z-30.3-6 "Erzeugnisse, Bauteile und Verbindungsmittel aus nichtrostenden Stählen"
DASt-Richtlinie 022	01.06.2016	DASt-Richtlinie 022 – Feuerverzinken von tragenden Stahlbauteilen
Dachbegrünungsrichtlinien – Richtlinien für die Planung, Bau und Instandhaltung von Dachbegrünungen	01.02.2018	Dachbegrünungsrichtlinien – Richtlinien für die Planung, Bau und Instandhaltungen von Dachbegrünungen
DAfStb-Richtlinie für Schutz und Instandsetzung von Betonbauteilen (Instandsetzungs-Richtlinie)	01.05.2020	DAfStb-Richtlinie – Schutz und Instandsetzung von Betonbauteilen (Instandsetzungs-Richtlinie)

DGUV Vorschrift 3	01.11.2012	Unfallverhütungsvorschrift Elektrische Anlagen und Betriebsmittel
DGUV Regel 101-038 Bauarbeiten	01.11.2019	DGUV Regel 101-038 Bauarbeiten
DGUV Information 201-054	01.10.2015	Dach-, Zimmer- und Holzbauarbeiten
ETAG 005	01.03.2004	Leitlinie für die Europäische Technische Zulassung für flüssig aufzubringende Dachabdichtungen (ETAG Nr. 005)
ETAG 006	01.11.2012	Mechanisch befestigte Dachabdichtungssysteme Leitlinie für die Europäische Technische Zulassung
Fachregel 01 Außenwandbekleidungen aus Holz und Holzwerkstoffen	01.03.2023	Fachregeln des Zimmererhandwerks 01 – Außenwandbekleidungen aus Holz
FLL-Prüfverfahren	01.04.2008	Verfahren zur Untersuchung der Wurzelfestigkeit von Bahnen und Beschichtungen für Dachbegrünungen
GEG Gebäudeenergiegesetz	01.11.2020	Gesetz zur Einsparung von Energie und zur Nutzung erneuerbarer Energien zur Wärme- und Kälteerzeugung in Gebäuden*
IFBS-Fachregeln des Metallleichtbaus	01.01.2019	IFBS-Fachregeln des Metallleichtbaus
Musterbauordnung – MBO -	01.09.2022	Musterbauordnung (MBO) Ausgabe 2022
Muster-Industriebau-Richtlinie	13.11.2019	Muster-Richtlinie über den baulichen Brandschutz im Industriebau
Muster-Richtlinie über den Bau und Betrieb von Hochhäusern	18.04.2008	Muster-Richtlinie über den Bau und Betrieb von Hochhäusern (MHHR)
Musterverordnung über den Bau und Betrieb von Verkaufsstätten	01.07.2014	Muster-Verkaufsstättenverordnung (MVKVO)
Muster-Verwaltungsvorschrift Technische Baubestimmungen	04.03.2022	Muster-Verwaltungsvorschrift Technische Baubestimmungen (MVV TB)
OENORM B 3418	01.05.2012	Planung und Ausführung von Schneeschutzsystemen auf Dächern
Zertifizerungsprogram Dach- und Formsteine aus Beton	01.03.2014	Zertifizierungsprogramm Dach- und Formsteine aus Beton nach DIN EN 490 und DIN EN 491
ZTV-ING	01.10.2022	Zusätzliche Technische Vertragsbedingungen und Richtlinien für Ingenieurbauten, Teil 1 – 9

Zurückgezogene Normen

DIN 105-100	01.01.2012	Mauerziegel – Teil 100: Mauerziegel mit besonderen Eigenschaften
DIN 1045-1	01.08.2008	Tragwerke aus Beton, Stahlbeton und Spannbeton – Teil 1: Bemessung und Konstruktion
DIN 1053-1	01.11.1996	Mauerwerk – Teil 1: Berechnung und Ausführung
DIN 1055-1	01.06.2002	Einwirkungen auf Tragwerke – Teil 1: Wichten und Flächenlasten von Baustoffen, Bauteilen und Lagerstoffen
DIN 1055-3	01.03.2006	Einwirkungen auf Tragwerke – Teil 3: Eigen- und Nutzlasten für Hochbauten
DIN 1055-4	01.03.2005	Einwirkungen auf Tragwerke – Teil 4: Windlasten

DIN 1055-5	01.07.2005	Einwirkungen auf Tragwerke – Teil 5: Schnee- und Eislasten
DIN 1055-100	01.03.2001	Einwirkungen auf Tragwerke – Teil 100: Grundlagen der Tragwerksplanung – Sicherheitskonzept und Bemessungsregeln
DIN 4102-4/A1	01.11.2004	Brandverhalten von Baustoffen und Bauteilen – Teil 4: Zusammenstellung und Anwendung klassifizierter Baustoffe, Bauteile und Sonderbauteile; Änderung A1
DIN V 4108-6	01.06.2003	Wärmeschutz- und Energie-Einsparung in Gebäuden – Teil 6: Berechnung des Jahresheizwärme- und Jahresheizenergiebedarfs
DIN V 4108-6 Berichtigung 1	01.03.2004	Berichtigungen zu DIN V 4108-6:2003-06
DIN-Fachbericht 4108-8	01.09.2010	Wärmeschutz und Energie-Einsparung in Gebäuden – Teil 8: Vermeidung von Schimmelwachstum in Wohngebäuden
DIN V 4108-10	01.06.2004	Wärmeschutz- und Energie-Einsparung in Gebäuden – Anwendungsbezogene Anforderungen an Wärmedämmstoffe – Teil 10: Werkmäßig hergestellte Wärmedämmstoffe
DIN 4109 Beiblatt 3	01.06.1996	Schallschutz im Hochbau – Berechnung von R' w,R für den Nachweis der Eignung nach DIN 4109 aus Werten des im Labor ermittelten Schalldämm-Maßes R w
DIN 4113	01.02.1958	Aluminium im Hochbau – Richtlinien für Berechnung und Ausführung von Aluminiumbauteilen
DIN 4113-1	01.05.1980	Aluminiumkonstruktionen unter vorwiegend ruhender Belastung; Berechnung und bauliche Durchbildung
DIN 4223	01.07.1958	Bewehrte Dach- und Deckenplatten aus dampfgehärtetem Gas- und Schaumbeton – Richtlinien für Bemessung, Herstellung, Verwendung und Prüfung
DIN 4426	01.12.2013	Einrichtungen zur Instandhaltung baulicher Anlagen – Arbeitsplätze und Verkehrswege – Planung und Ausführung
DIN 7864-1	01.04.1984	Elastomer-Bahnen für Abdichtungen; Anforderungen, Prüfung
DIN 17455	01.02.1999	Geschweißte kreisförmige Rohre aus nichtrostenden Stählen für allgemeine Anforderungen – Technische Lieferbedingungen
DIN 17456	01.02.1999	Nahtlose kreisförmige Rohre aus nichtrostenden Stählen für allgemeine Anforderungen – Technische Lieferbedingungen
DIN 18190-4	01.10.1992	Dichtungsbahnen für Bauwerksabdichtungen; Dichtungsbahnen mit Metallbandeinlage; Begriff, Bezeichnung, Anforderungen
DIN 18195-1	01.12.2011	Bauwerksabdichtungen; Grundsätze, Definitionen, Zuordnung der Abdichtungsarten
DIN 18195-2	01.04.2009	Bauwerksabdichtungen; Stoffe
DIN 18195-3	01.12.2011	Bauwerksabdichtungen; Anforderungen an den Untergrund und Verarbeitung der Stoffe
DIN 18195-4	01.12.2011	Bauwerksabdichtungen; Abdichtungen gegen Bodenfeuchte (Kapillarwasser, Haftwasser) und nicht-stauendes Sickerwasser an Bodenplatten und Wänden, Bemessung und Ausführung

DIN 18195-5	01.12.2011	Bauwerksabdichtungen;Abdichtungen gegen nichtdrückendes Wasser auf Deckenflächen und in Nassräumen. Bemessung und Ausführung
DIN 18195-6	01.12.2011	Bauwerksabdichtungen; Abdichtungen gegen von außen drückendes Wasser und aufstauendes Sickerwasser; Bemessung und Ausführung
DIN 18195-7	01.07.2009	Bauwerksabdichtungen; Abdichtungen gegen von innen drückendes Wasser; Bemessung und Ausführung
DIN 18195-8	01.12.2011	Bauwerksabdichtungen; Abdichtungen über Bewegungsfugen
DIN 18195-9	01.05.2010	Bauwerksabdichtungen; Durchdringungen, Übergänge, Abschlüsse
DIN 18195-10	01.12.2011	Bauwerksabdichtungen; Schutzschichten und Schutzmaßnahmen
DIN 18807-3	01.06.1987	Bemessungsnormen
DIN 18807-9	01.06.1998	Trapezprofile im Hochbau – Teil 9: Aluminium-Trapezprofile und ihre Verbindungen; Anwendung und Konstruktion
DIN 18807-3/A1	01.05.2001	Bänder und Bleche aus Metall, Lote und zugehörige Erzeugnisse, einschl. Trapezprofile
DIN 52143	01.08.1985	Glasvlies-Bitumendachbahnen; Begriffe, Bezeichnung, Anforderungen
DIN 52130	01.11.1995	Bitumen-Dachdichtungsbahnen – Begriffe, Bezeichnungen, Anforderungen
DIN 52131	01.11.1995	Bitumen-Schweißbahnen – Begriffe, Bezeichnungen, Anforderungen
DIN 52132	01.05.1996	Polymerbitumen-Dachdichtungsbahnen – Begriffe, Bezeichnungen, Anforderungen
DIN 52132	01.11.1995	Polymerbitumen-Schweißbahnen – Begriffe, Bezeichnungen, Anforderungen
DIN 55634	01.04.2010	Beschichtungsstoffe und Überzüge – Korrosionsschutz von tragenden dünnwandigen Bauteilen aus Stahl
DIN 55928-8	01.07.1994	Korrosionsschutz von Stahlbauten durch Beschichtungen und Überzüge; Teil 8: Korrosionsschutz von tragenden dünnwandigen Bauteilen
DIN 57185-1 (VDE 0185-1)	01.11.1982	Blitzschutzanlage – Allgemeines für das Errichten (VDE-Richtlinie)
DIN 68705-3	01.12.1981	Sperrholz; Bau-Furniersperrholz
DIN 68705-5	01.10.1980	Sperrholz; Bau-Furniersperrholz aus Buche
DIN 68763	01.09.1990	Spanplatten – Flachpressplatten für das Bauwesen – Begriffe, Anforderungen, Prüfung, Überwachung
DIN EN 350-1	01.10.1994	Dauerhaftigkeit von Holz und Holzprodukten – Natürliche Dauerhaftigkeit von Vollholz – Teil 1: Grundsätze für die Prüfung und Klassifikation der natürlichen Dauerhaftigkeit von Holz
DIN EN 350-2	01.10.1994	Dauerhaftigkeit von Holz und Holzprodukten – Natürliche Dauerhaftigkeit von Vollholz – Teil 2: Leitfaden für die natürliche Dauerhaftigkeit und Tränkbarkeit von ausgewählten Holzarten von besonderer Bedeutung in Europa
DIN EN 573-4	01.05.2004	Aluminium und Aluminiumlegierungen – Chemische Zusammensetzung und Form von Halbzeug – Teil 4: Erzeugnisformen

DIN EN 1004	01.06.2018	Fahrbare Arbeitsbühnen aus vorgefertigten Bauteilen – Werkstoffe, Maße, Lastannahmen und sicherheitstechnische Anforderungen
DIN EN 1045	01.08.1997	Hartlöten – Flußmittel zum Hartlöten – Einteilung und technische Lieferbedingungen
DIN EN 1298	01.04.1996	Fahrbare Arbeitsbühnen – Regeln und Festlegungen für die Aufstellung einer Aufbau- und Verwendungsanleitung
DIN EN 1999-1-1/NA/A1	01.06.2014	Nationaler Anhang – National festgelegte Parameter – Eurocode 9: Bemessung und Konstruktion von Aluminiumtragwerken – Teil 1-1: Allgemeine Bemessungsregeln; Änderung 1
DIN EN 1999-1-1/NA/A2	01.03.2015	Nationaler Anhang – National festgelegte Parameter – Eurocode 9: Bemessung und Konstruktion von Aluminiumtragwerken – Teil 1-1: Allgemeine Bemessungsregeln; Änderung 2
DIN EN 1999-1-1/NA/A3	01.11.2015	Nationaler Anhang – National festgelegte Parameter – Eurocode 9: Bemessung und Konstruktion von Aluminiumtragwerken – Teil 1-1: Allgemeine Bemessungsregeln; Änderung 3
DIN EN 13779	01.09.2007	Lüftung von Nichtwohngebäduen – Allgemeine Grundlage und Anforderungen an Lüftungs- und Klimaanlagen
DIN EN ISO 13790	01.09.2008	Energieeffizienz von Gebäuden – Berechnung des Energiebedarfs für Heizung und Kühlung
DIN EN 29454-1	01.02.1994	Flußmittel zum Weichlöten; Einteilung und Anforderungen; Teil 1: Einteilung, Kennzeichnung und Verpackung (ISO 9454-1:1990);
DIN EN 50164-1 (VDE 0185-201)	01.03.2009	Blitzschutzbauteile – Teil 1: Anforderungen an Verbindungsbauteile
EDIN VDE 0126-21	E01.07.2007	Photovoltaik im Bauwesen
EnEV	01.05.2014	Verordnung über energiesparenden Wärmeschutz und energiesparende Anlagentechnik bei Gebäuden (Energieeinsparverordnung)
Wärmeschutzverordnung	16.08.1994	Verordnung über einen energiesparenden Wärmeschutz bei Gebäuden (Wärmeschutzverordnung – WärmeschutzV)